U0182161

T-O 世界地图（地图中的字母 T 把地球分为三个已知大陆：亚洲、非洲和欧洲。《词源》，圣依西多禄）

安达卢斯的天文学

阿方索十世和他的宫廷

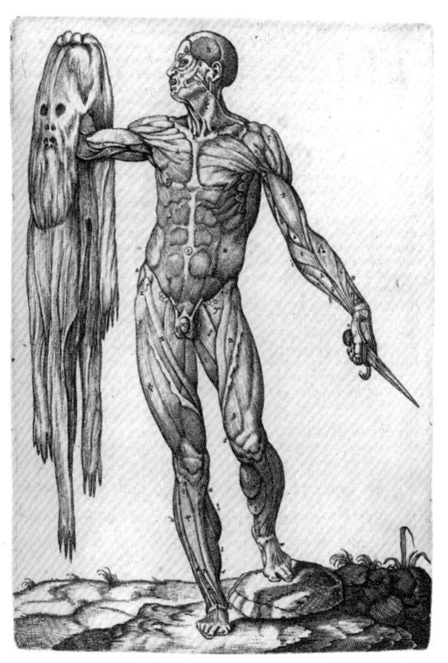

胡安・巴尔韦德・德阿穆斯科（《人体构造介绍》，1556）

PEDACIO DIOSCORIDES ANA
ZARBEO, ACERCA DE LA MATERIA ME-
DICINAL, Y DE LOS VENENOS MORTIFEROS,
Traduzido de lengua Griega, en la vulgar Caste-
Medico de Iulio III. Pont. Max.

EN ANVERS,
En casa de Iuan Latio. Anno,
M. D. LV.
Cum Gratia & Priuilegio Imperiali.

佩达西奥・迪奥斯科里季斯・阿纳扎尔贝奥的《药物志》，安德烈斯・拉古纳译（昂热，1555）

佩德罗・德梅迪纳（《宇宙学汇编》，约 1550 年）

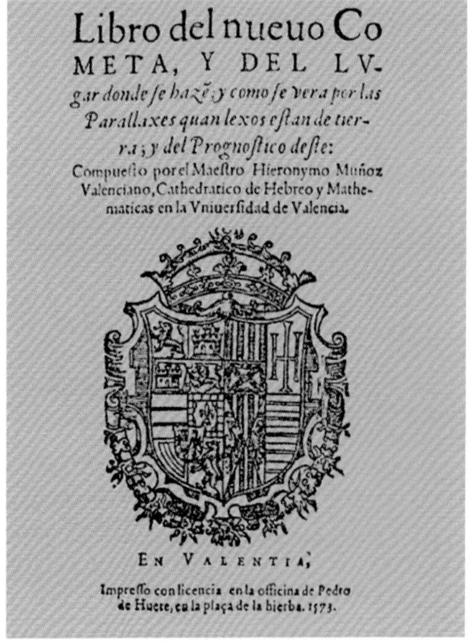

Libro del nueuo Co
META, Y DEL LV-
gar donde se hazẽ: y como se vera por las
Parallaxes quan lexos estan de tier-
ra; y del Prognostico deste:
Compuesto por el Maestro Hieronymo Muñoz
Valenciano, Cathedratico de Hebreo y Mathe-
maticas en la Vniuersidad de Valencia.

EN VALENTIA,
Impresso con licencia en la officina de Pedro
de Huete, en la plaça de la hierba. 1573.

赫罗尼莫・穆尼奥斯（《新彗星之书》，1572）

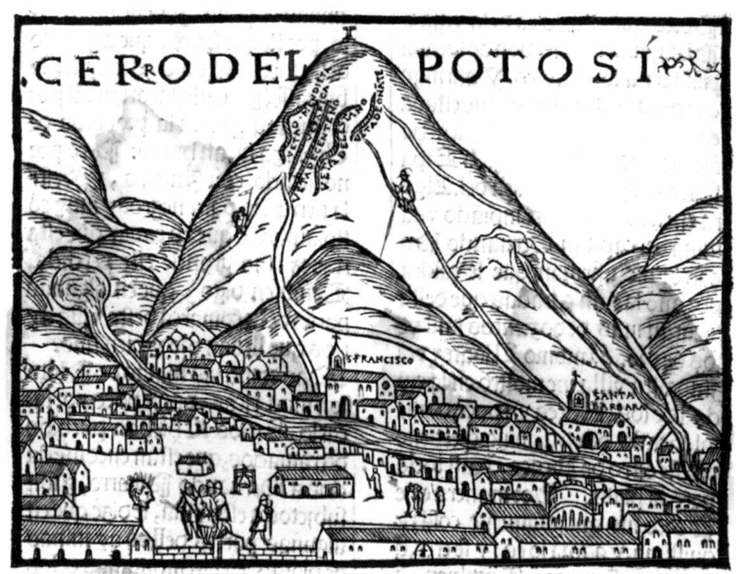

《波托西的里科山》（谢萨 · 德莱昂绘，1552）

《普拉多大道附近的植物园》（路易斯 · 帕雷特 - 阿尔卡萨绘，1789—1799 年。拉萨罗 · 加尔迪亚诺博物馆）

由建筑师纳西索·帕斯夸尔·科洛梅尔重建的马德里天文台比利亚努埃瓦楼（1845）

威廉·赫舍尔为马德里天文台制造的望远镜（圣费尔南多艺术学院博物馆）

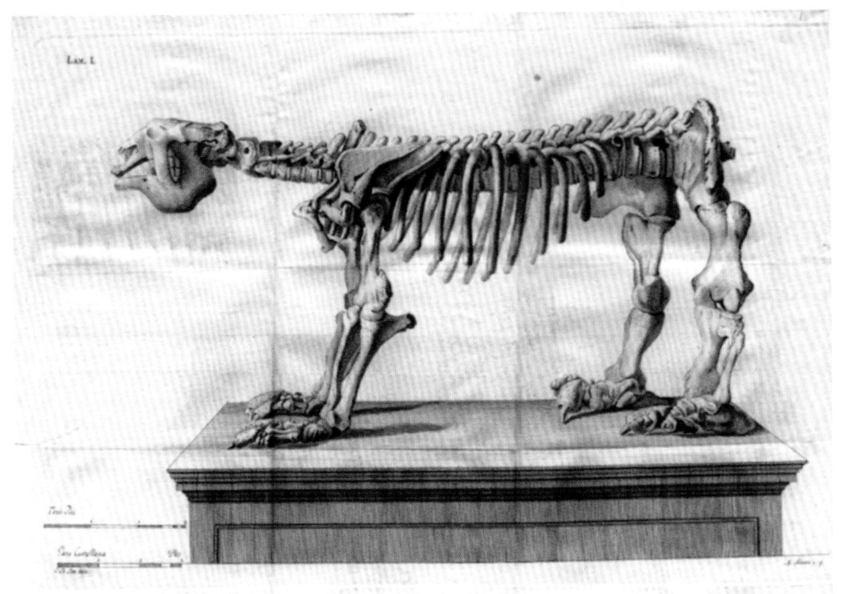

大地懒（胡安·包蒂斯塔·布鲁绘）

路易·普鲁斯特在塞哥维亚的化学实验室，保留了 1878 年的原貌
（让·洛朗摄。塞哥维亚炮兵学院图书馆）

豪尔赫 · 胡安（拉斐尔 · 特赫奥绘，1828。马德里海军博物馆）

安东尼奥 · 德乌略亚（安德烈斯 · 科尔特斯－阿吉拉尔绘，约 1856 年。塞维利亚市政厅）

何塞 · 塞莱斯蒂诺 · 穆蒂斯肖像画（希普利安娜 · 阿尔瓦雷斯 · 德杜兰 · 德马查多绘，1882。马德里皇家植物园）

马特奥 · 奥尔菲拉（亚历山大 · 科莱特绘）

自然科学博物馆鸟瞰图，后方为学生公寓学院，左下为马德里旧赛马场（政府综合档案馆）

伊格纳西奥 · 玻利瓦尔（国家自然科学博物馆）

索埃尔 · 加西亚 · 德加尔德亚诺（何塞 · 扬瓜斯－加西亚摄，约 1900 年。萨拉戈萨大学）

何塞 · 埃切加赖（华金 · 索罗利亚绘，1905）

《一次研究》，又名《西马罗博士在他的实验室》（1897）
（前景有一瓶重铬酸钾，它是镀银染色法的基本产品。同样是前景，桌边有一台莱茨切片机，这是当时最好的切片机。华金 · 索罗利亚绘。马德里索罗利亚博物馆）

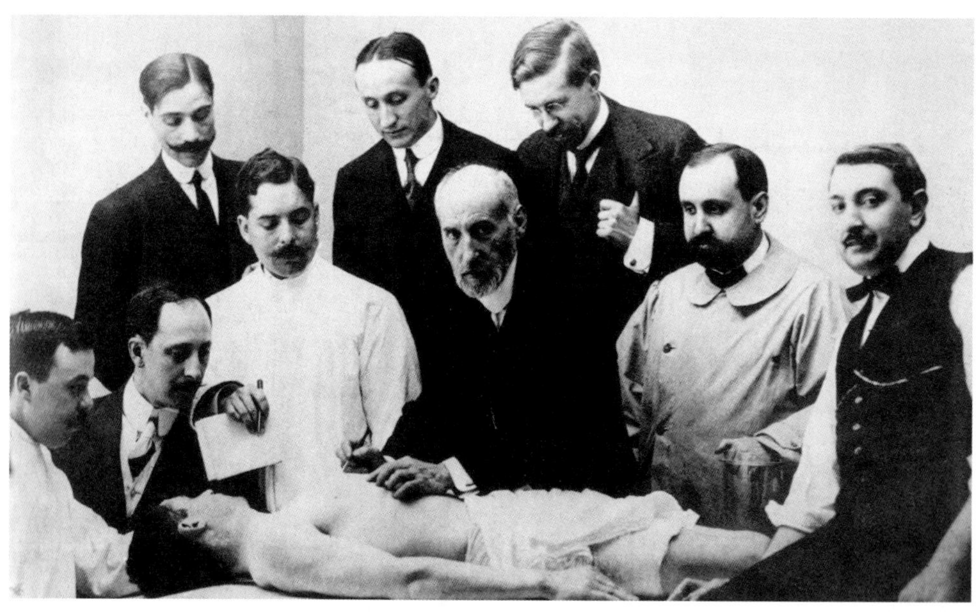

卡哈尔和学生们在解剖课上（1915）；右二为豪尔赫 · 弗朗西斯科 · 特略（阿方索 · 桑切斯 · 加西亚摄。索菲亚王后国家艺术中心博物馆）

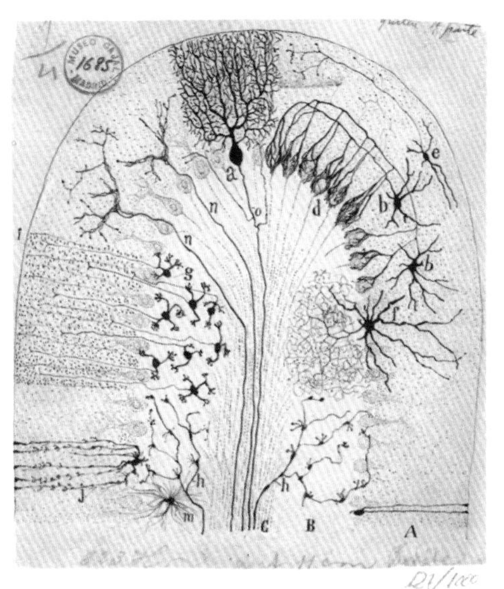

圣地亚哥 · 拉蒙－卡哈尔。某种哺乳动物大脑横切片（卡哈尔研究所。西班牙国家研究委员会）

卡哈尔关于高尔基的笔记

费德里科 · 加西亚 · 洛尔卡在学生公寓实验室（1923）（马德里学生公寓）

何塞普·科马斯－索拉在巴塞罗那法布拉天文台（巴塞罗那城市历史研究所照片档案）

布拉斯·卡夫雷拉在马德里的物理研究实验室（1930 年 3 月 3 日刊登于马德里《纪事报》）

米格尔 · 卡塔兰和他的分光镜。（政府综合档案馆教育、文化和体育部，埃纳雷斯堡）

胡利奥 · 帕拉西奥斯和海克 · 卡默林 · 翁内斯（莱顿，1914）

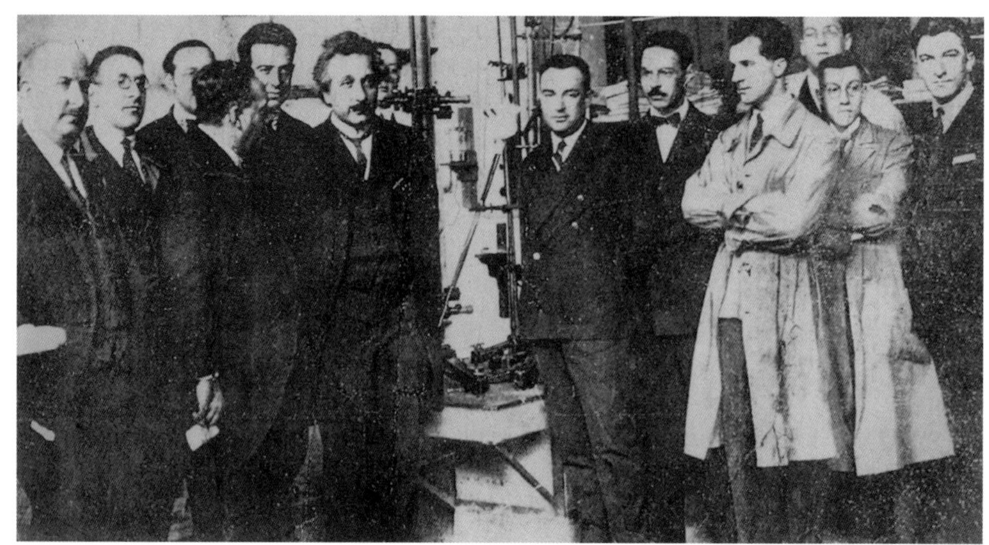

阿尔伯特 · 爱因斯坦参观物理研究实验室（1923）。左一为安赫尔 · 德尔坎波；左三为布拉斯 · 卡夫雷拉；右三为米格尔 · 卡塔兰；爱因斯坦身旁为胡利奥 · 帕拉西奥斯（贡萨洛 · 梅嫩德斯 - 皮达尔档案馆，马德里）

恩里克 · 莫莱斯（图右坐者）和他的同事们在物理研究实验室（1925）

胡安·内格林（胡安·内格林·洛佩斯档案馆，巴黎）

胡利奥·古斯曼、恩里克·莫莱斯、胡安·内格林和一位朋友（莱比锡，1911，胡安·内格林·洛佩斯档案馆，巴黎）

莱昂纳多·托雷斯·克韦多。在他身后是阿斯特拉－托雷斯飞艇，以及他发明的代数机的无穷轴（华金·索罗利亚绘，1917。美国西班牙裔协会，纽约）

内战时期的马德里大学城

流亡者抵达墨西哥

CIENCIA

Revista hispano-americana de
Ciencias puras y aplicadas

PUBLICACIONES DE

EDITORIAL ATLANTE
S. A.

流亡科学家主办的《科学》杂志

何塞 · 玛丽亚 · 阿尔瓦雷达（左一），弗朗西斯科 · 佛朗哥（左三）和伊瓦涅斯 · 马丁（左四）于 1948 年 1 月 31 日在西班牙国家研究委员会，当时正在举办该委员会第八届全会（学生公寓学院）

何塞·伊瓦涅斯·马丁，前教育大臣和西班牙国家研究委员会（CSIC）首任主席。（图左为刚落成的CSIC总部大楼，伊瓦涅斯·马丁手持该建筑的平面图。画面左上角是柳利[①]的科学之树，也是CSIC的标志（阿方索·埃尔南德斯·诺达绘。CSIC）

1950 年 1 月，何塞·玛丽亚·阿尔瓦雷达在西班牙国家研究委员会的办公室（马德里。学生公寓学院）

---

① 原文为“柳利之树”（árbol luliano）。拉蒙·柳利（Ramón Llull）是 13 世纪加泰罗尼亚作家、逻辑学家和神秘主义神学家。他还被认为是计算理论的先驱，影响了莱布尼茨等人。《科学之树》（*Arbre de la ciència*）是他向普通大众普及科学基础知识的一部重要作品。——译者注

何塞·玛丽亚·奥特罗·纳瓦斯库埃斯的漫画形象（卡洛斯·克萨达绘，1968）

马德里大学城举办的展览“原子为和平服务”

何塞·玛丽亚·奥特罗·纳瓦斯库埃斯、费德里克·马约尔·萨拉戈萨和维尔纳·海森堡（格拉纳达，1968）

科学之光
LIGHT OF SCIENCE

科学文化经典译丛

西班牙科学史

失落的帝国（下）

HISTORIA DE LA CIENCIA EN ESPAÑA

EL PAÍS DE LOS SUEÑOS PERDIDOS

[西] 何塞·曼努埃尔·桑切斯·罗恩　著
徐红梅　王　萌　赵　婷　译
何　冰　李伊茉　审译

中国科学技术出版社
·北　京·

图书在版编目（CIP）数据

西班牙科学史：失落的帝国．下 /（西）何塞·曼努埃尔·桑切斯·罗恩著；徐红梅，王萌，赵婷译．-- 北京：中国科学技术出版社，2023.1

（科学文化经典译丛）

ISBN 978-7-5046-9678-6

Ⅰ. ①西… Ⅱ. ①何… ②徐… ③王… ④赵… Ⅲ. ①自然科学史—西班牙 Ⅳ. ① N095.51

中国版本图书馆 CIP 数据核字（2022）第 118496 号

目 录

（下）

第 11 章

扩展科学教育与研究委员会（JAE）——19 世纪末危机的产物

我们这一代人如果不想被自己的命运抛弃，就必须以今天的科学的普遍特征为导向，而不是关注当下的政治——那都是完全过时的感性的共鸣。明天小广场上发生什么完全取决于我们今天开始思考什么。

何塞·奥尔特加－卡塞特（José Ortega y Casset）

《我们时代的主题》（1923）

实验室之战

1898 年，西班牙在与美国争夺古巴的美西战争中失败，随之而来的是失去它在美洲最后的几个殖民地。这一事件在伊比利亚半岛上产生了深远的影响。在科学领域，科学家们并没有袖手旁观。圣地亚哥·拉蒙－卡哈尔完美阐述了所发生的情况。阅读他的回忆录，我们发现了以下段落（Ramón y Cajal，1923：293-295）：

我在 1898 年的科学工作相当稀少，这是很容易理解的，因为那是与美国发生灾难性的疯狂战争的一年。毫无疑问这是由民族性格的遗传缺陷造成的。但更重要的是，因为我们当时的政党对自己和外国力量的真正规模和效率的一无所知，导致我们被拖入了这场灾难，这是令人羞愧的。因为尽管看起来很荒谬，但在当时，议员、记者、士兵等都真诚地相信我们在古巴和菲律宾的战争工具——由木船和病人组成的军队——可以跟敌人掌握的强大武器较量一番。

我脑海中对殖民灾难的记忆按照时间顺序是与撰写一部带有哲学倾向的作品联系在一起的，这部作品是关于视觉通路的基本组织和神经交叉的可能意义，这是脊椎动物最奇特和神秘的解剖学排列之一。

当时我们正和让人难忘的奥洛里斯（Olóriz）一起在风景如画的米拉弗洛雷斯村避暑消夏，闲聊或是看书累了的时候，我们常常会沉浸在象棋游戏中，费德里科先生（don Federico）非常喜欢下棋，每到傍晚时分，当我们对阅读感到厌烦或是因游戏的引人入胜而激动不已时，我们常常会去散步来让大脑保持清醒，在这种有益的漫步中，我很高兴能向我的同伴传达我思考的成果。在朋友的鼓励和认可下，我即将完成我的著作的编写，而正是在这样的时刻，塞尔韦拉的军队被摧毁和古巴圣地亚哥即将投降的可怕和令人痛心的消息犹如一枚重磅炸弹落在了我们平静的隐居之地。

这个不幸的消息突然打断了我的工作，使我醒悟到痛苦的现实。我陷入了深深的绝望之中。当祖国处于死亡的边缘时，如何进行哲学思考？而我崭新的视交叉理论也被无限期地推迟了。

这种在全国受过教育阶层中普遍存在的意志减弱把我带出了实验室，几个月之后，当国民的良知摆脱了昏迷时，把我带到了政治舞台上。新闻界急切地征求民意——无论大人的还是孩子的，让大家寻找导致这种痛苦失败的原因以及解决我们弊病的灵丹妙药。而我，像许多人一样，当时还很年轻，听从了新闻界的声音。我为充满活力的和火热的再生主义文学做出了微薄的贡献，众所周知，再生主义文学最有说服力的倡导者是伟大的科斯塔（Costa）、马西亚斯·皮卡韦亚（Macías Picavea）、帕莱索（Paraíso）和阿尔瓦（Alba）。后来一些杰出的作家加入了这个资深者的阵营：马埃斯图（Maeztu）、巴罗哈（Baroja）、布埃诺（Bueno）、巴列－因克兰（Valle-Inclán）、阿索林（Azorín）等。

他还进一步补充说："读懂'98 一代'和再生主义的只有我们自己：以布道的方式，朴素的政治说教只能教化那些信服的人，普通大众依然故我！"

正如拉蒙－卡哈尔在回忆录中指出的那样，自己是通过报纸参与公开论战的。但是他当时都说了什么呢?

西班牙战败后他立即写成的一篇文章刊登在 1898 年 10 月 26 日的《自由报》上。[1] 引用其中一部分内容很合时宜。对拉蒙－卡哈尔而言，解决困扰西班牙的各种弊端（西班牙被打败）的方法包括"永远放弃虚张声势，放弃我们认为自己是世界上最好战的国家的信念。还要放弃我们把只不过是外国文明映像的东西当作真正进步的幻想，放弃相信我们也有政治家、文学家、学者和军事家的幻想，而除了一些例外，我们有的只不过是一些勉强可以称之为政治家的政治家、勉强可以称之为文学家的文学家、勉强可以称之为学者的学者和勉强可以称之为军事家的军事家"。他还说，有必要"摈弃认为拉丁人种必须像撒克逊人种那样被管理或服从撒克逊人种的法律和政治方法的幻想。拉丁人种，尤其是西班牙人，非常不适合实行现代的自由观念，他们没有纪律，没有恒心，夸夸其谈，难以驯服，绝对缺乏政治意识，这一切使西班牙人注定要不断接受监护"。

这些段落让人读起来很不舒服，是典型的西班牙批判思想最黑暗传统的表现——在寻找积极方面的时候，总是乐于看向另一面，固执地坚持否定和局限性。里卡多·马西亚斯·皮卡韦亚推动了西班牙理性世界观的建立，在"1898 灾难"之后不久，他写下了《民族问题》（*El Problema Nacional*，1899）一书，在这本书中我们可以读到这样的语句：[2]"那些穿长袍的人群里仍然充斥着啰里啰唆的废话。富有原创精神的研究者、认真的实验工作者，以及在文学、历史、哲学、语言学、物理学、化学、生物学、法学等领域普及正面知识的工作者们……他们都在哪里？可能有多达十几个名字，以及三四个学术或科学机构。事实是，他们一直处于最简陋寒酸的环境中，被令人窒息的真空所包围。”然后他总结道：

> 我们的文化只是一种二手文化，是流于表面的、与别人并行的、没有民族性的、几乎完全来自法国的一种文化。
>
> 在西班牙创造和培养的独立精神和富有原创精神的研究人员几乎超不过6个人。
>
> 有多少科学家能用自己的学科操作高水平的物理实验？
>
> 有多少人具备了在他今天已经征服的广泛和奇妙的领域中管理一个高深而精密的化学实验室的能力？
>
> 有多少人在众多惊人的应用中掌握了显微镜和生物实验技术？

显然，在阐明伟大真理的同时，这种说法也包含着深刻而有害的错误。不用说别人，拉蒙－卡哈尔本人就应该在表述上更为谨慎，正如我们所看到的，他欠奥雷利亚诺·马埃斯特雷·德圣胡安、莱奥波尔多·洛佩斯·加西亚或路易斯·西马罗一个公道的评价。但是，除了这位西班牙科学史学家希望并应该做出确切的说明，以及19世纪末期太多的再生主义者所持有的很有可能是被夸大了的可怕而消极的观点之外，还有一个不可否认的事实，那就是将科学装备设施的不足与落后认定为国家的主要弊端之一。

让我们再次回到卡哈尔和他1898年在《自由报》上发表的文章中题为《不完整的科学导致毁灭》的那一节［杜兰·穆尼奥斯和桑切斯·杜阿尔特（Sánchez Duarte），comps.1945：119-120］：

> 改变科学、文学和工业等学科的教学状况不应该像现在流行的做法那样增加学科的数量，而是应该通过真正地和切实地教授我们所拥有的东西。在这方面，我们的所作所为应该说是残酷的、难以忍受的。毋庸置疑，不完整的科学是导致我们毁灭的最有力的原因之一。在操作大炮时，我们的

> 炮手并不缺乏数学知识，缺乏的是击中目标的实践。我也对医生、物理学家、化学家和博物学家说同样的话，他们都非常博学，但很少有人知道如何将他们了解的科学应用于生活所需，那些掌握研究方法以至于有所发现的人十分罕见。
>
> 必须创造具有原创性的科学，而且覆盖所有的思想类别：哲学、数学、化学、生物学、社会学等。在具有原创性的科学出现之后将出现各种科学原理的工业化应用，因为具有原创性新科学的出现必然伴随着它自身的爆发，也就是在满足人类生活需求和舒适方面的各种应用。最终，科学应用于人类各种活动的成果是财富、舒适、人口增加、军事和政治力量的增长。

他最后总结说："因为无知和软弱，我们在美国面前倒下了，我们是如此无知和软弱，甚至否认他们的科学和力量。因此，我们必须通过工作和学习使自己获得再生。"

"通过工作和学习获得再生"，这是卡哈尔式的格言。但是如何有效和高效地获得再生？他在"1898 灾难"之后提出的第一批建议之一是以《医学系教学改革计划要点说明》的形式提出的。他在 1899 年 9 月编写了该计划，但从未发表。[3] 这份文件是他在当年 6 月、7 月和 8 月因公到国外访问的成果，也是"前几年自费到英国、法国、德国和意大利旅行的结果"，这些活动使他能够"比较详细地研究最先进国家的医学院的组织情况，并收集一些数据，从而勾勒出一个无疑是十分有用的医学教学改革计划"。

卡哈尔的意图并非"建议彻底改变教学体系，也不是从根本上改变我们院系的内部架构。我们的改革更多触及的是教学问题，在我们看来教学是存在缺陷的，与现阶段的科学发展水平不协调，最重要的是教学的方式是理论多于实践，这更适合于培养学者而不是实践者和研究者"。这位来自佩蒂利亚－德阿拉贡的生物组织学家在这里提出的观点是至关重要的：在 19 世纪末的西班牙科学界，无论是教学还是研究，基本上都停留在理论性的和书本上的东西，而此时的德国、英国和美国等国家正在坚定地推进实践教学。

在卡哈尔写下上述《医学系教学改革计划要点说明》的 3 个月前，即 1899 年 6 月 23 日，一些类似的想法在议会中找到了回音，议员爱德华多・文森蒂（Eduardo Vincenti）指出（1907 年成立扩展科学教育与研究委员会时，文森蒂是最早被任命的成员之一）：[4]

> 我将不停地重申，抛开虚假的爱国主义吧，我们必须从美国树立的榜样中得到启发。这个民族打败了我们，不仅是因为他们更强大，而且还因为他们更有学识、受过更好的教育，绝不是因为他们更加勇敢。没有一个美国佬向我们的军队展示他们的胸膛，而是展示他们的由某个电工或某个机械师发明的机器。我们在实验室和办公室里被打败了，而不是在海上和陆地上。

10 年后，同样的想法仍在重复。1909 年，马德里生物化学教授何塞・罗德里格斯・卡拉西多（他恰好从 1898 年开始担任生物化学教授）回忆说："西班牙的科学教育问题是在我们失去最后的殖民势力范围之后被看作是当务之急被提出来的。撤回到故乡的民族灵魂对自己的良心进行了重新审视，清楚地看到自己已经参加了战斗，并在战斗中被自己的无知所打败，这些被我们的民族灵魂所忽略的知识能给社会机体注入积极的精神活力。谈到中等教育的课程，有人风趣地指出，我们的失败不可避免，因为美国是物理和化学的民族，而西班牙是修辞和诗歌的民族。"（Carracido，1909：113）。

自由派政治家塞希斯孟多・莫雷特的观点尤为有趣。他在 1908 年由他担任主席的西班牙科学促进会第一届大会（在萨拉戈萨举行）的开幕式上坚定地认为进行科学教育是必要的，指出科学教育"具有这样的价值，那就是所有想参与今天震撼全世界的战斗的国家都必须通过教育做好准备，这种教育必须是循序渐进的和协调的。首先力求在学校的头几年开展尽可能完整的普遍知识的教育，然后在接下来的几年里'在观察和调查'的基础上，将所有这些基础的知识转化为科学更深层的知识"。[5]莫雷特接着指出，当所有以这种方式接受过教育的人"进入生活的战斗，进入工业生产、研究工作以及推动人类进步的其他活动中时，他们将不满足于他们所学的东西，而是在竞争的刺激下，寻找新的追求进步的途径。因此，他们将不仅仅让所学有所提高，而且还将寻求新的科学发现——在之后的工业生产和生活中这些新发现都将得到展现，将开辟出新的市场，产生新的财富，并让已经知道为斗争做好这样的准备的国家变得更加强大”。就像当时西班牙总是发生的情况一样，莫雷特提供的主要例证还是德国，“在德国，科学进步让工业生活发展到难以置信的强大地步”。

在演讲中，莫雷特展示了一种均衡地满足西班牙各种需求的愿景。在这一愿景中教育与研究、学校与实验室是相辅相成的关系。他对科学抱有的兴趣和敏感性的一个例子是，几年前他曾试图让卡哈尔作为大臣加入他负责的内阁中。以下是圣地亚哥·拉蒙－卡哈尔本人在其回忆录中对这一提议的描述（1923：362-364）：

> 1905 年，我们在科学和文学协会的一次谈话中，他告诉我他的愿望。当时我只是感谢他，委婉地回绝了他。事实是，我不觉得自己是一个政治家，也没有为担任艰巨的大臣职位做好准备，我也没有在审视自己的良知时成功地在自己身上发现在我国有尊严地履行职责所不可或缺的那些天赋。
>
> 那是在 1906 年的 3 月，在他家举行的一次会议上，这位杰出的政治家告诉我他的想法，并表示希望我能够提供些许帮助。与以往几次一样，我以我的议会经验不足当作为自己推脱的理由。但塞希斯孟多先生的口才太可怕了。他用真诚的爱国主义的措辞，阐述了教育需要的伟大改革，并为把这些改革变为法律的大臣预留了荣誉。他还说，科学工作者也对国家的政治负有责任，为了国家的政治，有必要牺牲家庭的和平，更不必说实验室的自私的满足感。最后，为了成功“引诱”我，他引用了贝特洛（Berthelot）和其他伟大学者的例子，说为了提高国家的文化水平，他们是多么重视公共教育。
>
> 他热情的劝告最终打动了我，我大胆向他提出一些改革建议，旨在将西班牙的大学从世俗的昏睡中唤醒：聘请知名外国研究人员几年时间；在欧洲那些伟大的科学中心安置我们最聪明的知识青年，以形成未来教师职

业的苗圃；创建大型的学院，附属于各研究所和大学，配备体面的寄宿设施、卫生用品、热心的教员和其他类似英国机构里的各种优越条件；在小规模试验的基础上，建立某种类似法国的学院机构或高级研究中心，让我们最杰出的教师和从国外回来的优秀的奖学金获得者能够在那里舒适地工作；为热衷于教学的教授们或重要科学发现的作者设立奖金，以抵消职业阶梯带来的挫败感。

当我以为莫雷特会被这样一项涉及向议会申请大量预算的改革计划吓倒时，他欣喜地回答说："我们完全不谋而合，一旦出现下一次内阁危机，你将成为我的公共教育大臣。"

在那次与自由派领导人的会面后不久，1906 年 4 月，国际医学大会在里斯本召开，卡哈尔出席了会议。在那里，他严肃地思考了他对莫雷特作出的政治承诺。他决定回头："我最终意识到，在自由党陷入混乱的情况下，等待解散法令是一种幻想，因此也不可能进行教育和文化提升的宏伟工程。在我的专业同事的眼中，特别是在职业政治家的眼中，我将成为一个并非被环境打败的满怀美好意愿的人，而只是又一个野心勃勃的庸人，而这是我作为一个公民和爱国者的良心所不齿的。"

正如我们所看到的，他的立场中没有单纯可言，而是在完全合法意义上的某种政治上的算计。想要回报是不太可能的，风险也很大。因此，他写信给莫雷特，拒绝了这个提议。无论如何，应该注意到的是作为政府首脑的莫雷特不得不在 1906 年 7 月 5 日离开了他的职位，但 11 月他又短暂地回归（1909 年 10 月再次短期任职）。

在 18 世纪和 19 世纪之交的西班牙，并非所有人都以同样的方式理解困扰国家的问题。以法学家、政治家、制度主义者和最狂热的再生主义者之一——华金·科斯塔为首的很多人都将自己限制在强调初级教育和减少文盲人数上[6]。而且对他们来说不难找到合适的论据：1900 年，71.5% 的人口是文盲（1930 年，这一比例有所下降，但仍高达 44.5%）。但是，可以说即使如此，他们的观点就算有道理，但也是狭隘的。

阿韦利诺·古铁雷斯是一位定居阿根廷的西班牙移民，他在那里从事医生工作，是布宜诺斯艾利斯西班牙文化协会的主要发起人，他认识到了问题所在。也许是受背井离乡远离祖国的情感驱使，他在 1920 年送别刚刚结束在布宜诺斯艾利斯的西班牙文化协会教学任务的物理学家布拉斯·卡夫雷拉（第 13 章的主角之一。在他之前，梅嫩德斯·皮达尔、奥尔特加 – 加塞特、雷伊·帕斯托尔和皮 – 苏涅尔都曾在那里担任教职）时说的一段话中指出（Gutierrez，1926：39-40）：

> 即使创建许多学校，同时增加教师的数量，把文盲率降低到尽可能低的程度，我们也不会成功地全面解决民族文化存在的问题，也不会成功地让国家变得伟大。没有优越的文化和属于自己的科学生产，就不可能有伟大的成就。
>
> 如果让我在一个没有文盲同时也没有自己的文化的西班牙和一个拥有伟大的学者、具有原创精神的研究者、伟大的科学培养者但有许多文盲的西班牙之间作出选择，我会选择后者。拥有高等级文化的西班牙将通过知识和科学辐射并影响世界，而前者仍只会局限于其地理界限内，尽管在文化领域一切都是相互关联的或彼此相通的。

扩展科学教育与研究委员会

正是在这种背景下，即在我们称为“再生主义”的现代精神的影响下，出现了一些改善西班牙教育和科学状况的举措。根据 1900 年 4 月 18 日颁布的法令，发展部被废除，取而代之的是两个新的内阁部门：农业、工业、贸易和公共工程部以及公共教育和美术部。在西班牙历史上，教育首次上升到国家行政管理的最高级别。但是最重要的努力集中在初等教育和中等教育上，而不是高等教育，因此大学教育没有取得多大进展，特别是在科学研究的物质设施方面。然而还是一些有意思的值得回顾的举措，例如，1900 年规定，正式教师可以获得带全薪最长一年在国外进修的许可，相应的法令［1900 年 7 月 6 日由公共教育大臣安东尼奥·加西亚·阿利克斯（Antonio García Alix）签署］还规定“在具备可支配资金时可以对他们给予资助”。年轻的硕士和博士生仍然不在该法令的适用范围，但第二年随着自由派人士罗曼诺内斯（Romanones）伯爵阿尔瓦罗·德菲格罗亚－托雷斯（Álvaro de Figueroa y Torres）加入内阁，这一限制得到了一定程度的弥补，1901 年 7 月 18 日颁布的敕令批准建立一笔高等教育院系或学校津贴，每年给予 4000 比塞塔的资助。只有在专业上获得“特等奖”的学生才有资格获得这笔津贴。到其回国时，领取津贴的人可以获得在其学科内出现第一个空缺时被任命为助理讲师的权利，这种可能性后来出现了细微的变化（给予他们担任助理讲师的可能性，但没有薪资）。

显然，为了在科学研究主导权上取得重大进展，这些做法还不能令人满意。1907 年提出的一个更有成效的举措是，创建一个自主机构，但要隶属于公共教育部，并以自由教育学院的思想为灵感，这个新机构就是扩展科学教育与研究委员会（JAE）。

有关这个新的委员会与政府机构之间联系的证据有很多，而且在有关文献中都已经指出过。例如，比森特·卡乔·比乌（Vicente Cacho Viu，1988：4）将该委员会称为“一种成果，是自由教育学院的晚期成就”。当回顾参与该委员会创建的人时，在来自政治、社会或大学各个领域的人当中，还发现了一些“关系”，从中不难看出与自由教育学院有关的名字，诸如弗朗西斯科·希内尔·德洛斯里奥斯。

有关 JAE 起源的一份重要文件是 1906 年 6 月 6 日希内尔写给塞希斯孟多·莫雷特的一封信的草稿，当时后者还是政府首脑。希内尔之所以能如此方便地接触到莫雷特，证明了他是自由教育学院股东的事实（他甚至还主持过股东大会）。在这封无疑是仓促而成的信件（草稿存放在自由教育学院，转引自卡斯蒂列霍，汇编，1997：328-329）中可以读到如下几段话：

> 您对国民教育问题给予了极大的重视。并非所有人都是这样的，尽管他们所说甚至所为好像都表现出他们的关心。现在不是讨论细节的时候。
>
> 如果有一天您需要，请给科西奥（Cossío）打电话。原则是始终如一的：将每项服务的技术操作部分委托给一个独立于党派行动的中心完成。目前，我认为所有的力量都应该集中在大众教育、改善目前的教学工作以及准备未来的工作，包括学校的学位和捐款工作、成人、监督、师范、教

育博物馆等，而首要的是对需要赖以支撑的有益组成部分亲自进行调研。

在教育的其他领域，我认为目前只需要解决某些紧迫问题：废除考试、大幅提高海外学习的津贴、增加捐款、加强实验研究和教学方面的培训。在资源允许的情况下，可以逐步为上述每项工作建立负责的机构。

扩展科学教育与研究委员会将是其中这样的一个机构。

在由上述委员会创建和帮助维护的物理、化学、数学、自然科学和生物医学以及在人文科学领域的各个中心里有西班牙最优秀的科学人才，其中包括布拉斯·卡夫雷拉、伊格纳西奥·玻利瓦尔、恩里克·莫莱斯、米格尔·卡塔兰、胡利奥·雷伊·帕斯托尔、卡哈尔、尼古拉斯·阿丘卡罗、皮奥·德尔里奥·奥尔特加、胡安·内格林、贡萨洛·罗德里格斯·拉福拉、安东尼奥·苏卢埃塔、爱德华多·埃尔南德斯－帕切科、胡利奥·帕拉西奥斯、阿图罗·杜佩列尔（Arturo Duperier）、曼努埃尔·马丁内斯－里斯科（Manuel Martínez-Risco）、安东尼奥·马迪纳贝蒂亚，以及像塞韦罗·奥乔亚（Severo Ochoa）或路易斯·桑塔洛（Luis Santaló）这样的年轻人，前者在西班牙内战后为美国生物化学的发展做出了杰出贡献，而后者则为阿根廷的数学发展做出贡献。

上述委员会是根据 1907 年 1 月 11 日的敕令成立的（公布于 1907 年 1 月 18 日的《马德里公报》上）。当时是自由派掌权，由德拉维加·德阿米霍侯爵安东尼奥·阿吉拉尔－科雷亚担任首相，阿马利奥·希梅诺担任公共教育大臣。1 月 15 日，也就是在敕令出现在《马德里公报》(《政府官方公报》的前身）之前，就举行了新机构的成立仪式。公共教育大臣希梅诺任命的委员如下：圣地亚哥·拉蒙－卡哈尔、何塞·埃切加赖、马塞利诺·梅嫩德斯·佩拉约、华金·索罗利亚、华金·科斯塔（他几乎是立即因病辞职，由刚刚离开该部的阿马利奥·希梅诺接替）、比森特·圣玛丽亚·德帕雷德斯（Vicente Santamaría de Paredes）、亚历杭德罗·圣马丁（Alejandro San Martín）、胡利安·卡列哈、爱德华多·文森蒂（Eduardo Vincenti）、古梅辛多·德阿斯卡拉特、路易斯·西马罗、伊格纳西奥·玻利瓦尔、拉蒙·梅嫩德斯·皮达尔、何塞·卡萨雷斯·希尔、阿道夫·阿尔瓦雷斯·布伊利亚（Adolfo

Álvarez Buylla）、何塞·罗德里格斯·卡拉西多、胡利安·里维拉·特拉戈（Julián Ribera Tarragó）、莱昂纳多·托雷斯·克韦多、何塞·马尔瓦（José Marvá）、何塞·费尔南德斯·希门尼斯和维多利亚诺·费尔南德斯·阿斯卡尔萨（Victoriano Fernández Ascarza）。何塞·卡斯蒂列霍－杜阿尔特（1877—1945）则被任命为秘书，虽然在法令中并没有出现他的名字，但他曾是“公共教育和美术部推荐的技术信息服务及负责与国外联络的教授”。作为教授罗马法的教授，卡斯蒂列霍－杜阿尔特在希内尔的精心培养和鼓励下，在委员会存在的整个时期他一直是秘书和骨干，尽管在1932年他正式从JAE辞职，开始担任新成立的国家科学研究和改革试验基金会的行政主管。

在扩展科学教育与研究委员会的第一次会议上，胡利安·卡列哈表示“首先要做的是任命一位主席，每个人心中都有两个名字：埃切加赖先生和卡哈尔先生，但是前者已经事先说过他不会接受这个职务，他建议卡哈尔先生担任”。[7]卡哈尔也试图推却，理由是“缺乏政治上的级别，对行政部门也不够了解”，但在其他成员的坚持下，他最终被一致推举担任委员会主席一职，直到他1934年去世。[8]

成立法令的“说明”既如实地反映了委员会成立的背景，也阐明了成立的意图。开头是这样说的：“公共教育所能带来的最重要的改进是，通过一切可能的手段培养未来的教师，并为现在的教师提供途径和便利条件，使他们能够密切关注当前最有文化的国家的科学和教育活动，从而积极地参与其中。”

为了完成这一任务而选择的最主要途径是津贴，也就是今天所说的奖学金。事实上，由于对津贴的重视，JAE更广为人知的称呼是“津贴委员会”。成立法令在这方面再次明确指出：“自我孤立的民族会停滞不前，走向衰败。这就是为何所有文明国家都参与到与科学有关的国际活动中，参与者不仅有欧洲小国，还有那些似乎与现代生活隔绝的国家，如土耳其，其在德国的学生数量比西班牙多4倍，西班牙在所有欧洲国家中排名倒数第三，只有葡萄牙和黑山在数量上逊于它。”

当时包括一些欠发达国家在内的许多国家确实都设立了海外进修津贴。罗马尼亚和日本等国家在很大程度上是在海外奖学金的基础上形成了自己的现代文化（日本派遣数千人）。智利和阿根廷采取相同制度，后者甚至还在巴黎设立了办事处专门用来接待居住在欧洲的奖学金获得者。即使是拥有很多高文化程度的教师培训中心的美国，也从在法国、德国和英国大学课堂里进修过的学生那里获益匪浅。这种普遍的移民运动规模如此之大，以至于在 1904—1905 学年，在德国各个大学里的外国学生的人数达到了约 7000 人，其中 4000 人是正式注册的。

但是，JAE 的职责不仅限于发放奖学金，1910 年 1 月 22 日颁布的敕令中明确指出了 JAE 肩负的职责：

1. 在西班牙境内外负责扩展科学教育的服务；
2. 组织派遣科学家大会代表团；
3. 教育领域的国际信息服务和国际交流；
4. 推动科学研究；
5. 保护中等和高等教育的教学机构。

第 4 点尤为重要，事实上在成立该委员会的法令指出以下问题的时候，这一点就已经被包括在法令中：

签署法令的大臣没有忘记……奖学金领取者在回国时需要一个工作领域和有利的氛围，使他们的新能量不会逐渐消退，而且还可以要求他们在国家享有权利的集体工程中付出努力和提供合作。为此，最好是尽可能地为他们进入不同教育层级从事教学工作提供便利，确保他们发挥自己的能力和素质，依靠他们组建和培养小规模科研活动和密集工作的机构，在那里无私地培育科学和艺术人才，利用他们的经验和热情影响在校青年的教育和生活。

“依靠他们组建和培养小规模科研活动和密集工作的机构”，换句话说，其目的就是建立自己的实验室和研究中心。

国际机构背景下的 JAE

在深入研究这个委员会的历史之前，将其与其他国家的倡议进行比较是很有意思的事情。但是，当我们在其他国家寻找致力于促进科学研究的组织时，通常会发现与 JAE 迥异的例子（在为数不多的这种类型的项目出现并维持相当长的时间的情况下），事实上，根本没有类似的情况。

抛开一些私人性质的基金会不谈，比如 1902 年创建的华盛顿卡内基学会，它是用工业家安德鲁·卡内基（Andrew Carnegie）捐赠的资金支持研究工作的。从某种意义上说，最适合评判 JAE 的独特性以及原创性的组织是德国的威廉皇帝协会。该协会建立的目的是让德国工业界为创建和维护服务于国家科学发展的研究中心提供资金，因为科学研究被公认为工业界获得其大部分财富的来源。化学家埃米尔·菲舍尔（Emil Fischer，柏林大学教授，真正的“碳水化合物之父”，因在合成嘌呤和葡萄糖及果糖等单糖研究方面的贡献，在 1902 年获得诺贝尔化学奖）等科学家率先发起了这项倡议，并得到了威廉皇帝的支持。化学、电气、钢铁和武器（克虏伯）、天然气和煤炭工业的代表们响应了德皇的号召，但没有像一些人希望的那样慷慨解囊，数目上也不多。到 1914 年 8 月，当机构成员人数达到 200 名时，筹集的资金为 1360 万德国马克：60 万马克来自农业，380 万马克来自重工业（克虏伯家族出资 140 万马克），210 万马克来自化学和电气工业，90 万马克来自商界，350 万马克来自银行，270 万马克来自其他行业。

第一所成立的威廉皇帝研究所是化学研究所，成立于 1912 年 10 月 23 日。该所所长是分析化学家恩斯特·贝克曼（Ernst Beckmann），他还负责无机化学组；同时还设有一个由里夏德·维尔施泰特（Richard Willstätter）领导的有机化学组，以及由奥托·哈恩（Otto Hahn）领导的一个规模略小的放射学和化学组，不久之后，莉泽·迈特纳（Lise Meitner）也加入了进来［1938 年年底，正是在这个研究所，哈恩与弗里茨·施特拉斯曼（Fritz Strassmann）合作发现了铀的裂变］。该研究所耗资 110 万马克。几乎在同一时间，由弗里茨·哈贝尔（Frtiz Haber）领导的物理化学和电化学研究所开始投入工作。这两个研究所都是在普鲁士政府提供的位于柏林附近达勒姆的土地上建造的。（如今，那里仍有一些研究中心，但现在是得到另一个组织的支持，即马克斯・普朗克学会。与 JAE 的情况类似，许多研究所更名后继续存在，并得到西班牙国家研究委员会的支持）。

1913 年，同样是在达勒姆，成立了威廉皇帝实验治疗研究所；1914 年 7 月，第一次世界大战爆发前不久，在米尔海姆成立了煤炭研究所；在接下来的几年里，相继成立了铁研究所（杜塞尔多夫）、生理组织化学研究所（达勒姆）、生物学、劳动生理学和脑研究所。由爱因斯坦指导的威廉皇帝理论物理研究所也于 1917 年成立，但该研究所不需要设施，只需要一些资金，其总部位于柏林 W30 区的哈伯兰大街 5 号，也就是爱因斯坦的私人住宅内。1930 年，马克斯・普朗克学会总共下设 26 个中心。这是一个完整的科学帝国。

在比较 JAE 与威廉皇帝会时，我们发现以下区别和相似之处：

1. JAE 设立了一项广泛的海外奖学金政策，但威廉皇帝协会没有这样做，这显然是因为它不需要这样做，因为德国是全球科研参照的一个（如果不是唯一的那个）中心，是其他国家的人都去学习的地方。

2. JAE 和威廉皇帝协会都具有明显的中心主义特征。虽然他们的确在马德里和柏林（达勒姆）之外的地方设有机构，但数量并不多。

3. JAE 是一个公共机构，其大部分资金来自国家，而威廉皇帝协会则是以强大的德国工业为基础。与此密切相关的一个事实是，JAE 没有威廉皇帝协会那种大量财政资源供其支配。

4. JAE 承担强大的“教育”功能（学院 – 学校、学生公寓），而威廉皇帝协会没有。

鉴于这些特征，可以得出结论，JAE 的确是一个非常具有原创性的经验。

扩展科学教育与研究委员会的特权及其对立面

每个项目的实现都需要足够的资金支持。扩展科学教育与研究委员会的预算大大高于用于资助该委员会以外的大学范围内的科学研究的预算（“科学研究”这个词既可以理解为“理科”本身也可以理解为“人文科学”）。

马德里生物化学教席的情况为了解 20 世纪初大学装备设施提供了很好的思路。这个教席满足医学、药学和理学系的需求，从 1887 年成立到 1901 年，该教席没有实验室预算。卡拉西多曾经抱怨（1917d：389）：“从 1887—1901 年，14 年了！生物化学被解释得好像它是一门玄学。所有的大臣（在这一点上没有党派之分）对组建必不可少的实验室所需基本要素的要求都是一致反对的。”

最终，在加西亚·阿利克斯担任大臣期间（1900 年 4 月 18 日至 1901 年 3 月 6 日），议会表决通过了每年 6000 比塞塔的预算，用于购买中央大学 5 个系的科学研究所用物资。就化学教席而言，这相当于每个教席每季度获得 38.25 比塞塔。从这种不充裕的情况看，卡拉西多将他的实验室借给 JAE（在其起步阶段）开展“生物化学工作”也并不奇怪。JAE 显然也从这种安排中获益，它对药学系的这个实验室给予了开支上的补偿，并为其提供购买和维护某些仪器的资金。

从 1906 年开始，大学研究获得的经济捐赠大幅增加，每年用于购置科学物资的投资达到 20 万比塞塔，其中约 45% 集中在中央大学。[9] 此外，至少有一个中心从一开始就得到了当时算是慷慨的资助——指的是由马德里中央大学理学系的无机化学教授何塞·穆尼奥斯·德尔卡斯蒂略领导的放射学实验室。[10] 该实验室创建于 1903 年（次年开始运行），从 1905—1906 学年开始，每年有 3000—4000 比塞塔的定期拨款用于其运作。[11] 穆尼奥斯·德尔卡斯蒂略在 1908 年撰写的一份报告中证实了这些数据，该报告的题目是《马德里理学系放射学实验室的报告：呈尊敬的公共教育大臣》。报告中提到了 1.75 万比塞塔的仪器费用支出，高于中央大学物理和化学系的年度预算。

应该指出的是，JAE 的最初运行并不容易。例如，如果我们查阅该委员会负责人发表的第一份年度报告（1908：3），就会发现遗憾多于满意。报告开篇就指出："在刚刚过去的一年，委员会的生活呈现出的情况是努力和期待大于成果。所完成的工作当然是不可忽视的，但它与这项出色的工作所承诺的以及为之投入的热情并不相符，这也许是因为委员会提出的要求非但没有得到尊重，反而它的活动被暂停、其职能被削弱、其行动被改变。"

委员会的活动被暂停是政治环境造成的后果。在委员会成立时，公共教育大臣——要记住的是委员会隶属于该部——正如我之前指出的是阿马利奥·希梅诺。但是，在创建委员会的法令公布几天之后，即 1907 年 1 月 25 日，政府内阁被保守派的安东尼奥·毛拉（Antonio Maura）控制，他任命福斯蒂诺·罗德里格斯·圣佩德罗（Faustino Rodríguez San Pedro）担任公共教育大臣，后者对这个新机构并不是很赞成，对其规章进行了修改，从而阻碍了本应正常的发展。在上面提到过的年度报告的导言中（1908：4）可以读到这样的语句："在一个刚刚从颓败的严峻时期走出来的还有些迟钝的国家，公共当局在找到一种民族情感之前，总是会在长期的试探中犹豫不决，这并不奇怪，就像在个人身上发生的一样，在面对痛苦的时刻，本能会取代思考。"

尽管如此，JAE 还是在第一年做了一些事情。在西班牙国内，共发放了 10 笔奖学金，在国外，奖学金方面就没这么幸运了，但这项工作最终将给委员会带来最大的荣耀。收到的申请是 211 份，其中 74 名申请人被选中，涉及支出 17.9810 万比塞塔（那一年委员会的总预算为 32.8 万比塞塔）。这些奖学金申请人选被提交给内政部，但再次出现分歧，最终在年度报告（1908：35）中看到："这一年已经结束，没有一个奖学金领取者出国，也没有动用议会为此专门设立的拨款。"最终在 1908 年 3 月，内政部发布一项决议，只接受了 74 名申请人选中的 13 名。

委员会成立早年是如此艰难，以至于 1908 年和 1909 年的报告非常简短（34 页），在 1910 年的年度报告中可以看到（1910：3）："到 1907 年年底，委员会经历了一个关键时期，几乎所有的活动都暂停了。"在一条脚注中解释说："1908 年的年度报告没有公布，由于有待说明的原因，委员会的各项服务都缺乏进展，似乎应该把这一年纳入 1909 年的报告。"但是在 1908 年，仍为预先确定的课题发放了 27

份奖学金（这表明了一种积极影响国家科学生活的愿望），为未确定的课题发放了12份奖学金。尽管最初JAE遇到各种困难，但总体而言由其管理的预算是高于大学预算的，更重要的是，这些预算以相对较快的速度增长，这在相应的年度报告中也可以看到（1909年预算为22.5万比塞塔，但到1914年已增加到78.9655万比塞塔）。[12]这种优越的状况——以及它与自由教育学院的关系——给它在其整个历史发展时期招致了各种强烈的批评。这种指责态度的一个例证是奥古斯丁修会神父格拉西亚诺·马丁内斯（Graciano Martínez）在1915年发表的一本题为《公共教育部和自由教育学院的浪费》的小册子（1914年他被任命为其所在教团内部的《西班牙与美洲》杂志的主编）。在这本小册子中可以读到以下这些话：

> 自由教育学院的人是如此聪明和娴熟，以至于凭借着八面玲珑的手段和糖衣炮弹式的微笑，他们成功地创建出3个独立的机构，他们随心所欲地管理这些机构，但国家却要为其支付丰厚的费用。这3个机构是国家教育博物馆、扩展科学教育与研究委员会和科学材料研究所。更不用说还有其他大大小小的附属机构，如玻利瓦尔领导的自然科学博物馆和长期由利纳雷斯领导的位于桑坦德省的海洋生物学实验站，等等。

在这一点上，这位奥古斯丁修会神父对上述机构进行评述，轮到JAE时，他在指出“它每年获得80万比塞塔！”之后问道：“如此惊人的数额都用到了什么地方？”正如可以预料到的那样，他的回答是指责性的：“这么多钱没有用在津贴和工资上，没有用在补贴另一个机构——学生公寓上，没有用在出国深造的奖学金发放上。需要提醒大家注意的是在这些奖学金的分配上，可以说公共教育大臣不过就是该委员会人员中的一个卑微的秘书，根本没有参与奖学金的分配”。

马丁内斯神父没有否认，“在这个委员会的人员构成中，一如既往地都是来自各机构里那些敏锐和有能力的人，他们是创建者，也是随心所欲对其进行管理的人，或者说，就是由机构主义者何塞·卡斯蒂列霍专断管理，他是委员会的秘书，他和他的聪明才智一样，是这一切的灵魂。在该委员会中，他们总是让一些天主教的杰出人物出现，但是这些人甚至都不参加委员会的会议，因为他们非常清楚，参加会议是浪费时间……他们只不过是该委员会里的一块遮羞布，用来掩盖这些体制派成员或任由体制派成员摆布的人做出的决定，比如阿方索·布伊利亚、古梅辛多·德阿斯卡拉特、伊格纳西奥·玻利瓦尔、阿马利奥·希梅诺、拉蒙·梅嫩德斯·皮达尔、路易斯·西马罗、爱德华多·文森蒂等人”。当然，接下来他的话就是所使用的这些先决条件的后果了：

> 因此没有必要探究是什么人在享受着到国外去的丰厚奖学金。在奖学金获得者中，不时会出现一些有学问的牧师，偶尔也会有重要的天主教徒，但通常情况是，奖学金领取者总是和派遣他们的人同属一类人。
>
> 至于学生公寓，最好一个字也不要说，因为我认为如果我把我对它的感受全部说出来，一定会伤害到 4 位以上的天主教资本家，以及 4 位以上的天主教记者。当然，看到每年通过学生公寓的账号支付给各机构 10 万比塞塔的预算，看到这就是学生公寓每年的收入，一定会使人愤怒不已甚至大发雷霆。要是一个宗教团体每年能从国家那里得到 10 万比塞塔的津贴，什么样的学生公寓它不能建造和维护啊！

事实上，对 JAE 依赖自由教育学院的指责也传到了议会内部。在 1918 年 4 月 19 日举行的议会会议上，毛拉派议员萨瓦拉（Zabala）宣布（引自弗朗西斯科·拉波尔塔、鲁伊斯·米格尔、比尔希略·萨帕特罗和哈维尔·索拉纳 1987 年出版《扩展科学教育与研究委员会的文化渊源》一书）：

> 自由教育学院——一个我们都知道其特点和倾向的机构——从国家那里获得了权力，成立了一个委员会，管理根据 1901 年 7 月和 1903 年 5 月发布的敕令为所有大学、中等教育机构和其他教育中心提供的津贴，因此而产生了“津贴”委员会或自由教育学院，但它们是一回事，两个实体之间除了名称没有任何区别。委员会由玻利瓦尔、拉蒙 – 卡哈尔、阿斯卡拉

> 特、希内尔·德洛斯里奥斯（说希内尔不是委员会的成员是错误的）、卡斯蒂略、西马罗等人组成，他们中的一些人是自由教育学院的创始人，而另一些则是附属于这个机构的。而像这样一个委员会的法人不可能说不一样的话。说不一样的话就会显得不够真诚。与我政见相同的人在委员会中的存在只是证明了（制度派）知道如何使用遮羞布的技巧；此外就是证明那些与我志同道合者的善意，他们没有意识到自己在委员会中扮演的角色只是一个工具而已。

至于JAE的存在及其遵循的程序在大学界引发的反应，一般来说提出的各种批评都与大学院系可支配的资源稀缺有关。据我所知，第一次具备一定严重程度的矛盾——至少是就委员会的运作方式而言——发生在1912年。由于它已经达到了一定规模，我将详细描述某些细节。

1912年6月25日，马德里大学理学系教授巴托洛梅·费利乌（Bartolomé Feliú）和何塞·穆尼奥斯·德尔卡斯蒂略——前者是1907年塔法利亚众议员（卡洛斯党全国领导人），后者是代表塞维利亚大学的王国参议员。他们二人以"理学专业委员会"的名义签署了一份两页文件，以《理学专业》为标题，我不能确定这个"理学专业委员会"的构成，但它很可能是以类似于稍后将会讲到的另一个委员会的方式形成的。这份文件的开头是[13]："西班牙各个理学系看到有必要团结起来，为复兴国家发展和整个民族文化而奋斗。各个理学系都渴望实现一种科学的辉煌，让其自身的存在实至名归。为了实现这个目标，他们需要重建应该有的使命观念。"

在这个委员会看来，问题在于"西班牙的理学系是孤立无援的，所有那些以某些理论或知识的应用为目标的专业，都在侵犯或试图侵犯属于它的天然扩张领域，以便在所有适合的目标中取代理学系"。谈到这一点，就进入了与JAE产生直接或间接关联的主题：

> 不仅如此，那些一直与理学系紧密联系在一起的具有科学性质的机构，由于它们是理学系不可分割的一部分，或是同一机构的成员，也正在逐渐

被剥离。有时是为了把它们带入可以行使课程垄断的封闭机构，而另一些情况下则是有意地要让母校成为真空，然后指责母校不切实际，而这时其丰硕的科学工作的积极成果已经被抢走了。

更有甚者，尽管在大学开学典礼的讲话中一再抱怨，并且各教学中心也向上级提出了无数请求，理学系还是被有计划地削减甚至剥夺开展其实验教学的物质手段。当政府下决心为我们的国家设立现代教育，并决定为实现这些目标投入举足轻重的资金时，却在大学外的机构中实施，这些机构有的是专门为此目的而建立的，但履行的职能是只应该委托给各个理学系的，一般来说就是各个大学的。

在提交给公共教育大臣的最低纲领的 4 个“基础”中，我们对第 4 个尤为感兴趣：

根据公共教育法的安排，天文台、植物园等机构是马德里中央大学理学系的组成部分，应按照 1857 年和 1900 年的规定被重新归入中央大学。

同样，其他新成立的具有科学性质的机构，如人类学博物馆、扩展科学教育与研究委员会下属各实验室、放射学和物理学两个研究所等，也应被归入理学系，即归入到中央大学之内。

事实上，我们之所以了解费利乌和穆尼奥斯·德尔卡斯蒂略签署的这份文件的一些背景，要归功于物理学家赫罗尼莫·贝西诺（Jerónimo Vecino）1912 年 6 月 13 日从马德里写给物理研究实验室主任布拉斯·卡夫雷拉的一封信，也就是上述文件出现的前几天（卡夫雷拉当时在苏黎世，享受着 JAE 的津贴）。为方便起见，我们将其全文转录如下：[14]

我亲爱的教授，我收到了你的信，虽然关于我的工作，我没有任何特别要告诉你的事情，因为比较器已经完全安装完毕，但我还是想告知你一件（曼努埃尔·马丁内斯）里斯科今天下午告诉我的事情。虽然我跟他说应该直接给您写信，如果他不写，我会给您写。

事情是这样的。一场针对物理研究实验室和扩展科学教育与研究委员会的运动似乎正在酝酿之中。这场运动的始作俑者是（伊格纳西奥·冈萨雷斯）马蒂。

里斯科也在谈话的现场，关于让费利乌在议会提出一项质询似乎已经取得了一致意见，而马蒂会在质询之前向费利乌提供他想要的所有信息。之后费利乌、穆尼奥斯·德尔卡斯蒂略和拉维利亚开了个会。这件事情当然会在这个会上讨论。正如你将看到的，马蒂先生的计划是这样的：撤销JAE和实验室，这两个机构所使用的经费将用于支付各大学和研究所的操作助理们的工资。其依据是：实验室是个没有用的单位，因为大学应该培养教师而非研究人员。此外，实验室的工作人员也是没有用的，因为他们都不具有研究精神。用来购买精密仪器的钱都是浪费，因为使用和操作这些仪器的人都是新手，而这些仪器过些天也就不再是精密仪器（这个理由是他在实验室那天我听到他说的第二个版本，他是在他们正在看比较器时说的）。总之，我不打算再用这些愚蠢的话来打扰您。我给您写这些是因为我认为您应该知道，我也告诉了里斯科我可能会说的话。我认为这并没有那么重要，因为在我看来，马蒂和费利乌将不会有什么作为。此外，虽然我不认为费利乌是一个天才，但他确实有一般的常识，在要求撤销物理实验室之前，他会考虑到他正是这个学科的教授。

面对这样的消息，卡夫雷拉没有浪费时间，当月16日他从苏黎世向卡斯蒂列霍发出了以下内容的信件：

我亲爱的朋友：我刚刚收到这封信（当然了，就是贝西诺的这封信），我给您附在后面。我认为您应该了解事情的全部细节并考虑如何应对此事导致的后果，如果真是一件要在众议院或参议院辩论的事情。我满怀愤慨地给你写信，不是因为涉及此事的一些人可能使事情具有积极意义，而是因为他们当中的一些人（马蒂先生）自称为我的朋友。当然，假如我也能用那封信来对待他，那我也一定会感到绝对安心，因为最困扰我的是我必须以一位如此行事之人的朋友的面目出现。

为这场运动准备的一些理由是不言自明的，其他理由您也应该知道。几乎可以肯定地说，西班牙为数不多的做研究和做过研究的人都在实验室里。很明显，我们中没有人是世界级的研究人员，但同样明显的是，我们当中也没有人是最知名的人。我绝对可以肯定地说，凭借对各种各样知识的掌握，我的实验室里的材料交到处理它的人手中，可以像交到世界上任何一位物理学家手中一样。

据我所知，对费利乌和穆尼奥斯提交文件的第一个公开反应来自一个非常庞大的团体，即“自然科学教授、硕士、博士和所有自然科学爱好者”组织。[15] 在1912 年 10 月 31 日印刷的“致公共教育和美术大臣的说明”中，他们说：“科学专业委员会签署的一份印刷文件中试图将西班牙科学家的倾向和愿望综合在一起。其中有一个隐晦的愿望，就是改变自然科学博物馆的现行制度，在罗曼诺内斯伯爵阁下的顺利安排下，今天该博物馆被纳入物理－自然科学研究所，隶属于扩展科学教育与研究委员会。他们认为重新回到一个许多签署人都熟悉并且也很不幸地受到过影响的制度，对上述中心的发展和这些门类的科学在西班牙的进步是一个非常严重的倒退。因此在强制性地关注大学教育的情况下，博物馆成立的目的几乎被遗忘了，博物馆变成了‘院系陈列馆’，就好像院系并不拥有丰富的收藏可供学生学习一样，从而忽视了公众教育这一任务——而博物馆的成立正是为公众教育服务的——和同样重要的研究西班牙国土……并以此为所有西班牙大学而不仅是为一所大学服务的任务。他们认为有必要提请阁下注意这一要求，而他们提出这一要求是因为上述文件的签署者不了解当前在上述机构中普遍存在的制度以及在其他国家的类似机构中正在发生的事情所引起的”。他们列举了他们认为的博物馆在委员会的庇护下所处的优势境况，同时指出了博物馆已经取得的进步。可以看出，我们正在回顾一段历史，其根源在前面的一章我们分析19世纪自然科学状况的时候已经存在了，那时我们还顺带解释了自然科学博物馆在1845—1847年并入马德里大学哲学和理学系的情况——那意味着（我当时使用了玻利瓦尔的一句很有启发的话）该机构的一种倒退。可以说，眼下这些污泥都是从当年那些泥潭里来的。

显然，在与上述文件注明的同一天，也就是10月31日，在马德里大学理学系系主任办公室举行了一次私下里的会议。11月5日，自然科学博物馆馆长伊格纳西奥·玻利瓦尔向卡哈尔（他同时还是JAE国家物理自然科学研究所的所长）通报了此次会议的情况。他在信中指出，人类学博物馆馆长曼努埃尔·安东（Manuel Antón）、植物园园长阿波利纳尔·费德里科·格雷迪利亚（Apolinar Federico Gredilla）和爱德华多·雷耶斯（Eduardo Reyes）出席了会议，他们“表示同意所谓科学专业委员会的请求”。鉴于这一事实，玻利瓦尔指出，“然而在我们为组建（国家物理自然科学研究所）而举行的筹备会议上，大家表示了组建该研究所的各个机构应得到其各自负责人的明确同意。[16]因为这些人明白，这样他们就能更好地完成创建这一使命，这是所有参加这次会议的人都同意的，其中也有上述提到过的那几位先生，比如来自人类学博物馆和植物园的代表，我认为我有责任将他们意见的变化通知您。如果您认为有必要澄清这个问题的话，这一变化肯定是因为他们后来相信附属在另一个机构下会更好地完成他们的任务”。

卡哈尔没有浪费过多的时间来尝试“澄清此事”。12月14日，他给曼努埃尔·安东写信，信中毫不掩饰地表达了对他的同事们的两面派作风的愤怒之情：

> 我尊贵的朋友：我们的同事伊格纳西奥·玻利瓦尔告诉我，在最近一次理学系召开的教授会议上，您表示反对人类学博物馆成为物理自然科学研究所的一部分。
>
> 由于本委员会的一贯标准是，科学合作只有在自发和自愿的情况下才有可能实现，并且另一方面没有人比一个中心的主任更了解取得最大成绩的最合适组织是什么，所以如果您不表示同意博物馆目前的法律状况，我必须要立即提议让人类学博物馆从物理自然科学研究所剥离出来。

安东对卡哈尔的这封信所说的内容并不满意，他在回信中向这位著名的显微解剖学家表示，“这是我第二次被要求离开研究所，没有任何有分量的理由。现在我更加难过，因为这个要求来自我非常敬重的您……您现在要求我做的声明是根据当时的情况做出的，并且应该清楚地记录在会议记录中了。当需要修改的时候，也要按规矩进行”。事实上，人类学博物馆未能与 JAE 分开。

卡哈尔也曾致信格雷迪利亚，后者的答复（11 月 16 日）没有那么模棱两可：“我有责任不仅要表达我的惊讶，而且要表达对玻利瓦尔先生就我不同意将植物园作为物理自然科学研究所的一部分的意见向您汇报一事的严重性。因此，我认为您绝对有必要尽快召集上述研究所，因为我希望清楚地表明，我在这个问题上的愿望符合您所援引的法律情况。”混乱、传言和辟谣成了风气，在各种矛盾冲突出现的时期往往都是如此。

与自然科学教授采取的行为以及植物园、自然科学博物馆和人类学博物馆的具体问题无关，JAE 还是自己行动了起来，但是并没有遗忘它们。事实上，我不知道还有没有其他情况让 JAE 有过类似的表现，至少是在大学圈子里。如果我们看一下保存在扩展科学教育与研究委员会档案中的文件，就会看出卡斯蒂列霍是最积极的人。他写了大量的信件，请求支持。但在讨论具体行动情况之前，我先要停下来，解释一下这位委员会秘书的想法到底是什么。为此，我将引用卡斯蒂列霍的一份手写文件，该文件也存放在 JAE 档案中，标题是《关于大学垄断》。该文件无疑是在我们现在回顾的那个时期撰写的。在文件中，卡斯蒂列霍清楚地展示了他对高等教育研究方面的想法：

1. 如果大学对工作手段和设施以及一定的自主权提出要求，这是有道理的。

2. 如果提出对科学加以垄断，不允许在大学之外做任何事情，这就是没道理的。在大学之外，到处都有大批的科学中心和老师。在西班牙（与德国和法国一样），工程师院校、艺术院校和其他教育中心都在大学以外。恰恰是这种良性的竞争成为科学进步的源泉，正如垄断也是停滞的源泉。

必须让每个有机体都有自己的个性和方向。

当 16 世纪索邦大学在法国衰落时，弗朗索瓦一世创办了法兰西学院，而当索邦大学在第二帝国时期再次衰落时，迪吕伊（Duruy）创办了高等教育（高等研究学院）。一旦法兰西学院和高等研究学院在索邦大学以外建立起来，它们很快便成为索邦大学最好的伙伴，今天它们还在相互滋养着对方。

如果西班牙的大学拒绝内部的复兴，那就不得不认为它的衰落是必然的。但是，如果它要反对其他科学机构的复兴，也必须承认它的毁灭已经近在咫尺。

然而，卡斯蒂列霍认为，幸运的是，情况并非如此，而为了证明这一点，他谈到了大多数西班牙博物学家对科学博物馆应再次依附于大学的建议的反应：

已经向大臣提出了声明，要求继续维持科学博物馆的现状，让物理自然科学研究所保持内部的独立。而这份声明的签署者，除 6 位或 8 位之外，全是西班牙各大学和学院的自然科学教授。没有什么能比这更能说明大学的意愿，也没有什么比这更能说明众议员或参议员声称他们是在代表大学是多么没道理了。

在委员会秘书看来，“自然科学博物馆必须像在其他国家一样，是一个国家博物馆，为此，它不能被归属于这个或那个学院。所有人都可以使用它，它也应该向所有人提供它的藏品，接纳学生参观和咨询。因此，它必须保持原状。人们只需要认识到，正是因为有了这样的制度，它才能开始自我发展、出版读物、建立实践教学制度和促进实验室的活动”。

而同样的情况也应该适用于人类学博物馆和植物园：

人类学博物馆和植物园是因为类似原因被划归于国家物理自然科学研

究所，但究其主要原因是它们的负责人均表示同意被这样划归。没有人比他们更了解这个组织。

如果他们有相反的想法，那么大臣必将立即把它们从研究所中分离开来。

科学合作只有在自发和自由的愿望下才有可能实现。

至于采取的具体行动，正是在参议院中试图挑起反对 JAE 的最关键的战役。卡斯蒂列霍找到埃利亚斯·托尔莫（Elías Tormo）帮忙，如果考虑到他与 JAE 之间的关系这也不足为奇，托尔莫是 JAE 艺术部的负责人。12 月 3 日，托尔莫回复了卡斯蒂列霍的来信，告诉卡斯蒂列霍前一天他在参议院预算委员会“原本有机会为卡斯蒂列霍挺身而出”，“甚至设法让预算委员会主席卡尔贝通（Calbetón）有所反应，因为卡尔贝通已经在议会上提出削减已经给予增加的预算（大概是指 JAE 的预算）”。但气氛热烈甚至沸腾，“等又来了一些人的时候，我非得跟他们嚷嚷着说话才行，事情已经好了很多。”

无论如何，托尔莫一定不是很确定，因为他要求卡斯蒂列霍把有关 JAE 的信息发给他在信中列出的一些参议员。两天后，他告诉卡斯蒂列霍：“参议院决议已经提了出来，但未触及议会就围绕 JAE 争议所做的任何事情。从前天开始，再没有进一步讨论过这个事情。”

但是，事情并没有就此停止。12 月 8 日，拉蒙 - 卡哈尔作为 JAE 的主席签署了以下写给教授们的信件，但至于有多少位教授，数目不详：

亲爱的先生，我给您寄去一份我们的一些教授希望提交给公共教育大臣的请愿书，以请求政府对各个大学进行最紧迫的改革，同时对鼓励在大学之外的其他机构为科学做出贡献予以支持，从而反对在这项应该举全国之力的文化工作中出现任何的垄断和排他主义的想法。

如果您认为这一倡议是正确的，并能让我们有幸获得您的支持，请您在所附文件上签名后寄回给我，我将不胜感激。

当然，“所附文件”是为了支持JAE的观点，即鼓励“在大学以外”进行的研究是可能的，也是可取的，但它并没有忽视另一个问题，正如贝西诺曾提醒过卡夫雷拉，费利乌和穆尼奥斯·德尔卡斯蒂略他们想要坚持的事情：提高助教人员的工资待遇，在此基础上又增加了下属人员、实验室材料和学术管理等内容，显然是想比他们更进一步。所附文件的内容如下：

> 公共教育和美术大臣阁下：
>
> 鉴于一些尊敬的同事在议会和新闻界的发言，以下签名的大学教授谨向阁下提出：
>
> 1. 请求政府对大学的硬件方面提供更多的经费，同时提高助教人员和下属人员的报酬，鼓励实验室和研究工作，并在经济和教学制度方面给予更多的自由。
>
> 2. 以最大的同情心看待大学以外的任何其他科学机构为民族文化共同事业的发展而提供的合作。

签名的57位教授中不乏民族文化的精英：卡哈尔、古梅辛多·德阿斯卡拉特、爱德华多·德伊诺霍萨（Eduardo de Hinojosa）、胡利安·卡列哈、米格尔·阿辛·帕拉西奥斯、特奥菲洛·埃尔南多（Teófilo Hernando）、拉蒙·梅嫩德斯·皮达尔、阿马里奥·希梅诺、曼努埃尔·加西亚·莫伦特、胡利安·贝斯泰罗（Julián Besteiro）、何塞·奥尔特加－加塞特、曼努埃尔·巴托洛梅·科西奥、阿道夫·冈萨雷斯·波萨达、埃利亚斯·托尔莫、安东尼奥·弗洛雷斯·德莱穆斯（Antonio Flores de Lemus）、弗朗西斯科·希内尔、古斯塔沃·皮塔卢加（Gustavo Pittaluga）、安东尼奥·罗约·比利亚诺瓦、爱德华多·埃尔南德斯·帕切科、何塞·卡萨雷斯·希尔、何塞·罗德里格斯·卡拉西多、布拉斯·拉萨罗·伊维萨、布拉斯·卡夫雷拉、伊格纳西奥·玻利瓦尔、奥东·德布恩和卡斯蒂列霍本人。

事实上，这两份印刷品文件，即卡哈尔寄给教授们征集签名的信及其所附发给大臣的信件，都由卡斯蒂列霍转发给了其他人（主要是大学教授）。在卡斯蒂列霍的附言中，他以比卡哈尔致公共教育和美术大臣信件第二点更加明确有力的措辞让人们感觉到，JAE 转发这两个文件是要表明 JAE 的游说是被西班牙学术界大多数人士所接受的。卡斯蒂列霍的附言如下："我尊敬的朋友：兹附上一份卡哈尔主席即将寄给公共教育大臣信件的副本，以向其表明中央大学与该大学之外各个科研机构所有科研活动之间的一致性。现在我们正在征集签名。请问您是否授权让我们将您的签名列入卡哈尔主席的请愿书里？"

在 JAE 的档案中可以找到证据证明，这些申请得到了相当多的支持。从马德里大学共收到 51 个签名（包括医生何塞·戈麦斯·奥卡尼亚和数学家塞西略·希门尼斯·鲁埃达等签名）、巴塞罗那大学有 49 个签名（工程师、数学家和物理学家埃斯特万·特拉达斯是最新的签名者之一）、格拉纳达大学有 37 个［奥夫杜略·费尔南德斯（Obdulio Fernández）、吉列尔莫·加西亚·巴尔德卡萨斯（Guillermo García Valdecasas）等］、奥维耶多大学有 10 个［胡利奥·雷伊·帕斯托尔、费德里科·德奥尼斯（Federico de Onís）等］、萨拉曼卡大学有 18 个（米格尔·德·乌纳穆诺等）、圣地亚哥－德孔波斯特拉大学有 32 个［罗伯托·诺沃亚·桑托斯（Roberto Nóvoa Santos）等］、塞维利亚大学 5 个、加的斯大学 2 个、巴伦西亚大学 33 个，巴利亚多利德大学 20 个［爱德华多·加西亚·德尔雷亚尔（Eduardo García del Real）等］和萨拉戈萨大学的 4 个。毫无疑问，这是一个相当了不起的数量。

值得一提的是来自巴利亚多利德大学的其中一份签名。我们在后面几章里还会提到这位签名者，他是一位热衷于为那些内战的失败者复仇的人，他就是恩里克·苏涅尔·奥多涅斯（1878—1941）。在介绍他的签名之前，让我们先看看他的生平：

苏涅尔从 1921 年开始一直是马德里大学医学系的儿科教授。他曾在塞维利亚大学担任普通病理学教授，在巴利亚多利德大学担任儿科疾病教授。1923 年，他是国立儿童保育学校的创始人和第一任校长。1928 年，他成为皇家国家医学院成员。在独裁者普里莫·德里韦拉[①] 统治的最后几年，他被任命为公共教育委员会委员，1930 年在当时的中央大学校长埃利亚斯·托尔莫成为公共教育大臣后不久，苏涅尔

① 米格尔·普里莫·德里韦拉（1870—1930），西班牙将军和政治家。1923 年 9 月至 1930 年 1 月在西班牙进行独裁统治。

被解除了职位，当时的那个政府是由贝伦格尔（Berenguer）将军领导的。被解职后，他在由天主教学生在阿尔卡萨尔剧院组织的一次集会上做了一次演讲。在这次集会上，那些年轻人认为他们在大学里受到了支持西班牙大学联合会的群体的歧视。苏涅尔的演讲促使全国天主教传教者协会创始人、《辩论报》主编安赫尔·埃雷拉·奥里亚（Angel Herrera Oria）向他发出了与该报合作的邀请。苏涅尔在该报发表了一篇文章（《革命的儿童保育》，1931 年 3 月 25 日），引发了舆论对他的反对，其中之一是由格雷戈里奥·马拉尼翁（Gregorio Marañon）推动的来自医学系和医师学院的反对。

从 1939 年起，苏涅尔在以弗朗西斯科·佛朗哥将军为首的政府对那些与共和国政权有关系或仅仅被怀疑的人进行的“清洗”中表现突出。1936 年 10 月起，他担任文化和教育委员会的副主席，该委员会的任务是镇压学校（小学、中学和师范学校）和大学的教师，以及督学和行政人员。实际上在 1937 年 6 月 11 日，委员会主席何塞·玛丽亚·佩曼（José María Pemán）就将其所有职责都委托给苏涅尔，后者变成了该委员会实际上的主席。[17] 作为西班牙文化行动学会（成立于 1935 年 12 月 15 日）的创始人和领导成员，苏涅尔最终成为 JAE 最凶恶的批评者之一，他因他所从事的政治活动而名声大噪：上面已经提到他曾在普里莫·德里韦拉独裁统治期间担任过职务。1931 年，在新的共和国成立后，马德里大学医学系系主任塞瓦斯蒂安·雷卡森斯 - 希罗尔（Sebastián Recasens y Girol）因其参与政治活动暂停了他的教授职务，而公共教育部长马塞利诺·多明戈（Marcelino Domingo）则威胁他要彻底解除他的教授职务和国家儿童保育学校的校长职务。

现在让我们回到他对卡哈尔信件的赞同问题上。他是在 12 月 11 日给何塞·卡斯蒂列霍的一封联名信中表示赞同的。他在信中表示，“我们一同致信给您，是为了把您寄给我们的文件连同我们能够收集到的签名寄给您。您会看到，在医学系相关页中，已经有一些评论，这将让您了解我们在收集签名时遇到的阻力。因此，我们中的一个人（苏涅尔）希望声明，他没有任何保留地支持您的请求，因为我们认为一些同事所写的附言既不合情合理，也不符合书写一份申请的语法要求”。恰恰在 25 年之后，苏涅尔证明了他轻易“拥护”的能力，这一次是针对试图强加给西班牙的新政权，即“民族主义者”的政权。实际上，1937 年他出版了一本不容忽视的书，题为《知识分子和西班牙的悲剧》。这部著作针对的主要对象就是自由教育学院，但他也不失时机地对 JAE 和卡斯蒂列霍进行了诋毁。关于当年 JAE 的秘书，苏涅尔说：“正如卡尔·马克思学说需要等很多年才能找到列宁这样一个合适的人将其付诸实践一样，希内尔的教学理念也在卡斯蒂列霍那里找到了付诸实现的代理人——尽管行动有限，但却非常迅速。而这对我们来说是一个多么大的灾难。”（Suñer，1937：17）

为了让这段历史完整呈现，应该指出的是，费利乌和穆尼奥斯·德尔卡斯蒂略阵营也在同一时间炮制了自己的请愿书。在这份新文件（标题为《递交公共教育大臣：西班牙理学系请愿书》）的引言中，在提到西班牙各大学理学系的匮乏之后，指出萨拉戈萨大学理学系提出倡议，“把所有系的共同愿望合并在一份文件中并提交给政府，并且利用假期，请每个系都指定至少一名代表，带着各自的权限和建议，到马德里召开在编教授大会，以协调和统一各种可能提出的意见”。看起来，所有理学系的系主任都接受了这一邀请，并于 1912 年 12 月 16—20 日在马德里举行了一次大会。作为代表出席的人员有：萨拉戈萨大学的保利诺·萨维龙（Paulino Savirón）和何塞·阿尔瓦雷斯·乌德；萨拉曼卡大学的何塞·希拉尔（José Giral）和米格尔·维加斯（Miguel Vegas）；巴塞罗那大学的巴特洛梅·费利乌和塞希略·希门尼斯·鲁埃达；格拉纳达大学的帕斯夸尔·纳切尔（Pascual Nacher）和爱德华多·莱昂（Eduardo León）；塞维利亚大学的帕特里西奥·佩尼亚尔韦尔（Patricio Peñalver）；奥维多大学的胡利奥·雷伊·帕斯托尔；加的斯大学的穆尼奥斯·德尔卡斯蒂略；马德里大学的曼努埃尔·安东、福斯蒂诺·阿奇利亚、比森特·费利佩·拉维利亚、伊格纳西奥·冈萨雷斯·马蒂和何塞·戈戈尔萨（José Gogorza），同时还得到了来自圣地亚哥的支持。令人好奇的是，代表中一定级别的数学家的比例非常之高：维加斯、希门尼斯·鲁埃达、佩尼亚尔韦尔、阿尔瓦雷斯·乌德和雷伊·帕斯托尔。尤其是后两位，他们通过数学研究实验室同 JAE 保持着紧密联系。正如我们所看到的，希门尼斯·鲁埃达和雷伊·帕斯托尔也出现在以卡哈尔为首提交给公共教育大臣的请愿书中，这一事实也值得思考。

在那次大会上得出的结论清楚地表明，与会者与那些炮制和支持我前面提到的请愿书的人站在“相反的阵营”。关于这一情况的关键点是结论中的第 1 点和第 6 点。在第 1 点中，要求“根据公共教育法和 1900 年 8 月 4 日的敕令，重新建立各个理学系的教学与天文台及自然科学博物馆及其衍生品植物园和人类学博物馆之间的旧有联系”。在第 6 点中，“大学的扩展活动、为科研创建实验室，以及为进修学习划拨奖学金是大学固有的职能，由每个学区各自的教学机构通过与这些机构及其学生的数量成正比的方式分配资金来行使这一职能。”

这次大会的结论似乎没有引起反响。当然，不管在什么问题上都没有获得可以跟 JAE 与自然科学教授们准备的前述两个文件一较高下的支持人数。JAE 已经能够阻止发生改变，并且在一定程度上轻松地做到了这一点。然而，后来出现了更多反对的主张。1918 年，马德里大学的一群教授要求校长、法学家和政治家拉斐尔·孔德－卢克（Rafael Conde y Luque）召开一次校务委员会特别会议，以决定身为教授参与 JAE 的科研活动是否合法。其目的是要求政府把那些在国家的教育机构中提供合作的教授赶出去，反对者认为国家的教育机构是为特权群体保留的。拉蒙－卡哈尔对这一要求作出了回应。“那个令人敬重的形象并没有从我的脑海中褪去”，阿梅里科·卡斯特罗（Américo Castro，1918）后来写道：“他很有尊严地站起来，用他深沉的声调和鲜明独特的阿拉贡口音，冷静地说出那些纯真无邪的理由，就像一个并没有犯错却被批评的孩子：‘先生们，我相信我们在这个委员会中没有做错任何事情，我们在做科学研究，仅此而已。我认为我们不应该因为在大学以外开展科研活动而被除名。’”参加这次校务委员会特别会议的教授中 60% 以上的人都投票支持 JAE。

乱世行舟（1914—1936）

第一次世界大战期间（1914—1918），JAE 被迫完全停止了在欧洲的奖学金项目，开始与美国之间有了更多的接触，并利用多余的资金加强历史研究中心和国家科学研究所的活动。从“一战”结束到普里莫·德里韦拉开始独裁统治之间的一段间歇期（1919—1923）对 JAE 来说是一个和平时期。在这一时期，海外奖学金重新启动，加利西亚生物考察团于 1921 年 3 月组成，由在美国接受过培训的克鲁斯·加利亚斯特吉·乌纳穆诺（Cruz Gallástegui Unamuno）担任团长。这个考察团首先设置在圣地亚哥－德孔波斯特拉大学，而后是在蓬特韦德拉大学，它主要关注的是栗子和玉米的改良。

刚开始普里莫·德里韦拉在 1923 年 9 月发动的政变给 JAE 造成了糟糕的局面：1923 年 11 月颁布的一项敕令取消所有已经发放的奖学金，此外公共教育部也要求收回任命委员的权力，一般情况下就是任命隶属于 JAE 的各机构所有领导层成员的权力。从 1926 年 6 月 28 日拉蒙－卡哈尔写给卡斯蒂列霍的信中可以看出，出现了“毫无疑问的紧张时刻”[20]：

亲德派与亲盟国派

我们习惯用抽象的方式想象 JAE 内部有关机构人员名单中出现的那些名字，仿佛他们都不是有血有肉的，相互间可以存在复杂情感联系的人。让我们以委员会的创始成员之一、化学家和药剂师何塞·罗德里格斯－卡拉西多为例。我已经多次提到过他，但我们对他的了解有多少？其他人对他有什么看法？我们当然知道他在文章和书籍中给我们留下了什么文字，或者他如何在药学系自己的实验室里完成 JAE 的某些教学任务以及大家给予他许多赞美的回忆。但没有任何传记能让每个人都满意。因此，在曼努埃尔·阿萨尼亚（2009：81）的日记中，我们可以找到如下评论。他在 1915 年 1 月 15 日的日记中写道：“我们昨天也听到了卡拉西多的名字。这个站不直的、虚伪的、攀附上司的人似乎是一个需要提防的人。他从不公开承诺什么，也不会公开与任何人对着干。当我看到他从我身边走过，有点驼背，轻轻地搓着双手，踱着步子，目光散落在两边，看起来他就像是不信任的化身。他的演讲充满华丽辞藻、优雅、清晰、非常正确。但他的咬字因为有生理缺陷而不准确，他的声音音色太尖利，有点刺耳。”

在 1915 年 3 月 20 日的另一篇日记中，阿萨尼亚（2009：89–90）也批评了卡拉西多，提到了 93 名德国知识分子在 1914 年签署的著名宣言，宣言为先是被称为“大战”，后被称为“第一次世界大战”中的“德国正义”辩护[18]：

“今天我去了医学院，古斯塔沃·皮塔卢加博士也加入了该学院。我听了他的入院演讲的大部分，也从头到尾听了戈麦斯·奥卡尼亚的演讲。这位爱好研究塞万提斯的药剂师的演讲十分狂妄可笑。

“我去医学院是为了把一份将要公开发表的支持盟国斗争的宣言的原件交给皮塔卢加博士，他负责让拉蒙－卡哈尔在宣言上签名。这份宣言的来历特别有意思。10月份的时候，90名德国教授签名的宣言发表不久，西马罗想公开答复他们的宣言，但一定要由西班牙知名人士签名。为布置各种工作和收集签名，他把我们10个或者12个人召集在马德里科学和文学协会开了几次会。在一天晚上的会上，他跟我们说明了他要作答的计划，那是一个经过缜密思考的计划。过了好几天，他再也没把我们叫到一起开会。于是，他那个计划就作废了。后来，别人告诉我，西马罗开始几次尝试的结果不令人满意，敢于出面签名的人很少，预见到失败的可能性之后，他就放弃了他的计划。现在，巴列－因克兰（Valle-Inclán）和佩雷斯·德阿亚拉（Pérez de Ayala）又想起了这件事。当然，这次不是答复德国人，而是答复西班牙那些多少有点分量的人物的想法，并在国际上抵消那种说西班牙所有人都是亲德派的言论的影响。宣言的第一稿是阿曼多·帕拉西奥·巴尔德斯（Armando Palacio Valdés）写的，他们不满意，觉得写得过于暴力。佩雷斯·德阿亚拉又写了第二稿，也就是将要公开发表的这一稿。征集签名是一件很费事的工作。即便是那些表示同意阿亚拉的想法而要签名的人在签名的时候也犹豫再三，以自己的立场，或者宣言的某些措辞，或者某某人还没签名等为托词而暂不签名。每个人都想删掉某句话，或者替换一个说法可怜的宣言就这样被耗着！卡哈尔签名之后不知道又过了多少天，卡拉西多拒绝签名，原来他就是亲德分子。有找他算账的时候！

“应该记住的是，卡拉西多从来不把自己置身于政治浑水之外。他先是加入了自由党，在该党被解散之后，他仍保持独立自由党人的身份，直至该党重建时他再次加入。

“围绕着卡拉西多、阿萨尼亚和其他一些学者的亲德派与亲盟国派的分歧，实际上是困扰着那个时代西班牙知识精英的一个更为普遍的现象[19]。阿方索十三世及其王室都是亲德的。“如果说王室是永远站在亲德的立场上，那么这种感情在革命爆发之后以及后来俄国‘二月革命’中沙皇倒台之后就更加强烈。‘二月革命’

在西班牙统治者中造成了一股恐惧的浪潮，同时也被认为是德国人最大的宣传成就之一”（Romero，2002：27）。

卡斯蒂列霍朋友：政府首脑（普里莫·德里韦拉）的信是不容置疑的。他含糊其词地宣布了一些变革，但明白无误的是他没有否决教育大臣，他再次改变了人们对他的印象。可以预料的是，相继颁布的两道敕令和一个公告（指的是1926年5月21日和24日的敕令和6月1日的公告）不会轻易被废除。

我不想猜测他们将对 JAE 采取的态度——我会毫无保留地遵守大家谨慎达成的协议——我希望您考虑一下断然辞职产生的后果。狼身取一毛，得之非易事。既然他们答应在也许比较长的时间内给我们一个说得过去的答复，我们就等着他们的答复吧。

现在就放弃目前委员会正在忙于处理的各项业务（组织成立一所新学院、成立物理化学研究所、几个实验室搬迁到生物研究所并在那里安顿下来、下一批奖学金的审批和发放，等等）对于已经开始建设的文化事业而言会是致命的和无法补救的。“要么全都要，要么全不要”的政策无疑是最简单、最洒脱的做法，但这种政策也是当前形势下最笨拙并将适得其反的政策。此外，两年或四年的喘息时间也会使不妥协和不理解被逐渐消磨掉。

如果委员会不打算持有异议，我们就应该赶快落实大臣的命令。假如是这样的话，我将给大臣写信，请他同意那个旨在选举几位副主席并举行新委员就职仪式的正式会议由伊格纳西奥博士（玻利瓦尔）来主持。希望我在身体不适的情况下跟您说的这件事得到您更好的理解。

另外，在本届秘书处和几位任职已久的委员仍在履职期间，（自由教育学院）这块发酵剂还会继续发挥发酵作用，可以期待的是有些人的抱负会被满足，有些疑虑会被打消，国家的文教事业也不会有多大风险和混乱。那么到适当的时机，危险或许就会被排除。

幸运的是，所有的问题都得以解决（1926 年 12 月 14 日《官方公报》上刊登了恢复所有年度奖学金的决定），JAE 运转如初。

随着 1931 年 4 月西班牙第二共和国的诞生，JAE 的好运降临。无论如何，第二共和国是“知识分子的共和国”，许多直接或间接被自由教育学院问题缠身的知识分子（费尔南多·德洛斯里奥斯、胡利安·贝斯泰罗、米格尔·阿萨尼亚、路易斯·德苏卢埃塔……）以及其他许多学者都获得了 JAE 给予的奖学金。这些人后来的活动也帮助了自由教育学院的发展，他们的帮助并非是采取什么特殊的措施，而是努力使其恢复在过去的岁月里不是总能享受得到的正常生活。下面我引用几位杰出史学家的原话［拉波尔塔（Laporta）、索拉纳（Solana）、鲁伊斯·米格尔（Ruiz Miguel）和萨帕特罗（Zapatero），1987：92-94］：

> 没有什么比涉及 1931—1932 年 JAE 所开展活动信息的报告更简明扼要地说明问题了。可以说，尽管有些令人难以置信，那个时期的那种执着、那种热情正是平稳进步的表现。第二共和国诞生后头两年，政治家们使 JAE 以正常的节奏运转。正如其主席卡斯蒂列霍本人后来所说，“政府所有的部长都努力保持 JAE 职权范围内关于出国进修奖学金、实验室和研究所的正常运转”。单单这一点，也就是说，保证一切平稳并且不受干扰地运转就极其可贵，尤其是与独裁年代 JAE 经历过的那些严峻时刻相比。

这几位历史学者还补充说：“出国进修奖学金在数量和水平方面没什么变化。1931 年提供的奖学金甚至还略少于前一年。有利的政治环境到 1932 年才逐渐让人们感觉到，他们提供奖学金的名额也从前一年的 62 个增加到 96 个，也就是说，有 30% 左右的增长。”

既然说到 JAE 提供的奖学金，那么就专门介绍一下。

奖学金

JAE 特别重视奖学金的评选和授予工作，认为它是促进西班牙文化和科学进步的一个核心工具。它通常授予个人，但也授予团组；既授予在国内的进修或研究，也授予赴国外的学习。一般来说，个人奖学金不超过一学年。可以延长，也可以在某段时间结束的时候再申请。授予团组的奖学金是从 1911 年开始的。从 1927 年开始，这种奖学金就没有再审批，那是因为同年 3 月 26 日颁发了一道敕令，规定国家下属科研机构组织的团组国外考察学习须经大臣批准。另外，其时限也比个人奖学金要短（通常是利用夏季的几个月赴国外考察教育机构）。至于奖学金的金额，其实在 JAE 的 31 年生命中并没有多大的变化。从来没有固定的数额，但一般是在每月 350 至 650 比塞塔之间浮动；赴欧洲国家的奖学金在 1918 年之前通常是每月 350 比塞塔，此后至 1931 年是每月 425 至 450 比塞塔，从 1931 年起个别情况下奖学金金额提高到每月 600 比塞塔，一般情况仍是 425 比塞塔。赴美国的奖学金一般是按最高数额发放。考虑到 JAE 发放的奖学金数额要扣除 12% 的税金，实际情况是到手的奖学金除了维持简朴的食宿并没有多少富余。这一点在某些获奖学金人的书信中可以得到证实，他们在信中都提到过在国外时遭遇过的窘境，特别是第一次世界大战末期和西班牙第二共和国初期（直到 1933 年和 1934 年批准以黄金支付奖学金）。

每年奖学金计划发布和报名通常是在 2 月或 3 月，消息刊登在《马德里公报》上。公报中说明报名资格、审批条件和其他注意事项。这项工作多年来几乎没有变化，只是 1922—1926 年明确规定从事大学教学工作的老师不得申请奖学金，因为在国家拨给各大学的预算中已经包括派老师出国进修的费用。在 JAE 正式对外公布奖学金计划之前，每学年开始的最初几个月，也在 JAE 下属的研究机构公布该计划，希望刚刚结束大学本科学习的大学生们可以选择某个专业继续深造，同时让打算申请奖学金赴国外进修的人有所准备。申请奖学金的人报名是免费的，但在审批时会考虑申请者的业务和外语水平。

在 JAE 存在的 30 多年里，申请奖学金的人次很多，多达 9000 人次以上。当然，审批后发放的要少于这个数字。尽管如此，获得奖学金的人数也不少，粗略统计有 2000 多人受益于 JAE 的资助。实际上，申请者与获得者之比要远远大于刚才提到的那个数字，因为 9000 多人次的申请中，有 3000 份左右的申请是第 2 次、第 3 次甚至是第 4 次。这样算来，每 3 个申请过奖学金的人里面就有一个获得了批准[21]。

在所有申请者里，7671 人是男性，1363 人是女性（性别比约为 6∶1）。完全在想象之中的是申请者当中很大一部分有学士学位（2642 人，占 29.5%），其次是有硕士学位的人（1833 人，占 20.5%），普通老师（不包括有硕士学位者，1580 人，占 17.6%），大学教授（914 人，占 9%）和艺术家们（608 人，占 6.8%）。出国进修目的国依次为法国（4026 人）、德国（1855 人）、比利时（1576 人）、瑞士（1468 人）、意大利（1112 人）、英国（890 人）和美国（329 人）。另一方面，这些目的国按接受西班牙留学生人数的百分比排名如下：法国（29%）、德国（22%）、瑞士（14%）、比利时（12%）、意大利（8%）和英国（6%）。正如大家看到的，绝大多数的目的国都是本大陆的国家。因此可以说，JAE 确实对西班牙的欧洲化做出了极为重要的贡献。

关于奖学金获得者的学术领域大致分布如下：教育学（19%）、医学（18.6%）、艺术（10.5%）、法学（10%）、化学（6%）、历史学（6%）、自然科学（5%）、语言文学（4%）、工程与技术（3.6%）、心理学及地理学和政治科学（3%）、物理学（2.4%）、经济学（2%）、数学（2%）、社会问题（2%）、建筑学（1%）、管理学（1%）、哲学（1%）、社会学（0.7%）、药学（0.7%）、神学与宗教（0.1%）。

国家物理自然科学研究所

JAE 的创始法令“导言”明确提到该机构的宗旨之一是促进各个领域的科学研究，换言之，JAE 准备更加全面地参与国家科研政策的制定。从另一个角度来说，如果希望国家把授予奖学金工作获得的利益最大化，JAE 参与制定政策也是一种需要。关于这一点，JAE 关于 1914—1915 年的报告有这样一段话（《报告》，1916：157-158）：“把从国外学成归来的奖学金生召集起来并为其提供在西班牙国内继续其研究工作的环境是 JAE 一项越来越重要的职责。同时，通过向他们提供微薄的帮助以避免这些归国的年轻人为了生存而急于选择与他们进修的专业不相干的职业也是一项越来越重要的职能。这些年轻人以其专业知识和天资放在合适的地方是可以为国家做出更大贡献的。”此外，西班牙科研状况的改善也可以“使赴国外留学的奖学金学生打下更好的基础”。因此，JAE 参与科研必备的基础设施规划与建设就是完全合情合理的了，具体地说就是创建若干研究中心和实验室。JAE 推动的大部分工作围绕两个机构展开，分别是人文科学领域的历史研究中心和国家物理自然科学研究所。

后者是由 1910 年 5 月 27 日颁发的敕令正式创建的。圣地亚哥・拉蒙－卡哈尔被任命为研究所所长，布拉斯・卡夫雷拉被任命为秘书。敕令前言声明，鉴于官方机构 JAE 被历届政府委以促进国家科研进步、提供奖学金服务以实现科研进步、帮助归国奖学金生将其所学拓展深入和精进专业以及实现应用，鉴于已有的若干博物馆和实验室作为服务于相应专业的基本工具的性质，宜将其各种活动综合在一起并使其得以完善，既不牺牲这些博物馆和实验室各自的个性，也不改变它们的性质或干扰它们各自的运行。被 JAE 纳入国家科学研究所的现存各个机构（我们在前面也曾提到这种合并带来的一些问题）有：国家自然科学博物馆、人类学博物馆、植物园、桑坦德生物学工作站和卡哈尔生物研究实验室（后来于 1920 年更名为卡哈尔研究所）。JAE 新创建的实验室、中心和小组有：物理研究实验室、瓜达拉马高山生物学工作站、古生物学和史前史研究委员会、数学研究实验室以及设在学生公寓的化学、生理学、显微解剖学、组织学、细菌学和血清学的 6 间实验室。我没有办法把所有这些机构都详细介绍，但我将在后面的第 13 章和第 14 章详细介绍物理学、化学和数学的实验室。关于生物医学科学的情况已经在介绍卡哈尔的那一章提前说到了，但后面我还是会补充一些内容。

学生公寓的各个实验室

JAE 创建的在西班牙科学史上留下最深刻记忆的单位之一是学生公寓。该公寓除了向大学生们提供住宿，还设立了若干实验室——其中有几个在介绍卡哈尔的那一章里提到过。住在那里的学生们可以很方便地接触并熟悉科研工作。实际上，在那些实验室里做过的实验对 20 世纪前期西班牙科学的发展做出了很大贡献。在那些实验室里，培养过生物医学学科的人才（无论如何，物理学、化学和自然科学早已有地方进行它们的实验，比如在卡夫雷拉领导的实验室或者自然科学博物馆的实验室。在必要的时候这两间实验室可以接纳这些学科的学生去做实验。但不能忘记的是，当时念医学或药学的学生要比念物理学化学等学科的学生多得多）。

大学生公寓从 1910 年 10 月开始在马德里福图尼街上租来的一家小旅馆接纳学生住宿。经批准，JAE 于 1913 年 8 月在公共教育部拥有产权的跑马场高地的地皮上为男学生修建宿舍楼房并在当年动工。建楼工程不只是宿舍，还包括一幢被称为“实验室区”（又称“跨大西洋楼”）的亭廊式建筑，长 57 米，宽 10 米，有宽绰的地下室，用作储物间和盥洗室。

事实上，最初在福图尼街小旅馆接纳学生住宿的时候，就在那里安顿了几间很简陋的实验室。第一个是在地下室由著名心脏科教授路易斯·卡兰德雷（Luis Calandre）领导的显微解剖学实验室，然后，又为医学系和理学系的学生们办了几个用于实践操作和研究的小实验室。尼古拉斯·阿丘卡罗是开设这几间实验室的倡议者。

从 1915 年开始，在 JAE 位于被胡安·拉蒙·希门尼斯（Juan Ramón Jiménez）称为“杨树坡”的学生公寓新址继续开设用于生物医学研究的实验室。显微解剖学实验室也在那里继续工作，它研究生物器官的显微结构并应用于生理学。这一研究虽然不像精密细胞学那样深奥，但它的用途对见习医生来说却立竿见影。在那里，老师每周给学生们上两次理论课，借助于显微镜、幻灯和图表，每天都在教学生们掌握显微绘图技术。卡兰德雷教授领导这个实验室一直到 1931 年。著名生物化学家和营养专家弗朗西斯科·格兰德·科维安（Francisco Grande Covián）（1963：72）这样回忆当年自己在医学系念书并住在学生公寓的时候是如何从卡兰德雷教授身上受到诸多教益的：

> 路易斯·卡兰德雷先生当年是马德里最知名的心脏科专家。他和我们的关系不如我们跟细菌学实验室主任保利诺·苏亚雷斯先生那么密切。但他是我们大家的医生，我们所有人都十分尊敬他。作为显微解剖学实验室主任，他负责给我们医学系一年级的学生讲授组织学。在他的那间实验室里，我们学会了给切片染色，学会了给一拨又一拨住在公寓里的学生们做实验准备。我们感谢当年的实验员恩里克·巴斯克斯·洛佩斯先生的耐心，

我们大家学到的组织学的知识远比在系里课堂上可以学到的要多得多。在系里课堂上，特略先生在极少数教学辅助人员的帮助下用实验室的标本努力给 600 多名学生上组织学的课，讲得口干舌燥。但是，比我们学到的组织学知识更重要的是，第一次在实验室工作并学到直接解决问题的方法对我们当中许多人来说是一件令人备受鼓舞的事情。此外，那里还创办了一间生物化学实验室，不过只工作到 1919 年。参加这间实验室活动的以医学系和药学系的学生居多，其内容主要是教学生掌握临床化学应用技术（验尿、验血等）。一年之后的 1916 年，又创办了神经中枢生理和解剖实验室，其主任是贡萨洛·罗德里格斯·拉福拉先生，但也只办了两年。同年还成立了由安东尼奥·马迪纳贝蒂亚领导的组织化学实验室和由胡安·内格林领导的普通生理实验室。和在其他实验室一样，在普通生理实验室，住在学生公寓里学医的学生们既可以进行实践操作，也可以从事初步研究。但是，1922 年内格林获得了因何塞·戈麦斯·奥卡尼亚离开而空缺的中央大学生理学教职，该实验室的实践课就转到了医学系，该实验室在学生公寓里的地方就转为供学生们进行原创研究之用。塞韦罗·奥乔亚、弗朗西斯科·格兰德·科维安、何塞·玛丽亚·加西亚－巴尔德卡萨斯和何塞·普切·阿尔瓦雷斯等人都是在内格林领导的实验室开始从事生理学研究的。

1920 年，成立了由保利诺·苏亚雷斯领导的血清学和细菌学实验室，研究致病细菌及其临床上最重要的免疫反应。在这间实验室为好几家医院送来的许多病原样本做过细菌学分析。

前面第 10 章介绍皮奥·德尔里奥·奥尔特加的时候，说到过普通和病理组织学实验室设施简陋的情况。学生公寓内所有其他实验室也都存在这一情况。这些实验室空间都很狭小，不能满足实际需求，所以在很多实验室只能轮班做实验。比如，1925 年的时候，组织学实验室也就只有 11 个位子，而需要在那里做实验的学生多达 20 名。普通化学实验室的情况与此类似，而血清学和细菌学实验室只能容纳 10 名，30 名需要做实验的学生必须安排“三班倒”。显而易见，JAE 在学生公寓设立的那些实验室为西班牙生物医学学科的发展做出了十分重要的贡献。尽管如此，它们也没能够完全改变我国科研事业基础设施不足的状况。从这个意义上说，下面这封皮奥·德尔里奥于 1935 年 2 月 6 日写给 JAE 主席（当时已是伊格纳西奥·玻利瓦尔）的信的内容很能说明问题[22]：

> 阁下荣任主席的 JAE 所属普通和病理组织学实验室的主任向阁下申述：
>
> 西班牙没有组织完善的神经学研究中心，因此无从得到用于神经系统疾病相关的损伤研究的材料，因此亟须到国外寻求。当希望开展不是基于文字资料阅读而是对事实直接观察的专业化研究时，尤其感到这一研究材料的空白带来的困难。这就是笔者面临的窘境，尽管我们拥有在许多国家都应用于有关神经学研究的新技术，却因缺乏必要的材料而使得该技术失去用武之地。
>
> 出于亲自观察神经系统损伤不同类型、将我们自己拥有而别人已经取得可贵成果的技术应用于研究，以及收集用于未来出版论文所需材料的三重需要，笔者向 JAE 申请赴巴黎进修神经组织病理学为期 10 个月的奖学金并盼获准。

学生公寓内诸实验室的情况与卡哈尔生物研究实验室的情况形成鲜明对比，尽管那些实验室和卡哈尔实验室都隶属于 JAE。这一对比是诸多因素造成的。一方面，尽管国家物理自然科学研究所成立的时候卡哈尔实验室被视为 JAE 的一个核心实验室，但它在 1920 年之前从未得到过 JAE 直接划拨的任何一笔经费，甚至从 1923—1924 年度起 JAE 开始兴建卡哈尔研究所（生物研究实验室的新名称）的时候，这位来自阿拉贡的伟大生物组织学家巧妙地回应了 JAE 的善意，称卡哈尔实验室有自己的历史，并且其人员是由其他一些机构资助薪酬的，要保持其个性，难以同化为 JAE 下属诸机构特别是学生公寓内诸实验室的个性。卡哈尔本人至少在一个场合在他与德尔里奥·奥尔特加（Del Río Hortega）的激烈冲突中解释了他的实验室和 JAE 直属实验室之间的区别（Del Río Hortega，1986：107）：

也不应该忘记我们两家的实验室在目的、物质和精神方面都有所区别。您的病理组织学实验室主要是为培训出国留学生并在其学成回国之后为其提供继续研究场所而建立的，首先是教学中心而不是从事科学研究的中心，虽然并没有禁止其开展科研。而 20 年前成立的我这间实验室是为了广泛开展普通神经学和比较神经学研究，其根本任务是进行纯科研，其工作人员都是我亲自从最倾心于这门学科的学生里挑选出来的，而且从来不强迫他们参加圣卡洛斯实验室的教学活动。

胡安·内格林与生理学

前一节中提及了胡安·内格林。他是一位超越科学维度、进入政界的人物。因此，有必要专门介绍一下。我必须首先指出的是，他的事业是生理学领域的研究，而生理学则是医学里最“科学”（即大量运用物理学和化学特有技术）的分支之一。事实上，得益于生理学的进步——或者说得益于像赫尔曼·冯·亥姆霍兹（医生，后获得解剖学和生理学教职，最终成为柏林大学物理学教授）和埃米尔·杜波依斯 - 雷蒙德（Emil du Bois-Reymond）等科学家的科研成果——医学才得以在 19 世纪摆脱生机论的概念，从而开始把医学变为区别于之前若干世纪里那种医学的高尚科学学科。但是，内格林并非西班牙第一位现代生理学家。他之前，至少有马德里的何塞·戈麦斯·奥卡尼亚（1860—1919）和巴塞罗那大学的拉蒙·图罗 - 达德尔（Ramón Turró i Darder，1854—1926）两位知名的生理学家［在巴塞罗那，还有两位科学水平略低的生理学家值得一提，即拉蒙·科利 - 普霍尔（Ramón Coll i Pujol）和赫苏斯·玛丽亚·贝利多·戈尔费里奇斯（Jesús María Bellido Golferichs）］。关于著名微生物学家拉蒙·图罗，我要说，他的生理学家专业之路实际上从 1887 年巴塞罗那市立实验室的创办开始。他在该实验室工作时，有一段时间因与实验室主任也是微生物学家的海梅·费兰（Jaime Ferrán，1852—1929）关系欠佳而处境微妙。但是，在费兰卸任之后图罗接任了实验室主任[23]。他是专门研究神经系统和血液循环系统生理学的。他还研究细菌学，支持免疫现象取决于细胞消化能力这一没能获得证实的假说。

上面所介绍的只是生理学加泰罗尼亚学派的开始阶段。这一学派因奥古斯特·皮－苏涅尔（1879—1965）所做的贡献而大大丰富。1902—1904年，苏涅尔担任巴塞罗那大学生理学助教，接着在塞维利亚大学任同一学科的教授（直至1914年，他担任这些教职是为了和图罗一起在巴塞罗那市立实验室组织普通生理学的常设课程）。从1914年起，他接替科利－普霍尔在巴塞罗那大学生理学的教职[24]。和加泰罗尼亚的其他科学家一样，他也跟JAE保持着联系（罗加－罗塞利，1988b）；也是加泰罗尼亚研究学院（IEC，和JAE一样，成立于1907年。在下面第12章我还要介绍这个机构）理科部的成员。在那里，他还负责一本杂志《加泰罗尼亚生物学会作品》（加泰罗尼亚生物学会成立于1912年，隶属于加泰罗尼亚研究学院）。恰如在介绍加泰罗尼亚的那一章里将要讲到的，在苏涅尔周围形成了一个实验生理学研究的重要核心。

关于戈麦斯·奥卡尼亚，他是马德里地区生理学研究的真正开创者。1886年他在加的斯开设生理学之后，于1894年开始在马德里大学执教生理学。这位学者在很大程度上是自学成才的。他写道［转引自鲁伊斯·德加拉雷塔（Ruiz de Galarreta），1958：383］：“我的生理学研究范畴既广泛又普通，研究整个这门学问完全是我个人的爱好。没有专门的教授给我授过课，因为我（在格拉纳达学习医学）念书的时候，那里根本没有教授的教职，给我们上课的助教也不是固定的，轮到哪位是哪位，都是系主任临时托人带口信让谁上课谁就上课，说不定哪天就让某位助教去上卫生学或者产科学的课。”

在生理学科研方面，戈麦斯·奥卡尼亚做出了很大贡献，比如血液循环（《血液循环生理学论文》，加的斯，1894）、大脑（《大脑生理学》，马德里，1894）、视觉神经、迷走神经对心脏收缩节律与强度的影响、甲状腺及其药物治疗（《甲状腺最新研究及甲状腺的药物治疗》，马德里，1895）等。他的生理学综合教材《人体生理学的理论与实验》（马德里，1896）几乎是全西班牙许多年里唯一的生理学教材，因此多次再版（1896年，1900年，1904—1905年和1915年）。正如前面我介绍过的，内格林从 1922 年开始接替戈麦斯·奥卡尼亚的生理学教职。戈麦斯·奥卡尼亚在建立国际联系方面也十分热心积极，他参加了众多医学和生理学领域的国际大会（如国际医学大会 1894 年在罗马举行的第 11 届会议、1897 年在莫斯科举行的第 12 届会议、国际生理学大会 1901 年在都灵举行的第 5 届会议、1904 年在布鲁塞尔举行的第 6 届会议、1907 年在海德堡举行的第 7 届会议和 1910 年在维也纳举行的第 8 届会议）。此外，他还在 1903 年 4 月 24—30 日于马德里举行的第 13 届国际医学大会上当选为总司库。在这次会议上，伊万·巴甫洛夫在一篇题为《动物的实验心理学和精神病理学》的报告中第一次提出关于条件反射的学说。那时真可谓生理学的黄金时代。

好了，我们现在来介绍胡安·内格林·洛佩斯（1892—1956）[25]。

内格林出生于大加那利群岛拉斯帕尔马斯一个富裕的家庭。1906 年起在德国的基尔和莱比锡攻读医学。几乎从一开始他就对生理学极感兴趣，而且在其学业的最后几个学期获得了一个生理学替补助手的职位。结业时（1912 年以一篇关于《实验性糖尿》的论文获得博士学位），他又获得了莱比锡生理学研究所一个编内助手的工作机会。该研究所于 1869 年由生理学著名学者卡尔·路德维希（Karl Ludwig）创办，内格林当编内助手时埃瓦尔德·黑林（Ewald Hering）任所长。内格林在该研究所跟恩斯特·特奥多尔·冯·布吕克（Ernst Theodor von Brücke）一起开始了生理学研究工作，还与他共同发表了几篇论文。那些年，他集中精力研究肾上腺的作用及其与神经系统的关系。

1911 年，在他已经与 JAE 建立联系之后，他向该机构提出了赴莱比锡进修一年的奖学金申请。奖学金没有被批准，但是他获得了“等同奖学金资格”（即在奖学金之外，JAE 向提出奖学金申请并提供必要保证的人授予自费或其他机构出资赴国外进修的资格。这一资格并非单纯的荣誉资格，而是允许这个资格的获得者在大学、学院或专科学校内担任编内教辅人员）。他在德国还与国内苏涅尔的团队保持联系并在《加泰罗尼亚生物学学会作品》杂志（1914）发表了几篇论文，同时也在《西班牙生物学学会通报》上发表若干篇论文。

第一次世界大战打响后，在 1915 年年底，内格林被迫返回拉斯帕尔马斯。不久之后，1916 年 2 月，再次致信 JAE，申请赴美国继续其研究的一年奖学金。但 JAE 不希望他去美国而是在西班牙本土，正如同年 6 月 15 日他收到的答复所说[26]：

> 尊敬的先生：
>
> 您致本委员会的奖学金申请函收悉。鉴于您曾在德国进行研究工作以及该项研究的价值，我们想了解您是否有意到马德里，到本委员会下属几个实验室中的某一个继续您的生理学研究，并培训那些将赴国外留学的年轻人。
>
> 本委员会相信，只有您在西班牙工作一段时间并将您拥有的知识传授给年轻人之后，您才完全有理由赴美国或其他更适合的地方进修或深造。
>
> 如蒙您尽快答复此信并告知您原则上的决定，我将十分感谢。这样，我们就可以呈报委员会并规划您的后续发展。

内格林接受了 JAE 的建议。JAE 的执行委员会于同年 7 月 3 日决定在学生公寓设立普通生理学实验室并聘请他和罗德里格斯・拉福拉领导该实验室（后者谢绝了聘请）。

实验室成立初期（1916—1922），其核心研究人员有何塞・埃尔南德斯・格拉（José Hernández Guerra）和何塞・玛丽亚・德尔科拉尔・加西亚（José María del Corral García）。后者在西班牙内战结束之后接任了内格林的教职。

1920 年，已经身居马德里的内格林申请并得以确认其德国的学历从而向获得大学教职迈出了第一步。1922 年，他终于获得了这个教职。接着，他在系里成立了一间实验室，而把学生公寓的那间实验室专门用于研究工作。那个时期，在他的实验室工作过的年轻人有奥乔亚、格兰德・科维安、加西亚－巴尔德卡萨斯、普切、布拉斯・卡夫雷拉・桑切斯（布拉斯・卡夫雷拉诸多子女之一）、何塞・曼努埃尔・罗德里格斯・德尔加多和拉蒙・佩雷斯－西雷拉（Ramón Pérez-Cirera）。

然而，由于第二共和国的诞生和对政治活动的积极参与（他于 1929 年加入西班牙工人社会党），内格林的科研工作从根本上大为缩减。他被拉斯帕尔马斯推选为

1931 年共和国立法会议（即制宪会议）的众议员，1933 年和 1936 年被马德里大区推选为众议员。1931 年，在大学城管委会改组中被任命为执行秘书。1933 年，当选为议会预算委员会主席以及国际劳工组织西班牙政府代表和各国议会联盟西班牙政府代表。身陷此类工作之中，鉴于其众议员身份并根据《不兼容法》，1934 年 1 月 4 日内格林进入生理学教职“强制离职”状态。1935—1936 年，JAE 所属生理学实验室迁到大学城，安顿在现今医学系 4 号楼底层。在介绍西班牙内战的时候，我们会看到他对政治的参与更多更深。

自然科学

1910 年自然科学博物馆与 JAE 的结盟对日后西班牙自然科学的发展产生了积极的影响。我们不要忘记伊格纳西奥・玻利瓦尔馆长是 JAE 领导团队的重要成员。用桑托斯・卡萨多・德奥陶拉（Santos Casado de Otaola）（2010：532）的话说：“从一开始，JAE 的创建学者们就认定，无论是对与自然科学有关的一切事情还是对一般科研环境的全局，玻利瓦尔都是关键人物”。例如，1912 年 JAE 成立了古生物学和史前研究委员会，该委员会的活动跟博物馆密切相关。在这个委员会里工作过的博物学家有爱德华多・埃尔南德斯 - 帕切科、胡戈・奥伯迈尔、胡安・卡夫雷（Juan Cabré）、塞拉尔沃（Cerralbo）侯爵和拉贝加 - 德尔塞利亚伯爵里卡多・杜克・德埃斯特拉达（Ricardo Duque de Estrada）。

JAE 安排真菌学家布拉斯・拉萨罗・伊维萨和微生物学家何塞・马德里・莫雷诺到植物园工作，但二人对这里的工作放任自流。这种状况有所改变还是因为玻利瓦尔被任命为园长并提出和推动植物生理学研究的几条路线。从 1923 年起，弗洛伦西奥・布斯廷萨（Florencio Bustinza）和何塞・夸特雷卡萨斯（前者的专业是植物系统论；后者的专业是以植物生态学为重点的植物志研究）成为植物园两位重要的研究人员［夸特雷卡萨斯曾在巴塞罗那大学师从植物学家皮乌斯・丰特 - 克尔（Pius Font i Quer）攻读药学］。

值得特别介绍的是，植物园秉承 18 世纪特别是西班牙森林植物志委员会（参见

第 8 章）引进的传统，开始出版两套系列论文：1914 年开始出版的《伊比利亚动物志》和 1919 年开始出版的《伊比利亚植物志》。用玻利瓦尔的话说，这是“西班牙博物学家多年来梦寐以求却未能实现而如今变成了现实的一件大事”（事实上，1913 年加泰罗尼亚研究学院已开始编辑一部《加泰罗尼亚植物志》)。截至 1936 年，这两套系列论文中已经出版的并不多，但计划仍在进行。西班牙内战的爆发以及由此引发的包括科学领域在内的体制和思想的断裂导致该计划的中断，直到 20 世纪 80 年代西班牙国家研究委员会决定用原名恢复出版。1986 年，新的《伊比利亚植物志》第一卷问世，1990 年,《伊比利亚动物志》面世。同样的事情也发生在加泰罗尼亚研究学院编辑的《加泰罗尼亚植物志》身上，1984 年，该系列论文恢复出版，更名为《加泰罗尼亚地区植物志》。

西班牙的生态学研究

西班牙保留研究大自然这一传统的结果是建立了一个在未来得到日益强化的学科——生态学。

讲到这个话题，有必要简要回顾一下塞哥维亚学者塞尔索·阿雷瓦洛（Celso Arévalo，1885—1944）。1912 年阿雷瓦洛抵达巴伦西亚担任该市中等教育学院博物学的教职。此时，他已具有地质学和动物学研究的经验并在桑坦德海洋生物学实验站工作过。于是，他借助邻近拉阿尔武费拉沼泽的地利，于 1914 年成立了水生生物学（湖沼学的一个分支学科，研究河流、湖泊和潟湖的科学）实验室。他还在当地建立起西班牙皇家博物学学会的分会，并把当时躲避“大战”而来到西班牙的若干外国研究人员招聘到上述实验室里［例如德国软体动物专家弗里茨·哈斯（Fritz Haas)、德国水螨专家卡尔·菲茨（Karl Viets）和瑞士鳗鲡专家阿方索·甘多尔菲（Alfonso Gandolfi）等］。1917 年 10 月颁布的一道敕令正式认可该实验室并更名为西班牙水生生物学实验室。

1918 年，阿雷瓦洛获得西斯内罗斯（Cisneros）枢机主教学院的教职后迁到了马德里。从原则上说，这看起来是对水文学研究有利的，因为这位塞哥维亚学者事先跟自然科学博物馆谈妥，他将在博物馆内成立水生生物学分部并担任分部主任。但是，恰如西班牙生态史著名学者桑托斯·卡萨多（Santos Casado，1997）解释所说，在生物分类学和生态描述的指导思想方面，博物馆的博物学家们跟阿雷瓦洛的生态主张之间存在分歧，因此双方关系日趋紧张，致使水生生物学分部终于在 1931 年被撤销。

但是，为把生态学引入西班牙而努力的绝非阿雷瓦洛一个人。他在巴伦西亚为生态学研究而努力的同时，从 1915 年起就定居马德里的自学成才的加泰罗尼亚地质学家埃米利奥·乌格特·德尔比利亚尔（Emilio Huguet del Villar，1871—1951）从事植物生态领域内两门学科的研究：一是土壤学（土壤化学），二是地质植物学[27]。1923 年，这一领域内另一位著名学者、植物学家皮乌斯·丰特 - 克尔（1888—1964）聘请埃米利奥·乌格特到他任馆长的巴塞罗那自然科学博物馆负责一个新学科即植物地理学的研究（需要说明的是，早在 1899 年就成立了加泰罗尼亚博物学研究所，这是第一家使用加泰罗尼亚语为科学交流语言的研究机构。事实上，加泰罗尼亚民族主义与该地区博物研究和爱好有相当多的交汇点）。两年后，乌格特·德尔比利亚尔发表了一篇题为《西班牙中部大草原地质植物学的研究进展》的关键性文章（见《伊比利亚》，1925）。文章中首次提出了西班牙植物生态学研究理论与方法的框架。

加泰罗尼亚人何塞·夸特雷卡萨斯（1903—1996）也是丰特 - 克尔在巴塞罗那时的学生，他读的是药学。他是把埃米利奥·乌格特的教诲应用得最多和最好的人。1931 年，他获得中央大学药学系描述植物学的教职并在两年后被任命为皇家植物园热带植物部主任。很多年之后，加泰罗尼亚湖沼学家、海洋学家和生态学家拉蒙·马加莱夫（Ramón Margalef，1919—2004）继承生态研究传统，致力于陆地水与海洋水的研究。他先在自己于 1966—1967 年任所长的隶属于西班牙国家研究委员会的巴塞罗那渔业研究所工作，从 1967 年起担任西班牙第一所把生态学纳入教学内容的巴塞罗那大学生态学教授。在这个教职上，他培养了无数湖沼学者、生态学者和海洋学者。同样不能忘记的是加利西亚海洋学家和动物学家安赫莱丝·阿尔瓦里尼奥（Ángeles Alvariño，1916—2005）女士。她在马德里大学获得博物学硕士学位之后，在西班牙海洋研究所开始了她的专业研究。但是，从 1953 年起，西班牙不再是她从事研究的地方。那一年，海洋研究所派她到普利茅斯海洋生物学实验站进修，3 年之后，她获得马萨诸塞州伍兹霍尔海洋研究所的奖学金，在那里进修了 1956—1957 年的一个学年。从那里她又转到位于美国拉霍亚的斯克里普斯海洋研究所。1970 年，又转到西南渔业中心（也在加利福尼亚州），在这里一直工作到 1987 年退休。退休后她仍继续研究工作。阿尔瓦里尼奥详细描述了 22 种海洋浮游生物。她的最后一部著作在西班牙出版，这是一部献给马拉斯皮纳探险考察的书，题为《西班牙及其首次科学考察（1789—1794）》[28]。

遗传学

这是一个在整个 20 世纪改变生物学面貌而且会对医学产生重大影响的学科。它也是 JAE 所关心的一门学科。

遗传学最根本的目标是深入了解遗传机制以及一个生物体的后代为什么并如何与该生物体共享其主要特征。这是一个被查尔斯·达尔文所忽略的问题，显然，这个问题使他设想的物种进化论的价值大打折扣。遗传中复制的真正机制一直不为人所知，直到圣奥古斯丁派教士格雷戈尔·孟德尔（Gregor Mendel，1822—1884）的研究成果被发表。他经过一系列植物杂交实验证实了遗传特性是如何一代又一代地传递下去。在 1866 年发表于布尔诺市（今捷克共和国）《自然研究学会学报》的一篇题为《关于植物杂交的实验》的文章（虽然该文出现在 1865 年那一卷）中，孟德尔介绍了他在布尔诺市他自己所在的修道院花园里用豌豆植株做的那些杂交实验。他对豌豆植株进行了 28000 多次人工授粉。他之所以选择豌豆是因为豌豆花上同时存在雌性和雄性生殖器官（雌雄同株），可以进行自花授粉，同时豌豆植株还能表现出许多特性：种子（形状呈灰色而平滑的或者白色而褶皱的，子叶呈黄色的或绿色的）；花朵（白色的或紫色的）；豆荚（形状呈平滑或有褶皱的，颜色呈黄色的或绿色的）。然而，在长达 30 年之久的很长一段时间内孟德尔的研究成果没有引起任何反响。他的研究成果的再发现——与对他的实验进行数学分析有直接关系——要归功于 1900 年公布的 3 位科学家的独立研究。他们 3 位是荷兰人胡戈·德弗里斯

（Hugo de Vries）、德国人卡尔·科伦斯（Carl Correns）和奥地利人埃里克·冯·切尔马克（Erik von Tschermak）。

大战的幸运结果：胡戈·奥伯迈尔

西班牙在第一次世界大战中保持中立（前面我介绍过西班牙知识分子的不同倾向），这能够使它比选择立场在经济上更加受益。但是我们可以说，至少在一方面让它得到了一份“礼物”：德国古生物学家和史前史学家胡戈·奥伯迈尔（1877—1946）加入西班牙科学界。在奥伯迈尔加入西班牙皇家历史学院的演说中，他介绍了迫使他到西班牙定居的原因：

1909 年，当我应摩纳哥阿尔贝亲王之邀第一次踏上西班牙土地（桑坦德省）到埃尔巴列和奥尔诺斯德拉佩尼亚的岩洞并在那里进行科学考察的时候，我就毫不怀疑未来能够给我机会，让我紧密而持久地保持跟眼前这个美丽国家的关系。1910 年以及后来的几个夏天，我定期旧地重游，探访坎塔夫里亚海岸，指导（桑坦德省）蓬特维耶斯戈岩洞的发掘。这里不仅有西班牙而且是整个欧洲最丰富最重要的古生物学和史前史宝藏。

1914 年 7 月，欧洲大战的灾难把我困在那里，我也第一次感受到西班牙人绅士般的热情好客。远离德国——我的祖国，也回不到我在巴黎的寓所，扩展科学教育与研究委员会慷慨地给我提供了自然科学博物馆编外教授的职位。这不仅让我衣食无忧地度过了大战持续的 4 年光阴，而且为我对伊比利亚半岛冰川时代和洪积层的人类活动进行紧张的研究提供了必要的条件。

终于等到边境重新开放，中央大学哲学人文系决定把优秀的帕尔多·巴桑女伯爵承担的原始人类史的教职由我来接任并慷慨地信任于我。你们不要吃惊，我认为在国籍上归化西班牙于我而言是一项极为愉快的义务，正如 1924 年我所做到的那样，我申请到了西班牙公民身份证件。我终于可以像那位拉丁作家一样高呼：西班牙是我的第二祖国！

奥伯迈尔在维也纳大学攻读考古学、人类学、民族学和地质学，师从考古学家阿尔布雷希特·彭克（Albrecht Penck）和人类解剖学专家卡尔·托尔特（Carl

Toldt），于 1904 年获得博士学位。1909 年被本校任命为原始人类史学科的教师并一直工作到他搬到巴黎去的 1911 年。在巴黎，他担任古人类学研究所的教授。

促使奥伯迈尔定居西班牙的环境催生了一些难忘的作品，如 1916 年发表的研究成果《化石人》在 1924 年被译成英文且于 1925 年再版。而来到西班牙则主要是去发掘埃尔巴列、埃尔拉斯卡尼奥、奥尔诺斯德拉佩尼亚、卡斯蒂略和拉帕谢加等地的岩洞。对阿尔塔米拉岩洞的首次系统性发掘也是在奥伯迈尔领导下进行的。

西班牙内战的爆发把奥伯迈尔困在了奥斯陆，他是作为“历史考古学和原始时期国际大会”的西班牙代表到挪威首都去的。他决定不返回西班牙。1939 年，他拒绝了重返马德里大学教职的邀请而接受了瑞士弗赖堡大学的邀请。他在那里一直工作到去世。

一场战争把他送到西班牙，另一场战争又把他带走了。

把遗传学研究引入西班牙主要归功于在自然科学博物馆内于 1913 年创建生物学实验室的主任安东尼奥·德苏卢埃塔（1885—1971）以及何塞·费尔南德斯·诺尼德斯（José Fernández Nonídez，1892—1947）和费尔南多·加兰·古铁雷斯（1908—1999）。费尔南多·加兰·古铁雷斯是 JAE 的奖学金生，1933 年获得塞维利亚大学加的斯校区理学系的生物学教职，于 1936 年改任萨拉曼卡大学生物学教授，并在该大学退休。

苏卢埃塔虽然出生于巴塞罗那，但他决定到马德里大学理学系攻读博物学，1909 年硕士毕业，次年以关于腔肠动物门寄生桡足动物的论文获得博士学位[29]。但是，他不满足于在马德里大学接受的教育，于是到索邦（巴黎第一大学）理学院学习并于 1910 年获得动物学、普通胚胎学和植物学学业证书。毕业之前，他就以自然科学博物馆奖学金生（1906）的身份到桑坦德海洋生物学实验站进行生物学研究。此外他还在隶属于巴黎第一大学理学系的滨海巴纽尔斯阿拉戈实验室做研究工作直至次年夏天。1909 年，他得到了 JAE 的奖学金，得以到柏林的皇家神经疾病研究所原始动物学实验室进修。他是 1910 年 11 月加入该实验室的，但 1911 年 5 月因被任命为自然科学博物馆骨动物学分部代理主任而不得不返回西班牙。他在这个职位上工作到 1914 年。他在博物馆任职期间，JAE 推荐他为奖学金生开设生物学实践课程，为他们出国留学做准备。为配合苏卢埃塔的课程，博物馆成立了由他领导的生物学实验室，博物馆和 JAE 负责提供经费补贴。

他的研究成果使他获邀加入由当时全世界基因研究领军人物托马斯·H. 摩根在加州理工学院领导的团队。1912 年 6 月 26 日，苏卢埃塔致信 JAE 主席卡哈尔说明此事原委：

> 国家自然科学博物馆生物学实践课程主讲教师、马德里中央大学理学系编内助教安东尼奥·德苏卢埃塔－埃斯科拉诺向尊敬的阁下致意：
>
> 并申述如下：本人刚刚被（加州）洛杉矶 AMO 基金会邀请前往加州理工学院 Th. H. 摩根教授领导的实验室进修遗传学。上述基金会对本人的邀请函附后。
>
> 因本人希望接受这一慷慨的邀请，谨向阁下请求：请阁下向上级推荐并批准本人作为奖学金生于今年 9 月至 12 月（包括这两个月）赴国外进修（目的地美国，途经法国和英国）。
>
> 本人愉快地等待阁下的恩准。上帝保佑您长寿。

6 月 10 日，JAE 批准了他的申请，但一些私人问题的出现使他的加州之行推迟了几个月，但毕竟还是成行了。

至于苏卢埃塔所做的研究工作，费尔南多·加兰（1987：34-35）在《自由教育学院通报》上为苏卢埃塔撰写的讣闻中的两段话是最好的介绍：

> 苏卢埃塔（1925）将遗传学引进西班牙并在这一学科取得了一个极为重大的发现：许多基因存在于 Y 染色体中（它是包括人类在内的许多动物物种和部分植物物种中的雄性个体特有的性别染色体）。我之所以说是极为重要的而差一点没说出是惊人的，是因为当时科学界公认的主流意见是

Y 染色体内根本没有基因，而且这一主流意见得到由著名的摩根学派进行的给人以深刻印象的黑腹果蝇实验的支持。好了，苏卢埃塔用自己的实验验证了他的研究成果并在 Y 染色体中发现了基因，当然不是在黑腹果蝇的 Y 染色体内，而是另外一种非常不同的昆虫（*Phytodecta variabilis*）。它是叶甲虫科鞘翅目昆虫，西班牙动物生态中特有而在马德里周边地区（德埃萨德拉维利亚公园、田园之家公园等地）和伊比利亚半岛其他一些地区十分常见，以明显的染色体多态性而为人所知。苏卢埃塔在叶甲虫身上获得极为重要的发现。仅两年多，施特恩（Stern）便证实了在黑腹果蝇身上的 Y 染色体内也有基因，换言之，"由造物主——不知是哪位先生这样风趣地说——专门制造了这一物种好让摩根教授的天分在它身上取得引起轰动的发现，并使这个昆虫成为现代遗传学的活标本"。说到这一点，我必须补充一下，比苏卢埃塔在叶甲虫身上的发现早两三年的时候，其他几位学者［如施密特（Schmidt）、温格（Winge）、艾达（Aida）等］通过研究水族缸里的鲤鱼科小鱼，已经得出似乎相同的结论，或者说，这几位学者除了猜测在实验对象身上可能的 Y 染色体内存在非隐性基因之外，并没有对他们的实验结果做出别的解释。但是，苏卢埃塔研究工作的先行者（请问哪一位科学发现者没有他们自己的先行者？远的不说，就说从孟德尔的"分析说"到达尔文的"综合说"，不是也有先行者和发现者的关系吗？）不仅没有削减苏卢埃塔研究工作的重要性，反而更凸显了他的研究的重要性，因为在小鲤鱼身上并没有证实原本意义上的性染色体的存在，也就是说，通过显微观察没有识别到和确认到细胞形态学上的性染色体的存在。而在叶甲虫身上确实发现了它的存在，并且是在苏卢埃塔教授自己的生物实验室里从细胞学的角度证实了性染色体的存在的。

在后面一段里，费尔南多·加兰补充道：

苏卢埃塔的研究成果发表之后不久，现代遗传学伟大的奠基者摩根即在其 1926 年发表于《生物学评论季刊》杂志上的文章（该文集中介绍了那些年遗传学的主要进展）里明确指出苏卢埃塔研究成果的“极为特别的重要性”。很快，苏卢埃塔关于叶甲虫的数据、图片、系谱及其研究成果的说明等迅速并大量被关于遗传学的论文和著作所引用。在 30 年代被视为遗传学“圣经”的著作，即由鲍尔和哈特曼编辑的《遗传科学手册》中，上述数据、图片、系谱及其有关叶甲虫的研究成果的说明等被反复引用（出于其双重重要性）：首先，对施特恩撰写的关于复等位基因的问题非常重要；其次，对弗因（Föyn）撰写的关于与性别相联系的遗传问题也非常重要。最后，苏卢埃塔的研究成果被写进教科书，而入选教科书被认为是一项科学发现重要性的最显著也最客观的证明。

苏卢埃塔在进行科研和教学的同时，还通过翻译一些著作为遗传学与进化理论的传播普及做出了很大贡献，主要有查尔斯·达尔文的《物种起源》和托马斯·摩根的《进化论与孟德尔学说》，这两部著作均由西班牙图书和出版物股份公司（CALPE）于 1921 年出版。

何塞·费尔南德斯·诺尼德斯的情况很有意思，因为是他推动了西班牙科学研究与发展的国际化进程[30]。1914 年 12 月 29 日，何塞·费尔南德斯·诺尼德斯以题为《卢西塔尼亚琵琶甲精子发生中的染色体，伴视网膜病、肾病、卒中的遗传性内皮细胞病（HERNS）》的论文答辩成功而获得博士学位并于此后不久担任穆尔西亚大学理学系动物学教职[31]。答辩委员会由伊格纳西奥·玻利瓦尔①主持（其论文导师是苏卢埃塔，他是在自然科学博物馆任职期间对费尔南德斯的论文给予指导的）。因感觉穆尔西亚大学的教学工作平淡无味，他于 1917 年向 JAE 申请到苏黎世动物学和比较解剖学实验室参加研究的奖学金。奖学金申请得到批准，但当时欧洲所处困难局势使他不得不改变目的地——到纽约的哥伦比亚大学，在埃德蒙·威尔逊（Edmund Wilson）和托马斯·H. 摩根（Thomas H. Morgan）的指导下进修与性别确定和遗传有关的细胞学。1920 年，何塞·费尔南德斯·诺尼德斯刚一回到西班

① 原文是伊格纳西奥·玻利瓦尔·诺尼德斯（Ignacio Bolívar Nonídez），应是作者笔误。——译者注

牙，苏卢埃塔和伊格纳西奥·玻利瓦尔便建议他在自然科学博物馆开设关于染色体遗传学说的课程。根据这门课程的讲义，JAE于1922年出版了题为《孟德尔的遗传学说与基因研究导论》的著作（José Fernádez Nonidez，1922），使这一理论在西班牙得到更广泛的传播。但是，他作为西班牙新遗传学引进者的作用也就此终结，因为他于1920年夏天又去了美国并在那里彻底定居，尽管西班牙一些机构多次邀请他回国。在美国，他更多地从事组织学而不是遗传学研究，先是在康奈尔大学，然后在佐治亚医学院教授显微解剖学。这期间，他著有《组织学与胚胎学》（1941）、《家畜和培植作物的变化与遗传》（1946）以及遗作《组织学教程》（1949）。最后一本书由他与W. F. 温德尔（W. F. Windle）合著，先后共印行5版，这是早期“人才流失”的一个实例。弗兰塞斯克·杜兰·雷纳尔斯（Francesc Duran Reynals，1899—1958）的情况也与此类似，虽然不是发生在遗传学领域里而是在微生物学领域里。弗兰塞斯克·杜兰于1925年获得JAE的奖学金赴巴黎巴斯德研究所进修一年。在那里，他开始进行关于噬菌体的研究并了解到纽约洛克菲勒研究所亚历克西斯·卡雷尔（Alexis Carrel）关于病毒与癌症关系的研究情况。于是他向JAE申请到一份新的奖学金并于1926年转到了纽约。之后，他又申请延长奖学金直至1928年他被纽约洛克菲勒医学研究所聘用。从此，他一直在美国从事研究并于1938年担任耶鲁大学癌症研究实验室主任。20世纪40年代，他在这个实验室工作期间提出了癌症是由病毒所致的理论。

托马斯·H. 摩根

托马斯·H. 摩根（1866—1945）以研究进化过程中削减基本遗传机制稳定性的突变而著称。他于1904年到纽约的哥伦比亚大学担任实验动物学教授。那时他就非常怀疑孟德尔的学说，或者说，怀疑他的遗传分离定律。他对孟德尔学说态度的转变源于他对黑腹果蝇的研究。开始时，他试图研究老鼠身上遗传特征的传递，但是没有成功，直到他把果蝇选作研究对象才有所进展，果蝇可以在简单的奶瓶中进行数以千计的繁殖。果蝇还有一个好处——这个只有4对染色体的昆虫的完整生命周期只有10天，而且培育它们的成本低到只需几根香蕉。由于这些特点，摩根可以在 4 米 × 6 米被后人称为“果蝇屋”的一个小房间里进行他的研究。从 1907 年开始，先是摩根一个人，后来跟他的合作伙伴［艾尔弗雷德·亨利·斯特蒂文特（Alfred Henry Sturtevant）、卡尔文·布莱克曼·布里奇斯（Calvin Blackman Bridges）和赫尔曼·约瑟夫·马勒（Hermann Joseph Muller）］一起想办法，比如调节温度、照射 X 射线和使用化学物质促进突变的产生。他们在“果蝇屋”里，用极其简单的设备为进化生物学添砖加瓦。促使摩根相信孟德尔学说的实验结果如下：在他们的实验对象还没有产生物种水平上突变的时候，他们看到一个瓶子里突然出现了一只奇怪的白色眼睛的雄果蝇。摩根把这种变化命名为“突变”。他们把这只发生了突变的雄性果蝇与一只正常的雌果蝇（红色眼睛）交配。这两只果蝇繁殖的所有后代一切正常，换言之，都是红色的眼睛。但是，当他们把第一代的几只果蝇互相交配之后，发现白色眼睛的特征再次出现，虽然都是出现在雄性个体上而没有一只雌性果蝇是白眼睛。另外，如果把一只白眼睛的雄性果蝇跟第一代雌性果蝇交配，那么它们的雄性后代中的一半和雌性后代中的一半都是白眼睛。这一切和孟德尔用豌豆植株所作的实验很相似。因此，对于摩根发现这些实验结果都可以用孟德尔 - 染色体理论毫无困难地解释清楚。

摩根的团队发现可以用来确立首个染色体图谱的染色体标记物也是他们所做贡献之中非常重要的一项。1911 年，摩根的第一批学生之一阿尔弗雷德·亨利·斯特蒂文特绘制出第一张染色体图谱并于 1913 年公之于世。在这张图谱里，明确显示出了与性别相关的 6 个基因的相对位置。这张图谱可以有力地支持两个论断：一是关于基因在染色体上呈线性排列的论断；二是关于基因不断经受突然变化即突变会使由基因决定的某个具体特征发生改变的论断，如果蝇眼睛由红色变成白色。

一个特别重要的问题是基因的特性问题。摩根曾反复向自己发问：“基因作为有机分子，它们是如何保持不变，保持完整的稳定性的？这一稳定性意味着基因是个体化的活的分子，尽管它有代谢，但它也能够保持不变，或者具备按照一定的方式演化的倾向。几年前，我曾经想计算基因的体积，以便获得有助于解答这个问题的有益结果。但是，我们没有足够精确的度量手段来确保成功，以避免无异于主观理论的推测。然而，基因的体积似乎属于大有机分子的级别。实际上，很可能是一个大分子，但更真实的是把它想象成一个结构，一个由许多相互关联的有机分子组成的整体。这种相互关联可能是通过化学联系，也可能是通过纯亲和力——就像一种化合物一样，或者可能是通过其他的组织力量。”

1928 年，摩根搬到加州理工学院。1933 年，他获得诺贝尔生理学或医学奖。

正如我们所看到的，虽然今天人们倾向于认为科学家的丢失，或者说“人才流失到国外”，是一种从 20 世纪 60 年代在西班牙表现尤为突出的现象（至少是从那个时候开始人们经常谈论这个问题），但实际上在 1936 年之前就已经发生过这种现象了。

第 12 章

加泰罗尼亚及其科技状况

国家不是一个固定不变的实体，不是时间将生命演绎成节目并日日上演的舞台。土地及其边界可以由地理限定，但一个民族的历史——个人和社会的历史，却是随着生命在每个时刻赋予的任务而逐渐浮现并时时变化的。

阿梅里科・卡斯特罗

《历史进程中的西班牙：基督徒、摩尔人与犹太人》

（*España en su historia. Cristianos*，*moros y judíos*，1984）

1907 年，即扩展科学教育与研究委员会成立的同一年，加泰罗尼亚研究学院也成立了，尽管这个学院的属性更偏向于地方性或区域性，其活动范围也较小，但它却具备了扩展科学教育与研究委员会成立之初推动其发展的相似因素。我们不能把加泰罗尼亚研究学院的成立当作一个孤立的事件，而应当从一个更为广阔的视角来看待它。

加泰罗尼亚的技术状况、经济状况以及科学状况（尽管规模较小），与西班牙其他地区的状况相比是不一样的，特别是与马德里的状况相比，这不仅因为自治区的“中心地位”，主要原因还在于加泰罗尼亚的工业发展与其他地区不同——程度也更高，以及当地政治力量的态度，即加泰罗尼亚民族主义——从文化起源方面的诉求最终演变成一个政治运动。[1]加泰罗尼亚曾经拥有非常好的条件，原则上是能够促进科研工作的开展：那就是技术、机构和专业活动十分活跃。大量指标显示，这一地区的经济 - 工业状况比西班牙的其他地方更好，包括马德里。最繁荣的省份巴塞罗那省 1900 年的人均国内生产总值是西班牙平均值的 2.54 倍，略高于另一个工业状况较好的省份——吉普斯夸省（2.45 倍）的人均国内生产总值，也高于比斯开（1.95 倍）和马德里（1.63 倍）的人均国内生产总值。还有一项所谓的“现代化”的标志是，1848 年西班牙第一条铁路投入使用，那就是巴塞罗那至马塔罗的铁路。[2]此外，各所工业工程师学校的建立也很有意义。

随着旧制度向自由体制的过渡，西班牙出现了教育体系的重组现象，由此产生了现代化的技术教育，特别是根据 1850 年 9 月 4 日的一道法令而设立的一些工业教育机构。第二年，马德里皇家工业学院以及巴塞罗那、塞维利亚和贝尔加拉的各所工业学院投入运营。其中，巴塞罗那的工业学院是由几所免费讲堂或学校合并组成的，这几所免费讲堂或学校原先是由巴塞罗那贸易委员会从 1769 年起逐步建立和扶持的。工业化进程中的种种困难，以及 1866 年开始的西班牙第一次资本主义大危机，导致上述学校几乎全部关闭，包括马德里皇家工业学院。然而，在巴塞罗那议会和市政府的经济支持下，巴塞罗那的工业学院却抵御住了危机，成了 1867—1899 年西班牙唯一幸存的一所工业工程师学院。1899 年，毕尔巴鄂工业学院成立，而马德里的工业学院则于 1901 年才成立。

能够证明加泰罗尼亚工业富有生机的其他证据还有：1904 年，西斯帕罗 - 苏扎（Hispano-Suiza）品牌成立，这是西班牙最早的汽车制造工厂之一，由瑞士工程师马科斯·布莱特（Marcos Birkigt）和几位加泰罗尼亚企业家合作创立；此外还有 20 世纪 20 年代电气元件行业的创立，尤其是消费类电子零部件。尽管大部分新工业以及操控这些新工业的专业人员都是外国的，但有一种意识却因此而形成，那就是必须加强（如果不说“设立”的话）技术人员的职业教育。

另一方面，1892 年，加泰罗尼亚主义联盟大会在曼雷萨召开，会议通过了第一个加泰罗尼亚独立主义纲领，即通常所说的《曼雷萨基本主张》（*Bases de*

Manresa）。这份主张中关于公共教育的部分由建筑师何塞·普伊赫 - 卡达法尔奇（Josep Puig i Cadafalch，1867—1956）起草，他建议将职业教育改革作为紧急措施。1904 年成立了一个基金会，旨在落实设立一所“工业学院”的计划。到 1916 年，这个基金会责任范围内的学校包括：纺织工业学院，化学工业主管学院，农业高等学院，漂白、洗染、印花和上浆学院，制革劳动学院。1917 年，普伊赫 - 卡达法尔奇接替恩里克·普拉特·德拉里瓦（Enric Prat de la Riba），担任加泰罗尼亚省议会联合体主席；同年，巴塞罗那议会教育研究委员会（创立于 1907 年，是加泰罗尼亚独立主义复兴运动计划的平台）建立了一所应用机电学院。到了 20 世纪 20 年代，在耶稣会的一个独家倡议框架下，萨里亚化学学院成立，旨在培养化学专业的人才、实验室和工厂的负责人。

加泰罗尼亚的化学工业

化学，以它在各行各业中的应用性，足以证明它是最为实用的学科之一，它也是特别适合加泰罗尼亚的一门学科，因为这一地区拥有重要的制造业传统。关于这一方面的代表人物、教育机构和工业机构的例子不胜枚举。在详细介绍我最感兴趣的萨里亚化学学院之前，在此先选择其他几个例子稍作介绍。

其中一个代表人物就是弗兰塞斯克·诺韦利亚斯（Francesc Novellas，1874—1940），他是一位加泰罗尼亚化学家，1899 年，他建立了一所物理化学研究所（1905 年改成化学技术研究所），旨在开展化学分析、工业试验，同时也提供函授化学课程。诺韦利亚斯同时还担任《化学工业》（*La industria química*）杂志的主编，这份杂志主要介绍化学这门学科在加泰罗尼亚有多么深入各行各业。1907 年，他在巴塞罗那德尔皮街成立了一个小型的实验室。这个实验室后来发展成为一家公司，在波夫莱诺工业区拥有若干大型厂房。这家公司取得了巨大的成功，直到今天，凡是对涂料产品感兴趣的人，都会对其名字感到熟悉：缔丹（TITÁN）。[3] 华金·福尔奇 - 希罗纳（Joaquim Folch i Girona）曾担任缔丹工业股份公司的总经理，他从一名工业工程师最终成为铅矿业的世界权威（他还曾担任马德里罗塞特股份公司的总裁，这是一家为加油站提供全套设施的供应商；1918—1929 年，担任普里奥拉托矿场和铅铸造公司的经理）。1934 年，缔丹工业股份公司生产出了第一款完全由西班牙制造的合成漆：TITANLUX。

还有一些计划，部分或全部起源于国外，它们认定加泰罗尼亚是一个合适的设厂地点，例如人造纤维股份公司（SAFA），这是一家由比拉纺织工业家族和法国吉莱－贝尔南集团组成的合资企业，创立于 1923 年，在布拉内斯市设有工厂［工厂负责人为何塞·阿赫尔（José Agell）］；巴塞罗那丝绸公司，建于 1925 年，建立之初是作为荷兰财团通用人造丝联合公司（AKU）的一家分公司，当时 AKU 在西班牙与阿努斯－加里银行及其他加泰罗尼亚投资商合作。[4] 上述这两家公司都生产人造纤维，它们也是西班牙最早生产人造纤维的公司。这两家公司中更为有名的巴塞罗那丝绸公司，工厂位于普拉特－德略夫雷加特（也是西班牙造纸厂的所在地），其明星产品是人造丝，它在纺织业和其他工业上都有广泛的应用。[5]

对于西班牙的现代化学工业发展而言，特别重要的一个人物就是物理化学家兼药剂师何塞·阿赫尔（1882—1973），他在巴塞罗那和马德里完成物理学和化学的学业之后，又到巴黎的巴斯德研究所进行深造。他做出了很多贡献，其中包括：他是西班牙第一家生产硫酸、盐酸和硝酸的工厂的创始人和总经理；他也是化学工业主管学院的创始人和院长，该学院于 1917 年更名为“应用化学学院”。阿古斯蒂·涅托－加兰（Agustí Nieto-Galan）（2019：31-32）指出：“何塞·阿赫尔不仅努力加强科学与工业的联系，他还力求吸引国外的有识之士到他那所位于巴塞罗那的技术学院来任教。1914 年，他邀请到了迪特尔·德拉鲁（Dieter Delarue）——柏林爱克发公司（AGFA）的总经理。1914 年 9 月至 1915 年 3 月，德拉鲁开设了一门完整的化学综合课程，同时灵活利用其他时间在实验室工作，制造着色剂、药品和香水。到了 20 世纪 20 年代中期，阿赫尔又邀请到了其他几位负有盛名的外国讲师，例如：1926 年诺贝尔物理学奖获得者让·佩兰（Jean Perrin）；名牌大学米兰理工大学的校长朱塞佩·布鲁尼（Guiseppe Bruni）；诺贝尔奖获得者保罗·萨巴捷（Paul Sabatier）；威廉·奥斯特瓦尔德（Wilhelm Ostwald）的儿子卡尔·威廉·沃尔夫冈［Karl Wilhelm Wolfgang，以‘沃·奥斯特瓦尔德（Wo. Ostwald）’这一名字为人所

熟知]。”[6]

阿赫尔深知传播化学知识的重要性，因此他对出版专业刊物也十分关注，但他的刊物属于相对笼统的范畴：1902 年，他创立了《药物世界》(*El Mundo Farmacéutico*)；1907 年,《加泰罗尼亚药物学》(*Farmacia Catalana*)；1924 年,《化学和工业》(*Química e Industria*)。在《化学和工业》中，有一篇关于小奥斯特瓦尔德①于 1924 年 5 月在应用化学学院所作的三次演讲的概要。这三次学术演讲的题目分别为《胶体科学的现代概念》(*La concepción moderna de la ciencia coloidal*)、《胶体态的实验特性》(*Los caracteres experimentales del estado coloidal*)、《胶体黏度测量法》(*La viscosimetría de los coloides*)。在《化学和工业》杂志（G. T.，1924：221）中发表的关于这三次学术演讲的简介是这样解释的：“胶体科学是化学 – 物理科学领域的一个全新分支；然而，对于大量无法归入其他任何学科的现象来说，关于胶体科学的观察和解释不仅十分必要，而且是必不可少的；这一学科为大量的技术问题提供了解决方法，并以其完整全面的系统化为特色的形式使实验科学得到了充实。”

萨里亚化学学院

尽管上面所说的案例也十分让人感兴趣，但从某些方面来说，萨里亚化学学院有过之而无不及，它是在耶稣会倡议下设立的，它的特殊性不仅在于教学方面，更在于它存在的这些年里所产生的影响。[7]

1905 年 8 月，耶稣会会士爱德华多·比托里亚（Eduardo Vitoria，1864—1958）在托尔托萨附近的罗克特斯市一处楼群内建立了埃布罗化学实验室，这处楼群还汇集了天文台、哲学院、一所由海梅·普吉乌拉（Jaime Pujiula）教士主持的生物实验室，以及一所化学实验室。[8] 比托里亚教士来自阿尔科伊市，是一名称职的化学家：1896 年他获得巴伦西亚大学物理 – 化学专业的硕士学位（当时他已经是耶稣会成员）；1904 年在卢万市获得博士学位，其博士论文的主题是关于三氯丙醇，是用当时最新的格氏 [维克托·格里尼亚（Victor Grignard）] 方法获得的。他

① 指的是上文所说的卡尔·威廉·沃尔夫冈。——译者注

后期的工作涉及各个方面的调研，包括：乙二醇、三氯异丙醇、催化现象、逆行磷酸盐的定量分析等。此外，他还出版了多部著作，例如《现代化学手册》（*Manual de Química moderna*，1910），这部作品出了多达 14 版，售出将近 10 万册；《化学催化作用》（*La catálisis química*，1911），这是西班牙第一部关于这一主题的作品；以及《碳化学》（*La química del carbono*，1927）。

为了寻找一个更适合科学和工业活动的环境，埃布罗化学实验室最终搬到了巴塞罗那的萨里亚（当时属于巴塞罗那的郊区），安置在圣伊格纳西奥学院出让的一片场地上，这片场地从 1893 年起便属于耶稣会所有。周边地区是西班牙相当一部分纺织工业的所在地，它们是织物漂白类和染色类化学产品的主要需求方。1916 年 10 月 15 日，在比托里亚的领导下，这个机构以“萨里亚化学学院”这个新名字重新开始开展各项活动。教学采用三年制，主要授课内容为矿物化学、化学分析和化学物理。学院强调注重实践：每日讲授 1 个小时的理论课，5 个小时的实验室实践操作，这种安排在当时西班牙的科技教学上是很罕见的。第一年分别攻读三门课程的学生共有 24 人。

1932 年，根据 1 月 23 日的一项法令，耶稣会被宣布解散，萨里亚化学学院因而搬离了该校舍，但仍然在巴塞罗那的其他几个地方开展工作，并且改名为“化学研究中心”。西班牙内战开始后，化学研究中心被迫关闭。在各种宗教人士中，耶稣会成员被追捕迫害的现象最为严重，尤其在加泰罗尼亚和巴伦西亚地区（118 名被害的耶稣会成员中，有 65 人来自这里），于是比托里亚决定流亡国外。1936 年 8 月 8 日，他启程前往热那亚。1938 年 5 月 3 日佛朗哥大元帅下令恢复耶稣会之后，比托里亚返回西班牙，来到图德拉学院。武装冲突结束后，他回到了巴塞罗那。

战争一结束，尽管仍然困难重重（材料已经散落或消失），化学研究中心还是立即重新打开大门，并且恢复了“萨里亚化学学院”的名称。在这样的情况下，学院的负责人同整个耶稣会一样——甚至同整个西班牙的教会一样——加入国民军（以及鼓舞他们的精神）也就毫不令人意外了。当时的院长萨尔瓦多·希尔·金萨（Salvador Gil Quinzá）（1955：32）在 1955 年 5 月 7 日为庆祝爱德华多·比托里亚 90 岁生日暨学院成立 50 周年而发表的演说中，对于学院同军队的依附关系是这样解释的:“1939 年 1 月，我离开马略卡的避难所，加入进驻巴塞罗那的占领军。有了他们，以及我所跟随的 P. 普罗文西亚尔阁下（Rvdo. P. Provincial），我得以在国民军把生活与和平还给巴塞罗那的那一天，重新接管我们的实验室，它既是‘化学研究中心’的实验室，也是‘萨里亚化学学院’的实验室。”新政府对这个机构提供了帮助：1946 年，比托里亚获得了“智者阿方索十世大十字勋章”。希尔·金萨表示（1955：38）:“在如此高规格的奖励下，他个性中谦恭的那一面或许还令他不安，因为他总是觉得自己不配得到这样的褒奖，但个性中感恩的那一面又难以抑制，对于该荣誉的授予者——国家元首及其政府，以及该奖项的促进者——阿尔科伊市及其尊敬的领导，他都表示诚挚的感谢。”只要读过比托里亚教士的自传，就会发现，他的忠诚性完全倾向于以大元帅佛朗哥为首的制度。希尔·金萨还补充道:“表明化学学院受到国家政府重视的证据并非仅此一例。在该政府行动之初，当时尚处于战火正酣之时，他们就将参加战斗的学院学生接纳为临时士官生。”

在新的时代里，萨里亚化学学院延续了同样的教学宗旨，他们的培养目标相当于我们现在所谓的“化学工程师”（从 1950 年起，采用五年学制）。在罗克特斯市建立实验室一个多世纪后，萨里亚化学学院，与埃布罗天文台一样继续存在着。

天文学

有一门科学，在加泰罗尼亚取得了重大的发展，它在总体上拥有较少来自各个机构方面的支持（由埃布罗天文台给予的支持除外，这个支持当然是很重要的），却拥有较多所谓文化方面的支持，这门科学就是天文学。

在这一领域内，有一些加泰罗尼亚人的名字，我们必须记住：何塞普·华金·兰德雷尔-克利门特（Josep Joaquim Landerer i Climent，1841—1922）、里卡德·西雷拉（Ricard Cirera，1864—1932）、何塞普·科马斯-索拉（Josep Comas i Solà，1868—1937）、爱德华·丰特塞雷·里瓦（Eduard Fontserè Riba，1870—1970），此外我们还可以提一下爱德华多·罗萨诺（Eduardo Lozano），虽然他的贡献相对较小一些，他是巴塞罗那大学高等物理学教授，也是大学气象台的负责人。

兰德雷尔从未学习过正式的相关专业，他是一名业余天文学者，但尽管如此，他还是完成了一些杰出的工作，其中尤其突出的是：对木星卫星的观测、关于太阳光在月球上的偏振特性研究，以及 1900 年和 1905 年日食阴影轨迹的高精度预报。他对地质学也很感兴趣，他是《地质学与古生物学原理》（*Principios de Geología y Paleontología*）的作者，这本书出版于 1878 年，有多个增补版。他曾获得法国天文学会的朱尔·让森奖，并在巴黎科学院的《报告》（*Comptes Rendus*）上发表过二十多篇简讯。

里卡德·西雷拉教士是耶稣会关注科学事业的又一个典型例子。在完成了人文学科和哲学专业的学业之后，他被派往菲律宾教区，在那里度过了 6 年时光，任职于耶稣会创立的马尼拉天文台。他在天文学方面的大部分知识就是在这里学到的。此外他还出版了多部著作，例如《菲律宾地磁》（*El magnetismo terrestre de Filipinas*，1893）。离开菲律宾之后，1899—1900 年西雷拉在巴黎度过，在那里他参观了世界博览会的各个天文台和设施，并参加了一个气象学专业会议。回到西班牙后，1904 年耶稣会在罗克特斯市建立埃布罗天文台，西雷拉就是发起人之一。[9] 实际上，这座天文台不仅是一个天文学研究中心，它还致力于地球物理学和气象学的研究。从建立之初开始，这里就设置了太阳测量室、磁性测量室、电力气象测量室和地震测量室。

西雷拉是这座天文台的第一任台长，任期一直持续到 1920 年。同时，他还担任科学信息杂志《伊比利亚》（*Ibérica*）的负责人直到 1917 年，这是耶稣会关注科学的又一例子。这本刊物的创刊与埃布罗天文台相关，出版于托尔托萨（第一期发表于 1914 年 1 月 3 日）。正如我们所见，对于当时西班牙社会（或者说加泰罗尼亚地区）的科学界，或者天文学界而言，他的专业和科学贡献都不太有代表性。然而，我们应当先考虑他所属教派对天文学的关注情况，再来理解他的经历。1932 年，耶稣会被解散后，根据章程规定，天文台基金会的管理权移交给托尔托萨主教，主教批准由当时的台长——著名天文学家路易斯·罗德斯（Luis Rodés，1881—1939）继续管理天文台。罗德斯曾在美国待了 3 年，在哈佛大学、芝加哥大学以及耶基斯天文台和威尔逊山天文台进修深造。因此，当 1932 年 2 月 1 日，来自马德里的一个官方委员会［由奥诺拉托·德卡斯特罗（Honorato de Castro）领导，他是地理地籍和统计局局长，也是马德里大学天文学和大地测量学的教授以及马德里天文台的成员］，要接管埃布罗天文台（至今仍在运营）时，遇到了使这项任务不可能完成的法律情况。

比托里亚教士自传与萨里亚化学学院的成立

在西班牙科学史上扮演重要角色的人物中，能够花费一定时间来撰写自传的人少之又少，爱德华多·比托里亚教士是一个例外。我选取了《序言》中的几个段落，在这几段内容中，比托里亚回顾了萨里亚化学学院的起源（Vitoria，2007：22-26）：

萨里亚化学学院的起源是埃布罗化学实验室。鉴于从创立之初直到此刻所遵循的各种程序，根据具体的方针和执行方式，必须承认有三个完全不同的阶段。第一阶段就是埃布罗化学实验室时期，这一时期旨在将我们的修士培训成化学专家，以便到各所学校从事教学工作。第二阶段起始于将人员与器材搬迁至巴塞罗那的萨里亚之后，搬迁后的计划是：继续实施第一阶段的目标，同时增设课程和实验室，培训外部青年学生，使他们具备到各种技术部门和工业部门工作的能力。第三阶段，除了继续履行上述计划之外，还致力于建立一个完整的化学研究中心，涵盖一个真正化学专业所包含的各个方面和范围，做到像官方专业一样。

第一阶段是在罗克特斯市开展工作的，有面向会内修士开设的每周课程，也有面向各所学校教师以及想要从事教师职业的人开设的暑期课程。此外，允许教学人员从事研究工作、撰写化学著作；这一阶段是在埃布罗化学实验室完成的，这个实验室在罗克特斯市存在了 11 年，这期间对外部学生的教学十分有限，并且完全属于个人行为。

第二阶段从埃布罗化学实验室迁至萨里亚（巴塞罗那）开始，即从 1916 年持续到 1934 年。1934 年，希尔教士从弗赖堡回来，接管了 1932 年成立的临时化学研究中心，然后在萨里亚化学学院分散在各处的已恢复的校舍中继续开展工作。这最后一个阶段，也是萨里亚化学学院发展一帆风顺的时期，因为这一阶段的目标都实现了，包括：对所有化学分支的理论和实践研究；在工业上的广泛应用；培养出的学生训练有素，可以胜任各行各业的工作，有一些学生参加化学工程基础课程以完善自身素质，有一些学生专门研究自己感兴趣的方面，同时注重学习建立工厂机制所需设备的相关知识、选择、安装和运转。

1916—1934 年是中间阶段：这期间的目标是培养基础扎实的实验室化学人才，使其能够完成各种分析操作，这是当然的，但除此之外，如果将他们置于一位经验丰富的领导或技师身边，他们也能胜任工业综合操作，在相关工业的各个程序中指导助手的工作。

在接下去的内容中，比托里亚教士回顾了学院一些往届学生曾经工作过的地方，这一名单本身就反映了化学的各种应用途径，并且完全可以称之为“具有重要的社会经济价值”：

就这样，我们发现，我院往届学生出现在各种出色的岗位中，他们供职的知名工厂涉及的行业包括：水泥、洗染业（包括油漆和染色材料）、钢铁业、金属浮选及铸造、造纸、纤维素、人造丝、香水制造、蒸馏、酿酒、农产品保存和利用、玻璃、陶瓷、陶土、鞣制、皮毛加工、精制油、磺化油、氢化油、润滑油和肥皂、纺织纤维、天然纤维、人造纤维、合成纤维、橡胶、胶皮、蜡、胶、合成树脂、淀粉、药品、乳制品、化学产品、摄影产品、中间产品、杀虫剂、肥料、溶剂，以及其他对人民生活有用的物品。

比上述几位更有名的是何塞普·科马斯，他曾在巴塞罗那大学的物理数学专业取得硕士学位（1889）。[10] 然而，他的职业轨迹却并没有经过那些最为常见的科研学术渠道，他的职业生涯是通过私人渠道开启的。大约在 1896—1897 年，科马斯任职于拉斐尔·帕特绍特（Rafael Patxot）的私人天文台，这座天文台位于圣费利乌 - 德吉绍尔斯，和加泰罗尼亚的其他机构一样，对气象学尤为关注。科马斯在天文学上的贡献良多，其中最为突出的是：他对太阳系行星所作的观测，特别是火星、木星和土星，他的观测结果在国外引起了一定的反响：如在法国天文学会，当时该学会由卡米耶·弗拉马里翁（Camille Flammarion）负责，她在《火星》（*Le planète*

Mars）这本书中加入了科马斯的一些观点。这位来自加泰罗尼亚的天文学家——科马斯，在巴黎科学院的《报告》、斯坦利·威廉姆斯（Stanley Williams）的《木星表面的碎片》（*Zenographical Fragments*）以及英国的《皇家天文学会月刊》（*Monthly Notices of the Royal Astronomical Society*）上均发表过作品。和其他一些天文学家一样，科马斯也在别的领域内大胆尝试，具体而言，他尝试的是地震学。然而，他的名气主要来自他在《先锋报》上发表的 1200 多篇关于推广天文学和其他科学的文章。他是法国天文学会和英国皇家天文学会的成员。1911 年，科马斯创建了西班牙和美洲天文学会，由他担任会长，该学会旨在推广对天文学的兴趣。在此之前，也就是 1910 年 2 月 5 日，巴塞罗那天文学会已经成立，目的是"将那些从事天文学、气象学、地球物理学和类似学科的实践和理论研究的人，以及那些对这些学科的发展感兴趣从而促进整体文化发展的人，都汇聚起来"；1910 年年末，巴塞罗那天文学会已经拥有 230 名会员，其中百分之三十都居住在巴塞罗那以外的其他地方。

和科马斯一样，爱德华·丰特塞雷也曾在巴塞罗那大学的物理数学专业学习（1891 年），并于 1893 年在马德里取得博士学位。[11] 1899 年，他在巴塞罗那大学获得大地测量学教授职位，但 1990 年该课程被取消，于是他转而教授理性力学，直到 1932 年才恢复原先的课程，并且改换了新的形式：大地测量学和天文学。除了在《法国天文学会通报》（*boletín de la Sociedad Astronómica de Francia*）等外国期刊上发表天文学方面的著作之外，他还在地震学和气象学方面做出了贡献，他组织了加泰罗尼亚和巴利阿里雨量测定网，仅加泰罗尼亚地区的测量站就达到了 224 个。此外，他还是世界气象网络常设委员会的成员。

科马斯和丰特塞雷对天文学和气象学的兴趣，受到了巴塞罗那皇家科学和艺术学院（他们都是该学会的成员）的激励。1883 年，该学院已经经历了一个多世纪的历史，于是学会提出对原先位于巴塞罗那加泰罗尼亚兰布拉大道上的楼房进行翻新。在各种想法中，有一种想法最为突出，那就是新建一座双功能的天文气象台。该想法很快又增加了新的内容，即一个公益性质的报时服务，其具体内容为：在兰布拉那座楼房的正面安装一个天文钟和一个气压计。这一想法必然会受到以下因素的影响，即同年 11 月，应市政府要求，学院必须对何塞普·里卡特－希拉尔特（Josep

Ricart i Giralt）提交的城市时间服务方案发表意见，这位何塞普·里卡特是毕业于巴塞罗那航海学院（后来他成了该学院的院长）的一名领航员，该学院于1873年建立了一座天文台，用于校正海军的精密计时器。我们要知道，那个时候，由于铁路普及等原因，统一时间的重要性提高了。

上述方案被批准通过，兰德雷尔被任命为负责人。1885年，仪器采购完毕，然而3年后，最重要的部分还没有完成，即固定式和移动式穹顶结构的施工。最终它与报时服务一同竣工并投入使用。1889年，在学院的天文气象台即将竣工之际，巴塞罗那省议会决定在蒂维达沃山新建一座气象观测台。然而，新建之路远没有那么容易。各种问题、替代项目、来自各方的敌意接踵而至，最终在阿莱利亚侯爵卡米洛·法布拉（Camilo Fabra，marqués de Alella）的资助下（25万比塞塔）才解决了这些困难。1902—1904年，新观测台完成了施工（没有建在蒂维达沃山上，但确实是在附近，现在仍然在那儿），科马斯被指定为负责人，这座观测台也隶属于巴塞罗那皇家科学和艺术学院，它被命名为“法布拉天文台”。

加泰罗尼亚研究学院

加泰罗尼亚研究学院成立于1907年6月18日，是在恩里克·普拉特·德拉里瓦的要求之下成立的，他在那之前不久（4月24日）成为巴塞罗那议会主席。尽管研究学院更加关注语言学、语文学［1932年12月，法布拉的《加泰罗尼亚语通用词典》（*Diccionari General de la Llengua Catalana*）完成］、考古学或加泰罗尼亚文化等方面的事务，但对于科学问题也有涉及。1911年2月，研究学院设立了科学部，成员有：埃斯特万·特拉达斯（工程师、数学家和物理学家）、何塞普·M. 博菲利－皮乔特（Josep M. Bofill i Pichot，博物学家和地质学家）、佩雷·科洛米内斯（Pere Coromines，杂文作家和社会学家）、米格尔·A. 法尔加斯（Miquel A. Fargas，临床医生）、欧亨尼·多尔斯（Eugeni d’Ors，哲学家和作家）、拉蒙·图罗（Ramón Turró，细菌学家）以及奥古斯特·皮－苏涅尔（生理学家）。同年，一份传播很广的科学杂志开始出版，即《科学学院档案》（*Arxius de l’Institut de Ciències*），第一期发表于 1911 年年底。后来又成立了加泰罗尼亚研究学院的分支机构——巴塞罗那生物学会，其各次会议内容被编成一份新的专业刊物：《生物学会工作志》（*Treballs de la Societat de Biologia*）。

加泰罗尼亚研究学院的科学部也从事植物学方面的工作。1913 年，他们开始出版霍安·卡德瓦尔（Joan Cadevall）的《加泰罗尼亚植物志》（*Flora de Catalunya*）；但其实在此之前，早在 1906 年，巴塞罗那市政府就已经设立了一个自然科学委员会。在这一领域内，加泰罗尼亚的杰出人物是植物学家皮乌斯·丰特－克尔，他发表了一百多篇关于加泰罗尼亚植物或伊比利亚植物群的著作，除此之外，他还负责继续承办《加泰罗尼亚植物志》（卡德瓦尔于 1921 年去世），1937 年，也就是西班牙内战正酣的时候，该刊物停刊。[12]我们应该从加泰罗尼亚地区自然主义运动（从这一词汇的科学角度来讲，并不一定是生态保护主义）快速发展的角度来理解上述活动。在加泰罗尼亚，从 19 世纪开始，徒步旅行者越来越多，在这样的背景下，1899 年，通过私人计划建立了加泰罗尼亚博物学研究所。

1913 年年底颁布的一项法令允许成立省议会联合体，因此，1914 年，加泰罗尼亚省议会联合体成立，这推动了加泰罗尼亚科学和技术力量的发展。生物医学方面的研究尤其受益良多，例如，1920 年，通过一项与大学的协议，生理学研究所成立。

生物医学研究的主要代表人物是第 11 章中已经提及的奥古斯特·皮－苏涅尔。[13]皮－苏涅尔从 1914 年起担任巴塞罗那大学的生理学教授（在此之前，他与图罗一起在市实验室工作），是西班牙生理学界的领头人物之一。[14]围绕着皮－苏涅尔形成了一支重要的实验生理学研究团队，其成员中最为突出的是：何塞·普切·阿尔瓦雷斯（José Puche Álvarez，1896—1979），他曾在巴塞罗那学习医学，在攻读博士学位期间还曾与内格林一起在马德里学生公寓的实验室工作。在萨拉曼卡度过了一段短暂的时光（1929—1930）之后，普切开始担任巴伦西亚大学的生理学教授，就此展开了他在西班牙的职业生涯。和皮－苏涅尔（皮－苏涅尔最终在加拉加斯教育学院就职）以及内格林一样，西班牙内战后，普切不得不流亡国外。武装冲突期间，他担任国家食品研究所所长，负责各种任务，其中包括为马德里供应食品，在最后阶段，他还负责军队卫生。[15]此外他还曾担任巴伦西亚大学的校长。

后来，加泰罗尼亚研究学院还创立了其他科学团体：1931 年，建立了加泰罗尼亚物理、化学和数学学会，是科学部的分支学会；1933 年，建立了数学研究中心，它一开始的名称是“物理数学研究学院”。

在新的加泰罗尼亚政治框架下，还有一个很有意义的项目，那就是“高等研究和交流专题课程”，这是由省议会联合体教育委员会从 1915 年春开始组织的。埃斯特万·特拉达斯在这个项目的筹备工作中扮演了核心角色。我们只考虑受邀的外国科学家的话，1920 年（由于第一次世界大战的原因，在 1920 年之前，其他国家的研究人员不能前往西班牙）至 1923 年间来此授课（不是只作讲座）的就有：意大利数学家、物理学家图利奥·莱维－奇维塔（Tullio Levi-Civita），1921 年 1 月讲授了《经典力学和相对论力学问题》（*Cuestiones de mecánica clásica y relativista*）；法国数学家雅克·阿达马（Jacques Hadamard），1921 年 4 月，《庞加莱与微分方程理论》（*Poincaré y la teoría de las ecuaciones diferenciales*）；数学家、理论物理学家赫尔曼·外尔（Hermann Weyl），1922 年 3 月，《空间问题的数学分析》（*Análisis matemático del problema del espacio*）；阿尔伯特·爱因斯坦（Albert Einstein），1923 年 2 月，讲解了他的相对论；以及匈牙利数学家塞尔凯斯蒂·贝拉·凯雷克亚尔托（Szerkeszti Bèla Kérékjártó），1923 年 5—6 月，讲授拓扑学。[16]

科学和技术：关于埃斯特万·特拉达斯

在科学技术领域中，加泰罗尼亚也十分富有进取精神，正如埃斯特万·特拉达斯这一示例所展示的那样。他还反映了科学与技术两者之间的某些关联：他既是一位著名的科学家（物理学家和数学家），又是 20 世纪上半叶西班牙最为活跃的技术人员之一（他不但是工业工程师和土木工程师，还是物理学和数学的博士）。[17]事实上，对于他的人生轨迹，有各种不同的解读，但有一种解读尤为突出。在为技术领域效力的同时，还要成为一名有创造力的科学家，这是很难的。产生这种评论的原因在于，比起特拉达斯所做出的贡献反映出的科学才能，他的实际才能更加强大。

而发生这种情况是因为，当时的社会经济环境下拥有双重教育素养的人是稀缺的，却又是当时特别需要的。因此，他被迫大量参与将技术（受到科学的良好影响）与经营和管理相结合的活动，因而纯科学成就便明显减少了。特拉达斯生平的另一个特点就是，他的一生都是在动荡的政治环境中度过的：加泰罗尼亚省议会联合体、君主制、普里莫·德里维拉的独裁统治、第二共和国、内战时期流亡阿根廷以及最后由大元帅佛朗哥的统治。

1914 年，特拉达斯通过竞争获得了劳动学院（1913 年，劳动学院替换了原先的艺术和职业学院）的汽车专业教师职位，同时他还担任巴塞罗那大学声学和光学课程的教授。当然，我们应考虑当时的时代背景来理解前一个教师职位；别忘了巴塞罗那的“西斯帕罗 - 苏扎”汽车品牌。[18]

特拉达斯职业生涯中重要的一步，也就是将他明确领入工业世界的那一步，发生在 1916 年，他通过竞争获得了省议会联合体电话部门的负责人职位。这是一个技术责任很大的职位，因为必须力求按照省议会联合体的政治意图，将电话连通到加泰罗尼亚地区的所有角落。他在这个岗位工作多年，直到 1924 年 4 月 8 日才辞职，不久之后，原先由省议会联合体控制的电话网转而并入西班牙国家电话公司的电话网（1925 年 11 月 5 日）。在特拉达斯任职期间，加泰罗尼亚电话网服务范围有了明显的扩大，使加泰罗尼亚电话网的版图变了一个样。

尽管他日理万机，但还是挤出时间接受了一项新的任务，那是在 1917 年年初，他负责在巴塞罗那工业学院组织一个技术中心，这是在加泰罗尼亚独立主义复兴运动的技术行动框架下提出的一项任务。同年 7 月，教育委员会通过了特拉达斯提出的关于建立应用电力学院的建议，后来又增加了力学教育的内容。于是应用电力和力学学院就此诞生了，这里不仅培养“工业主管”（受省议会承认的注册工程师，但不受国家承认），还配有用于进行各种操作和实验的多个实验室。特拉达斯一直负责领导这个机构，与此同时，他还参与教学工作。

在这些年中，特拉达斯同时开展的工作还有一项，即省议会联合体二级铁路部门的负责人，他是在 1918 年接受此项任命的。在他的领导下提出了新建四条线路的计划：雷乌斯至蒙特罗奇、列伊达至弗拉加、塔雷加至巴拉格尔以及塔拉戈纳至庞茨。然而，尽管工程已经开工，但普里莫·德里维拉的政变使得工程难以为继，最终不得不放弃。

1923 年，参与铁路项目的经验帮助特拉达斯当选巴塞罗那横贯线地铁工程的负责人。该地铁项目是 1913 年由工程师费兰·雷耶斯（Ferran Reyes）提出的，但碰到了很多困难。特拉达斯加入地铁公司后，发挥了十分重要的作用，使得该条线路于 1926 年顺利竣工，同年，加泰罗尼亚广场至拉沃德塔路段投入运行。

1927 年，特拉达斯迁至马德里。那时正是普里莫·德里维拉的独裁统治时期，1927 年 10 月，普里莫·德里维拉设立国民议会，试图以此取代议会，特拉达斯被卷入其中，他被任命为国民议会的成员。特拉达斯以大学代表的身份，与其他著名科学家一起参与议会（例如布拉斯·卡夫雷拉）。因此，他决定定居在西班牙首都，这使得很多老师都想要建议他担任当时空缺的微分方程课的教授。对此，理学系教师委员会、中央大学校长办公室以及马德里皇家科学院都声明表示支持；根据法律规定的特别程序，1928 年，独裁政府任命特拉达斯为微分方程课教授。第二年，他又被任命为国家电话公司的总经理。在首都，特拉达斯还参与了扩展科学教育与研究委员会数学研究实验室的工作，尽管他在这个机构的工作并没有很紧张，也不是一直在此工作（不论如何，正如我们将在第 14 章中看到的，最终他成了这个机构的共同负责人，另一位负责人是他的好朋友，胡利奥·雷伊·帕斯托尔）。延续其同时担任多个职务的一贯作风，1929 年，他以教授身份加入了由埃米利奥·埃雷拉创建的航空技术高等学院，这所学校位于距离马德里不远的夸特罗维恩托斯机场。

第 13 章

布拉斯·卡夫雷拉和恩里克·莫莱斯的世界：扩展科学教育与研究委员会里的物理学与化学

对独立于感知主体的外部世界的信仰是全部自然科学的基础。然而，由于人们的感知只能带来那个外部世界或者“物理现实”的间接信息，如果我们想真正捕捉到那个物理现实只有通过思辨推理的办法。因此，我们的结论是：我们关于物理现实的认识永远不会终结。

阿尔伯特·爱因斯坦

《麦克斯韦对物理现实观念发展的影响》（1931）

于我而言，化学就是一片飘忽不定但包含着许多未来可能性的云——如果说我的前路充满了闪烁着烈火光焰的黑色漩涡，这云则是漩涡上的护顶光环——一片类似于遮盖住西奈山的云。我就像摩西一样一直等待着我的律法——我的内心、我周围和整个世界的秩序——从那片云上降临。

普里莫·莱维（Primo Levi）

《元素周期》（1975）

所有自然科学中，物理学在 20 世纪上半叶经历了比任何其他科学都要巨大的发展。作为两场真正的科学革命——狭义相对论和广义相对论以及量子物理——的结果，人们对主宰大自然行为表现的诸多规律的认识变得极为深刻丰富，与之前相比发生了彻底的改变。但是，这些新的认识也以经济、产业、政治、军事，特别是公众生活等不同方式影响了人类社会，而且随着时间的推移，这种影响之深使得获取物理学知识的情况及物理学研究能力都变成了显示不同国家进步状况和进步能力的重要指标。反观化学，尽管在 20 世纪上半叶也曾一度辉煌，但它没有经历过物理学那样巨大程度的革命性变革——实际上，化学的重要创新之一是已经进入了依靠量子力学解释其基本原理的时期。20 世纪上半叶化学的辉煌表现在那时的两个悲剧性的事件，即两次世界大战中。有人因毒气的使用与氨气的合成称第一次世界大战（1914—1918）为“化学大战”，而因雷达的使用与原子弹的制造称第二次世界大战（1939—1945）为“物理大战”，这场大战也因 1945 年 8 月美国在日本投下的两颗原子弹而结束[1]。了解了这些情况，便知道了解 20 世纪上半叶——至少到那个倒霉的 1936 年（西班牙内战爆发）——西班牙物理学与化学的发展状况有多么重要了。如果我们局限于仅仅了解基础研究而不管产业界的状况，则可以说，在这两个科学领域占据领导地位的是扩展科学教育与研究委员会（JAE）在马德里建立的由布拉斯·卡夫雷拉领导的物理学实验室和由恩里克·莫莱斯领导的化学实验室。

在分析卡夫雷拉和莫莱斯的科学世界之前，有必要说明一点：尽管国际上物理学基础研究比化学基础研究发挥着更为重要的作用，但在西班牙至少在数量上，化学基础研究成果比物理学基础研究成果更为丰硕。这种情况不足为奇。正如在前面几章里看到的，西班牙的化学技术应用比物理学技术应用要多得多。证实这一判断的最好办法是翻一翻成立于 1903 年的西班牙物理和化学学会的年鉴。自 1903 年至 1939 年，学会年鉴刊登了 1320 篇有关化学的文章，而有关物理学的文章只刊登了 426 篇。最多产的作者是莫莱斯，他发表了 111 篇；其次是何塞·穆尼奥斯·德尔卡斯蒂略，发表了 76 篇；接下来是卡夫雷拉，68 篇[2]。另一个重要数据是该委员会的成员人数：1904 年有 260 名成员，但其后一些年逐年减少至 200 名左右。但到 20 世纪 20 年代初又开始增加，1921 年 425 名，1927 年 627 名，1930 年增加至

1137 名。这些数字似乎可以说明——如果考虑到肯定还有一些非专业人士成员——20 世纪前期人们对物理学和化学的兴趣与实践持续实质性地增长，直至西班牙内战打乱了国家的正常生活。

布拉斯·卡夫雷拉：西班牙物理学的领军者

布拉斯·卡夫雷拉 - 费利佩（1878—1945），1878 年 5 月 20 日生于兰萨罗特岛首府阿雷西费[3]。他是七个兄弟姐妹中的老大，因为父亲是律师、公证员，很自然地想到长大之后从事父亲的职业。中学毕业之后，他带着学习法学的愿望去了马德里。但不久又改了主意，报考了中央大学的理学系。兴趣的召唤具有强大的力量，本来可以成为律师的他却变成了科学家。

于是，卡夫雷拉开始了漫长的征程，最终成了西班牙科学史上国际知名的首席物理学家。在他之前，从来没有任何人像他一样跟国际物理学界有过那么多那么有成效的交往并且在国外发表那么多著作。结束大学里的学习之后，他在专业道路上突飞猛进。他的博士论文选择了对于一位满怀抱负的物理学家不十分恰当的题目：《风的日间变化》（1902），不过，应该知道，他是置身于没有卷入当时物理学尖端课题的科学家大群体之中的，在这个群体里，正如前面几章介绍过的，保留着气象学研究的传统；另外，他选中的题目不需要实验室——当年的马德里只有极少数条件极差并且实际上并没有用于科研的实验室，几本书和风带就足够了。卡夫雷拉本人在他于 1936 年 1 月 26 日发表的加入西班牙科学院（第二共和国期间该机构取消了“皇家”二字）的讲话中谈到了他的博士论文为什么选中了这个题目：“为了真实地展现西班牙物理学研究的昨天与今天，我想起了如今发展部所在地——古老的三位一体修道院院子里的那门大炮，那里还有中央大学拥有的唯一一个物理实验室。我们是曾在那个简陋的实验室里学习过的最后一代人，在那里我们见证了研究所在配置仪器设备方面的全部过程，那些仪器设备都是小洛克菲勒的国际教育委员会捐赠的。”（1936：13）

取得博士学位后，卡夫雷拉被任命为马德里大学理学系的助理教授。那些年他发表的大部分论文都是在理学系物理实验室署名的。当时该实验室由普通物理学教授伊格纳西奥·冈萨雷斯·马蒂领导。根据何塞·罗德里格斯·卡拉西多回忆，伊格纳西奥·冈萨雷斯在实验室的教学指导对卡夫雷拉坚定自己的物理学兴趣发挥了决定性的影响（1914）。此外，另一位物理学家、科学院院士恩里克·德拉斐尔（Enrique de Rafael）神父这样回忆过卡夫雷拉任助教期间的工作（1952）："我认识卡夫雷拉的时候，由于步兵骑士、工程师、科学院院士弗朗西斯科·德保拉·罗哈斯（Francisco de Paula Rojas）教授在1904年已经退休，卡夫雷拉只讲授博士课程中的数学物理课。就是在这门课上，卡夫雷拉成为在西班牙第一位将矢量计算应用于物理学教学的老师，而且就这一应用发表了两篇文章：《矢量理论基础——超距作用评论》（1906）和《关于张量理论》（1907）。"

在他从事所有专业研究的实验领域，他发表的论文涉及十分广泛的课题，例如《勒夏特列膨胀计常数的确定》《任意磁场内阴极射线轨迹》《电解液的电离现象》《麦克斯韦定律之现状》《电线校准》和《关于真正的磁性》。那个时期卡夫雷拉最重要的工作是关于电解液特性的研究，这一研究断断续续地持续到1918年。他主张的电解离解理论在当时是一个全新的理论，这个理论认为各种固态盐就存在电离结构，静电相互作用的减少是水分子包围的离子溶液离解（溶剂化）的主要原因。卡夫雷拉的这些观点后来（1923）被彼得·德拜（Peter Debye）和埃里希·休克尔（Erich Hückel）全面发展。他在那个时期的大多数研究成果都发表在他自己也是创始成员之一的西班牙物理学和化学学会年鉴上。

卡夫雷拉在专业学术上进步很快，1905年他毫无悬念地赢得了马德里中央大学理学系电磁专业的教职。他的两位竞争者是拉蒙·哈尔蒂（Ramón Jardí）和何塞·玛丽亚·普兰斯，他们后来分别在巴塞罗那大学和中央大学讲授声学、光学和天体力学。关于卡夫雷拉到马德里大学理学系任教一事，曼努埃尔·马丁内斯-里斯科做过如下描述（摘自 Román Alonso，2014：272）：

> 18世纪初，跟我那时的同学们一样，我有幸经历了马德里大学理学系极为有意义的变革时刻。那个时候有两位新老师刚刚来到系里。一位是何

塞·埃切加赖，虽然已年逾古稀，但精力充沛。他在此时彻底抛弃文学活动并重新投入他年轻时朝思暮想但后来被戏剧和政治裹挟而偏离了的数学和科学研究中。他来到理学系之后，给学生们讲授他读博士学位时创立的数学物理学——一个研究弹性的理论，这门课程是最能代表其睿智与批判精神的三门课程里的第一门。另外一位新来的老师是 27 岁的布拉斯·卡夫雷拉。在我们学生的眼里，他是一位锐意创新的坚定先锋派，他的一些想法甚至让学生们都感到吃惊。他讲授的是电磁专业课，但也跟埃切加赖合作讲授数学物理：埃切加赖一直讲授力学理论而他则开了一门讲解光的电磁理论的课程。完全可以说，那时候我们正处于西班牙物理学发展中两个时代的分界线上。布拉斯·卡夫雷拉追求这样一个理想：创新实验工作的方法，以便为系统研究当下面临的物理现象和问题服务。

卡夫雷拉获得上述教职之后不久，于 1910 年被选为皇家马德里精确、物理和自然科学院院士，替代弗朗西斯科·德保拉·罗哈斯留下的空缺。卡夫雷拉就任院士时，发表了《以太及其与静止物质的关系》的论文。这个问题是当年物理学界面临的一个中心课题，1905 年提出的狭义相对论理论即由此而来。但是，我们的加那利群岛人似乎尚未领会这个狭义相对论。当然，这并不妨碍他日后成为爱因斯坦理论在西班牙的主要和重要传播者。

在卡夫雷拉成为皇家科学院院士的前 3 年，发生了一件对其专业而言至关重要的事，即前面提到过的“扩展科学教育与研究委员会”的成立。不久之后，在 1910 年，该委员会正式创立了物理研究实验室（实际上 1909 年该实验室就已经启用）并任命卡夫雷拉为实验室主任。假如没有该实验室，也没有该委员会给他提供的种种便利条件，卡夫雷拉可能很难取得他已经取得的科学成就。

卡夫雷拉领导着一个如此重要的实验室，可以说他拥有了比当时西班牙任何其他一位科学家都多的资源。他经过充分考虑并独立做出判断：他必须去国外扩展视野，学习更多的知识。他向上述委员会申请了一笔在 1912 年时可使用 5 个月的津贴，“以便参观法国、瑞士和德国的实验室并在那里进行磁学研究”。自然，他的申请成功了。

他在国外的大部分时间是在苏黎世皮埃尔·魏斯实验室度过的。跟他在一起的还有当时任扩展科学教育与研究委员会实验室物理化学分部主任的化学家恩里克·莫莱斯。整个这件事引人注目的是卡夫雷拉的津贴虽然被批准但从一开始就险些拿不到，因为他在没有任何事先沟通联系的情况下就贸然来到了魏斯实验室。下面是卡夫雷拉本人在 1912 年 5 月 8 日抵达瑞士 3 天后到达苏黎世——卡夫雷拉已经顺便将全家（包括妻子和两个儿子）都搬到了这里——写给扩展科学教育与研究委员会秘书何塞·卡斯蒂列霍的信中对这件事的描述[4]：

> 我抵达这里的时候，莫莱斯告诉我说，他对于能否在这里开展工作极度悲观，因为苏黎世理工学院的人们跟他说，只有在 3 月 31 日之前提出申请的人现在才可以登记进入他们的实验室。
>
> 尽管如此，当我想到如果我去跟魏斯教授面谈也许会解决这个问题的时候，我真的就去拜访了他……他对我说，实验室所有位置都满员了，他没办法让我到实验室工作。但我们约定好，他会把我介绍给几位主要助理，以便我能够了解当下实验室工作的流程和方法，然后我就可以在实验室进行为期 2~3 周的仔细参观。这也是没办法中的办法。

于是，我们看到了西班牙一位堂堂正正的院士、重点大学的教授和实验室主任在国外遭遇的窘境。而这正是卡夫雷拉面临的最大挑战：建立一个框架，培育一套规章，发展国际关系。他做到了，而且做得很好。实际上，他的成绩不久之后便显现雏形。在发出上一封信之后不到一个月的时候，他在另一封信里写道：“（我们的工作）进展顺利。经过对我的观察，魏斯教授感到十分满意，他交给我一批材料和一间条件相当不错的实验室供我使用。他每天至少要到我的实验室两三次，每次来都交给我一些新的问题让我解决。遗憾的是我们在这里的时间有限，不可能全部解决。”

卡夫雷拉与魏斯的合作对前者的专业来说具有决定性的意义。先是苏黎世，然后从 1919 年开始是斯特拉斯堡（同年魏斯被任命为斯特拉斯堡大学物理学院院长），这两座城市都跟卡夫雷拉有着特殊关系。事实上，这位法国物理学家心目中的磁学主张，应该以“魏斯磁子”作为衡量分子磁力的自然单位，魏斯磁子是卡夫雷拉自那个时期起学术作品中的重要组成部分。但是，魏斯磁子最终并没有被确定为磁学单位，而是被大 5 倍的玻尔磁子所取代。尽管如此，卡夫雷拉却一直主张魏斯磁子，直至其学术道路的终结[5]。

无论如何，这个在量子理论界引起过重大反响的问题并没有太影响卡夫雷拉对磁学的实验工作，也没有过分影响他科研成果的核心部分，而是仅仅在其所作的理论评论中有些许影响。相反，卡夫雷拉本人后来成为量子理论引入西班牙的主要推动者之一，他为此写了许多书和文章，也做了许多讲座[6]。卡夫雷拉的磁学实验为物理学的发展做出了重要贡献。例如，当日后获得诺贝尔物理学奖的约翰·范扶累克（John van Vleck）为其正在撰写的经典著作《电极化率和磁化率理论》(1931)而查阅稀土原子磁化率测量的文献时发现，许多测量都是卡夫雷拉完成的，因此该著作中卡夫雷拉的名字出现得比任何别的研究人员的名字都多。

我们这位西班牙物理学家的两个突出贡献是修正稀土居里 - 魏斯定律和计算出包括温度效应在内的原子磁矩方程。由于他卓有成效的工作及其与魏斯和后来若干知名物理学家的合作，卡夫雷拉在国际物理学界获得广泛承认。他在国际学术杂志上发表了至少 35 篇论文、多次出席国际会议、于 1928 年被选为索尔维国际物理学协会国际科学委员会的委员，其成员包括朗之万（Langevin）、玻尔（Bohr）、玛丽·居里（Marie Curie）、德东德尔（De Donder）、爱因斯坦（Einstein）、盖耶（Guye）、克努森（Knudsen）和理查森（Richardson），卡夫雷拉并于 1933 年被选为位于巴黎的国际计量委员会秘书，这些足以证明他享有的国际声誉。作为索尔维物理学协会的成员，卡夫雷拉两次参加“索尔维会议”(1930 年的第六届和 1933 年的第七届)。这是在布鲁塞尔举办的全世界杰出物理学家应邀参加的学术精英的会议。卡夫雷拉在 1930 年的第六届会议上提交了题为《顺磁性实验研究 - 磁子》(Cabrera, 1932)的长篇论文（也是他一生中最重要的论文之一）。

在卡夫雷拉的领导下，物理研究实验室成为西班牙该学科研究的中心，其重要标志是自该实验室创立的1910—1937年共有303篇物理学论文发表，其中73.5%刊发于《西班牙物理和化学学会年鉴》，而这223篇论文的署名作者都是该实验室及其改制后的国家物理和化学学会的研究人员[7]。

恩里克·莫莱斯：西班牙化学的领军者

如果说布拉斯·卡夫雷拉是20世纪前期西班牙物理学家的领军者，那么恩里克·莫莱斯（1883—1953）则是西班牙化学家的领军者[8]。莫莱斯于1905年以优异成绩获得巴塞罗那大学药学专业硕士学位并获得一项特殊奖励。一年后，以同样优异的成绩获得马德里中央大学的博士学位。此后，他在巴塞罗那大学药学系担任物理技术与化学分析课程的临时助教（没有薪水）两个学年（1906—1907和1907—1908），其中第二学年代替请假的在编助教负责化学分析实践课程。

那时，扩展科学教育与研究委员会刚刚开始运转，设立了第一批对“物理化学的理论与实践课”“食品分析”和“矿物分析方法”等课题的资助项目。1908年9月，莫莱斯向该委员会申请了一笔资助，希望去慕尼黑、莱比锡和柏林等大学学习这几门课程，为期两学年。同年11月，他被告知，他的申请获批，但只有一个学年。他先到了慕尼黑（1908年12月18日至1909年4月10日），在一家私人实验室工作，学习有机物分析。之后，他转到莱比锡，一直工作到1910年8月（其间他获准延长享受奖学金）。他在莱比锡学习物理化学，这也是他成绩最突出的专业。由于雅各布斯·亨里克斯·范特霍夫（Jacobus Henricus van't Hoff）、斯万特·阿列纽斯（Svante Arrhenius）和威廉·奥斯特瓦尔德（Wilhelm Ostwald）等先驱的参与，该专业当时正处于旺盛的成长期。威廉·奥斯特瓦尔德是莫莱斯在莱比锡的工作单位物理化学研究所的所长。也是在莱比锡，莫莱斯遇到也正在那里工作的胡利安·贝斯泰罗和胡安·内格林并跟他们成了好朋友。此外，莫莱斯还在莱比锡与卡尔·德鲁克合作并获得了另一个博士学位即化学博士。

莫莱斯回到西班牙之后，加入了卡夫雷拉领导的扩展科学教育与研究委员会下属的物理研究实验室。多年后，当卡夫雷拉回忆起莫莱斯当选皇家科学院院士的演说之后，他是这样提到此事的（Cabrera，1934a：111）：

> 25 年前，在圣地亚哥·拉蒙 - 卡哈尔博士及其扩展科学教育与研究委员会内若干合作者提议并全力操办之下，成立了老的物理研究实验室，并由我领导该实验室。一天，科学院的一位好朋友，也是莫莱斯科学技能培训计划的倡议者（毫无疑问，指的是安赫尔·德尔坎波）要我提供方便，让莫莱斯在我的实验室继续完成他靠奖学金在莱比锡大学物理化学研究所开始的研究课题。出于一种基本的责任感，我答应了这个请求。很快，莫莱斯的工作热情和诚实态度感动了我，我们成了好朋友。这种真诚的友谊与日俱增，以至于如今我为他取得的成绩感到高兴的程度有时会远远超过他自己的高兴程度。

在物理研究实验室，莫莱斯成为物理化学分部的负责人。他以奥斯特瓦尔德实验室做范本为这个分部设计了基本框架，1897 年这个分部得以最终完善。莫莱斯在扩展科学教育与研究委员会年鉴上发表的一篇文章（1911：70-71）讲述了他在物理研究实验室的工作经历：

> 我们第一个学期在奥斯特瓦尔德研究所实验室的工作主要是撰写物理化学的见习实验报告，以便将来作为奥斯特瓦尔德 - 路德（Ostwald-Luther）正在写作的著作《物理化学测量手册》（*Handbuch und Hilfsbuch der physico-chemische Messungen*）的附录。此外，我们还上以下几门课，比如勒布朗老师在本院讲授的“电子化学理论与技术一瞥”和“物理化学在技术问题上的应用”，菲舍尔老师在解剖学院讲授的“自然科学的数学处理引论”。
>
> 我们的大部分时间，几乎每天 8 小时，都是在实验室里度过的。我们的初步印象是杂乱与隔绝。我们周围是数不清的器具物件，其中只有个别的我们从以往的教科书插图里看见过。周围工作的人们对自己的事情都十分有把握，毫不担心其他事情。刚来的人必须自己独立选定先做什么实验，

从一开始就必须习惯自我管理，独立判断。

他在巴塞罗那大学的工作仅限于“确定测量分子量的沸点升高测定法并用贝特洛－马勒（Berthelot-Mahler）热量计做大量实验”，用莫莱斯自己的话说，“我们在物理化学专业方面所作的工作概括起来就是这些”。现在，他们“必须完成见习课的所有实验，而且必须严格按照奥斯特瓦尔德－路德规定的顺序进行”。除此之外，他们还定期参加每周五举行的物理化学座谈会以及莱比锡化学学会的会议。

见习结束之后就是第二学期了。刚一开始，“我们就面临着确定研究课题的艰难选择，或者说是确定授课教师同时还是我们的辅导老师和导师的艰难选择”。莫莱斯最终选择了 K. 德鲁克，物理化学分部的首席助教。

莫莱斯在他那篇以呼吁重视物理化学学科结尾的文章里说到了这些和其他许多事（Moles，1911：86-87）：

最后，我想谈一谈我个人对物理化学重要性及其发展的一些看法。不能将物理化学视为一门新的科学，正如勒布朗教授告诉我们的那样，它是一种应用方向，即指导应用技术的学问。我们尚不能确定是否可以，如有些人已经认为的那样，把它看成一座桥梁，看成连接物理学和化学的纽带。在有些已经涉及的问题上，比如溶解现象，可能存在着上述纽带，但一般来说，物理化学有它自己的特点，有它自己的“物理化学方法”，也就是说，在应用于医学、工程学、冶金学等领域的时候，有它自己的研究特点。

最后，他总结道：

我们认为，绝对有必要在西班牙开展我这篇文章论及的物理化学的研究，为这一学科的全面发展做出应有的贡献。为此，我提出两点建议：

1. 在理学系，或退一步讲，在中央大学开设纯物理化学专业并建立其自己的实验室。

2. 为医学和药学专业的博士生开设“物理化学概论”课程并为该课提供实验室，其目的是务必让学生们了解这一学科的基本概念和开展研究与应用的方法。

莫莱斯的希望寄托在中央大学，但他的希望并没有完全实现。幸好，还有扩展科学教育与研究委员会。正是在该委员会实验室——也是莫莱斯在西班牙首创物理化学教学的地方——莫莱斯一直开设物理化学理论和实践课程至 1927 年。那一年，马德里中央大学终于把这一学科作为正式课程纳入其理学系化学专业的教学大纲中。同时，莫莱斯开始跟几个药学实验室合作。1911 年 7 月 1 日，他正式就任中央大学药学系无机化学副教授的教职。

1912 年，他再次向扩展科学教育与研究委员会申请去国外进修 4 个月的奖学金。得到奖学金后，他来到苏黎世理工学院。在那里他与布拉斯·卡夫雷拉相遇，不仅是相遇，而是两人进行了密切合作，于 1912 年在西班牙物理和化学学会年鉴上共同发表了《磁子与铁化合物磁化学现象的理论》的论文，后来两人还多次共同研究过这个课题。从此，磁化学——研究化学物质化学特性与天然属性之间关系的学问——成为莫莱斯的重点研究课题之一，截至那时，莫莱斯的其他研究课题还有气体的可溶性、无机溶剂、溶解理论等。

1915 年，他又一次获得扩展科学教育与研究委员会的奖学金，得以到日内瓦大学和伯尔尼大学进修。从此时开始，他的主要研究课题转为用物理化学方法测定原子量。1916 年，他在日内瓦大学又获得了一个新的博士学位（其博士论文题目是《对修订溴原子量的贡献：溴化氢气体标准密度的测定》）。这个新的学位是物理学的，他的导师是菲利普·盖耶（Philippe Guye）。盖耶还帮助莫莱斯获得了一个工作机会，可以在日内瓦大学，也可以在美国的巴尔的摩大学。但是他最终还是选择了返回西班牙，他于 1917 年夏天回到了物理研究实验室。

1920 年，他在马德里大学理学系获得博士学位，论文题目是《对氟原子量的物理化学修订：对与氟有关的化学贡献》。直至 1927 年，他才获得马德里大学理学系无机化学的专业教职。1930 年，他又获得理论化学的专业教职。不过 1934 年他放弃了这个教职，转而就任电化学和电冶金学的教职。

在继续讲述之前，我们先留意一下大学教育中化学学科制度化的过程。具体而言，我们看看化学是如何从药学研究中脱离出来的。药学研究是许多化学家的出身之地（例如罗德里格斯·卡拉西多）。对于这一件事，首先必须说明，正是得益于 1857 年的《莫亚诺法》，药学才得以从医学学科中分离出来。当时分别在马德里、巴塞罗那、格拉纳达和圣地亚哥一共设立了 4 个药学系。《莫亚诺法》本身是为了单独设立理学系，但这个系不如“更有用的”药学系重要。实际上，根据《莫亚诺法》唯一一个正式设立的理学系就是马德里大学的理学系，而其他地方的大学则享有决定是否单独设立理学系的自由。到 1900 年，马德里大学理学系由三部分组成（物理数学、物理化学和自然科学），巴塞罗那大学和萨拉戈萨大学分别由两部分（物理数学和物理化学）组成，而巴伦西亚大学则只有物理化学。

令莫莱斯不安的一点是中央大学化学实验室的状况，这也是他的一些同事共同的担忧。在前面第 7 章里我们已经了解到马欣·博内特在为威尔（Will）的《关键》（*Clave*）一书增订的“后记”中所发的牢骚。许多年之后，博内特的牢骚又被另一位杰出的化学家、马德里大学教授安赫尔·德尔坎波（1881—1944）重新说起。那是 1923 年，在萨拉曼卡召开西班牙科学促进会大会上，安赫尔·德尔坎波为物理化学分会成立而发表的演说中再次提起的。根据那次会议的记录，德尔坎波复述了博内特的牢骚之后激愤地说：

> 好了，先生们，就像你们听到的，我刚刚念的大部分内容写于 1855 年和 1878 年，而现在到了 1923 年，却仍被博内特的第二位继任者所引用……假如我们的先贤突然回到人世间，看到他那间位于阿托恰大街当年发展部地下室的简朴而宽敞的实验室因为拆除那座实验室借以栖身的陈旧建筑而消失得无影无踪的时候他该有多么吃惊！他的实验室非但没有得到他曾经希望过的维修完善，反而被搬到位于阿托恰大街人类学博物馆内几间狭窄的居室——贝拉斯科博士的私人房间里，而且至今仍寄身在那里。在“临时地址”的名义下，居然在那里存在了 23 年！

德尔坎波说这些话的时候是中央大学理学系化学分部唯一一位正教授。第二年（1924），路易斯·贝尔梅霍（Luis Bermejo）被任命为有机化学教授。1927 年（当年 3 月贝尔梅霍被任命为中央大学校长），莫莱斯加入成员人数有限的化学教授小组。出于对现实的清醒认知，莫莱斯跟博内特和德尔坎波一样，在 1929 年他当选为西班牙物理学和化学学会主席那一年发表的一篇文章中，继续对化学实验室的处境提出批评（Moles，1929：155-156）：

> 假如博内特真的看到那间实验室如今的状况，我们的同事德尔坎波所设想的吃惊一定会得到他的赞同。那不过是贝拉斯科博士陈旧的卧室和几个私人房间，那里就是学生们上分析化学课和有机化学课的地方。可是，如果他现在，1927 年，再到实验室——假如必须要这样称呼它的话——看一看，是如何在这里给学生们讲授无机化学实验操作课程的，他吃惊的程度肯定有过之而无不及。如果说几门老的课程是这样授课的话，那么 1922 年颁布的大纲中新增加的几门课程（实用技术化学、理论化学和电化学）就更没地方授课了，恐怕要在校内别的系甚至校外去找地方了。

虽然当时正在实施的兴建马德里大学城的计划让人们看到了将拥有具备更好条件设施实验室的前景，但是理学系几个实验室的状况一如既往，以至于莫莱斯认为那计划根本指望不上：

> 大学城的宏伟计划正在实施，此时提出把几个已经达到给化学分部众多学生上课条件的实验室搬到大学的老楼里去似乎说不过去。
>
> 但在我看来，而且分部里我的同事们跟我有完全相同的看法，这件事不能再拖延了。
>
> 在这件事上我如此坚持我的看法，以至于我们在申请新地址的同时，还让学术当局了解到，如果短期内我们得不到适当的地方安置实验室我就毅然辞去教职的决心。

他的要求并没有像以往他的前任所提要求那样石沉大海。“化学分部处境的紧迫性是这样有目共睹——莫莱斯指出——以至 14 个月之后真的开启使用新的实验室的时候竟没有人感到意外。”幸运的是，在圣贝尔纳多街 49 号也就是洛斯雷耶斯街拐角处，原来本达尼亚（Bendaña）侯爵宅邸地基上建造了新的大学楼，楼里有几处房屋刚好满足理学系化学实验室的需求。发展部批准的大学楼方案，除了一小块地方，原是给大学行政管理部门使用的。莫莱斯在那篇文章中说：“我跟化学分部和物理分部的一些同事到大学楼一看，马上产生了一个想法，那就是学校行政管理部门仍然留在它们所在的地方完善一下设备调整一下布局，而把新的大学楼全部交给化学分部和物理分部的实验室使用。似乎这样做才更合乎逻辑。”但是，要实现这个更合乎逻辑的想法，会遇到另一个困难：法学系、哲学和文学系也正面临与理学系一样的授课教室严重不足的紧迫问题。但是在诺维西亚多街上瓦尔德西利亚（Valdecilla）侯爵赞助的另一处大学楼泥瓦工程完成之后，问题得以解决，虽然法学系图书馆要搬进去，但还有足够的地方可以为法学系、哲学系和文学系修建教室。莫莱斯回忆说：“贝尔梅霍（化学家）校长召集法学系、哲学系和理学系的代表以及跟新大学楼使用有直接关系的几位老师开会。开会并不困难，而且会议气氛很融洽，各方都表现出谦谦君子的风度，最终达成协议。我们法学系和哲学系的同事们同意把洛斯雷耶斯街大学楼全部让给理学系使用。”

在洛斯雷耶斯街的大学楼里设立了电学、磁学、光学、有机化学、化学物理、无机化学和化学分析等 7 个实验室以及 3 个老师专用的实验室。此外，还有一间教室、一间阅览室、几个存放蓄电池和各种酸的房间、两间暗室和一个储藏间。正如莫莱斯在其文章末尾都承认的，改善显而易见[9]。

现在我们再回来看莫莱斯的科研工作。他从事的原子量研究并不是单纯的理论学术问题，而是跟实际需求如原料和许多工业生产所需材料的质量控制密切相连。根据分析程序的结果，计算中任何小数点的变化都意味着经济损失或盈利。考虑到这种情况，1903 年成立了由西班牙物理学和化学学会参与的国际原子量委员会；1921 年西班牙原子量委员会成立，莫莱斯、布拉斯·卡夫雷拉和安赫尔·德尔坎波都是委员会成员。

作为对他所在科研机构——或者说整个国家的科学——的发展负有责任的学者，莫莱斯组织召开了若干重要的国际会议，例如 1934 年 4 月 5—11 日在马德里举行的第九届国际纯粹与应用化学学术大会［国际纯粹与应用化学联合会（IUPAC）第九届理事会同时召开，莫莱斯被选为理事会副主席］。跟国际大会主席奥夫杜略·费尔南德斯（Obdulio Fernández）及秘书长莫莱斯一起出席开幕式的有第二共和国总统尼塞托·阿尔卡拉 - 萨莫拉（Niceto Alcalá-Zamora）、公共教育部长萨尔瓦多·德马达里亚加（Salvador de Madariaga）和工商部长里卡多·桑佩尔（Ricardo Samper）。该国际大会选择在马德里召开本身就表明西班牙化学科学的发展程度，尽管国外有人怀疑西班牙是否有能力组织一场如此大规模的会议。大会共有 1200 人出席，西班牙代表团人数最多，达 600 人，其次是意大利 116 人，法国 110 人，德国 65 人，波兰 17 人，英国 15 人，美国、葡萄牙、荷兰与瑞士各 10 人，其他一些国家共 237 人。当然，这样一组各国出席大会人数的数字并不能反映世界化学科学发展的实力[10]。

为筹备这届大会，1933 年 8 月 9—20 日在桑坦德暑期大学举行了一次化学科学国际会议。该大学是第二共和国时期根据 1932 年 8 月的法令成立并由 1933 年 6 月 27 日的法律批准的。会议由时任公共教育部长费尔南多·德洛斯里奥斯（Fernando de los Ríos）提议召开，但会议开幕时公共教育部长已由弗朗西斯科·巴尔内斯（Francisco Barnés）担任。暑期大学首任校长是拉蒙·梅嫩德斯·皮达尔，1934 年起继任者是布拉斯·卡夫雷拉。参加这次国际会议的有西班牙和外国知名专家，前者如安赫尔·德尔坎波、奥夫杜略·费尔南德斯、安东尼奥·马迪纳贝蒂亚和莫莱斯，后者如诺贝尔化学奖获得者弗里茨·哈伯（Fritz Haber）和里夏德·维尔施泰特，以及 H. 冯奥伊勒（H. von Euler）和乔治·巴杰（George Barger）。在此，我们摘引维尔施泰特回忆录里关于他在桑坦德生活的几个片段[11]，在他的记忆里，暑期大学并不像经常介绍的那么美好。但不管怎么说，这段回忆还是十分新奇有趣的：

> 我们吃（不幸得很）住在曾经是皇宫的地方，从一条小道下去可以到达海湾，那里有一个很小但非常近的沙滩。浴室通常很精致。几只鱼雷艇

游弋在海湾入口的地方巡逻。

我们当中有些人如冯奥伊勒和乔治·巴杰要做系列讲座，内容都用西班牙文印发出来。其他有些人只被邀请参加马德里国际大会日程的讨论，另外仅仅给他们安排一次讲座，似乎是对他们远道而来旅费开支的一个补偿。这个开支对政府来说是昂贵的，但可比一门山炮要便宜多了！听众很有限，因为我们当中谁也不会说西班牙语。

因为吃了我不能吃的东西，我发言的时候感觉到严重的痛风发作。

这次会议也是我最后几次与弗里茨·哈伯见面中的一次。他的身体十分虚弱，似乎命悬一线的样子。但他对自己的讲座十分认真，他跟我一起准备他的发言稿一直弄到深夜，虽然他的听众不过是少数同事，这些同事大多数不懂德语，但出于礼貌把讲座安排在一个尽管狭小但气氛热烈的会议厅。为数不多的听众里有一位会讲德语，但只要轮不到他讲话，他就打瞌睡。我可怜的朋友哈伯总是在轮到他发言之前吃药。但即便这样，有时也不能避免心脏狂跳，甚至摔倒在地，他不得不吃身上常备的硝酸甘油，然后颤颤巍巍、喘着粗气草草地结束发言[12]。

从巴黎来的马提翁发言的时候总是热情而激昂，他的题目是毫无意趣的无机化学方面的。他发言的时候也犯过一次心脏病。人们赶快过去帮助他，递给他水喝。大家揪着心等待着，最后他站起来接着讲，他的声音却由弱变强，依旧十分投入。那次会议之后不久他就去世了。

在马德里举办国际纯粹与应用化学大会的同一年，1934 年的 3 月 28 日，莫莱斯宣读了他加入精确、物理和自然科学院的入职演讲，题为《西班牙科学的光荣时刻，1775—1825》。他在演讲中介绍了那一时期对西班牙化学科学发展做出贡献的诸位科学家，其中包括安东尼奥·马蒂、弗朗西斯科·卡沃内利、马泰奥·奥尔菲拉和福斯托·德卢亚尔与胡安·何塞·德卢亚尔兄弟。莫莱斯坚定拥护德卢亚尔兄弟建议的以“wolframio”而不是“tungsteno”来称呼钨元素。1949 年，流亡中的莫莱斯在阿姆斯特丹举行的国际纯粹化学与应用化学联合会命名委员会上主张以

“wolframio” 命名钨元素，他的提议被接受了。

莫莱斯加入科学院时的入职演讲是对西班牙科学史的杰出贡献。长期跟他一起工作并分享经验的布拉斯・卡夫雷拉以科学院的名义向他致答词（Cabrera，1934a：111）时说：“莫莱斯是富于人情味的一类人。但这并不是偶然的，而是他的经历所决定的。他热衷于科学，真诚地爱国，希望把身边的所有人带动起来积极地投入工作。”我们这位加那利物理学家突出介绍了莫莱斯的一些研究成果如氟、氧、碳、碘、氮、钠和氩等元素原子量的测定。卡夫雷拉说：“需要特别指出的是，莫莱斯对至今获得的氧密度数据的修正成为现今国际上不同层次的物理化学研究普遍接受的基础。”鉴于他在这个领域的研究成果，意大利国立林琴科学院 1926 年授予他坎尼扎罗奖。

1933 年，他获得了西班牙共和国“大十字勋章”。1934 年，他获得法兰西骑士团勋章。

留学国外的西班牙物理学家和化学家

卡夫雷拉和莫莱斯二人均受益于扩展科学教育与研究委员会提供的国外留学奖学金。但除了他们，还有其他许多人。该委员会提供的所有奖学金中将近 10% 都是批准给予化学和物理学相关的学者。在那个时候，如果想进行比如物理学和化学科学的前沿性研究，必然要向最先进的科学家学习，这就意味着要到国外去留学。早期出国留学而后返回西班牙在上述委员会物理实验室工作的学生有：1909 年 11 月至 1911 年 6 月在阿姆斯特丹师从诺贝尔物理学奖获得者彼得・塞曼（Pieter Zeeman）的曼努埃尔・马丁内斯・里斯科；1909 年去巴黎跟乔治・于尔班（Georges Urbain）一起工作回国后成为实验室最早工作人员之一的安赫尔・德尔坎波；1912—1913 年去莱比锡跟卡尔・德鲁克进修的胡利奥・古斯曼（Julio Guzmán）；去日内瓦和俄罗斯留学的圣地亚哥・比尼亚・德鲁维斯（Santiago Piña de Rubíes）；在巴黎国际计量局进修 3 个月计量学的赫罗尼莫・贝西诺；1916—1918 年在莱顿大学低温环境下跟海克・卡默林・翁内斯（Heike Kamerlingh Onnes）

一起工作的胡利奥·帕拉西奥斯；1921 年去巴黎在莫里斯·德布罗伊（Maurice de Broglie）的物理研究实验室工作的布拉斯·卡夫雷拉的小弟弟胡安·卡夫雷拉（Juan Cabrera）；1921 年去伦敦跟艾尔弗雷德·福勒（Alfred Fowler）一起工作的米格尔·卡塔兰；1929 年去斯特拉斯堡跟皮埃尔·魏斯一起工作又于 1932 年去巴黎与夏尔·莫兰（Charles Maurin）合作的阿图罗·杜佩列尔。在本章下面几小节我还会提到上述其中几位和其他一些科学家。

物理研究实验室

了解过卡夫雷拉和莫莱斯二人的学术历程之后，现在让我们仔细看看他们工作过的地方，即位于“工业与艺术宫”的物理研究实验室，这是根据扩展科学教育与研究委员会第二任主席伊格纳西奥·玻利瓦尔的倡议而修建的。自然科学博物馆、航空测试中心和莱昂纳多·托雷斯·克韦多自动化实验室也设在那里，还有工业工程师学校、皇家博物学学会和国民警卫队的一个军营。

最初，实验室涉及 4 个学科：气象学、电学、光谱学和物理化学，它们分布在九个厅，每一学科占用两个厅，最后一个是报告厅和图书馆。1909—1911 年在实验室工作过的研究小组，现存档案中没有详细记载，但根据前面介绍过的情况，至少有两个小组：除了卡夫雷拉的小组，还有一个就是卡夫雷拉很快遇到的那个坚定的同伴：恩里克·莫莱斯。

到 1912 年，实验室的学科构成就更清晰了。除了卡夫雷拉，最有经验的研究人员有物理学家赫罗尼莫·贝西诺和曼努埃尔·马丁内斯·里斯科，化学家莫莱斯、胡利奥·古斯曼、圣地亚哥·比尼亚·德鲁维斯、安赫尔·德尔坎波和莱昂·戈麦斯。他们中的大多数都是马德里大学理学系的助教，就是说，他们必须协调好自己的时间以便两头的工作都不受影响。从 1912—1913 年已经发表的 21 篇论文和即将完成的 8 篇论文的署名作者来看，一共有 18 位曾经在那段时间里在实验室工作过。

1914 年，实验室的学科构成发生了某些变化，因为贝西诺和马丁内斯 - 里斯科分别在圣地亚哥－德孔波斯特拉和萨拉戈萨的大学都获取了教职。前者被推荐担任气象学的教学，我前面提到过，他此前曾在巴黎的国际计量局进修过 3 个月的气象学。他转到圣地亚哥之后（次年他又转到萨拉戈萨，然后就彻底在那里定居了），实验室或许就再没有别人可以胜任这个项目了，或许就把原先分配给贝西诺的资源改作他用了。说到马丁内斯－里斯科，光谱学和摄谱学（由化学家安赫尔·德尔坎波负责）两学科中的一部分本来就是为他而设计的[13]，所以这部分配备了研究塞曼效应的迈克尔逊和法布里－佩罗干涉仪。前文里说到过，马丁内斯－里斯科由扩展科学教育与研究委员会公费派遣从 1909 年 11 月至 1911 年 6 月在阿姆斯特丹物理实验室进修。该实验室正是由 1902 年诺贝尔物理学奖共同获奖人之一［其时系第二年颁发此奖，当年另一获奖人是亨德里卡·洛伦茨（Hendrik Lorentz）］的彼得·塞曼本人领导的。他们的获奖理由是发现磁场中发光谱线发生分裂的现象（塞曼效应）[14]。正是在那个实验室，马丁内斯－里斯科熟练掌握了那些仪器的操作，等他回到马德里，便提交了题为《塞曼三重态的不对称性》的博士论文（1911）和在阿姆斯特丹的研究结果。他的论文为法布里－佩罗光谱干涉仪的使用发挥了关键作用。

贝西诺和马丁内斯－里斯科的科研历程从另一个角度来看也是十分有意思的。自他们离开西班牙首都，也就是离开物理研究实验室给他们提供的种种便利条件与环境之后，二人的科研成果急转直下。至 1929 年，贝西诺早逝的那一年，他没有进行过任何一项有意义的研究。至于马丁内斯－里斯科，从科研角度说，他在萨拉戈萨那几年（1914—1919）也几乎是虚度的。而 1919 年他以声学和光学教授身份回到中央大学之后，除科研之外，他还担任许多其他方面的工作（如海军部光学理事会主席、马德里科学和文学协会科学部负责人）。正是这些工作及其各种关系，迫使他在西班牙内战结束的时候不得不流亡他乡。这一点以后我还会说到。

布拉斯的弟弟胡安·卡夫雷拉也在实验室工作过。那是他在马德里大学获得物理硕士学位后，到该实验室做了一系列实验研究，后来于 1919 年 10 月以其哥哥布拉斯为导师，以题目为《气体离子的速度》（Cabrera，1920）的论文获得物理博士学位。1920 年，未满 22 岁的胡安获取了萨拉戈萨大学因马丁内斯－里斯科前一年辞职而空缺的声学与光学的教职。从科研观点看，那就是他职业生涯的终点。实际上他一直在阿拉贡地区首府从事专业研究（仅在 1923 年短暂离开萨拉戈萨到巴黎跟莫里斯·德布罗伊学习 X 射线的吸收），而且在佛朗哥将军时期担任萨拉戈萨大学校长。

发生在贝西诺、马丁内斯－里斯科和胡安·卡夫雷拉三人身上的事情对分析西班牙科学发展历程是很有教益的。他们三人离开扩展科学教育与研究委员会在马德里的实验室而去萨拉戈萨就任教职让他们原本的科研活动都遭受到损失。说到底，国家首都之外任何地方的科研环境与条件都不能令人满意，即便是当年并非二线城市的阿拉贡首府也不例外。早在 1916 年，就在那里设立了萨拉戈萨精确、物理化学和自然科学院（Hormigóny Ausejo，1988），而且从 1918 年 6 月开始萨拉戈萨大学理学系就拥有一间生物化学研究实验室（虽然正式揭幕是在 1920 年 10 月）。这个实验室由安东尼奥·德格雷戈里奥·罗卡索拉诺（1873—1914）负责。根据塞沃利亚达·格拉西亚（Cebollada Gracia）（1988：87）的描述，罗卡索拉诺的研究项目包括许多领域：如小麦种植、酿酒、葡萄栽培、酒精发酵、氮同化等，总的来说就是涉及农业化学的课题，尽管后来他转向了基础研究与应用研究相结合的胶态物质的物理化学研究及其生物学应用[15]。即使在后来成为扩展科学教育与研究委员会死敌的情况下，罗加索拉诺仍得到了该委员会的奖学金资助。先是 1913 年去巴黎在凯泽（Kaiser）教授领导的国家农学院进修一个月（此前他已经去过一次），研究通过细菌途径测定空气中氮含量以确定作物氮营养的课题。接着，1913 年 2 月 14 日，他又向上述委员会提出申请，表示“一段时间以来他一直进行微生物学应用于农业的研究，1899 年就在巴黎国家农学院在凯泽教授领导的实验室做过酒精发酵的实验并发表过相关文章”。格拉西亚补充说，“他刚刚在萨拉戈萨大学理学系普通化学实验室设立了一间用于微生物学研究的小型实验室，并在该系组织的课外研究活动里给学生们上农业微生物学的课程，同时组织学生们开展课外实践活动。”[16]

在罗卡索拉诺的学术成果中，他还出版过几本著作，其中包括《活性物质的物理化学研究》（1917）、《生物化学概论》（1928）和与前文提到过的路易斯·贝尔梅霍合著的《医生与博物学家必读化学》（1929）。

如果把罗卡索拉诺在萨拉戈萨的科研学术活动跟贝西诺与马丁内斯－里斯科二人在那里的活动相比，无疑前者的成果更为丰硕。很可能这要归因于后面两位更多地准备进行基础研究，而化学则能更好地适应前者从事的应用研究，就像萨拉戈萨大学的另两位化学家那样。一位是致力于工业制糖工艺的有机化学教授贡萨洛·卡拉米塔（Gonzalo Calamita，1871—1946），另一位是先后任无机化学和分析化学教授的保利诺·萨维隆（1865—1947）。后者从事多种物质（水、煤、矿砂）化学分析，并受阿拉贡人造波特兰水泥学会委托，进行工业水泥的相关分析。不管是罗卡索拉诺还是萨维隆和卡拉米塔都做过萨拉戈萨大学的校长，任期分别是 1929—1931 年，1932—1935 年和 1935—1941 年。由此人们或许可以了解到 3 人在那里的影响力。

再回到贝西诺和马丁内斯－里斯科离开马德里的 1914 年，那时候扩展科学教育与研究委员会实验室的学科实验小组都已经安排满了，主要的一共有 5 个（都是 1910 年建立实验室的时候就成立的），它们是卡夫雷拉领导的以一系列普通物理学和其他问题（如电磁场环境中几种金属的物理特性或光学）为主要课题物理小组；莫莱斯领导的物理化学小组；卡夫雷拉领导的磁化学小组；古斯曼领导的电化学和电解分析小组和德尔坎波领导的光谱学小组。1916—1917 年，还曾经有过一个胡利奥·帕拉西奥斯领导的热学小组，而帕拉西奥斯自 1922 年起又负责一个 X 射线小组。此外，还有一个光学小组曾经短暂存在过，是由从萨拉戈萨回到马德里的马丁内斯－里斯科负责的。再后来，1930 年，成立了一个由安东尼奥·马迪纳贝蒂亚领导的有机化学小组。

1920 年，时任记者的理学系毕业生曼努埃尔·莫雷诺·卡拉乔洛（Manuel Moreno Caracciolo）参观过实验室之后写了一篇漫谈实验室组织架构和印象观感的文章发表在《太阳报》上，对这座扩展科学教育与研究委员会所属实验室赞赏有加。文章一开始就先介绍了这座实验室大门“从早八点一直开到晚八点，全年除去星期日没有别的任何假期，实验室工作人员全年最多可请假累计不超过一个月。不管在什么情况下，谁要是不工作，立即停发他的薪水，直到若干年无薪金义务工作之后才能补发。实验室工作人员的薪水额不等，学生们每月 100 比塞塔，助手和老师每月分别为 200 比塞塔和 300 比塞塔。”

在介绍实验室各课题小组的时候，莫雷诺·卡拉乔洛第一个介绍的就是卡夫雷拉领导的小组，并说小组里还有莫莱斯、埃米利奥·希梅诺、胡利奥·古斯曼和马里亚诺·马基纳（Mariano Marquina）等人。文章还介绍了卡夫雷拉本人曾修改过皮埃尔·魏斯在苏黎世的实验室里的操作步骤，以及这些修改如何有利于魏斯磁子的研究。让我们看看卡拉乔洛是如何描述实验室这一工作的：

> 魏斯认为磁矩应该用磁子的整数倍来表示。这是多次同时进行的测量的结果，而这些测量结果的一致性恰是各个步骤准确性的保证。但是这个被赋予极大真实性的理论在更加精密的实验中却一头栽倒在地。卡夫雷拉在莫莱斯、希梅诺、古斯曼和马基纳的协助下，逐个修改了成为魏斯教授假说根本基石的各个步骤。在所有这些步骤里都存在一个导致计算水的磁常数时的错误。魏斯根据自己出色的直觉能力推断出来的理论是正确的，但是数字算错了。多亏马德里的这座实验室配备了托雷斯·克韦多推荐的仪器，那一堆数字的真实价值得以呈现。终于，卡夫雷拉、古斯曼和马基纳的名字与朱姆普勒（Zrümpler）、维德曼（Wiedemann）和弗兰坎普（Frankamp）等外国姓氏同时出现在欧洲多家科学杂志上。

另一方面，莫莱斯在马基纳先生和其他几位优等生的协助下，负责原子量的确定。在另一个实验室，古斯曼先生继续他关于电解分析中铂的替代物的研究，这一研究取得的显著进展已经在炮兵精密加工车间和其他几个地方得到了实际应用。最后，要说一说安赫尔·德尔坎波负责的摄谱学研究小组。德尔坎波的助手有卡塔兰和比尼亚两位。后者曾做过日内瓦大学迪帕尔（Dupart）教授的助手，而迪帕尔教授曾任乌拉尔山铂矿监察员。

正如大家看到的，该实验室各学科研究的架构十分简明：以导师为中心的小组和以卡夫雷拉与莫莱斯两位导师为首的物理学（尤为突出的是磁学）与物理化学两大学科。如此范围有限但在某种程度上相互关联的环境氛围是有优势的。这里特别需要指出，尤其是但不仅仅是实验室建立的初期，各小组间高水平的合作堪称楷模（例如，那些年卡夫雷拉和莫莱斯、古斯曼和皮尼亚·德鲁维斯共同撰写文章）。

何塞·卡萨雷斯和安东尼奥·马迪纳贝蒂亚

扩展科学教育与研究委员会还维护着几家不隶属于物理研究实验室的化学实验室。该委员会创始成员何塞·罗德里格斯·卡拉西多教授与何塞·卡萨雷斯·希尔教授分别领导的马德里大学药学系两个实验室就是这种情况。前者领导的是生物化学实验室，后者领导的是化学分析实验室（分析矿泉水、氟和食品）。这两个实验室是国家物理－自然科学研究所的组成机构，集合了扩展科学教育与研究委员会下设上述学科的研究中心。安东尼奥·马迪纳贝蒂亚曾于 1912—1916 年在罗德里格斯·卡拉西多领导的生物化学实验室担任过助理。

无论是卡萨雷斯·希尔还是马迪纳贝蒂亚·塔武约（Madinaveitia Tabuyo，1890—1974）都对西班牙化学科学的发展做出了重要贡献，虽然二人的命运结局大相径庭。前者在内战时期的西班牙仍然享有很高的学术地位和威望，而后者作为坚定的共和派不得不流亡海外，最终客死墨西哥。

跟卡萨雷斯一样，马迪纳贝蒂亚也是利用欧洲几个研究中心提供的优异条件而在化学领域受到良好的训练。他的父亲胡安·马迪纳贝蒂亚是一位名医，优越的家庭经济条件使他得以在 1910—1912 年去苏黎世理工学院学习。在那里，他在里夏德·维尔施泰特指导下开始从事研究[17]，并获得精确科学与自然科学博士学位，维尔施泰特指导的博士论文题为《关于对催化酶的认识》。回国之后，因为在瑞士的学业无法得到承认，所以于 1913 年又在巴塞罗那大学作为旁听生学了一年药物学。他在西班牙获得的药学博士论文题为《氧化发酵》，于 1913 年 10 月通过。同年 10 月 31 日他被任命为马德里大学药学系临时助教；两年之后，他通过竞争获得了该大学在编助教的教职，他一直在那里任教到 1916 年 4 月。这时，他准备到格拉纳达大学就任通过竞争途径取得的药学应用有机化学课程的教职。也是在这前后，扩展科学教育与研究委员会决定提名马迪纳贝蒂亚为即将在学生公寓建立的生物化学实验室主任的最佳人选。但格拉纳达大学方面还等着他去任课。为解决这一矛盾，扩展科学教育与研究委员会主席拉蒙－卡哈尔致信公共教育和美术大臣胡利奥·布雷利·奎利亚尔（Julio Burell Cuéllar），要求该部宣布马迪纳贝蒂亚获得的教职仍为空缺，并在将来适当时机招聘。至于新建的生物化学实验室主任一职，扩展科学教育与研究委员会负责支付其薪金。大臣批准了委员会主席的请求并于同年 10 月 14 日签署了相关法令。

马迪纳贝蒂亚同意以放弃教授职位的代价换取可以在扩展科学教育与研究委员会新建实验室工作的机会，仅这一点就特别值得关注。实际上，格拉纳达大学的教职对一位胸怀科研抱负的人而言真没有多大吸引力，而扩展科学教育与研究委员会的实验室却可以更好地满足他。事实上，1930 年马迪纳贝蒂亚就成为国家物理化学研究所有机化学实验室的主任（从 1925 年开始，他已担任马德里大学药学系应用有机化学的教授）。

现在，我们来看何塞·卡萨雷斯的情况。在第 7 章中，我介绍过他于 1905 年以化学分析教授的身份转到马德里并在那里取得了诸多学术成就。一如其他大学教授例如布拉斯·卡夫雷拉，他通过化学实验室也与扩展科学教育与研究委员会有了紧密的联系。

卡萨雷斯除了在药学系实验室得到该委员会的帮助，他还得到该委员会的其他几项援助：1910 年，他被该委员会公派到德国进修埃利希（Ehrlich）教授首创的治疗方法的特性、应用及治疗价值。1920 年，他再次以公派身份赴德国，跟时任慕尼黑大学教授的维尔施泰特一起工作。有几封他这次在德国工作期间从慕尼黑写给手握大权的扩展科学教育与研究委员会秘书何塞·卡斯迪列霍的信件被保存下来，我引述其中几段[18]。

在 1920 年 12 月 25 日的信中，卡萨雷斯写道：

亲爱的朋友：很早就想给您写信，之所以拖到今天是因为我不想把我得到的不十分准确而且经常变化的印象告诉您，而今天我利用假期并且就着我刚刚收到一封来自马德里的信件给您写这封信。

我来慕尼黑之前所预料的和我实际所遇到的所有困难都被我轻而易举地克服掉了。警察没有找我们的麻烦，批准了我们长期居留。根据维尔施泰特的友好安排，我们在实验室都得到了一个很好的岗位。通过他的关系，我们在一家很不错的旅馆安顿了下来，虽然房钱有点儿贵。

从开始一直到放假这段日子我们跟这里的人们一样工作，平静，有序，并不吃力，但就是不间断。我们必须在早上七点半准时起床，有几天工作到下午六点，另外几天工作到下午七点半，中间只有吃午饭的时候可以休息一会儿。为了我们的科学，为了更深入的研究，为了不辜负大家为解决自然科学方面的难题已经付出的广泛而持久的努力，没有一些天才的特质，这种方法是我们唯一的选择。

有一天，我和拉内多（Ranedo，他负责设在学生公寓里的一个实验室）跟维尔施泰特教授吃午饭。那顿饭让我们弄明白了到那个时候至少对我来说还不十分明白的一个问题。方法、组织、精力：这就是这个伟大民族的秘密所在……

我收到的那封寄自马德里的信告诉我，假如大臣不发布敕令批准拉内多跟我一起在德国，出纳就不支付津贴，同时，45 天之后我在埃斯帕达那里办理的助手的任命就将失效。我会给助手和埃斯帕达写信。我十分感谢您，请您在见到大臣时，跟他说一下此事。我相信我们在德国的这一段时间一定会对改善西班牙教学方面带来裨益，至少我们会努力争取做到这一点。

就此搁笔。您的好朋友和好伙伴祝 1921 年给您带来健康，祝您的一切努力如愿以偿。

第二封信是 1921 年 5 月 5 日写的。这封信中我们看到卡萨雷斯对莫莱斯的积极评价：

我亲爱的朋友：莫莱斯今天出发去苏黎世，他很开心，他在这里受到老师们的热烈欢迎。尤其是赫尼希施密特（Hönigsmid）[1]老师很尊重他，认为他是担任国际原子量委员会委员最有能力的人选之一。

我们跟莫莱斯聊了很多事情，特别是西班牙现在最急需的东西。我们大家完全同意必须尽快建立按照我们一致的意见确定组织架构的实验室。我向您表示，这是我个人的意见，我相信莫莱斯应该成为该实验室的主任，他不但年轻，又对我们的想法积极热情，将西班牙的这个实验室将产生很大的影响。此外，我们没有别的路可走。甚至对于同美洲的关系来说也是必要的，我们不能落人笑柄。

直接聘请莫莱斯担任教授也无任何不妥。虽然他没有明说他讨厌自我炫耀和自我辩护，而且大家都知道即使准备得再好谁都有犯下愚蠢可笑错误的时候，让他竞争上岗会极大地伤害他的自尊心。另一方面，显而易见的是在西班牙没有任何人像他一样能干。您知道过去好多年我和他关系一直很冷淡，我有我的不同观念，所以今天我才敢于向您推荐他。

马德里的几个物理实验室

为了更全面地了解20世纪前几十年西班牙物理学和化学的发展，同时更恰当地评价扩展科学教育与研究委员会对这两门学科所做的贡献，下面我穿插一段对马德里几个与物理化学或多或少有直接关系的研究、分析或实验教学中心的介绍，这几个中心都是成立科学研究实验室那一时期开展活动的。

1913年，西班牙科学促进会利用它在马德里召开大会之机发布了《马德里主要科学机构与研究实验室简介》。该简介帮助人们了解那时设在马德里的物理化学科研的情况：

（1）工程师材料实验室。它成立于1899年，隶属于国防部，从事为陆军工程兵提供服务项目的研究，主要任务是对用于各服务项目的材料进行技术检验。

（2）矿业工程师学院工教化学实验室。它包括3个部分，它们的任务分别是

[1] 原文疑似拼写错误，应为“Hönigschmid”——译者注

①教学；②对国家其他有关部门或矿业企业与个人送来的矿砂和水样本进行化验和分析；③特殊分析和科研。第一部分只服务于分析化学的教学，第二部分由负责矿物和水样本化验分析的老师领导，该老师有 4 位矿业工程师做助手，这 4 位操作如下实验和分析：测定固体燃料中金属含量，测定水泥和其他建筑材料强度，对矿物质、饮用水、矿泉水的湿法分析，液体燃料的分析与蒸馏。第三部分负责对稀有金属、所有各种气体和混合气体进行分析研究，因其与矿井瓦斯委员会（负责矿坑中瓦斯浓度测定和矿井照明与救生设备检验）的密切关系，该部分真正具有工业重要性。

（3）矿业工程师学院电学实验室。它分为两部分：一部分负责测量电流强度，另一部分是一个各种电机的操作间。这两部分分别为该校教学大纲里电学教学中的这两门课程服务。

（4）炮兵精密车间、实验室和电工中心，成立于 1896 年，起初是为统一炮兵部队下属各工厂测量工序的度量标准而生产、保存并运用各种标准器的地方。作为化学学科的实验室，现在它负责研究国家或私人提供的爆炸物的成分分析、生产与保存。1900 年，在它担负的为炮兵工厂所使用的材料进行机械检测之外，又增加了一项任务，即制造与改进用于遥测和电器的工具和设备。1904 年开始，它变成了为炮兵部队提供的所有服务项目中关于电气技术的研究、实验、测试中心。

（5）天文台。前文已经介绍过它的任务和设施了。

（6）中央气象观测站。正如我们前面介绍过的，1906 年之前，关于西班牙气候与天气的研究一直是交给天文台负责的。从 1906 年开始，国家地理研究所所长仿效其他国家的做法，把天文研究与气象研究完全分开，把后者交予了中央气象研究所。该研究所于 1911 年更名为中央气象观测站，算是实至名归。它负责收集、分析、发布各地方气象站每天观测的数据，研究并改进各地方站使用的观测器具，每天在经纬仪的帮助下升空观测气球进行气象观测，以确定五六千米高空的大气环流。

（7）土木工程学院建筑材料鉴定中央实验室。它成立于 1898 年。主要任务是满足教学与上述工程研究的需要，鉴定工程所需各种建筑材料的条件、强度等。

（8）航空测试中心与自动化实验室。由莱昂纳多·托雷斯·克韦多负责。在后面的第 15 章我将介绍他。

（9）林业工程师学院实验室。它几乎专门为化学、电力技术、机械学、水力学、地貌学和大地测量学的教学服务。

（10）放射学研究所。前面介绍过这所何塞·穆尼奥斯·德尔卡斯蒂略领导的研究所在 1904 年成立的时候，叫作“放射学实验室”，1911 年更名为“放射学研究所”[19]。该研究所是绘制西班牙全国矿物和水矿物放射性地图的先驱者和终身执行者。英国物理学家、化学家拉瑟福德（Rutherford）或索迪（Soddy）进行过的那种放射性研究很少或几乎没有在穆尼奥斯·德尔卡斯蒂略领导的这个研究所进行。1913 年，该研究所由以下几个部门组成：放射物理学、放射化学、放射地质学、放射宇宙学（后两者主要研究地质学和矿物学的放射性现象以及组成地壳和大气层的大地、岩石、液体和气体的运动的自然过程）和放射生物学（包括一小片施用放射性肥料的试验田）。从 1909 年开始，该研究所编辑印发《放射学实验室通报》。

（11）药学系化学实验室。该实验室包括一家药学博物馆、物理技术实验室、矿物学实验室、药学实验室、无机化学实验室、植物药学实验室、有机化学实验室、化学分析实验室、实用药物实验室、生物化学实验室和微生物实验室。这些实验室几乎全部都只有一个房间，设备器具老旧残缺（让我们想起了前面引述过的罗德里格斯·卡拉西多的评论）。

（12）工业学院的实验室。其中有物理实验室、光度和电气测量实验室、两个化学实验室和一个电工实验室。由此我们也知道，该实验室拥有发动机（蒸汽的、液压的和汽油的）。

（13）农艺师学院的化学实验室与电工实验室。这两个实验室在必要时向该校的教学活动提供支持。

（14）马德里大学理学系几间物理实验室。布拉斯·卡夫雷拉当学生的时候曾在这里工作过一段时间——他也在冈萨雷斯·马蒂的普通物理实验室以博士的身份工作过。这几间实验室位于圣贝尔纳多街大学花园里的一幢建筑内，由两大部分组成，一部分是普通物理、热学、电学与磁学以及声学与光学的实验室，另一部分是科学系机械车间和为所有部门服务的摄影操作暗室。实验任务过重而使用面积太小，楼内所有房间的温度条件和地板的稳定性均有待改善。

以上就是马德里 1913 年时，不算扩展科学教育与研究委员会所属各实验室所拥有的实验条件的简单情况。尽管比一二十年前的那些实验室条件有所改善，但仍然有必要指出，在物理学和化学的基础研究方面还是太有限了。这些实验室的首要任务仍然指向应用方面、技术方面和鉴定测试方面。隐藏在这些大小实验室基础结构后面的潜在文化基本上仍是工程师学院或陆军测试部门的潜在文化，那种进行基础建设和实用电工技术的潜在文化。对那时的西班牙社会而言，技术是有用的，而科学的角色尚未明确定位。

西班牙物理学的巨大成就：米格尔·卡塔兰与多重谱线的发现

在扩展科学教育与研究委员会物理研究实验室里有一位科学家叫米格尔·安东尼奥·卡塔兰·萨纽多（Miguel Antonio Catalán Sañudo，1894—1957）。他为该委员会物理实验室的历史贡献了最杰出的物理学研究成果，这一成果即使不是西班牙物理学发展史上最杰出的一项贡献也是杰出的诸多贡献之一[20]。

卡塔兰在他出生地的萨拉戈萨大学学习化学，1909 年毕业。此后在当地工业部门和母校不重要的岗位工作了几年即前往马德里攻读博士学位。1915 年 1 月，加入物理学实验室光谱学小组，安赫尔·德尔坎波是其博士论文导师。他在光谱学科深入学习的同时，开始从事中等教育——他获得了帕伦西亚综合技术学院物理和化学课程的教职，不久后又转去阿维拉学院任教。他没有正式加入其中任何一所学校，因为在扩展科学教育与研究委员会的帮助下，他被临时借调到委员会下属教育学院工作，该学院是今天的拉米罗·德梅兹图学院的前身。

跟其他与扩展科学教育与研究委员会有关的学生和科学家一样，卡塔兰也获得了一个奖学金名额。他于 1920 年 9 月去了伦敦。一番权衡之后，他选择跟从艾尔弗雷德·福勒（Alfred Fowler）进修。福勒是当时世界上最知名的光谱学家、皇家科学院（隶属帝国理工学院）教授、皇家学会会员和皇家天文学会主席（1919—1921），以及国际天文学联合会首任秘书长（1920）。他是享有光谱学“圣经”盛名的著作之一《关于线光谱的系列报告》的作者。由他的这部著作衍生出了首次精确确定了里德堡常数和电子质量与质子质量的商数等。在福勒指导下，卡塔兰大大提高了对光谱技术的运用，从而可以更有效地使用当时马德里已经具备的高精度仪器。

1921 年，在那里，他得以证实光谱上貌似无明显规则分布的众多光谱线集群可能具有共同的物理起源。援引卡塔兰本人在其一篇手稿里的原话来说就是："1921 年，我发现（比如锰的）光谱由众多复杂的光谱线集群组成，于是我将其命名为多重谱线。我还发现，经过对多重谱线的观察可以导致原子能级的发现。"因此，关于碱性金属和碱土的双重态和三重态的观点得到普及。

1922 年 2 月 22 日，英国皇家学会收到卡塔兰关于这一研究成果的文章，随即以《锰的光谱中系列和其他规律性问题》为题发表在《伦敦皇家学会哲学汇刊》上（Catalán，1923）。

多重谱线的发现使得量子理论的发展迈出了重要的一步。例如，对于证实量子物理世界级领军人物之一阿诺德·索末菲（Arnold Sommerfeld）1920 年发现的量子数就非常关键。对于天体物理学来说也极其重要：因为把线光谱多重性的发现运用于复杂光谱就可以进一步阐明那些产生复杂光谱的原子的电子结构。著名光谱学家之一、华盛顿特区国家标准局的威廉·梅格斯（William Meggers）（1958：12）这样介绍多重谱线的发现：

> 1921 年之前，由相对简单的原子光谱分析产生的光谱学术语只由单能级、双能级和三能级组成。卡塔兰大胆地向锰元素和铬元素生成的更为复杂的光谱发起进攻并幸运地发现 5 重、6 重甚至 7 重线光谱，而这些多重谱线又组合成包含 9—15 重的谱线，为此，他发明了"多重谱线"这个术语。卡塔兰发现多重谱线成为解释复杂光谱现象的关键，很快就被许多光谱学家采用，形成了一个多重谱线的"雪崩"。这一现象引发了对原子光谱进行量子学阐述的发展并在 1926 年使光谱学研究进入黄金时代。这一年，根据与来自原子和离子的电子相关的能量和量子数，从理论上解释所有离散辐

射成为可能。

基于这一发现，卡塔兰开始跟这一领域内的优秀科学家建立起联系，而跟索末菲及其慕尼黑团队的来往尤其频繁。我们这位阿拉贡光谱学家利用索末菲亲自向国际教育委员会申请到的一个奖学金在巴伐利亚首府进修了 1924—1925 年整整一个学年。第二个学年，德国科学家卡尔·贝歇特（Karl Bechert）为继续开展与卡塔兰的合作研究在洛克菲勒基金会奖学金的帮助下来到马德里。

在物理研究实验室，发现多重谱线的成就引起了很大反响，显而易见，这是一个与国外诸多实验室展开竞争的大好机会。作为实验室主任，卡夫雷拉在 1923 年 7 月 18 日致信扩展科学教育与研究委员会秘书卡斯迪列霍时写道[21]：

> 我亲爱的朋友：几天前，我给你打电话的时候向你说明了我向扩展科学教育与研究委员会申请一笔特别贷款的双重目的：既帮助卡塔兰也帮助和他一起工作的人改善工作环境，以便他们可以更好地开展光谱构成的研究。他们的这项研究在专家中间引起了极大反响。我已经收到了他们为添置不可或缺的实验材料而提出的预算，所以现在给你写此信。（如果可能）委员会关于这笔贷款的批复最好在夏天之前做出，以便他们向生产商订货，等他们回到马德里的时候就能着手安装了。
>
> 前面我说过，是卡塔兰他们的研究在专家们中间产生的巨大反响促使我申请这笔贷款，自然我要先说明一下他们的研究。实际上，光谱的生成问题如今已是关系到能否直接弄清楚原子结构的关键问题，因此也是最令科学家们着迷的课题之一，尤其是 N. 玻尔和索末菲这两位。

下面卡夫雷拉开始介绍多重谱线的发现以及被带动投入该项研究的其他几位科学家（如玻尔、索末菲、朗德、萨哈和罗素）发表的论文。他接着写道：“可以说，英国、德国和美国现今所拥有的主要实验室都把这类研究列为重要课题。”他补充说，“幸而他们至今已经发表的所有有关研究成果相对卡塔兰一直进行的研究工作成果以及他在巴黎科学院《报告》和西班牙物理学和化学学会年鉴上发表的论文而言都没有什么新鲜之处。但是卡塔兰在伦敦福勒实验室工作时能够收集到的供我们的实验室使用的材料和资料马上就要用完，因此，如果我们还想尽量保住我们在世界范围内已经赢得的毕竟给我们大家带来荣耀的地位，就必须考虑补充所需材料并完善所需资料。”

显然，卡塔兰取得的科研成果也使卡夫雷拉看到了他的实验室在扩展科学教育与研究委员会面前的地位得到加强。

胡利奥·帕拉西奥斯：从低温环境到 X 射线衍射

胡利奥·帕拉西奥斯（1891—1970）是 20 世纪上半叶西班牙最杰出的物理学家之一，而且在那个世纪下半叶前 20 年发挥了相当重要的影响。1911 年 12 月 15 日，他以精确科学与物理学硕士和双学科博士生的身份致信扩展科学教育与研究委员会主席，表示“自己渴望加入委员会所属物理学实验室的工作以便得到实践操作方面的训练，但因困难无法完全实现自己的愿望”，所以申请委员会给予他一个用于在那个实验室进行扩展研究的奖学金[22]。似乎这次申请没有成功，因此他于 1913 年 1 月再次提出申请给予他一个用于在国内进修的每月 150 比塞塔的奖学金。同年，他以布拉斯·卡夫雷拉为导师写的博士论文《双折射晶体的光学常数的测定》获得博士学位，而且作为学生在物理研究实验室已经工作了两年。一年之后，1914 年 1 月 31 日，他申请一笔为期一年、每月 250 法郎的奖学金，以便前往苏黎世、柏林、格丁根和慕尼黑分别师从冯·劳厄（Laue）、爱因斯坦和普朗克、福格特（Voigt）和索末菲开展数学物理研究。

1916 年，他获得了中央大学热学课程的教职。2 月 27 日，他再次致信扩展科学教育与研究委员会主席，表示上一次申报奖学金的时候曾给予他一个赴德国进修的名额，但是他“希望在荷兰莱顿大学卡默林·翁内斯的实验室工作，研究低温环境下热能的课题，若条件允许也想去德国研究同一课题”，因此现在申请一笔“从今年 10 月”起为期两年、每月 400 法郎的资助。

是什么让他改了主意？毫无疑问，低温物理是他教学中必须熟悉的内容之一。他的申请获批，他于 1916 年 10 月抵达莱顿[23]。次年 2 月 16 日，他致信卡哈尔，也就是扩展科学教育与研究委员会主席，向他介绍了自己在莱顿大学的研究情况并且告诉他，卡默林·翁内斯建议自己延长在其实验室工作的期限，只有这样才能取得足够的经验，以便回国后能够把课题研究（氦测温技术和低温热能测量）继续下去直至取得成果，同时给自己的学生提供研究课题。委员会接受了帕拉西奥斯的申请，把留学期限延长了一年。

那么，考虑到帕拉西奥斯研究低温热能方面几乎没有任何经验，即使对他作为物理学者方面的能力毫不怀疑，他延长进修也是完全合情合理的。但卡默林·翁内斯所考虑的极可能是因第一次世界大战的爆发致使到他实验室工作的外国留学生人数骤减，而帕拉西奥斯在实验室的工作对他是一个极有力的帮助，而且免费。根据范·德尔夫特（Van Delft）回忆，“当时只有个别研究人员去莱顿大学，以外国人身份在超低温冷冻实验室工作的很少。费斯哈费尔特（Verschaffelt），我的一位老朋友，为进行液态氢黏滞度的一系列实验在那里工作到 1919 年。来自多伦多的 A. L. 克拉克（A. L. Clark）只在该实验室工作了很短的几个月时间并与屈嫩（Kuenen）一起发表了有关临界现象的文章。最后，是来自马德里的胡利奥·帕拉西奥斯·马丁内斯，他在实验室工作了两年，测定氖、氢和氦的等温线。”这就是说，不光是帕拉西奥斯本人以及整个西班牙物理学通过他得益于他们在莱顿实验室的工作，卡默林·翁内斯的实验室也受益于这些人在那里的工作。事实上，我们可以从这件事得出一个更普遍的道理：不仅“处于科学边缘的人”可以通过进入“科学的神经中枢”而受益，而且“科学的神经中枢”也可以从“处于科学边缘的人”——接受过良好教育的“劳动力”——身上获益。我们又一次遇到了所谓的“人才流失”问题，这是整个 20 世纪里许多科学欠发达国家遭遇的一个问题——不幸的是这一问题在 21 世纪依然存在。

不管怎么说，帕拉西奥斯确实受益于他在莱顿的工作：他和克洛德·奥古斯特·克罗姆林（Claude August Crommelin）共同发表了一篇论文，他们二人与卡默林·翁内斯也一同发表了一篇论文，他还和卡默林·翁内斯共同发表了 3 篇论文[24]。这几篇帕拉西奥斯（当时已是教授）履历上最早的论文，跟诺贝尔物理学奖获得者（1911 年）①、杰出的低温物理学家以及这位科学家的主要合作者之一共同发表的论文使他回到马德里的时候成为人们谈论最多的科学家。但是，他回国后却不再继续低温环境热学研究而是改成了用 X 射线衍射技术确定晶体结构的研究。他做出如此改变的道理不难想象：低温环境下，对科学研究使用的仪器提出了更严格的技术要求，而物理研究实验室对此毫无准备，更何况大学的理学系。那么为什么选择了 X 射线的衍射？我们在扩展科学教育与研究委员会 1922—1924 年出版的一份半年度纪要中找到了回答这个问题的关键（扩展科学教育与研究委员会纪要）（1925：177-178）：

> X 射线与晶体结构的研究（胡利奥·帕拉西奥斯先生主持）
>
> 我们近来认识到的此类研究的重要性以及采用晶体结构分析方法完成卡夫雷拉先生进行的稀土磁学研究的必要性令我们感觉到有必要在本实验室装备一套 X 射线光谱仪，以便我们运用冯·劳厄、布拉格（Bragg）和德拜 - 谢勒（Debye–Scherrer）的方法去解决以上问题。所需仪器已经在路上，但是，为了取得操作的实践经验，用实验室现有的一个大罗达（Rotax）合闸线圈和一台简陋的布拉格光谱仪制造了一套临时设备。光谱仪已经完成，增加了一个底盘，可以通过旋转晶体法拍摄 X 射线光谱，或者像往常一样使用电离室。
>
> 费丽萨·马丁·布拉沃（Felisa Martín Bravo）小姐和拉斐尔·坎德尔（Rafael Candel）先生也参与了这些前期工作。他们用自然科学博物馆友情提供的卡多纳（Cardona）普通盐晶体拍摄出了钨元素 L 系列的精美照片。

从这段话中我们看到卡夫雷拉推动了物理研究实验室选择晶体结构的测定作为下一步的研究路线[25]。1922 年，该实验室增设了由胡利奥·帕拉西奥斯为主任的 X 射线小组。纪要中还提到了这个小组的最早成员包括费丽萨·马丁·布拉沃和拉

① 原文“1911 年”疑似有误，翁内斯是 1913 年获得诺贝尔物理学奖。——译者注

斐尔·坎德尔。前者既是 1920 年代参加物理研究实验室工作的第一位女性，也是第一位获得物理学博士学位（1926）的女性。她的研究课题是氧化镍、氧化钴和硫化铅的晶体结构。后者于 1921—1928 年在自然博物馆工作，后来在梅利利亚学院任教至 1931 年，接着就搬到巴塞罗那去了。

卡夫雷拉和帕拉西奥斯的选择是幸运的，这个选择使得西班牙开辟了一个全新的至今依然活跃的研究领域，并在 20 世纪下半叶与物理学的一个新的分支，即固体物理学或称凝聚态物理学联系起来[26]。

X 射线衍射

采用 X 射线衍射方法测定晶体结构是卡夫雷拉和帕拉西奥斯共同选择的研究课题，其技术是使这种波长与晶体原子距离相近的射线发生衍射，并通过分析获得的衍射图像推导出晶体的结构。该技术是 1912 年发明的，为的是解决 1895 年威廉·伦琴（Wilhelm Röntgen）发现的 X 射线之谜——X 射线到底是像光一样的波还是像阴极射线（电子）一样的粒子流。1912 年 4 月 21 日，在阿诺德·索末菲领导的慕尼黑大学理论物理研究所，瓦尔特·费里德里希（Walter Friedrich）和保罗·克尼平（Paul Knipping）根据马克斯·冯·劳厄（Max von Laue）的建议，用一个晶体观测到 X 射线的衍射现象。晶体是由遍布在一个空间晶格上的分子或原子组成的。这个认识是广为人知并且被普遍接受的。因此，这一观测真正非同凡响的贡献是，至少在实验中把晶体结构同 X 射线联系到一起并弄清楚了二者的本质。如果 X 射线是短波长的电磁波，如果晶体是由按一定规则分布的原子组成，那么，在相关原子的距离相似的情况下如果晶体被辐射就应该产生干涉。这时，测量强度最大值与最小值之间的距离，则可以计算出 X 射线的波长，就像在普通光学中所做的一样，或者在已知波长的情况下，计算并确定晶体的结构。冯·劳厄的方法是利用 X 射线的连续光谱，也就是不同波长的 X 射线来确定晶体结构。但这种方法有时却不适用，因为每个波长都会在晶体上产生不同的散射，因而获得的也是多重散射过程。威廉·亨利·布拉格和威廉·劳伦斯·布拉格父子俩（前者是利兹大学的教授，后者是剑桥大学卡文迪什实验室的学生）的合作研究给这一问题找到了最好的解决办法。利用单色 X 射线，布拉格父子的测量就相对简单了。当单色 X 射线作用于晶体原子的时候，他们即可以测量衍射图像上被最强干扰原子的角度和强度，于是也可以确定原子之间的距离并推导出该晶体是什么元素构成的了。运用这一新技术，他们父子俩于 1913 年测定了钻石的分子结构。这是散射中心与简单空间网格的点不重合的结构形成（布拉维法则）的第一个实例。钻石分子结构的确定是一个巨大的胜利，也使布拉格父子采用方法的名声在物理学家和化学家中间广为流传。第一次世界大战爆发之前，小布拉格已经测定了 CaF_2（萤石）、FeS_2（黄铁矿）和 $CaCO_2$（方解石）等矿物的结构。1915 年，父子俩凭借“利用 X 射线测定晶体结构的研究”同时获得诺贝尔物理学奖。

国家物理化学研究所

科学研究实验室的科学家们取得的科研成绩受到了扩展科学教育与研究委员会当局的重视。该委员会制度化地增加了用于实验室物理化学学科研究的经费（例如 1914 年扣除人员薪金后的预算是 5118 比塞塔，到 1923 年这项预算增加到了 23070 比塞塔）。但是，实验室研究范围扩大本身就需要越来越多的资源。该委员会的档案室中有一份卡夫雷拉写的三页纸文件，虽然没有标明日期，但无疑是 1924 年前后的。我们从中可以看到物理研究实验室各研究小组所需要的东西（和他们的研究课题）：

物理研究实验室近年来进行 3 项主要的研究。

1）磁化学。严格地说，为测量不同物质的磁学常数，实验室拥有所有必不可少的东西。但是从迄今取得的结果看，有一些结果（那些最重要的结果尚待正式公布）表明，应该同时开展对铁族配合物的磁学研究并采用 X 射线对它们做结构分析。目前，实验室没有适用的设备，而且在它有限预算内无力添置。据估算，一套这样的设备价格不低于 2 万到 2.5 万比塞塔。

此外，为继续进行目前正在开展的稀土磁常数变化的研究，需要一套气体液化并使其温度至少达到液态空气温度的装置。对于下一个课题研究小组来说，这套装置则更是不可或缺的。

2）物理化学方法测定原子量。对这个研究小组而言，低温环境是绝对必要的。但是在马德里连液态空气都没办法随时购买到，因此，整个研究工作必不可少的连续性无法保证。除非添置一套设备，没有别的办法可以解决整个问题，而这套设备的价格比起上面提到的低温液化装置有过之而无不及的设备根本不在我们的支付能力之内。

3）光谱学。卡塔兰的研究课题已经用光了我们实验室有限的光谱学材料。为了能够使他及其同伴们继续完成这项在科学界十分知名的研究，需要添置两三台高分辨率、能最大限度覆盖光谱区域的光谱仪。为此，也需要一套上述X射线装置。当然，能否添置这些设备取决于能够批下多少预算。若为将来打下一个坚实基础，估计大约需要5万比塞塔。

解决物理研究实验室设备短缺的方案看来要靠洛克菲勒基金会了。经过跟西班牙政府的长时间谈判，该基金会决定为物理学家和物理化学家打造一家全新的设备精良的国家物理化学研究所。该研究所于1932年2月6日正式揭幕。

扩展科学教育与研究委员会与洛克菲勒基金会的关系最早始于1919年夏天。当时，卡斯蒂列霍访问了1913年设立在纽约的基金会总部。其实，那时基金会仅通过下设的国际卫生委员会对生物医学项目感兴趣，而卡斯蒂列霍希望的是基金会帮助西班牙改善医疗卫生状况，比如“在马德里建立一个科学实验中心，由一定数目的美国医生和从国外留学回国的西班牙医生组成”[27]。在扩展科学教育与研究委员会1925年发表的一份报告里，我们看到卡斯蒂列霍指出：“如果基金会希望在西班牙开展它的慷慨行动，可以跟扩展科学教育与研究委员会合作并从一个小规模的试验开始，……两个机构可以共同制订一个计划提交给西班牙政府，请西班牙政府予以批准并招标。”

1921年12月，国际卫生委员会总干事威克利夫·罗斯（Wickliffe Rose）通知说，对卡斯蒂列霍照会内容很感兴趣并打算访问西班牙。访问于1922年2月底实现。作为此次访问的结果，国际卫生委员会于当年5月同意派一名医学专家到西班牙考察并进行治疗与预防钩虫病方法的示范，国际卫生委员会在一些国家抗击这种疾病取得了成效。同时，基金会向西班牙医生和公共卫生人员提供资助以利于这些人员赴国外（例如约翰斯·霍普金斯大学公共卫生学院）进修。

1923年国际教育委员会成立之时，罗斯被任命为委员会主席。他上任后不久即于1924年1月再次访问西班牙，参观了马德里主要的物理、化学、自然科学和农学实验室。在卡斯蒂列霍陪同下，罗斯会见了政府首脑普里莫·德里韦拉将军。会见中，罗斯表示他领导的委员会准备考虑向西班牙提供援助以促进其科学发展的问题。

鉴于美国机构的善意表示，扩展科学教育与研究委员会于1924年7月21日由卡斯蒂列霍向美方递交了一封信件（因卡哈尔不在任而由拉蒙·梅嫩德斯·皮达尔签署），告知美方，为推动西班牙物理学和化学的科研，西班牙决定请求美方给予合作。在起始阶段，可以把委员会所属物理学家、化学家们在旧工业宫里进行的项目作为合作研究项目，但是卡斯蒂列霍表示，政府没有办法把占用大楼里一些地方的警察调走，而且，即便可以办到，也要花大笔钱改造空间和设施才能满足研究所的需求。因此，卡斯蒂列霍表示，“不如花钱盖一座专门设计符合科研需要的楼，哪怕小一点”，这个意见得到了实验室里特别是化学家们的拥护。向国际教育委员会提出的赞助主要包括提供建筑和设备——均由西班牙方面负责维护，如果不行的话，先捐赠设备，以便能够马上在位于临时地址的现有实验室投入使用。如此一来，将来成立一所全新研究所的计划便被推迟了[28]。因此扩展科学教育与研究委员会想到，以成立新的物理化学研究所计划的规模和动静，或许应该请西班牙政府出面。

导致最终成立全新的物理化学研究所的关键一步是1925年4月底国际教育委员会的代表之一（该委员会物理与生物科学部欧洲干事）、曾任普林斯顿大学物理学教授的奥古斯塔斯·特罗布里奇（Augustus Trowbridge）在马德里为期一周的访问。在向罗斯提交的报告中，他描述了他对西班牙科学发展现状和扩展科学教育与研究委员会及其他一些机构所属的科学家们所做贡献的观察：

马德里那些从事物理学或化学教学与研究的实验室主要分为以下几类：

1）马德里大学的常规实验室，在我看来，不值一提——物理实验室的设备略好于化学实验室（化学实验室没有一件像样的设备）。或许基础科学课程有某种用处，但是整体来看，没有任何地方的大学实验室比这里的条件更糟糕了。

2）药学系的几个化学实验室总体看来还算不错。扩展科学教育与研究委员会以负担部分维护和教学费用为条件在实验室里安排几张工作台。这些化学实验室是大学的组成部分，正规注册大学生可以在实验室享用不错的条件进行实验研究，其成果也被认可。而扩展科学教育与研究委员会的实验室却做不到这一点。所以，该委员会在大学的化学实验室进行了一次改革。但是，它的物理实验室却没能进行这样的改革。

药学系化学实验室面积不足够宽敞，所以不能接待所有提出实验要求的人，因此，大部分不能被满足的大学生被迫在第 1）条里提到的那些简陋不堪的条件下工作。

3）公共卫生局若干实验室。在其用于物理学和化学研究的实验室没有相应的指导。它们纯粹是实证实验室。设备不错，如果目前实验室的人员有兴趣或愿意利用现有仪器和材料进行物理学和化学研究，是完全可以办到的。

4）西班牙炮兵和陆军工程兵所属的若干实验室。这里的物理学和化学研究实验的设备不错，而且对自愿参加这两科学习的青年军官给予某些指导。有半固定的人员在这些实验室工作，但由于这些科研人员必须是军人，不可能是具备科研实践经历的人。我注意到有一个负责研发新仪器的实验室的研究工作十分有意义。总体来说，不应该对这些军队的实验室抱有很大希望，除非它们能把仪器设备借给更有希望取得成果的单位使用。

至于物理研究实验室，特罗布里奇汇报说“这个实验室的空间规模符合当前的需要”，但物理化学的情况并非如此。这个实验室所使用的仪器设备都是针对当前进行的研究工作仔细挑选而配备的，而且只采购马上必须使用的东西。

特罗布里奇接着分析了西班牙政府参与的可能性。卡斯蒂列霍把卡哈尔 12 月 27 日写的信拿给他看。看完之后，特罗布里奇说，他相信扩展科学教育与研究委员会向政府提出了过多的要求，而政府一直没有答复。“从我拜访教育大臣和政府首脑的谈话里，我得到的不过是政府将尽一切可能给予帮助的空泛许诺和将很快对扩展科学教育与研究委员会提出的要求给予书面答复的肯定。”显而易见，事情在那里遇到了一个死结：到那时为止的任何一届西班牙政府都没有遇到过类似问题，很自然，双方都抱有疑虑。

显然，任何关于兴建一家全新研究所所需成本的想法都会考虑它的规模（此外还有谁出面购买地皮的问题，一个当年绝对难以解决的问题，虽然好像一致同意使用临近某块地）。化学家们希望每层有 850 平方米（预计两层），而物理学家们似乎认为每层 200—300 平方米就够了。但是，卡斯蒂列霍认为，化学家们的要求太夸张了，并且楼宇总面积没必要超过 3000 平方米。考虑到当时马德里普通建筑的成本水平，楼宇（不包括照明、暖气、燃气等）的建设成本总计大约 100 万比塞塔。特罗布里奇认为这是一个被低估的数字，“在美国，实验室的建筑成本一般要比普通建筑高”。按照他的估算，整个方案（包括地皮、土木建筑和技术设备）需要250万—300 万比塞塔，也就是约 42 万美元。

关于新建研究所的规模，特罗布里奇认为没有办法设想得太多（除非把整个方案委托给一位建筑师），最好是国际教育委员会根据以上估算的开支总额（事实上，国际教育委员会提供了一笔 1 万美元的启动资金）来决定是否还要把关于这个问题的谈判进行下去。根据他对马德里访问的结果，他相信“假如国际教育委员会想为西班牙的纯粹科学研究做点什么的话，扩展科学教育与研究委员会将是它们与之一起工作的单位”。国际教育委员会确实可以通过提供奖学金推动西班牙纯粹科学的发展，“但是扩展科学教育与研究委员会近 20 年以来就在执行一个奖学金计划，这个计划跟国际教育委员会的奖学金项目没多大区别。我认为，作为扩展科学教育与研究委员会奖学金计划的成果，这里已经形成了一个以有海外留学经历的物理学和化学人才为核心的科研团队，这样的话，只要有西班牙政府予以协助的足够保证，投入巨资建设一个堪称典范的物理化学研究所是没有问题的。”

谈判的下一步进展就是 1925 年 7 月 31 日西班牙颁布敕令，政府授权扩展科学教育与研究委员会在一切有关新建研究所事宜中正式代表政府。8 月底，卡斯蒂列霍会见特罗布里奇时，卡夫雷拉和卡塔兰在场。会见中确定了新建研究所的规模（一座三层建筑，每层面积在 850—1000 平方米；研究所可供 150 名学生、7 名教师、12 名助手和必要数量的技术人员工作）。

有了这些数据，同年 9 月 3 日签署了“一项关于在西班牙首都马德里兴建、装备并资助一座物理化学研究所的协议草案，以西班牙政府和扩展科学教育与研究委员会为一方，国际教育委员会为另一方”。签字人是卡斯蒂列霍和特罗布里奇。然而，7 年之后新的研究所的土建工程才竣工。在这 7 年的时间里，大家仍有许多事情要做，譬如国际教育委员会人员频频来访。其中，1926 年 3 月物理学家查尔斯·门登霍尔（Charles Mendenhall）的访问具有特别重要的意义。

在门登霍尔于当月 24 日提交的报告中，他回顾了他参观过的科学研究实验室的状况：

> 我认为，无论是从那些将要受益的人们表现出来的态度看，还是从对我们打算提供的援助的极度需求来看，马德里物理学和化学科研总的状况应该令国际教育委员会大受鼓舞。也就是说，我遇到一伙为数不多的研究人员，他们对自己的专业怀有极大的热情并在研究活动中表现得惊人地积极主动，然而他们的环境与其研究任务极不相称，而且至少从我观察到的情况看，除了扩展科学教育与研究委员会提供的帮助，再没有别的资助。他们现在的工作环境有多么糟糕就没必要细说了，我只说，我从来没有见到过美国的哪个科研机构在这么原始又效率低下的环境里，完成可以跟马德里科研人员的工作相比的任务。

门登霍尔曾跟卡夫雷拉、莫莱斯、卡塔兰、帕拉西奥斯（帕拉西奥斯的名字被他写成了“Poliocious”）和当时正在马德里与卡塔兰一起工作的贝歇特等人交谈过：

> 我比较仔细地了解到正在该实验室进行的所有研究课题。卡夫雷拉教授专门全面地研究磁学，特别是磁力与朗之万和魏斯二人理论的关系。卡夫雷拉作为杰出的实验科学家，为了使实验室的一些许多实验必备的仪器得以最大限度地利用而对开发用于这些仪器的有关零部件表现出超乎寻常的兴趣。他曾向我展示他在实验室工坊里亲手制作的许多工具，但我很少见到或几乎没有见到过从根本上改进或创新的仪器投入工作。

说到帕拉西奥斯，门登霍尔指出“他正在进行通过 X 射线测定晶体结构的研究，”“他的团队里有一部分人的工作安排很不恰当。我觉得他对自己专业领域的新进展不像卡塔兰对自己专业新进展那样敏感”。

大体上讲，门登霍尔概括了他的印象，即马德里的物理学家和化学家们相当倾向于程式化的刻板的那一类研究，因此也更需要外部的激励，需要富于创新想法和技术优势的人的推动。从这个意义上说，他建议，也许国际教育委员会资助一位这样的人才到马德里工作一年会十分有益。

显然，门登霍尔对物理实验室的工作很有经验，而他的访问也表明国际教育委员会对跟那些将受益的实验室进行合作是多么认真。新的研究所的最终架构保留至今，作为被不恰当地冠名为“罗卡索拉诺”的国家研究委员会的一个组成部分，说明当年美国物理学家的许多建议都被采纳了。但是人们不应该忽视他的评论，他说，西班牙最优秀的和最富成果的实验室的物理学研究正在衰落，已经不具备能够与其他国家物理研究竞争的水平。将在后面第 18 章里谈及的另一位物理学家卡洛斯·桑切斯·德尔里奥（Carlos Sánchez del Río）（2000：4-5）多年后也认同门登霍尔批评的这一事实：

> 需要指出的是，20 世纪前期西班牙物理学家几乎没有找到一套自己的实验方法，他们做的最多的是设法测量得更精确，使用的都是进口的仪器。这个事实说明，我们的物理研究跟不上 20 世纪 30 年代量子物理（原子、分子、固体和原子核）的发展节奏。依我之见，认为西班牙物理研究停滞

于 1936 年这种说法是错误的，实际上之前几年它就已经落后了。

科学与政治

西美双方达成的协议没有很快变成希望的现实（即全新的研究所）与当时国家的政治有很大关系。仔细看一看当年发生过什么是一件很有意思的事情。那里面不仅有科学，而且还有那个时期从一个不同寻常的角度观察到的政治史。

西班牙政府决定改变选举扩展科学教育与研究委员会委员的方法（委员会章程修改案经由 1926 年 5 月颁发的王室法令通过，随后不久便任命了新的委员）。正如国际教育委员会另一位官员乔治·文森特（George Vincent）在其 1926 年 7 月 8 日的日记中说的，这一变化并没有向洛克菲勒基金会做出有分量的保证。如果扩展科学教育与研究委员会章程的修改真的落实了，文森特相信，特罗布里奇便有理由主张在继续落实协议之前把在西班牙发生的一切报告给纽约。文森特在日记中指出，特罗布里奇曾经向他说过，7 月 10 日特罗布里奇跟卡斯蒂列霍交谈时，卡斯蒂列霍认为“修改扩展科学教育与研究委员会组织章程是由一伙在教育部内拥有巨大影响力的耶稣会士们挑唆起来的”，但普里莫·德里韦拉“对他们打算进行的章程修改一无所知，而且是反对修改章程的。只是因为问题的政治敏感性，他不希望造成要求废除王室法令的尴尬局面”。鉴于这种形势，国际教育委员会官员决定给普里莫写信，要求对此事给予说明以便向纽约报告，同时在信中向西班牙政府提出“对一个多年来运行良好的机构是否有必要修改其组织章程”的问题。当此扩展科学教育与研究委员会面临政治困境之时，国际教育委员会成为了它的一个重要的支持力量。

这一事件的发展过程在特罗布里奇 1927 年 1 月马德里之行的随笔中看得清清楚楚[29]。这位美国教授于 12 日抵达西班牙首都，受到卡斯蒂列霍的迎接。次日，二人共同会见阿尔瓦公爵。特罗布里奇记述道：“公爵与阿方索国王关系密切，与普里莫·德里韦拉不只政见相同，还是儿时的伙伴。他也是扩展科学教育与研究委员会委员，自然成为委员会与政府之间理想的联系人。”然后，特罗布里奇简要介绍了国际教育委员会在科研领域开展的活动，并顺便指出“该委员会在科研落后国家（我从未使用过这一说法）进行的唯一一次访问就是西班牙”。特罗布里奇表示，他认为“西班牙科学实验的成绩受到扩展科学教育与研究委员会重组方式的极大威胁”，“如果一年前扩展科学教育与研究委员会是现在这个样子”，国际教育委员会很可能就不会（就出资兴建物理化学研究所一事）做出一年前做出的那个决定。总之，决定是否能落实要看能否与西班牙政府达成某种妥协。

特罗布里奇的谈判与情报搜集能力在这些记述中表现得十分清楚。他并没有偏听卡斯蒂列霍的意见，他还询问了比如扩展科学教育与研究委员会其他一些委员的看法。其中两位高度评价卡斯蒂列霍发挥的作用及其领导扩展科学教育与研究委员会取得的成绩，并认为“政府的做法是以削减卡斯蒂列霍个人权力为目的的。在卡斯蒂列霍领导下，扩展科学教育与研究委员会的一切都变成了仅仅一个人的行动。委员会一半委员们从来不出席委员会会议，另一半只会在会上对卡斯蒂列霍的所有建议投赞成票”。此外，扩展科学教育与研究委员会秘书“在马德里被认为是极端反教权主义分子而且整个委员会也被视为是反教权主义的（特罗布里奇补充说，我认为这种看法是错误的）”。向国际教育委员会官员提供报告的这两位自称政治上是反教权主义的人认为，这一切是因为卡斯蒂列霍发表的言论太多了。“教士们并不反对扩展科学教育与研究委员会开展的科研活动，但是只要该委员会看上去还是被一位知名的反教权主义者全面把持，政府就可能得不到任何支持。如果一半委员仍不参加会议，最好让那些对委员会工作感兴趣的人替换掉他们，被大臣指定的那些委员都是称职并对科研有兴趣的人。”

尽管特罗布里奇认为“卡斯蒂列霍是唯一一位在所有事务中都绝对自信并且严肃认真对待委员会工作的人”，他的这些记述还是暴露出委员会内部存在着某种程度的紧张关系，虽然可能还不十分突出。

1927 年 1 月 24 日特罗布里奇会见了普里莫·德里韦拉。陪同美国来客的阿尔瓦公爵已于事先跟独裁者谈到了撤销扩展科学教育与研究委员会组织结构的改革的可能性，而后者似乎接受了这一想法。简言之，特罗布里奇向普里莫阐明了国际教育委员会对修改章程的立场。另一方面，普里莫申明，扩展科学教育与研究委员会组织章程的修改与政治因素无关，恰恰相反，是为了使之获得更大的自治权，以便将来它能够独立管理更丰沛的预算。普里莫还表示，只要他还担任政府首脑，扩展科学教育与研究委员会原本的计划就会保持不变，而且不会受到干扰。普里莫还承认特罗布里奇的批评意见合情合理，若当时能及时听到这些意见，或许就会采取不同的处理方法。但是，事情既已如此，他不希望马上采取替代措施，除非到了扩展科学教育与研究委员会总体计划岌岌可危的地步。他认为，或许新的研究所揭幕之时会是采取改变措施的好时机。

特罗布里奇对于同普里莫见面的看法是十分明确的："会见给我的印象是，普里莫·德里韦拉是一位罕见直爽的人。显然，他认为变革一定会给扩展科学教育与研究委员会带来好处，而他对该委员会一向给予支持。卡斯蒂列霍博士，还有跟我交谈的其他人，都不怕实施新的章程后会出现的问题，只要普里莫·德里韦拉还担任政府首脑。我想他们的想法是有道理的。"

终于，在解决了跟获取地皮有关的若干问题之后，为确定承接研究所工程的建筑师，于 1927 年 4 月 6 日举行了研究所建设方案招标会。会上共提交了 7 个方案，最后将项目交给了曼努埃尔·桑切斯·阿尔卡斯（Manuel Sánchez Arcas）和路易斯·拉卡萨（Luis Lacasa）两位建筑师。

最后，已然是新的政体——第二共和国的统治下了，1932 年 2 月 6 日，举行了新的"国家物理化学研究所"正式揭幕仪式。仪式上，扩展科学教育与研究委员会将研究所的名义所有权（而不是实际管理权）移交给西班牙政府。公共教育部长费尔南多·德洛斯里奥斯主持仪式，应政府邀请出席仪式的有来自斯特拉斯堡的皮埃尔·魏斯、来自柏林的里夏德·维尔施泰特、来自慕尼黑的阿诺德·索末菲和奥托·赫尼希施密特以及来自苏黎世的保罗·谢勒（Paul Scherrer），他们都跟原来的实验室有过合作关系。魏斯和索末菲讲话之后，公共教育部长讲话。他提到了他去美国的一次访问，讲到了美国人对教育和科学事业的热心，特别提到了洛克菲勒基金会对西班牙人民的慷慨援助并且重申他所供职的政府对维护和发展各科研机构的巨大关注[30]。

我们从研究所落成两个月之后到访（4 月 7—9 日）的劳德·琼斯（Lauder Jones）写给国际教育委员会纽约办事处的报告里可以看到国际教育委员会对该研究

所的评价。关于研究所的设施概况，劳德·琼斯写道：

> 研究所门厅高大宽敞，有两层楼高。地面用青铜色特制砖铺就，四面墙壁和顶部有厚重的用红铜包裹的大梁，镶板式天花板用上等红木制作。有几百个座位的会议厅装有吸收回声的色罗提隔音板。正面的大讲桌跟会议厅等宽，也是红木的。整个大厅装备有全套：从水、电到燃气、压缩空气和真空等设施。众多研究室也都宽敞明亮，而且装有大量最现代的设备。

劳德·琼斯也提到了经费方面的数据。卡夫雷拉作为研究所所长，薪金是2.5万比塞塔，像莫莱斯和卡塔兰这样的教授是1.2万比塞塔，助手大约6000比塞塔，一些高年级学生可以得到2000比塞塔报酬。在研究所工作的其他老师也都是大学教授，根据不同的任务他们也可以挣到6000—8000比塞塔。当然，能够在研究所工作不仅从科研角度讲具有吸引力，而且在经济收入方面同样具有吸引力。

或许可以这样说，那些年是西班牙物理学研究历史上最辉煌的日子。此后不到4年光景，全然变样，西班牙进入了内战造成的漫漫长夜。

西班牙迎接相对论革命和量子物理革命

正如本章开头我说过的，20世纪经历了物理学两大革命——相对论和量子物理——的诞生和发展，这两大革命彻底改变了这门科学的内容与前途。跟这些全新理论引发的效应相比，化学尽管也在继续发展，却没有发生类似的观念性变革。然而实际上，化学中若干专业也不得不适应量子学说的要求，以至量子化学由此诞生。鉴于这两大革命的重要性，我们不由得要问一下，西班牙是如何迎接这两大革命的。

爱因斯坦和相对论在西班牙

相对论革命只与一个人的名字有关，即阿尔伯特·爱因斯坦；同时只与两个年份有关——1905年和1915年。在前一个年份，爱因斯坦撰写了后来被定义为“狭义相对论"的文章，其标题为《论运动物体的电动力学》；在后一个年份，爱因斯坦完成了一个新的关于引力相互作用的公式，即"广义相对论的理论"。在西班牙，介绍爱因斯坦全新理论最积极的科学家是布拉斯·卡夫雷拉，但他却用了很长时间，才把创造"狭义相对论的理论"的当之无愧的主角地位给予了爱因斯坦。在 1908 年于萨拉戈萨举行的西班牙科学促进会第一次大会上，卡夫雷拉在其题为《电子理论与物质构成》的发言中——可能是第一次在西班牙——介绍了迈克尔逊 - 莫雷（Michelson-Morley）实验，该实验让亨德里克·A. 洛伦兹（Hendrik A. Lorentz）等人在解释麦克斯韦的电动力学时遇到了一个严肃的问题。这一冲突还是爱因斯坦用狭义相对论予以解决的。卡夫雷拉也是第一次在西班牙写了麦克斯韦洛伦兹方程组的文章，但对德国物理学家却只字未提。两年之后，1910 年 4 月 17 日，他在其加入皇家精确、物理和自然科学院的入院演讲中，正如前面我们看到的，他讲到了"以太及其与静态物质的关系"。这时，情况仍没有变化：他一次也没有提到爱因斯坦。麦克斯韦、开尔文勋爵、洛伦兹、庞加莱（Poincaré）、赫兹、拉莫尔（Larmor）或亚伯拉罕（Abraham）等人是他在演讲中反复提到的科学家，而爱因斯坦这位在以太（狭义相对论中并未涉及）研究方面真正杰出的科学家却被忽略了。

确实，当时爱因斯坦的理论远不如后来那样为众人所知，但也足以让这位德国科学家离开瑞士伯尔尼专利局的职位，并于 1910 年转而去苏黎世大学就任教职。接下来几年，对爱因斯坦相对论的评价仍没有很大进步：如果我们翻看汇编了卡夫雷拉 1917 年 1 月在学生公寓所作 5 次讲座内容的那本书《什么是电？》（1917：174），在最后一章《电与以太：相对论原理》中，只提到了一次爱因斯坦："相对论原理导致的必然结果之一是光速的恒定性，无论观察者处于静态还是动态。爱因斯坦明白无误地认为这也是导致迈克尔逊实验失败的那个原理的组成部分。"

到 1923 年，也就是爱因斯坦访问西班牙那一年，卡夫雷拉对相对论的态度已经完全改变，表现之一是他的那本题为《相对论原理》，副标题为《实验与哲学的依据及其历史演进》并且也是由学生公寓出版的汇编。事实上，这本书是卡夫雷拉普及宣传爱因斯坦（狭义与广义）相对论活动的产物。卡夫雷拉在该书"前言"（Cabrera，1923：9）中说："本书汇集了作者在马德里科学和文学协会、阿根廷科学学会、阿根廷共和国科尔多瓦大学工程系所作几次讲座的内容。这一内容与后面各页收录的作者在马德里大学理学系讲座内容几乎完全一样。”

若以数学观点衡量，这几篇讲座不尽严谨，它们都是对相对论做一概括性的介绍。事实上，我们的加那利物理学家也从未发表过关于相对论物理学原创性的作品。跟卡夫雷拉不同，一直受职业稳定性困扰的数学物理学家何塞·玛丽亚·普兰斯（1878—1934）[31]，虽然也没有原创性，但内容的技术性更强。他介绍爱因斯坦相对论的文章在技术性方面（从数学严谨性的角度视之）更为丰富。1920 年，他在西班牙物理学和化学学会年鉴上发表题为《关于爱因斯坦相对论下引力中心场内光线轨迹》的文章，其后，又出版了《相对论力学概要》（1921）一书作为“皇家精确、物理和自然科学院论文集”丛书之一。作者在该书前言中说明:《相对论力学概要》是为应对“皇家精确、物理和自然科学院 1919 年的竞赛主题”而作，普兰斯赢得了竞赛。虽然该书大部分内容讲的是狭义相对论，但最后两章专门介绍了广义相对论。

普兰斯的文本以其数学方面的细节在西班牙相对论研究领域里是独一无二的，至少它为深入研究相对论物理学开了一个头：普兰斯亲自指导的数学家佩德罗·普伊赫·亚当（Pedro Puig Adam）题为《试解狭义相对论力学中若干基本问题》的博士论文先是在皇家精确、物理和自然科学院期刊第 20 期上发表，后来又作为论文发表于扩展科学教育与研究委员会数学实验室与研讨中心的系列出版物。在文章引言部分，普伊赫·亚当（1923：2）说，文章“是在我们亲爱的何塞·玛丽亚·普兰斯博士教授指导下开始这项工作的，在他的指导下，我们事先参考了普兰斯最近获得皇家科学院奖励的那篇论文，在其中发现我的导师是事先做了充分的准备才开始研究这些我们从一开始就想解决的问题的。”

1924 年，普兰斯又发表了两篇新的关于相对论的文章。其中一篇是他被皇家科学院奖励过的另一篇文章《绝对微分的概念及其应用》（Plans，1924a）。恰如文章标题清楚说明的，这篇文章主要介绍研究广义相对论必备的数学分支（黎曼几何学），这一概念在其《相对论力学概要》一书中也有介绍。另一篇文章是他 1924 年 5 月 18 日加入皇家科学院时的入院演讲，题为《关于魏尔空间和埃丁顿空间以及爱因斯坦最近几篇论文的几点思考》（Plans，1924b）。文章讲的是赫尔曼·外尔和亚瑟·爱丁顿（Arthur Eddington）为寻求一种理论时所做的贡献，这种理论能够把引力与电磁学在同一几何学框架内和爱因斯坦－黎曼研究广义相对论时的同一思路连接在一起。爱因斯坦曾在二人寻求这一理论的道路上潜心研究但最终还是没有成功。

普兰斯于 1934 年去世，他在科学院的席位留给了数学家和数学史学家何塞·奥古斯托·桑切斯·佩雷斯，同年 6 月 20 日何塞·奥古斯托·桑切斯·佩雷斯发表了入院演讲。虽然他的演讲内容与相对论无关［他介绍的是葡萄牙数学家若昂·巴普蒂斯塔·拉瓦尼亚（João Baptista Lavanha）］，但在演讲末尾增加了一段“关于相对论的参考书目”，正如桑切斯·佩雷斯自己所说（Sánchez Pérez，1934：33），书目中包括了许多“何塞·玛丽亚·普兰斯先生提供给我的资料”。

前面提到的爱因斯坦 1923 年对西班牙的访问是其出访若干国家中的一站。自从 1919 年 11 月公布了爱因斯坦广义相对论预言之一——在存在引力场的情况下光线会发生弯曲——得到证实的消息，这位德国科学家便成为世界知名的人物，其结果之一便是他的西班牙之行。1922 年 10 月，爱因斯坦从德国出发，先后访问了斯里兰卡科伦坡、新加坡、中国香港和上海等地，于 11 月 17 日抵达日本。12 月 29 日，爱因斯坦离开日本赴巴勒斯坦（于 1923 年 2 月 2 日抵达）。然后又从那里去西班牙，自 2 月 23 日至 3 月 14 日他先后访问了巴塞罗那、马德里和萨拉戈萨。在各地的活动表明，他的声望比他本人更早抵达各地：他发表演讲，人们以各种方式欢迎他的到访，但是，他没有见到为相对论理论物理和量子物理做出贡献的物理学家和数学家[32]。

爱因斯坦于 3 月 24 日在巴塞罗那议会宫会议厅做了一场关于狭义相对论的讲座，次日访问了波夫莱特修道院及其近邻的弗朗科利河畔埃斯普卢加镇。再一日，在建筑师、政界人士（时任加泰罗尼亚省议会联合体主席）何塞普·普伊赫－卡达法尔奇的陪同下，访问了塔拉萨曾经的核心地区埃加拉的古基督教教堂和罗马教堂，当日下午，再次在议会宫举办讲座，这次讲的是广义相对论。27 日的访问活动中，爱因斯坦在市政厅受到热烈欢迎，在皇家科学与艺术学院做了一场关于相对论的哲学意义的报告，会见全国劳工联合会（CNT）成员安赫尔·佩斯塔尼亚（Ángel Pestaña），并出席由工业工程师、社会党成员、时任教育委员会公共教育局局长拉斐尔·坎帕兰斯（Rafael Campalans）为欢迎他而举行的晚餐会。

在与安赫尔·佩斯塔尼亚的会见中，发生了一个小小的误会，事后爱因斯坦急忙予以澄清。与加泰罗尼亚人拉斐尔·坎帕兰斯——时任加泰罗尼亚社会主义联盟领袖——的交谈表明，有人试图给爱因斯坦对巴塞罗那的访问赋予某种政治含义，或者是，至少把我们伟大又知名的科学家和我刚刚提到的那些人的政治主张联系在一起。在这个意义上，引述一下坎帕兰斯于 1923 年 5 月 17 日写给爱因斯坦那封现存于耶路撒冷爱因斯坦档案馆的信件的内容是饶有意味的。信中加泰罗尼亚工程师向德国物理学家讲述了当时——普里莫·德里韦拉政变之后——自己的处境：

亲爱的老师！

您结束访问离开西班牙之后，我们这个小小的国家经历了许多动荡的事件啊！整整一年前，经历了一系列凶猛的追杀之后，我最终得以逃脱被夺去生命的厄运。你要问我的罪名吗？那就是敢于对每天都血洗我们城市街巷的警察虐杀表示抗议。

我之所以没有早些时间对您说起这些事，是因为我担心会使您——哪怕是一瞬间——分散您宝贵的生命，而我一直是以宗教般的热忱与崇敬关注您的。

但是令人恐怖的事情接二连三地发生了。加泰罗尼亚所有的文化作品被摧毁殆尽，我们所有的学校被关门停课。理由？就是后面所附几页纸中我给您讲的理由。

180 多名教授被夺走了教职，就像我和您的大多数加泰罗尼亚朋友们一样。今天遭受痛苦，明天可能是被监禁，或者更糟糕的事情。

我们只有一个希望：文明国家的大学同仁们对我们的声援，或者说对我们的暴君施加的压力。不幸的是，您在您自己国家的日子也不好过。

当然，当您以所有被迫害的同事的名义向我们讲话的时候，我见识了您心胸的博大。我们了解您的慷慨大度以及您的名字的分量，这足以使我们期待您来拯救我们。

请求您转达我们对尊贵的爱因斯坦夫人的问候。我妻子跟我一起向您致以最真诚的敬意。半个月之前，上帝把一个小男孩送到这个世界，我们将以您的名字阿尔伯特为他命名。

3 月 2 日，爱因斯坦在马德里参观了卡夫雷拉领导的物理研究实验室。3 月 3 日，星期六，他去普拉多博物馆逛了逛，受到市长的欢迎并在马德里大学理学系做了关于狭义相对论的讲座。第二天周日的主要公开活动是阿方索十三世国王在皇家精确、物理和自然科学院内举行的仪式上亲自向他授予该科学院院士证书。布拉斯·卡夫雷拉、科学院院长何塞·罗德里格斯·卡拉西多、公共教育大臣华金·萨尔瓦特利亚（Joaquín Salvatella）和爱因斯坦本人先后在仪式上致辞[33]。3 月 5 日，星期一，会见了数学学会会员们，拜会了圣地亚哥·拉蒙－卡哈尔，下午，在理学系介绍了广义相对论。第二天，在陪伴其一道访问西班牙的夫人埃尔莎（Elsa）的几位家人、科赫尔塔勒（Kocherthaler）兄弟、哲学家何塞·奥尔特加－加塞特和艺术史学家曼努埃尔·巴托洛梅·柯西奥（Manuel Bartolomé Cossío）陪同下访问了托莱多。对这座三种文化交汇的神秘城市的访问似乎给他留下了深深的印象。他在日记中写道：

今天访问托莱多，是我一生中最美好的一天。这座城市像一个美丽的童话故事。一位上年纪但很热情的男士（柯西奥）为我们当向导。他好像写过一些关于埃尔·格雷科（El Greco）的重要文章。街巷、集市广场、城市风貌、塔霍河及其石桥、宜人的平原、大教堂、犹太教堂、映照着我们归途的落日和缤纷晚霞、犹太人教堂附近小花园的宜人风光、一座小教堂里埃尔·格雷科的那幅精彩的绘画［《一位贵族的葬礼》，即奥尔加斯（Orgaz）伯爵的葬礼］，都是这座城市给我留下深深印象的东西。精彩的一天！

3 月 7 日，他由何塞·罗德里格斯·卡拉西多陪同，在皇宫受到国王和王太后的接见，出席了德国驻西班牙使馆为他举行的招待会，并在理学系发表一篇介绍相对论当时问题的新的讲话。3 月 8 日，爱因斯坦被授予马德里中央大学名誉博士学位，会见了天主教艺术与工业学院工程专业的学生们，并在马德里科学和文学协会就他的相对论理论的哲学意义发表了一篇讲话（格雷戈里奥·马拉尼翁是该协会会长，而他是该协会的名誉会员。会长还向他介绍了动物学家和植物学家奥东·德布恩）。3 月 9 日，他访问了埃尔埃斯科里亚尔和曼萨纳雷斯－埃尔雷亚尔两个小镇，并于下午在隶属于扩展科学教育与研究委员会的学生公寓举办了一场讲座。

奥尔特加－加塞特主持了这场讲座并担任翻译，他是一个十分恰当的人选，不只是因为这位西班牙哲学家通晓德语，而且还因为他很早之前就对相对论感兴趣。比如早在 1922 年，他在卡尔佩出版社工作时，他就从他负责编辑出版的一套书籍中选中了那本马克斯·博恩（Max Born）所著图书《爱因斯坦的相对论理论及其物理学根据》为之作序。序言中写道：

> 作者绝妙地书写了爱因斯坦的思想并把这些思想推荐给我们。我们天才的希伯来人以一种具有新时代特征的智力激进主义，正如他希望在实践中不要成为激进分子一样，与千百年来我们对宇宙的直觉感知决裂。没有任何东西可以像爱因斯坦的思想一样更好地保障我们进入一个新时代。很快，新的一代人将能够在学校里学会世界是由四维组成的，空间是弯曲的，宇宙是有限的。

然而，根据奥尔特加本人的说法，他对爱因斯坦学说的认识更早。也就是说，至少如他自己在 1923 年 4 月 15 日，也就是爱因斯坦结束其西班牙之旅之后不久，发表在阿根廷《民族报》上题为《与爱因斯坦一起在托莱多》的文章中所说（Ortega y Gasset，2005：521）：

> 1916 年，我在布宜诺斯艾利斯大学文学系做过几次讲座。我决定简要描述一下欧洲正在出现的新精神是什么样子。首先，我认为有必要明确一

下从世纪之交开始已经运用于科学研究并将彻底更新科学面貌的新思维方法的特点。我特别强调，爱因斯坦的相对论是新的知识思维最令人钦佩的典范。那时，人们对相对论知之甚少，严格地说，这个理论也还处于发展阶段。就在 1916 年，爱因斯坦发表了介绍其广义相对论的文章。我在结束我的系列讲座时对听众们说："我并不急于要你们同意我的看法。我只请你们在不久的将来，当你们今天在这些讲座中第一次听到的某些东西引起全世界的关注并得到公开认可的时候，记得是在今天这个日子、在这间教室已经听我给你们讲起过那些东西。"

也是在 1923 年，奥尔特加出版了一本《我们时代的课题》，书中再次表明他对爱因斯坦物理学产生兴趣并由此引起了对一般科学的兴趣，正如他在书中所说："我们这一代，如果不想被命运抛弃，就应该顺应今日科学的普遍规律，而不要仅仅专注于当下政治。政治这东西不过是一时感知的回响，终究都会过时。明天你将怎样生活，完全取决于你今天开始思考什么"（Ortega y Gasset，2005：571）。

回到爱因斯坦访问西班牙的活动。3 月 10 日，他再次参观普拉多博物馆，3 月 11 日星期日第 3 次参观这家博物馆。当天，一行乘火车前往萨拉戈萨。

他在阿拉贡首府一直待到 3 月 14 日，主要日程还是讲座、参观和出席欢迎他的活动[34]。3 月 12 日，在萨拉戈萨大学医学与理学系做报告介绍狭义相对论并在德国领事馆用晚餐。3 月 13 日，参观皮拉尔圣母大教堂和耶稣救主主教座堂、古交易所和阿尔哈费里亚宫古城堡，在大学做关于广义相对论的报告，仍在德国领事馆用晚餐。当日，好几批学生以及医学系学生联盟主席、大学科学协会主席、天主教学生联合会主席和校医协会主席联合致信爱因斯坦。这封热情洋溢的信件至今仍保存在耶路撒冷希伯来大学爱因斯坦档案馆里，现照录如下：

十分尊敬的教授：

集合在大学科学协会之内的萨拉戈萨大学生们荣幸地向爱因斯坦博士教授致意并对您前来我们大学给我们介绍您的理论表示欢迎。

我们出于兄弟的友好情谊决定为德国的大学组织一次募捐，并把募捐所得送给处于窘境的德国同学们手中，以示我们对他们可悲境况和您的祖国正在遭遇灾难的同情和支持。

3 月 14 日，是他离开萨拉戈萨前往柏林的日子。当天，他参观了安东尼奥·格雷戈里奥·罗卡索拉诺的有机化学实验室。

回顾了上述日程，该怎样评价爱因斯坦 1923 年对西班牙的访问呢？我个人的意见，这次访问是一次节日的欢聚，欢聚中大家庆祝科学的进步并致意当代科学的天才物理学家，而西班牙自己得到的却很少，如果说还有些许收获的话，尽管西班牙报纸广泛报道了这位德国科学家在西班牙的活动。确实，一般公众对爱因斯坦理论为物理学做出的贡献感兴趣，但对他们而言所谓贡献也就是说说而已，他们所知道的不过是最简单的“相对论”这个词汇。简言之，其结果是宣传爱因斯坦理论的书籍（通常都是其他语言的西班牙文译本）出版受到欢迎，仅此而已[35]。爱因斯坦回到他的祖国，一切迹象表明，他与西班牙的关系似乎也到此结束。但还有新的也是最后一个事件，即希特勒上台之后，爱因斯坦于 1933 年离开德国的时候，第二共和国政府向他提供了马德里大学的一个特别教职。

现在回顾一下这段历史。向爱因斯坦提供马德里大学教职的提议要归功于时任西班牙驻英国大使拉蒙·佩雷斯·德阿亚拉。1933 年 4 月 5 日，佩雷斯·阿亚拉致函亚伯拉罕·沙洛姆·亚胡达（Abraham Shalom Yahuda，1877—1951）。亚伯拉罕·沙洛姆是出生于耶路撒冷的犹太人，曾在海德堡和斯特拉斯堡学习闪族语言并于 1914—1922 年任马德里中央大学希伯来语教授[36]。信中说：

我尊贵的、钦佩的和亲爱的朋友：

正如我在电话里跟您说的，西班牙政府在昨天举行的内阁会议上一致同意任命杰出的爱因斯坦博士为马德里中央大学特聘教授。我国将负担其旅行开支并按最高级别向其支付 1.8 万—2 万比塞塔的工资。我荣幸地向阁下说明，鉴于西班牙的生活消费水平，这个报酬相当于在英国生活的 2000

英镑，丝毫不夸张。无论如何，我相信，一旦爱因斯坦先生抵达西班牙并感觉这个报酬捉襟见肘时，我们国家一定会设法予以解决。关于爱因斯坦先生接受聘请后应承担的义务，完全由他自主决定，他完全可以根据他自己的方便与选择，高兴做什么就做点什么。我刚刚想到——我想教育部也一定会予以批准——是不是可以成立一个类似于物理学与数学高等研究院的机构，由爱因斯坦先生担任学术指导。阁下您知道，西班牙有一位知名的物理学家和一位知名的数学家，他们就是卡夫雷拉和雷伊·帕斯托尔。实际上，马德里大学对爱因斯坦先生的特聘是希望享有公开向人类卓越的智者致敬同时像接待我们最挚爱的贵宾（暂住的或长住的，全由爱因斯坦先生自定）一样的莫大荣耀。我不敢想象先生会拒绝给予我们这个双重荣耀。另外，我深信阁下，我最尊贵的朋友，如此懂得我们西班牙人的心理并具有如此完美的说服力的朋友，假如爱因斯坦先生还在犹豫的话，您会倾向于使他接受我们的特聘。目前是最好的时机，也是西班牙一年之中最美好的时节。我们的祖国在 7 月之前的这几个月是一个真正的“gan”（希伯来语词汇，意即“花园”）。如果爱因斯坦先生乐意利用这几个月马上到西班牙，可以待到任何时候并在那里再做长远打算。

如您能从比利时马上给我回电话，我将非常感谢您，因为星期五上午马德里方面将跟我谈这件事。

1933 年 4 月 10 日，爱因斯坦在发给公共教育部长费尔南多·德洛斯里奥斯的电报中接受了这一特聘。部长收到电报后立即会见记者，宣布爱因斯坦将继续在马德里“若干物理科研机构或学院进行研究工作”。一批该专业的西班牙老师将与之合作，以期最大限度地推动西班牙科学的发展”（《太阳报》，1933 年 4 月 11 日）。部长补充说：“现在在职的老师们将被邀请在不同的时期内分别跟爱因斯坦一起工作。”人们没有说到的问题是，在爱因斯坦涉足的研究领域，西班牙并没有可以与之合作的老师。事实上，那时候西班牙所有物理学家，像布拉斯·卡夫雷拉、米格尔·卡塔兰、阿图罗·杜佩列尔、胡利奥·帕拉西奥斯等最优秀的学者，几乎都是实验科学家而不是像相对论创造者一样的理论科学家。实际上，爱因斯坦也从来没想过在西班牙度过他的所有时光。“接受马德里大学向我提供的教职将不会妨碍我到普林斯顿、牛津和布鲁塞尔等地去完成已经计划好的讲学活动。”4 月 11 日，他对《纽约时报》发表声明说道（该声明于次日见报）。无论如何，弄清楚到底是什么原因致使这位德国物理学家没有拒绝马德里大学的建议（美国人以及法国人和英国人都向他提供了工作机会，而他也都一一接受了）是有意义的。我们在爱因斯坦于 1933 年 5 月 5 日写给他的朋友法国物理学家朗之万的信中找到了毫无疑问是重要原因的理由[37]：“阁下可以想到，我原本是应该拒绝西班牙人和法国人对我的邀聘的，因为我目前的学术能力怎么说也跟他们寄希望于我的不成比例。但是，在目前的情况下，如果我予以拒绝，将会产生误解，因为这两个邀聘至少其中一部分是带有政治含义的，我认为这些政治含义极其重要而我不能将其白白丢掉。”

总之，爱因斯坦在与希特勒的抗争中感觉到西班牙共和国是在保卫着自己，因而他没有理由拒绝来自西班牙的支持。而对于西班牙来说，共和国也在爱因斯坦身上为自己在教育、文化和意识形态等领域的政策寻求宣传方面的有效支持。但是不久之后，政治形势的变化削弱了德国物理学家与马德里大学邀聘之间脆弱的联系。

事实上，爱因斯坦本人在 1933 年 4 月 12 日从比利时滨海科克的萨沃雅尔代别墅写给佩雷斯·德阿亚拉的信件中十分明确地表明了自己对西班牙邀聘的观点：

亲爱的阿亚拉先生：

应您的要求由亚胡达教授向我转达并于其后阁下亲自（佩雷斯·阿亚拉专程到比利时会见爱因斯坦）交给我的西班牙政府对我的邀聘令我高兴万分，这是我得以参加贵国科研活动的绝佳机会。

但不巧的是，今年内我绝大部分时间都被我已安排的活动占满了。从 10 月 1 日到来年 4 月 1 日，我将在普林斯顿大学的新研究所工作。此外，还有一个月（5 月或 6 月）的时间我要到牛津大学基督堂学院去。我还答应了 4—5 月在布鲁塞尔大学的研讨会上做一系列讲座。因此，明年之前我难以赴贵国访问，而且到时候可支配的也只有 4 月和 5 月期间的 4—6 个星期。时间上的严重制约让我没办法如阁下慷慨邀约预想的那样参加贵国的科研活动。这样的话，阁下 1933 年 4 月 5 日致亚胡达教授信中拟给予我的丰厚报酬就没有必要了。毫无疑问，那个数目的一半即足以支付我往返西班牙并在那里逗留期间的一切费用了。如蒙允许，我很高兴向阁下提以下几点要求：

1）根据我们的协议，由我来推荐向西班牙的大学指派一名德国杰出的研究人员（数学家或物理学家）。

2）关于我个人生活需求，我想住在离马德里仅几千米远的一所房子里，以便我能安静地不受干扰地生活和工作。

3）此外，我在贵国期间如果需要一名女秘书的帮助，我希望我能自己挑选。

依我之见，我在西班牙的唯一活动就是跟有一定数学基础或者说学习过高等数学的学生和老师一起工作。我抵达西班牙之后将对是否可以组织讲座或研讨会做出更恰当的判断。

最后，请阁下允许我恳请您向贵国政府转达我对其给予我的荣耀表示诚挚的谢意，特别感谢德洛斯里奥斯部长先生提到我时那些热情的令人信服的话语。

在此，我还想感谢阁下您，亲爱的阿亚拉先生，并向您重申，能在寒舍见到阁下并结识像阁下您这样杰出的朋友，无论对我的妻子还是对我本人都是一件由衷的乐事。

尽管受限于时间安排，我希望并期待我的工作能有益于您美丽的国家。

终于，爱因斯坦到了美国并永久定居在普林斯顿，任职于新成立的普林斯顿高等研究院。但这件事还是持续了一段时间，一直在考虑如果爱因斯坦到西班牙工作一段时间，可以指派到马德里大学协助他的犹太裔德国物理学家的人选。

综上所述，可以直接得出这样的结论：与其说是把相对论引入西班牙，不如说是在西班牙普及一下相对论的知识。我坚持认为，没有任何一位西班牙物理学家或数学家为爱因斯坦的理论做出过哪怕一点点贡献，无论是在理论方面还是在实验方面。无论是 1923 年爱因斯坦对西班牙的访问还是共和国对他的邀聘均应该从社会学、广告宣传或政治的角度而不是科学的角度来理解[38]。

量子物理学引入西班牙

说到量子物理学，工程师、数学家和物理学家埃斯特万·特拉达斯可能是第一位谈及与量子物理学有关的若干问题的西班牙人。那是 1908 年他在萨拉戈萨举办的西班牙科学促进会第一次大会上做的两次学术报告。第一个报告是在精确科学分部做的，题目是《关于统计力学》，另一个报告是在物理化学分部做的，题目是《关于光发射的现代理论》。第二年，他就任巴塞罗那皇家科学与艺术科学院院士的时候，也是讲的这个问题（论文题目是《论固定物体运动时的辐射散发》）。虽然论文并非专门论述，但也涉及了狭义相对论。但是，在这几篇报告中，特拉达斯仅仅分析了普朗克的贡献，没有提到爱因斯坦 1905 年发表的那篇题为《关于光的产生和转化的一个试探性观点》的文章，1915 年他本人在加泰罗尼亚研究学院讲授高等教育研究与交流专题课程时撰写的《物质与辐射的离散元素》也没有对那位德国天才物理学家给予更多的关注[39]。

另一方面，布拉斯·卡夫雷拉在向西班牙科学界普及量子物理学理论的工作中更为突出，尤其是他从介绍普朗克入手，接着介绍玻尔关于原子的问题，然后介绍他自己所研究的课题——磁学。他在 1913 年 6 月于马德里举行的西班牙科学促进会第四届大会上宣读的论文是他这种普及方法最好的例证。他在第三分部（物理化学分部）的开幕演讲中专门介绍了普朗克。讲到爱因斯坦，他介绍了德国物理学家 1907 年的论文对比热理论的贡献。为此，卡夫雷拉发表了许多文章，特别是发表在西班牙皇家物理学和化学学会年鉴上的多篇文章介绍了量子物理学的主要内容。他还就此撰写了一本小册子,《原子及其电磁特性》(Cabrera，1927a)。为普及量子物理学研究取得的新进展，卡夫雷拉还在上述年鉴上发表了一篇笔记（卡夫雷拉，1927c)，概括介绍了 1927 年 9 月于科莫举行的大会上几位著名的量子物理学家的发言。这次大会之所以在科莫举行为的是纪念亚历山德罗·伏特（Alessandro Volta）

去世 100 周年（也是在科莫，尼尔斯・玻尔首次公开介绍他的“互补原理”）。

除了卡夫雷拉，胡利奥・帕拉西奥斯也对普及量子物理学知识做出了杰出贡献。1922 年，他把弗里茨・赖歇（Fritz Reiche）发表于 1921 年的《量子理论：起源及发展》翻译成西班牙文。这是在埃斯特万・特拉达斯领导下西班牙出版的全面介绍量子理论及其研究现状系列丛书中的第一本读物。1932 年 4 月 8 日，胡利奥・帕拉西奥斯在就任皇家精确、物理与自然科学院院士的演说中，全面回顾了量子物理学从产生至当时的发展历程，其中包括海森堡（Heisenberg）、薛定谔（Schrödinger）和狄拉克（Dirac）等人的著名公式，遗憾的是，其演说的听众中有学术造诣的人数有限，而且此后成书出版时其读者情况也是如此。

帕拉西奥斯的成就不仅受益于他广泛阅读涉猎，而且也得益于他在莱顿大学的工作和进修。他在那里除了与卡默林・翁内斯领导的实验室合作——毫无疑问，该实验室正在进行的研究项目的依据之一便是量子物理学，还有机会听了亨德里克・洛伦兹（虽然他过早地于 1912 年退休，但仍坚持每周一上午就物理学当前问题给学生上课）和他的继任者、著名量子物理学家保罗・埃伦费斯特（Paul Ehrenfest）的课程。

关于在西班牙普及量子物理学的活动，1931 年成立并由著名语言学家梅嫩德斯・皮达尔担任首任校长的桑坦德国际暑期大学开展的工作值得铭记。1934 年，布拉斯・卡夫雷拉当之无愧地接任该大学校长。那一年恰逢三分之一世纪，该大学便将“20 世纪”选作各门课程的共同课题，并宣布“今后各门课程的主要问题是回答与阐释科学、艺术和社会生活中将会发生的根本性变革的意义”。这句话引自卸任校长梅嫩德斯・皮达尔对《马德里先驱报》的访谈（1934 年 6 月 30 日），由此我们可以看出，西班牙同样也把科学研究作为 20 世纪的基本课题之一，其重大新闻之一即是引入量子物理学。因此，人们争取量子物理学界某位重量级学者到该校任课便不足为奇，被选中的学者是奥地利物理学家薛定谔。

现存文件（有关薛定谔的许多文件一直保存在维也纳的中央物理图书馆）可以让我们重建薛定谔到桑坦德大学任课的那一小段历史[40]。1934 年 2 月 9 日，桑坦德大学秘书长佩德罗・萨利纳斯致信身在牛津的薛定谔，一年前他与保罗・狄拉克共同荣获诺贝尔物理学奖。信中所谈事宜远远不止单纯的任教邀请（信件原文用德文写成）。

> 正如我们所期望的，如果我们能实现与西班牙和外国的大学教授与科学家的合作，我们相信暑期大学一定能日益适应欧洲文化生活及其发展，一定能为西班牙的精神复兴增添活力并把握方向。
>
> 本大学创办一年来取得的成绩更加坚定了我们的这一期望，因此，本大学自现在开始即努力吸引各国知名学者来本校任教。我谨以大学董事会的名义向您发出邀请，恭请您讲授包括 4 个讲座在内的新波动力学课程。

不久之后，1934 年 2 月 20 日，薛定谔回信萨利纳斯接受了邀请。有一则轶闻透露了这位大科学家的性格，说是这位波动力学的创造者在给诗人萨利纳斯的复信中问道："我是不是可以讲德语？不幸的是，我不会说西班牙语。尽管必要的时候我能理解一些西班牙文的技术文献，那是因为我对拉丁文、法文和意大利文有所了解。我争取到夏天的时候能掌握一些日常生活用语。除了德语，我也经常用法语讲课。我的英语倒不是很困难，但法语更困难一些。我说这些话的意思是，我讲课的质量大约会受语言影响而打折扣。"

薛定谔的"新波动力学"课程讲了 6 节，课程讲义于次年由马德里西格诺出版社出版，标题仍为《新波动力学》。曾在德国攻读过物理学并于 1930 年在柏林就结识了薛定谔的哲学家哈维尔·苏维里（Xavier Zubiri）负责把德文手稿译成西班牙文（Schrödinger，1935a）。同年，苏维里发表了题为《新物理学（一个哲学的问题）》的论文，其中关于薛定谔他这样写道：

> 虽然薛定谔的年纪（比海森堡）更大，但他是个充满年轻活力的人，而且心灵比身体更年轻。他没白白地出生在维也纳，他身上带有那些被"同志们：打倒因循守旧！"的口号感召而集体亲历过青年运动并充满信念与热情的人所特有的那种不容混淆的印记。我 1930 年认识他的时候，他已

经从苏黎世理工学院转到柏林大学接替马克斯·普朗克讲授理论物理课程3 年了。

关于薛定谔授课讲义的内容，一言以蔽之，无论是位于拉马格达莱纳的暑期大学听课的学生们，还是讲义出版之后的读者们，大家都从他的课程里获得了关于量子力学的全面了解，不仅仅对波动力学而且对海森堡的矩阵力学都有了概括的了解。在这个意义上，暑期大学为在西班牙普及量子力学做出了重要贡献。量子力学自创建以来已逐渐变为对物理学而言不可或缺、对化学而言也极为重要的工具。

有一件发生在 1934 年炎热夏季的事情很有意思。暑期大学量子力学教学中还有一门由胡利奥·帕拉西奥斯开设的共计 6 节课的课程，内容为“波动力学引论”。由校方安排的这门课程可能是出于两个目的，一是作为薛定谔课程的前导和补充，二是为当年学校所承担的在西班牙传播和普及量子物理学的任务增加一项内容。同时，化学并没有被忘记——量子力学公式为其发展开辟了一个新的维度。学校为此开设一门普及性质的课程，名为“化学科学”，参加授课的有恩里克·莫莱斯（用 3 节课讲授了他的专业之一，即“元素周期表”）、维尔茨堡大学的汉斯·格里姆（Hans Grimm，用 4 节课讲授“原子、分子及化学联系”）和卡夫雷拉（用 3 节课讲授“核结构”）。显然，在确定化学选题的时候是以量子物理学的视角为前提的。

薛定谔对自己 1934 年在西班牙的访问应该是十分满意的，因为第二年春天他再次访问西班牙并在妻子陪伴下开车遍访西班牙全境（巴伦西亚、加的斯、萨拉曼卡、阿尔塔米拉岩洞和龙塞斯瓦列斯）。他还在马德里的国家物理化学研究所讲授了一门关于量子力学的课程。这门课比前一年曾讲授过的要更具技术性。这时，他已经掌握了足够的西班牙语让他可以在课堂上讲课，而且后来他多次表达对这门语言的赞美。他用西班牙文写成的讲义手稿至今仍保存在维也纳中央物理图书馆里。在那里保存的还有物理学家爱德华多·希尔·圣地亚哥（1903—1979）撰写的一份概要，他曾在柏林至少听过一堂薛定谔的课。我们知道，他是 1933 年 2 月 9 日向扩展科学教育与研究委员会提出申请而获得赴德国进修奖学金的。当时他是马德里大学理学系声学与光学专业的助教，曾在胡利奥·帕拉西奥斯指导下在物理研究实验室工作过半年，参加了通过 X 射线衍射确定晶体结构的实验。圣地亚哥在奖学金申请书中表示希望“进修物理学理论，包括与量子的现代理论有关的所有学问，特别是波动力学。为此，他希望选修有关常设课程和薛定谔教授在柏林大学 1934 年上半年研讨班上开设的课程”。圣地亚哥在申请书中还表示，他“之所以要进行这些初步研究，主要目的是为了提高自己的能力以便可以从事量子物理学的理论研究工作，而且如果可能，这一研究工作争取在柏林就开始进行，但无论如何回到西班牙之后还要继续下去”。上述委员会批准了他为期 12 个月至 1934 年 8 月结束的奖学金（后来他又申请延长 6 个月，但未获批准）。在 1934 年 8 月 6 日致委员会的信中，他汇报说，他进修的是“扰动理论，这是研究光电子和光磁（克尔效应、法拉第效应和塞曼现象）以及旋光等问题的基本方法”。进修结束时，他提交了一份关于“经典力学与波动力学之比较”的 15 页的论文。这说明，他已经准备好了回到马德里去继续听薛定谔的课程。爱德华多·希尔·圣地亚哥撰写的那份概要后来发表在《冶金与电力》杂志上（Gil Santiago，1941）。这份概要也可以证实薛定谔在马德里讲授的课程比他前一年在桑坦德暑期大学所讲授的更具技术性，因此，对师从他的物理学家和化学家更有价值。那次授课后的第二年，薛定谔在《西班牙物理学和化学学会年鉴》上发表了一篇西班牙语论文《电磁场的真实方程组是线性的吗？》。西班牙内战结束之后，希尔·圣地亚哥被革去了声学与光学助教的职务，对他发起的清除行动的档案显示，他被判处 6 年之内不得录用，因此他再也没有回归这所西班牙的大学。

布拉斯·卡夫雷拉的儿子尼古拉斯·卡夫雷拉——我在后面几章里还会提到他——回忆说，薛定谔在马德里期间曾表示极为钦佩何塞·奥尔特加－加塞特和米格尔·德·乌纳穆诺。“我永远也忘不了 1935 年的那一天。我在我父亲的实验室里测量各种稀土元素化合物的磁化率，我父亲正在跟薛定谔夫妇交谈。”尼古拉斯·卡夫雷拉回忆道（1978：71）。“突然乌纳穆诺来找我父亲，也不知道是因为什么事。也许他只是好奇地想见一下薛定谔。当我看到后者的脸上浮现出钦佩与尊敬，而前者却冷冷地应付般地打着招呼的时候，我大吃一惊。”

薛定谔这两次对西班牙访问的成果之一便是跟卡夫雷拉结下了友谊。西班牙内战期间薛定谔用西班牙文写给流亡在法国的加那利物理学家的那些信件正是这一友谊的见证，后面在第 16 章中将引用这些信件的内容。

除去本小节内讲到那些可以归类于所谓普及量子物理学原理的事件，还应该注意到的是，跟围绕相对论发生的事情相反，诸如布拉斯·卡夫雷拉或米格尔·卡塔兰等物理学家的研究工作也是量子物理学研究的组成部分，因此，应该说，至少对于部分西班牙研究人员而言，量子物理学正是他们出于纯科学目的而开展研究的对象。但是，不管是相对论的教学还是量子物理学的教学似乎都没有在教学大纲中找到合适的位置，而且这一局面持续了好多年。卡洛斯·桑切斯·德尔里奥（2000：5）回忆说，"我 1942 年在理学系看到的那份教学大纲还是 40 年前制定的。在西班牙大学既不讲授相对论，也不讲授量子力学，尽管这两门学科是科学普及读物的主要内容，而且这些由私人翻译出版的读物水平还相当高"。桑切斯·德尔里奥于 1953 年年底获得马德里大学理学系原子物理和核物理课程的教职，一年后便为博士研究生开设了量子力学的课程；而在物理专业中，这些课程要等到 1960 年才得以开设。

国家物理化学研究所的女科学家

我知道到目前为止我只介绍过两位女士，一位是海洋学家安赫莱丝·阿尔瓦里尼奥（见第 11 章），另一位是仅仅简单提到的物理学家费丽萨·马丁·布拉沃（Felisa Martín Bravo）。原因是我未曾见过对科学研究做出过贡献并且其重要性可以让我列入本书的女士。请大家回想一下我在本书序言里所指出的：我并不想成为昆虫学家式的科学史学者，或者说，我不想收集所有细小情节和无关紧要的人物。我没必要为本书很少提及女性科学家做任何解释，更不能说是因为我相信她们智力或技能不足；其真正的原因是因为历史上长期以来的"禁令"使她们难以接受必要的教育并为将来从事科学研究打好基础，甚至即使她们有便利条件接受教育或从事科研，却也因为上述禁令而不能如愿。

薛定谔和奥尔特加 – 加塞特

1950 年 2 月，薛定谔在都柏林大学学院"科学是人道主义的基本元素"的系列讲座中上过 4 节课。这四节课的内容于次年结集成书并出版，书名为《科学与人道主义》（*Science and Humanism*）。书中流露出作者对奥尔特加－加塞特及其著作《大众的反叛》（*La rebelión de las masas*）的敬慕。关于奥尔特加－加塞特的这本书，薛定谔说道：

"西班牙伟大的哲学家何塞·奥尔特加－加塞特在长年流亡之后已经回到了西班牙（虽然我个人认为他既不是法西斯分子也不是社会民主党人，换言之，他不过是一位理性的人）。他在 20 年代发表过一系列文章。这些文章后来结集成书并且取了一个有趣的名字——《大众的反叛》。大家不要以为此书跟社会革命或其他什么革命有关。奥尔特加嘴里的反叛不过是个纯粹的比喻。机器化时代带来的后果之一是人口数字和人类不可预见的及前所未有的需求大规模增加。我们的日常生活日益需要阻止人口数字的增长……新的进步和人口数字前所未有的膨胀造成的局面便是奥尔特加书中的主要论据。当然，书中也夹杂着作者一些有趣的评论。尽管现在不合时宜，我还是要举一个例子。请看此书其中一章的标题：'最大的危险：国家'。奥尔特加认为，国家不断增加的权力在过度保护公民的借口下限制了个人自由，因而成为文化未来发展最大的危险。但我最想介绍一番的是此前的一章，其标题是'野蛮的专业主义'。这标题乍一看可能会觉得荒诞和自相矛盾。"在这一章里，奥尔特加描绘出专业主义科学家所造成的残酷景象。这类科学家作为野蛮而又愚昧的无赖——也算是群众中的一员——是如此专业而典型，以至于会把人类的生存置于危险之中。

在引述了奥尔特加书中的几个段落之后，薛定谔总结道：

"我不再引述奥尔特加的话了，但我劝你们找来这本书读一读。在此书首次出版以来的 20 多年当中，我观察到了人们反对奥尔特加所揭露的可悲局面，这是令人欣喜的迹象。但这并不是说我们可以完全摒弃专业主义，因为，如果我们希望继续进步就不可能没有专业主义。但是，专业主义并非法宝而是难以避免的祸害，这一种认识会逐渐被人们所接受。"

妇女解放——或者说取得与男人完全平等的权利——已经是并将继续是 19 世纪

下半叶以来日益高涨的社会维权运动之一。但这一维权运动在更早的时候已经发端了。若干启蒙运动思想家早就关注到女性在社会中扮演的角色。在柯尼斯堡市颇具影响力（后来成为其市长）的特奥多尔·戈特利布·冯·希佩尔（Theodor Gottlieb von Hippel，1714—1796）1793 年出版了《论女性公民状况的改善》一书。作者在书中主张，女人的天分跟男人是一样的，人们看到的两性所做贡献的巨大差别其实是女性的智力与文化修养被忽视的结果，如果不说是被肆意压制的话。法国大革命之初，孔多塞侯爵马里·让·安托万·德卡里塔（Marie-Jean-Antoine de Caritat，1743—1794）有理有据地捍卫女性的权利。他说，若说权利是与生俱来的，那就没有道理否认不多不少恰恰占人类一半的她们应该享有这些权利。“要么人类中没有任何人享有真正的权利，要么所有人都享有相同的权利”，他在一篇写于 1790 年题为《论女性享有公民权利》的文章中写道。然而，法国大革命——那场在人类后世看来如此漂亮而关键的运动，那场以“自由、平等、博爱”为口号的运动——却始终没有实践它关于女性的那些原则。尽管一开始根据孔塞多侯爵坚决捍卫的路线，法国大革命的磅礴气势也导向争取两性平等，以至一些法国妇女被组织起来为争取其权利而斗争，但是恐怖行为很快就蔓延到这一领域：撰写过《妇女权利宣言》的奥兰普·德古热（Olympe de Gouges，1745—1793）于 1793 年被保王党处决。同年，女权运动的另一位领袖安妮·约瑟夫·泰鲁瓦涅·德梅里古（Anne-Joseph Théroigne de Méricourt，1762—1817）被雅各宾派妇女群殴，致使其余生不得不在疯人院里度过。最后，也是在 1793 年，国民公会应雅各宾党人要求解散了所有妇女协会。这些协会组织不善，缺乏坚定的政治支持，过度面向多数没有阅读能力的中产以下女性，致使女权主义革命派没有办法将其思想和主张在当年的社会中扎根。

毫无疑问，19 世纪的自由主义绝对没有辉煌而悲壮的法国大革命那样具有号召力，但是从长期来看，却在一些更先进的社会指引其社会生活的方向时更为有效，它以重要的方式参与女权主义问题的处理。向妇女发出实践自由主义信条的经典宣言是出自或可被认为是这方面最著名的理论家约翰·斯图尔特·密尔（John Stuart Mill）的手笔。他的著作《女性的屈从地位》（*The Subjection of Women*）写于 1861 年，发表于 1869 年，被认为是女权主义者的圣经。该文在英国、美国、澳大利亚和新西兰发表的同一年也在法国、德国、奥地利、瑞典和丹麦等国出现了当地文字的译本。1870 年出版了波兰文本和意大利文本，圣彼得堡的女大学生们也兴奋地谈论这本书。书中开头的几段话在很长一个时期始终回荡在女权主义者们的耳际：

> 本文的目的是尽可能清晰明了地阐释本人很久以来秉持的一种观点。就是在那个时候，我形成了关于社会与政治的全部思想，这些思想不仅没有被削弱或修改反而经过思考并吸收社会生活的经验变得更加坚定。多少年以来规范男女双方之间社会关系的原则——一方在法律上附属于另一方——本身就是错误的，而且在今天已经成为人类进步的主要障碍之一；这个旧的原则应该被两性之间完美平等、不允许任何一方享有特权因而致使另一方处于不设防地位的原则取代。

有意思的是，特别是对西班牙读者而言，但也可以视为争取女性权利这一话题在全世界进步人士当中宣传鼓动的一个例证，在密尔发表著作的那一年，此前我们已经认识了的西班牙工程师、数学家、政治家和剧作家何塞·埃切加赖在马德里大学组织的“关于女性教育的周日系列讲座”中发表了一篇演讲，内容是“学习物理科学对女性教育的影响”（1869）。下面这段具有明显保护主义基调的话是他对选择这一题目做出的解释：“我为什么选择这个题目？我为什么要谈精确科学、谈大自然的根本法则？因为什么？为了什么？为的是保卫你们，为的是摒弃那种我认为是不公正的主张，那种我认为有辱你们人格的主张，尽管我讨厌这些主张而不愿意提到它们。好多人认为女人不该管任何严肃、正经、重要的事，反之，只有那些无足轻重的轻松快乐的事才值得女人来管。”埃切加赖不同意“好多人”的这些观点，他以公正、真理以及慷慨大方地为再造妇女、强健其精神、开发其智力的新思想的名义拒绝这些观点。虽然他表达了这样的观点，但他的其他一些论述仍存在着自相矛盾之处，这使很大一部分女权维护者——以及许多女权反对者——大为不满。例如，他刚刚说过“女人是一种跟男人一样的理性生物”，然后马上又说“无论如何，自然界的事物不是这么简单的，在同一性之内还有变化。或者这样说，物质，上帝造人的黏土都是一样的，永远是黏土；但是，用黏土造男人的时候，那个黏土就是力量、能量和活力，而造女人的时候，那黏土就是漂亮、优雅和美貌。敏感永远是敏感，但是，男人的敏感是一回事，而女人的敏感则完全是另一回事；男人的敏感是热情，炽烈的热情，而女人的敏感则是爱情，纯洁的爱情。”

在争取女性享有——至少是——在大学接受高等教育的权利斗争中发生的诡谲事件多种多样，本书难以一一尽述，但在具体介绍西班牙的情况之前，先来介绍一下发生在伦敦的事情[41]。

直到 19 世纪中叶，英国首都才开始认真考虑让女性接受中等教育的问题，更别提高等教育了。那时，相继成立了女王学院（1848）、贝德福德广场女子学院（1849）、切尔滕纳姆女子学院（1853）和北伦敦学院学校（1850）。这些学校起初都是女子中学。有必要说明，女王学院是圣公会学校，其教师中有几位来自同为圣公会学校的国王学院，而贝德福德广场女子学院则是一所世俗学校，其教师中有的是来自同样是世俗的伦敦大学学院。国王学院与伦敦大学学院之间的对立及其在教学理念上的区别突出地表现在伦敦大学的创办及其早期的教学中，同时也表现在女性教育这一领域。

完全接受女生进入大学学习是一条漫长而曲折的道路。虽然大学章程中有一条规定“没有任何差异地向所有学生颁发所有课程的证书”，女生们却仍遇到各种问题。1856 年 5 月，大学注册办公室收到一封署名为杰茜·梅里顿·怀特（Jessie Meriton White）的信件：

> 先生：
>
> 请问：如果一名女生的考试和审核结果在品德、能力和学业成绩方面完全符合要求并经过伦敦大学承认的机构认证，她可以申请成为医学系学位证书的候选人吗？

该女生的问题提得正是时候，因为在 1854 年已经通过了一项规范行医行为的法律，根据该法，承认伦敦大学颁发的有关证书[42]。注册办公室工作人员收到怀特小姐信件后做了法律咨询，然后复信称，注册办公室没有权限接受女生成为医学系学位候选人的申请。于是，杰西·梅里顿·怀特失去了掀开伦敦大学历史新篇章的机会，但毫无疑问的是，她是一位有性格的勇敢女性。后来她与一位意大利伯爵结婚，成为后来意大利革命期间著名的马里奥夫人，也是那不勒斯多家医院女护士组织的领导人。

1862年，类似的情况再次发生。这次，事情发生在伊丽莎白·加勒特（Elizabeth Garrett）身上，她也是想就读医学系的女生。因一票之差，大学评议会决定维持之前所作的决定[43]。但是，许多委员发言表示反对，于是，1866年大学毕业生代表大会争取到设立面向女生的特别入学考试。当然，这还不是获得该机构提供的最负盛名的学位，而是“能力证书”。

19世纪70年代，争取两性完全平等的压力日益增加。1876年，议会通过的一项法律允许审查医学系入学申请的评审委员会接受女生为大学学位候选人，但是并没有强制性。然而，皇家内科医师学会和皇家外科医师学会分别拖到1908年和1909年才执行议会通过的法律。伦敦大学倒没有拖延这么久：1877年年初，校评议会批准医学系向女生颁发学位证书（在爱尔兰，皇家内科医师学会也于1877年向女生敞开了大门）。尽管如此，230名伦敦大学医学系毕业生（其中包括3名校评议会成员）签署了一项请愿书，表示类似的开放措施将会“损坏大学的利益”。但是，大英帝国首都开启的这个进程已经是不可逆转的。不久之后，1877年年底，伦敦大学校评议会投票通过各系全面接受女生入学并享有跟男生平等权利的决定。1878年，伦敦大学学院成为全国第一所男女同校的大学教育中心[44]。1879年，举行了第一次男女平等参加的考试，68名女生参加，51名通过。第二年，4名女生获得艺术学士学位，她们因此成为第一批毕业于一所英国大学的女性。1881年，两名女生获得科学学士学位。第一个女生获得的科学博士学位于1884年产生，这位女博士也是1881年两位获得科学学士学位中的一位，名叫索菲·布赖恩特（Sophie Bryant）[45]。

一旦在接受大学教育方面取得了男女平等，大学毕业生中女生的数字就一路增加：1885年女生占10%，1895年占20%，1900年则超过了30%（那一年毕业生总数是536人，其中169人为女生）。

那么，西班牙的情况如何呢？跟大多数国家一样，在允许女生接受大学教育方面，西班牙的表现并不突出。为女性提供某种高等教育的努力之一是费尔南多七世统治下于 1819 年成立皇家绘画与装饰学校。另一个传统上由女性承担并需要掌握专门知识的职业是接生婆或称助产士。这一职业早在 1750 年就得到规范，在 1804 年制定了细则，她们的资格审核由皇家外科医学院负责。教师是最古老的女性职业出路。事实上，许多女性从事教师的职业，甚至在取得相应资格之前就有人当上了教师。1858 年，成立了中央女子师范学校。

说到大学教育，情况有些特殊：似乎女性并没有上大学的丝毫意愿，面对大学课堂里没有女生身影的局面，对女性入学问题立法机构既不鼓励也不禁止。到 1888 年情况有所变化。当时有 10 名女生完成了大学学业，于是同年 6 月 11 日颁布法令，正式允许女性在私立大学接受教育，但应事先向内阁提交申请。直到 1910 年（3 月 8 日的敕令）才允许在公立大学注册学习而不需要事先向有关当局申请。西班牙第一位接受大学教育的女性是玛丽亚·埃莱娜·马塞拉·里韦拉（María Elena Maseras Ribera，1853—1905），她于 1872—1873 学年开始在巴塞罗那大学医学系学习。

19 世纪结束之前，一些女性得以破例在大学学习（1880—1890 年共有 15 名，其中 7 名攻读医学和外科学，3 名学习理科，3 名攻读哲学和人文科学，2 名攻读药学）并不意味着她们可以执业——只有少数专业“适宜”（妇科医学、儿科医学和药学）的人例外——更不意味着她们可以从事研究工作。请大家记住，西班牙第一位大学女教授是 1916 年在校委会中有人投反对票的情况下获得教职的作家埃米莉亚·帕尔多·巴桑（Emilia Pardo Bazán）。从 1910—1935 年，到公立大学接受高等教育的女性大幅增长。1909—1910 学年只有 21 名女生注册，到 1935 年增加到两千多人。

卡门·马加利翁·波托莱斯（Carmen Magallón Portolés）对扩展科学教育与研究委员会下属国家物理化学研究所中女性研究人员做过一次调查（1998），其中首次介绍了 20 世纪前期女性加入西班牙各个科学学会的进展极为缓慢的一些情况。1903 年成立的西班牙皇家物理学和化学学会在 1912 年之前连一名女科学家都没有——倒也不是女性没有权利参加。那一年马丁娜·卡西亚诺·马约尔（Martina

Casiano Mayor，1881—1958）加入学会，紧接着1913年埃莱娜·埃斯帕萨（Elena Esparza）加入其中[46]。但直到1912年才有另一位女科学家入会，她之后女科学家加入学会的情况如下：1922年有5名，1923年1名，1924年2名，1925年1名，1926年4名，1928年8名，1929年26名，1930年25名，1931年14名，1932年20名，1933年12名，1934年8名，1935年13名，1936年8名。到此时，学会一共有150名女科学家，而在1930年的时候，男科学家已经超过了1000名。尽管男女科学家的数目如此不平衡，但显而易见的是，自1929年起，女性科学家增加得却很快。与此相反，1911年成立的西班牙数学学会到1936年却只有12名女数学家。1871年成立的西班牙皇家博物学会的情况比数学学会好不了多少：到1936年，总共858名会员中仅仅有41名女会员。在西班牙科学促进会这个聚集了专业科学家和科学爱好者的组织里，到1931年，在其1261名会员里只有18名是女性。

至于扩展科学教育与研究委员会的情况，在前面第11章里我已经说过，该委员会从成立至撤销期间向其提交奖学金申请的男士为7671人，而女士则仅仅有1363人（大约6∶1的比例）。在所有申请人当中，有1594人获得了批准，其中仅121人是女性学者（其中53位是在1930—1934年得到奖学金的）。以上男女比例本身就很说明问题。

上述委员会创办的物理学和化学研究中心里，女性研究人员的分布情况如下（Magallón Portolés，1998：210，226）：物理研究实验室在1910—1920年没有女性研究人员，在1920—1930年有6位女性［弗朗西丝卡·洛伦特（Francisca Lorente）、卡门·普拉德尔（Carmen Pradel）、玛丽亚·特雷莎·萨拉萨尔·贝穆德斯（María Teresa Salazar Bermúdez）和卡门·加西亚·阿莫（Carmen García Amo）等4位研究化学、前面提到过的费丽萨·马丁·布拉沃以及皮拉尔·阿尔瓦雷斯·乌德（Pilar Álvarez Ude）研究物理学］[47]。国家物理化学研究所（其前身为物理研究实验室）的情况（1931—1936）要好一些，各部门的女性研究人员分布如下：X射线有1名女研究员；光谱学有7名；物理化学有14名；有机化学有3名；电化学有6名；另外还有2名未分配到以上任何部门。

让我们以米格尔·卡塔兰领导的光谱学部门的情况为例。

一份卡塔兰教授撰写并保存在他的档案里的报告这样写道[48]：

> 1931—1932 年度
>
> 今年光谱学部的主要任务是安装并启用了几套设备，以便获取光谱并对其进行观测。执行这一任务的有卡萨塞卡先生和 D. 巴尔内斯、M. 帕斯·加西亚·德尔巴列（M. Paz García del Valle）、皮拉尔·马丁内斯·桑乔（Pilar Martínez Sancho）和卡门·帕尔多（Carmen Pardo）4 位小姐。这些设备一旦安装启用，研究工作立即开始。卡萨塞卡先生几乎完成了对锰火花光谱的部分谱线的测量。马丁内斯·桑乔小姐比较了上述光谱，以便稍后研究它们的结构。巴尔内斯小姐负责安装观测拉曼效应的设备，但遇到了一些困难，于是她就去了奥地利格拉茨科尔劳施（Kohlrausch）教授领导的实验室进修了 3 个月学习相关技术，终于取得了进展。此外，还研究了锆的塞曼效应的数值。卡塔兰教授负责完成钼的电弧光谱并比较研究它与铬光谱的结构。此外，他还继续为其关于"多重谱线"的专著准备材料，加西亚·德尔巴列小姐也在帮助他完成这一任务。

除去卡塔兰教授这一文件内提到的几位女性，在他的实验室里还有罗莎·贝尼斯·马德拉索（Rosa Bernís Madrazo）、何塞菲娜·冈萨雷斯·阿瓜多（Josefina González Aguado）、皮拉尔·德马达里亚加·罗霍（Pilar de Madariaga Rojo）和卡门·马约拉尔·希劳塔（Carmen Mayoral Girauta）等 4 位女学者。

多罗泰娅·巴尔内斯·冈萨雷斯（Dorotea Barnés González，1904—2003）的情况最能说明女性从事高水平科研的能力，当然，她的起点要优于她那个时代的大多数西班牙女性。她的父亲是政治家兼教育家弗朗西斯科·巴尔内斯·萨利纳斯（Francisco Barnés Salinas，在第二共和国时期，分别在 1933 年和 1936 年两度担任公共教育与艺术部长）。她的三个姐妹也都念过大学。她先在自由教育学院念书，1925 年毕业，然后于 1929 年获得化学硕士学位。正如卡塔兰所说，她负责安装必要的设备，以便利用印度物理学家钱德拉塞卡拉·文卡塔·拉曼（Chandrasekhara

Venkata Raman）发现的效应进行光谱学研究。1928 年，拉曼在用光线照射一个透明体来观察红外线远端光谱的时候证实了到那时为止不为人所知的量子现象的存在（此外，通过这种量子现象可以比用其他方法更快速和更精确地获得其自身的频率并比较容易地辨识不同分子及其成分）。作为这一切工作的准备，卡塔兰解释说，巴尔内斯去过格拉茨，但不是像通常那样由扩展科学教育与研究委员会出资帮助。该委员会确实给过她奖学金，那是批准她去美国史密斯学院进修 1929—1930 学年课程（她于 1929 年 2 月提出申请）[49]。事实上，该委员会只为她资助了旅费，因为（马萨诸塞州）北安普敦的史密斯学院提供了可以支付日常生活、学校注册和实验室工作所需的费用。为了弄明白巴尔内斯去史密斯学院的旅行和该学院提供的奖学金，有必要介绍一下西班牙国际女子学院。该学院前身与爱丽丝和威廉·古利克（Alice y William Gulik）夫妇于 1877 年在桑坦德创建的美国学校有关，他们二人是作为波士顿新教传教运动成员来到坎塔夫里亚自治区首府的。1892 年，古利克夫妇脱离波士顿传教团，在圣塞瓦斯蒂安创办了与教会组织无关的西班牙女子学院。由于美西战争导致西班牙丢掉古巴，二人不得不离开西班牙。直到 1903 年二人才在马德里定居并在首都创办西班牙青年女子国际学校。1920 年，芝加哥大学化学博士、自 1914 年任史密斯学院教授的玛丽·路易丝·福斯特（Mary Louise Foster，1865—1960）出任该国际学校校长，此前她已经在马德里待了两年。不久，她又为扩展科学教育与研究委员会于 1915 年成立的女生公寓的孩子们创办了一间化学实验室[50]。大约十多年后，福斯特博士回忆了她当初成立那间实验室的动机（1931：31；引述自 Magallón Portolés，1998：187）：

> 1920 年，我第一次接触西班牙教育的时候，大多数女大学生都在药学系注册念书。药学是西班牙女孩子们十分青睐的专业。当时，只有一两个女学生攻读纯粹化学和普通化学。那时，实验室实践操作指导课每学期只有两周。并不是老师执意坚持这个课程安排，而是听课的人很多，但实验室很小。

多罗泰娅·巴尔内斯就是在那间实验室开始其研究员工作的。在此之前，她以“胱氨酸的若干化学特性及其吸收光谱”的论文获得了史密斯学院的艺术硕士学位。她以这一研究为依据发表了两篇文章，一篇发表在《西班牙物理学和化学学会年鉴》上，另一篇发表在《美国生物化学杂志》上。她结束了在那间实验室的工作之后，(康涅狄格州）耶鲁大学给她提供了一个 1930—1931 学年的奖学金（包括注册和实验室费用，并由扩展科学教育与研究委员会补齐），她得以在 T. B. 约翰逊（T. B. Johnson）和罗伯特·D. 科格希尔（Robert D. Coghill）两位教授指导下进行“某些病原菌核酸的比较研究”，她在提交给上述委员会的报告里是这样介绍的。作为研究成果，她与科格希尔教授合作在《西班牙物理学和化学学会年鉴》上发表了关于“白喉杆菌核酸研究”的论文（Coghilly y Barnés，1932）。

1931 年，她从耶鲁回到西班牙。如前所述，回国后她与卡塔兰教授合作。是卡塔兰派她去格拉茨，跟科尔劳施教授学习拉曼效应光谱技术。1933 年，她在马德里洛佩·德维加中学获得了一个物理化学的教职。西班牙内战打响之后不久，她流亡到法国并在那里待到内战结束（她的家人中，弟弟胡安在 1937 年的战斗中牺牲，其余人都流亡到墨西哥）。1940 年，多罗泰娅·巴尔内斯跟丈夫（她于 1933 年结婚）和女儿回到西班牙。一项法令宣布自次年起她不得从事教学活动。从此，她再也没教过书，也没有再从事科研活动。她于 2003 年 8 月 4 日在西班牙丰希罗拉去世。

另一位值得大家铭记的女科学家是化学家彼达·德拉谢尔瓦。1932 年以特等奖的优异成绩在巴伦西亚大学获得硕士学位后，立即加入国家物理化学研究所胡利奥·帕拉西奥斯领导的 X 射线衍射研究小组的工作。在获得扩展科学教育与研究委员会的一个奖学金名额后到维也纳和哥本哈根进修（Pimentel，2020）。1936 年回到马德里，但西班牙内战的爆发迫使她到挪威使馆避难，一直到 1937 年 10 月离开该使馆前往国民军占领地区。她是西班牙长枪党成员并于 1952 年参加主业会，也曾在西班牙国家研究委员会和海军参谋部实验室和研究所工作，从事应用光学问题研究。

第 14 章

洲际数学家
——胡利奥·雷伊·帕斯托尔

在所有的自然科学中，最能使人类——尤其是使王公贵族——变得更为高尚，并且得到启迪的学科就是数学，它具有丰富的变化，不仅使智力得到满足，还能使感官得到愉悦。对于人类智力而言，还有什么东西能比一道漂亮的数学证明更令人高兴？什么样的智力能够与一个几何学家、宇宙志学者或地理学家的智力相媲美？

佩德罗·罗伊斯（Pedro Roiz）

《日晷仪之书》（*Libro de los reloges solares*，1575）

"作者手札"

胡利奥·雷伊·帕斯托尔（1888—1962）是 20 世纪上半叶西班牙数学界一个伟大的名字。一谈到那个时期的数学，就很难不提到他的名字，并且常常是充满敬意的。这位来自里奥哈的数学家之所以能成为西班牙现代数学史上一位杰出的代表性人物，必然有其原因。尽管他拥有很高的天赋，但他却不懂得，或者说，不愿意从这些才华中获取本可以产出的一切，无论是个人层面还是机构层面。为了说明事实就是如此，我在介绍其生平时，将把视角集中在与以下方面相关的问题上，例如：他在数学发展过程中扮演的角色和承担的责任；或者他是如何利用他所接受的教育；或者他是如何彰显他那不可否认的科学素质。讨论这些问题，不仅有助于了解雷伊·帕斯托尔的生平，还有助于了解大约 20 世纪上半叶西班牙的数学环境。不过，为了在适当的背景下来讲述他的生平，我将从 20 世纪头 20 年发生的更新换代之时开始讲起，也就是雷伊·帕斯托尔登上西班牙数学舞台之时。[1]

正如我们在接下去的再现部分可以看到的，雷伊·帕斯托尔与扩展科学教育与研究委员会之间的关系扮演了一个举足轻重的角色。这个机构在 20 世纪前期的西班牙科学界占据了重要的地位，而雷伊·帕斯托尔与该机构之间的联系就是处在这样的框架之下。

新的一代进入西班牙数学界[2]

在第 9 章中，我们提到了索埃尔·加西亚·德加尔德亚诺，在 19 世纪的西班牙数学界，他是远比其他人（例如何塞·埃切加赖，这个人也已在上文中介绍过）更复杂、更活跃的一个人物。这位来自萨拉戈萨的教授极富行动力，就我们现在所讨论的方面而言，他对科学活动的性质持有正确的看法，这表现在多个方面，我们从他屡次参加国际数学家大会（这是数学界最重要的会议，我已在上文中提及）这一事实便可见一斑。因此，鉴于科学界各门学科所遵循的运转机制，出现以下情况也就毫不令人意外了：加西亚·德加尔德亚诺不仅在苏黎世、巴黎和罗马举办的各届数学家大会①上作了报告，他还在某种意义上被认定为西班牙数学界的“代表”，因而在 1899 年他被选入书目常设委员会，几年后，也就是在罗马举办的数学家大会上，他又被选为国际数学教育委员会②驻西班牙的代表，并且必须为将于 1912 年在剑桥举行的第五届数学家大会准备一份报告，关于这次大会我已在第 9 章提及。

随着一代又一代新人才的来临，西班牙在国际上的参与度也开始提升，然而，

① 第一届国际数学家大会：1897 年，瑞士苏黎世；第二届：1900 年，法国巴黎；第三届：1904 年，德国海德堡；第四届：1908 年，意大利罗马；第五届：1912 年，英国剑桥；——译者注

② 国际数学教育委员会是根据 1908 年 4 月在罗马召开的第四届国际数学家大会决议建立的国际数学教育机构。一开始由德国、英国和瑞典的委员组成中央委员会。——译者注

各种问题也随之而来，因为在参与度提升的同时，有人试图在西班牙数学界推动建立一个更有组织性、更有野心的机构。年轻一辈的数学家与加西亚·德加尔德亚诺之间的冲突爆发了，但实际上其冲突形式是有所遮掩的，冲突的原因在于索埃尔先生不断向扩展科学教育与研究委员会提出提供经济支持的请求，以便支付他作为代表须完成相关任务而产生的费用，说到底，这些任务也涉及了西班牙在剑桥数学家大会上的官方代表形象。

大约在 1909 年年底，加西亚·德加尔德亚诺意识到，他入选国际数学教育委员会将产生很多花销，而他本人无法负担，正如他在当时其他工作上的状况一样。因此，1909 年 11 月 19 日，他合情合理地向公共教育大臣提出申请，要求公共教育部提供“4000 比塞塔的物质帮助以及精神支持”，以便其履行“国际数学教育委员会驻西班牙代表”的职责（需要持续四年）、西班牙分设委员会的职责，包括参加 1912 年剑桥国际大会的费用。公共教育部将此申请转给了大学事务处，大学事务处又于 12 月 4 日将申请发送给了扩展科学教育与研究委员会，而该委员会在 1910 年 6 月 16 日的会议上否决了这项申请。[3]

在上述申请走过的曲折历程之外，1910 年 5 月 24 日，加西亚·德加尔德亚诺向扩展科学教育与研究委员会提交了另一份申请，用以支付其参加即将于 8 月份在布鲁塞尔举办的国际数学教育委员会代表会议的路费，以使其“在开展工作的过程中，既不缺乏物质资源，也不损失官方威望”。在他向公共教育部所提出的申请被否决的同一次会议上，即 6 月 16 日的那次会议上，扩展科学教育与研究委员会再次否决了他的要求（然而，过了一段时间，在提交了其他几次申请以后，加尔德亚诺最终获得了 1000 比塞塔，用于前往布鲁塞尔）。

有一个很重要的问题：为什么扩展科学教育与研究委员会要拒绝加西亚·德加尔德亚诺的申请？首先，必须要说，扩展科学教育与研究委员会并没有草率对待他的任务，因为委员会也清楚，他所代表的学科，正是国内欠缺的领域，而他们也想对此有所作为。在这件事上，委员会要求当时中央大学的度量几何学、代数与几何补充课的教授、理学系秘书塞西利奥·希门尼斯·鲁埃达（Cecilio Jiménez Rueda）提交一份关于德加尔德亚诺第一次申请的报告。委员会档案中多份文件表明，除上述身份之外，希门尼斯·鲁埃达还是扩展科学教育与研究委员会建立之初在数学方面的老顾问。4 月 17 日，希门尼斯·鲁埃达教授向伊格纳西奥·玻利瓦尔发送了指定的报告。在该报告中，希门尼斯·鲁埃达对任务的重要性予以了认可，认为该任务旨在“找出中学教育所存在的各种不足之处的原因，以及改善中学教育的方法”，但他对由加西亚·德加尔德亚诺担任西班牙代表持异议，希门尼斯·鲁埃达总结道：“或许有人会感到疑惑，西班牙也拥有许多负有盛名的人物，例如埃切加赖、托罗哈、萨阿韦德拉等，为什么要由加尔德亚诺先生来担任西班牙的代表，与 F. 克莱因（F. Klein）、F. 阿佩尔（F. Appell）、特谢拉（Teixeira）等人平起平坐呢？好吧，那是因为在罗马举办的第四届数学家大会上已经协商决定：各国分设委员会的代表负责人须从参加会议的成员中选出，而西班牙只有加尔德亚诺先生一人参加了该次会议，他是唯一一个能够为参加这种会议，为科学而倾尽所有的人。”

尽管希门尼斯·鲁埃达在报告中说的上述内容不属实（加西亚·德加尔德亚诺并非参加罗马会议的唯一一位西班牙人），也不公平，但事实是，这位来自萨拉戈萨的教授[①]确实没有得到所有人的认可。人们指责他没有足够的代表资格——这毫无疑问是事实，还指责他并非最有能力的西班牙数学家。面对这样的情形，我们可能会联想到很多事情：从严格的个人角度而言，希门尼斯·鲁埃达嫉妒加西亚·德加尔德亚诺；从更制度化的角度而言，马德里的数学家——或者其中一部分，并不看好（来自萨拉戈萨的）索埃尔具备这样的代表资格（不久以后希门尼斯·鲁埃达就参与创建了一个位于马德里的数学学会）。这些都有可能，但还有一种可能：加西亚·德加尔德亚诺是西班牙数学界的“独行侠”，很明显，在离开阿拉贡首府萨拉戈萨之后，比起自己的同胞，加西亚·德加尔德亚诺更愿意与国外同行交往，所以他不是履行西班牙代表之职的最佳人选。最后还有一点：20 世纪第二个 10 年开始，涌现了更为合适、更被时下关注的、可担任西班牙数学界代表的其他人选。

多余细节不再赘述，我只说，事情发展的方向变成：至少是在那些年里，这位来自萨拉戈萨的教授逐步然而快速地失去自制，失去平稳的判断力——根据扩展科学教育与研究委员会档案中大量的资料便可再现这一情况，这些资料几乎全部都是

① 指加西亚·德加尔德亚诺。——译者注

加西亚·德加尔德亚诺的信件。他以一种可气又可悲的固执态度，一次又一次地向扩展科学教育与研究委员会重申申请，还一再自吹自擂，然而面对扩展科学教育与研究委员会这群基本上都很谨慎、又了解情况的人而言，他这种态度不但没有用处，还适得其反，尤其是对于委员会秘书何塞·卡斯蒂列霍而言。

在加西亚·德加尔德亚诺一如既往的书信风格下，1911 年 4 月 25 日的一封信中却包含了一件有意思的新鲜事。在信的开头他指出："我昨天写信给国际数学教育委员会中央委员会的秘书费尔先生（Sr. Fehr），向他递交我辞去委员会代表职务的辞呈。"原则上，他认为他做出这样的决定，是因为："作为代表，我处于一个艰难的环境，因为我的工作仅限于阐述漏洞百出的西班牙数学体制，以及参加米兰的会议[①]，并把这里发生的乏善可陈的事情做一个简短至极的评论。"然而很快，他又解释了主要原因："此外，最主要的原因是，新建立的西班牙数学协会使我不得不将西班牙代表的职位交由您来处置，确实，该协会中有一些有识之士可以更好地担任此职务。"

加西亚·德加尔德亚诺所说的"西班牙数学协会"实际上是指"西班牙数学学会"，我们在谈到埃切加赖的时候已经提到，该学会成立于 1911 年 4 月 5 日；中央大学三名教授——贝尼特斯将军、希门尼斯·鲁埃达和奥克塔维奥·德托莱多（Octavio de Toledo）——与雷伊·帕斯托尔一起组成了一个组织委员会，经过这个组织委员会的一系列工作之后，建立了西班牙数学学会。雷伊·帕斯托尔于当年 6 月在奥维耶多获得了教授职位，并担任该组织委员会的秘书。作为新学会建立的一个必然结果，创立了《西班牙数学学会杂志》（*Revista de la Sociedad Matemática Española*），截至 1917 年共出版了六卷。通过加西亚·德加尔德亚诺提到新学会时的那种疏离态度及其语气，足以想见他当时可能的所思所想。不论如何，如果索埃尔先生能坚持其辞职决定的话，一切都会走向正常……但他并没有坚持：5 月 8 日，他又给扩展科学教育与研究委员会写了一封信，这一次他写给卡哈尔，信中宣称：他已收到（国际数学教育委员会）中央委员会的回复，委员会对其辞职决定感到遗憾，请求他继续担任代表职务。他急着表明："这促使我继续担任我的职务，因为我

① 国际数学教育委员会曾于 1911 年 11 月在米兰举行国际会议。——译者注

原来的目的就是对西班牙数学学会表示一种尊重。”

然而，他之后重新向扩展科学教育与研究委员会提出需要官方协助和支持的要求都以失败告终，而一代又一代新的数学家又不断涌现，扩展科学教育与研究委员会对这些新世代的数学家充满信任，鉴于此，6 月 15 日，加西亚·德加尔德亚诺终于写信给卡哈尔，向其告知，他辞去国际数学教育委员会的中央委员会代表职务。“西班牙数学学会如今组织完备，其中有几位优秀的数学家积极参与剑桥大会，这是十分正常和公平的事情。他们中的一些人是受到扩展科学教育与研究委员会的委派，为了西班牙的荣誉和声望而参加大会的；其中包括特拉达斯先生，他不仅学识渊博，还通晓四国官方语言，可以参与各种讨论。”在这场孤军奋战中，索埃尔先生已经输了，尽管已经到了最后的时刻，而且别无他选，我们还是要公平地承认，他是带着一丝潇洒离开这一舞台的，但又不足够潇洒，因为 1913 年 2 月 15 日，他又写信给卡哈尔，说他“特此告知，我现在处境艰难，我觉得由您领导的尊贵的委员会使我名誉扫地，因为委员会为多位同伴和我提供了补贴，却不是为了参加剑桥数学家大会。我认为这是一种使我失去信誉的事情，因此我不得不在大会上保持沉默，而我原来想要在会上宣读我为之准备的两篇论文，并匆忙完成一部作品——《数学教育新方法》(*Nuevo método de enseñanza matemática*)。”

在信的结尾，加西亚·德加尔德亚诺承认，他的时代已经过去了，他那总体上属于相当孤独（并具有个人特质）的斗争并没有起到很大的作用。1915年10月2日，他从萨拉戈萨又给拉蒙 - 卡哈尔寄了一封信，信中表达了他的满怀失望，还通过一种悲观的视角来评估过去、想象未来：

尊敬的先生，高贵的朋友：

很高兴给您写信，随信附上两本我的最新作品，一本给您，另一本献给致力于在西班牙推广数学 - 物理 - 化学研究的扩展科学教育与研究委员会。

这是我对数学教育工作的最后笔记，我想直言不讳地向您呈现西班牙数学研究的可悲现状，不带任何有害的杜撰，因为各种杜撰已经伤害了良好的总体感观。我的 60 多部作品没有起到任何作用，因为我被隔离在外，而现在到了自食其果的时候。仿佛一切都没有发生过。

在这里，人们以一句“不知疲倦”来回报我，而在国外，人们却对我称赞有加。关于称赞的话，我就不加以引用了，如果引用来自庞加莱、皮卡（Picard）、达布（Darboux）、若尔当（Jordan）、波莱尔（Borel）以及其他许多一流数学家的称赞，会显得不够谦虚。我所付出的各种努力的意义，已经被这种隔绝抹杀，而那些不愿意承认这些意义的人，却远不及那些称赞我的数学家的水平。所以我已经不需要“肯定”了吗？多年来我一直坚持，想要看看后悔的时刻是否已经到来。但一切都是徒劳。

我的牺牲和努力得不到承认，再加上种种忘恩负义的行为，这一切使我失去干劲，但我仍然余下一丝能量，我要好好思考该怎么来利用它。

过去那一代人用虚妄来蒙骗现在这一代人；而现在这一代人又用同一个套路去蒙骗未来那一代人。所以必须确立真诚和正义的统治地位。

我们先回过头来谈一谈剑桥数学家大会。

不管加西亚·德加尔德亚诺如何行事、如何抱怨，西班牙数学学会按部就班采取措施，争取使数学学会的几名成员组成代表团，前往剑桥这座英国城市。1912 年 2 月 8 日，希门尼斯·鲁埃达和秘书阿马多尔·莫雷诺（Amador Moreno）向扩展科学教育与研究委员会发送了一份详细的“西班牙数学学会关于剑桥数学家大会的工作和计划陈述”，在这份陈述中，他们表示：“我国在数学研究上出现的复苏现象，以及在纯科学领域内发生的推动和进步，国外几乎对此完全不了解，因为这些进步的推动者与其他国家的学者之间缺乏交流。”必须要改变这种情况，为此，该学会力求促使数学家大会的组织方能够允许西班牙在国际数学教育委员会上的委员人数和其他国家一样多。一开始，他们的接触得到了令人鼓舞的回应，因此，“我们认为必须尽我们所能，以我们能达到的最体面、最庞大的人数组成代表团去参加大会”。为此，他们计划向扩展科学教育与研究委员会申请补助金：“需要接受补助金的几位成员中，有几位先生的经济条件、教学环境和保障旅行的安全性，使我们认为他们对于委员会可能提供的补助金受之无愧。”该申请与《陈述》一起提交，他们以集体方式申请 750 比塞塔的补助金，申请人有米格尔·维加斯（Miguel Vegas）、路易斯·奥克塔维奥·德托莱多（Luis Octavio de Toledo）、何塞·鲁伊斯 - 卡斯蒂索（José Ruiz-Castizo）、塞西利奥·希门尼斯·鲁埃达，以及埃斯特万·特拉达斯，他们分别是中央大学的解析几何与高等几何研究教授、数学分析与高等分析教授、力学和微积分计算教授、度量几何与数学原理教授，以及巴塞罗那大学的精确声学和光学教授。扩展科学教育与研究委员会同意授予补助金，这也再一次表明了该机构对这个新成立的西班牙数学学会的支持，但只有其中两个人，即奥克塔维奥·德托莱多和特拉达斯，参加了大会（希门尼斯·鲁埃达已被任命为西班牙驻国际数学教育委员会的代表，以替代加西亚·德加尔德亚诺，但他没有参加大会，因为“家里有需要照顾的病人”）。除了第 9 章中提到的人物之外，参加这次大会的还有 F. 阿奇利亚（F. Archilla，中央大学）、阿马多尔·莫雷诺、帕特里西奥·佩尼亚尔维尔（Patricio Peñalver，塞维利亚大学）、耶稣会教士 T. M. 奥韦索（T. M. Obeso）和 J. 塔罗尼（J. Tarroni）、埃昌迪亚侯爵路易斯·加斯特卢（Luis Gaztelu，农艺师学院）、马里亚诺·费尔南德斯·科尔特斯（Mariano Fernández Cortés）——这个我已提到过——豪尔赫·托尔内（这两个人都来自林业工程师学院），当然还有加西亚·德加尔德亚诺。

从西班牙数学学会以及整个西班牙数学界的角度来看，1912 年数学家大会最重要的结果有两个：首先，与会西班牙人数量增加。在《西班牙数学学会杂志》上发表的一篇报告中，路易斯·奥克塔维奥·德托莱多（1912）对此解释得很清楚：[4]“如果我们的读者还记得前四届数学家大会上登记在册的与会西班牙人数量，并且与第五届大会的与会西班牙人数量进行对比，就会发现，在我国的数学领域相关方面上，西班牙数学学会已经促使西班牙数学界形成了一种行动上的统一性，这在以前是绝不可能的。”

第二个成果是编制了一系列的报告，即奥克塔维奥·德托莱多向数学教育处提交的关于西班牙数学界现状的报告，后来在扩展科学教育与研究委员会的支持下得以出版。这卷书共有 139 页（马德里，1912），包含以下报告：米格尔·维加斯,《M. 托罗哈与西班牙几何学的发展》（*M. Torroja et l'évolution de la Géometrie en Espagne*）；塞西利奥·希门尼斯·鲁埃达,《理学系度量几何学的教学》（*Enseignement de la Géometrie métrique à la Faculté des Sciences*）；路易斯·奥克塔维奥·德托莱多,《西班牙科学院系的数学分析课程》（*Les cours d'Analyse mathématique aux Facultés des Sciences espagnoles*）；帕特里西奥·佩尼亚尔维尔,《西班牙院系微积分教学》（*L'enseignement du Calcul infinitesimal aux Facultés espagnoles*）；L. 加斯特卢（L. Caztelu）,《土木工程学院的数学》（*Les Mathématiques à l'École d'Ingenieurs des Ponts et Chaussées*）；豪尔赫·托尔内,《山林工程学院的数学》（*Les Mathématiques à l'École d'Ingenieurs des Monts et Forêts*）；C. 马泰克斯（C. Mataix）和 A. 托兰（A. Toran）,《中央工业工程师学院的数学教学》（*L'enseignement des Mathématiques à l'École Centrale des Ingenieurs industriels*）；M. 科雷亚（M. Correa）,《高等战争学院的数学教学》（*L'enseignement des Mathématiques à l'École Superieur de Guerre*）；F. 费雷拉斯（F. Ferreras）,《师范院校的数学教学》（*Enseignement des Mathématiques aux Écoles Normales*）。

这次大会召开于 1912 年 8 月 22 日至 28 日。在所有与会的西班牙人中，特拉达斯是唯一一位作报告的人，是关于《论线的运动》（*Sur le mouvement d'un fil*, 1913）的报告。在国际数学家大会短暂的历史上，特拉达斯是第二位为会议贡献论文的西班牙人；但实际上，如果从技术研究方面的报告而言，他其实是第一个贡献论文的西班牙人，因为在他之前作报告的那位——加西亚·德加尔德亚诺，其文章都是关于教学或方法论方面的问题。[5] 特拉达斯在一群国际听众面前所作的这个学术报告，可以说是他在线运动研究上的一个巅峰，他至少从 1904 年起就开始研究这一课题，当时他获得了萨拉戈萨大学学生科学协会的一个奖项。

现在到了介绍胡利奥·雷伊·帕斯托尔的时候了，他值得我们细细地讲述。

扩展科学教育与研究委员会奖学金获得者雷伊·帕斯托尔[6]

胡利奥·雷伊·帕斯托尔与扩展科学教育与研究委员会的第一次接触是在很早

的时候：在该委员会成立一年后，当时他已获得硕士学位，但还没获得博士学位。在“通过公报获悉关于提供海外留学奖学金的通知”后，1908 年 8 月 10 日，这位年轻的数学家从萨拉戈萨写信给委员会秘书何塞·卡斯蒂列霍，请秘书就通知事项解答几个疑问。然而，这次交流并没有获得进展，因为雷伊·帕斯托尔自己将这件事置之脑后了。

他第二次接触扩展科学教育与研究委员会是在 1909 年 5 月 19 日，当时还是博士生的雷伊·帕斯托尔给委员会主席拉蒙－卡哈尔写了一封信，向他申请奖学金，即 4 月 11 日《公报》中发布的奖学金通知中，有两项奖学金是针对事先未确定的课题（没有明确规定是精确科学），雷伊·帕斯托尔申请其中一项。他的目的是“通过参加斯特拉斯堡大学著名教授雷耶先生的课程，在位置几何学或射影几何学上得到深造”。[7] 关于特奥多尔·雷耶（Theodor Reye），我想说，他是当时最重要的几何学家之一，主要致力于综合几何学的研究。他的名字总是与二次曲面的轴向复数相关联。此外，他还推广了代数曲线曲面的极性理论，引入了“无极性”的概念，这些也是雷伊·帕斯托尔以后会研究的课题［例如，他在他的《极性几何理论》（*Teoría geométrica de la polaridad*）一书中就谈到过这些课题，这本书出版于 1929 年，还曾获得马德里科学院的嘉奖］。从本文角度来看，雷耶还有一个十分突出的方面，那就是，他使人们更容易理解冯·施陶特的几何学作品，因为冯·施陶特的作品被公认为很难读懂；雷耶的《射影几何学》（*Die Geometrie der Lage*，第一版共两卷，1866—1868 年；第五版分三卷，1923 年）在很大程度上解决了这个问题。

雷伊·帕斯托尔得到了奖学金，留学时间为期九个月（1909 年 9 月 8 日敕令），但他却不得不放弃。在他于 11 月 1 日写给扩展科学教育与研究委员会主席的一封信中，他解释了放弃的原因：作为 1909 届有条件的新生，必须在混合招生委员会经过 3 次年审，而想要在斯特拉斯堡驻西班牙领事处通过 1910 年度的年审，则必须获得一份许可；办理该许可所需的手续十分耗时，为此他又向公共教育大臣申请延长奖学金时限，年轻的胡利奥指出：“但结果是，由于行政制度上的规定，奖学金延长期限申请未获得批准，只能放弃前几个月的奖学金份额，这样的话就失去了原定课程的科学效力，而委员会对此是有权提出要求的。”因此，胡利奥只能放弃了这次机会。

雷伊·帕斯托尔第三次争取扩展科学教育与研究委员会的国外留学奖学金，是在1911年，这也是决定性的一次。当时他已经是中央大学的精确科学专业博士及在编助教，那年2月23日，雷伊·帕斯托尔再次写信给委员会主席。在此有必要将信中主要段落引用如下：

> 在数学的两大主要分支——分析学和几何学中，几何学已在我国取得了长足的发展，这要归功于爱德华多·托罗哈大师将施陶特的方法引入我国。然而几何学发展的程度甚至已经影响到分析学的发展，如今它已处于完全停滞的状态。有很多理论诞生于德国，又在法国和意大利扩展传播，但还没有在我国落地生根。例如“群”“椭圆函数”“模”等；我们的数学知识在国外受到轻视正是源于这种完全无知。
>
> 出于上述原因，为了在数学复兴的这项事业中竭尽所能，本人特此向阁下申请最近公布的其中一项奖学金，同时表明以下事项：
>
> 计划参加由斯特拉斯堡大学H. 韦伯教授（H. Weber）主讲的今年冬季学期课程，以及由M. 帕施教授（M. Pasch）主讲的吉森大学的明年夏季课程。前者主要讲授数学分析，后者主要讲授几何学高等理论。

雷伊·帕斯托尔获得了11个月的奖学金，就像他申请的一样（1911年9月25日王室命令）。[8] 然而他的计划发生了一些变动：他没有去斯特拉斯堡和吉森，整个学习阶段（1911—1912年的冬季学期和1912年的夏季学期）都是在柏林大学度过的，他“积极参与研讨会的工作，参加施瓦茨（Schwarz）、朔特基（Schottky）、弗罗贝纽斯（Frobenius）等教授的理论课程，还参与了施瓦茨的私人课程，此外还开展了文献和调查工作”。

上面的话是雷伊·帕斯托尔本人在1913年再次向扩展科学教育与研究委员会申请奖学金时所作的一个简述，关于这次申请，我将在下文中介绍。然而，关于其在柏林的留学生活，我们还有更为全面的阐述：那是一份4页的手写文件，是雷伊·帕斯托尔在奖学金有效期结束时发送给扩展科学教育与研究委员会的报告。这份文件具有十分重要的意义，它不仅涵盖了雷伊·帕斯托尔在德国受到的教育内容，还包括他当时所处的教育模式，也就是他后来在西班牙和阿根廷试图建立的教育模式，因此接下来我将引用这份文件的其中几个段落。

显然，使雷伊·帕斯托尔印象最为深刻的课程就是施瓦茨的解析函数和综合几何课程。关于解析函数课程，他写道："施瓦茨教授的教学方法展示了如何在一个学期（5 个月）这么短的时间内掌握解析几何理论的基本内容，尽管这是基于十分不完整的微积分知识而展开的，但这些知识原本可能需要 3—4 个学期才能学会，这得益于具体问题具体分析的教学体系，上课时没有在多余的细节上作过多停留，因为那又耗时间，又会使整体内容含混不清。因此，到了学期末，其讲授的内容不仅涵盖了西班牙精确科学博士课程中高等分析课程的部分内容，还包括了大量基本知识，这些知识在现代分析学中具有特别重要的意义，例如：黎曼曲面、一个区域对另一个区域的共形表示，等等。"在作了一番总体介绍之后，他开始谈论当时已经成为他最喜爱的课题之一——后来也是他一生所钟爱的课题——也就是将数学研讨班引入西班牙："看到这种方法取得的显著成果，本人毫不迟疑地相信，我们要将此方法应用到西班牙的硕士课程上，这样做不仅有必要，而且，如果我们想要在数学领域内消除我们同德国、法国和意大利之间的差距，这样做是可行的，也是相对容易的。采用这种方法后，我们的硕士毕业生就能带着绰绰有余的知识储备来到攻读博士学位的阶段，然后他们就能像其他任何国家的学生那样在读博期间取得长足发展（至少有两门课供选择）。"

雷伊·帕斯托尔还把施瓦茨的综合几何学课程与西班牙的状况相关联："施瓦茨教授采用的射影几何学演绎法，是对多德兰（Daudelin）演绎法的一种修正，与施陶特的方法有根本上的区别，而西班牙通用的就是施陶特的方法；施瓦茨的方法可以避免施陶特方法在教学中产生的一些问题。"接下来，雷伊·帕斯托尔对该方法作了总结，并补充道："我们认为目前西班牙还无人知道此方法。"

胡利奥·雷伊·帕斯托尔的报告中另一个突出的地方在于他提到了他"经常参与数学研讨班，这是一种很适合在西班牙建立的模式，能唤醒学生的调研积极性"。

因此，从这里我们便可以看出扩展科学教育与研究委员会数学研究实验室的由来，关于这个研讨中心，我将在下文中介绍。

最后，必须要指出的是，除了完成各项研究工作之外，雷伊·帕斯托尔还和委员会的另一名奖学金获得者何塞·阿尔瓦雷斯·乌德一起，应西班牙数学学会的要求，合作翻译并注解了莫里茨·帕施的《新几何讲义》（*Vorlesungen über neuere Geometrie*），扩展科学教育与研究委员会于1912年出版了他们的译作，题为《现代几何课程》（*Lecciones de Geometría Moderna*）。

雷伊·帕斯托尔与委员会的下一次接触发生在1913年2月，当时他已经成为奥维耶多大学理学系的数学分析学在编教授（事实上，他在1911年6月22日就获得了教授职位，但1913年6月1日他在马德里获得另一个教授职位之后，就放弃了原先这个职位；因此，扩展科学教育与研究委员会授予他之前那个奖学金的时候，他已经是教授了）。[9] 2月16日，雷伊·帕斯托尔写信给扩展科学教育与研究委员会，申请新的奖学金，"用于到法国、德国和意大利学习高等数学分析，时间为1913年6月1日至1914年8月31日（共15个月）"。他想要在这一次出国学习中实现的具体目标，在其申请书中表达得很清楚：

> 1. 完善关于现代数学文献的知识。
>
> 2. 在莱比锡的克贝（Koebe）教授的指导下，完成我从柏林留学期间就开始撰写的一篇论文，其内容是关于"特殊区域的共形表示"，这篇论文在西班牙是绝无可能继续完成的。
>
> 3. 学完那不勒斯的帕斯卡尔（Pascal）教授关于高等分析学的全套课程，并实地考察这位教授的研讨班组织方式，以及意大利数学教育的总体组织情况，这也是值得我们效仿的地方。

他获得了奖学金，但不是他所申请的15个月，而是10个月——1913年7月15日至1914年5月15日。但事实上，他是在1914年的9月底或10月初才返回西班牙的。因为他后来又申请延长四个半月，扩展科学教育与研究委员会在4月28

日的会议上批准了他的延长申请。向委员会报告帕斯托尔延期申请有关事项的人就是塞西利奥·希门尼斯·鲁埃达。在他 1914 年 4 月 15 日的报告中，希门尼斯·鲁埃达对雷伊·帕斯托尔在奖学金有效期间所做的工作是这样评价的："他所研究的问题非常重要，其在科学上的广度和高度令人吃惊。"但这次雷伊·帕斯托尔原来的计划也发生了一些变化。扩展科学教育与研究委员会在 1914—1915 年的年度报告中记载：雷伊·帕斯托尔整段留学时间都在哥廷根度过，参加了卡拉西奥多里（Carathéodory）、库朗（Courant），以及赫尔德（Hölder）、罗恩（Rohn）和克贝等人的课程，还参加了克贝和兰道的研讨班。帕斯托尔于 1914 年 3 月 15 日写信给委员会申请延期，随信还附上了一份关于其在前 8 个月奖学金期间所开展活动的详细报告。我们也因此得知，1913 年 7 月至 9 月，他是在慕尼黑皇家图书馆和慕尼黑大学图书馆度过的，在那里，他对 16 世纪西班牙数学家所著的作品进行了研究。他解释道："这样能为马德里国家图书馆和巴塞罗那大学图书馆之前所做的工作做一些补充。"他本人记录道："这项比较性研究的一部分内容形成了我在去年 10 月 1 日奥维耶多大学的就职演讲内容。"

1913 年 10 月至 1914 年 3 月，雷伊·帕斯托尔继续参加卡拉西奥多里、希尔伯特（Hilbert）、库朗的课程（共形表示、分析力学、偏微分方程与积分方程），并参加了兰道和龙格（Runge）的研讨班（在龙格的研讨班中，帕斯托尔对"共形表示的有效计算"进行了研究），还在多个几何学的课题上做了各种研究。

在其报告的最后一部分，雷伊·帕斯托尔作了如下评论，特此引用：

> 最后，应巴塞罗那的特拉达斯先生的请求，我们完成了关于"共形表示理论和代数曲线单值化问题"的详细介绍。在这份介绍中，我们不仅对从开始到现在已取得的结果作了系统性的阐述，还对截至目前已出版的、与该课题相关的所有论文（超过 500 篇）的基本内容作了介绍。在这部作品第一部分（共形表示）的撰写过程中，该理论的专家卡拉西奥多里教授为我们提供了切实有效的帮助；第一章，即关于"地图中的数学理论"这一部分，已经被列入《加泰罗尼亚研究学院文献》（*Arxius del Institut*

> *d'Estudis Catalans*），处于印刷过程中了。为了撰写第二部分（函数和曲线的单值化），我们计划前往莱比锡，寻求克贝教授的帮助（在这一问题上最为重要的论文就是由他撰写的）。（作者注：关于前往莱比锡的计划，雷伊·帕斯托尔似乎没有成行。）

据我所知，上述投稿给《文献》（*Arxius*）的文章最终没有印出来，但 1915 年，在埃斯特万·特拉达斯的邀请下，雷伊·帕斯托尔确实讲授了一堂关于共形表示理论的课程（1917 年由加泰罗尼亚研究学院采用加泰罗尼亚语出版，雷伊·帕斯托尔）。

在这封我所引用的信件中，雷伊·帕斯托尔还指出，他“利用刚刚过去的冬季学期与接下来的夏季学期之间的假期”，去了一趟意大利，他计划在意大利停留一个半月。他的目的是拜访住在博洛尼亚的数学家恩里克斯（Enriques）和平凯莱（Pincherle），住在都灵的贝尔蒂尼（Bertini），以及住在那不勒斯的帕斯卡尔；此外，他还想到巴塞尔去和比伯巴赫（Bieberbach）会面。我们不知道他的目标实现了多少（要知道 1914 年 8 月第一次世界大战开始了），但是，如果有所实现的话，考虑到未来他本人及其许多学生与意大利数学家之间的关系，我们可以认为这一阶段是他职业生涯中尤其重要的时期。

雷伊·帕斯托尔回到西班牙后，给伊格纳西奥·玻利瓦尔写了一封信（未注明日期），通过这封信我们确实可以知道，“一战”开始后，他留在了哥廷根——就像胡利奥·帕拉西奥斯留在莱顿一样，“与西班牙完全隔绝”。他当时没有立即回国，因为如果立即回国的话，就必须“中断在卡拉西奥多里教授和龙格教授指导下已经开启的数学研究工作”；大约在 1914 年 9 月底至 10 月初，他取道意大利返回了西班牙。

我在上文中说的雷伊·帕斯托尔写给扩展科学教育与研究委员会申请奖学金的申请信，还包含了一段有意思的描述，那是关于当时已经成为奥维耶多大学教授的雷伊·帕斯托尔所处的环境及其几个项目的情况；毫无疑问，这封信对于回顾雷伊·帕斯托尔的生平是非常重要的，因此值得在此引用。在信的开头，他提到他正在编写一份报告，以后将会提交给委员会，报告中他对“西班牙数学发展滞后的原因”作了分析，还说他在报告中阐述了“作者本人认为能够解决这一问题的方法”。接着，他还说道：

> 为了做一个示范，我尝试在 1912—1913 年度的这一学期内，在我所工作的这所大学里将这些解决办法付诸实践，我需要与下列困难作斗争：几乎完全缺少藏书、完全缺少现代书籍和杂志；学生人数少，降低了“其中有人特别适合研究工作”的这种可能性；这所学校的性质，仅在化学学科是完善的。
>
> 虽然困难重重，我还是选定了一些学生（本部的几位助教也自愿加入其中），开展数学研究的合理程序，我将我的私人藏书供他们使用。在开始阶段，我教他们使用现代书目辅助工具：例如：沃尔芬（Wölffing）的《数学宝库》（*Mathematischer Bücherchatz de*），等等，这些工具在西班牙几乎是完全陌生的，即使有了解的人，也不使用它们。
>
> 这种文献研究的最大效用要在将来才能体现，也就是在攻读博士学位之时，能拥有更为丰富的知识和阅读量，为了实现这种学习方法，并且使其效用得以落实，我给他们提供了各种中低水平的精选课题；有一些是柏林数学研讨会上的课题，还有一些是我自己论文中的课题；也许等这个学期结束之时，我可以向委员会提供这个数学研讨班实验所取得的结果。
>
> 为了让研讨班的学生和助教们能够查询上述书籍以及其他书籍——其中有很多都用德语写成，我为他们开设了一个语言学习课，现在仍在继续，主要讲授那些必不可少的语法基本知识，以便其能够在词典的帮助下翻译数学书籍，下一步可以集体翻译容克尔（Junker）的《微分学》（*Differential*），之后等他们掌握了数学上的专用词汇，我还想让他们翻译斯图姆（Sturm）的《数学史》（*Geschichte der Mathematik*）。

从上面的内容可以推断出，雷伊·帕斯托尔接受了极好的教育，再结合他本身的聪明才智，于是便产生了一定的工作成果——他在一些国际数学杂志上发表了不少论文。除了在各种国际大会上作的学术报告，以及在阿根廷杂志上发表的文章之外，他发表的论文还有[10]：1911 年一篇，发表于日内瓦的《数学教学》（*L'Enseignement Mathématique*）；1912 年七篇，都发表于巴黎的《数学家媒介》（*L'Intermediare des Mathématiciens*）；1913 年一篇、1914 年一篇，发表于吉森的《数学物理文献》（*Archiv der Mathematik und Physik*）；1918 年一篇，发表于博洛尼亚的《科学》（*Scientia*）；1930 年两篇，一篇发表于巴黎的《科学院报告》（*Comptes Rendus de l'Académie des Sciences*），另一篇发表于《意大利数学联盟通报》（*Bollettino dell'Unione Matematica Italiana*）；1931 年两篇，发表于《巴勒莫数学协会报告》（*Rendiconti del Circolo Matematico di Palermo*）和米兰的《伦巴第皇家科学和文学研究所报告》（*Rendiconti Reale Istituto Lombardo di Scienze e Lettere*）；1932 年两篇，发表在仙台的《东北数学杂志》（*The Tohoku Mathematical Journal*）和罗马的《皇家国立林赛科学院报告》（*Rendiconti della Reale Accademia Nazionale dei Lincei*）；1933 年五篇，发表于博洛尼亚的《数学期刊》（*Periodico di Matematiche*）、那不勒斯的《巴塔利尼数学杂志》（*Giornale di Matematiche di Battaglini*）、巴黎的《科学院报告》、《皇家科学学会通报》（*Bulletin de la Société Royale des Sciences de Liège*）以及《米兰数学和物理研讨会报告》（*Rendiconti del Seminario Matematico e Fisico di Milano*）；1934 年两篇，发表于《皇家国立林赛科学院报告》和《伦巴第皇家科学和文学研究所报告》；1935 年，三篇发表于巴黎的《科学院报告》，两篇发表于《皇家国立林赛科学院报告》；1949 年，一篇发表于《意大利皇家学会》（*Reale Accademia d'Italia*），另一篇发表于《理论与应用数学纪事》（*Annali di Matematica Pura ed Applicata*）。可以看出，他在出版发行方面的关系主要来自意大利。

数学的传教士

在深入学习并研究数学知识的同时，雷伊·帕斯托尔很快便着手开展一项任务，我们可以称之为“传教任务”，但我们不能仅从字面意思上来理解这一称谓，他的任务在于：在西班牙传播“现代数学是什么，以及应该成为什么样”。这方面早期行动的事例是 1915 年 3 月在马德里科学和文学协会举办的“短期专题课程”（由 6 次讲座构成），后来结集成书出版:《高等数学导论——现状、方法和问题》（*Introducción a la matemática superior. Estado actual，métodos y problemas*）（Rey Pastor，1916a）。[11] 他在序言中解释道:“这些讲座是针对那些已经熟悉数学基础知识的人士，其目的是为这个群体提供关于数学现状、方法和问题的一个基本概念，一部分采用通俗方式，一部分采用专业方式。因为这些课程无须人们具备高等数学知识就能理解，而且它作为一项现代数学的计划，可以用于现代数学的入门，因此我们起了这个书名。”[12]

1916 年，马德里科学和文学协会的精确、物理和自然科学部又组织了一轮讲座，有好几位西班牙最优秀的科学家参与其中：安东尼奥·贝拉－埃兰斯（Antonio Vela y Herranz）、布拉斯·卡夫雷拉、佩德罗·卡拉斯科、欧亨尼奥·皮涅鲁瓦－阿尔瓦雷斯（Eugenio Piñerúa y Álvarez）、何塞·罗德里格斯·卡拉西多、何塞·古铁雷斯·索夫拉尔（José Gutiérrez Sobral）、爱德华多·埃尔南德斯－帕切科、何塞·玛丽亚·卡斯特利亚尔瑙、何塞·戈麦斯·奥卡尼亚（José Gómez Ocaña）、路易斯·德奥约斯·赛恩斯（Luis de Hoyos Sáinz）、恩里克·莫莱斯、卢卡斯·费尔南德斯·纳瓦罗（Lucas Fernández Navarro）……以及胡利奥·雷伊·帕斯托尔。[13] 关于雷伊·帕斯托尔的讲座（1916b：27-28），我想引用他在其讲座中“西班牙文化”这一部分所讲的一些内容，这部分内容反映了他对当时西班牙数学状况的看法：

> 人们经常说，我国数学明显落后的原因在于，使我们受到启蒙的那些书籍都是法国书籍。然而这一断言，只有一半是真的，因为他无法解释法国与西班牙之间在数学上存在的如此巨大的差距。
>
> 必须要改变这种想法，它已经变成一种陈词滥调了。哪怕需要无数次，我们也必须真诚地承认：我国数学落后的原因之一在于，我们在 19 世纪下半世纪以及 20 世纪的一部分时间内，使用的是 19 世纪中期的法国书籍；因此就产生了两种落后原因叠加的状况：那些书籍的作者已经落后了，再

加上时间上的差异。

如果我们能早一些——哪怕是从 80 年代开始，将杜哈梅、斯图姆、孔贝鲁斯（Comberousse）等人的那些造成落后的书籍替换成若尔当、塞雷（Serret）、埃尔米特（Hermite）和韦尔（Hoüel）的作品，然后再过几年再替换成皮卡、古尔萨（Goursat）和瓦莱－普桑（Vallée–Poussin）的作品，那现在我们的文化将会是多么的不一样啊！如果我们能早一些——哪怕是从 90 年代开始，阅读萨蒙（Salmon）和克勒布施－林德曼（Clebsch–Lindemann）的法文译本以及达布的原著，而不是在三分之一个世纪内将自己禁锢在卑微的二次曲线中，那我们在几何学上的知识将会是多么的丰富和现代化啊！

从内容上来看，70 年代以前和以后的法国书籍之间有着将近半个世纪的差距；那也是高斯－柯西（Gauss–Cauchy）的数学与黎曼－魏尔斯特拉斯（Riemann–Weierstrass）的数学之间的距离。从我们的高等教育机构中走出来的为数不多的年轻人，必须通过他们自身的努力，跨越这道鸿沟；他们有充足的精力，通过研读各种当代书籍来重塑其科学素养，而不是听天由命地徘徊在彼岸。

1920 年 11 月 14 日，雷伊·帕斯托尔在皇家精确、物理和自然科学院的入职演讲时说了大致相同的话，当时他只有 32 岁，这也说明了他当时已获得西班牙数学界的尊重。在这次演说中，雷伊·帕斯托尔再次强调了他在马德里科学和文学协会上说过的话："西班牙科学是一幅悲伤的画面，是对 18 世纪法国科学文化片面、歪曲的复制。就好像是，从比利牛斯山上一处微小至极的孔洞中穿过一道明亮的光线，在我们那可悲地被长年遗弃的暗室深处，投射出一个若隐若现、被弱化了的法国数学文化的形象。"（Rey Pastor，1920：11）

这位来自里奥哈的数学家[①] 对西班牙数学的过去持有悲观的看法，这也是正常的。在像皇家科学院这种机构的入职演说上，对前辈予以称赞是一种惯例，对于雷

① 指雷伊·帕斯托尔。——译者注

伊·帕斯托尔而言，其前辈就是爱德华多·托罗哈·卡瓦列，我们在其他章节中已提到过他，尽管十分简短。然而，雷伊·帕斯托尔对过去的那种悲观看法甚至出现在他对前辈的称赞中："他偶然了解到了施陶特的作品；但施陶特对他来说就像一片无边无际的大陆，使他不得而入。相对于国外的几何学家，他处于隔绝的下层，他对新事物的研究所达到的成果，未能与他的思想深度和他那令人钦佩的严谨逻辑相匹配，如果他能在现代公理几何学上得以入门的话，他这些品质毫无疑问会为他带来巨大的成就。"（Rey Pastor，1920：14）。在下文中，他又补充道（1920：16）：

> 仅仅通过翻译国外资料将射影几何的最主要的基础知识引入我国，使其落地生根，不添加任何实质性的知识，就已经耗费了这么多年的不懈努力，然而却连科学院系的门槛都还没有跨过；这项事业结合了这么多珍贵的力量，占据了我国精确科学院系高等数学专业大部分最优秀师资力量的全部生活，其人数超过欧洲任何其他大学的教师人数，然而一想到要将哪怕只是 19 世纪产生的无数理论引进我国，需要花费多么漫长的时间，多么巨大的努力，多少热心人士的付出，就会使人感到害怕和痛苦，而这些力量我们现在还不具备，将来必须要出现，在 19 世纪的这些理论中，二次几何仅仅是微不足道的一小部分，而我们却盲目地沾沾自喜，这些理论也构成了 20 世纪数学理论的宏大体系。

数学研究实验室

从成立之时一直到西班牙内战开始，数学研究实验室是一个在西班牙数学科研工作上占据重要地位的机构。[14] 在这个机构中留下足迹的除了胡利奥·雷伊·帕斯托尔之外，还有何塞·阿尔瓦雷斯·乌德、赫尔曼·安科切亚（Germán Ancochea）、何塞·巴里纳加（José Barinaga）、西斯托·卡马拉（Sixto Cámara）、奥莱加里奥·费尔南德斯·巴尼奥斯（Olegario Fernández Baños）、费尔南多·洛伦特·德诺、卡门·马丁内斯·桑乔（Carmen Martínez Sancho）、何塞·玛丽亚·奥茨（José

María Orts）、费尔南多·培尼亚（Fernando Peña）、何塞·玛丽亚·普兰斯、佩德罗·普伊赫·亚当、西斯托·里奥斯（Sixto Ríos）、托马斯·罗德里格斯·巴奇列尔（Tomás Rodríguez Bachiller）、何塞·A. 桑切斯·佩雷斯、里卡多·圣胡安、路易斯·A. 桑塔洛（Luis A. Santaló）、埃斯特万·特拉达斯。邀请国外教授也是该机构的惯例，例如：乌戈·布罗吉（Ugo Broggi）、恩里克·布蒂（Enrique Butty）、夏尔·德拉瓦莱－普桑（Charles de la Vallée Poussin）、亨利·迪拉克（Henri Dulac）、阿尔伯特·爱因斯坦、圭多·富比尼（Guido Fubini）、雅克·阿达马（Jacques Hadamard）、图利奥·列维－奇维塔、弗朗切斯科·塞韦里（Francesco Severi）、维托·沃尔泰拉（Vito Volterra），以及赫尔曼·外尔。此外，我们也不应该忘记，实验室与西班牙数学协会共同主办了一份刊物——《西班牙－美洲数学杂志》（*Revista Matemática Hispano-Americana*），这本刊物替代了《西班牙数学学会杂志》（*Revista de la Sociedad Matemática Española*），并于1919年开始发行。

数学研究实验室一直与雷伊·帕斯托尔的名字联系在一起，它被认为是雷伊·帕斯托尔最大的成就之一，然而，按照现有的资料来看，这种观点应稍作改变。首先我们来分析一下实验室的建立。在西斯托·里奥斯、路易斯·桑塔洛以及曼努埃尔·巴兰萨特（Manuel Balanzat）合作撰写的献给雷伊·帕斯托尔的书（1979：29）中，他们非常肯定地说，实验室是“在雷伊的提议下，于1915年建立的”。为了证明他们所言非虚，他们还在书中引用了几段发言，那是在西斯托·里奥斯就任马德里皇家精确、物理和自然科学院教授职位的时候，雷伊·帕斯托尔本人发表的答复讲话。当时这位里奥哈人说：

> 对于各种科学活动之间存在的共生互依关系，我与奥尔特加看法一致，他对西班牙存在的问题富有远见，使我深受启发，肃然起敬；我在与一众德国学者共处之后，激发了我内心的乐观态度，而他的看法使我重新审视了自己的态度。没有什么种族缺陷；就算有的话，也尚待证实，因为正如卡哈尔说的，从16世纪以来，与世隔绝的西班牙人，就像一个肿瘤一样根深蒂固。奥尔特加所作的榜样应该使我们受到激励，使我们去仿效他那伟

大的胜利征程。

这位伟大的哲学家就是这样受到了鼓舞，战胜了他的怀疑态度，在 1918 年（原文如此）对渺小的数学研讨中心予以支持，而他本人也获得了令人难忘的委员会的支持和帮助。

可能历史就是雷伊·帕斯托尔在这段话中描述的那样。但也不能确定，因为这么多年已经过去了，而且胡利奥先生的个性总是偏向于站在主角的立场。[15] 可以明显确定的是——从雷伊·帕斯托尔提交给扩展科学教育与研究委员会的报告中可以看出，他努力向委员会，尤其是向其主要对话者卡斯蒂列霍，传达他对德国的那些数学研讨会的热情。鉴于雷伊·帕斯托尔当时声名鹊起，也有可能无须他本人以任何形式进行干预，扩展科学教育与研究委员会便决定建立数学研究实验室了；不论如何，建立科研机构原本就是委员会从建会开始便一直从事的工作内容；而且从 1910 年起尤为密集：他们还建立了历史研究中心和国家物理 - 自然科学研究所。卡斯蒂列霍作为一个对教育和科研机构方面的消息十分灵通的人士，没有理由要依靠雷伊·帕斯托尔才能了解那些德国数学研讨会的存在和好处，当然，雷伊·帕斯托尔提供的一手资料对他会有所助益；或许，扩展科学教育与研究委员会需要的是一个有足够能力的数学家，来充当一所专门致力于数学研究工作的机构的领衔人物，这也是委员会在建立其他机构时所采用的手法。从这一角度来看，雷伊·帕斯托尔可能就是委员会建立数学研究机构所缺的那一环节。

如果查看 1914—1915 年的“年度报告”，就会使人加深这样一种印象：在数学研究实验室的建立上，扩展科学教育与研究委员会不只是充当了一个“旅伴”，也不只是一个提供资金的“出资合伙人”。在该记录中我们可以读到以下内容（扩展科学教育与研究委员会年度报告）（1916：194）：“在过去这些年里，委员会逐步建立起来的各种科学实验室的队伍已经相当庞大，1915 年，又有一个重要成员加入其中。中央大学的教授胡利奥·雷伊·帕斯托尔先生，曾经作为奖学金获得者在国外深造，其研究成果已经迅速在科学界传播。他受到委员会邀请，来指导一个数学部门的工作，并且已经成功地开始了工作。”

在一封由这位里奥哈数学家写给卡斯蒂列霍的信中（没有标注日期，但明显写于 1915 年 6 月之前，因为信中提到了他将要去加泰罗尼亚研究学院讲授一堂关于共形表示的课程），他的表述也是认同这一方向的，当然这也不是决定性的表述。在信中，雷伊・帕斯托尔以一种明显疏离的方式，提到“由委员会建立的数学研究中心（或者其他称谓）”。

关于这段历史，我们了解基本情况就足够了，可以肯定的是，在 1915 年成立数学研究实验室这件事上，雷伊・帕斯托尔是一个核心人物。首先我要指出，人们期望实验室能够履行什么功能，这从一开始就基本上明朗了，但以下目标直到 1920 年 6 月 15 日的扩展科学教育与研究委员会会议（扩展科学教育与研究委员会会议记录簿）之后才予以明确：

1. 及时了解数学资讯，力求成为一个为西班牙语各民族服务的传播和咨询机构。

2. 为实现前一个目标，不定期出版杂志或摘录，内容包括原创论文，也包括该机构认为能够为使用西班牙语的数学家们引领新方向或作为激励和向导的各种书评、文摘、评论，以及关于全球数学发展的新闻。

3. 收集、提供书籍，提供指导，如果有必要并且有条件的话，为希望从事纯科研工作的数学家提供小额资金援助。

4. 邀请国外数学家来实验室授课；如果有可能的话，充分利用机会请他们为少数西班牙教师或毕业生提供培训。

5. 成为西班牙数学教育改革的领导机构，指导马德里中等教育学院的数学教育工作，为该学院有志从事教师职业的学员提供培训，出版基础书籍，出版有关数学教育指导和建议的书籍，等等。

6. 在派遣奖学金留学人员的事务上为委员会提供技术咨询，从而促进教学人员的更新。

胡利奥・雷伊・帕斯托尔当时虽然还很年轻，但早已厌倦提醒有关部门有必要对关于西班牙数学的一切进行改革。数学研究实验室虽然十分渺小，但对一个像他这样的人来说，它的建立是一次绝好的机会，而且它还加强了他与扩展科学教育与研究委员会之间的关系。扩展科学教育与研究委员会是一个有可能对西班牙科学进行某种类型改革的机构，而这是他不会忽视的事情。一开始，为了使这个由委员会建立的新机构发展壮大，雷伊·帕斯托尔用他那不容小觑的能量投身其中，这应该是确有其事。1917 年 5 月 10 日他向在塞维利亚举行的西班牙科学促进会大会提交的《关于实验室与研讨中心已完成科研工作的总结》(Rey Pastor，1918) 就是证明。然而，还有一件事也是真的，虽然这件事没有那么为人所知，甚至无人知道 (因为和一些其他事情一样没有印成铅字流传下来)，那就是从 1919 年起，他的热情和兴趣大大减弱了。

这位数学家的一生中发生了许多事情，其中有一件事十分关键，这也是由扩展科学教育与研究委员会促成的：那就是委员会委派他担任 1917 学年布宜诺斯艾利斯西班牙文化协会的教授。许多西班牙科学家，包括社会科学家和自然科学家，都与这个协会保持了重要的关系，因此，在继续讲述雷伊·帕斯托尔之前，有必要对这个机构稍作介绍。

布宜诺斯艾利斯西班牙文化协会

1810 年，布宜诺斯艾利斯市政府决定成立一个宣告拉普拉塔河共和国独立的委员会，从那时起，一个无法阻挡的进程就开始了：西班牙美洲殖民地的解放运动或独立运动。1811 年，巴拉圭诞生；1813 年，乌拉圭；1816 年，阿根廷；1818 年，智利；1821 年，墨西哥；1825 年，玻利维亚；最后是 1898 年，古巴；其他不再赘述。随着西班牙对原先殖民地管辖权的结束，西班牙和美洲之间的相互联系也开启了一个新的时代，显然，联系的目的不可能再像从前那样以宗主国的利益为准了。尽管我们大可认为，伤痛主导了那段时期，特别是在西班牙语美洲地区；但各种形式的行动纷纷涌现，试图建立一个全新的“互相平等”的关系。在此方面有一个明确的证据，那就是 1884 年在马德里大学成立了一个伊比利亚 - 美洲联盟，旨在推动一种能使伊比利亚范围内各个国家相互团结的文化运动，并尝试是否有可能建立一个超国家的机构。1900 年 11 月 10 日至 18 日在马德里举行的西班牙－美洲社会经济大会，就是为了推动建立一项泛西班牙美洲地区的政策。[16] 在这次大会上提交的提案中，第一条就试图清楚地表明：活跃双边关系的精神应建立在平等的基础上，这当然与原先的殖民印记相去甚远[17]："西班牙试图与西班牙语美洲地区各民族建立的亲近友好关系决不能以获取任何形式的政治霸权为目的。"大家意识到，要保持稳定、有益的关系，必须配备一系列的服务，于是要求"西班牙、葡萄牙和拉丁美洲各个国家之间立即建立国际联盟，具体如下"：[18]

1. 邮政和电报通信，收费应低于万国邮政联盟的标准，运作方式应与西班牙和葡萄牙之间的协定方式类似。为了使电报通信更为便利，使各民族之间的关系具有独立性，应在尽可能短的时间内，在伊比利亚半岛和美洲之间建立一条直达线路。为了实现这项艰巨的任务，将使用伊比利亚美洲专项资金成立一家公司。

2. 文学、艺术和工业产权，由一部共同法律来保障，统一保护联盟内各国作者和发明者的权利，取消关税，取消有碍于各国引进以不同语言写成的书籍的任何其他障碍。

3. 海关政策应趋向于逐步降低相关国家货物的进口税，以实现对美洲和西班牙贸易的积极保护。

4. 建立一套伊比利亚美洲国际高等教育体系，便于联盟内各国教学人员经常交流，同时不影响各种官方团体的组织。

5. 实现专业资格对等。

6. 在西班牙的小学和各教育机构设立关于葡萄牙和美洲的历史、地理课程，并在当前法学院系的教材中加入关于葡萄牙和美洲司法制度，尤其是政治制度的内容。同样地，应在葡萄牙和美洲的各级公共教育机构中设立关于西班牙地理、历史和当前制度的教学内容。

这是一项宏伟的提议，如果能够落实的话，可能会逐步发展出一个西班牙同西语美洲国家之间的联盟。然而，虽然这一提议最终没有实现，但它表现出了一定的“团结精神”，这也是奥维耶多大学所赞同的精神，因而在该大学三百年校庆的时候（1908），学校决定派遣一名教师代表来加强同美洲的联系。这位代表就是法学家拉斐尔·阿尔塔米拉（Rafael Altamira），他于 1909 年 6 月至 1910 年 3 月期间访问美洲[19]。他在阿根廷、乌拉圭、智利、玻利维亚、秘鲁、墨西哥和古巴（在墨西哥停留期间，还于 1909 年 12 月 20 日至 1910 年 1 月 12 日期间到访纽约）开展了大量的讲座和课程（大约有 300 次）。此外，1910 年，还有另外两位访问阿根廷的人士：一位是法学家阿道弗·波萨达（Adolfo Posada），他和阿尔塔米拉一样，也是奥维耶多大学的教授，波萨达受拉普拉塔国立大学的邀请，在那里开展了为期三个半月的系列讲座，包括一个关于政治理论问题的特别研讨会（此外他还访问了智利、乌拉圭和巴拉圭的几个机构）；另一位是工程师莱昂纳多·托雷斯·克韦多，他于 1910 年 5 月至 6 月陪同伊莎贝尔公主参加阿根廷共和国独立一百周年的纪念活动[20]。在这些纪念活动中，其中有一项是在布宜诺斯艾利斯举办的西班牙 - 美洲国际科学大会，托雷斯·克韦多是参加这次大会的西班牙代表。他在大会上提出了他来美洲途中想到的一个想法：建立一个西班牙美洲科学文献和技术的国际联盟，主要目的是“净化、完善、统一及丰富”技术语言，后来这一目标缩减成了编制一本西班牙语的技术词典。大会宣传委员会主任——阿根廷工程师圣地亚哥·巴拉维诺（Santiago Barabino）也赞成这一提议，他在之前就已考虑过类似的方案。

同年 7 月 15 日，在阿根廷科学学会举办的一次会议中，托雷斯·克韦多和巴拉比诺提出了他们的想法。他们这个提案的开头值得我们记住，其内容无论是对于当时而言，还是对于一个多世纪后的现在而言，都具有令人信服的意义[21]：

> 先生们：这不是一场官方科学大会的会议。我们作为西班牙以及西班牙语美洲国家的代表汇聚一堂，但今天在这里，我们不是为了完成政府交给我们的任务，不是为了代表各个国家，而是为了卡斯蒂利亚语的发展而共同努力的愿望，而且我们相信，这一目标的好处和时机已无须多加解释。

> 我们不必再执着于什么首要理由，因为它已在每个人的心中。
>
> 语言是联结我们的纽带；因为有了语言，在历史的兴衰沉浮中，我们终将是兄弟姐妹；因为我们都讲同一种语言，我们之间的科学合作理应最为紧密，我们会形成一个精神共同体，对于任何以卡斯蒂利亚语写成的科学书籍，我们都关心它的成败，因为它会直接影响我们的文化声望。
>
> 此外我们也无须再强调加强和发展科学工作的重要性，一切都是为了促进我们的技术文献发展，而这在当今是被忽视的。
>
> 至于被忽视的原因，大家都再清楚不过了，在此我们就不再作讨论。谈论过去，甚或谈论依然能引发激烈争议的重要问题，不可能有用，而且也不合乎情理。但是，尽管是老生常谈，我们还是要记得，在很长一段时期内我们几乎完全放弃了科学研究——我们目前的落后状态就是从这里开始的，而后来，在上一世纪的大部分时间内，我们又仅限于研究外国书籍，主要是法国书籍——至少在所谓实证科学方面是如此。

这项提案在大会上获得了通过，无人反对；但成立机构（总部要设在马德里）的工作却迟迟没有完成。托雷斯·克韦多加入西班牙皇家语言学院之后（1920 年 10 月 31 日宣读入职演讲），该学院决定对这项事业予以支持，1921 年，在得到了一小笔补助以及由政府出让的一处场所之后，国家科学文献和技术委员会成立了。其首要任务是编制一本西班牙美洲技术词典，“汇集并确定整个西班牙语范围内当前使用的科学和艺术词汇。”

1926 年，该委员会向国王阿方索十三世提交了第一本按计划编制的《西班牙美洲技术词典》（*Diccionario Tecnológico Hispano Americano*）。在提交仪式上，托雷斯·克韦多对国王和各个西班牙语美洲国家的总统表达了感谢，此外他还感谢了“各国政府、西班牙皇家语言学院，尤其是尊敬的院长安东尼奥·毛拉先生，院长先生接受了委员会名誉主席的委任，这是我们的荣幸，后来他留下的空缺，无人能够填补；还要感谢在词典编写过程中提供珍贵合作的来自美洲和西班牙的所有科研人员”。

参加第一版词典编写工作的各个部分的负责人是：何塞·玛丽亚·普兰斯 - 弗

雷雷（数学）、何塞·玛丽亚·德马达里亚加（物理）、何塞·罗德里格斯·莫雷洛（化学）、圣地亚哥·拉蒙－卡哈尔（生物学）、里卡多·加西亚·马塞特（自然科学）、尼卡西奥·马里斯卡尔（Nicasio Mariscal，医学）、佩德罗·冈萨雷斯·基哈诺（Pedro González Quijano，工程学）、曼努埃尔·马丁内斯·安赫尔（Manuel Martínez Ángel，建筑学）、马加兹侯爵（marqués de Magaz，航海学）。负责审核原稿的委员会由托雷斯·克韦多主持，审核委员会的成员还有埃米利奥·科塔雷洛（Emilio Cotarelo）、弗朗西斯科·罗德里格斯·马林（Francisco Rodríguez Marín）和里卡多·斯波托诺（Ricardo Spottorno），由佩拉约·比苏埃特（Pelayo Vizuete）担任秘书。智利、哥伦比亚、古巴、墨西哥、巴拿马和秘鲁也建立了类似的文献委员会。不幸的是，这第一版具有明确泛西班牙格局的词典，却也是最后一版。

托雷斯·克韦多访问美洲两年后，1912 年 5 月 19 日，马塞利诺·梅嫩德斯·佩拉约在桑坦德去世，他是《西班牙异教史》（*Historia de los heterodoxos españoles*）的作者，他父亲马塞利诺·梅嫩德斯·平塔多（Marcelino Menéndez Pintado）的一名学生——埃米利奥·拉特斯·弗里亚斯（Emilio Lattes Frías），于 5 月 21 日在布宜诺斯艾利斯的《西班牙日报》上刊登了一封信，他在信中建议，西班牙语群体应举办纪念活动来纪念这位伟大的多题材作家。第二天，该日报又刊登了一封信，信的作者是阿韦利诺·古铁雷斯（Avelino Gutiérrez），他是医生和医学系教授，是西班牙侨民的杰出成员，也是梅嫩德斯·佩拉约这位著名人文学者的同乡，他对拉特斯·弗里亚斯的提议表示支持：

> 梅嫩德斯－佩拉约和华金·科斯塔先生以及贝尼托·佩雷斯·加尔多斯（Benito Pérez Galdós）先生，这三位著名的西班牙作家，尤其是梅嫩德斯－佩拉约，向我们展示了西班牙真实的样子，它并非像一些外国人，甚至某些本国人心怀恶意、歪曲事实所描述的那样。他们驱散了笼罩在我们民族身上的那些混淆轮廓、掩盖本真的阴影，让我们看到了我们民族真实的存在，看到了她的污点，也看到了她的美德，但摒弃了那些用以恐吓外人的故意歪曲。

对梅嫩德斯·佩拉约作品的意义和重要性进行回顾之后，阿韦利诺·古铁雷斯提出，“为了使这一想法得到发展和落实”，应成立一个行动委员会。更多的支持者很快就出现了，5 月 31 日，西班牙爱国协会主席费利克斯·奥尔蒂斯 - 圣佩拉约在协会所在地召开了一次会议，来落实纪念活动。在这次会议上，选举成立了一个行动委员会，由何塞·玛丽亚·卡雷拉博士担任主席，古铁雷斯担任副主席。[22] 6 月 9 日，行动委员会对提交的各种方案进行了审核，决定向咨询委员会（该委员会成员除了西班牙侨民的重要代表之外，还包括阿根廷各行各业的著名人物）建议，启动一项认捐仪式，用于在桑坦德建一座“梅嫩德斯 - 佩拉约图书楼”，并设立一个长期基金，用于长期支持开设一门西班牙文化课程。10 天后，咨询委员会开会讨论这两个提议，由于了解到梅嫩德斯·佩拉约本人已在其故乡捐赠一所房屋，他的珍贵藏书就收集在此处，因而咨询委员会否决了在桑坦德建图书楼的想法。关于开设西班牙文化课的提议，咨询委员会表示一致通过，于是便开始了筹集资金的阶段。

值得注意的是，我们目前所谈论的年代（第一次世界大战即将开始）正是阿根廷经历辉煌的一个阶段。之前的二十年是一个蓬勃发展的时期。1914 年，其人均收入等于德国和荷兰的人均收入，高于西班牙、意大利、瑞士和瑞典的人均收入，从 1869 年起以每年 6.5% 的速度增长。布宜诺斯艾利斯已经成为仅次于纽约的大西洋沿岸第二大城市。除了荷兰和比利时这样的进口和分销贸易中心之外，世界上没有一个国家的人均进口货物量超过阿根廷。1911 年，其对外贸易额超过加拿大，相当于美国的四分之一。1914 年，阿根廷是向工业国家出口原材料的主要出口国之一（如果不能称之为“最主要出口国”的话），其 90% 的出口量是来自潘帕斯地区的农产品。

正如在太平盛世中通常会发生的那样，大量财富的产生会刺激文化（人文和科学）的发展，或者说，会刺激对文化的关注。除了从其他国家进口物资之外，阿根廷还引进思想家、演讲家，他们受邀到该国作短暂停留，或担任一段稳定时间的教师。来自德国、意大利和美国的科学家受聘担任大学的教学人员或天文台等机构的领导人；事实上，这些物资的输出国推动了这种交流，这也是他们在这个繁荣昌盛的南美国家加强影响力的一种方式，刘易斯·平森（Lewis Pyenson，1985）将这种现象称为“文化帝国主义”。

为了落实开设西班牙文化课程的提议，还应考虑布宜诺斯艾利斯西班牙侨民的规模。回顾阿根廷共和国的当代史，人们不可能忘记欧洲移民在其发展过程中扮演的重要角色。截至 1910 年，除了几个例外情况之外，每年到达阿根廷的意大利移民人数都超过西班牙移民；当时，意大利侨民总数达到了两百万人，而西班牙侨民人数为一百万多一点。侨民人数如此之多，足以正式提出这种类型的提议。

1913 年年中，筹集金额已达到 110918 比索。不久之后，即 1913 年年末，开始考虑如何设计用以开设文化课程（希望同布宜诺斯艾利斯大学相关联）的民间协会的结构，除了开设西班牙文化课程之外，也可开设其他课程，或者实施与西班牙－阿根廷文化交流相关的其他新方案。1914 年 5 月 12 日，为此事而召集的一次大会讨论通过了成立该民间协会的方案，并将其命名为“西班牙文化协会”。[23]

1914 年 8 月 4 日，阿根廷政府批准通过了该协会的章程，其中第一条明确说明了协会的目的：

> 本协会的目的是在阿根廷共和国介绍和传播在西班牙开展的科学和文学上的调查和研究工作，只要这些工作涉及各个文化层面上的知识和活动，便予以介绍和传播。为了实现上述目的，本协会将采取以下措施：a）为开设专门课程提供资金支持和人员配备，该课程应由西班牙的知识分子来担任教学工作；b）开展与西班牙－阿根廷共和国知识交流直接相关的活动。

在同意成立西班牙文化协会的同一次大会上，还决定了在第一节文化课上将学习梅嫩德斯 · 佩拉约的作品，这样做保持了隐藏在整个项目背后的最初想法，实际上这也是该项目的起源。为此，协会选择了拉蒙 · 梅嫩德斯 · 皮达尔来上课，他的上课时间为 1914 年 8—9 月，主要讲授梅嫩德斯 · 佩拉约和洛佩 · 德维加。[24]

鉴于第一堂课的主题，选择梅嫩德斯 · 皮达尔来授课几乎是水到渠成，然而接下去的授课人员该怎么选择呢？扩展科学教育与研究委员会就是在此时登场的，因为西班牙文化协会希望将选择授课人员的任务托付给扩展科学教育与研究委员会，或者“如果扩展科学教育与研究委员会出于任何原因不能完成此任务的话，则可以交给公共教育委员会，或者关于语言、历史、法律、道德政治学、医学、物理、自然科学等方面的皇家学院，或者皇家地理学会，或者具有同等性质和名望的其他任何机构”。阿韦利诺·古铁雷斯在哲学和文学系发表的，用以介绍梅嫩德斯·皮达尔的演讲中，解释了作出如此选择的原因：“我们已将本协会托付给西班牙，接受马德里扩展科学教育与研究委员会的科学支持，该委员会现由拉蒙－卡哈尔负责，是当今西班牙文化界最权威的机构，它本身就代表着一种严肃的保证，能确保来授课的人员心怀荣誉和尊严，尤其重要的是，心怀最美好的意愿。”事实上，西班牙文化协会的章程中规定，如果该协会解散，其物资将交付给扩展科学教育与研究委员会（如果扩展科学教育与研究委员会也不存在了，则交由西班牙政府处理，政府应将赠与资产设置成奖学金，颁发给到国外进修深造的西班牙留学生）。这些话表明，扩展科学教育与研究委员会在成立仅七年之后，在大西洋的另一侧，它已被视作西班牙“文化界最权威的机构”。可能委员会主席卡哈尔那充满个人魅力的形象在这种认可中起到了重要的作用，或者1910年阿尔塔米拉访问美洲期间，对扩展科学教育与研究委员会赞誉有加（阿道弗·波萨达起到的作用更为明显，他访问阿根廷期间，也是作为扩展科学教育与研究委员会的代表，其目的是帮助委员会与西班牙语美洲国家建立联系）。[25]

梅嫩德斯·皮达尔的课程结束之后，到了1915年，西班牙文化协会与扩展科学教育与研究委员会之间达成了协议。1915年4月16日，协会告知卡哈尔，“在布宜诺斯艾利斯这座城市中，一小群同胞”创建了西班牙文化协会。协会指出“这里的西班牙人，居住在一种跨民族的环境中，与大洋彼岸的西班牙人一样能敏锐地感受到对文化的需求，与之不同的是，这里有民族生存的大问题”，并且解释了为什么选择扩展科学教育与研究委员会作为在西班牙的中间人，然后，协会向扩展科学教育与研究委员会主席请求，希望“您所主持的委员会用那崇高的声望对我们给予支持和帮助”。不久之后，扩展科学教育与研究委员会便给予了回复，接受“这项光荣的事务，每年派遣一名西班牙教授去担任由文化协会主办，由布宜诺斯艾利斯大学提供支持的课程的授课人员”。[26]

在梅嫩德斯·皮达尔之后，担任西班牙文化课的授课人员有：哲学家兼散文作家何塞·奥尔特加·加塞特（1916）、胡利奥·雷伊·帕斯托尔（1917）、生理学家奥古斯特·皮－苏涅尔（1919）、布拉斯·卡夫雷拉（1920）、法学家阿道弗·波萨达（1921）、考古学家曼努埃尔·戈麦斯·莫雷诺（1922）、神经精神病医生冈萨罗·罗德里格斯·拉福拉（1923）、化学家何塞·卡萨雷斯·希尔（1924）、显微解剖学家皮奥·德尔里奥·奥尔特加（1925）、教育家玛丽亚·德马埃斯图（María de Maeztu，1926）、工程师、数学家兼物理学家埃斯特万·特拉达斯（1927）以及恩里克·莫莱斯（1930）。[27]

在阿根廷授课的雷伊·帕斯托尔（1917）

扩展科学教育与研究委员会档案馆现存的关于雷伊·帕斯托尔应西班牙文化协会邀请出访阿根廷的资料十分丰富，在此我仅选取其中最为重要的几份资料。

扩展科学教育与研究委员会主席拉蒙－卡哈尔于 1917 年 4 月 7 日发送给公共教育和美术部大臣的提案中，对于数学家雷伊·帕斯托尔是如何受到邀请的，作了一个很好的总结[28]：

> 成立于 1914 年的布宜诺斯艾利斯西班牙文化协会，开设了一门文化课，每年由一名西班牙教授来讲课，目的是通过该协会将西班牙国内进行的科学和文学调研工作广为传播，为此，该协会委托本委员会推荐授课人员。这门课于 1914 年开始授课，第一位授课老师是拉蒙·梅嫩德斯·皮达尔，他主要介绍梅嫩德斯·佩拉约的作品。1916 年，由何塞·奥尔特加·加塞特先生讲授了现代哲学问题和塞万提斯。
>
> 今年，鉴于文化协会表示希望派遣一位物理学、数学、自然科学或医学方面的专家，我们询问了这些学科的多位专业人士。有几位专家因为个人原因不愿出访，已经谢绝了这个提议；另外几位则要求将这项任务推迟

一段时间，好让他们完成当前的工作。

最后，中央大学“数学分析”的教授胡利奥·雷伊·帕斯托尔先生，能够接受我们代表西班牙文化协会发出的邀请，并提出他可以讲授关于“共形表示理论”或者关于“高等射影几何”基本问题的讲座。

正如上面这封信上所说，雷伊·帕斯托尔接受了邀约。但从下面这封他于3月18日寄给卡斯蒂列霍的信中可以看出，他似乎对出访阿根廷的想法不抱什么热情：

奥尔特加问我关于“阿根廷之事”的最终决定，我是这么回答他的，正如您已经知道的那样：

1. 如果能改成明年去的话，对我来说要合适得多，那样我就不至于如此间不容息，因为我那本关于分析学的书要出版，现在我必须赶在出发之前把它完成［应该是指《代数分析要素》（*Elementos de Análisis Algebraico*），1917］。

2. 我已经连续工作8年没有休假，而且两年来出版5大卷书给我带来了巨大的工作量，我非常希望先休息几个月。

3. 尽管如此，如果委员会找不到具备今年出访条件的任何其他物理学家、化学家或自然科学家，而且认为我的合作十分有必要，我也不会拒绝为这个爱国项目尽我的绵薄之力，但我前往赴任只能让这门课程不致中断。

上面最后一项条件，我认为尤其重要，因为阿根廷好像对抽象科学几乎不感兴趣，这会使我的工作变得更加困难。

但是，要想有什么人自告奋勇来担任此责，这种念头似乎也不得不放弃了，因为奥尔特加告诉我，没有人具备今年出访的合适条件。如果事实确如奥尔特加向我保证的那样，您自然可以着手办理官方手续了。

雷伊·帕斯托尔不知道的是，他刚刚为他的未来作出了重大抉择，不仅在职业生涯上，也是在个人生活上［1921年12月，他娶了文化协会主席阿韦利诺·古铁雷斯的女儿丽塔·古铁雷斯（Rita Gutiérrez）]。

尽管按照原计划他只需要在 1917 年 7 月至 9 月或 10 月驻留在阿根廷，但他一直待到了 1918 年春天（他获得了补助金延期，从 12 月 1 日起再加 7 个月）[29]。回到西班牙后，适逢扩展科学教育与研究委员会认为数学研究实验室正走向发展壮大。1916 年 10 月，何塞·加夫列尔·阿尔瓦雷斯·乌德加入实验室，担任几何工作的负责人；而何塞·玛丽亚·普兰斯是在 1917—1918 年期间担任这个职务的。因此，当时西班牙最优秀的其中两名数学家都加入了该实验室的工作。他们是最优秀的其中两位数学家，但在数学天赋上，完全不能与雷伊·帕斯托尔相提并论。可以确定的是，他们也不具备可与之比拟的处事能力（虽然说，谁知道能力是否就是天赋带来的呢——至少在这个情况中可能就是如此）。正如我们在第 11 章中讲到的，普兰斯后来不得不艰难谋生。

在普兰斯到来之前不久，数学研究实验室由雷伊·帕斯托尔、阿尔瓦雷斯·乌德，以及西斯托·卡马拉·特塞多尔（Sixto Cámara Tecedor）担任“委员会所布置工作的领导和负责人”，实验室里开展的工作可归类为：“数学分析工作”[皮内达（Pineda）、罗德里格斯·桑斯（Rodríguez Sanz）、奥茨]；“几何学研究”[阿劳霍（Araújo）、费尔南德斯·巴尼奥斯、卡萨卢维亚斯（Casarrubias）、何塞·玛丽亚·伊尼格斯（José María Íñiguez）、费尔南多·洛伦特]；“图表图算工作”[卡马拉、法赫斯（Fages）、萨尔达尼亚（Saldaña）]；“其他工作”[何塞·玛丽亚·洛伦特、费尔南德斯·阿雷纳斯（Fernández Arenas）]。

玻利瓦尔、梅嫩德斯·皮达尔、托雷斯·克韦多、毛拉、卡萨雷斯、费尔南德斯·阿斯卡尔萨、文森蒂、罗德里格斯·卡拉西多和卡斯蒂列霍参加了 1918 年 6 月 18 日举行的扩展科学教育与研究委员会会议。在这次会议上，与会人员协商同意：“鉴于数学研究实验室已经试运行足够时间，可以作为一个正式机构，因此商定向部里提交一份提议，将数学研究实验室纳入国家科学研究院（根据 1910 年 5 月 27 日王室法令而建立，并根据 1916 年 12 月 23 日的敕令改为当前名称）。同时还提议，任命中央大学教授胡利奥·雷伊·帕斯托尔为该实验室主任，试运行期间也是由他一直担任该职务。”（扩展科学教育与研究委员会会议记录簿）。

扩展科学教育与研究委员会想让数学研究实验室全面涉足委员会的各种活动，从而使其为委员会下属的另一个机构——即将于 1918 年 10 月开课的中等教育学院——的组织工作承担一部分责任，特别是为有志从事中学教师职业的学员提供培训。关于最后这一点，可以在 1918 年 6 月 13 日的会议纪要上看到：

> 在对有志从事中学教育工作者的培训问题进行讨论之后，决定将这些学员按专业分组（针对明年，分为语言与文学、精确科学、物理学和自然科学），并委托委员会下属各个实验室（历史研究中心、数学实验室、国家科学博物馆和物理研究实验室）的专家团队来对每一个专业进行指导。

还有一个例子可以表明数学开始在扩展科学教育与研究委员会获得重视，以及该委员会在西班牙数学发展上发挥的作用，那就是，正如我在上文中提到的，1919 年年初，实验室在西班牙数学学会的支持下，当然还有委员会的支持下，开始出版《西班牙语美洲数学杂志》，后来这份刊物成了西班牙和拉丁美洲数学界的专家们发表作品和沟通交流的主要途径。事实上，在这之前一年，各种数学研讨会以及外国学者来访的活动就已经开始了（例如，杰出的法国数学家雅克·阿达马于 1918—1919 年来访并讲授了几节课程）。

1919 年末，雷伊·帕斯托尔再次向扩展科学教育与研究委员会申请补助金以出访德国。补助金获得了批准，但出于某种原因，在他驻留在德国的那几个月里，或许更早之前，他与扩展科学教育与研究委员会之间的关系开始走下坡路，问题主要集中在数学研究实验室上。扩展科学教育与研究委员会 1920 年 4 月 20 日举行会议，与会人员包括卡哈尔、玻利瓦尔、卡拉西多、毛拉、卡斯蒂列霍，会上“通报了一封胡利奥·雷伊·帕斯托尔先生从德国写来的信，他在信上表示，鉴于西班牙官方数学教育条件有限，而且除了准备考试之外，就没有其他激励措施，他认为他在实验室的工作无甚作用，希望辞去他一直担任的职务（此外他还希望辞去之前委派他担任的中等教育学院数学部负责人职务）”。委员会同意在他回国之前先搁置一切决定，并“向他表明，大家一致希望他继续为西班牙数学事业和委员会工作提供杰出的服务，可以沿用过去的工作方式，也可以换一种他认为更为有效的方式”。实际上，根据“扩展科学教育与研究委员会会议记录簿”的记载，从 1919 年起，在数学研究实验室的领导岗位上时间最长的人是阿尔瓦雷斯·乌德。

从德国回来后，雷伊·帕斯托尔拜访了卡斯蒂列霍，卡斯蒂列霍在 1920 年 6 月 15 日的会议上向委员会报告了这次会面的情况。“会议记录簿”中记载：“他坚持认为，如果由于落后的原因，或者由于被委派担任考官的绝大部分人员的担心，而导致这几乎可谓是唯一的出路被关闭，而这又是从事数学工作的人赖以生存的出路，那么这样一个数学研究实验室，也就是说，作为一个培养数学家的数学研究实验室，将无法完成其使命。极少数有机会并且有意愿发展数学而不指望从中获取任何好处的年轻人，并不能成为坚持承办一个数学研究实验室的理由。”陈述完这些理由之后，雷伊·帕斯托尔重申，希望委员会解除他的研讨中心负责人职务，以及中等教育学院培训有志从事教师工作者的部门负责人职务。

面对这样的表态，扩展科学教育与研究委员会一致认为，“雷伊·帕斯托尔提出的意见是正确的，在针对他所提出的主要问题寻求解决办法的同时，还要想尽一切办法维持一个独立的或附属于委员会下辖某个机构的数学研究实验室或研究中心”。

为了应对由雷伊·帕斯托尔的态度而导致的危机，扩展科学教育与研究委员会借此机会对研讨中心应负责的职能作了明确的规定。具体如下：

1. 及时了解数学资讯，力求成为一个为西班牙语各民族服务的传播和咨询机构。

2. 为实现前一个目标，不定期出版杂志或摘录，内容包括原创论文，也包括该机构认为能够为使用西班牙语的数学家们引领新方向或作为激励和向导的各种书评、文摘、评论以及关于全球数学发展的新闻。

3. 收集、提供书籍，提供指导，如果有必要并且有条件的话，为希望从事纯科研工作的数学家提供小额资金援助。

4. 邀请国外数学家来实验室授课；如果有可能的话，充分利用机会请他们为少数西班牙教师或毕业生提供培训。

5. 成为西班牙数学教育改革的领导机构，指导马德里中等教育学院的数学教育工作，为该学院有志从事教师职业的学员提供培训，出版基础书籍，出版有关数学教育指导和建议的书籍，等等。

6. 在派遣奖学金留学人员的事务上为委员会提供技术咨询，从而促进教学人员的更新。

为了“对这些工作进行指导或合作”，扩展科学教育与研究委员会决定邀请“研讨中心教授队伍的成员”雷伊·帕斯托尔、阿尔瓦雷斯·乌德和普兰斯，请他们“在所列举的各种职能中选择各自比较喜欢的或者比较擅长的工作内容”，同时还请求他们“以这种分配形式为基础，按照他们认为更合适的方式来组织实验室的工作，包括人员职能和机构职能”，此外还“请他们继续接受委员会给予他们的微不足道的补偿，虽然这些教授的科研工作无法用一个具体的酬金来衡量”。最后还请求他们为雷伊·帕斯托尔分担该机构的领导工作。

为了表明扩展科学教育与研究委员会对数学研究的关注不容置疑，会议纪要中还包括了一份声明，内容为：“委员会声明对该项目负责，烦请雷伊·帕斯托尔、阿尔瓦雷斯·乌德和普兰斯这几位先生进行足够长时间的实验，目的是至少获得其中一部分原计划所期待的成果。”

毫无疑问，事情发展到这一步其实是由雷伊·帕斯托尔本人引起的，他很快就给出了答复。1920 年 7 月 2 日的会议上通报了雷伊·帕斯托尔的答复；该次会议纪要如是说：

根据雷伊·帕斯托尔先生接受的唯一方案，双方商定：

1. 数学研究实验室的首要目的是根据具体情况为中学教师队伍的培养提供合作，并通过实验室认为合适的一切途径传播高等数学理论，例如：图书馆、流动图书馆、出版数学杂志，等等。由何塞·阿尔瓦雷斯·乌德负责实验室的领导工作，同时由何塞·玛丽亚·普兰斯给予合作，此外，可以按实验室原先的方式提供奖学金；

2. 原先以《数学研究实验室刊物》（*Publicaciones del Laboratorio Seminario matemático*）的名字陆续出版的系列刊物，将以高等数学杂志的属性继续出版，实行自由合著，不定期出版，同时将收集西班牙及国外的数学研究论文等，经事先协议，由委员会担保其原创性。这份杂志的领导工作由胡利奥·雷伊·帕斯托尔先生负责。

在自愿的情况下，为了能够在数学研究实验室投入更多精力，雷伊·帕斯托尔的生活变得忙碌不堪。1921 年，从 1918 年便开始办理的漫长手续终于结束，雷伊·帕斯托尔再次来到阿根廷，讲授“高等几何学”“数学分析”“特殊数学”等课程。课程结束后，1921 年 11 月，在系主任阿古斯丁·梅尔考（Agustín Mercau）的推动下，雷伊·帕斯托尔与布宜诺斯艾利斯大学签署了一份新的合同，初定合同期限为三年，从 1922 年 3 月开始生效（此外，正如前文所述，1921 年 12 月，雷伊·帕斯托尔与丽塔·古铁雷斯缔结婚姻）。属于雷伊·帕斯托尔的所谓“真正没有夏天的岁月和生活”即将展开。

定居阿根廷的雷伊·帕斯托尔

从胡利奥·雷伊·帕斯托尔定居到阿根廷那一刻开始，尽管他仍保留了在马德里的教授职位，并以相当不规律的方式履行职责（利用夏季和南半球的假期去往西班牙），他与扩展科学教育与研究委员会之间的关系，尤其是他与数学研究实验室之间的关系，明显变得更为复杂，却也更为淡化了。

1920 年雷伊·帕斯托尔请辞后，扩展科学教育与研究委员会为数学研究实验室安排的“三人领导小组”理论上仍在运转，然而鉴于雷伊·帕斯托尔长期缺席，实际上负责领导该机构的人是阿尔瓦雷斯·乌德和普兰斯。但他们俩的管理好像十分不稳定，因为胡利奥先生长长的身影总会浮现在周围，他的每年到访更是加深了他们这种代理性的印象。而扩展科学教育与研究委员会也推动了这种局面；毫无疑问，对于委员会而言，西班牙数学界唯一可能的领导人是雷伊·帕斯托尔，他们认为，雷伊·帕斯托尔最终还是会回西班牙的。因此，他们利用一切机会要恢复他的“固有”位置：数学研究实验室的负责人。

我们在“会议记录簿”关于 1924 年 12 月 9 日会议的记录上找到了以下内容，可作为扩展科学教育与研究委员会上述态度的示例：“鉴于胡利奥·雷伊·帕斯托尔即将抵达马德里，同意重新委托他担任数学实验室的领导职务，因为他上次离开西班牙前往阿根廷共和国时中断了该职务。”然而，这一现实没有维持很长时间，实验室的领导权最终还是交到了阿尔瓦雷斯·乌德和普兰斯的手中，此外，1930 年，埃斯特万·特拉达斯也加入其中，正如我们在第 12 章中谈论过，特拉达斯从 1928 年起在马德里担任教授，也参与数学研究实验室的工作。实际上，在扩展科学教育与研究委员会同年 4 月 8 日的会议纪要中可以看到：“普兰斯先生在一封信中表示，由于阿尔瓦雷斯·乌德目前不能担任数学研究实验室的领导之职，应由埃斯特万·特拉达斯 - 伊利亚来负责该工作。同意该实验室由特拉达斯、普兰斯和阿尔瓦雷斯·乌德三位教授中的任何一人作无差别地领导，他们中的任何一人都可签署关于费用的通报，并作为一年两度报告的代表。”后来，由于一件令人不快的事情，且政治性质多于科学性质，导致特拉达斯失去了“微分方程课”的教授职位（Roca i Roselly y Sánchez Ron，1990：Cap.3），他不得不返回巴塞罗那，实验室的工作也由此中止了。扩展科学教育与研究委员会不得不对数学研究实验室的现状和未来进行考量；在这样的情况下，1933 年 1 月 10 日卡斯蒂列霍写信给雷伊·帕斯托尔，内容如下：

> 我亲爱的朋友：我向特拉达斯先生以及其他实验室的负责人发送了一份通知，要求他们提交上一个两年度的数据，以供秘书处报告使用。
>
> 鉴于您也一直担任数学研究实验室的负责人，以防您没有收到上述通知，我再次向您提出请求，请提交关于 1930 年 10 月 1 日至 1932 年 9 月底两年期间的科研活动、各位负责人与奖学金领取者获得的成果的报告。
>
> 此外，由于委员会马上需要制定新的预算，烦请您另外提交一份关于数学研究实验室未来计划的报告。如您所知，原计划是将数学研究实验室

建成一个数学研究中心，因此，它最主要的两个功能之一是为展现出数学才能的人提供学习的途径，希望他们的才能可以产生超过我国平均水平的成果。另一方面，对于一些刚毕业、准备出国留学的年轻人，或者刚从国外回来、在国内知识领域或工业领域找到工作之前需要接受一段时间培训或休整的年轻人，数学研究实验室还须对其提供临时的收留。因此这些机构有一部分人员的驻留时间较长，能做出一定的科学贡献，还有一部分人员需要接受培训，有时候还需要接受财务上的支持，这些人应该为其他有类似需求的年轻人让路。

我说这么多，是因为我已得知特拉达斯先生要离开马德里，我想你们可能需要考虑重新安排领导工作。我仅限于把过去的情况作一提醒，但我绝不会对一个数学研究所应该采用什么结构提出建议。

1 月 16 日，雷伊·帕斯托尔写了一封长信回复卡斯蒂列霍，值得详细引用：

我亲爱的朋友：我与数学研究实验室的每一位奖学金获得者以及每一位曾在那里工作的学者进行过多次会面，我发现实验室的人事关系十分紧张，重新安排工作是一项艰难的任务。

巴里纳加先生断然拒绝来实验室担任教授，但他向我承诺，只要我在马德里，他就会提供合作，并为《数学杂志》的出版工作而出力，目前该杂志处于被弃之不顾的状态，仅借鉴国外论文。

符合您所指定条件的奖学金获得者包括以下人员：里卡多·圣胡安先生、西斯托·里奥斯先生，以及路易斯·桑塔洛先生。他们都接受了我向他们提出的三小时最低工作时限。

至于洛伦特先生，我建议他负责图书馆的管理工作，之前已清点完成，但他不接受工作时间，即便这一点得到解决，他说他觉得几个人在一起合作很困难，他还是宁愿退出。[30]

新的图书管理员是按照您跟我说的程序而选择的，我觉得十分重要的一点是：新图书管理员必须对既有书籍负责，以避免之前的情况再次发生。这就需要至少七小时的工作时间，而你们也需要为之确定一个合适的薪酬。

此外，我觉得必须要不计成本鼓励数学调研工作；每一篇论文都需要耗费漫长的时间，所以应该制定一种激励政策，如果没有达到获奖的级别，至少也要对耗费的时间给予一定的补偿。考虑到数学论文篇幅较短，很少超过 8 页印刷纸张的，因此可以制定一项每页 10 比塞塔的补偿金机制。由于每年的调研成果十分有限，大约 1000 比塞塔就足以解决这一问题。关于基础数学、数学史或数学教育学方面的论文，报酬可调至每页 5 比塞塔。

这一提议的范围可以扩大到由西班牙语美洲地区调研者发送来的所有论文，他们的论文与西班牙的论文在精神层面上有很大的不同；这样奖金总数也不会增加太多。如果扩展科学教育与研究委员会不能接受这项提议，我将把它上报给文化关系委员会。

还有一项激励措施是针对目前分布在各个省的往届奖学金获得者，他们由于缺少图书资源而非常受挫，委员会可以订阅几份外国杂志，并分发到各个省需要这些杂志的教授手中，使他们相互传阅，传阅结束后再将杂志返送马德里。我在萨拉戈萨、巴伦西亚和塞维利亚有四个学生，现担任大学教授，他们都热切盼望这项服务措施。

此外还需要一项措施，那就是提供马德里现有的一些外国报告（未包含在流动图书馆范围内）的摘要或副本。

如果委员会不采取以上措施或其他一些能推动数学调研发展的措施，所有国家都将继续走在我们前面，就像从许多年前开始，日本、罗马尼亚、斯堪的纳维亚诸国就已把我们远远甩在身后，而近些年来，印度、塞尔维亚和阿根廷也已经超越我们。

对于这些情况，我都可以列举出无可辩驳的证据，它们不单单指纯粹数学方面，还包括理论物理学。

雷伊·帕斯托尔的这封信写完后第二天，扩展科学教育与研究委员会召开会议；会上宣读了“胡利奥·雷伊·帕斯托尔关于重组数学实验室的一封信，以及何塞·玛丽亚·普兰斯的一封信，普兰斯在信中告知委员会，其身体状况使他不能为实验室勤奋工作，请求将其辞退，会议商定：首先，向胡利奥·雷伊·帕斯托尔重申，委员会对他充满信心，相信他能在拥有最出色的专业才能的人员基础上，重组实验室的工作；其次，尽委员会最大能力满足该实验室的需求；最后，如果雷伊·帕斯托尔认为合适的话，委员会请求普兰斯先生，在身体条件允许的情况下，继续提供合作。”

4 个月后，在 5 月 5 日的会议上，扩展科学教育与研究委员会通报了数学实验室的组织情况，并“请求雷伊·帕斯托尔先生继续担任实验室的领导工作，为马德里的数学教育和调研工作竭尽全力”。

第二年，即 1934 年，普兰斯去世，鉴于此，在 4 月 25 日的会议上，扩展科学教育与研究委员会商定“授权数学实验室教授何塞·巴里纳加先生，签署该机构的工作人员通报以形成工资明细、实验室消耗材料发票，以及各项人工收据”。在 5 月 8 日的会议上，对同一个内容进行了讨论，商定：“雷伊·帕斯托尔先生已返回阿根廷，他在信中向委员会秘书处表示，由于他自己的健康状况，以及人事和书籍方面的不足，他作出了离开的决定。委员会同意由何塞·巴里纳加先生担任数学实验室的领导职务，因为雷伊·帕斯托尔先生的状况已使他无法担任此职。”巴里纳加工作出色，令人无可置疑，即使在内战的艰难时期，他也努力保持该机构继续运转。

上述会议纪要中提到的书信十分有意思，根据该信中的内容，1934 年雷伊·帕斯托尔好像对返回西班牙这一可能性作了严肃的思考。这位里奥哈数学家是在 4 月 16 日从塞维利亚给卡斯蒂列霍寄的这封信，书写潦草，难以辨认（作者注：如果一个词难以辨认，我将用“？”表示，如果一连串词难以辨认，我将用“……？”表示），但他所表达的主要意思还是不容置疑的：

我亲爱的朋友：我之前也向您多次说过，我暂时返回马德里有三个目的：安静地做调研并出版我累积的东西；让一小群年轻教授和学生也能安静地做调研，使他们至少能够像阿根廷学者一样，将他们的一些论文发送到国外的学会中；严肃客观地组织科学史研究。

我也曾向您解释过我所遇到的严重困难；调研工作需要全身心的投入并且掌握所需的文献资料；但我一天中的大部分时间都用于组织图书馆，防止书籍缺失，还有无数零碎事件几乎占据了我的全部（精力？）。学院的图书馆本应拥有珍贵的藏书，成为学院实用的文献查询书库，然而事实上，它缺失严重。尽管我一再坚持，您知道的，我坚持起来几近固执，但我还是没能将其补充完整，仅仅知道缺少的部分属于学科，尽管我有足够的资金，我也没能购齐所需的现代书籍以及杂志，有些杂志早在好几年前就已经停止订阅了。在这样的情况下，我不仅无法工作，更无法保持兴奋的工作状态，而这种状态恰恰是一切科研工作必不可少的，我现在长期在不快的状态下工作，因为每天都会碰到又有什么卷册缺失了，而它们又是我的论文所需要的。

我还向您解释过一些年轻人所经历的希望破灭，因为缺少氛围，或者由于乏味的（日常？）教课工作，又不愿意从那里走出来；或者由于有些遇到的困难，不能拥有足够的时间来进行研究工作。

目前看来，唯一的解决方法是尽可能地将实验室的图书馆补充完整，尽管没有学院的帮助很难完成复杂的工作，同时还应招揽有名望的国外教授，来重新振奋士气，使大家愿意投入研究工作。

我与实验室的同仁们商量后，他们一致同意，使他们感兴趣的数学家是乌戈·布罗吉教授（Ugo Broggi，来自米兰的戈里尼广场），按规定需要获得您的同意。随信附上我收到的电报，我已经答复他，他将会收到您的信件。

至于第三点，我已经没有必要再向您说什么，因为您已经给予了支持，我坚信，您一定会安排文献准备的前期工作，以便开展科学史研究；但有一点很清楚，由于这个问题错综复杂，因此在过去很长的一段时间内一事无成。

总之，我认为，尽管我在马德里的工作有一定用处，但目前我在阿

（阿根廷）从事数学工作比在西班牙更有成效。

我重新获得了（我的行动自由？），尽管阿根廷环境有诸多（严重的？）障碍，而且由于大危机的原因阿根廷环境日益敌对、令人不快，但我不得不在那里苟且偷安，以期待更好的时光。

如果事态发生变化，可以在马德里有效开展工作了，我将万分愿意重返祖国，那是我最为热切的愿望。但目前连目标都还没有，我既没有耐心，也没有良好的身体状况来等待您认为改善环境所需的时间。

虽然信件到此还没有结束，但也没有什么实质性的新内容了。

我认为这些资料足以表明，扩展科学教育与研究委员会时刻准备着要让雷伊·帕斯托尔在任何时刻都能重掌数学研究实验室的领导职务；更重要的是，显然连他本人都没有想过，事情完全可以是另一种样子的；每次他到访西班牙，就自动成为数学研究实验室的负责人，这对于他来说是一件毋庸置疑的事情。

这一时期雷伊·帕斯托尔与扩展科学教育与研究委员会之间所保持关系的另外一面，与以下因素相关，即这位里奥哈数学家既想要保持他在阿根廷的地位，又不想为此失去他在马德里教授岗位上的权利。扩展科学教育与研究委员会档案中关于此方面的资料，有一些十分重要，它们促成了布宜诺斯艾利斯大学理学系将雷伊·帕斯托尔从“聘用教授”升任为“正式教授”，他负责两门课：土木工程研究计划（三年级）的数学分析课，以及数学科学博士课程的高等几何课，并一直任教至 1952 年退休为止。此外，正如我反复指出的，雷伊·帕斯托尔仍然保留了他在马德里的教授职位。只有在第二共和国时期，他在西班牙的行政状况发生了一次重大的变化。1933 年（参见 4 月 4 日公报），公共教育部长费尔南多·德洛斯里奥斯颁布了一条政令（3 月 28 日），该政令明显是为雷伊·帕斯托尔而设计的：

根据 1932 年 10 月 27 日的部长会议主席政令，海外文化行动的范围已扩大至中学教育；同时，根据该政令中提及的理由，可以将这些规定的影响力延伸至一些由西班牙教授领导的有名望、有功效的高级文化机构，因为这些机构中进行的工作是有效的爱国行动，他们为西班牙培养有用的教师人才，他们的行动值得西班牙予以保护和支持，从而为我们的科学事业增光添彩。

根据公共教育部的建议以及部长会议的决定，

我宣布：

第 1 条　将布宜诺斯艾利斯大学的阿根廷数学研讨中心纳入上述 1932 年 10 月 27 日政令第 2 条所述的教育机构名单。

第 2 条　对于其现任负责人，以及以后继任该职位的各位西班牙教授，将按照该政令第 5 条第一项的规定，视作如同在西班牙开展工作一样，其原先的教授职位将保持两年时间不变，除了工资之外，不再收取该条款规定的其他任何酬金，两年任期满后离职，如果工作有所成果，则按照 1932 年 10 月 27 日政令第 6 条第一项规定的条件来执行。

后　记

毫无疑问，胡利奥·雷伊·帕斯托尔是那个时代最优秀的西班牙数学家，在这方面他已经得到反复肯定并获得了公正的称赞（尽管也有不容忽视的地方：从某一时刻开始，大约是 20 世纪 20 年代前后，国际数学杂志上已不再出现他的论文，然而教科书的数量不断增加，有一些是基础书籍，许多代中学生都曾学习这些书籍）。然而，如果对其生平进行更为全面深入地分析，正如本章所做的那样，就会发现，尽管他为西班牙数学水平的提升做出了贡献，但他原本能做出的贡献其实更多。他对身处其中的西班牙学术现实中最糟糕最频繁发生的方面予以尖锐的批评——而他本人的缺席，也是造成这种局面的因素之一，如果这些批评是对的，那么读者们不要忘了，也不要让别人忘了，当时极少西班牙科学家像他那样受到尊重，以及拥有像他那样的机会，可以去尝试改善 20 世纪上半叶笼罩西班牙的黑暗环境。他一定会说，他尝试了；但有些人会觉得，他没有尝试足够长的时间。

第 15 章

20 世纪前期的科学和技术：莱昂纳多·托雷斯·克韦多

赤手做工，不能产生多大效果；理解力如听其自理，也是一样。事功是要靠工具和助力来做出的，这对于理解力和对于手是同样的需要。手用的工具不外是供以动力或加以引导，同样，心用的工具也不外是对理解力提供启示或示以警告。

罗杰·培根（Roger Bacon）

《新工具》（*Novum organum*，1620）①

科学、工业和经济

由于所谓的“纯科学或基础科学”被置于至高无上的地位，尽管大家可能不承认，但一个国家的科学发展水平与其工业地位或需求之间确实密切相关。因此，必须要结合西班牙在 20 世纪初的工业水平和经济形势来看待这个问题，这是经济史学家们经常探讨的一个课题。[1]

要想像有时所做的那样，论证在西班牙曾存在足够的“压力集团（利益集团）”

① 援引自培根：《新工具》（许宝骙译），商务印书馆。——译者注

来推动有利于科学进步的制造业和技术的发展，先要审视西班牙工业在相应时期所处的状况。从这个意义上说，我们所面对的情况纷繁复杂，需要将不同的阶段和章节区分开来看。根据经济学家莱安德罗·普拉多斯·德拉埃斯科苏拉（Leandro Prados de la Escosura，1988）的说法，从19世纪70年代中期到1913年，国内商品贸易出现顺差。出口刺激了国内大规模开采矿产和金属；19世纪80年代，由于法国爆发了根瘤蚜虫病，导致市场上对西班牙葡萄酒的需求暴增；古巴独立前数年间对西班牙的商品需求不断增长，以及1800—1905年比塞塔的贬值，以上种种都是西班牙对外贸易扭亏为盈的原因。然而，我们当前所探讨课题的一个关键点在于，当我们对不同的进出口品类进行细分时，就会看到它们之间存在巨大的质的差异。1890年，在西班牙的出口构成中，53.5%为食品，21.1%为原材料，14.8%为半成品，10.6%为制成品；而在1900年，以上品类所占比例分别为38.8%，31.4%，18.7%和11.1%；到1910年，这些品类的占比分别为37.5%，27.9%，22.6%和12%。相反，进口遵循以下模式：食品占20.3%（17.4%和18%），原材料占28.7%（35.1%和38.5%），制成品占51%（47.5%和43.5%）。虽然年代久远，但1900—1930年的一些详细数据可以在塞瓦略斯·特雷西（Ceballos Teresi）的不朽之作《20世纪西班牙经济、金融和政治史》（*Historia económica，financiera y política de España en el siglo XX*，1932）中找到，当然这些陈旧的数据仍有待修正。[2]《金融家》报掌握的数据显示，1900年至1930年贸易总额中的出口和进口差额如下（单位：百万比塞塔）：1901年，−131；1902年，−52；1903年，−25；1904年，+588；1905年，+342；1906年，+133；1907年，−2；1908年，−55；1909年，−31；1910年，−29；1911年，−100；1912年，−6；1913年，−194；1914年，−169；1915年，+54；1916年，+97；1917年，+4；1918年，+368；1919年，+238；1920年，−405；1921年，−1.251；1922年，−1.399；1923年，−1.400；1924年，−1.156；1925年，−664；1926年，−547；1927年，−690；1928年，−821；1929年，−624和1930年，+9。

如果按关税对上述国际收支进行分类，可以看到，“食品、粮食、饮料”类目一直为顺差，“羊毛、鬃毛、毛发及其制品”“矿物、钢铁材料”“木材和植物材料”以及“金属及其制品”也保持着经常性贸易顺差。而“机械、设备、车辆”和“大麻纤维、亚麻纤维、龙舌兰纤维和其他纤维”以及“丝绸及其制品”一直为贸易逆差。在现代化学时代，随着新产品和新材料的涌现，“化学品及其衍生物”这一类目的国际贸易一直为逆差，只有 1917 年和 1918 年这两年除外（不要忘了这是在“一战”期间）。其后果很明显：工业能力是西班牙的一个重大短板。

了解当时的人们如何看待依赖外国产品这个发展壁垒这一点也很有意思；尽管现如今人们可能对当时的数据有分歧（社会对某种情况的感受可能与冷冰冰的经济数据具有同等重要意义，甚至更为重要）。为此，我要用到一份 1909 年的材料：托马斯·希门尼斯·巴尔迪维索在《落后的西班牙》(*El atraso de España*，1909）一书中给出的观点。

此书作者是一位再生主义者、律师、作家，偶尔当当记者，住在瓦伦西亚（官至市政府办公厅主任）。在他看来，西班牙没有工业，“尽管加泰罗尼亚人为了发展工业拼尽全力”。尽管国内多数田地仍未开垦，已开垦田地的产量也不高，但农业对国家支出的贡献为 1.27 亿比塞塔，而工业仅为 4500 万比塞塔。“如果有工业”，他指出，“就不会不顾现行的高关税，进口 2300 万的铁制品，4200 万木材和木制品，还有斥巨资进口的其他商品。统计数据直观地表明，加泰罗尼亚的纺织品比不过英国的，西班牙的丝绸比不上法国的，西班牙的机械不如比利时和德国的受欢迎，瑞士的奶酪和牛奶比本国的更好，德国的珠宝和玩具比西班牙生产的更出色”。

巴尔迪维索的统计数据意义重大。西班牙的出口额为 8 亿比塞塔，但工业品出口额只有 1.5 亿比塞塔，且其中三分之一（4600 万）是加泰罗尼亚地区的工厂制造的棉纺织品（1913 年，西班牙羊毛制造业中，48% 以上的纱锭和 75% 的机械织机都在萨瓦德尔、塔拉萨和巴塞罗那三地）。另一方面，在高达 8 亿比塞塔的进口额中，农产品和牲畜占 1.08 亿比塞塔，“其余 7 亿比塞塔是制成品，主要数据如下：棉花及棉制品，1.37 亿比塞塔；其他植物纤维及其制品，2300 万比塞塔；纸和纸制品，1400 万比塞塔；仪器、机械和设备，8200 万比塞塔；矿物肥料，3000 万比塞塔；炊具，400 万比塞塔；纽扣，近 100 万比塞塔”。巴尔迪维索的结论是“谁又能质疑西班牙没有工业这一点呢？”这样的结论显然是夸大其词的，但在掌握的数据面前他别无选择，只能指出 20 世纪初西班牙的国家工业收支存在巨大不平衡。

基于上述情形，还有我在下文介绍的其他事实，我们就不难理解为什么在 19 世纪末和 20 世纪头 20 年西班牙的最显著特征之一就是关税改革和取消进口关税豁免（1891 年和 1906 年的法律）。

这一旨在实现国家自给自足的政策，其原因是多方面的。何塞·路易斯·加西亚·德尔加多（José Luis García Delgado，1984）归结了以下几个主要原因：①从 19 世纪 80 年代起，由于海外进口粮食的竞争力不断提升，西班牙国内小麦和其他谷物行业面临危机。美国作物产业的扩张，陆路和海路运输效率高、成本低廉，再加上西班牙农业的低产出，其结果就是，举例来说，从（伊比利亚）半岛中部通过陆路将小麦运送到巴塞罗那和其他周边市场的成本，比从敖德萨或美国海运进口小麦的成本还要高。②棉纺织业问题重重，主要是由于农业自身的危机（国内市场的萧条），以及 19 世纪 70 年代（菲格罗拉关税所施加的进口禁令宣告终结）和 80 年代（与法国和其他国家签署了贸易协定以及与英国贸易关系的正常化）外国纺织品涌入国内市场。③比斯开地区年轻的钢铁工业面临重重困难，其中最主要的问题就是需求低、生产过度多样化和一系列技术和经济因素导致的生产成本居高不下。④阿斯图里亚斯地区的煤矿业发展面临困境。除了运输问题外，还有英国煤炭对西班牙国内市场的剧烈冲击以及阿斯图里亚斯当地钢铁产业落后于比斯开地区的问题。最后，还需要看到。⑤在德国历史主义和格奥尔格·弗里德里希·利斯特（Georg Friedrich List）的国家保护主义体系的影响下，各种（保护主义）学说兴起，再加上政治上的考量（选举的需要、对失业引发的社会后果的恐惧），许多人加入了保护主义的行列。正如霍尔迪·纳达尔（1975：71）所指出的，从 20 世纪 90 年代初开始，“保守派和最重要的自由派达成了一致意见：国家应当不计成本地保护西班牙的本土产业”。

闭关锁国催生了新的进口替代产业，并迫使生产设备不断多样化，推动了就业的增加。然而，这并没有使西班牙的工业产品具有更大的竞争力。如果说 1913 年西班牙的出口结构是以第一产业为主，那么 1929 年就更是如此，粮食的出口量要远高于原材料的出口，这是矿产品出口下降的结果，而这种现象要归因于科学技术的发展，特别是物理和化学的发展。

要想解读那段时期的发展难题，还必须考虑另一个因素：西班牙在安的列斯群岛的殖民走向末路危机，这导致西班牙居民在古巴的投资（铁路、银行业和制糖业）日益减少。投资回流的资本总额可能高达 20 亿黄金比塞塔。此外还有侨民汇款（在 1901 年至 1925 年，约有 250 万西班牙人出国，其主要目的地是西班牙语美洲①）。

现在要问的问题是：这些（回流的）资本去了哪里？这个问题太复杂了，很难全面解读，所以我在这里只讲一下电力行业，这个行业对于当时的西班牙（和其他西方国家一样）来说，在经济和技术上都特别重要。

第二次技术革命（第一次技术革命与蒸汽机有关）的三大标志性要素就是电力的广泛使用、内燃机的普及以及化学的发展催生出的各类新技术和新材料，其中，电气化在西班牙的表现最为突出。事实上，西班牙在 20 世纪前期经历的资本形成的三个主要阶段（1899—1902 年、1910—1913 年、1920—1929 年）都与电力的发展密切相关。其中一个明证就是在 1898 年至 1913 年期间，西班牙的发电量增长了 4 倍，且在 1913 年至 1929 年期间又增长了 4 倍；在此期间，国内发电站的数量从 1901 年的 858 个增加到 1926 年的 2153 个。[3]

从社会角度来看，这一现象很明显：电力应用到了日常生活的方方面面，尤其是城市和私人的照明，以及使用有轨电车的公共交通。同时，越来越多的行业可以用电力来取代热力或机械动力：无论是水泥生产企业，使用电解工艺的氯碱厂，电气化磨坊、氮肥厂还是使用新的电炉技术的特种钢厂都是如此。而这一切显然需要大规模的发电和输配电来支撑；也就是说，需要制造和购买发电机、蓄电池、灯泡、铜缆，铺设电网，建造和装配热电站或水电站。简而言之，这形成了一个消费和服务生态，至少会将上述资本中的很大一部分吸引过来。

然而，消费是一回事，在不支付权益费的情况下自主生产又是另一回事。西班

① 西班牙语美洲（Hispanoamérica）：人文地理学概念，通常是指使用西班牙语的所有美洲国家和地区的总称，它们曾经都是西班牙的殖民地，属于西班牙殖民帝国的一部分，并且在各方面，尤其是在文化方面深受原宗主国西班牙的影响，例如它们的官方语言都是西班牙语，主要宗教都是天主教。——译者注

牙的电力行业就直观体现了这一差别。电气化开辟了新的开发可能性，无疑带动了经济的发展，但西班牙工业并未从中获得本应获得的全部益处。

具体地说，既然要大规模发电，就需要成立有实力的公司，例如能够进行必要的投资来开发水力资源的潜力并在全国范围内建立输配电网络，还要有充分的技术资源来制造出高质量的电气设备。

首先我们看一下进口的情况。从 20 世纪初开始，西班牙从其他国家进口电气材料的进口量有了明显增长，其中，在 1906—1913 年的进口增长略高于第一次世界大战后数年内的增长。安东尼奥·特纳·洪吉托（Antonio Tena Junguito，1988：364）曾说过，造成这种差异的原因大概是“战前由于正处在建造大型发电站的高速发展时期，对重型机械的需求更大，（以及）两次世界大战期间国内电气材料的产量增加，在国内对电气材料的需求快速增长的背景下，可能会催生出一个缓慢的进口替代过程。”下表就说明了这一情况。

西班牙电气材料的产量、消费额和人均支出

	1913 年	1925 年
人均支出（比塞塔）	3.3	5.97
消费额（千比塞塔）	67728	130161
进口（千比塞塔）	43120	79483
产量（千比塞塔）	24608	50688

可以看出，进口额相当可观，但还要注意到，有的外国公司为了降低关税成本，最终选择在西班牙建厂。例如，倍耐力（电缆）、西门子、通用电气公司和布朗－博韦里公司都是如此。从发电和配电来看，尽管有外国资金的进入［例如，美国工程师弗兰克·S. 皮尔逊（Frank S. Pearson）1911 年在多伦多成立的巴塞罗那电车、电灯及电力有限公司］，但还是西班牙资本主导了这个行业。西班牙水电公司、伊比利亚水电公司（伊韦杜埃罗公司的前身）、萨拉戈萨电力公司和马德里联合电力公司都是那个时期的产物。

从一个失败的国家实验室到国家科学研究和改革试验基金会

扩展科学教育与研究委员会的重心落在基础科学上，仍未触及应用技术领域，回过头来看，这一点是可以理解的，因为当时的西班牙非常需要按照国际标准，以其独特的方式为科学进步做出贡献。委员会的机构名单以及这些机构开展的研究就能印证这一点。下面我可能会间接谈到这个问题，但目的在于引出一个新的部分，即国家实验室这个项目。

1917 年在塞维利亚举行的西班牙科学促进会第六届大会期间，炮兵中尉费尔南多·桑斯于 5 月 8 日向科促会第八专业分会（应用科学分会）提交了一份报告，提出西班牙应当建立一个国家级实验室，有的国家已经有类似性质的实验室建成并投入运作了，例如德国帝国物理技术研究所（1887）、美国国家标准局（1902）和英国国家物理实验室（1903），这些实验室可视为其所在国家工业发展的结果，或者更确切地说，是这些国家工业发展的需要。遗憾的是，桑斯中尉的报告未被写入大会纪要中（顺便说一下，报告不是他自己，而是由一位名叫加西亚·菲格拉斯的先生宣读的）；然而，这次会议的记录显示，在宣读报告后，莱昂纳多·托雷斯·克韦多进行了发言，提请“科促会认真考虑这一重要课题，将其付诸实施”。[4] 当然，托雷斯·克韦多表示支持不足为奇，因为他从 1904 年以来一直担任马德里一家航空测试中心和一家自动化实验室的负责人，我将在后面重点介绍。

西班牙科学促进会应用科学分会对这一问题进行了研究，为成立这一国家级实验室奠定了基础，并对实验室在西班牙工业和国家科学进步方面的作用达成了一致意见。[5] 事实上，如果研究这一时期科学界的言论，会发现科学家们时常会或明确或隐晦地提到，有必要建立公共或私人性质的测试实验室。马德里大学医药学教授、化学家奥夫杜略·费尔南德斯在他入选马德里科学院时的就职演讲（1918：13-14）中提到了这些问题：“有人会说，（在）每家工厂里都配一个实验室，成本太高了，仪器太贵，人工成本也贵。确实如此；但是就像实业家们一有机会就会联合起来操控市场价格一样，他们也应该抱团建立测试实验室，为那些缺乏经验的道路提供指导。

要是在降低产量、支持退货和通过扩建工厂来增加产能和发展民族工业之间做选择，答案不言而喻”。对此，他强调（英国）国家物理实验室“对英国海军的发展影响重大”。他继续说：“通过这家实验室，我了解到两件事：一，明智的企业家应当重视实验室的作用，努力将科学知识应用到其产业中去；二，即使实业家们需要自发建立各自的小型实验室，国家也必须要主导建立各种大型实验室作为托底，其目的就是效仿柏林、伦敦和华盛顿的做法，应用当前的知识来推动工业的进步。”他还回顾了在塞维利亚（科学促进会第六届大会上）提出的建立西班牙国家实验室的提议。

科学促进会接下来向成员中的一些军人、工程师和学者征求意见。最终形成了一份题为《工业技术进步研究所：国家实验室组织架构的基础》的文件（原件保存在扩展科学教育与研究委员会的档案室中），并致函首相，提请政府审议。

这份文件表明，拟建的国家实验室，其主旨之一就是满足国家工业的发展需求。因此，实验室的主要功能如下：

> 1. 自发、受政府委托或应具有公认能力和权威的个人或实体的提议，对关乎国家生产发展和工业的任何科学和技术问题进行研究。
>
> 2. 确定工业和商业交易需要用到的计量单位，并制定相应的计量标准以及校准（通过与法定计量单位进行核对，对物质的重量和度量衡进行标定的行为）、比对和仪器测试方式。

还值得一提的是，这份《基础提案》附有一份“说明”，在其结束语中特别指出，成立一家旨在“开展西班牙当前尚未出现，但对推动国家工业进程具有决定性意义的服务事业的机构，可以在西班牙完成一项使命，其重要性和意义是不能对国王陛下的政府隐瞒的。”

政府非常支持这一提案，并指定了专门的委员会来进行研究。物理学家布拉斯·卡夫雷拉和化学家何塞·卡萨雷斯·希尔代表扩展科学教育与研究委员会参与其中。后续的细节尚无考据，但最终结果就是提案中设想的国家实验室未能面世。这至少表明，在 1919 年，尽管政府原则上持支持态度，但当时的西班牙没有足够的压力集团来促成这件事；这种确实恰恰是工业尚未发展成熟的体现，还没有发展到提出需要靠先进的技术中心来解决的问题的程度。

影响力颇大的扩展科学教育与研究委员会秘书何塞 · 卡斯蒂列霍似乎并不支持建立国家实验室这一想法（从上文可以看出，委员会在这个问题上有发言权；不管其政治影响如何，从某种程度上说它已经变成了一个强大的游说团体），但随着时间的推移，卡斯蒂列霍最终意识到，国家也需要推进应用科学的研究；毕竟他不是一名单纯的管理者和经营者，也是一名教育学者。因此，他在 1934 年将扩展科学教育与研究委员会秘书的一部分工作交了出去，将部分精力转到了国家科学研究和改革试验基金会主任一职上，该机构是西班牙受英国 1916 年成立的科学和工业研究局的启发设立的。[6] 基金会是根据时任公共教育大臣马塞利诺 · 多明戈颁布的一项法令 1931 年 7 月 13 日创立的。基金会在科研方面的关注点要比扩展科学教育与研究委员会更具应用性（例如，根据 1933 年 3 月 9 日的一项法令，托雷斯 · 克韦多的工业机械和自动化实验室被纳入了该基金会）。[7] 让我们看看卡斯蒂列霍在其经典著作《西班牙的思想战》（*Guerra de ideas en España*）（1976：124）中是如何描述该基金会的："经议会批准，成立了国家科学研究和改革试验基金会。基金会效仿英国科学和工业研究局的机制，目的是唤醒工业的科学进步，并将其资源与个人或公有制企业、地区、省市的倡议结合起来"。

在其短暂存续的数年中，这一国家基金会的主要贡献是：在马德里建立了一个关于酶的细菌学和化学研究实验室，为西班牙多个地区的葡萄酒工业提供服务；在瓦伦西亚建立了一个铸造工艺研究实验室，为冶金业提供支持；在萨拉曼卡、奥维耶多、圣地亚哥、萨拉戈萨和巴利亚多利德陆续建立了数个化学实验室、地球化学实验室、血液学和组织学实验室；在马德里建立了经济和国际问题研究所，聘请西班牙本国和外国的教授开展教学和研究工作。

莱昂纳多 · 托雷斯 · 克韦多

抛开学科之间的巨大差异，莱昂纳多 · 托雷斯 · 克韦多（1852—1936）之于西班牙科技，最接近于拉蒙－卡哈尔之于西班牙的血液学和神经科学。如果说正如我所认为的那样，要想了解一个国家的科学史，就必须要回顾该国当时所处的科技和工业状况，那么就不能忘记托雷斯·克韦多，这位杰出的坎塔夫里亚籍土木工程师，其孜孜不倦的科研精神和卓越的技术能力在当时（19 世纪末 20 世纪初）的西班牙无人能及。事实上，如果说很多人可以被称之为“时代之子”，那么将托雷斯·克韦多形容为“未来时代之父”更为贴切。[8]

莱昂纳多·托雷斯·克韦多 1852 年 12 月 28 日生于西班牙圣克鲁斯（当时的桑坦德省）伊古尼亚山谷，他与父母一起生活在毕尔巴鄂并在那里受教育，直到 1868 年读完大学预科。在 1868—1869 学年和 1869—1870 学年，他在（法国）巴黎的基督教教义兄弟学校就读。回国后，他回到了毕尔巴鄂，但他的家人已经搬到了安达卢西亚。不过很快他们全家在马德里定居了，因为他父亲（1841 届的土木工程师，杰出的铁路专家，擅长铁路轨道的布线和施工设计，还承担铁路设施开发，为政府和私营企业提供服务）当时就职于塞维利亚－加的斯铁路公司。1871 年，莱昂纳多考入马德里土木工程学院，于 1876 年完成了学业。

自此以后，我们可以说，托雷斯·克韦多的生活就进入了一个相对长时间的广泛学习和拓宽眼界阶段，这要归功于他的家庭经济实力的支持，因为在就业方面，他只干过一份工作，就是当时像父亲一样从事铁路工作，而且持续时间不长。他环游欧洲，先后在意大利、法国和瑞士居住，回到马德里后，他也会时不时到伊古尼亚山谷生活一段时间。他的这种生活方式一直持续到 1885 年 4 月与卢丝·波朗科－纳瓦罗（Luz Polanco y Navarro）结婚，婚后他在坎塔夫里亚大区莫列多市的波尔托林小镇定居，直到 1889 年才又回到了马德里。

高空缆车

当时，他在他家附近设计并建造了一条小型的缆索轨道，从万夫莱斯草甸延伸到一块约 40 米高处的草场，跨度为两百米。虽然缆车是用牲畜（两头牛）牵引的，并用座椅充当吊篮，但其技术创新点在于使用了多缆支撑系统，一端弃用锚而改用配重物；通过这种方式，不管负载如何，负载位置在线路中如何变动，也不管是否有缆绳断裂，缆索中的张力能始终保持不变。测试结果满意后，他于 1887 年 9 月 17 日申请了专利，专利申请书题为："一种多缆空中缆车轨道系统"。同时，他还在美国、奥地利、德国、法国、英国和意大利申请了外国专利。

之后，让他声名大振的高空缆车作品陆续问世：1903 年，他在埃布罗河上建造了一架高空缆车；1907 年，他在圣塞巴斯蒂安附近的乌利亚山上建造了另一架；1916 年 8 月 9 日，著名的尼亚加拉高空缆车正式落成，这架缆车至今仍在使用中，承接其建造工作的是西班牙尼亚加拉高空缆车有限公司，公司前身是负责将克韦多的这些发明落地的工程研究与建造股份公司。这一细节清楚表明了他心态上的一个突出特点：他是一个技术专家，专利和企业是他的世界的一部分。

代数机和自动机

托雷斯 · 克韦多的世界比其他工程师的世界更复杂、更多样、更现代，他的世界还是科学的世界。在他发明高空缆车之前，他在代数机方面就已经成果斐然，这也是他擅长的一个领域。为了说明代数机是什么，我们在这里援引了他 1901 年 5 月 19 日在皇家精确、物理和自然科学院的入职演讲（Torres Quevedo，1901：7）中的原话："代数机是一种用解析式在不同元素的联立值中建立用数学表达的关系的仪器。任何可以随意重现物理现象且这种现象的规律可以用数学公式表达的设备，严格说起来都可以被称为'代数机'"。托雷斯在演讲时举了下面一个简单的例子来解释什么是代数机：

> 在单摆振动中，振动持续的时间与摆的长度之间有一定的相关性：振动的周期与摆长的平方根成正比。后者通常通过测量直接确定，而周期可以通过相应的运动方程来计算。反过来说，在无须计算的情况下，一个可变摆长的单摆可以起到获得任意数值的根的作用：只要赋予一个用这个数值表示的长度，并测量一个振动持续的时间就可以了。

托雷斯·克韦多发明的机器属于（使用连续变量的）模拟机，其中又细分出了机械类机器，也就是说，是基于机械动力的。1893 年，他写成了第一份专门介绍这些仪器的论文；这份论文实际上是一份提交给公共工程总局的经费申请书。申请得到了马德里科学院的支持（论文被推荐给了科学院院士爱德华多·萨阿韦德拉），并最终于 1895 年 6 月在毕尔巴鄂发表，题为“代数机论”（*Memoria sobre las máquinas algébricas*）。至于托雷斯·克韦多发明的具体设备，值得一提的有：用于求解二阶方程的计算机（制造时间早于 1900 年）；使得通过机器求解一阶微分方程成为可能的积分计算仪；还有 1910 年前后在自动化实验室制成的代数机，可以用于复杂代数方程的求根。

托雷斯·克韦多的另一个强项在自动化领域，这与前一个领域密切相关，根据科学院的《科学技术词典》（*Vocabulario Científico y Técnico*）给出的定义，这门学科的研究方向是“执行预先设定好的体力或脑力任务时，用人造操作者替代人工操作者的方法和程序”。托雷斯·克韦多给出的定义略有不同，不是在本质上，而是在形式上的差异。托雷斯特别强调了自动化装置的作用，将之理解为“模仿人或动物的外观和动作”的机器（Torres Quevedo，1913：391）；也就是说，机器本身携带使其运转的能量源（例如弹簧），且机器执行的总是特定的相同动作，不受任何外部影响。“模仿一个人的活动”也意味着“模仿其动作”，以自行式水雷为例，它知道如何操作才能到达航程的终点；通过称重来挑出符合法定重量的货币的天平，以及其他数以千计的已经进入日常生活的普通仪器，在这位坎塔夫里亚的工程师看来，都可以被视为自动化装置。托雷斯·克韦多（1913：393）认为，“自动化的主要目标”是“让自动化装置具有辨别力，可以随时参照装置接收到的信息或者以往接收到的信息完成指令操作。自动化装置必须模仿活的生物，按照其接收到的信息执行动作，并根据环境对其行为进行调整”。

托雷斯·克韦多发明的自动化装置，大多属于“机电类型”，即机械与电气装置的结合体。举例来说，他在 1912 年制造的著名的国际象棋自动机就属于这类装置（大概在 1920 年，他在儿子贡萨洛的协助下又制造了一台）。象棋自动机是一台由电路、电磁铁、电刷、行星齿轮、梭子和其他机电装置组装而成的机器，可以在具体设定的不太复杂的情景中用来下国际象棋：其设计理念是己方执白，用王和车对阵执黑的人类对手，将死对方的王。自动机不会走错；如果对手走错一步，就会亮起警示灯；如果对方再犯错，就会再亮一盏灯，第三次出错机器就会结束棋局。如果机器的车将对方的军，也会亮灯；如果将死对方，机器会发出胜利音，并将己方的王和车归位，开始新的棋局。

但托雷斯・克韦多最终还是失望了，认为自动机电装置不可能付诸实现；他指出（Torres Quevedo，1913：416）：如果人们想要装置绝对可靠，能够一直正常运转且不出故障，那么"显然不可能通过机电方式达到这个结果；一旦一个接触点出了故障，那么操作结果通常就会出错。因此，我和其他人一样，开始思考机械解决方案，但在我看来，这些困难是绝对无法克服的。要考虑到的机械结构太多了，还要在它们之间建立许多连接，需要通过相应的装置来随时更改这些连接，要在这些结构不相互干扰且消除妨碍机器正常运转的摩擦的情况下将所有这一切结合在一起非常困难，再加上其他种种实际困难，使这个问题几乎无法解决"。

通过研究无线遥控装置（Telekino）—— 这种执行通过"无线电报"发送的指令的自动装置，托雷斯・克韦多确信机械解决方案是不可能的。这一装置的第一个专利申请可以追溯到 1902 年 12 月，是在法国申请的，并于 1903 年 6 月在西班牙申请了专利。这一发明进行了多次公开测试：在马德里的巴斯克回力球场进行的遥控三轮车测试（1904），在内尔维翁河口进行的遥控船测试（1905），还有 1906 年春天在马德里田园之家的湖里进行的遥控船测试。

航空与科学

事实上，航空分为两个分支：利用轻于空气的航空器升空的浮空学和利用重于空气的航空器升空的航空学。要考究航空学的起源，不仅要考虑到最初使用重于空气的航空器从事的飞行活动，还要考虑到最初使用气体作为推进器的浮空器从事的飞行活动。因此，通常将航空史的开端定为 1783 年 11 月 21 日，即法国约瑟夫・蒙戈尔菲耶和艾蒂安・蒙戈尔菲耶（Joseph y Étienne Montgolfier）兄弟在巴黎使用热气球首次载人自由升空之日。意大利人维琴佐·卢纳尔迪（Vicenzo Lunardi）凭这种被称为“蒙戈尔菲耶”的热气球在伦敦和那不勒斯的宫廷中获得了名声并积累了经验，他将这种热气球带到了西班牙：1792 年 8 月 12 日，他在马德里布恩雷蒂罗公园进行了第一次载人航空演示，为了这次试飞，国王将公园腾了出来。

这种空中航行系统广受关注，在接下来的一个世纪里有了缓慢进展。1834 年，奥地利军队在围攻威尼斯时就使用了热气球炸弹对市中心进行了轰炸。而将航空与技术关联起来的尝试进展缓慢，在 1850 年才迈出了新的一步，当时的法国陆军中尉纳达尔带着照相机登上了热气球。据说当时他大喊：“一只鸽子和一台机器，这就是我的新武器”，当然当时他也使用了其他较为常规的工具，这位驾驶气球的高卢（法国）军官是空中对战击落气球的第一人：在普法战争中，他驾驶热气球在巴黎附近的对战中击落了普鲁士的气球。

很快大多数的欧洲强国都建起了气球军团：法国，1877 年；英国，1879 年；德国和俄罗斯，1884 年；意大利，1885 年。西班牙在 1884 年 12 月 15 日颁布了一则皇家法令，批准成立了军事航空队（隶属于工兵电报营第四连），但直到 1889 年装备到位后才全面投入使用。1896 年对航空队进行了重组，将作战基地设在瓜达拉哈拉，作为一个独立的部队建制单位，由佩德罗·比韦斯·维奇（Pedro Vives Vich，1868—1938）指挥。1900 年，这位指挥官在埃米利奥·希门尼斯·米利亚斯（Emilio Jiménez Millás）的陪同下，完成了第一次浮空自由飞行。比韦斯是西班牙气球飞行早期的核心人物；以他为核心培养了国内第一批军事飞行员：阿尔弗雷多·金德兰（Alfredo Kindelán）、安东尼奥·戈德胡埃拉（Antonio Gordejuela）和希门尼斯·米利亚斯等人。

我们可以看到，气球飞行与军队密切相关。当然，它也对一些科学学科助益良多。例如，1904 年 3 月 3 日，西班牙发射了第一个气象探测气球。比韦斯还代表西班牙参加了国际科学气球委员会先后在柏林（1902）和圣彼得堡（1904）召开的会议。在圣彼得堡会议上，他提出，从位于伊比利亚半岛的气球上可能会观测到将于 1905 年 8 月 30 日发生的日食，他的这一观点被采纳。

埃米利奥·埃雷拉·利纳雷斯（Emilio Herrera Linares，1879—1967）是一个

与西班牙的航空事业起步紧密联系在一起的名字，他在回忆录中描述了观测那次日食的情形（Herrera，1986：45yss）：[9]

> 由比韦斯统领的军事航空队，准备借 1905 年 8 月 30 日有日全食这个机会，组织科学观察团队乘坐热气球，升入高空对日全食进行观测，将高空观测结果与地面观测结果进行比较。空中和地面的观测地点都选定在布尔戈斯，这是日全食持续时间最长的地点之一。为此准备了两个军用气球，但除此之外，西班牙气球飞行家赫苏斯·费尔南德斯·杜罗（Jesús Fernández Duro）又提供了一个自己的气球，气球代号为“北风”，条件是允许他参加此次升空活动。这样就有三个气球可以用来观测日食：第一个气球由比韦斯上校驾驶。由当时创下升空高度纪录的德国飞行家贝格龙（Bergron）教授担任副驾驶和观察员；第二个气球由金德兰上尉驾驶，由西班牙气象台（马德里）台长奥古斯托·阿西米斯（Augusto Arcímis）教授担任观察员；第三个气球由我驾驶，并由气球飞行员费尔南德斯·杜罗担任副驾驶。此外，我还负责将日冕的情形绘制下来，并研究当时人们倍感神秘的“飞影”现象，有人认为这是太阳辐射的结果，有人认为这是月球表面的衍射造成的，还有人认为这是地球大气层产生的现象，表现为约 8—10 厘米宽的光带和阴影带明暗交错地出现，在日全食开始和结束时可见，方向与当时可见的狭窄太阳缝平行。为了观察这一现象，我的气球上安装了一块边长为 1.5 米的正方形白板，水平悬挂在吊篮下方。

埃雷拉和费尔南德斯·杜罗需要穿过厚厚的云层，攀升到 5000 米以上的高空，才能观测到日全食：

> 突然间，我们眼前出现了超乎想象的奇妙景象。透过云层，黑茫茫的星空中，日冕在黑色的圆盘状月亮周围闪耀，光线投射到我们下方映照成紫罗兰色的云海中，而阴影则汇入地面，仿佛探入 5 千米以下的深渊底部；

这一切都被地平线的光带环绕住，这是东移的月影无法到达之处。

这一蔚为壮观的场景，让我的同伴激动地在吊篮里手舞足蹈，让吊篮晃来晃去，我都没办法就着上方灯泡的亮光，顺利地将日冕画在已经在中央画好月亮图像的纸板上。

在全食结束、太阳的第一线边缘闪现的那一刻，我看着眼前白茫茫的一片，想找到“飞影”，但一丝丝都没有看到；这时我的同伴喊了起来：“看手上！”，是的，在我们的手上还有手上拿的所有东西上，都出现了一厘米左右宽的明暗交替、来回摇摆的带谱，方向大致与阳光缝隙平行，圆盘状的月亮不再被完全遮挡，显出了隐隐约约的身形。由此首次证实，“飞影”这一神秘现象是由大气层产生的，因为在5000米的高度，即当太阳光要照到我们所需穿过的气团厚度是到达地面所需的一半时，光带的宽度已经减少到十分之一。在我提交给圣费尔南多天文台的报告中（Herrera，1912），我提出了对这一现象的解释，它是由太阳光线相互干扰产生的，这些光线彼此非常接近，以与星光闪烁相同的顺序穿过不同密度的空气层。[10]

我们可以看到，埃雷拉并不是科学世界的门外汉。事实上，他在这一领域的兴趣非常广泛：由于在数学方面的专才，他成了西班牙数学学会的副会长（他也是皇家地理学会的副会长）；在物理学方面，他的独特贡献更甚于数学领域，不过他的一些观点，特别是他的宇宙学观点，尽管引人瞩目，但只是一些对科学助益不大的纯猜想。在他获得的众多荣誉中，最让他自得的就是成功入选皇家精确、物理和自然科学院，1933年4月19日，他在那里宣读题为《科学与航空学》（*Ciencia y aeronáutica*）的入职演讲。这篇演讲稿的标题意义重大，因为它表明，无论在当时还是现在，两个学科之间都存在着密切的关系。

飞　艇

气球有明显的局限性，其中最大的局限性就是其移动几乎完全依赖于风向。在气球飞行仍占主导地位的前提下，1883 年在解决这一问题上有了第一个重大突破，当时法国的蒂桑迪耶兄弟[①]在一个纺锤形气球上安装了一个电动马达；次年，在法国陆军部的支持下，两名军官勒纳尔（Renard）和克雷布（Krebs）设计了一艘可以自行返回起点的飞艇；1898 年，巴西人阿尔贝托·桑托斯－杜蒙特（Alberto Santos-Dumont）将内燃机、螺旋桨和转向舵装置都集成到了一个充满氢气的浮空器。由此开始了“飞艇时代”，所谓飞艇，即可被操控的气球。在 20 世纪头 10 年后期，费迪南德·冯·齐柏林（Ferdinand von Zeppelin）伯爵在德国制造出了硬式飞艇，这是飞艇设备达到技术成熟的标志。

齐柏林伯爵制造的这种载客飞行器长约 140 米，直径 13 米，氢气容积达到 11300 立方米，由两个 15 马力的发动机驱动，在康斯坦茨湖上空进行了行程为 5 千米的首飞。1910 年，第一家飞艇客运公司成立，执行腓特烈港－柏林－汉堡航线。而随着 1928 年“格拉夫·齐柏林”号飞艇首次横跨大西洋，飞艇的发展进入高峰期。

在西班牙，托雷斯·克韦多是发展飞艇的主导人物。20 世纪初，继发明高空缆车和代数机之后，他开始对研究飞艇感兴趣。1902 年，他向马德里皇家科学院提交了一个飞艇项目书，该项目于 1903 年 1 月 14 日得到了西班牙政府的批准，但批文中附有一个奇怪的条件：托雷斯·克韦多申请的项目经费为 6 万比塞塔，但负责审批的主管部门，当时的农业、工业和商业部在批文中却指出，由于当年度预算中没有这笔经费，将在下一年拨款。

然而，1904 年他的收获（比批文）更多：根据建设部在同年 1 月 4 日颁发的一则皇家法令，西班牙设立了航空测试中心，隶属于公共工程总局，旨在“进行空中导航装置的测试，并指导远程发动机的操作，这些都是由土木工程师莱昂纳多·托雷斯·克韦多发明的”，他成为该中心的主任。

航空测试中心的选址定在工业和艺术宫内，这里也是自然科学博物馆的所在地。但直到 1905 年，在阿尔弗雷多·金德兰的配合下，克韦多才开始建造他的第一艘飞艇，并将其命名为“西班牙”号。（这是一艘半硬式飞艇，其外形是由内部支架结

① 阿尔贝·蒂桑迪耶（Albert Tissandier）和加斯东·蒂桑迪耶（Gaston Tissandier）兄弟。——译者注

构维持，外面包裹着一个巨大的气球，通过风扇吹入气球来保持充气状态，这与齐柏林飞艇的硬骨架结构形成对比。）这个浮空器于 1908 年在瓜达拉哈拉浮空园进行了测试。1909 年，托雷斯·克韦多因故不得不离开，搬到了巴黎。由于在那里的浮空测试大获成功，法国阿斯特拉航空制造公司申请了他的气球专利独占许可，但西班牙除外，这意味着西班牙政府如果有意愿，可以在西班牙自由进行建造。[11] 事实上，1910 年春天，阿斯特拉公司在开始商业化之前，向西班牙交付了一艘公司第一批制造的飞艇。1911 年 2 月投入运营的马德里夸特罗维恩托斯机场被选为该飞艇的基地，其机组人员包括埃雷拉·克韦多和阿尔弗雷多·金德兰。

托雷斯·克韦多将其飞艇专利转让给阿斯特拉公司后，著名的“阿斯特拉－托雷斯”飞艇诞生了（法国的参与导致西班牙航空测试中心被废弃）。第一艘制成供出售的“阿斯特拉－托雷斯”飞艇是“阿斯特拉十四”号，其容积为 8000 立方米，时速超过 80 千米，于 1913 年被英国买入。第二艘的容积已达 23000 立方米，可与齐柏林飞艇相媲美。在第一次世界大战中，法国和英国都使用过这种飞艇，特别是将它用于沿海监视和追踪大西洋上的德国潜艇。

但托雷斯·克韦多在这一领域的探索并未止步于“阿斯特拉－托雷斯”飞艇的制造。1914 年 5 月，他为自己命名为“可变形纺锤形气球”的作品申请了一项新专利。他在浮空领域的最后一个贡献是“西班牙（Hispania）”飞艇项目，它是为往返于西班牙与美洲之间的定期载客飞行而设计的，其专利可以追溯到 1919 年。

同年，托雷斯·克韦多在西班牙科学促进会第七届大会 9 月 7 日在毕尔巴鄂的阿里亚加剧院举行的开幕式上的讲话中，专门介绍了“西班牙”飞艇，解释了这种飞艇的特点，并列举了一些细节特点（主要是它的负载分布与上升力的分布方式相同）。在这里无须对此进行详细说明。引述托雷斯·克韦多（1919）在结束一般性发言时所说的话更有意义：

> 如果我们想提高西班牙在技术和科学领域的国际地位；如果我们想在工业和经济上取得进步；如果我们想在技术问题上获得真正的权威，我们就需要全力激发主动创新精神。我们决不能满足于在报纸和杂志上夸夸其

谈，号称我们已经与最先进的国家相提并论。我们要强化这一论点，不再认为自己（西班牙）还是小孩子，敢于在争取进步的斗争中占据一席之地；要研究与世界有关的问题，并尽可能通过自己的努力解决这些问题。我们要在世界范围内开展合作，要与陌生人对抗和竞争，只有这样，我们才能从他们那里获得西班牙科学技术复兴所需的尊重和声望。

这些话清楚地表明，托雷斯·克韦多充分意识到，西班牙面临的一项主要问题，也是真正的问题，就是西班牙的技术落后。如果西班牙不能在技术领域取得进展，就不能成为一个真正的现代国家，达到（越来越多地被科学技术进步所主导）时代要求的高度。很少有西班牙人能如此清楚地看到国家的真正问题所在，当然，也没有人像他那样努力地解决这一问题。

对体制的贡献

在取得科技成就的同时，莱昂纳多·托雷斯·克韦多还借助当时西班牙的一些前沿科学组织，为改善西班牙科学技术体制做出了贡献。

与同时代的其他技术专家或科学家不同，托雷斯·克韦多得到了社会的认可，这使他得到了官方的支持，而这反过来又推动了国家科学技术的发展。因此，正如我们前面提到的，1904 年 1 月，西班牙政府成立了一个航空测试中心。按照创建时的计划，托雷斯·克韦多成功地找到了通过遥控装置（telekino）解决远程引擎问题的办法。该中心成立 3 年后，成立了应用力学实验室，该实验室在 1911 年更名为“自动化实验室”。这个新部门的职能，一方面是满足航空测试中心的需要，另一方面是研究和制造用于工业应用和教学研究的科学设备和仪器，尽管托雷斯·克韦多的兴趣在很大程度上决定了该部门的工作重心。

拥有这种有公共资金支持并且是基于某个人的兴趣而设立的机构，这在当时的西班牙并不常见：这显然是一种特权和认可。但托雷斯·克韦多并不满足于此。鉴于国内实验研究的情况不尽如人意，1909 年年初，他提出了一个有趣的项目，它源自于一个完全创新的想法。

他将该项目提交给了扩展科学教育与研究委员会，他是这个委员会的成员。而伊格纳西奥·玻利瓦尔、何塞·罗德里格斯·卡拉西多和我们之前提到过的、时任物理研究实验室（实验室也在工业和艺术宫内）主任的布拉斯·卡夫雷拉，也参与了该项目的开发。

1909 年 1 月 2 日，托雷斯·克韦多向扩展科学教育与研究委员会的理事会致函如下：[12]

> 应我的请求，为了完成理事会委托给我的任务，我与玻利瓦尔先生、卡拉西多先生和卡夫雷拉先生进行了商讨，明确了在关于国家车间和实验室协会的项目草案中宜采用何种条件和需要进行哪些修改，我提议成立这个协会的目的，主要就是借助这个机构来制作科研设备和提供实验研究工具，从而推动科学的进步。
>
> 根据这三位先生的意见，在此向理事会提交所附的项目草案供审议，如审议通过，恳请提交给委员会批准。

在项目草案中首先指出了“消除因国家物质元素匮乏和环境缺失给实验研究的发展带来的障碍对西班牙文化”的重要性。为解决这方面的问题，托雷斯建议扩展科学教育与研究委员会设立一个“促进科学研究发展中心”，将所有负责国家车间或实验室的人都发展为成员。其职能是建造和保存教学和实验室设备，并提供开展具有真正科学意义的实验所需的工具。这个中心的主要任务应当是通过寻求适当的援助，建造那些“由于新颖性、复杂性或任何其他原因而很难制造出来”的设备仪器。扩展科学教育与研究委员会应当指定一个专门的机构来领导其运作。

为实现上述目标，这个协会最好自带加工厂和实验室，托雷斯认为这一点“不需要很大的开支就能实现……因为按照规划，这个中心的成员们可以向其提供一切要素”。他继续说：“国家各单位中有各种机器设备和仪器，但使用率不高，有些甚至只是偶尔才能用到。这些机器设备不可能给所有人使用，但是作为（促进科学研究发展）中心的成员，这些单位肯定愿意，或者说他们在道义上有责任为国家的科学进步做出贡献，在不影响他们正常完成国家分派给他们的工作任务的前提下，可以在需要的时候将他们暂时用不到的设备、场地、人手和工具借给促进科学研究发展中心使用”，托雷斯明确指出，国内现有资源并未得到充分利用。

事实上，托雷斯·克韦多的想法是要让理事会充当领导科研工作的角色，而不仅仅起到促进作用。他指出在某些情况下，如果理事会认为某项实验性研究有意义，就可以采取特殊程序，这一点印证了他的这种理念。所谓特殊程序，就是先从理论上进行研究，然后进行有针对性的初步试验，“由此更精准地确定研究方向，评估计划开展的研究的可行性和适当性，制定实验进程计划并收集开展实验所需的要素”。

鉴于项目书作者的个性，提交给扩展科学教育与研究委员会的项目书中也少不了要考虑到专利问题：

> 对于可以注册发明专利进行工业开发利用的设备和仪器，与专利发明权的取得相关的一切必要费用，应由专利发明人承担。
>
> 促进科学研究发展中心有权：
>
> 1. 作为提供技术合作的回报，可以自由建造用于国家直属实验室和教育机构的专利设备和仪器。
>
> 2. 按照中心在发明过程中的干预比例，获得相应的专利权份额。这一份额应当由理事会与当事方事先协商确定。
>
> 当发明人提交的是已经完成的发明，也就是说，当发明人已经在必要的细节上研究了他所设想的新颖事物可能产生的所有实际困难时，中心将不对专利所有权进行任何份额主张。

特别令人感兴趣的是托雷斯·克韦多谈到中心选址问题的段落。他认为，作为项目主管部门，扩展科学教育与研究委员会具备“一切必要手段来筹办这个机构并为其提供一段时间的保护，直到（促进科学研究发展中心）能够在无须外力协助的情况下存续和发展”。更具体地说：

委员会在工业宫中有非常大的场地，航空测试中心也已经在那里落户，除了有办公场地和传达室外，还有一个加工车间，可以按要求生产各类科研设备，还有两个实验室：一个是测试中心自有的实验室，另一个是卡夫雷拉先生的实验室，虽然挂在（促进科学研究发展）中心名下，但实际上这个实验室是完全独立运作的。在卡夫雷拉先生和托雷斯先生愿意提供给委员会使用的加工车间和实验室中，可以按照计划顺利建造这一技术中心，至少在开始时是这样的。

科学（卡夫雷拉）和技术（托雷斯·克韦多）从一开始就被联系起来。

两周后，在1月16日的会议上，扩展科学教育与研究委员会审议了该提案，同意建立一个“实验研究中心”。两天后，报告被发送给公共教育大臣，以期获得他的批准（同日，委员会批准了一项预算草案，其中划拨了8000比塞塔用于中心的工作人员）。1910年6月8日，公共教育大臣罗马诺内斯伯爵颁布了一项王室命令，批准成立“促进科学研究和实验研究实验室协会”。同年12月15日，该协会通过公共教育大臣向发展大臣表示，“在发展部下辖的各机构中，有一个应用力学实验室，与中心的目标宗旨特别吻合，且实验室的配套精密车间可以有效帮助协会实现其目标”。对此，发展大臣于1911年6月颁布王室命令，“批准让自动化实验室加入实验室协会，为协会达成其目标提供尽可能的帮助，特别是在科学设备仪器的制造和维修方面的协助”。1913年，自动化实验室已经为马德里的很多科研教学机构制造过设备和仪器，包括马德里医学院、土木工程学院、地理研究所、卡拉万切尔军医院、自然科学博物馆以及奥维耶多研究所（两台磁力仪和一台发条装置）。此外，实验室还为卡夫雷拉制造了一个用于比较温度计的仪器，还有天平用的电磁装置和平衡装置。

实验室协会的活动看起来不多，也不是很重要：比如在托雷斯·克韦多的场地里零星地制作设备仪器、为具体的研究提供帮助等，但是，无论如何，都促进了技术和科学之间的联系。

另一家机构——科研设备研究所的贡献更大。其成立可能要归功于实验室协会的影响，甚至在更大程度上要明显归功于托雷斯·克韦多的行为和思想产生的直接或间接影响。科研设备研究所通过公共教育部 1911 年 3 月 7 日颁布的王室命令创建。安娜·罗梅罗·德巴勃罗斯（1998，1999）研究认为，该机构的成立宗旨就是统筹管理科研采购经费，为国内各公立教育机构（当然也包括国内各公立大学）和其他科研机构（天文台、自然科学博物馆等）统一购买科研设备，在此之前，这些机构一直各自为政。科研设备研究所的设立本身就表明，政府意识到了科学仪器的重要性，以及当前在这一领域存在的不足。原则上，这个新设机构的行动涵盖了所有学科：物理学、化学、自然科学、医学等等。具体来说，科研设备研究所的职能是：

1. 接收各教育和科研机构教学和科研人员的申请。

2. 根据这些申请，结合申请人已获得的资源以及其申请资源的使用目的，向公共教育大臣提出经费安排方案。

3. 促进科研设备的修复、交换或流转，始终考虑所投入用途的益处。

4. 根据教学或科研人员提出的要求，为其提供所有关于购置和使用这类设备的数据，或应委托进行全部或部分新设备的制造。

5. 研究并酌情提出有利于科研设备的获取和保存的修改方案，并在国家总预算中对相应的经费安排做出调整。

值得一提的是这一新机构的管理层人员名单：任命拉蒙－卡哈尔担任主席，玻利瓦尔担任副主席，成员包括：阿马利奥·希梅诺、罗德里格斯·卡拉西多、卡萨雷斯·希尔、穆尼奥斯·德尔卡斯蒂略、托雷斯·克韦多、胡安·拉蒙·戈麦斯－帕莫（Juan Ramón Gómez y Pamo）、费德里科·奥洛里斯－阿吉莱拉、胡安·弗洛雷斯·波萨达、何塞·戈麦斯·奥卡尼亚、爱德华多·米耶尔（Eduardo Mier）、布拉斯·拉萨罗、布拉斯·卡夫雷拉，还有秘书何塞·罗德里格斯·莫雷洛。大多数人的名字已经提到过了，在此无须再介绍其身份；对于其余的重要人物，在此简略介绍一下：希梅诺执教普通病理学，并且是一位大臣；奥洛里斯是执教系统解剖学；还有之前已经提到过的生理学教授戈麦斯·奥卡尼亚，他曾委托实验室协会为他制作过科研设备。

科研设备研究所的运作一直维持到1936年，即使是在1939年以后，西班牙的一些机构中也有它的影子，最明显的是1939年成立的西班牙国家研究委员会下设的托雷斯·克韦多科学材料研究所（Romero de Pablos，1998），该研究所后来更名。

这些能够引导人们正确认识技术和仪器对国家科学发展的重要性的机构纷纷设立，会给人带来怎样的启迪与反思？我的答案，与我在本书中直接或间接给出的对其他问题的回答一样：国内缺少一个既需要科学而又能反哺科学的产业，尽管公共机构能够略微缓解一下这种缺失，但无论其发展导向有多么正确，仍无法完全弥补。科学进步是一个更为复杂的结构，它不仅需要“国家支持”，实践和对“基础”科学的热爱的滋养，还要从“社会力量/工业发展”和科学技术的实际应用中汲取力量。

托雷斯·克韦多对西班牙科学、技术和文化的贡献

在个人层面上，毫无疑问，莱昂纳多·托雷斯·克韦多是个幸运的人，他在科学和技术领域获得了广泛认可。在西班牙，他几乎包揽了一切荣誉：西班牙皇家语言学院科学院士；应用力学实验室和自动化实验室主任，这两家实验室都是西班牙政府特意为他设立的；皇家科学院埃切加赖奖章（1916）；1918年，阿卢塞马斯（Alhucemas）侯爵力推他担任发展大臣，但他拒绝了；他还是西班牙物理和化学学会主席（1920）和皇家科学院院长（1928）。在国外，他是巴黎国际计量委员会的成员（1921），也是国际联盟理事会选出的“国际智力合作与教育问题研究委员会”，简称“国际智力合作委员会”的12名成员之一（1928），同期的成员还有玛丽·居里、亨利·贝格松（Henri Bergson）、阿尔伯特·爱因斯坦、吉尔伯特·A. 默里（Gilbert A. Murray）和乔治·E. 黑尔（George E. Hale）等人；他是索邦大学的荣誉博士（1922）和巴黎科学院的12名副院士之一（1927）。尽管如此，从一个重要方面看，托雷斯·克韦多并没有成功。这最终导致他就像一个鲜有人问津的孤岛，无论有多么了解，都无法与之建立关系。这个重要方面是什么？那就是在技术方面产生真正的影响力，让人们认识到倡导科学技术的文化对西班牙社会的重要性。无论如何，托雷斯·克韦多留下了许多“种子”，但真正被利用的却很少。托雷斯·克

韦多是扩展科学教育与研究委员会的成员，但这并不意味着委员会重视技术的发展，尽管委员会支持创建国家实验室，但最终实验室也未能问世。他有很多令人瞩目的发明和技术应用，但其追随者寥寥无几。他的科学技术成就在同时代无人能及（埃米利奥·埃雷拉或胡安·德拉谢尔瓦的成就可能与之相近，但涉猎面不如他广泛）。可以说，莱昂纳多·托雷斯·克韦多实质上是一个身在自己国家的异国人。

西班牙皇家语言学院成员托雷斯·克韦多

几乎任何事物都需要用语言进行表达，科学也一样，需要遣词造句、使用术语来归纳总结和描述其内容。卡斯蒂利亚语①/西班牙语与科学之间的关系是一个非常重要的问题。在这方面，莱昂纳多·托雷斯·克韦多希望做些贡献。1920 年 3 月 4 日，在何塞·罗德里格斯·卡拉西多、卡洛斯·玛丽亚·科尔特索和林业工程师兼政治家胡安·纳瓦罗·雷韦特尔（Juan Navarro Reverter）联合提名他为候选人一个月后，他成功当选为西班牙皇家语言学院成员。但托雷斯·克韦多的演讲稿只有寥寥数语，很快就读完了。[13] 正如我们前面（第 14 章）提到过的那样，他的演讲是在 1920 年 10 月。与其说是一次演讲，不如说是在介绍他非常得意的一个项目（也是在第 14 章中介绍过的），即“西班牙语美洲科学文献和技术国际联盟”项目。事实上，这位天才发明家一直不善言谈。他没有埃切加赖②的文学功底，也没有爱德华多·萨阿韦德拉的语言功底。他在演讲中提道：“在你们这个睿智博学的社会里，我永远是个从偏远地方来的异类；我没有文学、艺术和哲学素养，甚至没有科学素养，至少是没有高深的科学素养。我干的活儿要卑微多了。我的一生都在忙着解决实用力学的问题。我的实验室就是个比普通锁匠作坊更复杂一点、设施更完备一点的作坊；但也跟任何其他作坊一样，都是用来设计和制造机械机构的。”

而罗德里格斯·卡拉西多在欢迎托雷斯·克韦多加入皇家语言学院的致辞中，

① 卡斯蒂利亚语经常被用来指代西班牙的西班牙语。——译者注

② 何塞·埃切加赖（José Echegaray，1832—1916），西班牙土木工程师、数学家、政治家，19 世纪末期西班牙最杰出的剧作家。——译者注

在谈及科学技术在学术界的地位时，言辞间也提到了这一点（Carracido，1920：23-24）：

“无法直接通过语言表达的东西，就无法得到深入理解，如果说已经应用到商业和生活中的科学新事物已经将新颖性注入到了通俗词汇中，那么刚刚起步的研究则会继续催生新词汇，需要精通技术的人才来对这些新词进行准确的定义。

学院察觉到这种需要后，迅速召集学术人才开展这项工作，这不是现在才开始的，而是过去早就在做了，其工作成果体现在我们不断更新的《词典》版本上；但是受传统影响，被召集从事这项事业的人才都具有非凡的文字素养。埃切加赖除了物理学家和数学家身份外，还是一位杰出的戏剧家；萨阿韦德拉不仅是一位杰出的工程师，还是一位了不起的语言学家，而科尔梅罗身兼自然学家、历史博古学家和书志学家数职。而我们的学院，被不公正地打上了古板的烙印，预见到了未来语言工作的要求，凭一己之力，抛开传统的顾忌，适应时代变化，用托雷斯·克韦多取代加尔多斯[①]，许多绝妙装置的发明者，西班牙科学界的荣誉和骄傲，而不要求他证明在堆砌华丽辞藻方面的天赋。”

① 贝尼托·佩雷斯·加尔多斯（Benito Pérez Galdós，1843—1920）。西班牙作家，19 世纪西班牙现实主义小说的代表人物。自 1897 年起担任皇家语言学院院士，并于 1912 年获得诺贝尔奖提名。——译者注

第 16 章

内战与流亡

为了摆脱背井离乡的愁苦，也为了谋生，我重操旧业，渐渐地，我开始找回对叙事写作这个老本行的热爱。对于蜷缩在巴黎一角的我来说，西班牙与战争仿佛就在当时当下，犹如鲜活的血肉，唤起了我纯粹的回忆。

曼努埃尔·查韦斯·诺加莱斯（Manuel Chaves Nogales）

《血与火》（*A sangre y fuego*，1937）序章

西班牙第二共和国实际存续了 8 年，其中后 3 年逐渐陷入内战的泥潭。所以说，其存在犹如昙花一现。但就在这短暂数年中，西班牙推行了大量的社会举措，甚至包括激进的政治革新。然后，在科学方面，第二共和国没有什么大的建树。这首先是因为，当时西班牙科学需要的是巩固其初期成果，特别是自 20 世纪初以来，在再生主义的推动下，西班牙科学研究取得的进展。共和国不是很重视和支持科学研究，也没有将把西班牙打造成为科技大国所急需的一切都落实到位，但即便如此，也为西班牙今后的科学技术发展奠定了基础，播下了希望的种子。科学的发展需要时间，没有什么神奇的秘方能让一个国家一夜之间变成世界科学强国。而共和国缺少的恰恰就是时间。

这就是为什么第二共和国时期的科学史总的来说并不是一部破旧迎新、新潮迭起的历史，在这段时期，基本没有成立什么新机构，也没有出现新的有影响力的人物。政治事件时有发生，阻碍和打断了科学研究的发展进程，一些科学界知名人物的科研热情被打压，人生轨迹发生了改变。我这里说的不是流亡时期，甚至不是战争年代，而是在说“和平”时期。

共和国在教育领域大力发展的是初等和中等教育而非高等教育，但高等教育才与一个国家的科学能够健康发展密切相关。共和国第一任公共教育部长马塞利诺·多明戈（1884—1939），在投身新闻业和政界之前曾从事过教学工作，他担任部长后，将主要的工作精力用于制定出一项宏大的学校建设和教学创新政策上。共和国建国伊始，西班牙大约有 33000 所学校，估计还需要再建 27000 所。为实现这一目标，第一步就是要为新学校提供师资力量，为此，需要改革教师培养机制，因此，1931 年 9 月 29 日，政府出台了一项新的师范院校现代化计划；1932 年，国家成立了初等教育中央监察司，并根据《宪法》第 26 条的规定，在 1933 年 6 月 2 日下令从该年 10 月 1 日起，禁止宗教团体执教。

以上是年轻的共和国的一些工作侧重点。然而，公平地说，共和国不是不想对大学进行改革。马塞利诺·多明戈（1934）表示：“大学需要进行深度转变。从大学的数量、大学院系的数量到教学大纲；从大学纪律维持方式到教师遴选形式；从大学内部组织架构和大学与国家的关系到大学所承担的社会和科学使命，都要进行根本性的变革。”但是由于教育改革经费主要都投入到了初级教育方面，国家拿不出钱来进行大学改革，因此成效不显。

不管怎么说，西班牙还是在 1931 年 9 月 15 日通过了一项大学改革法（但其正式颁布被推迟到了 1933 年 3 月），旨在革新大学教育体系，采用更现代的教学和科研标准，为此，哲学和文学系、药学系和理学系在不久之后就引入了新的教学大纲。其中，共和国领导人对哲学较为重视，哲学系是最早也是最彻底贯彻执行制定的方针的院系。因此，在 1931 年 9 月政府开始推行学术自治制度后，马德里大学和巴塞罗那大学的哲学和文学系作为试点率先实施。理学系却没有采用这种制度。后来，在 1933 年 9 月 7 日，巴塞罗那大学（依据《加泰罗尼亚自治法》）取得了自治权，但这对加泰罗尼亚的科学进步也没有多大作用。无论如何，当谈及“西班牙的大学复兴”时，我们必须记住，在共和国时期之前，西班牙已经采取了一些推动其现代化的措施，马德里大学的情况尤其如此。事实上，在 1927 年，大学城建设委员会就已经成立了，1932 年进行了首批搬迁。

内战与流亡

1936—1939 年的内战极大地扰乱了西班牙社会的生活，其影响力不仅体现在那段艰难岁月中，也波及了接下来的几十年：内战的影响是如此深远，以至于即使在我写下这些文字的现如今，在劫持了西班牙民主的那个人（佛朗哥）去世四十多年后，他的“影子”还没有在西班牙政治和社会中完全消散。科学界跟其他任何领域的情况都一样，科学家们也深受其害。要评估受影响程度如何，不光要看内战和流亡的那些年，还要看后续的发展。

在这一章中，我不打算巨细靡遗地一条条列举内战在科学领域造成的后果，而只是尝试用个别例子来说明一些事实和想法，不过我在文中还是会偶尔扩展一下，比如介绍一下当时科学政策这类在接下来的章节中将要涉及的问题。[1]

首先需要指出的是，西班牙内战有别于其他战争的一个方面。战争，尽管骇人听闻，但不是必然对科学的发展有害，20 世纪的情况尤其如此，这在之前也不是没有先例，我们在前面的章节中也曾谈到过一些。在这方面，两次世界大战就是典型的例子，第一次世界大战被称为“化学战”，第二次世界大战则是雷达和核战争。科学在战争中展现出来的对取胜的重要作用，促使各国政府在战后高度重视科学。而西班牙内战则非如此。科学在内战中起到的作用微乎其微；如果非要说有，也只能是 1914—1918 年“一战”期间开展的一些研究，比如说通过声音来查探敌方的炮台位置（声音测位器），其他的就很少了。

还有一点需要澄清的是，尽管在佛朗哥将军领导的叛军获胜后被边缘化或流放的科学家绝大多数都是我们所谓的自由派人士或者说“左派”，但也有很多持其他政治倾向的科学家，或者仅仅是温和的保守派或自由主义者也遭到了流放，这部分人虽然相对较少，但确实也有，主要发生在战争时期。此外还有民族主义者，比如流亡到阿根廷的埃斯特万·特拉达斯。

西班牙科学界的相当一部分精英群体被迫流亡，这成了一场真正的科学浩劫。绝大多数流亡人士都到了拉丁美洲，特别是墨西哥。生物医学（其中包括从简单的临床实践到生理学、药理学和生物化学，以及精神病学）是受影响最大的学科。甚至有人声称，到战争结束时，有 500 名西班牙医生流亡到了墨西哥，但是，即使不看流亡的人数，单纯只看奥古斯特·皮－苏涅尔、皮奥·德尔里奥·奥尔特加、何塞·普切·阿尔瓦雷斯、伊萨克·科斯特罗、古斯塔沃·皮塔卢加、安赫尔·加马或塞韦罗·奥乔亚这些人名，就能知道这些学科在西班牙受到的沉重打击。

西班牙的自然科学界领军人物纷纷流失。据传扩展科学教育与研究委员会前主席、伟大的昆虫学家伊格纳西奥·玻利瓦尔尽管已是耄耋老者，但仍选择远离了故土，以便能“体面地老去”，尽管传言可能不实，但无论如何也算是留下了美好的传说。他的儿子坎迪多·玻利瓦尔（Cándido Bolívar），当时的马德里大学理学系环节动物学教授，也陪他流亡到了墨西哥。另一位知名学者奥东·德布恩，在八十岁高龄被迫远离故土，流亡到墨西哥，跟玻利瓦尔一样，他的儿子拉斐尔·德布恩·洛萨诺（Rafael de Buen Lozano）陪他一起流亡。拉斐尔·德布恩·洛萨诺后来在拉丁美洲的公共卫生领域发展起了自己的事业。奥东·德布恩在内战期间的经历十分坎坷，最终可谓以悲剧收场。1936 年 9 月中旬，德布恩在马略卡岛的帕尔马（他从巴塞罗那来到帕尔马，认为该地较为安全）被“国民军”逮捕，并在当月 26 日被监禁。当时他已经 73 岁了。他在监狱里待了将近一年的时间。1937 年 8 月 9 日，他在巴伦西亚港与卡门·普里莫·德里维拉（Carmen Primo de Rivera）通过交换获释，卡门·普里莫·德里维拉是长枪党创始人何塞·安东尼奥·普里莫·德里维拉和长枪党的妇女部创始人皮拉尔·普里莫·德里维拉的妹妹。

被流放的“学二代”还有物理学家尼古拉斯·卡夫雷拉·桑切斯，他陪同他的父亲布拉斯流亡到了巴黎，他们没有将西班牙语美洲作为目的地的原因，我将在第 17 章进行解释，讲述他在法国、英国和美国的事业发展以及回到西班牙的经历；还有生物学家恩里克·里奥哈·洛比安科，他在墨西哥继续他父亲何塞·里奥哈的工作，我们之前说过，何塞·里奥哈曾接替冈萨雷斯·利纳雷斯担任桑坦德海洋生物研究所所长，在西班牙第二共和国期间，他曾担任过国家文化委员会的委员，之后又成为该委员会的副主席。

另一位不应被遗忘的流亡者是何塞·夸特雷卡萨斯。1937 年，由于植物园园长一职空缺，扩展科学教育与研究委员会任命他为园长，但他并没有在这个职位上待很久，1938 年 7 月，政府通过公共教育部的文化关系委员会委任他作为共和国代表，参加波哥大建城 100 周年展览。[2]他在波哥大期间十分活跃，开展了大量工作，哥伦比亚政府想招揽他，聘请他开展一场声势浩大的哥伦比亚开发探索运动，他原则上接受了这个提议，但要得到共和国政府的授权。但最终未能得偿所愿，1939 年 1 月中旬，他踏上了归途。2 月，他抵达巴黎，但由于内战，他无法返回西班牙。于是他又回到哥伦比亚，在波哥大国立大学的植物研究所一直执教到 1942 年，之后他又去了哥伦比亚第三大城市卡利，成了卡利热带农业学院第一任院长（1942—1943）。1947 年，他离开哥伦比亚前往美国，在芝加哥自然历史博物馆工作到 1955 年，之后成了设在华盛顿的美国国立博物馆（史密森学会）的一员，在那里主持开展“新热带植物群”研究项目，直到 1977 年退休。他在美国联邦首都去世。他的履历清楚表明了西班牙因他的流亡而失去了什么。[3]

我们在前面已经提到过，安东尼奥·德苏卢埃塔将遗传学引入了西班牙，而这个学科也因内战而停滞不前。但其领军人物苏卢埃塔并不是被流放，而是在内战结束后，他被指控加入了左翼共和派，签署了一些支持共和国的宣言。于是，他被制裁，甚至被禁止进入他的实验室。后来，得益于皇家科学院控制的卡塔赫纳伯爵基金会的教授岗位，他得以重返科研岗位并兼任教学工作，但其研究成果却乏人问津。他的兄弟路易斯曾是共和国政府高官的事实对他并无助益，他本人对查尔斯·达尔文思想的大力宣传也一样，因为战后反达尔文主义的呼声高涨，《真理与信仰》（*Razón y Fe*）、《思潮》（*Pensamiento*）、《托马斯主义科学》（*La Ciencia Tomista*）或《真理与生活》（*Verdad y Vida*）等宗教类刊物的回响尤为激烈。[4]

在讨论内战后物理学的败落状况时，必须要正视流放本身的影响，因为就像我们在第 13 章所说的，这一学科在当时的西班牙已经显现出其发展颓势。诚然，布拉斯·卡夫雷拉这样的物理学泰斗也被迫流亡，但是这位国家物理化学研究所所长在离开西班牙时已经年迈体弱，用尽了他的科研潜能。至于马德里大学数学物理学教授、马德里天文台台长、天文学家佩德罗·卡拉斯科·加罗雷纳（Pedro Carrasco Garrorena），他一直未能在国际上打响名声；至于曼努埃尔·马丁内斯－里斯科，可以说他在流亡巴黎期间取得的科研贡献可能要比他在马德里执教时还多得多，因为他在马德里时将很大一部分精力放在了政治运动上。阿图罗·杜佩列尔的情况也大致如此，我们在下文将会看到，他的宇宙射线物理学研究，主要是在英国而非马德里完成的。米格尔·卡塔兰在国内遭受的放逐则是另一种不同的境遇。可以说，这些科学家的流失意味着西班牙物理学人才出现了断层，这比他们本身无法再为物理学研究做贡献所造成的后果还要严重。

化学也受到了影响，主要是因为在内战期间任共和国政府火药和爆破部门负责人的恩里克·莫莱斯，比卡夫雷拉的能力更强、想法更多，还有一个原因就是流亡化学家中有很多是像安东尼奥·马迪纳贝蒂亚、奥古斯托·佩雷斯－比托里亚或者安东尼奥·加西亚·巴努斯这样专业过硬的研究员和教师。

在数学方面，对今后影响最大的就是数学研究实验室最年轻有为的成员，路易斯·桑塔洛被流放，他在内战期间曾是共和政府军负责培训新航空指挥官的数学教师，在阿根廷定居后，他成为阿根廷科学院的院长，在全球微分几何等领域的享有盛誉；此外还有佩德罗·皮·卡列哈和曼努埃尔·巴兰萨特等不容忽视的数学专家。

扩展科学教育与研究委员会在内战初期几个月的情况

如果说扩展科学教育与研究委员会是20世纪前期西班牙最重要的（科研）机构，那么自然要问内战对它的影响是什么。

如果说有什么机构能一直与曼努埃尔·阿萨尼亚、费尔南多·德洛斯里奥斯、胡利安·贝斯泰罗或者路易斯·德苏卢埃塔等共和派政治家有联系，那就是扩展科学教育与研究委员会，许多人从那里受益［阿萨尼亚在1911—1912年在巴黎期间，从委员会领取过6个月的津贴；贝斯泰罗在1908—1909年和1913年分别在慕尼黑、柏林和巴黎通过该委员会领取津贴；德苏卢埃塔在 1924—1925 年在法国、瑞士、奥地利和意大利都通过该委员会获得资助；德洛斯里奥斯在 1908—1911 年在德国逗留期间，通过该委员会领取津贴，1915 年，他在委员会的资助下出版了《安道尔人民的生活与制度：领主制下的生存模式》（*Vida e instituciones del pueblo de Andorra. Una supervivencia señorial*）一书]。大家都支持这个机构，但没有采取什么特别的措施，而是努力使其保持并不总是能够享受到的正常生活。但是当叛乱发生时，委员会也受到了重创。

当教师协会理事会于 1936 年 8 月 18 日换届时，只有属于人民阵线的政党成员才能加入，他们决定征用扩展科学教育与研究委员会的大楼，并开始清洗其人员。部分左翼教职工对委员会持怀疑态度。何塞·卡斯蒂列霍的遭遇众所周知，他被自己认识的教授从家里带走，以"散步"为名企图暗杀他（加梅罗·梅里诺，1988 年和克莱尔蒙特·德卡斯蒂列霍，1995 年）。他被带到历史研究中心和扩展科学教育与研究委员会所在地——位于梅迪纳塞利大街上的旧冰宫，逼他交出钥匙和文件。当时卡斯蒂列霍在委员会已经没有权力了，因为他早已卸任秘书一职，转而担任国家科学研究和改革试验基金会主席。多亏巴尔内斯部长、拉蒙·梅嫩德斯·皮达尔、保利诺·苏亚雷斯（学生公寓的医生）和其他朋友的干预，事情得到了解决，卡斯蒂列霍流亡到了伦敦，由于担心局势不稳，他已经提早数日将家人送到了那里。[5]扩展科学教育与研究委员会的备忘录从某些角度对与此事有关的一些行动进行了更为清晰的记录。无论从这件事本身看，还是作为委员会此后面临的诸多问题的第一个例子，都有必要将备忘录中的相关段落抄录下来：

> 紧接着，玻利瓦尔先生（扩展科学教育与研究委员会的主席）报告了人民阵线学院教师协会的几位成员试图查封委员会的情况，为此，他们与公共教育部长先生进行了会晤，在会上这些人针对委员会的改革以及与局势相关的一些问题发表了看法。针对第一点，这几人在得知几天前部长已经将原先的一些成员解职后表示满意。针对第二点，他们只要求提供最近三次的津贴申请者以及最终领取到津贴的人员名单。理事会要求秘书处立

即提供这一信息。与会人员同意次日再次开会，以确定向该部提名的人选，以取代被解职的成员。

1936 年 8 月 28 日，扩展科学教育与研究委员会进行了改组。伊格纳西奥・玻利瓦尔成了委员会主席，语言学家托马斯・纳瓦罗・托马斯担任秘书（1936 年 10 月 23 日他将被任命为国家图书馆馆长）。被解职的成员有：卡萨雷斯・希尔、胡安・德拉谢尔瓦、阿马利奥・希梅诺（委员会的创始部长）、伊诺森西奥・希门尼斯、路易斯・德马里查拉尔（Luis de Marichalar）、何塞・马尔瓦（José Marvá）、加夫列尔・毛拉、桑切斯・德托卡（Sánchez de Toca）、哈科沃・斯图尔特－法尔科（Jacobo Stuart y Falcó）、何塞・玛丽亚・托罗哈和胡安・萨拉格塔（Juan Zaragüeta）。新成员包括安东尼奥・马迪纳贝蒂亚（同日他还被任命为马德里大学药学系主任）和路易斯・希门尼斯・德阿苏亚（Luis Jiménez de Asúa）。继续在委员会任职的有：梅嫩德斯・皮达尔、托雷斯・克韦多（于 1936 年 12 月去世）、曼努埃尔・马克斯（Manuel Márquez）、阿尔瓦雷斯・德索托马约尔（Álvarez de Sotomayor）、何塞・玛丽亚・卡斯特利亚尔瑙、加西亚・塔皮亚和特奥菲洛・埃尔南多（Teófilo Hernando）。这些职务的象征意义远大于实际意义，因为从前面的引文中可以看出，委员会已经丧失了大部分的自主权。

1936 年 9 月，法学家、历史学家、政治家和共产党员、公共教育和艺术部副国务秘书文塞斯劳・罗塞斯・苏亚雷斯（Wenceslao Roces Suárez）宣布所有海外津贴已经到期失效，所有公派人员必须在 15 天内回国，但 7 月 18 日以后由共和国派遣的人除外。有人要求补贴回程的费用，比如说需要从德国回来的达马索・阿隆索（Dámaso Alonso），但他们被告知，他们会在“各自在忠于共和国的区域内的住所”收到钱，部长在那里不再与体制机构有关，因为人民阵线的何塞・埃尔南德斯・托马斯在 1936 年 9 月 4 日接替弗朗西斯科・巴尔内斯担任部长一职。根据 1936 年 9 月 1 日的法令（参见 10 月 2 日的《马德里公报》），共和国政府下令成立国家自然科学研究所，该研究所将人类学博物馆、植物园和国家自然科学博物馆整合在一起，以加强它们之间的联系，并且接管了它整合的这些机构原先与扩展科学教育与研究委员会的关系。

但维持正常状态变得越来越困难，因为反叛政府已经开始在所有教育领域进行清洗，并在 1936 年 11 月 8 日的法令中正式宣布了这一点，由于担心马德里沦陷，拉尔戈·卡瓦列罗（Largo Caballero）决定在 11 月 6 日将政府迁到巴伦西亚。数日前，即 10 月 31 日，一些知名知识分子起草了一份题为《西班牙知识分子呼吁国际良知》的宣言，并于次日在包括《马德里社会主义报》在内的各种报纸上发表。宣言签署人包括何塞·高斯（José Gaos）、何塞·桑切斯·科维萨（José Sánchez Covisa）、拉蒙·梅嫩德斯·皮达尔、恩里克·莫莱斯、豪尔赫·弗朗西斯科·特略（Jorge Francisco Tello）、奥古斯丁·米利亚雷斯（Agustín Millares）、曼努埃尔·马克斯（Manuel Márquez）、安东尼奥·马迪纳贝蒂亚、胡安·德拉恩西纳（Juan de la Encina）、托马斯·纳瓦罗·托马斯、何塞·莫雷诺·比利亚（José Moreno Villa）、特立尼达·阿罗约·德马克斯（Trinidad Arroyo de Márquez）、佩德罗·卡拉斯科、安东尼奥·德苏卢埃塔、何塞·夸特雷卡萨斯和维多利奥·马乔（Victorio Macho）。宣言内容如下：

> 反对法西斯暴行。
>
> 西班牙知识分子呼吁国际良知。
>
> 我们对昨日在马德里发生的惨剧深表触动和震惊，我们必须呼吁国际良知，抗议对我们的城市进行空中轰炸的野蛮行为。作为作家、研究人员和科学家，我们原则上反对一切战争。但是，即使是不得不面对战争这个痛苦的现实，我们也知道，无论战争有多么残酷，都不能打破法律和人类的底线。虽然我们远离战火，但面对妇女、儿童和手无寸铁的平民在街道上被飞机炸弹炸飞的可怕景象，我们绝不能保持沉默，我们的良心也不能无动于衷，因为人们本以为这个城市是和平的，不会有什么危险，而轰炸却恰恰发生在街上人流最大的时候。我们一直以自己身为西班牙人而自豪，我们对这种暴行感同身受。我们必须向我们的国家和全世界发出呼吁，这种没有任何军事目标或任何战斗目的，仅仅是出于一种残暴的杀戮欲望的行为，必须受到全人类的抵制。

高校、科学和文化机构迁往巴伦西亚

1936 年 11 月 23 日，共和国政府迁至巴伦西亚后不久，下令让知识分子们离开马德里。人民民兵第五团根据保卫马德里委员会的指示，组织了一些最著名的教授和思想家的撤离，他们于 10 月 24 日离开首都。[6] 同日，在《工人世界》(*Mundo Obrero*，第 283 期）上刊发了标题为《人民关切如何从法西斯暴行中拯救科学、艺术与文化》的宣言，内容如下：

> 我们这些拥有西班牙和外国大学学位的学者、教授、诗人和研究人员，当马德里人民为捍卫西班牙自由而战，强迫我们离开马德里，以便我们的研究工作不会中断，让我们在工作中不会像西班牙首都的平民们一样遭受炸弹袭击时，我们从未如此深刻地感受到我们是扎根在祖国这片土地上；当我们看到，为了拯救国家的艺术和科学宝藏，为了西班牙的利益而不惜牺牲自己生命的民兵们，不遗余力地保护着我们图书馆里的书籍和实验室里的资料，不让外国飞机在我们的文化建筑上投下炸弹时，我们从未如此深刻地感受到自己作为西班牙人的身份认同感。
>
> 我们想表达这种满足感，它使我们在全世界和所有文明的人类面前，作为人、作为科学家和作为西班牙人而感到荣幸。

宣言的签署人如下：安东尼奥·马查多，诗人；皮奥·德尔里奥·奥尔特加，癌症研究所所长，国外数所大学的名誉教授，近期接到蒙特勒大学的邀请；恩里克·莫莱斯·奥尔梅利亚，中央大学教授，国家物理和化学研究所所长，马德里、布拉格和华沙科学院院士，物理和化学学会秘书长；伊西多罗·桑切斯·科维萨（Isidoro Sánchez Covisa），医学院士，全球最知名泌尿科医生之一。安东尼奥·马迪纳贝蒂亚·塔武戈，药学系教授，物理和化学研究所有机化学部负责人；何塞·玛丽亚·萨克里斯坦，精神病学家，先波苏埃洛斯（Ciempozuelos）精神病院院长，卫生局精神卫生部门负责人。何塞·莫雷诺·比利亚（José Moreno Villa），诗人、画家，在国内外享有盛誉；米格尔·普拉多斯·苏奇（Miguel Prados Such），卡哈尔研究所研究员，精神病学家；阿图罗·杜佩列尔·巴列萨，中央大学地球物理学教授，国家气象局特别研究部门的负责人，西班牙物理和化学学会主席。

知识分子们和扩展科学教育与研究委员会被安置在名为“文化之家”的地方，位于原先的皇宫酒店，该酒店被全国劳工联合会的全国水电气总工会征用并转让。[7]

《新文化与马德里》（*Nueva Cultura y Madrid*）杂志、《文化之家文录》（*Cuadernos de la Casa de la Cultura*）杂志都有几期是在文化之家出版的。其中，在《文化之家文录》上刊发过玻利瓦尔、莫莱斯、里奥哈、希利·加亚（Gili Gaya）、纳瓦罗·托马斯、杜佩列尔、罗德里格斯·拉福拉、萨克里斯坦和卡拉斯科·加罗雷纳（Carrasco Garrorena）的文章，其中大多数都得益于委员会的支持。莫莱斯发表的《气体密度 20 年研究总结》一文引人瞩目，他在文中回顾了自己从 1916 年开始的关于气体分子量和由此推导出的原子量方面的研究，他当时写道（Moles，1937：33）：

> 盟军（当时处在）困难时期。日内瓦，无数想逃离战争的人士涌入的这块和平净土，已经感受到了这场近在眼前的可怕冲突带来的困难和短缺。经过 12 个月的紧张工作，我在我的导师 A. 居伊（A. Guye）博士的支持下，于 5 月份完成了《氢溴酸气体的正常密度：溴原子量》一文，将之作为我的学位论文，顺利得到了物理学博士学位。1917 年秋天，我回到马德里后，将在日内瓦学到的新技术引入到了老旧的物理研究实验室中，使之没有中断，并不断得到改进和完善，我和我的合作者一直在实践，直到现在。

接着，由于文章的时间跨度限制，他补充说：

> 1936 年。西班牙共和国正处在困难时期。巴伦西亚，收容了从沦陷的城市撤离的人们的这片和平净土，已经开始感受到了这场近在眼前的可怕

冲突带来的困难和短缺。经过过去 12 个月富有成效的紧张工作，我终于可以将我一直以来的重要研究成果汇总成三篇报告，分别在维也纳、布拉格和巴黎发表。

阿图罗·杜佩列尔则发表了两篇文章:《论大气层中的电》(Duperier，1937）和与何塞·玛丽亚·比达尔合作发表的《马德里的大气电导率》(Duperier y Vidal，1937)。[8] 第一篇文章是 1937 年 1 月在巴伦西亚完成的，第二篇完成于同年 3 月。这两篇文章都没有提到西班牙的情况。令人感慨的是，文章作者努力想要维持科学处于正常状态的表象，当然，这种正常状态并不存在，而且在很长一段时间内都不会存在。

1936 年 12 月，扩展科学教育与研究委员会在巴伦西亚成立了一个代理委员会，负责继续推进委员会的工作；委员会由曼努埃尔·马克斯任主席，托马斯·纳瓦罗·托马斯担任秘书，成员包括何塞·莫雷诺·比利亚和维多利奥·马乔。马德里大学已经部分搬迁到这个港口城市，但教学和研究却越来越遥不可及。1937 年 1 月 13 日在巴伦西亚举行的委员会会议的记录就有力地说明了这一点:

随后宣读了公共教育副国务秘书办公室的来文，其中规定了委员会各中心人员名单的形成应遵守的规则，其内容如下:“本部决定，所有活动和科研工作都应继续进行，或根据当前的实际情况尽可能恢复，当然，要把能够直接或间接满足战争需要的工作放在首位。公共教育和艺术部将提供一切必要的手段来促进各领域的科学活动和研究，特别是那些由委员会指导开展的活动和研究”。

同年，即 1937 年，扩展科学教育与研究委员会所隶属的上级部委更名为“公共教育和卫生部”，其工作重心更多被放在了卫生方面而非教学和科研。不管是委员会这个机构本身还是作为思想家的委员会成员们实际上都已经无事可干。有些人参与到了对工人和士兵的扫盲和思想改造的文化活动中。

1937 年 9 月 6 日，共和国政府部长会议主席下令（《共和国公报》，1937 年 9 月 9 日），除了在马德里留下必要的人手来“看守建筑物、看管档案和提供必要的服务”外，“各部委其他公职人员都必须在十五日内按要求搬到指定的目的地，没有明确指定的，统一前往巴伦西亚”。扩展科学教育与研究委员会也在按要求搬迁之列。1937年11月，代理委员会迁至巴塞罗那，并于11月27日在那里举行了第一次会议。

早在扩展科学教育与研究委员会按要求迁往巴塞罗那之前的近一年时间里，已经开始采取措施将其各个中心从马德里迁出。这样，在 1936 年 11 月，公共教育部要求时任卡哈尔研究所所长弗朗西斯科·特略将研究所搬到巴伦西亚的文化之家，但卡哈尔的弟子拒绝了这一要求。

之后，为了从佛朗哥的“大清洗”运动中“洗清”自己，特略在 1939 年发表了一份声明，他在声明中自己提到了这些事，不过从某个角度看，在当时的情况下，我们也无从知道他说的是真是假（González Santander，2005：124）。

> 我的抗拒不从，使得卡哈尔研究所和所里的资料、图书室以及工作人员都没有转移到巴伦西亚。这次转移是研究所的上级主管部门扩展科学教育与研究委员会的要求。虽然这次转移从表面上看是为了促进研究，但它更像是要利用研究所在国际上的非凡声誉来宣传共和派对科学事务的兴趣。马克斯和纳瓦罗·托马斯一再向我传达迁址的命令，但我总是以迁址理由太荒谬来回复。由于我的抵触态度，还有我被任命为医学系临时系主任，经校务委员会同意我获准留在马德里，但研究所的一切都要被带走，包括人员和物资；为此，他们下令，（所里的工作人员）只有到了巴伦西亚才能领到工资。大家都拒绝搬迁，经过多次沟通，委员会只能妥协，将我们留在了马德里。多亏了这样，我们实验室的所有人员、我们的图书室还有卡哈尔研究所的所有出版物都得以保留。

正如我所说的，我们不知道特略当时的艰难处境对那时候他主导的（研究所的）重建究竟有多大影响。然而，纳瓦罗·托马斯向他寄信确有其事，信中的内容显示，这位扩展科学教育与研究委员会的秘书坚持认为将卡哈尔研究所迁往巴伦西亚的原因是可取的（González Santander，2005：113）：

> 我亲爱的朋友，在23日星期六举行的代理委员会会议上，我提到了你的来信。你提出了一些理由，想证明你们所里有些人很难离开马德里，这些我们都考虑到了；但是基于种种原因，我们还是坚持，你们需要转移。当然，其中一个原因恰好就是你提到的费尔南多·德卡斯特罗先生身体不好，还有多明戈·桑切斯先生及其妻子年事已高。正是由于这些原因，我们才认为必须让他们离开那里，因为他们在巴伦西亚或巴塞罗那可以得到更方便的帮助。
>
> 当然，你说他们需要知道自己要去哪里，能在哪里安身，这是当然的。由于政府要从巴伦西亚迁往巴塞罗那，因此有必要了解在这两个城市中，哪一个城市更适合作为研究所的新址。在这种情况下，我认为做决定需要一定的时间。但无论如何，种种情况表明，最好离开马德里。在任何情况下，我们都会尽可能确保实施搬迁的条件，包括照顾好人员和保管好资料。我们一旦有更具体的消息，会尽快告诉你。

流亡中的卡斯蒂列霍的观点：一封致皮霍安的信

何塞·卡斯蒂列霍是亲英人士，并且娶了一个英国女人为妻，所以他选择流亡到英国也就不足为奇了。然而，尽管他远离了自己为之奋斗了近30年的工作场所，但他仍与之前的一些同事保持着联系。我们可以援引在拉蒙·梅嫩德斯·皮达尔基金会中保存的一封他从英国寄出的信。[9]这封信的日期为1937年4月4日，是写给何塞普·皮霍安（Josep Pijoan）的，对他提到的一个工作机会进行了答复。但除此之外，卡斯蒂列霍还谈到了其他的事情，包括扩展科学教育与研究委员会的情况。不管怎么说，他对西班牙局势的看法非常悲观：

3月19日的来信已收悉。您之前已经给我来过一封信，我也作出了答复，原则上我是接受的，非常感谢您的邀请。我说过，我不知道有哪个西班牙人能比那些在这里或在美国工作多年的人英语说得更好。

至于我的情况，既然要写信，我就再补充说明一下。

1. 我仍与在巴伦西亚接手委员会事务的团队保持着联系。纳瓦罗·托马斯和桑图利亚诺（Santullano，委员会副秘书）是这个团队的灵魂人物。他们付出的努力令人钦佩。但是，数百位西班牙科学家在付出了 30 年的不懈努力，即将要开始收获胜利的果实时流落四方，无论左翼还是右翼的主流想法都是破除一切，从头再来，我认为，现在的青年一代似乎是唯一的希望，当然他们也是伟大的力量，还要再花 30 年才能结出成熟的果实。

2. 巴伦西亚方面希望吸引老一辈知识分子，并表现出了对这部分人的亲和，但条件是他们不反对“制度”，莫谈政治。我没有数据来评判巴伦西亚政府班子的实力和他们究竟是否能长久执政下去。可以肯定的是，他们要面对的问题很多也很严峻。他们重视文化，但也有很大的保留。现代革命将工程学称为“文化”。为了实现国家极权，他们需要服从和单一的声音。

3. 基于所有这一切，我认为，在这几年里，对我们国家最有助益的是帮助教育青年一代，因为国家今后四分之一个世纪的领袖将从他们之中产生。在欧洲，没有其他任何国家能提供像英国这样的学术气氛浓厚且安宁的环境来开展这项事业。由于这里收容了被驱逐的德国人才，再加上法国深陷危机，现在这里才是欧洲的智库，至少在战火蔓延到英格兰之前都是如此。因此，如果说在我的晚年能为西班牙尽力做点什么，那就是在这里做一份有助于西班牙的教育和文化工作，并与马德里和各地保持沟通。

4. 我已经写完了《西班牙的教育和革命》一书，但还没有进一步修改润色（该书于同年出版，正式书名为《西班牙的思想战争》）。我已经把它交给了伦敦大学教育学院的院长克拉克教授，由他本人或者某个出版社负责出版。业界泰斗，牛津大学的迈克尔·萨德勒（Michael Sadler）教授已经读过这本书，他给我写了一封信，对此书赞不绝口，当然，也有他与我交情匪浅的因素在里面。

5. 我曾经做过几次关于教育问题的讲座，大家都很感兴趣。上周五在牛津的最近一次讲座，在 4 月 3 日的《泰晤士报》上有报道，登在了报纸第 9 页（最后一段有错别字）。讲座后，很多学校的负责人很快找上了我，让我给老师们讲一讲。还有一位牛津大学的教授，邀请我在下个学期去做讲座。因为我通过在西班牙进行的实验表明，必须要更改学校的课程设置，还要适当调整关于儿童自发性和理性的现代学说，如果对这些学说照本宣科、生搬硬套，那肯定是荒谬的。受我的启发，似乎已经开设了几所这样的学校。

6. 几天前，我与哥伦比亚大学师范学院的坎德尔（Kandel）教授就教育问题进行了简短的交流，并与保罗·门罗（Paul Monroe）教授就世界的政治局势进行了探讨。两人都在一周前去了纽约。最近几个月我手头没有什么已发表的东西可以寄给你。到目前为止，只有一些新闻报道里提到了我的讲座。

你是了解我的，我希望你能不把我看成是一个因为上了年纪图虚名才落到这个境地的人，觉得我有什么重大发现，或者认为我是一个未被发掘的天才。我的教育背景不够硬。从幼儿园到研究实验室加起来，我才有30年的经验；我只是凭着一种批判和质疑的精神，才看到了绝大多数学校的默守成规和落后。

因此，我倾向于从事教育方面的试验性工作和传达教育信息，从而帮助西班牙为以后培养教师、学者和研究人员。

如果你认为卡内基基金会可能对此感兴趣，请告诉我下一步该怎么做。

我认为这里的一些大学会提出建议，但我需要告诉他们应该向谁提出，并提供什么证明文件。

我跟巴黎卡内基基金会欧洲中心的主任马尔科姆·W. 戴维斯（Malcolm W. Davis）先生交情匪浅。我觉得他也很了解我。哥伦比亚大学的肖特韦尔（Shotwell）教授也是如此。

静候佳音。致以真诚问候。

最终，卡哈尔研究所没有从马德里搬走，也没有幸免于战争的波及。1936年11月，研究所的部分场地似乎被一些民兵部队占据，他们在地下室建了一个火药库，在叛军攻占马德里之前，这个火药库一直在运转。根据冈萨雷斯·桑坦德（2005：25）的说法，在西班牙科学的这块宝地上发生的事情，让人了解到了当时的混乱局面：

在围攻马德里之初，驻扎在梅迪奥迪亚火车站的民兵指责卡哈尔研究所从研究所大楼向敌军打信号灯（当时国民军的飞机飞过卡哈尔研究所），因此他们才向其中一扇窗户射击，桑斯·伊瓦涅斯（当时的助理）因为刚从被射中窗户旁边的实验室离开而奇迹般地逃过一劫。由于这个原因，特略被迫拜访了公共教育部长巴尔内斯先生，他给出的解决方案是，特略应该与民兵进行一次会谈，让民兵能进入大楼巡查并在那里设警卫，从而避免这些暴行。在特略的要求下，民兵们进入了卡哈尔研究所的大楼，对大楼进行了搜查，并在那里设了一个警卫队，他们一直占据着这个地方，直到国民军解放了马德里。

皮奥·德尔里奥·奥尔特加的经历也显示了战争的后果。我们前文提到过，他是学生公寓①的组织病理学实验室主任，从 1928 年起，他还担任国家癌症研究所组织病理学实验室的负责人，他的大多数弟子都在那里工作，包括伊萨克·科斯特罗和胡安·曼努埃尔·奥尔蒂斯·皮孔（Juan Manuel Ortiz Picón）。该中心位于大学城的入口处，很快就受到了轰炸的波及。1936 年 11 月 23 日，德尔里奥·奥尔特加接到保卫马德里委员会要他迁往巴伦西亚的命令，他次日便启程。

学生公寓的实验室由曼努埃尔·洛佩斯·恩里克斯（Manuel López Enríquez）接管。“从那时起，所有的科学活动都暂停了，显微镜的光学系统和其他热器具被德尔里奥·奥尔特加博士存放到了西班牙银行。”[10] 1937 年期间，这些物资被用于卫生领域，后来又被拆除。

保住扩展科学教育与研究委员会并非易事，但正如委员会在巴伦西亚所举行会议的记录（严格来说是代理委员会的会议记录）所显示的那样，委员会的领导们都尽力了。1937 年 1 月 20 日，委员会在巴伦西亚举行会议，同意让德尔里奥·奥尔特加搬到巴黎，每月领取 500 比塞塔的津贴，“以便继续进行必要的研究，完成国际抗癌联合会的《肿瘤诊断图谱》中有关神经系统肿瘤章节”。在法国首都，他在萨尔珀蒂耶慈善医院的神经化学服务实验室工作，该实验室由克洛维斯·维桑（Clovis

① 存在于 1910—1936 年的教育机构，位于西班牙首都马德里。——译者注

Vicent）领导，由同样流亡在那里的伊萨克·科斯特罗协助。委员会继续为他提供帮助（例如，在3月22日的会议上，委员会向公共教育部长提议，批准德尔里奥·奥尔特加从巴黎发来的申请，为他寄去一台显微镜和几箱显微镜试剂盒）。事实上，委员会向德尔里奥·奥尔特加提供的支持让他更轻易地离开了西班牙，还是在委员会本身的配合下离开的。就在1937年9月4日，扩展科学教育与研究委员会决定向教育部提议，批准这位来自巴亚多利德的组织学家从巴黎提出的申请，要求到加拉加斯工作一年（他收到了委内瑞拉教育部长的邀请，在加拉加斯的新实验病理学研究所筹建一个组织病理学部门）。然而，他最终还是选择了定居牛津（英国），在那里担任大学讲师和荣誉博士，同时还成了三一学院的荣誉会员。第二次世界大战爆发后，他于1940年8月2日离开英国前往阿根廷，在布宜诺斯艾利斯担任西班牙文化研究所的组织学研究实验室主任，并于1945年在那里逝世。

委员会另一个被战争严重波及的中心就是数学研究实验室，与其他机构一样，这个实验室在1936年的最后几个月搬到了巴伦西亚，自1930年起一直在马德里从事数学分析方面的教学工作的何塞·巴里纳加（José Barinaga，1890—1965）教授负责协调开展实验室的活动。然而，1937年11月，当时已经迁到巴塞罗那的扩展科学教育与研究委员会的代理委员会决定关停该实验室，不过在当时已经回到马德里的巴里纳加的坚持下，代表处在1938年5月同意恢复实验室的运作。

胜利后，巴里纳加在战争期间的活动受到了清算。政府综合档案馆中有文件记载了针对他的清洗，其中详细列明了对他的指控（引自Otero Carvajal，2006：270-273）：

> 1. 在“光荣的民族运动”之前，他就加入了左翼组织和政党［FUEFETE（高校联合会－教育工作者联合会）］，并公开发表过社会主义言论；2. 运动开始后，他未对运动有过任何贡献，相反，他与共和派合作，帮助他们发表数学方面的出版物，并胁迫其他数学家提供原稿，在马德里科学和文学协会讲课，加入了工人学院，还在文化之家的知识分子宣言上签了名。3. 作为这些服务的回报，他在1938年9月被任命为马德里大学秘书。

清算结果就是他的教授职务被解除了，不过，1946 年他又被恢复了职务。

要想保住扩展科学教育与研究委员会留在马德里的那些中心是一个非常艰巨的任务，面临着重重困难。另一个例子就是 1937 年 11 月 6 日特略写给托马斯·纳瓦罗·托马斯的一封信中的内容（González Santander，2005：33）：

我亲爱的朋友：

当研究所的员工们去委员会领津贴时，发现所有的办公室都关了，还贴上了封条。然后他们联系到了目前在马德里给公共教育部门的工作人员发放工资的负责人，这人表示，他没接到过给他们发钱的指令。他们又来找我，我立马给你写信，请你告诉我怎样才能帮这些员工领到津贴，他们中大部分人都急需这笔钱。

但纳瓦罗·托马斯当时人在苏联，特略只能求助于当时已经搬到巴塞罗那办公的委员会副秘书路易斯·阿尔瓦雷斯·桑图利亚诺。看起来，按照公务员搬迁令的要求，工资只能先在巴伦西亚支付，后续统一都改为在巴塞罗那支付。即便如此，最终还是从巴塞罗那将工资汇到了马德里。后来，为了避免此类问题，并配合委员会继续在首都（马德里）继续开展工作，1938 年 10 月，代理委员会在马德里又设立了一个副代表处，由路易斯·卡兰德雷博士担任负责人。

另一份有助于了解扩展科学教育与研究委员会当时境况的文件，就是委员会秘书托马斯·纳瓦罗·托马斯在 1937 年 1 月 21 日从巴伦西亚写给梅嫩德斯·皮达尔的信：[11]

亲爱的拉蒙先生：

我在几周之前就跟我的妻子和女儿们来到了巴伦西亚。我住在教育部为从马德里疏散到这里的知识分子们临时安排的住所里。尽管我们每个人都忧心忡忡，但我们大体上还不错，比较满意。教育部，特别是罗塞尔（Rocer）很关心我们，很周全地照顾我们的方方面面，不仅提供了工作上的各种便利，甚至还照顾到了我们的家人。

我们这些共同生活在文化之家的人，打算合作出版一些东西。“(文化之)家”这个名称虽然有些迂腐，但我们也要让它名副其实。我们的出版物不会是普通的杂志，而是把各种学术论著糅合在一起。这些文献会反映出我们这群生活在同一个屋檐下的人的特殊境况。

我正忙着推进委员会的各项事务，尽力让工作不会停滞不前，也不让人才们闲置下来，让他们能重新在工作岗位上发光发热。教育部非常支持我们继续开展（学术）活动。由于有些事单凭我一个人不能做决定，因此我提议，从已经来到巴伦西亚的成员里选举组建一个临时委员会。教育部批准了我的提议，指定由马克斯博士担任主任，并由莫雷诺·比利亚和维多利奥·马乔担任委员。

我们保住了埃尔南多印刷厂已经装订好的《西班牙语言学期刊》（*Revista de Filología Española*），打算近日进行刊发。我们还在筹办另一份文集，即将在巴伦西亚完稿。蒙特西诺斯和达马索·阿隆索都已经投入到工作中了，尽管还有很多人员缺口，但我们会尽力维持期刊的连载。我们已经适应了在巴伦西亚的节奏，要是（研究）中心的物资在这里的话，我们都能正常投入工作了。

我们还把胡利安·邦凡特带到了巴伦西亚，负责继续《荣誉头衔》（*Emérita*）这本科学期刊的编辑发行。拉佩萨一直不想离开马德里，因为家人的缘故，他无法离开那里。于是西班牙教育工作者联合会（FETE）让他留守在那里，负责看守联合会。

他告诉我，你所有的手稿、术语库和语料库文件、艺术部门的档案以及语音设备都被放到地下室了。所有的图谱册子都被第五团带到巴伦西亚了。我觉得希利·加亚也要来了，他要到巴伦西亚学院工作。

除了为文化之家的杂志投稿外，我还计划在大学开设一门语音学课程，并与文化之家的伙伴们共同筹办一系列讲座。我还负责档案组的工作，并抽时间参加俄语课程，学习俄语的变格和变位。

费尔南德斯和他的一位助理协助我开展委员会秘书处的工作。桑图利亚诺也会协助我，但是他已经被委派负责学校督查工作，因此不再担任副秘书一职。

在此向您和您的家人问好。

T. 纳瓦罗·托马斯 敬上

拉斐尔·拉佩萨在一封信里写得更为细致，正如在前面纳瓦罗·托马斯的信里提到的那样，拉佩萨留在了马德里，继续在历史研究中心工作。1937 年 5 月 19 日，拉佩萨从马德里写信给梅嫩德斯·皮达尔（他当时已经在哈瓦那了）。信很长，但它是一份可以重现当时情景的珍贵资料，因此，鉴于这样详尽的史料非常稀有，我将其中大部分内容抄录在这里：

亲爱的拉蒙先生，您问我中心的消息。首先，中心的设施和人员都没有损伤，只有可怜的贝尼托出事了，这您之前已经知道了，我们都无能为力。在马德里，工作一度完全中断（11 月至 1 月），之后中心由教育工作者联合会的一名警卫看守，现在正在逐步恢复正常。纳瓦罗任命我负责行政事务，并与巴伦西亚方面以及各家印刷厂保持联系，因为有些刊物没法在巴伦西亚出版，而教育部也不希望这些刊物中断发行。《语言学期刊》和《艺术与文物档案》都已经新出了一期，比森特·布兰科主编的圣伊尔德丰索的《论童贞圣母玛利亚》（*De Virginitate Beatae Mariae*）也已经出版。有两期《杂志》（*Revista*）和两期《档案》（*Archivo*）正在筹备中，将在马德里印发，而《法律史年鉴》和《陆地》杂志将在巴伦西亚发行新的一期。邦凡特想在巴伦西亚印刷新的一期《荣誉头衔》，但我觉得他可能最终会放弃这个想法，还是让埃尔南多（印刷厂）负责刊印。

当然，中心现在陷入停滞。每天早上去上班的有研究拉丁语的克雷森特（Crescente）、埃斯特法尼亚（Estefanía）和马加里尼奥斯（Magariños）；研究民俗的卡斯特罗·埃斯库德罗（Castro Escudero）；研究艺术的纳瓦斯库埃斯、卡夫雷（Cabré）和他的女儿，坎普斯（Camps）以及巴勃罗·古铁雷斯（Pablo Gutiérrez）博士；两名中世纪研究所的研究员，桑切斯·阿尔沃诺斯（Sánchez Albornoz）和比利亚尔多；而研究语言学的就只剩下我自己了。我一直没有搁置过我的研究事业。我对熙德时代的研究接近尾声，但还要查阅阿拉贡和莱昂西部地区的文献，要是能找到的话，最好再查一下塞哥维亚和阿维拉地区的文献。后来我把这项工作搁置了，因为纳瓦罗委托我写一本关于语言史的小册子，虽然说的是给工人和农民写的，但实际上我觉得这个题材对这部分人不太适用，要是给老师和高中生们用，那就更好了，不过我会尽力写得接地气一些，让那些聪明、渴望提高文化水平的工人们能够接受。[12]

12 月，当残酷的空袭威胁到了中心的工作时，我将暴露在外、最可能流失的文献和资料原件都收起来了，其间得到了巴列拉多和罗德里格斯·卡斯特利亚诺，以及教育工作者联合会不时提供的帮助；这些文献资料都藏到了地下室里，比较珍贵的资料都放在保险箱里。我到您的办公室里把书柜里的所有资料都拿出来了。但您放在桌子上的书和资料我没敢动，等着和您指定的人一起来收。中世纪研究所的所有影印件也都被努涅斯和帕斯收到地下室保存起来了。显然在这种条件下工作起来很费劲。由于资料都放到地下室了，图书室也基本上关闭了，《词源》（*Glosario de Orígenes*）项目没法再开展下去了。至于《史诗与民谣集》（*Epopeya y Romancero*），目前已经完成的部分都精心保存好了。圣地亚哥去了红十字医院，负责输血和在所有需要的岗位上提供支援，比如外科手术、给伤员读书等，他一直都在那里，基本没时间离开。

我们在马德里什么都经历过了。11 月和 12 月的恐怖空袭，1 月和 2 月的粮食短缺，以及 4 月和 5 月初的可怕枪战。但我们还是走过来了，虽然瘦了点儿，但精神还不错，能够顶住一切压力。我很庆幸能够沉浸到工作中充实自己，尽管没法静下心来看书了。

我一直跟纳瓦罗保持着联系。希利（Gili）、托尔内（Torner）、罗德里格斯·卡斯特利亚诺（Rodríguez Castellano）、比利亚尔多、蒙特西诺斯

（Montesinos）、达马索、桑图利亚诺、邦凡特（Bonfante）和桑切斯·巴拉多等人都到巴伦西亚了。我想他们肯定因为手头资料不足影响工作效率而饱受折磨。但无论如何，有了他们，肯定有助于在那个完全失去旧有传统的城市里营造出文化的氛围。

我在和阿梅里科的兄弟一起整理他留在中心的论文和著作，从他兄弟那里听到了阿梅里科的消息。我不知道他的地址，所以没给他写过信，希望您能代我向他转达一下问候，在此先行谢过。

我经常在想，你是否已经与希梅娜（Jimena，拉蒙先生的女儿）团聚了。衷心祝您阖家团圆，并祝贡萨洛（Gonzalo）蜜月圆满。希望您能放弃哥伦比亚的课程，这样我们到秋天就能像以前一样在一起工作了！

这封信忠实反映出了拉佩萨的赤子之心，描绘出了人们在战乱纷争中挣扎着负重前行的场景，冀望能够继续“像以前一样工作”，但最终徒劳无功。

上述情景都发生在共和国占领区，而在“国民军”占领区，1938 年年初，政府成立了国民教育部（从名称上就可以看出其希望表达的意图），由佩德罗·赛恩斯·罗德里格斯（Pedro Sainz Rodríguez）担任部长，他命所有教育机构都以圣徒托马斯·阿奎那（Tomás de Aquino）为守护神。1938 年 5 月 19 日是马塞利诺·梅嫩德斯·佩拉约逝世 26 周年纪念日。为纪念这一事件，赛恩斯·罗德里格斯亲自签署了一项法令，宣称希望振兴祖国的科学事业，让从事科研工作的人员“从派系斗争或党派倾轧中解放出来”。根据这项法令，扩展科学教育与研究委员会被解散了，其职能被分派给了各家高校和西班牙研究院（该研究院整合了西班牙的所有皇家学术机构），并宣布“将在近期筹建另一个致力于自然科学和数学研究的科研组织，这对于国家意义重大”。由此推动成立了后来的西班牙国家研究委员会（CSIC）。

扩展科学教育与研究委员会是佛朗哥将军所领导军队的拥趸者们最排斥的机构之一。这方面的例子比比皆是。在第 11 章中，我已经提到过恩里克·苏涅尔对委员会提出的一些批评意见。何塞·玛丽亚·阿尔瓦雷达，西班牙国家研究委员会的第一任秘书长，也是委员会成立后最初几十年中无可争议的风云人物，他在战争结束后不久写给时任国民教育部长兼西班牙国家研究委员会主席的何塞·伊瓦涅斯·马丁的一份公文中的内容，就充分体现了这一点：

> 众所周知，该机构（扩展科学教育与研究委员会）的活动具有很强的反民族倾向，它将具有腐蚀性的自由主义学说与狭隘的排他主义结合在了一起。这个机构不思如何振兴西班牙科学的光荣普世传统，而想要替之以暗涌，将反宗教的渗透因素、异国腔调和党派倾轧都打入科学这块净土。
>
> 此外，在扩展科学教育与研究委员会存续的漫长岁月里，他们还排斥其他思潮。他们孤立于高校之外，甚至与高校对立，他们对待高校的态度是傲慢和轻蔑的。
>
> 他们不重视（？）[①] 技术研究，无论是为外国学者提供津贴还是在创办研究中心和实验室方面都是如此。他们想要弥补在技术研究方面的滞后状况，特别是在经费上给予支持，为此，1931 年 7 月，作为对委员会的职能扩展，成立了科学研究和改革试验基金会，尽管在行政上实现了独立建制，但是该基金会对于西班牙技术发展的影响微乎其微，与之为反民族政治服务的暗箱操作形成了鲜明对比。

但除此之外，新机构还想要消除一切让人联想到原先的扩展科学教育与研究委员会的因素，不管这样做是否从某种意义上说仍受到了其前身的制约。阿尔瓦雷达写道："如果名称能发挥作用，那意味着我们可做得很糟糕"，"因为对这个名字没有任何说法。像是委员会或者机构这样的词是不能用的。" 而且，为了避免出现像之前委员会独立于（教育）部管辖之外的情形，考虑让教育部长兼任新机构的主席，事实上也这样做了："新成立的机构享有完全的行动自主权，以提高其效率，并且在体制上绝对稳固，确保其运作的连续性，但是，新机构不能与教育部对立起来，国家只有一个教育部"。我会在下一章中进一步探讨这些问题。

共和党人的命运大相径庭：有的被剥夺了职务（例如，多明戈·巴尔内斯），有

① 原文如此，这个问号应该是书作者在援引原文时对手稿用词存疑，因为查无此词。——译者注

的定居国外（费尔南多·德洛斯里奥斯、弗朗西斯科·巴尔内斯、路易斯·德苏卢埃塔），还有很多人因为没有按要求到岗，被宣告违反了《公共教育法》第 171 条，予以除名，而由于大学校区的变更，很多院系（比如马德里的科学院等）集中到了巴伦西亚，以及在 1937 年 8 月 28 日颁布的一项规定，要求教学人员到教育部指定的地点授课，被除名的人员更多了。早已流亡在外的阿梅里科·卡斯特罗、克劳迪奥·桑切斯－阿尔沃诺斯（Claudio Sánchez–Albornoz）、何塞·奥尔特加－加塞特、路易斯·雷卡森斯（Luis Recasens）、乌戈·奥伯迈尔、路易斯·德苏卢埃塔、何塞·卡蒙·阿斯纳尔（José Camón Aznar）和布拉斯·卡夫雷拉等人都受到了这项规定的影响。

布拉斯·卡夫雷拉的情况

内战波及了方方面面，在这里只能针对其中某些情况进行详细介绍，想较为真切地还原某个场景，即使不一定非要连贯，其中的主人公（这里说的是科学家）至少也要有一定的知名度。其中之一就是在 20 世纪前期西班牙科学界的核心人物——布拉斯·卡夫雷拉，时任国际暑期大学校长的他，被在桑坦德爆发的军事叛乱打了个措手不及。

1936 年，桑坦德的这所国际大学于 7 月 6 日正式开课。当时卡夫雷拉正在日内瓦参加国际联盟智力合作委员会的专家委员会会议，几天后，即（7 月）14 日，他回来后才加入其中。与西班牙其他地区一样，这个坎塔夫里亚的省府也感觉到了战争的蓄势待发，政权转移到了左翼政党和工人组织的手中。尽管如此，该大学仍继续授课。7 月 30 日，《蒙塔涅斯日报》上刊发了一则简讯，试图平息躁动不安的情绪（Madariaga，1984）。

> 国际大学继续正常授课，学生们按时认真上课。每天下午安排辅导时间，让学生们更好地消化上午的课程学习内容。
>
> 尽管这几天，很多参加今年 7 月课程班的外国人已经搭乘途经这里的船只回国了，但确实还有很多外国学生选择留在这里，对此我们不胜感激。

然而，现实并非如此简单，这从卡夫雷拉亲笔写下的一份珍贵文件就可以看出来，即他在 1937 年 11 月 12 日从巴黎写给他的朋友何塞·奥尔特加－加塞特的一封信。[13]但在介绍这封信之前，为了更好地了解他写信时的情景，有必要简单介绍一下促使他写这封信的前因。

在快要结课前，发生了一起让人非常不安的事件：几名具有右翼倾向的学生被捕了。很快我们发现，这些学生不可能获释，当学生们纷纷离开这座城市时，他们仍被关押于停泊在桑坦德港的阿方索·佩雷斯监狱船里。1936 年 12 月 27 日，国民军对桑坦德进行了猛烈的空中轰炸，造成了约 60 人死亡。结果，愤怒的人群冲向监狱船，呼喊着要报仇。约 150 人在这次事件中遇难，其中六人是被拘留的学生。[14]

这一事件被叛军，即"国民军"所利用，这不仅从卡夫雷拉的信中可以得到证实，地质学家弗朗西斯科·埃尔南德斯·帕切科（爱德华多·埃尔南德斯·帕切科之子）1939 年 7 月 8 日从自然科学博物馆寄给桑坦德的梅嫩德斯－佩拉约图书馆馆长恩里克·桑切斯·雷耶斯的信中也反映了这一点，写信者显然是想通过这封信得到一份情况证明，作为他出示给"国民军"当局的"行为担保"。信中有如下内容（Madariaga，1984）。

> 尊敬的挚友：趁着路易斯·阿莱霍斯（Luis Alaejos）先生要去那里，过几天就回马德里这个机会，如果方便的话，我想请你帮个忙。关于有学生在那里被共和派杀害的事件，我希望你能给我出一份简短的情况证明，说明我在桑坦德的生活以及我与我们在图书馆遇到的那群人的关系，还有我与路易斯·奥约斯（Luis Hoyos）先生为救这些孩子做的事，比如多次去监狱探望他们，安慰他们并在物质上尽可能地帮助他们。

现在让我们来看看卡夫雷拉给奥尔特加的信，我将这封信全文抄录如下：

> 亲爱的奥尔特加：可能你之前就有渠道知道了，这几天，消息已经传到了我这里，西班牙国民军方面的舆论，直接指责我在桑坦德国际大学担

任校长的最后一个学期表现不当。身在这个岗位，在当时的情况下受批评我觉得也在意料之中，但我唯一要求的就是要有确切的证据。我最在意的是，我真正的朋友不要被那些荒谬的说法蒙蔽，由于担心这种情况发生，我在此恳请你听一下我的解释，我不是在找借口，而是想从我的口里复述一下当时的真实情景。我只能向你保证，我说的都是实话，虽然没有任何书面证据，但我相信，你和我视为好友的其他人一样，都不需要逼我拿证据说话。我敢肯定，在国际大学里有大量的材料能够佐证我的说法，但我拿不到这些材料，我甚至都不知道能在哪里找到。当然，我并不担心这个，只要你们肯定我的说法，我就能洗脱罪名。

接着，他开始从自己的角度阐述当时的情况：

自 7 月 18 日军事政变的第一手消息传到我这里以来，我就清晰感知到，我们要在大学里克服重重困难，到今天，我可以说这种感觉远远超出了现实。在学生中，甚至在教师群体中，很多人都支持这次政变，还有其他持不同政见者，其中以学生公寓的服务员居多，他们都跟桑坦德工人党有关系，帮助刺探情报，要是注意到这一点，你就会理解我为什么会感到害怕。随即，所有还保持着冷静理智的人都配合我们的工作，让那些冲动的年轻人尽量掩饰自己的情绪，避免被人当作攻击的借口。这样做非常有成效，因为最终只有五个人被列入了政敌黑名单中，换个说法，被他们定性为法西斯分子。

作为校长，他“在事发第一天就联系了，地方当局和当时的公共教育部长巴尔内斯，要求对大学给予最大的尊重，不光是口头上说，还特别要求停止一些可能引发严重不满的武装干预和监视。要了解事实，您要注意到，有一支由服务员组成并由其中一人指挥的巡查队，其巡查区域覆盖了桑坦德拉马格达莱纳的周边地区，他们（为了方便和所谓的策略）更喜欢在那里活动。大概是在 8 月中旬，当第一艘武装船只在桑坦德靠岸后，成群结队的武装人员在拉马格达莱纳半岛建立了自己的势力，并要求也在（大学）食堂用餐，尽管与学生分开（时间段不同）。这是我去见当局的原因之一，而服务立即被叫停了”。事情变得更复杂了，因为

> 几天后或者几乎就是在同一时间，一群来自当时已经被解散的坎塔夫里亚学院（天主教大学）的教授来找我，要求我为他们安排住宿，因为他们在桑坦德的旅馆和招待所中感到不安全。我配合桑坦德当局处理了这个问题，经当局许可，安置了那些教师，为他们的行为作保，但学生不行。就这样，我向所有教师敞开了大学之门，不管他们来自附近还是远方；也就是说，只要不是单纯的学生身份，而是能在坎塔夫里亚学院或巴尔德西利亚医院讲学的人，都得到安置了。人数大概有十几个。
>
> 就这样熬到了学期结束：其间没遇到什么大问题，只有发生过一些不愉快的小插曲，其中就有我之前提到过的那五个学生的身影，终于到了国际大学结课的时候。随着这个日期的临近，我们向政府寻求解决方案，提出了三种可行方式：①让这些人跟着大学的大部队借道法国南部，一起返回马德里（但那些想留在桑坦德或北部某个省份的人除外）；②干脆解散大学，大家想去哪儿就去哪儿；③所有人都留在拉马格达莱纳，由国家提供支持经费，因为大学本身没钱这样做。我们倾向于采取第一种做法，教育部长也批准了，这样，按照内政部的要求，我们拿着统一的集体护照出发了，我个人要负责确保他们都抵达马德里。此外，（政府）按照每人 500 比塞塔的标准向大学划拨了经费。就这样，我们一行大概 130 人整装待发，准备离开桑坦德，其中包括很多临时加入到我们的队伍中借机离开的人，当局对此也知情。

他继续写道：

> 我之前说过，一直到大学正式结课（9 月 3 日或 4 日），都没有发生任

何意外，甚至我之前提到的那五个学生也被列入到了集体护照的名单中。但是，在我循惯例开完年终总结会后过了半小时，警察出现了，他们搜查了这些学生的房间，并把他们带走了，说警方搜到了一些文件或徽章，能证明他们是法西斯分子。他们的房间里一定是有什么的，因为一位同事后来给我带来了他们在后续搜查中发现的其他东西，以防节外生枝。高斯和我立即去为他们说情，想从轻处理。结果不理想，但有人告诉我们，可以向能让被抓错的人重获自由的保护法庭提起上诉。经与检察官商定，高斯起草了上诉书，我签了字，我想他也签了字，自然是为这些学生开脱罪责，尽力保释他们。法院进行了开庭审理，但驳回了我们的保释申请，告诉我们要排期进行最终的审理宣判，最快也要在几周之后了。

要是选择留下来等最终结果，那我们不仅会花光手头的出行经费，而且跟我们一同离开的 130 个人也可能会出事，因为许多人可能会面临同样的指控。我不认为我能这么做，尽管事实上我的校长任期已经结束了。那段时间萨利纳斯以必须去美国履行合同为借口离开了，尽管他才是大学真正的行政负责人。我没有反对，当然，当时他没有意识到这个案子的重要性，先顾着处理自己的事情了，而我不会效仿他。

于是我们踏上了那段不愉快的旅程，其间除了伊伦沦陷后前往法国的路途不便外，我们在到达圣让－德吕兹（法国）之前没有发生什么意外。我们在那里等待安排我们去巴塞罗那，过了两天，有两位教授来找我：至少其中一位来自坎塔夫里亚学院，他们请求我解除对大家的约束，就地解散。我当然是断然拒绝了，不过我知道，他们也明白，我没法强迫他们继续走。为以防万一，他们还告诉我，他们已经向副省长举报说我逼着一行人去西班牙，我当时回应说，这是应该的，只有那些签了同意书的人才会跟我走。

同意走的人都在名单上签了字，最初约 130 人的队伍减少到了不到 100 人。有三四个人选了另一条更为合理的道路：他们［巴亚多利德学院的校长拉比利拉，奥尔班哈，戈麦斯·奥塞林（Gómez Ocerin）和他的妻子等人］告诉我自己生病了。我告诉他们要给我出示医生证明才能批准，要求也不高，只要当地医生出具即可。至于其他人，为了能到马德里交差，我去见了巴约讷的领事，向他说明了情况并请他帮我出个证明，说明我面对这种情况的无能为力。拿到证明后我们继续出发了，等到了马德里，我没得到过关于跟随大部队回来的人有什么情况，只是被告知有人要被执行枪决。自然，我一回来就努力为她奔走，并成功救回了她。这样的事反反复复发生，我也尽力奔走了，我这样做不为别的，就是为了践行我的承诺。

写到这里已经说得很多了，亲爱的奥尔特加，但我还是要再说一下，我想向你尽量还原这段经历，希望你能作出评判，并告诉我们身边的朋友们，让他们也作出评判。不管你们如何判断这件事，我都接受，当然，如果这样的情况再次出现，我还是会坚持自己原来的做法。

无论如何，我们的交情和友谊都不会变。

布拉斯·卡夫雷拉

还有其他资料能够补全卡夫雷拉的说法。其中一份就是飞行员埃米利奥·埃雷拉（Emilio Herrera）军官的回忆录（1986），我们之前提到过此人。他当年是桑坦德的一名教师，在该校教授“空气动力学与航空学”这门课程。因此，他是事件的亲历者，在他的回忆录中讲述了自己的经历，他的说法只有在一些小细节上与卡夫雷拉的讲述略有出入。其中一些段落比（卡夫雷拉）写给奥尔特加的信中的内容更直观地呈现出了卡夫雷拉的艰难处境和无能为力，可能正是由于这些经历，促使他下决心立即离开西班牙（Herrera，1986：120-121）。

1936 年 7 月 18 日星期六，非洲军团掀起了叛变，战火立马在半岛蔓延开来。19 日星期日，我们桑坦德大学的学生和教授们一起乘车逃到了阿斯图里亚斯，在那里，……对我们双手欢迎，……对我们握拳致礼。皮卡德教授决定离开大学，他从桑坦德乘船离开，启程前与我悲伤告别。[15]

当卡斯蒂利亚北部的通信被切断，伊伦又落入叛军手中时，我们面临着如何返回马德里的问题。在别无他法的情况下，我们要求法国派一艘军舰到圣塞巴斯蒂安，把我们带到圣让－德吕兹，再借道塞贝尔和巴塞罗那，返回马德里。法国政府同意了，在我们保证目的地是去马德里的情况下，给我们所有人发放了护照。

我们乘坐正常运行的最后一班列车抵达圣塞巴斯蒂安，发现这个城市的情况很糟糕。我们住在一所荒废的旅馆里，没有电也没有水，由当地的一个委员会管理，他们对我很好，告诉我“我们给你提供你需要的一切，连水都能给你，但其他人不行”。法国的船到了，由于恶劣的海况，我们很艰难才登上了船。那天晚上，在前往圣让－德吕兹的路上，当我们经过伊伦时，看到了叛军在占领这座城镇时放的火。

在圣让－德吕兹，下比利牛斯省的省长会见了我们，告诉我们每个人都享有完全的自由，既可以选择留在法国，也可以经潘普洛纳去西班牙的叛乱区，或经塞贝尔和巴塞罗那去共和军的占领区。

大学校长告诉我们，每个人都要说出自己的想法，并按照自己要去的目的地列出教授和学生的名单。于是我就说，我们所有人都保证回马德里，没必要再列什么名单。校长布拉斯·卡夫雷拉先生还有其他教授都向我表示，在当时的情形下，不管是我还是丹尼尔先生（跟我们一起的一位来自马德里的教士）都没法回马德里，因为所有背叛了人民的牧师和军官都有生命危险；尤其是我，曾经是很多叛军高层和国王侍臣的朋友。针对教授们的这种看法，我的答复是，丹尼尔先生怎么做我不管，但我是这里唯一的军人，而且，大家都觉得西班牙的军人没有言出必行，我想要向大家证明，至少我本人不是这样的，我言出必行，一定要去马德里。最后，除了丹尼尔先生、一名患上了痢疾的巴亚多利德大学的教授，还有一名刚刚在报纸上看到他的一个兄弟在前一天溺水身亡的来自潘普洛纳的学生以外，我们全体人员都离开了，前往塞贝尔边境。

一路走来，老师们还有很多学生都认为，穿着领子熨烫得服服帖帖的衣服、打着领带出现在当时的“主权”人民面前，冒犯了他们的民主感情；

于是他们决定穿上工人的工作服。但结果适得其反，如果说一个“资本家”的出现让他们觉得烦，那么一个伪装成工人的“公子哥”的出现更让他们恼火。就这样，我没有改变我作为大学教授的一贯装束，却意外受到了群众的热烈欢迎和尊重，与人们对待其他教授的态度形成了鲜明对比。

我们一行人在 9 月 11 日到了巴塞罗那车站，由于我们的校长布拉斯·卡夫雷拉患上了一种让他的双手不停在抖的疾病，他在向车站乘务员出示我们的证件时，乘务员大喊道：“你为什么会发抖？你肯定做了什么让你发抖。”我插话解释说，他是一位睿智的教授和学者，他是因为生病才没法控制手发抖的。

写到这里，埃雷拉转而开始描述马德里的情况。

根据佩雷斯 - 比托里亚（1989）的说法，卡夫雷拉应该是在 9 月 13 日就回到了首都。然而，他并没有在那里待多久，因为 10 月 9 日他已经在巴黎了，他的妻子玛丽亚陪他一起住在大学城的西班牙学院，跟其他流亡到巴黎的西班牙知识分子一样，他在法国首都逗留期间一直都住在这里。

卡夫雷拉为国际计量委员会工作，该机构负责指导和监督国际计量局的工作，国际计量局位于巴黎，致力于保持计量单位的统一，其权威性源于 17 个国家于 1875 年在法国首都签署的《米制公约》。卡夫雷拉于 1929 年加入该委员会，接替了莱昂纳多·托雷斯·克韦多的工作，并于 1933 年被任命为秘书一职，同年，第八届国际计量大会召开（10 月），他参加了会议并在《西班牙物理和化学学会年鉴》（*Anales de la Sociedad Española de Física y Química*）中向他的西班牙同事作了报告（Cabrera，1934b）。我们知道（Villena，2000：2），1937 年委员会预算中给秘书的津贴标准是 3000 金法郎的津贴（主任的标准是 16000 金法郎）。

留存至今的一些文献为我们提供了卡夫雷拉在巴黎期间的细节。1936 年 10 月 23 日，他写信给奥尔特加 - 加塞特（带有西班牙学院的抬头，该信存放在奥尔特加 - 马拉尼翁基金会）。在此援引其中几个段落：

亲爱的奥尔特加：从我离开马德里前与你告别的那一天起，在西班牙的多事之秋，我已经很久没有见到你了。

现在，跟之前的很多次一样，你帮我摆脱了困难，当然都是在计量方面的小问题，与我在政治上的无足轻重相符。我凭着在物理学上的素养静下心来，在马德里和西班牙正沐浴在血雨腥风之时，我却只能在这里清点国际计量局的资金，甚至要去法兰西银行的柜台，以便跟新来的领导进行交接。我仿佛透过时空看到了你狡黠的笑容。

说真的，我们这个时代（不是一代人，因为我承认我年纪大了）遭遇的这一切真的太可怕了。我离开马德里的时候还很乐观，觉得很快就能回去；但事态发展得太快了，再加上朋友们的一再劝告和恳求，我只能放弃了回去的想法，现在政府定了基调，我就不后悔了。在巴黎这里，有一半的马德里人如今都面临同样的处境。

这位伟大的哲学家并不是唯一与卡夫雷拉保持着联系的国际名人，波动力学的创造者、诺贝尔物理学奖得主埃尔温·薛定谔是另一位。

我们在第 13 章中看到，薛定谔在 1934 年和 1935 年两次访问西班牙后与卡夫雷拉的关系更深了。他们之间的深厚交情让这位同样遭受流放和政治变迁之苦的奥地利物理学家对他的西班牙同行的处境非常关注。我们有薛定谔在 1937 年至 1939 年期间寄给卡夫雷拉的三封信。在这里有必要抄录下信的内容，不仅是因为这些信告诉了我们写信人的情况，还因为其内容能帮助我们还原许多欧洲科学家和知识分子在 20 世纪 30 年代后半段的境遇。[16]

第一封信的日期是 1937 年 3 月 28 日，其内容如下（西班牙语是薛定谔写的）。

亲爱的朋友：我们已经好几个月没联系了，甚至好几年都没有你们的消息了。不得不说，我们很担心你，这段时间在报纸上看到西班牙噩耗频传，我们感到非常难过。

我们不敢给你们写信，在这样一个动荡的时代，谁也不知道外国来信会带来什么样的影响，或许会造成困扰，甚至是大麻烦。

现在，牛津大学的 F. 西蒙先生写信给我，说他在巴黎遇见过你们，说你们正在等着内战结束。[17] 我没有你的地址，所以委托朗之万先生帮我转交。

你们怎么样了，这段时间过得怎么样？你的研究所怎么办？你还有希望回到那里吗？我想，你每天都会问自己同样的问题，但却没办法回答。这一切都太难熬了。

至于我，我离开了牛津，接受了格拉茨（大学）的邀请，去那里任教。虽然（格拉茨）是奥地利的第二大城市，但却是一个安静的小地方，生活相当不错。你可以在这里悠闲地思考和工作，但你很难找到与你志趣相投的人来谈论一些感兴趣的话题。整个城市没有一个人在专心研究理论，甚至连学生都没有。不过，我还是交到了两个好朋友，K.W.F. 科尔劳施（Kohlrausch）和 H. 本多夫（Benndorf），我很喜欢他俩。

欧洲后续的走向会如何？会不会越来越不消停？我们这些科学家会不会越来越觉得自己无用武之处？

你知道的，要是用得着我，或者有什么可以帮到你的地方，我乐意之至。我准备到达尔马提亚待两三个星期，在杜布罗夫尼克及周边转转。计划 4 月 21 日回来。

在此致以真诚问候，并代我向你的妻子和孩子们问好。

你最忠诚的伙伴和挚友，E. 薛定谔

薛定谔写给卡夫雷拉的第二封信的日期是 1937 年 9 月 2 日。

亲爱的布拉斯先生：

请原谅，这几个月来一直没给你写信。作为对你上次来信的简短回复，我从达尔马提亚给你寄过明信片，希望你已经收到了（尽管我在明信片中承诺会常联系！）。

我已经听说了你的祖国在这段时间接连发生的不幸，对此十分悲痛。这场骚乱，这种疯狂，什么时候才能结束呢？而如果它结束了，留给西班牙的会是一定程度的自由还是复辟呢，会不会被别国势力占据？我认为这不仅是贵国，而且是整个欧洲和人类文明历史上的悲惨篇章。

你们过得怎么样？还待在巴黎吗？孩子们有新消息吗？他们以及洛克菲勒研究所的朋友们是否都安然无恙？帕拉西奥斯、卡塔兰……还有苏维里和卡门夫人……鲍尔夫人……我思念你们所有人，对你们的境况一无所知。

我也很担心莫科罗瓦小姐还有她全家的情况。

我目前在蒂罗尔州的一个小地方，说实话，这里除了一家客栈和几个牛栏和羊圈外，就只有一个非常小的教堂或者说礼拜堂了，这在这个国家必不可少，就像在你们那里一样。这里的地貌与上巴斯克地区非常相似，只是山势较高，有些地方常年冰雪覆盖。（这里海拔已经有 1700 米左右了）。在经历了几周的阴雨和寒冷之后，我正在抓紧享受夏天的最后一缕阳光。几天后，我将回到格拉茨（默朗街 20 号）。

10 月 20 日至 22 日前后，在博洛尼亚将举办一场纪念路易吉·伽伐尼（Luigi Galvani）的活动。我打算去，你呢？

随信致以真诚问候，并代我向你的夫人和全家问好，愿我们的友谊长存。

E. 薛定谔

最后一封信写于 1939 年 2 月 24 日，写信地点是根特市布鲁塞尔酒店：

亲爱的朋友：

我已经有好多个月没有收到你的消息了，上次联系还是我在牛津的时候，但我觉得你还住在大学城，从上次联系以来一直没有什么大变动。

我刚从报纸上看到，我在九月初发生的好事儿（甚至可以说是高兴事儿！）也轮到你头上了。

我得到了一个新消息，这对你和你夫人来说，比我的情况还要糟！我感到非常痛心。当然，随着政治局势的悲观走向，对于你我来说，也没什么更糟的了。我们都失去了自己的家园。越来越无路可走了！我的意思是，我的家园也沦陷了。我再次感到无比沉痛。意大利也失守了。我们在欧洲基本已经无处落脚了。

你有什么打算呢？我暂时找到了一份工作，为期六个月，薪水很高。之后我很可能会到（欧洲）大陆的最北端，或者，更确切地说，到北部的一个小岛上任职（工作？），在那里担任教职。虽然那里的人对我非常友好，但对于一个热爱山区、热爱南方、热爱地中海的人来说，这似乎是一个令人沮丧的决定。我恳请你不要告诉任何人，因为很可能我只有这条路可走。不过，我还在想其他可能的出路。我认真考虑过去南美洲，我指的是那里讲西班牙语的国家。我曾想过，凭借咱们俩在世界上的名望（至少在物理圈子里），如果带上咱们的学生，把欧洲的物理学挪到一个偏远的地方，比如说秘鲁，你觉得我们能得到什么样的支持条件，我们最终能不能打造一个新家园？这是不是白日梦？

我对你说这些是为了让你好好考虑考虑。我不知道你现在的情况。你可能会很为难。但我希望不是。但无论如何，在我看来，在未来的岁月里，生活幸福的可能性将是与欧洲距离 d 的函数 d+n，其中 n 是一个相当高的指数。你不这么认为吗？

请代我向您的夫人致以深切问候，并相信我永远是你最忠诚的朋友。

E. 薛定谔

和其他人（例如何塞・奥尔特加－加塞特和格雷戈里奥・马拉尼翁）的情况一样，卡夫雷拉的早期流亡应该被理解为对共和军和叛军持等距态度的表现。

战争结束后，卡夫雷拉试图返回西班牙。1940 年 1 月 7 日，国民教育部长何塞・伊瓦涅斯・马丁给西班牙皇家语言学院的院长寄去了他收到的卡夫雷拉（回顾

前文可知，他自 1934 年起就是该学院的成员）来信的副本，信是 1 月 2 日在巴黎写的：[18]

公共教育部长阁下：客居巴黎的西班牙皇家语言学院和精确、物理和自然科学院院士布拉斯·卡夫雷拉·费利佩有幸在此告知阁下，我准备回到西班牙后，按照之前 6 月 10 日的行政令之要求，在指定日期进行宣誓；因此，我希望主管当局能够采用在 11 月 6 日的国家官方公报中发布的政令。愿上帝保佑阁下。

但战争的胜利方没有遗忘那些没有站队的人，他们难逃一劫。1940 年 2 月 29 日，国际计量局局长阿尔贝·佩拉尔（Albert Pérard）收到一封用西班牙文写成的信，信笺抬头为“首相府。地理和地籍研究所办公室”，信中注明了日期，地点为马德里，签署人为“首相”，但字迹无法辨识，内容是：[19]

敬启者：

我谨向阁下提议，任命何塞·加尔维斯·罗德里格斯（José Galbis Rodríguez）先生接替当前缺席的布拉斯·卡夫雷拉·费利佩先生担任国际计量局的西班牙代表，新代表是常设计量委员会的成员，自 1924 年 6 月 6 日起担任技术小组委员会主席，并作为西班牙代表参加了 1933 年 10 月在巴黎举行的第八届计量大会。

希望贵方采纳我们的提议，顺致崇高敬意！

3 月 13 日，佩拉尔回复称来信已收到。“这件事”，他写道，“很棘手；根据《米制公约》附则第十六条，我一直与西班牙驻巴黎大使馆联系，以便根据贵国签署的这项公约，就委员会所遵循的条例形成正式文件材料”。在 3 月 5 日佩拉尔访问大使馆时，使馆方面确认所收到的信件确实是（西班牙）官方出具的。然而，佩拉尔在 3 月 15 日写给西班牙大使的信中表明了他的态度。他写道：“我是国际计量局的负责人，国际委员会总部的人事任命我说了算，而且，必须明确区分国际计量大会和国际计量委员会，大会包括作为公约签署国的高级政府的真正代表，而委员会的成员是从来自世界各地的知名物理学家代表中选出的”。

这件事一直到 1941 年 3 月 27 日，卡夫雷拉给国际计量局局长彼得·塞曼（Pieter Zeeman）写了下面的信（原文为法语）才基本得以解决：

我亲爱的局长和朋友：

西班牙驻巴黎大使告诉我，他不能让我担任西班牙在国际计量委员会的代表。尽管这种考量（正式通知）是对我们委员会成员代表性的误解，但我不能也不会违背我国政府的意愿继续留在委员会。

因此，在无法联系到所有推选我进入委员会的人、所有国际计量技术联合会成员、所有后来推选我为秘书的人以及委员会全体同事们的情况下，我把我的辞呈交给你，我亲爱的主席，以及委员会的资深成员——科斯特斯（Kosters）主任；这一方面是因为，我不想多费口舌为自己找借口，另一方面，我认为在这种情况下，我无权自主放弃整个委员会授予我的职位，至少要征求你的同意，批准解除我对委员会的责任。

我亲爱的主席和朋友，在此致以真诚问候和崇高敬意！

布拉斯·卡夫雷拉

两天后，佩拉尔向塞曼转达了他的意见，他在意见中提出了该局不能反对西班牙政府的（经济）理由：

不幸的是，西班牙政府并没有被说服，因为西班牙大使刚刚召见了卡夫雷拉先生，正式要求他向我们的国际委员会提出辞呈。

这对卡夫雷拉先生和我们自身来说都很严重，让人难过。国际计量局从来没有反对过任何政府的请求；但是，特别是在目前的情况下，抵抗对我们的机构来说可能是致命的，我无法向卡夫雷拉先生隐瞒这一点，因此他将辞呈交给塞曼先生和科斯特斯先生处理。

另一方面，我局的财务状况稍好一些：我们收到了六个国家的会费：罗马尼亚和挪威 1940 年的会费；瑞士、瑞典、法国和芬兰 1941 年的会费。此外，丹麦、比利时和土耳其这三个国家也表示他们很快就会缴纳会费。遗憾的是，尽管大使和科斯特斯先生想尽了一切办法，苏联和德国都还没付款，这一点让人担忧。

正如我们所看到的，国际计量局做事很为难的一个原因就是经济问题：当时是世界大战的年代，并非所有成员国都有能力履行其经济义务。

下一步，也是最后一步，发生在 1941 年 7 月 2 日，这一天，国际委员会的德国成员、帝国物理技术研究所一处主任科斯特斯给卡夫雷拉写信，内容如下：

尊敬的卡夫雷拉先生：

就您在 1941 年 3 月 27 日写给塞曼先生和我本人的信，我（诚恳地）告诉你，我已经与塞曼先生以书面和口头方式彻底研究了你的问题，为此我于 1941 年 6 月 7 日在阿姆斯特丹拜访了塞曼先生。我们最终达成了一致意见：在一个国家，即西班牙政府表示反对的情况下，我们无法让您继续担任委员会的成员。

毫无疑问，委员会的成员是其所属国家的代表。这一点从《米制公约》第 8 条第 1 款结合第 12 条第 1 款看就可以推导出来。此外，委员会成员由委员会选举产生这一事实并非决定性因素；在这种情况下，默认或者公认需要得到成员所在国家的同意。

向国家代表授予权力和指示，是公约成员国的基本权利；成员所作决定应当且必须始终符合其政府的意图。一个国家的代表要违背国家意愿行事，这是无法想象的。

委员会主席和委员会本身一样，无权违背一个国家的意愿，哪怕稍作抵抗也不行；因为这种行为会破坏《米制公约》的根基，破坏缔约国的基本自决权，并危及《米制公约》的维持。

至于其他方面，西班牙政府发表声明后，人们都会认为你不再是西班牙的代表，不再是委员会的成员。你无须再特意提出辞职；我们会把你1941年3月27日的来信视为你的辞呈。

塞曼先生请我也代表他向你传达这一决定。

很遗憾我们别无选择，并对您一直以来为大家所做的工作表示最衷心的感谢。

最后，10月4日，卡夫雷拉写信给塞曼：

我亲爱的主席和朋友，在离开法国之前，我想再次向您表达我对我供职近15年的这个委员会的不舍及对您作为委员会主席的拥戴，由于您知道的原因，我不得不离开。

我非常希望听到委员会和国际局在统一和改进物理单位的比较方法方面取得新的工作进展。

我准备去古巴岛，在那里我将继续听从您的安排。

而到最后他的目的地换了一个：墨西哥国立自治大学，那里录用他为教授。当时他已经是年迈多病；在1918年世界流感大流行期间，他患上了嗜睡性脑炎，病症日益严重。最终，卡夫雷拉于1945年8月1日在墨西哥城去世。

恩里克·莫莱斯的情况

1936年秋，布拉斯·卡布雷拉流亡国外，恩里克·莫莱斯接管了国家物理和化学研究所的领导权，正如我在前文提到的，那里的研究工作几近停滞，不过还有一些出于军事目的的研究（如声音测位器）。1936年10月1日，研究所的工人委员会出具了一份证明，由代表人民阵线委员会的前玻璃吹制大师安东尼奥·普列托签署，证明了莫莱斯承担的角色（引自 Berrojo Jario，1980：259-260）：

> （莫莱斯）引导和促进解决与保卫马德里直接相关的各类物理和化学难题。
>
> 在其倡导下，研究所与“炮兵情报处”“航空局”“拉马拉尼奥萨研究和试验中心”以及“工程师和建筑师联合会”保持联系，为紧急情况提供解决方案，并建造了得到成功使用的各类设备。
>
> 时刻与研究所的工人委员会保持一致，管理研究所的内部生活，保持其最大效率。

当时（具体地说，是在 10 月 13 日）还有一份由拉马拉尼奥萨研究和试验中心主任弗朗西斯科·希拉尔签署的证书，称莫莱斯“自 8 月 17 日以来一直担任该中心的技术顾问”。

1936 年 8 月 31 日，费尔南多·德洛斯里奥斯被任命为马德里大学校长，莫莱斯加入了他的团队，担任副校长，不过他在这个职位上没有待多久，因为不久之后德洛斯里奥斯成为驻美国大使，10 月 5 日，何塞·高斯取代他成为校长。莫莱斯积极捍卫共和制，签署了我们之前提到的 1936 年 10 月 31 日宣言。1936 年 11 月，当共和国政府从马德里迁至巴伦西亚时，莫莱斯也搬到了那里。他不仅签署了宣言，而且还不时代表这个群体发声，如公共教育部长赫苏斯·埃尔南德斯（Jesús Hernández）在巴伦西亚大学校务委员会接见他们时。他的话被转载在 1936 年 11 月 26 日的西班牙共产党巴伦西亚机关报——《真理报》上（转自 Aznar Soler，1986：163）：

> 知名化学家、马德里大学理学系教授恩里克·莫莱斯代表大家回答了部长的问题，感叹眼下只能与独立战争的艰难时刻相提并论，战争摧毁了众多科学界人士的容身之所，他们的研究已经荒废了，现在也几乎没有恢复过来，当前的灾难再次给他们造成了无法弥补的痛苦损失。我们原本有

> 了一座大学城，里面配齐了我们学习和研究所需的一切元素，但我们却痛苦地目睹了它的毁灭。尽管悲痛难抑，但我们收到了政府和人民对我们的热情关怀和安慰，为此我们要表示感谢。

1938年，莫莱斯被任命为国防部负责军备弹药事务的副国务秘书办公室下设的火药和炸药部门总干事，但即使在战争的漩涡中，他仍抽时间继续致力于原子量的研究。特别值得一提的是，他于1938年12月17日和18日参加了由国际智力合作研究所与国际化学联合会和国际物理学联合会在纳沙泰尔合作举办的会议，在会上他提交了一份长达75页的报告，题为《气体分子量和原子量的物理化学测定》（Moles，1938）。

战争结束后，这位来自巴塞罗那的化学家流亡到了法国，在国家科学研究委员会获得了一个研究主管的职位。与此同时，在马德里，他被剥夺了教授的职位。但随着德国入侵的临近，尽管在其他国家有工作机会，莫莱斯还是决定在1941年12月返回西班牙（也许他认为要求恢复他的教授职位的国际舆论压力会保护他）。他被立即逮捕并关进监狱。1942年2月，他被送上军事法庭，1942年7月，军事法庭做出如下判决：

> 判决依据：现有的证据以及委员会的声明都表明，被告恩里克·莫莱斯·奥尔梅拉，洛克菲勒研究所教授，无政治背景，在光荣的民族运动开始后，担任上述研究所的所长一职；该研究所场地内的机械车间在一位共和派军官的指挥下，为共和阵营制造战争物资，没有证据表明被告对这种制造有任何干预。被告出版了一本小册子，在其中比较了苏联和纳粹政权，赞扬了前者并诋毁了后者。被告隶属于共和阵营国防部负责军备和弹药事务的副国务秘书办公室，按其指令行事，职位不详；根据共和政府的命令，1936年11月，他来到巴伦西亚，从那里去巴黎参加一个科学大会，从那里回到共和政府控制区，来到巴塞罗那，在国民军解放加泰罗尼亚的前几天撤离了。

公诉人要求对他判处死刑，但检察院将之改为无期徒刑，后来又改为长期监禁。1943年8月，莫莱斯已经60岁了，他根据现行法律申请假释，经过重重上诉，他获得了批准。最终，他于1945年获释。他再未重新走上讲台，而是为私营实验室工作，如阿拉贡能源和工业股份公司和生物学与血清疗法研究所（IBYS），以此谋生。

“内部”流亡：米格尔·卡塔兰

布拉斯·卡夫雷拉离开了西班牙，但由于没有站队“国民”阵营而未被赦免，莫莱斯因为与共和国合作而受到迫害和谴责，但国家物理和化学研究所的其他成员也因为他们与扩展科学教育与研究委员会保持联系而被清算，如米格尔·安东尼奥·卡塔兰。他的情况是一个明显的例子，即内战造成的流亡也有发生在国内的。[20]

1936年的夏天对卡塔兰来说很有意思。他计划于7月23日、24日、27日和28日参加桑坦德国际暑期大学的课程，就“化学中的同位素”课程做4次讲座。此外，他期待已久的假期即将来临，计划到他的岳父拉蒙·梅嫩德斯·皮达尔在圣拉斐尔（塞哥维亚）的乡村别墅中度假。

在某种程度上（冒险进入“可能似是而非”的领域总是困难重重、危机四伏），内战在他的桑坦德课程开始前几天爆发了，这一事实对卡塔兰有一些正面影响。如果他在桑坦德时爆发战争，他很可能在与卡夫雷拉指挥的远征队完成艰苦的行程（由共和国控制）后，被迫返回马德里，而他的家人，可能继续在圣拉斐尔避暑，会被拘留在“国民”区。这将导致家庭分裂的局面，不是无法解决，但是很复杂。另一方面，也必须考虑到，也许他没有在塞哥维亚遭受苦难和控制，但也很可能在首都遭受其他苦难，就像卡斯蒂列霍在马德里的遭遇。

事实是，战争爆发时米格尔和他的妻子希梅娜、他的儿子以及其他亲戚朋友一起，在圣拉斐尔的乡间别墅里，他的儿子（也是拉蒙·梅嫩德斯·皮达尔的外孙）迭戈·卡塔兰（1987：5）庆幸地表示，这里是“无人之境”。迭戈·卡塔兰还表示：经过来自夸特罗维恩托斯机场（Cuatro Vientos）的飞机（一天的轰炸），卡塔兰一家和随行的“避难者们”在第二天早上逃到了埃尔埃斯皮纳尔。共产主义“曼加达纵队”穿过谢拉山脉进入了那里，但因为弹药不足，面对国民警卫队的卷土重来，他们不得不撤退。面对危险，卡塔兰一家被迫在 7 月 25 日逃往塞哥维亚。在那个被“国民军”控制的西班牙地区，由于与周边隔离，他们没有经济来源，只能在圣弗鲁托斯街的一所房子里住了几个星期，一家酒馆的老板免费为他们提供食物。不久，米格尔被分配到伤员信息中心服务。然而，这种情况与他的专业不符，更不用说还遇到了我们将在下面提到的其他问题。为了尝试换个工作，9 月 3 日，他给萨拉曼卡大学校长米格尔·德·乌纳穆诺写信（González Egido，1986：96）：

尊敬的老师：

7 月份当我和妻子、儿子在圣拉斐尔度假时，那里发生了战斗，我们不得不匆匆离开，在埃尔埃斯皮纳尔避难，后来又到了塞哥维亚。我现在塞哥维亚的伤员信息中心工作，但随着大学开学日期的临近，我想，也许此时我可以为有着悠久历史的西班牙萨拉曼卡大学贡献我的微薄之力，如果校长阁下接受的话，我承诺忠于职守、爱岗敬业。

我原先在马德里供职于理学系，教授原子分子结构和光谱学课程，并在力学系兼任教职。无论在大学还是在国家物理和化学研究所（洛克菲勒）我负责的部门中，我的兴趣都是物理化学方向。

此时若能在您的指导和建议下为西班牙服务，将是我莫大的荣幸。

当然，卡塔兰似乎并不是一个狂热的共和主义者，他只是单纯想继续维系他的生活方式。

但这项操作没有任何结果，卡塔兰不得不继续留在塞哥维亚的伤员信息中心工作。但是，在那个充斥着卑鄙和宗派情绪的西班牙，人们对他这样的人充满了怀疑和敌意，因此“国民军”的情报部门对他保持着警惕的态度。[21]

因此，1937 年 7 月 2 日，从布尔戈斯发来命令，要求塞哥维亚就梅嫩德斯·皮达尔 - 卡塔兰家族成员“在光荣的民族运动之前的活动和政治思想”提供一份全面且公正的报告。“（当局）有意对他们进行严密监控，并掌握与这个家族有往来的亲友们的信息”。并补充说，如有必要，应截获他们的信件。

寄往布尔戈斯的家族成员报告没有进行任何解释，这也表明，当时塞哥维亚的情报人员并不知道米格尔到底是谁，称呼他为“拉蒙·卡塔拉”（Ramón Catalá）的。报告文本如下：

> 拉蒙·梅嫩德斯·皮达尔：语言学院院长。
>
> 很有文化，本质是好的，性格软弱，是个彻底的“妻管严”。为巴伦西亚政府服务，在古巴担任宣传工作。
>
> 玛丽亚·戈伊里（María Goyri），梅嫩德斯·皮达尔之妻：才华横溢，受过高等教育，精力充沛，带坏了她的丈夫和孩子；擅游说，是西班牙最危险的人物之一。她无疑是革命牢固的根基之一。
>
> 希梅娜·梅嫩德斯·皮达尔：上述二人之女，具有她母亲的所有特征，嫁给了拉蒙·卡塔拉，一个教授：他是个傻瓜，共产主义分子，被他妻子和岳母玩弄于股掌之中。他与希梅娜结婚时是一名理学博士；作为结婚礼物，梅嫩德斯家族在他的籍贯地塞哥维亚给了他一个学院教授职位。他们为他安排了一个专门的评审委员会，该机构将他奉为中央的学者和教授。

看这些“报告”，很难知道到底是暴露出的粗暴野蛮还是无知更让人厌恶。

1937 年 9 月 7 日，已经弄清楚了“拉蒙·卡塔拉”实际上应该是米格尔·卡塔兰，给出的说法是因为“他不是本省人，也没在这里住过，所以很难知道他的政治主张，因为这里的所有避难者似乎都表现得像爱国主义者，而此人似乎是当前民族运动的狂热分子”。对于该家族的其他成员，也进行了温和的评论。

但这种情况并没有持续多久，因为在一份由陆军第七军总参谋部二处（情报处）编写，于 1937 年 10 月 24 日送交布尔戈斯军事情报处负责人的报告，即关于梅嫩德斯·皮达尔家族的秘密报告中，我们看到了关于光谱学家卡塔兰的以下内容：[22]

米格尔·卡塔兰·萨纽多：在运动爆发前，他是共和左派，一直受到左派和自由教育学院的保护，并在教育机构中担任各种职务，包括由扩展科学教育与研究委员会为他量身打造的光谱学和原子结构学教职。马德里大学的教授恩里克·莫莱斯先生，一个左派的重要人物，即使没有直接管理该委员会，也至少通过自由教育学院对其有重要影响力。

他与莫莱斯先生之间毫无保留的友谊和上述机构的果断干预，使他斩获教职并成为委员会的一个部门，即马德里洛克菲勒研究所的所长，他在研究所的年薪为 12000 比塞塔。

他和妻子希梅娜·梅嫩德斯·皮达尔在圣拉斐尔避暑时赶上了运动，被迫从那里撤到塞哥维亚，在那里他开始在战争伤员信息中心工作。该中心的活动和宗旨使人们以同情的眼光看待它，但同样可以肯定的是，要是有高手在其中操控，这个机构就能成为一个占据了战略高点且低风险的谍报中心。

之前在 9 月 29 日晚，该机构被暗中渗透，对中心各类文件材料进行了细致研究，其中有来自军团负责人的公文，还有来自各中心和附属机构负责人的文件，来自各家医院的消息，还有来自各单位的文，简言之，这就是一个情报机构，有部队日常行动的详细信息，没有必要具体说明部队的数量，因为几乎可以准确知道《条例》规定的每个组织单位的人数和分配给他们的军备，这是常识。

因此，塞哥维亚伤员信息中心的幕后策划者是一个来自共和党左派的人，是自由教育学院的成员，他从该学院获得了响亮的头衔，并转化为一个高薪职位。这个人就是米格尔·卡塔兰·萨纽多，梅嫩德斯·皮达尔的女婿，他的背景和对运动的态度是众所周知的。

当然，这些指控并非不会带来危险。事实上，可能正是由于这份报告，卡塔兰有一天被传唤到军事指挥部，被控从事间谍活动。他之所以被释放，要感谢一位秘密爆料的警察，因为他的儿子在街上指认被告是他在塞哥维亚学院里最喜欢的老师，而卡塔兰当时在这所学院里担任高中科学老师。

内战结束后，卡塔兰发现他被禁止回到马德里大学重新担任教职，尽管他实际上没有被正式剥夺这一职位。事实上，作为教授，他继续能定期领到一部分收入，但只是相当于他的基本工资，没有任何津贴，这意味着他根本无法养家糊口。此外，他被禁止进入他在国家物理和化学研究所的实验室，该研究所现在隶属于西班牙国家研究委员会，正如我们将在下一章讲到的，该委员会是佛朗哥将军的政府为取代原先的扩展科学教育与研究委员会而设立的。

面对这种情况，卡塔兰与妻子和儿子回到了位于马德里查马丁油橄榄园区库埃斯塔－德尔萨尔萨尔大街 23 号的岳父家生活，他别无选择，只能另谋出路。最终，他迫不得已为私营企业工作。有几年时间（1940 年至 1946 年，之后他得以重回教职），他为梅里达的屠宰场、塞尔蒂亚化工厂、里奥哈工业公司和（IBYS）实验室担任顾问。他当时专注于维生素、滴滴涕、光电电池和色度计的研究。

与此同时，无论是在战争期间还是战后，外国科学家（主要是美国人）都对卡塔兰的命运感到担忧。因此，战争结束后不久，1939 年 6 月 16 日，普林斯顿大学的著名天体物理学家亨利·诺里斯·罗素（Henry Norris Russell）很关心他的处境。他通过普林斯顿大学的一位同事获得了当时在巴黎西班牙学院的拉蒙·梅嫩德斯·皮达尔的地址，并写信给他询问他女婿的消息。正如他在战争期间所做的那样，这位美国天体物理学家指出，他们“对他在铁光谱方面的研究进展特别感兴趣，因为我们以及其他美国光谱学家在获悉他的研究之前，已经搁置了这个课题”。“一年前”，他继续写道，“我们给他（卡塔兰）寄去了一些与铁光谱有关的谱系图副本，因为我们希望能对他的工作有所帮助。鉴于情况特殊，卡塔兰教授有可能没有收到这些资料。如果是这样，我们还可以再寄给他一份谱系图的副本，希望这次他真能收到。”

梅嫩德斯·皮达尔将罗素的信翻译出来寄给了米格尔，并附上了一张便条，要求他写上“两行感谢的话，这样他就不会认为你没法儿给他写信了”，但由于形势太复杂，卡塔兰当时似乎并没有与他的同行联系上。

如上所述，他发现要想在马德里恢复研究工作非常困难。在他的资料中，有一份他在 1940 年 8 月 18 日写给罗素的信的手稿幸存下来。信中可以看出他所遇到的重重困难：

为了给你寄一份铁原子的完整术语表，我一直在研究躲过战乱破坏的那些手稿。由于这些资料都不全了，我认为有的术语可能遗失了，特别是一些专业性较强的部分。我的工作进展得有些困难，因为我不再在国家物理和化学研究所（洛克菲勒）工作，那里的光谱学部门已经关闭了。我没法再到科学图书馆查资料，因此自 1936 年 7 月以来，我几乎与世界隔绝。你能不能把你手头的资料寄给我？自 1936 年以来，标准局的资料在这里也查不到。我已经写信给梅格斯（Meggers）博士，但迄今还没有收到答复。我在经济上遇到了困难，必须从事其他非光谱学方面的工作来谋生。

他补充说：

要是哈里森教授能同意把铁原子的 g 值寄给我就太好了。我会尽快把你需要的材料的清单发给你。我已经研究了好几年的锰元素，并观测到很多次塞曼效应，因为图宾根（德国）的贝克（Back）教授几年前给了我一套非常好的滤光片。遗憾的是，这些手稿已经不在我手里了，所以我不能把术语表发给你。

除了与卡塔兰的沟通外，美国科学家之间也在讨论“卡塔兰事件”。就此，罗素在 1945 年 10 月 30 日给乔治·哈里森写了一封信，当时哈里森已经从实验物理实验室的主任变成了麻省理工学院理学系的主任：

我刚刚从我的同事（A.）卡斯特罗教授那里得知，卡塔兰由于被列入到了佛朗哥政府的黑名单，无法在西班牙从事物理学工作，但如果有访问学者的空缺的话，他有可能会来我国。毫无疑问，他是频谱分析领域的大师。我觉得你可能会有大量的光谱材料需要分类，分类后就能更快积累这些资料。如果你能招一个需要避难的光谱学家的话，我觉得卡塔兰是最理想的人选。

我已经和刚回来的申斯通（Shenstone）谈过了，但这里的形势还不明朗，因此我们目前还没法谈光谱方面的工作。

据我所知，卡塔兰是自由派人士，不是红色阵营（译者注：代指共和派）的人，但也没黑（译者注：代指无政府主义者）到长枪党能接受的程度。

哈里森很快给了罗素肯定的答复。11 月 3 日，罗素收到了他的回信，表示如果卡塔兰"可以跟你一起共事几年，对大家都有好处，会极大推动光谱学的进展。希望你向（卡耐基基金会）提出的新项目经费申请能很快通过审核"。

1947 年 2 月 18 日，罗素在给哈里森的信中旧事重提，指出他刚刚得知，"要是有经费的话，西班牙政府很可能会让卡塔兰来我国工作"。当时，战争结束已达 7 年之久，这位阿拉贡光谱学家已经在马德里大学重新执教。

最终，他于 1948—1949 年应美国哲学学会的邀请前往美国，先后在国家标准局与梅格斯（Meggers）和夏洛特·穆尔（Charlotte Moore）共事；在麻省理工学院与哈里森（Harrison）一起工作；在普林斯顿大学与申斯通一起搞研究。他在那里待了 15 个月。

卡塔兰恢复了教职，但这不意味着官方向他打开了研究的大门。当时的研究几乎都由西班牙国家研究委员会包揽了，高校在这方面成了名副其实的荒地。然而，他的科学威望、学术地位的恢复以及美国方面的呼吁使他得以进入国家研究委员会，尽管入职后的岗位不在原先的研究所（现在被称为罗卡索拉诺研究所），而是在达萨·德巴尔德斯光学研究所。当时这个研究所的责任人是何塞·玛丽亚·奥特罗·纳瓦斯库埃斯，他是位思想开放、见识过人的学者，1950 年，他任命卡塔兰担任光谱部门的负责人（奥特罗是海军的一名工程师，多年来一直可以使用海军总参谋部实验室和车间的设施，这给他在委员会团队的工作提供了便利）。[23] 在那里，他与费尔南多·里科、奥尔加·加西亚·里克尔梅（Olga García Riquelme）、拉斐尔·贝拉斯科、劳拉·伊格莱西亚斯·罗梅罗（Laura Iglesias Romero）等科学家组成了一个优秀的团队，致力于研究各类元素（钯、铁、铋、钠、锰等）的光谱结构相关课题。直到那时，米格尔·卡塔兰的内部流放才真正结束。此时距离战争结束已经过去了十余年。

有益的流亡：阿图罗·杜佩列尔在英国

上述例子表明，西班牙的一些知名科学家由于内战而不得不背井离乡，这给他们造成了负面影响。但是，有时流亡他乡却有所助益，物理学家阿图罗·杜佩列尔的情况就是如此。[24]

阿图罗·杜佩列尔（1896—1959）在马德里大学读的物理学。在布拉斯·卡夫雷拉的指导下，他完成了博士论文，顺利毕业。他的学位研究是在扩展科学教育与研究委员会的物理研究实验室进行的，他从 1917 年开始与该实验室合作。他的论文和大部分出版物（几乎都是与卡夫雷拉合作的）都属于磁学领域，这是他导师的专长。但在 1927 年，他也开始单独发表一些涉及大气物理学的文章，如《西班牙中部大气温度的垂直分布》或《马德里的空气电导率》。他还写了一篇关于宇宙射线的文章；1937 年作为国家气象局的报告发表，题为《马德里和巴伦西亚的宇宙射线》，内容阐述地相当笼统。杜佩列尔对气象问题感兴趣的起因是他需要找份工作，因为在物理研究实验室从事研究并没有报酬。像当时以及后来的其他许多西班牙物理学家一样，他向国家气象局申请了气象学家的工作，并于 1921 年作为助理进入了气象局。他是气象局高空气象学部门的工作人员，也是马德里大学电学和磁学的助教，协助卡夫雷拉教授开展工作，同时他还是物理研究实验室的磁化学助理。

与物理研究实验室的其他成员一样，杜佩列尔也从扩展科学教育与研究委员会领取津贴。1929 年，他在斯特拉斯堡，正如我们在他为委员会写的一份文件中看到的那样，“将物理研究实验室在研究物质的磁性方面所采用的方法与其他欧洲实验室的方法，特别是与斯特拉斯堡大学物理研究所所采用的方法进行检验”。只要想到斯特拉斯堡磁学研究所是由皮埃尔·魏斯领导的，而众所周知卡夫雷拉与他交情匪浅，这就说得通了。杜佩列尔在那里待了 3 个月。

特别值得一提的是，他在 1931 年获得了另一项奖学金。为了获得这笔奖学金，他在 1931 年 2 月 23 日向扩展科学教育与研究委员会提交了申请，内容如下：[25]。

> 他希望深耕磁学研究，掌握现代研究地球磁场特性的方法和程序，并开始对电磁干扰进行实验分析，毫无疑问，这些电磁干扰构成了所谓的“大气干扰”，它们与大气结构和赫兹波在空间中的传播有着双重关系，现如今，这方面研究的重要性已经得到了整个科学界的认可，而西班牙还没有开展过后一方面的研究。此外，考虑到本申请书所附的个人研究成果清单，以及申请人在西班牙气象学会的讲座中表现出的他对计划开展研究的第二点所涉问题的关切，他在 1930 年 7 月的会议上揭露了上述现象当时的现状。
>
> 现恳请委员会批准从明年 6 月起向其授予为期六个月的津贴，让他在巴黎、斯特拉斯堡（法国）和苏黎世（瑞士）的相应实验室进行学习和研究，具体的津贴数额由阁下斟酌确定。

他获得了 6 个月的奖学金。而他在这一领域的表现也不差：1933 年，他在新设立的地球物理专业获得了教席。可以说，要是不出意外的话，杜佩列尔的职业生涯也会沿着类似的路线继续下去：工作称职，但对国际科学的影响不大。但后来战争来临了。

杜佩列尔是共和党人，当政府放弃马德里，跟其他机构一样迁到巴伦西亚时，正如我们所看到的，杜佩列尔也跟过去了，在宣言和文化刊物中发表他的观点；他甚至还加入了一些官方代表团，比如说，1937 年他去巴黎参加了发现宫的落成典礼，并在同年，到英国参加了剑桥大学卡文迪什实验室主任欧内斯特·卢瑟福（Ernest Rutherford）逝世后举行的一次大会。[26]

回国时共和政府已经搬到了巴塞罗那，于是杜佩列尔也去了那里。但在那种情况下，几乎无法开展任何类型的研究，所以他申请移民。申请获得批准后，1938 年春，他与家人前往英国避难。他们于 1938 年 5 月 16 日抵达伦敦。4 天后，在与英国科学圈子没有任何联系的情况下，得知在剑桥大学将举行一次关于宇宙射线的会议，他决定参加。好像是在一场会议期间（González de Posada y Bru Villaseca，1996：133），坐在他右边的一个英国人问他："你是西班牙人吗？""是的"，杜佩列尔回答说。英国人接着问："那你是佛朗哥的追随者吗？"他回答："不是"。闻言，左边的人插话说："那你是流亡者吗？"。"是的。""那你打算在英国做什么？""我的兴趣在工作上。我想结识一位名叫布莱克特的教授，他从事宇宙射线研究。""我就是布莱克特教授"，这是一个出乎意料的回答。

杜佩列尔就这样进入了英国的圈子。布莱克特是一个费边主义者，即英国社会主义运动的追随者，工党最终从该运动中产生，其目的是通过渐进式改革推进社会主义原则。那时，布莱克特已经帮助过一些左翼物理学家，所以他给杜佩列尔在曼彻斯特临时安排了一份工作也就不足为奇了。杜佩列尔从 1939 年 6 月开始在那里工作，这个机会很难得，因为布莱克特在 1937 年秋天接替 W.L. 布拉格成为曼彻斯特大学兰沃西讲座的物理学教授，他在那里创建了一个重要的宇宙射线研究中心，奥格（Auger）、巴巴（Bhabha）、卡迈克尔（Carmichael）、奥基亚利尼（Occhialini）、海森堡（Heisenberg）、罗西（Rossi）和亚诺西（Jánossy）等科学家不时造访这里。

杜佩列尔一直待在曼彻斯特，直到第二次世界大战爆发，他才搬到伦敦。整个第二次世界大战期间他都待在南肯辛顿皇家科学院顶层的一个小房间里，几年后，他安装了一个他在曼彻斯特制作的设备，用于测量宇宙射线数据。

他在布莱克特的建议下选定了在该学科中的研究课题，正如杜佩列尔（1945：464）本人在 1945 年的格思里（Guthrie）讲座中所说的[27]，"我在 P.M.S. 布莱克特教授的建议下，于 1939 年开始了关于宇宙射线强度随时间变化的研究。过去几年的所有工作都表明，这项研究与地球磁学和大气物理学密切相关"。作为第二次世界大战期间一个中立国的公民，杜佩列尔是在战争期间能够继续正常工作的为数不多的物理学家之一。维尔纳 · 海森堡（1946 年）在他编纂的一本关于宇宙射线的合集的前言中写道："宇宙射线研究，由于时代的不幸而继续减少。一方面，大多数物理实验室专注于其他课题的研究，宇宙射线研究被搁置。另一方面，常规交流渠道的消失，使得人们很难获悉其他国家所取得成果的信息”。

杜佩列尔在 1945 年 7 月 5 日做了一次演讲，题为《关于宇宙射线的地球物理研究》，同时，作为惯例，在他的演讲内容中包含了对其之前成果的概括介绍。杜佩列尔在英国享有盛誉的另一个表现是，在原子弹投向广岛后不久，英国广播公司（BBC）请他就这一新武器的科学依据进行一些介绍。

但是，无论他的宇宙射线研究如何成功，这位来自阿维拉的物理学家在英国并未获得长期职位。回西班牙是一条出路，但由于政治原因，近期内他无法回去。内战结束 8 年后，1947 年 4 月 14 日，杜佩列尔在给布莱克特的一封信中提到了此事："我认为佛朗哥的新动向不会影响我的立场，至少目前不会。因此，按照您的建议，我计划这几天就向英国化学工业集团（I.C.I.）申请奖学金"。尽管这次申请未果，但他得到了另一项资助，即特纳 - 纽沃尔奖学金，由此得以在伦敦伯克贝克学院继续他的研究，他在战争结束后不久就搬到了那里。

最终，他于 1951 年回到西班牙，担任马德里大学理学系教授。他的归国之路始于 1950 年 5 月 3 日，当时的西班牙驻伦敦大使写信给他，转交了来自西班牙国家研究委员会的邀请函，邀请他讲授一门关于宇宙射线的课程，他接受了。

他回到西班牙并不容易，他之前在物理研究实验室—国家物理和化学研究所的一些同事根本毫无助益。其中一个是胡利奥 · 帕拉西奥斯，他一直留在马德里，受到了他的兄弟米格尔的庇护，米格尔是第五团的一名医疗指挥官，一直忠于共和国。但帕拉西奥斯在马德里并非无所事事：他与宪兵和情报局（SIPM）合作，该情报机构隶属于布尔戈斯，相当于共和军占领区的第五纵队。有鉴于这些活动，难怪帕拉西奥斯不同于国家物理和化学研究所的其他同事（如卡夫雷拉、莫莱斯、卡塔兰、杜佩列尔和马迪纳贝蒂亚），他在战后能够继续他的研究事业，而且原则上说，还很出色：除了担任西班牙学院的副院长外，1939 年 3 月，他还被马德里大学当时的校长皮奥 · 萨瓦拉聘任为副校长。[28]

帕拉西奥斯后来安然度过了佛朗哥政府的大清洗运动，没有受到任何制裁，很快就被恢复了职务（1939 年 7 月 27 日的命令，1939 年 9 月 23 日的政府官方公报）。他的陈述描绘出了他在战前的职业轨迹以及他如何适应新政府统治的情景（《净化档案》，1939 年 4 月 1 日，《胡利奥·帕拉西奥斯·马丁内斯的个人档案》）。在政治派别归属方面，他宣称，他在保王派联盟、人民行动党、传统主义长枪党与西班牙革新党（TYRE）、西班牙行动党（他是该党党刊的撰稿人和订阅者）建党之初就加入其中，还加入了卡尔沃·索特洛的国家集团，签署了该组织的宣言。当被问及他所在部门最突出的左翼分子的名字时，帕拉西奥斯明确提到了何塞·高斯、佩德罗·卡拉斯科和奥诺拉托·德卡斯特罗。

12 天后，即 4 月 13 日，帕拉西奥斯发表了明确声明。在被问及“对革命时期的了解，主要是关于该部的公共发展和行政管理，以及对同事的情况了解”时，他回答说：

> 由于我已完全远离官方机构，所以我不知道这些部门的行政进展，但我可以说，所有学术当局都犯了一个错误，那就是极大漠视了那些没有被他们的极端主义思想影响的人。对于这种德不配位的行为，以及他们对共和派专制当局奴颜婢膝的行为，共和派的校长高斯先生和理学系主任兼天文台台长卡拉斯科先生应负特别责任，前者胁迫所有教授站队红色阵营，而他却在几天后懦弱地离开去了国外；后者则没有为几名遭受马克思主义游击队迫害的下属提供最基本的保护。
>
> 我还要说的是，据我所知，阿图罗·杜佩列尔教授是一个委员会的成员，这个委员会负责从气象台清除所有涉嫌对共和国政权不满的人。

关于哲学家何塞·高斯校长，他说他是“懦弱地”离开了西班牙，但真实情况是拉尔戈·卡瓦列罗任命他为总代表，代表共和国政府参加 1937 年 5 月开幕的巴黎世界博览会，考虑到这次活动对欧洲民主国家的宣传价值，他不得不提前离开，做一些相关准备。

至于杜佩列尔，几年后，在 1953 年 3 月 9 日，当人们试图让他回西班牙并重新担任教职时，帕拉西奥斯从里斯本致信给刑法教授欧亨尼奥·奎略·卡隆（Eugenio Cuello Calón），内容如下：[29]

我亲爱的朋友和伙伴：

我收到消息说，要考虑让阿图罗·杜佩列尔先生返回西班牙的可能性，我想就此向你提供一些可能作为判断依据的事实。

在我国内战之前的几年里，我在理学系和国家物理和化学研究所都与杜佩列尔先生有日常接触。我是他的好朋友，我总是看到他全身心地投入到宇宙射线研究中，他先是将这一课题引入了西班牙，后来又在英国继续研究，他从未主动参与到政治斗争中。诚然，我们的政见不同，他相信可以建立一个好的共和政体，但我从来没有怀疑过他是本着善意这样做的，他从未怀疑过我们最终会走向共产主义。

战后，我在伦敦见过杜佩列尔先生两次。他的研究能力为他赢得了英国学术部门的支持，使他能够全身心地投入到研究中，并与家人一起过着俭朴的生活。如果他申请了英国国籍，他的境遇可能会更加蒸蒸日上、更加稳定，然而他拒绝了所有这方面的暗示。

碰巧的是，我在伦敦逗留的这两次都是复活节，我有幸在威斯敏斯特天主教大教堂的宗教仪式上见到了杜佩列尔先生和他的家人，并发现他家保留着在耶稣受难日斋戒的传统。

我相信，西班牙要想健康，就要截去它的腐烂肢体，无论这样有多么痛苦，但我相信，杜佩列尔先生的情况正好相反，随着他的回归，我们将找回一位无可挑剔的西班牙绅士和一位一流的物理学家。

人们会根据情况改变他们的想法，这并不罕见。

杜佩列尔在西班牙安顿下来后，他在英国的同事们向他提供了帮助。以下是布莱克特在 1953 年 10 月 22 日写给他的一封信：[30]

亲爱的杜佩列尔教授：

我写信告诉您，科学和工业研究部已授权我将用于探测宇宙射线的辛特尔电视设备借给您，最初期限为两年。这个设备在曼彻斯特已经运转了两年，产权归属于科学和工业研究部。借给您的目的是让您能够在马德里进一步开展宇宙射线探测实验。我们非常有兴趣在一个气象和其他条件不同的新地方探测宇宙射线，也非常希望您能凭借您在数据分析方面的丰富经验，就这一课题进一步做出重要贡献。无论是科学和工业研究部还是我本人都非常高兴能够向您借出这套设备，这不仅是出于上述原因，也是对您在英国期间在宇宙射线变化领域所做的开创性工作表示敬意。

我稍后会再次写信给您，告诉您设备的发货日期。

这是一个令人感动的慷慨之举，符合最好和最高尚的科学精神，科学被视为一项没有国界的事业。这来自布莱克特的倡议，他坚决反对在西班牙建立的新政权，正如下面的轶事所揭示的那样：1969 年，时任皇家精确、物理和自然科学院院长的胡利奥·帕拉西奥斯写信给布莱克特，提名他担任科学院院士。这位英国人在 11 月 12 日答复说："我很清楚贵院授予我的荣誉意味着什么，但我相信你会理解我目前无法接受的原因"。

不幸的是，布莱克特与科学和工业研究部如此慷慨提供的设备，在毕尔巴鄂海关扣留了好几年，因为马德里大学不想支付进口关税。直到 5 年后的 1958 年，这些设备才送到马德里。然而已经太迟了。杜佩列尔于次年去世。这些设备被搁置了许多年，其中很大一部分被康普顿斯大学存放在国家科技博物馆的仓库里落灰。如今，就在不久之前，它们被陈列在位于阿尔科文达斯（马德里）的博物馆的一个玻璃柜中，无声但雄辩地证明了科学在西班牙未能逃脱怨恨和无知。

科学家从政

量子波动力学的鼻祖埃尔温·薛定谔（1923：38-39）曾经写过一些不言自明的东西：[31]

我们的文化形成了一个整体。即使是那些专注于研究的人，也不单纯只是植物学家、物理学家或化学家。此外，研究人员也不是唯一开展研究的人。早上，他们可能是在讲台上教授他的专业，到了下午，则在政治性会议中正襟危坐，听取意见和发表看法；其他时候，他们在一个意识形态圈子里谈论不同的话题。人们看小说、读故事、欣赏戏剧和音乐，去旅行，看绘画、雕塑和建筑；人们总是在看或在谈论这样或那样的事情。简言之，我们都是我们文化环境中的成员。

是的，我们是我们所处的文化、社会和政治环境中的成员。因此，在共和制取代君主制、第二共和国以及 1936—1939 年内战等具有划时代重大意义的时期，一些科学界的专业人士完全或部分地放弃了他们的讲台和实验室，投身于创建和捍卫他们认为会更好、更公平和更理性的社会的事业中，也就不足为奇了。第二共和国有时被称为“知识分子”或“教授们”的共和国。这种说法不无道理，因为在制宪会议的代表中，有 45 人是教授，47 人是作家或记者，其中 25 人更是声名在外，如萨尔瓦多·德马达里亚加、胡安·内格林、拉蒙·佩雷斯·德阿亚拉、何塞·奥尔特加－加塞特、格雷戈里奥·马拉尼翁、费尔南多·德洛斯里奥斯、路易斯·雷卡森斯、米格尔·德·乌纳穆诺、弗朗西斯科·巴尔内斯、曼努埃尔·马丁内斯－里斯科、奥诺拉托·德卡斯特罗、何塞·希拉尔、胡利安·贝斯泰罗、克拉拉·坎波阿莫（Clara Campoamor）、曼努埃尔·阿萨尼亚、维多利亚·肯特（Victoria Kent）、古斯塔沃·皮塔卢加、曼努埃尔·巴托洛梅·科西奥或路易斯·德苏卢埃塔。

胡安·内格林也是如此，我们在第 11 章中已经提到过他。抛开政见和意识形态因素，内格林认为科学家非常适合参与政治生活。在这方面，他在 1941 年英国科学促进会的年会上做演讲时说（引自 Marichal，1974：33；Rodríguez Quiroga，1994：286）。

人性是各种对立力量的集合体，而科学使政治家更容易理解和削弱人和社会中的这些对立因素。每一位伟大的政治家都容易遭遇职业的扭曲：如果他有一颗坚定的心，他可能不屑于谨慎和节制。科学研究的心理习惯使政治家能够调和这些对立的职业品德。而且，最重要的是，科学素养赋予了政治家一个不可缺少的平衡因素：怀疑。政治家的主要特征是对自己的信仰，或者更确切地说，是对自己所肩负使命的信仰，但如果没有强烈的怀疑精神，这种信仰会使政治家走向盲目且有害的教条主义。最后，搞科学的人天生宽容，而搞政治的人既要宽容又要坚定。

基于类似的观点，迫于当时形势所要求的承诺，1936年9月，胡安·内格林同意加入拉尔戈·卡瓦列罗（Largo Caballero）的政府班子，担任财政部部长。不到一年后，即1937年5月17日，他成为第二共和国新一任总理，一直到1945年流亡墨西哥时卸任，让位于另一位科学家——何塞·希拉尔·佩雷拉（José Giral Pereira，1879—1962）。

宇宙射线

宇宙射线的研究史可以追溯到19世纪，当时一些物理学家观察到验电器并不能无限期地储存电荷。在20世纪初，随着第一批原子模型（如J.J.汤姆森的葡萄干面包模型，其中电子发挥了核心作用）的出现，人们普遍接受的对这一事实的解释是，有时一些围绕着验电器叶片的气体分子失去了一个电子，因而失去了中性。因此，气体中会出现负电荷（电子）和正电荷（离子），根据使验电器叶片分开的电荷类型，将逐渐中和叶片上的电荷，使它们重新闭合。问题是要确定使气体电离的辐射来自何处。一种可能性是1896年发现的放射性，即放射性元素会发出电离辐射（α、β、γ）。也许在制作验电器的材料中残存着微量的放射性物质，这种可能性被证明是部分正确的：污染并不足以解释观察结果。用铅或水屏蔽验电器的实验表明，放电的速度减慢了，这意味着电离辐射一定来自外部。

还有另一种解释：电离辐射来自地壳中的放射性。检验这个问题的一个方法是观察验电器的放电量是否随高度的增加而减少，这个想法至少被几个科学家检验过：如德国物理学家和耶稣会士托马斯·伍尔夫（Thomas Wulf）和弗赖堡大学的阿尔贝特·戈克尔（Albert Gockel）。1910年，伍尔夫在埃菲尔铁塔顶端用验电器进行了实验，1912年，戈克尔也做了同样的实验，但使用的是热气球。在这两种情况下，都没有发现验电器的放电量随着高度的增加而减少，或者没有达到预期的速度。

然而，就在戈克尔失败的同一年，奥地利人维克托·赫斯（Victor Hess）成功了。而且他还是用气球做到的。在他于 1912 年 4 月开始的一系列攀升试验中，其测量结果表明，在大约 1 千米的高度，验电器内的电离强度开始增加，在 4 千米时翻了一番。这表明电离辐射不是来自地球。因此，他推测它来自大气层之外，而且可能不完全来自太阳，因为在全天内没有观测到变化。

这是一个冒险的假设，需要很长时间才能得到认可，但德国人维尔纳·科尔赫斯特（Werner Kolhorster）的成果给了他帮助，他在 1913 年至 1919 年期间重复了赫斯的实验，攀升到 6 千米的高度，探测到了比他的同行更强的辐射。

然而，还有其他的可能性。云室的发明者查尔斯·T. R. 威尔逊（Charles T. R. Wilson）是伟大的电离现象专家，他认为电离辐射可能是由发生在大气上层的风暴产生的，而其他科学家则认为大气层可能含有少量的放射性元素（氡，一种放射性元素，在元素周期表上中排在 86 位，已知以气态存在）。如果由于某种原因，这些放射性元素集中在大气上层，那么观测到的电离强度的增加就可以得到解释。但在这两种可能的解释中，未知辐射的强度应随大气条件而变化，也随时间、日期和季节而变化，而这些都没有被提到过。

尽管赫斯和科尔赫斯特确定的辐射非常有趣，但过了一段时间之后才展开进一步的研究。这一课题被引入物理学界要归功于加州理工学院的罗伯特·米利肯（Robert Millikan），事实上，他将这种辐射命名为“宇宙射线”。起初他对这种辐射的真实存在持怀疑态度，但由于他与 G. 哈维·卡梅伦（G. Harvey Cameron）合作，在 1923 年至 1926 年期间进行了一系列实验，结果使之确信了其存在。这些实验包括水下实验和高空实验［使用无人驾驶的气球，为此需要使用自动操作的验电器，这是德国物理学家埃里希·雷格纳（Erich Regener）在 20 世纪 20 年代和 30 年代初完善的技术］，他们在 1926 年发表在《物理评论》（Physical Review）上的一篇文章中介绍了这些结果。

要进一步仔细研究的话，还要结合汉斯·盖格和瓦尔特·穆勒（Walter

Müller，1928）的作品来看，他们制作了一个能够检测小功率放射性的仪器；还有瓦尔特·博特（Wallher Bothe）和 W. 科尔赫斯特（W. Kolhorster，1929），他们使用一个双重计数器，证明地球表面附近的宇宙射线是由高速带电粒子组成的。

1929 年，俄罗斯物理学家季米特里·斯科别利岑（Dimitri Skobeltsyn）使用云室和磁场使电子从放射源发出的 β 辐射中偏转，观察到一些低能量“穿透”射线的痕迹，这些射线以小群形式出现。由此，他开启了利用云室和磁场研究宇宙射线的先河。而朱塞佩·奥基亚利尼（Giuseppe Occhialini，盖格－穆勒计数器专家）和帕特里克·布莱克特（Patrick Blackett，云室专家）都是英国剑桥卡文迪什实验室的成员，他们使用盖格－穆勒计数器来操作云室（即引起膨胀，导致离子周围凝结），这样，就像高能粒子自己拍摄自己的照片。利用这种技术，他们在 1933 年发表了一篇论文，其中指出，在照片中确定的痕迹中，有一些被他们解释为是由质量与电子而不是质子相当的带正电粒子引起的，由此得出的结论是这些是带正电的电子，他们将这一结果与狄拉克在 1928 年提出的电子相对论所预测的反电子联系在了一起。但是米利肯在加州理工学院的助手卡尔·安德森（Carl Anderson）比他们早了几个月，在 1932 年 8 月发表在《自然》杂志上的一篇简评中发布了同样的结果。值得注意的是，维克托·赫斯因“发现了宇宙射线”和卡尔·安德森因“发现正电子”共同分享了 1936 年诺贝尔物理学奖。布莱克特则因“对威尔逊云室方法的改进以及随后在核物理和宇宙射线领域的发现”获得了 1948 年诺贝尔物理学奖。

希拉尔，1905 年被萨拉曼卡理学系聘任为有机化学教授。他在那里一直任职到 1927 年，之后接替何塞·罗德里格斯·卡拉西多在马德里大学药学系担任生物化学教授，专攻生物化学和食品化学。与卡拉西多一样，他在第二共和国成立的同一年被任命为马德里大学校长。他早在 1910 年就成了共和派，加入了新政府共和联盟。在马德里定居后，他更为活跃地参与到政治活动中。他名下的位于首都安托查大街的药房密室，自 1925 年以来成了所谓的“共和行动小组”的会场，该小组后来发展成“共和行动”党，其主要领导人是曼努埃尔·阿萨尼亚。[32] 他因这些活动而入狱，与他有同样经历的还有亚历杭德罗·勒鲁克斯（Alejandro Lerroux）、马塞利诺·多明戈和阿尔瓦罗·阿尔沃诺斯（Álvaro Albornoz）等共和党人。1931 年 3 月，他与奥诺拉托·德卡斯特罗、拉斐尔·格拉·德尔里奥、安东尼奥·马尔萨（Antonio Marsá）、佩德罗·里科、曼努埃尔·阿萨尼亚和亚历杭德罗·勒鲁克斯（Alejandro Lerroux）一起签署了一份宣言，表示共和联盟决定共同参加市政选举。众所周知，此次选举催生了第二共和国。1931 年 6 月 10 日，希拉尔在担任马德里大学校长期间，被议会少数派共和行动党投票选举为制宪会议中代表卡塞雷斯省的议员。10 月，当阿萨尼亚接替尼塞托·阿尔卡拉 – 萨莫拉（Niceto Alcalá-Zamora）成为第二届临时政府总理时，希拉尔被任命为海军部长。他一直任职到 1933 年，而在 1936 年 2 月人民阵线在选举中胜出后，他又重新担任了这个职位，并连任多届。1936 年 7 月 18 日，在 5 月 10 日上任国家元首的阿萨尼亚任命他为总理，他的任职持续到 9 月 4 日，之后由拉尔戈·卡瓦列罗接替，顺便提一句，在新政府班子中，他还是有部长的名头，但没有任何实际职权，跟在内格林的政府班子中一样。

流亡期间，在古巴短暂停留后，他在墨西哥安顿了下来，在墨西哥国立自治大学从事食品科学工作。1945 年，他被选为共和国总理，并一直任职到 1947 年。他在家人的陪同下去了美国，其中包括他的儿子弗朗西斯科·希拉尔·冈萨雷斯，他也是一名化学家，在圣地亚哥 – 德孔波斯特拉大学药学系担任有机化学教授，曾在马德里与安东尼奥·马迪纳贝蒂亚一起读过书。

另一个例子，也是最后一个例子，就是曼努埃尔·马丁内斯·里斯科的例子。他是一位物理学家，我们在介绍物理研究实验室时曾提到过他。他从萨拉戈萨来到马德里，成了声学和光学教授，他积极参加马德里科学和文学协会的活动，并成为该协会理学部的责任人。他可能就是在那里认识了曼努埃尔·阿萨尼亚。在第二共和国时期，他二人先是在“共和行动”，然后在“共和左翼”共事。1931 年，他被“共和行动”推选为议会中代表奥伦塞省的议员。作为一个“在西班牙支持加利西亚运动，在加利西亚支持西班牙主义者，不推崇分裂主义的加利西亚人”，他赞成加利西亚自治，作为使其摆脱落后局面的手段。事实上，他积极参与了加利西亚的立法程序，首先是所谓的《议员章程》，然后是 1932 年 12 月 17 日至 19 日在圣地亚哥举行的加利西亚市议会。即使在内战结束后，他仍继续支持立法事业，加入了加利西亚全国委员会，并在 1945 年 8 月 15 日从巴黎寄信给卡斯特劳，授予其签字权，委托他代为行使作为议员的一切权利。

在 1933 年的选举中，他落选了。在 1936 年 2 月 16 日的选举中他再次为奥伦塞夺回了席位，但这次他代表的是共和左翼，他是该党全国委员会的成员。他在共和国时期的活动并不局限于议会领域；他还担任了海军部光学委员会的主席，并为共和国的战争做出了贡献，将保罗·朗之万在第一次世界大战期间研究出的探测敌方潜艇的方法引入了西班牙，并在之后他继续改进这一方法，还在研究通过次声波定位大炮方面取得了进展。1936 年 7 月发生军事叛乱后，马丁内斯·里斯科立即与包括建筑师曼努埃尔·桑切斯·阿尔卡斯（Manuel Sánchez Arcas）、作家路易斯·塞尔努达（Luis Cernuda）、罗莎·查塞尔（Rosa Chacel）、拉蒙·戈麦斯·德拉塞尔纳（Ramón Gómez de la Serna）、玛丽亚·桑布拉诺（María Zambrano）和何塞·贝尔加明（José Bergamín）、作曲家鲁道夫·阿尔夫特（Rodolfo Halffter）和电影导演路易斯·布纽埃尔（Luis Buñuel）等杰出人物在内的一批西班牙知识分子签署了一份“西班牙知识分子反对罪恶的军事起义”宣言，其中可以看到这样的句子：

> 这种军国主义、教权主义和种姓贵族主义反对民主共和国、反对其人民阵线政府所代表的人民的罪恶起义，在法西斯暴行中找到了加强我们历史上所有这些致命因素的新意。在西班牙，种种迹象表明，骇人听闻的法西斯主义爆发了，我们——作家、艺术家、科研人员和知识分子——联合起来捍卫普世价值观和不断创新的文化传统的我们，在此宣告，我们结成了共同联盟，我们充分和积极地认同正与人民阵线政府光荣地并肩战斗的人民。

作为共和左翼的候补成员，他成了人民阵线全国委员会的成员，该委员会是为了在战争期间协调人民阵线内各成员政党的行动而设立的。1935 年 7 月在马德里举行的西班牙人权和公民权利联盟第二次全国大会上，他被选为该机构的中央委员会成员。

有了这样的履历，马丁内斯·里斯科在战后流亡到巴黎就不足为奇了。据一些消息人士透露，初到巴黎时，他靠做鞋匠谋生。第二次世界大战爆发后不久，1939年10月19日，法国国家科学研究中心（CNRS）成立，他最终做到了该中心的研究主管，隶属于法兰西学院的原子和分子物理实验室，实验室责任人是让·佩兰（Jean Perrin）。在那里，他重拾之前的光学研究课题，包括其研究课题与爱因斯坦相对论的关系，正如他于1949年在科学院院刊上发表的一篇文章所示，文章题为《相对论中运动光学图像的干涉概念》。

尽管他一直在法国待到生命尽头（于1954年在巴黎逝世），但他与拉丁美洲的流亡者，特别是与流亡西班牙大学教授联盟保持着联系。该联盟是在法国首都成立的，由古斯塔沃·皮塔卢加担任主席（古斯塔沃去了墨西哥后，联盟总部也迁到了墨西哥，因为联盟中人数最多也最活跃的部分就在那里）。他还在流亡科学家创办的《科学》杂志上发表过三篇文章（之前曾在法国科学期刊上发表过）：《对应于发光电子的显微图像》（1947），《反冲电子束产生的显微图像》（1948）和《相对论中运动光学图像的干涉概念》（1950）。

《科学》杂志——流亡科学家共同的机关刊物

流亡，被迫离开自己生活和工作过的家园，离开自己熟悉的文化圈子，尤其当被迫流亡时，总会让人痛苦不堪。在一篇专门分析共和派流亡的文章中，何塞普·L.巴罗纳（Josep L.Barona）（2010b：206-207）形象地写道：知识分子和艺术家的流亡是那一代人的标志，但这更多在于个人层面而非机构层面，尽管它将佛朗哥的西班牙与先锋派和艺术或文学的统一潮流隔离开来。相比之下，科学家的流亡上升到了集体层面，这使得历史学家将之称为“一代人”或“流亡的科学界”。在流亡中保持科学的制度化是那些自认为是在参与一项科学和政治计划的人的目标之一，以此来否认新政权的合法性，因为科学制度已经被“残暴的肢解”所破坏。一群被迫移居国外的西班牙科学家基于这一理念采取了举措：创办一份科学杂志，使科学家们抱团行动，作为一个集体出现，同时为拉美国家提供服务，绝大多数西班牙科学家都流亡到了那里，且这些国家也说西班牙语。[33] 伊格纳西奥·玻利瓦尔任主编，他的儿子坎迪多·玻利瓦尔·彼尔塔因（Cándido Bolívar Pieltain）、伊萨克·科斯特罗和弗朗西斯科·希拉尔协助他工作。编委会由 72 人组成，既有西班牙人，也有拉美人。来自西班牙的成员有安赫尔·卡夫雷拉（布宜诺斯艾利斯）、佩德罗·卡拉斯科（墨西哥）、何塞·夸特雷卡萨斯（波哥大）、阿图罗·杜佩列尔（曼彻斯特）、何塞·希拉尔（墨西哥）、拉斐尔·洛伦特·德诺（纽约）、曼努埃尔·马丁内斯·里斯科（巴黎）、恩里克·莫莱斯（巴黎），何塞·诺尼德斯（纽约），奥古斯特·皮·苏涅尔（加拉加斯），何塞·普切·阿尔瓦雷斯（墨西哥），皮奥·德尔里奥·奥尔特加（牛津），恩里克·里奥哈·洛比安科（墨西哥）和何塞·罗约－戈麦斯（波哥大）。[34]

1940 年 2 月 15 日，伊格纳西奥·玻利瓦尔在墨西哥撰写了该杂志的《创刊词》，内容如下：

> 今天，《科学》杂志在科学媒体的舞台上亮相了。本刊的主旨是传播物理、自然和精确科学知识及其在各领域的应用，因为这些是公共文化的基石，为此，本刊将尽其所能，努力提高西班牙语美洲国家的科研兴趣。
>
> 总的来说，本刊将努力使读者了解科学的各方面进展，包括科学理论及其在医学、农业和工业领域的应用，特别值得一提的是，本刊致力于传播可以改进常规生产方法的新方法，这些方法可能会成为发展新产业或实现科研成果的实际和直接应用的基础。
>
> 本刊还有助于提高公众在物理和自然科学方面的素养，用所有人都能理解的语言阐述大家普遍关心的问题的状况，让每个受过教育的人都了解这些。
>
> 无论研究上述科学的哪个分支，都会深觉本刊大有助益，能随时跟进这些学科的进展，因为众所周知，要想研究有成果，必须穷尽文献资料。没有一个随时更新资料的图书馆，很难获得这些知识，而遗憾的是，即使是官方也很难具备这种条件，因为介绍科学动态的期刊非常多，需要大量资金才能集齐。

在对杂志的七个版块——①现代科学；②原创研究简报；③新闻；④应用科学；⑤杂记；⑥新书推介；⑦杂志述评——进行介绍后，他总结如下：

> 熟悉出版工作的人都深知，发起人的办刊目的不是为了盈利，甚至都没想过拿到与他们所付出的努力相称的微薄薪酬。他们单纯是出于一直以来对科学事业的热爱，以及为西班牙语美洲国家的科学进步和发展做出贡献的愿望，希望这里能够与先进国家相媲美，并希望本刊能够成为美洲所有对这些研究感兴趣的人之间的交流手段。

忠于纯粹的科学精神，在创刊号的 48 页文字中没有任何政治性内容。创刊号刊发了 11 篇文章，第一篇是何塞·希拉尔撰写的《呼吸色素的特异性》，第二篇是贡萨洛·罗德里格斯·拉福拉的《论脑源性饥饿和厌食症》。

当伊格纳西奥·玻利瓦尔于 1944 年 11 月 19 日逝世时，在墨西哥城安顿下来并加入了该杂志编委会的布拉斯·卡夫雷拉接手了他的工作。在 1945 年第一期（第六册）中，刊发了卡夫雷拉于 1944 年 12 月 15 日起草的一份简短的悼词，以纪念这位已故的伟大昆虫学家，其中可以看到以下发自内心的公正评述：

> 忆及他将自己的全部热情和精力都投入到创办《西班牙博物学会年鉴》（*Anales*）的那段遥远岁月，他认为在生命的最后阶段，为了不辜负自己在这个新的西班牙受到的爱戴，他应当再做些什么来提高所有讲西班牙语的人的声望：包括那些来自欧洲的人和那些创造了年轻的美洲民族的人，为其科学事业创立一个新的宣传机关，每个人都可以将这个机关视作自己的，整个世界都会以尊重的眼光看待它，且对这个机构兴趣日长，接受度越来越高。尽管他在长期工作中积累了不少病痛，但他的热情支撑着他的活动，始终保持着创造性和开创精神，让他有力气与聚集在他身边的年轻人交流，让年轻人从他的丰富学识中找到灵感和受到鼓舞。

在卡夫雷拉的悼词后面是恩里克·里奥哈·洛比安科的长篇署名讣告，我只从中摘录了以下几句话：

> 西班牙科学复兴的灵魂人物在这个美丽的美洲国度，在这片自由土地上安息，他将墨西哥与西班牙永远联系在了一起。这样一位生活简朴的模范人物，以其平和坚毅的高尚精神坦然面对了大洋彼岸忘恩负义的不公正对待。书籍和出版物中删去了他的名字；他主持的国际昆虫学大会的正式出版物中删除了他的研究论文；他在科研工作中收获的赞誉和对物种的命名权连累他受到处罚。谴责苏格拉底的种族像野草一样顽强生长。迟来的虚伪纪念无法让我们所有对大师怀有深切景仰的人满意；我们确信，他们的评论具有讽刺意味，他们理应受到讽刺。伊格纳西奥·玻利瓦尔先生是西班牙科学辉煌时期的象征，摧毁这个时代的人就是今天赞美他的人，而正是这些人不久前还在干扰对他的纪念。

布拉斯·卡夫雷拉没有在《科学》掌舵太久，他于 1945 年 8 月 1 日逝世。这一次，是安东尼奥·马迪纳贝蒂亚在第 7—9 期（也在 1945 年第 6 卷）的第一页上缅怀他，在讣告的最后写道："像其他许多西班牙大学教授一样，他离开了祖国，来到好客的墨西哥，在这片土地一直工作到生命的尽头"。

《科学》杂志在 1975 年 12 月（第 29 册）出版了最后一期，当时西班牙已经启用了崇尚自由的新政治制度。最后一期的主编仍是坎迪多·玻利瓦尔，并以一篇社论开篇，论述了对于母语为西班牙语的科学家来说，在如今与当时同样重要的一个问题，这就是"科学的语言"，其中包含了以下几段内容：

> 有人说，没有双语的民族，而在那些看起来是双语的民族中，两种语言中只有一种才是正统。很明显，将一种语言叠加在任何其他语言上都会缩减其表达价值，破坏概念，最终使其失效。这种情况在科学语言中由于加入了无厘头的首字母缩写形式而变得更加严重，变成了令人难以忍受的

胡言乱语。

可行的解决方案是什么呢？我们提议如下：尽可能用每个国家的民族语言简明扼要地撰写；要考虑到用其他语言发表的文章，以避免无用的重复。以接受度最广的语言添加概念和具体结果的摘要。统一缩略语和计量单位的使用，并在简讯的开头明确其含义。扩大图形、公式和数学符号的使用。

最后，需要补充的是，科学作品的价值并不取决于它所用的语言，而是取决于它的内容和真实性。

这期杂志的其余版面都用来表彰奥古斯特·皮－苏涅尔的工作，追忆了他的事迹，“他先后在多家机构担任教职，尤其是在由加泰罗尼亚政府在巴塞罗那建立的生理学研究所，任职期间，他促进了生理学在西班牙和美洲的发展，这是其他同时代的人无法做到的。法西斯暴徒对生理学研究所的野蛮拆除，使皮－苏涅尔和他的弟子们的科研工作一时受挫，也毁掉了西班牙科学文化再次跻身欧洲先进国家之列的机会”。

第 17 章
创立国家研究委员会：科学与意识形态

我们只在这世上走一遭。没有比生命的凋落更悲惨的事情；没有比被强加的外部限制剥夺了竞争机会，甚至连希望也被剥夺了更不公正的事情，而人们却试图把它当作内部限制。

斯蒂芬·杰·古尔德（Stephen Jay Gould）

《人的错误量度》（*La falsa medida del hombre*，1996）

废除扩展科学教育与研究委员会

简而言之，西班牙国家研究委员会是内战后新政权创建，旨在替代扩展科学教育与研究委员会的机构。我们之前已经说过，扩展科学教育与研究委员会受到了战胜方的抵制，所以该机构很快被解散也就不足为奇了。事实上，在内战结束前，即1938年5月19日，弗朗西斯科·佛朗哥已经签批了由国民教育大臣佩德罗·赛恩斯·罗德里格斯起草的一项旨在纪念马塞利诺·梅嫩德斯·佩拉约[①]逝世26周年的法令，其中就涉及这一事项。有必要在此援引该法令（发布在5月20日的《政府官

① 梅嫩德斯·佩拉约（1856—1912），西班牙作家、文学批评家、历史学家。——译者注

方公报》上），或至少援引其中的部分内容。我们先来看引言部分，其中对这位坎塔夫里亚大师溢满赞誉之词：

法令：

梅嫩德斯·佩拉约的所有作品，其终极目的都是为了唤醒和加强祖国西班牙的民族意识，而贯穿我们的“国民运动”的精神也是如此。在共和国时期，每逢这位杰出的西班牙大师去世的周年纪念日，人们都会虔诚地悼念他，而在我们取得胜利的第一年，纪念活动空前盛大，来自“国民运动”各部门的代表在萨拉曼卡大学的礼堂举行了纪念仪式，向大师致敬。现在，第一届国民政府已经成立，似乎是时候将长期以来的愿望明确地体现在立法中，让西班牙的文化和科学与大师的灵感相契合。

他的作品，在写作技巧和题材上覆盖了整个欧洲乃至全球，但在情感上体现了独特的民族性，必将促成我们祖国的科学复兴。

国家必须确保在全国范围内为青年的科学培训和专家的工作分配必要的要素，只考虑使用这些要素的人的价值，让学者们摆脱小集团或政党的灾难性奴役。

为了恢复正常的科研工作，还要将必要的手段归还给大学，以便能够合理地要求大学在科研领域取得相称的表现，这是大学除了专业培训之外的主要职能。

并宣布“将通过各项条文来落实本法令的宗旨”，内容如下：

第一条　西班牙研究院，除了具有 1937 年 12 月 8 日法令赋予它的爱国文化元老会的法人性质外（我接下来就会介绍这个学会），还将成为国家指导和引导西班牙高级文化和高等研究的机构，部分取代扩展科学教育与研究委员会发放海外奖学金和津贴的功能。

第二条　国民教育部后续应发布一系列命令，详细说明根据本法令，哪些基金会和研究机构需要划归到西班牙学会管辖范围内，哪些目前仍属于扩展科学教育与研究委员会管辖的部门和机构应当以及给对应的各所西班牙大学来继续维持其运作，以及哪些机构和部门需要取缔。

第二章第六条（“关于研究中心与科学交流中心”）。原先隶属于被解散的扩展科学教育与研究委员会、科学研究和改革试验基金会的所有中心，以及由西班牙学会设立的中心，都隶属于西班牙国家研究委员会管辖。原先隶属教育部管辖的各家研究机构，除下挂在大学的外，其他均转归国家研究委员会管辖。

第七条　扩展科学教育与研究委员会依据本法令解散。

这样一来，扩展科学教育与研究委员会就被强力清算了，仿佛这是历史上的另一种平衡。

自由教育学院也被清算了：1940 年 5 月 17 日的一项法令宣布该学院触犯了国防委员会（1936 年 9 月 16 日）第 108 号法令第一条的规定（“自今年 2 月 10 日举行集会以来，构成所谓人民阵线成员的所有政治党派或社会团体，以及曾经对抗过国民运动的所有组织，均属于非法党派、团体或组织”），其资产被移交给国民教育部。并且，本着新政权反加泰罗尼亚主义的精神，虽然加泰罗尼亚研究学院不在被取缔之列，但其很多资产被充公，巴塞罗那市政府接管了之前属于该学院的一些业务（如古迹编目、考古发掘和气象服务）。事实上，该学院已名存实亡。1940 年，为取代这一机构，成立了西班牙地中海研究所，占用了巴塞罗那市政府在 1930 年划给学院的疗养院旧址，作为其办公地点。与之类似，1942 年 4 月 17 日，在 1936 年流亡在外，到 1942 年才回到巴塞罗那的何塞普·普伊赫 - 卡达法尔奇的私宅中，通过开会方式“重新成立”了加泰罗尼亚研究学院，这虽然不是秘密，但确实是以非常谨慎的方式进行的。参加这次会议的还有语言学部成员何塞普·玛丽亚·洛佩斯·比科（Josep Maria López Picó）、理学部的爱德华·丰特塞雷（Eduard Fontseré）和词典编撰办公室成员及历史考古部前秘书拉蒙·阿拉蒙（Ramon Aramon）。

西班牙研究院

在西班牙内战于 1939 年 4 月 1 日正式结束前，先于上文提到的法令，布尔戈斯政府已经坚信胜利在手，启动了立法工作。1937 年 12 月 8 日，新一期《政府官方公报》上发布了弗朗西斯科·佛朗哥在布尔戈斯签署的一项专门针对各皇家学院的法令。其内容如下：[1]

> 为向西班牙在圣母无原罪日举办博士入学礼的古老传统致敬，特选定今日通告西班牙皇家学院开会，在过去很长一段时间，各学院的工作都中断了，西班牙全国上下都急切盼望其重生。
>
> 政府希望进入新时期，各家学院大幅提升科学和历史读物的出版工作，出版重量级书籍和期刊年鉴，以最高形式反映国民思想；赋予各学院颁发国家级奖项的职能，激励人才发挥其创造性作用：传播教学著作，不仅针对国内的学院、学园和学校，还面向全世界所有国家尤其是说西班牙语国家的上述教育机构。
>
> 因此，我下令：
>
> 第一条　1983 年 1 月 6 日，在萨拉曼卡大学礼堂，我们各所学院在此庄严召开会议。此次会议召集了西班牙语言学院，历史学院，精确、物理和自然科学院，道德和政治科学院，圣费尔南多美术学院和医学院，这些学院今后将保留皇家头衔，以彰示其历史渊源，并共同形成一个以“西班牙研究院”为名的整体，其组织架构和职能权限将在其实施条例中具体规定。

接下来是关于学院发展详情的一系列条文。

该法令的前三行清楚地表明了战争胜利者在政策上的一个显著特征：狂热的民族天主教主义，并通过各种机构渗透到了国家研究委员会中。1940 年 10 月 30 日，国民教育大臣兼国家研究委员会主席何塞·伊瓦涅斯·马丁（国家研究委员会《报告》，1942：29-33）在当时的新机构成立大会上，当着佛朗哥将军（伊瓦涅斯·马丁称他为“取得拯救西方文明之战胜利的领袖”）的面，发表了题为“迈向西班牙科学新时代”的演讲，其中写道：[2]

我们期待着一个新的、蓬勃发展的科学时代，这是光荣的国民运动胜利后最丰硕的成果、最富有生命力的精华。这是西语世界科学的幸福辉煌时期，在各方努力下，为教育对工作和学习有热情的年轻人提供了后盾，这是国家的技术和经济实力。

一切都是那么的庄严肃穆，我们深知，这是新西班牙最盛大的场合，我们在严肃和富有宗教气息的氛围下，首先宣告我们对西班牙科学的信仰。光荣的科学，我们数个世纪积累下的遗产宝藏，不虔诚和反爱国主义的教士们（这场文化、社会和政治灾难的罪魁祸首，通过阁下的工作和青年们的牺牲才让我们刚刚安然脱险）在一场罪恶而顽固的论战中否认了马塞利诺·梅嫩德斯·佩拉约在荒野中呼喊的声音！今天，这场论战结束了。

深入到宗教方面，不忘提到科学“是对上帝的渴望”：

我们追求的是一种天主教科学，也就是说，一种通过服从宇宙的最高理性，通过与信仰在“照亮每个来到这个世界的人的真光中”（伊恩，I，9）调和，达到其最纯粹的普世科学。因此，在这个时候，我们要清除所有的科学异端，这些异端使我们国家培养天才的渠道干涸和枯竭，使我们陷入疲惫和颓废。因此，我们请求上帝，本质、独立、直观、唯一、无限和无误的科学的至高无上的拥有者，将圣灵派往西班牙。

这棵西班牙科学的帝王之树在天主教的花园里茂盛地生长着，并不吝于在它的树干上滋养庄严和神圣的科学，作为一种基本的纤维和神经，整个粗大的树枝都从它的汁液中得到了同样的滋养。西班牙的神学天才，为服务于信仰的大公无私而蓬勃发展，在这个至高无上的时刻，也必须占据科学复兴的第一层级。与过去几个世纪我们定义的一个国家和一个帝国的科学结合起来看，我们如今的科学，首先要成为天主教的科学。这就是为什么我们的科学宣称它永远不会与信仰相冲突，而且，正因为它是一门全面和完整的科学，它将如奥古斯丁一般，将其命运扎根于神性之中。不信仰上帝，科学将徒劳无功。

在会上，智者阿方索十世基金会的负责人安东尼奥·德格雷戈里奥·罗卡索拉诺（*Memoria* CSIC，1942：13）也发表了讲话。他的演讲充斥着古板的意味，试图以寥寥数段概括整个西班牙科学史：

当自由的人们团结起来要实现一个共同的信念时，一个有生命力的国家就形成了。在基督教时代的早期，西班牙的信念逐渐成型，这就是我们的祖国存在的理由。西班牙人民的共同信念就是宗教信仰，因此，只有当在西班牙境外和在我们自己的国土上进行的反西班牙宣传针对的是这个共同信念的时候，我们的人民才会感觉到衰落的迹象。

这种表现在战争的胜利者中比比皆是。我忍不住要引用农学家兼记者费尔南多·马丁－桑切斯·胡利亚（Fernando Martín-Sánchez Juliá）（1940：92-93）在一本激发起我们的痛苦回忆（起码是其中所彰显的复仇精神）的书中所写的话，书名为《神秘而强大的力量：自由教育学院》（*Una poderosa fuerza secreta. La Institución Libre de Enseñanza*），1940年出版，多人合著（如米格尔·阿蒂加斯、安东尼奥·德格雷戈里奥·罗卡索拉诺和安赫尔·冈萨雷斯·帕伦西亚）：

这是善与恶之间的永恒对抗，是两个西班牙之间的斗争。在整个 19 世纪和 20 世纪过去的那段时间占据胜利优势的异端思想，将统一的西班牙思想分裂了开来，如今，在战争的喧嚣、痛苦的呼喊和胜利的呐喊中，西班牙思想要恢复统一了。

不管是过去、现在还是未来，我们的天主教信仰和民族信念都始终如一。

我们相信天主教及教皇的权威，这是个人和国家的真理和生命之源。我们反对世俗主义，这在过去有效地体现在自由教育学院中，最开始是有教师在讲义中无视上帝和教会，后来在民众中蔓延开来，以烧毁帐幕和摧毁圣殿而告终。

尽管是大家都耳熟能详的事实和情况，但还是要援引利诺·坎普鲁维（Lino Camprubí）（2017：59）所写的内容：

1953 年 8 月，西班牙政府与梵蒂冈签署了一项新的协约，这项重要协约打破了早年困扰该政权的在国际上相对孤立的状态。天主教会与政府进行了多维度的合作，例如双方达成共识将内战说成是十字军东征，1952 年在西班牙举行了祝圣仪式，1954 年举行了西班牙向圣母玛利亚献祭仪式。教会与政府之间“团结但不混淆”，从 1947 年起，佛朗哥被宣告为“上帝恩赐西班牙领袖”，其合法性得到了承认。在协约的公告中，佛朗哥强调了他统领的政府为建造新教堂和重建那些沦为废墟的教堂提供的资助。第二共和国主张的反教权主义，体现为教堂纷纷被摧毁和焚烧，而教堂的重建是战胜反教权主义的一个特别有力的象征。

需要指出的是，在与梵蒂冈签署协约的同一年，即 1953 年，西班牙政府也与美国签署了协议。仅仅一个月后，9 月 26 日，西班牙与美国签署了第一份外交协议。考虑到西班牙能提供的东西，该协议将重点放在军事互助上也就不足为奇了。美国承诺将“帮助西班牙加强防空力量，提升空军能力和改进军事装备”，而西班牙承诺授权美国“在西班牙的领土上，与西班牙政府一起按约定建立、维护和使用军事区域和设施”。

在佛朗哥将军的长期统治下，梵蒂冈和美国将成为西班牙外交政策的两大支柱。而且，正如在这种依附关系下经常发生的一样，西班牙的生活和习俗在其影响下也无法再保持原貌。

如果非要列举出佛朗哥政府与天主教教会绑定的具体表现，我选择以 1942 年的事件为例，当时，通过建筑师米格尔·菲萨克（Miguel Fisac）的改造，扩展科学教育与研究委员会的学生公寓礼堂被改建为圣灵教堂，该教堂至今仍然屹立在马德里的塞拉诺大街上。具有象征意义的是，伴随着这种“转变”，扩展科学教育与研究委员会所倡导的世俗和自由主义精神走向了终结。

在颁布了针对各皇家学院的法令（1938 年 1 月 2 日）后不到一个月，又出台了另一项法令，对上一项法令进行了扩展，效仿法国革命者于 1795 年 10 月 25 日创立的法兰西研究院（严格来说是国家科学与艺术学院），创立了被命名为“西班牙研究院”的机构。[3] 在法令中明文规定，“来自西班牙语言学院，历史学院、精确、物理和自然科学院，道德和政治科学院，圣费尔南多美术学院和医学院等众多学术机构的院士们，齐聚在以西班牙文化元老会为名的国家机构中，合称为西班牙研究院”。其职能是“国家以及各皇家学院授予的各项职能。当然，编撰发行出版物也属于研究院的职责范围，不管是研究院自身的出版物、各皇家学院或政府委托或授权其制作的出版物”。

除了制定组织架构和行动方面的规章外，1 月 2 日的法令还规定，任命曼努埃尔·德法利亚和欧亨尼奥·德奥尔斯分别担任该机构的主席和秘书。会议还决定了已当选的院士重新召回和新当选的院士上任的程序。该程序清楚地表明了拟建立制度的倾向：

> 院士们的宣誓就职仪式流程如下：
>
> 在主席宣布会议开始后，学院终身秘书按资历顺序宣读所有待宣誓院士的姓名。
>
> 被点名人员依次站到主席台前。主席台上摆放着一本拉丁通俗译本的《福音书》，封面上带有十字架标志，还有一本《拉曼查的堂吉诃德》，封面

上装饰有轭和箭的纹章。待宣誓人站在书前，右手放在《福音书》和《堂吉诃德》上，把脸转向学院院长，等待学院秘书照本宣科，按宣誓词提问：

“院士先生，您是否在我们守护天使的见证下，向上帝发誓：永远效忠于西班牙，拥护西班牙古老传统的统治和规范，拥护罗马教皇统领的天主教，拥戴我们人民的救世主——我们如今的政府首脑以主名义进行的统治？”

院士会回答：“是的，我发誓”。

院长会说：“主佑你践行此言，如有违反，将受神罚”。

西班牙研究院领导委员会的“第一次全体大会”于1938年1月5日，即研究院正式成立后第三天在萨拉曼卡举行。会议由副主席——佩德罗·赛恩斯·罗德里格斯主持，不久后，即1月30日，他被任命为国民教育大臣（他一直担任此职至1939年8月9日）。由德奥尔斯担任（终身）秘书。当选的主席曼努埃尔·德法利亚（Manuel de Falla）以生病为由未出席（他再也没有出席）。

有必要停下来，介绍一下佩德罗·赛恩斯·罗德里格斯（1897—1986）与欧亨尼奥·德奥尔斯（Eugenio d'Ors，1881—1954），后者是提出“西班牙研究院”这个概念的“理论之父”，而前者则提出了让国家的科学研究——即国家研究委员会——隶属于这一新机构的构想。赛恩斯·罗德里格斯从1924年起在马德里大学担任文献学教授，在普里莫·德里维拉的独裁统治时期进入了政界，领导了抗议对加泰罗尼亚语言和文化进行迫害的示威活动，抗议宣言就是他亲自起草的。谁也无法知道接下来会发生什么。1931年至1936年期间，他是桑坦德在议会的代表。在共和国时期，他加入了最初被称为“国民行动”的团体，后来，这一组织自1932年4月起更名为“人民行动”。但他始终拥戴君主制：无论是在共和国时期还是在后来的佛朗哥政权中，他实施了很多有利于君主制的举措。1937年，他被任命为布尔戈斯政府的国家教育代表，并在1938年1月31日成立的佛朗哥第一届政府班子中担任国民教育大臣（正是在他的任期内，将“公共教育部”更名为“国民教育部”）。

在一本收集了他部分回忆录的书中，赛恩斯·罗德里格斯（1978：66-67）解释了他为什么要把科研工作的监管责任交给西班牙研究院：

高等科学研究组织最让我关切的一个问题，就是如何使之摆脱政治操控。我想："如果我们建立一个类似于扩展委员会（原文如此）的机构，或者仍采用现有的架构，那么不管谁上台，当权者的拥趸者们都能把控这个机构"。我认为，规避或起码能缓和此类困难的唯一办法，就是创立一个组织，接手扩展科学教育与研究委员会的职能和组成要素，但其最高领导权由一个专门机构来行使，这个机构的成员要来自各个独立的实体，不受国家干预。基于上述种种原因，我认为只有西班牙研究院能担当此任。

西班牙研究院诞生于我担任教育大臣之前，它是受欧亨尼奥·德奥尔斯非常追捧的那些关于文化的奇思妙想所启发而创立的。其初衷并不是要成为像法兰西学院那样有着悠久科学传承的机构，而是要作为一个舞台，让我们能将国民军控制区各个学术机构的成果展示出来。其中的很多作品，以及艺术展览和我所说的图书馆，除了其本身的文化意义，还满足了战时宣传的需要。我们想表明的是，国民军控制区虽然是军事起义的结果，但它有文化的个性在里面，为学者们提供了庇护。所有这一切都有力证明，正在争斗的"两个西班牙"中，我们这一方更为出众。每家学术机构都有几名在国民军控制区避难的成员，但其人手都不足以支撑它们独立运作。鉴于这种情况，欧亨尼奥·德奥尔斯大胆地设想，可以成立一个组织，将所有的学术机构召集在一起，这样就能达到一定的规模，并表现出一定的活力，这就是西班牙研究院的起源。欧亨尼奥·德奥尔斯创造了它；他结合了很多异想天开和奇思妙想，比如在守护天使面前宣誓，宣誓词都是欧亨尼奥·德奥尔斯想出来的，他是个真正的天主教徒，但他又有新颖的想法，想用这样的宣誓词来造造势，让宣誓就职的行为不至于成为一个平淡无奇的例行仪式。

再考虑到让科学研究摆脱政治操控的想法，我认为西班牙研究院这个空壳可以用于这个目的，于是我在 1938 年 5 月 19 日发布了一项法令，让

> 西班牙研究院作为科学研究的高级别领导机构，由其接管之前由扩展科学教育与研究委员会承担的所有职能。
>
> 我很清楚，每个学术机构里都有一些不称职的人，但也很清楚，每个学术机构在其科学或艺术的专长领域都有一些真正杰出的人。从我的目的来看，这些人的特质在于他们是由各学术机构自己选择的；没有任何院士是由政府任命的，因此，从所有的学术机构中选出几个与政治无关的杰出人物，让他们高瞻远瞩地领导高级别文化机构，这就容易得多了。

赛恩斯·罗德里格斯在 1939 年 4 月 9 日，星期日，距离战争结束仅八天时接到了他被解除国民教育大臣职务的通知，但正式的免职令直到 28 日才在《政府官方公报》上发布。发人深思的一点是，最初没人能接替他，所以他的大臣职务暂时移交给司法大臣托马斯·多明格斯·阿雷瓦洛（Tomás Domínguez Arévalo）。8 月 9 日，之前提到过的何塞·伊瓦涅斯·马丁（1896—1969）上任。正是在他的任期内，颁布了关于创建国家研究委员会的法律，他在担任教育大臣期间（1939—1951）还兼管该机构，并在此后的十六年里一直担任该委员会主席，直至 1967 年卸任。伊瓦涅斯·马丁在成为教育大臣前的从政经历为：毕业于巴伦西亚大学的法律、哲学和文学专业，1928 年进入马德里的圣伊西德罗学院任教，教授地理和历史学，他曾是人民社会党的成员，之后加入了普里莫·德里维拉的爱国联盟（他是该联盟全国大会的成员）和西班牙争取自治权联合会（CEDA），他是穆尔西亚在议会的代表（1933 年）。此前，在 1931 年，他还是人民行动党在议会的代表。作为全国天主教宣传员协会的重要成员，伊瓦涅斯·马丁的最大特点就是他坚定信仰天主教。克拉雷特·米兰达（Claret Miranda）（2006：51）在他的传记中，用下面的话很好地总结了这个方面："他的虔诚是毋庸置疑的，正如他在 1944 年强调的，他的部门最重要的工作就是资助宗教节日庆典和建造小教堂，'以至于如今在任何大学都不缺这些'。然而，与他的前任不同的是，他对佛朗哥尤为忠诚，还具有长枪党的好战性。毫无疑问，这就是为什么他能成为任期最长的第九位大臣，在任 11 年 11 个月零 10 天。"

何塞·玛丽亚·阿尔瓦雷达

在继续讨论西班牙研究院的作用之前，有必要介绍一个人物，如果没有他，就不可能理解国家研究委员会是如何诞生的，以及委员会最初几十年的历史（这在很大程度上决定了它将成为一个什么样的机构，不管后来有什么新的变化），他就是何塞·玛丽亚·阿尔瓦雷达（1902—1966），在委员会具有极大话语权的秘书长，掌控这一职位一直到其生命的终结。[4]

何塞·玛丽亚·阿尔瓦雷达于 1922 年在马德里大学药学专业毕业（他在萨拉戈萨读完了高中和大学预科，由于当时还没有药学系，他在理学系就读）。1927 年，他获得了药学博士学位，论文是关于过氧化氢的电解分解，导师是萨拉戈萨工业学院教授安东尼奥·里乌斯·米罗（Antonio Rius Miró）；他还取得了化学专业文凭。阿尔瓦雷达很熟悉扩展科学教育与研究委员会，因为他从该机构领取过奖学金。他与委员会的第一次接触是在 1927 年，向委员会申请奖学金。但当时没有成功，1928 年 2 月 13 日，他再次提出申请，说法基本一样。他说他“在安东尼奥·里乌斯·米罗教授的指导下，在萨拉戈萨理学系和工业学院的电化学实验室从事了两年的电化学研究，在那里写出了关于《过氧化氢及其衍生物的阳极还原》的研究论文”，他请求“拨一笔奖学金来进一步研究这一课题。[5] 正处于快速发展时期的电化学，对我国来说除了具有一般意义上的科学价值外，还对我们开发利用国内丰富的水力资源意义重大，随着水能日益被开发利用，必然要带动化学工业的发展。因此，西班牙有条件也有机会加强电化学研究，这也是为什么政府当局在将电化学纳入工业专业知识的教学大纲后，在理学系设立电化学专业的原因”。他预期需要两个学期的时间，“从明年冬天开始，在格鲁贝（Grube）教授的指导下在斯图加特的技术学院进行研究”。这次他获得了奖学金，从 10 月开始领取。然而，他当时并没有用到这笔钱，因为当时他正在准备竞聘考试，最终胜出取得教席，在韦斯卡中等教育学院教授农学和农业术语课程。稍后在 11 月才开始使用这笔经费。

扩展科学教育与研究委员会这一延迟事项表示理解。阿尔瓦雷达最终还是用到了这笔经费，尽管不是在斯图加特，而是在波恩，与农业大学化学实验室主任 H. 卡彭（H. Kappen）教授合作完成。事实上，他的奖学金不断续期，一直能领到 1930 年，这让他可以在苏黎世的 ETH（联邦理工大学）和柯尼斯堡度过几个学期。[6] 1932 年，皇家科学院向他颁发了拉姆齐基金会的奖学金，扩展科学教育与研究委员会在阿尔瓦雷达的请求下，也将他列入了奖学金领取者的名单中。最后，在 1936 年，当时已经是马德里贝拉斯克斯学院农业教授的阿尔瓦雷达获得了新的奖学金，得以在美国待了五个月。

尽管我们在前面第 16 章还有在本章中都会看到，阿尔瓦雷达对扩展科学教育与研究委员会颇有微词，但委员会确实非常优待阿尔瓦雷达。当卡斯蒂列霍成为国家科学研究和改革试验基金会的主任时，他在这个组织中看到了一个推广其科学政策的好机会，这次是在土壤化学领域。在这种情况下，1935 年 3 月 27 日，在阿尔瓦雷达告诉他从 1935—1936 学年起自己将会到马德里贝拉斯克斯学院担任教授后，卡斯蒂列霍写信给他：

> 我亲爱的朋友：感谢你的来信。事实上，我想和你谈谈在马德里或其他更合适的地方建立一个小实验室或研究所，从而开展土壤化学方面的科研工作的可能性。
>
> 你就职后或者来（马德里）时，请告诉我，我们见面详谈。

卡斯蒂列霍在 1936 年 4 月 21 日写给莫德斯托·拉萨（Modesto Laza）的信中，对自己的这个计划进行了更详细的介绍。[7] 他在信中写道：

> 感谢你给我寄来关于埃米利奥·乌盖特·德尔比利亚尔（Emilio Huguet del Villar）先生的资料，我听说过他的作品，但我没法进行评判。
>
> 我打算跟他谈谈，进一步了解他的情况和想法。
>
> 我还没想好我们是不是要做一些地理方面的研究，其中有专门的章节来讲土壤学。要找到有这方面专长的人挺难的，能胜任的人都有自己的工

作，离不开或者不愿意放弃，要把他们召集在一个研究机构里太难了；更难的是，即使把他们召集起来了，也几乎不可能让他们统一意见，一旦争论起来，合作就会陷入僵局。

我跟你叔叔说过的那个人应该是何塞·M. 阿尔瓦雷达先生，一个从国外毕业的年轻人，专业能力很强。他是由卡塔赫纳伯爵基金会任命的，基金会承担他的费用。他正在科学院学习一门题为“土壤研究导论”的课程。据我所知，他也是一名实验室成员，实验室为他提供工作设施。他是马德里一个学院的教授，但我不知道是哪个学院。我认为，要想联系他，只要把信寄到马德里巴尔韦德街 26 号的科学院即可。

我记下比利亚尔先生的地址和职务后，就把你寄给我的那些信还给你。

事实上，恩里克·莫莱斯似乎正在考虑通过阿尔瓦雷达将土壤化学引入马德里的化学教学中；根据波苏埃洛和德费利佩（2002：197）的说法：“1934 年：莫莱斯向他提出了在理学系正式建立土壤化学这一学科的想法，表示可以在化学系专门设立一个博士点，以后可以按阿尔瓦雷达的意愿，扩展到培养自然科学和药学领域的博士”。

1936 年年初的一件事对阿尔瓦雷达的生活产生了决定性的影响：他在马德里费拉斯街的“上帝与勇气”学生公寓，即天主事工会的第一个中心里见到了何塞·玛丽亚·埃斯克里瓦·德巴拉格尔（José María Escrivá de Balaguer），他于 1928 年 10 月 2 日创建了天主事工会。[8] 很快，在 1937 年 9 月 8 日，阿尔瓦雷达就成了其中的一员。一个月后，即 10 月 7 日，考虑到留在马德里可能会面临的危险，特别是对埃斯克里瓦·德巴拉格尔和他身边的人，比如阿尔瓦雷达而言尤其如此，他们乘车离开了首都，先去了巴伦西亚，然后到了巴塞罗那，试图从那里秘密穿越比利牛斯山脉，前往安道尔。他们在 12 月 1 日至 2 日晚成功到达了那里。到达那里的小组人员包括：埃斯克里瓦、阿尔瓦雷达、建筑系学生米格尔·菲萨克·塞尔纳（Miguel Fisac Serna）；胡安·希门尼斯·巴尔加斯（Juan Jiménez Vargas），他自 1935 年起担任外科医生，成为巴塞罗那大学的心理学讲师后，他于 1939 至 1942 年期间在国家研究委员会的拉蒙 - 卡哈尔研究所工作；托马斯·阿尔维拉（Tomás Alvira），

1927 年在萨拉戈萨取得了化学专业的学士学位，是阿尔瓦雷达的朋友，1941 年成为拉米罗·德马埃斯图研究所教授；弗朗西斯科·博特利亚·拉杜安（Francisco Botella Raduán），数学家，1940 年进入巴塞罗那大学执教，教授几何和拓扑学，后来转到马德里，还是教授同样的专业；佩德罗·卡西亚罗·拉米雷斯（Pedro Casciaro Ramírez）当时是建筑系的学生，后来获得了精确科学与神学博士学位；以及工程师曼努埃尔·赛恩斯·德洛斯·特雷罗斯（Manuel Sainz de los Terreros）。他们都是天主事工会的早期成员（阿尔维拉是第一个编外人员），有的还有牧师头衔（只有博特利亚、卡西亚罗和阿尔瓦雷达，其中，阿尔瓦雷达是在 1959 年 12 月被授予圣职的）。

历经波折后，1937 年 12 月中旬，阿尔瓦雷达抵达布尔戈斯，来到扩展科学教育与研究委员会的文化秘书处（该机构暂时承担国家行政部门的职能），并进入秘书处工作，分管中等教育部门。根据古铁雷斯·里奥斯（1970：138-143）的说法，阿尔瓦雷达“得知伊瓦涅斯·马丁去了一趟西班牙语美洲，在那里执行外交和政治任务，回来后生病了，现在人在布尔戈斯。阿尔瓦雷达曾在马德里对伊瓦涅斯·马丁进行过诊治。阿尔瓦雷达经常去看他，他们有时会聊很久。他们谈到了很多事情，但主要谈的是阿尔瓦雷达和伊瓦涅斯都同样关注的一件事：西班牙科学研究的未来。扩展科学教育与研究委员会的解散在意料之中，这方面的空白必须由一个覆盖面更广的机构来填补，它面向所有学术部门和整个西班牙开放，而不是像扩展科学教育与研究委员会那样狭隘，由少数人把控话语权，搞一言堂”。

当巴塞罗那被攻占时，佛朗哥政权方面派他去那里重新整合中等教育，但最后他转道去了马德里，在那里接管了原先的中等教育学院，现如今，这所学院更名为拉米罗·德马埃斯图学院。在马德里，阿尔瓦雷达与伊瓦涅斯·马丁恢复了联系，当后者上任教育大臣时（1939 年 8 月 9 日），他请阿尔瓦雷达就他们曾经探讨过的国家研究委员会的筹建工作撰写一份草案。

幸运的是，我们拿到了阿尔瓦雷达写的他与伊瓦涅斯·马丁之间交流意见的一整套文件，这些文件肯定是在 1939 年和 1940 年之间写的，可以为我们揭秘“幕后的事情”，或者更确切地说，为最终成立国家研究委员会而进行的筹备工作。[9]

反对西班牙研究院

前面提到的文件中，有一份是阿尔瓦雷达在大家仍打算让西班牙研究院承担起国家研究委员会职能时写的，他在文中对两位主要策划人赛恩斯·罗德里格斯和德奥尔斯，还有扩展科学教育与研究委员会都进行了严厉的批判：

> 高等教育和科学研究都可能被庸俗的部委们轻视或误解了，对他们来说，国家教育和文化这个庞大而复杂的问题被简化为通过增加教师数量来根除文盲。他们要看的是数量和规模够不够，而做不到从质量、遴选和级别上进行评估，他们对此不感兴趣。而很显然，高等教育和科学研究在这两方面具有决定性的意义：树立西班牙在国外的口碑（需要对世界文化做出突出贡献）和培养引领西班牙思想的教师队伍。在自由教育学院身上就能看到这一点，其活动重点就是创建和监管各研究中心，与其他国家建立文化联系并主导其发展。
>
> 国民教育部在这方面做出的最有意思的变动是，用政府任命的西班牙研究院领导委员会取代了扩展科学教育与研究委员会。
>
> 这种变化有两个方面：理论方面和人员方面。从理论上讲，它进一步将大学排除在高等文化和研究之外，这是民族主义者们一再谴责该机构的地方。在人员方面，西班牙研究院是赛恩斯·罗德里格斯在离开教育部时为延续其统治而设的一个骗局。他不是一个学者，却成了学院的真正掌权者。欧亨尼奥·德奥尔斯由于竞聘教授职位失败，成了终身秘书。剩下唯一要做的就是让一些由于工作原因基本无法采取行动的人来代表皇家科学院，比如：大臣阿方索·培尼亚先生、工商局局长马丁先生。就这样，研究院基本上成了一言堂。
>
> 各大学纷纷攻讦研究院，反对的呼声非常强。然而，当时的大学并不能解决问题，这是大学的属性和状况决定的。如果说国家的研究经费是要

下拨给看似毫无关联的西班牙各所大学，其实就是把经费分派给所有的大学教授，没有针对性的目的和系统化的任务。但并不是所有的大学教授都在从事或者有能力从事这方面的工作，而且大学的校务委员会也不会做出区分：这样做的唯一结果，就是大家的薪水都有小幅上调，这是有前车之鉴的。此外，要是无法接受将大学排除在研究之外，那也无法接受将研究人员排除在大学的门槛之外。在所有搞研究的国家中，大学搞科研，大学以外的研究机构和基金会也可以搞科研。

另一方面，在建立西班牙研究院的法令中，有一些可以利用的想法；西班牙文化元老会法令中写道，高等文化管理机构不必完全由院士组成；教授和科研人员可以加入其中，即使他们不是院士。

与许多事情一样，解决这一冲突的办法在于打破对立的局面。要把各皇家学院、大学和专科学校的最突出、最卓越的特色优势集中在一个机构中，这个机构不会被任何人所把控，而是（教育）大臣在发展高等文化方面最忠实的合作者。

这个机构将同时承担科学研究基金会和文化关系委员会的作用。其宗旨为：

a）维护和创建各类科研机构和研究中心。

b）为在西班牙和境外继续深造提供补贴和奖学金（还可以扩展跟在西班牙导师身边学习的机会！）。

c）促进教师交流。

d）加强与其他国家的文化关系（国际会议和大会、交换和采购文献资料等）。

e）受教育部委托提供咨询服务。

为简化流程、提高效率，可以将委托给不同单位的任务集中起来。除了覆盖面更大之外，新机构与原先的扩展科学教育与研究委员会还有以下方面的不同：

a）体制结构。由教育部从所有皇家学院、大学和专科学校中选出成员，任期为终身，或是长期，期满后可续任。该机构与大学不是对立的，而是对大学的所有工作进行协调和激励。

b）不会把研究中心隔绝在大学之外：具体情况具体分析，如果条件合适，会把研究中心挂靠在相应的学院或教学机构下。

c）不是随意创办研究中心，而是通过这种体系提高效率和提供激励：任何教授或教授团体都可以针对其执教的学科提议建立研究中心。一般来说，在能证明科研资质和能力的情况下，开始时凭借正常分派的资源就能勉强维持研究中心的运转。连续两年考核合格后，会取得正式地位和专项经费，且随着科研工作的进展和取得的成果，经费会逐步增加。这样可以避免纸面创建，即效率低下，出不了成果，除了经济刺激以外没有其他刺激的科研中心虚假繁荣。这样也可以通过公平和激励的方式解决大学的师资配备问题。如果老师们完全致力于教学，那薪酬非常微薄，因而很多情况下他们无法这样做。必须大幅提高那些愿意全身心投入到教学工作中的人的工资。

每所皇家学院有两名代表，每所大学和专科学校有一到两名代表，其中一些代表甚至不是教授，因为有些杰出的工程师没有教授头衔。这些代表都由教育部选出，由此成立一个有三四十名成员的机构，可以通过全会和会议发挥职能，并设有常务委员会。

该机构的主席必须是一位非常有声望的反体制科学家。所有成员都必须真诚拥戴西班牙国民政府，将爱国与爱科学结合起来。秘书是至关重要的一员，应该是与教育大臣关系亲密的人。

要想进一步证实建立这样一个机构的必要性，只要看相关文件材料中对这些问题的细致说明就足够了：

大学和西班牙研究院之间的尖锐对立。

1936 年之前和现如今的研究中心和研究机构。目前在洛克菲勒、自然科学博物馆、数学研讨中心等地发生的事件，有时已经超越了反国家政治的界限，不仅荒诞，还可能触及刑法。

马德里大学理学系已经要求西班牙研究院将自然科学博物馆挂靠在理学系名下。在这种情况下，理学系会任命一个理事会来管理博物馆，理事主席由院长担任，成员不一定非是理学系的教授们。可以说，理学系本身是想探寻一种特殊的制度模式来吸纳相关研究中心。但相对于为每个中心设立理事会的做法，成立一个联合机构更为适宜。

让信奉天主教和拥护国民主义的知识分子们向国家领袖的代表——教育大臣靠拢，将显著提高学术效率，并在政治上取得决定性的成功。

学术效率。这不是要再添什么装置，而是继续发展科学并切实有所“超越”。“超越”不是轻松一说，还带着一些反制度主义的兴奋，而是要考虑到所有迫切需要被提升的学科；多年来对制度主义的研究推定，使全学科基本处于悲惨的边缘化状态，迫切需要拯救。在制度化研究的种种失败中，技术研究尤为突出。根据委员会的规定，如果是从委员会领取津贴，则不能从事技术研究，如果这样做了，就是违反了委员会的规定，与委员会作对。国家物理化学研究所就属于这种情况，它完全不关心国家的工业发展，因为研究所被禁止从事技术研究。西班牙所有从事化学研究的技术人员都被委员会轻视或不公正对待。然而，技术才是掌控效率的利器，因为华而不实的“寄生”在这里是行不通的。柏林的吉泽克（Gieseke）教授认为，科学可以具有国家社会主义的性质，因此必须致力于满足民众在方方面面的需求，从而反对自由科学，认为这种科学就是夸夸其谈，对生产无益，这种想法是一种误导。但与之相对的观点，即科学是与技术还有国民经济相抵触的，也很荒谬。这种观点认为科学与技术、数学、哲学、有机化学……（都抵触），从而导致这么多的科学领域几乎都被放弃了。

国家政策的成功。这是一个让西班牙文化在长达几个世纪的昏睡后重新站起来的问题。这需要长时间的默默耕耘、埋头苦干，需要教授们引领着年轻人坚定目标、坚持奋斗。所有这一切都可以由一个机构来引导，这个机构不应是由教育部把控的委员会，而是得到教育大臣，以及通过教育大臣传达的来自国家元首的坚定支持和背书。因为我们在教育大臣身上除了看到其他光环外，还看到他是将文化引入国民运动的纽带。与制度化对立的概念就是分散化，将文化视为一种独立的价值，只能屈从于个人自负的悲惨原因。

在另一份汇总了关于建立“科学研究和文化关系中心或研究所”这一构想的草案中，阿尔瓦雷达再次提到了西班牙研究院：

这样一个机构有许多实际的好处。毫无成效，或者至少可以说是毫无联系的委员会和部门组成的错综复杂的网络将被终结。如今，洛克菲勒基金会有一个官方的理事会，自然科学博物馆有一个非官方的理事会，而其他中心只有一个责任人。甚至还有一个委员会的存在目的，仅仅是为了查看我们订阅了哪些外国期刊。几乎所有的中心都隶属于西班牙研究院的领导委员会。而在现实中，一切都停摆了。科学界还没有人进入文化关系委员会，因为唯一被任命的罗卡索拉诺没有就任。甚至连参加国际大会的邀请也无人答复，而这些活动中不乏红色阵营的人。什么都没人管，要是想尝试，最好不要去管它：马上要成立的洛克菲勒是由体制内的高级别人才组成的，他们是从国外来到红色马德里的。掌权的机构不知道下一步再如何做。出于无知和懒散，人们产生了一种荒谬的感觉，即红色阵营对于促进高等文化、研究和对外关系是必要的。

在这个机构中可以开展许多举措。应该有一个部门专门负责美洲，不仅将之作为研究对象，而且还作为文化政策的攻略对象。教育大臣作为机构的责任人，要是愿意的话，不管是这个机构还是其中的任何一个部门，都能特别关注美洲这个部门。

有必要去解决紧迫的科学需求。比如说，我们在有的科学学科方面的处境不容乐观。国内有谁能指导数学博士论文？因为雷伊·帕斯托尔，研究工作停滞了。要引进意大利人教书并不难，他们已经达到了一定高度。有的学科中存在这样的问题。

阿尔瓦雷达希望效仿的模式是与西班牙意识形态相近的国家：墨索里尼治下的意大利模式。佩德罗・赛恩斯・罗德里格斯甚至被指责在担任国家教育大臣期间在这方面做得不够："赛恩斯在向我们谈及将咨询作为凯瑟琳之轮时一定是这样想的，但他肯定很快就忘记了"。赛恩斯・罗德里格斯显然并不被阿尔瓦雷达推崇。在另一份文件《论大学理事会》（*Sobre el Consejo de Universidades*）中，阿尔瓦雷达公开批判了他：

> 在独裁统治结束时，右翼分子表示反对社会主义，但他们说，要认可费尔南多・德洛斯里奥斯。他后来成了司法和教育大臣，我们已经看到他做了多么伟大的工作。现在，类似的事情正在赛恩斯身上发生。你总是听到人们说他很聪明。我们回顾了他作为出版社创始人、文化元老会主席和大臣的工作，不那么聪明的人成立了没倒闭的出版社，还在有了声望的科学机构里当家做主，昂首挺胸地走着，可真让人脸红。

筹建国家研究委员会

阿尔瓦雷达编制的另一份文件显示，他在创建国家研究委员会方面发挥了非常重要的作用。文件标题是"论述部分拟用的提纲"，写在带国民教育部抬头的信笺上，可被视为后来颁布的 1939 年 11 月 24 日关于创建国家研究委员会的法律的草案（草案中的内容有的被整段照搬到法令中）。这份文件是机打的，上面还有手写注解，似乎是阿尔瓦雷达的笔迹。从中可以看出，最终成立的国家研究委员会首先是一个"组织"，阿尔瓦雷达在他的注释中，非常符合时代精神地称其为"国家科学研究委员会"。在这份文件中，规定委员会主席由国民教育大臣担任；法律中引入了一个微妙但在当时很重要的细微差别：教育大臣依法担任委员会主席，但是还有一个执行主席，由教育大臣任命。委员会最初成立时，时任教育大臣伊瓦涅斯・马丁一开始并没有这样做；然而，在他 1951 年卸任教育大臣一职后，他还继续担任委员会执行主席，把控委员会的实权（直到 1967 年，我在前文提到过）。阿尔瓦雷达在给这部法律草案添加的“注释”中，为委员会与政府主管部门的关系做出了解释：

> 教育大臣兼任委员会主席有很多好处。这样就不会有单立一个部委、与教育部对立起来的风险。这种做法将研究推到了政治高层：与别国人民的文化关系、与技术研究相关的经济需求、对国家历史宝藏和物质遗产的研究，这些问题都要与政府高层的政策联系起来，只有教育大臣才能充当这些问题与政府之间的天然纽带。

国家研究委员会的创建：1939 年 11 月 24 日的法律

1939 年 11 月 28 日，在《政府官方公报》上公布了 11 月 24 日颁布的一部法律，该法规定国家研究委员会正式成立。[10]

1939 年 11 月 24 日关于成立国家研究委员会的法律

《政府官方公报》

1939 年 11 月 28 日，第 6668—6671 页

在这个历史上的关键时刻，人们万众一心，要创造一种普世文化。这也一定是当今西班牙最崇高的抱负，面对过去的贫困和停滞不前，西班牙迫切希望重现其传统上的科学荣光。

要达成这一点，首先必须要恢复在 18 世纪被古典和基督教合力破坏的科学。为此，有必要纠正思辨科学与实验科学的脱节与不和谐，促进其在整个科学系统中的和谐发展和同质进化，避免某些分支出现畸形发展，而其他分支则停滞不前。有必要创造一个对抗我们这个时代夸大和孤立的专业化的力量，将科学的社会性制度回归到科学中，这意味着必须要明确、安全地回归到协调和等级制度。简而言之，我们必须将激发我们光荣运动的思想精髓带入到文化秩序中，将天主教普世传统的纯粹经验与现代性的要求结合起来。

基于上述原则，迫切需要进入一个新的阶段，让科学研究能够顺利履行其基本职能：为普世文化做出贡献；培养教师队伍，引领西班牙思潮；将科学融入我们的正常历史进程中，带动技术的提升，以科学生产服务于国家的精神和物质生活。

国家负责协调所有旨在发展科学的活动和机构，必须作为这项任务的主要推动力和支持者。

首先，必须依靠各家皇家学院的配合，多年来它们一直保持着西班牙文化的传统精神；其次，必须依靠大学的配合，因为大学作为专业学校和科学发展的生产者的双重身份，必须将研究作为其主要职能之一；最后，有必要将这一研究活动与各类应用科学中心相挂钩，特别是在西班牙的这个重要时刻，为了利用我国领土上的所有物理和生物能量，使国家繁荣富强，必须发展技术。

西班牙政府感到自己的国家生活在蓬勃的爱国主义热情的推动下焕然一新，希望将研究系统化，用于国民经济的发展和独立，并将发展科学技术列为国家的最优先事项。当研究机构相互协调、紧密结合时，国家的技术实力就会得到飞跃发展，科学也就直接打造出了国家的实力。

因此，国家的研究工作必须由一个新的机构负责具体安排，其使命就是专门负责协调和激励，而不是想要约束那些正在自主发展的中心和机构。这个新机构必须保留原有的成果，而不是将研究中心从大学中分离出来；究竟是要把研究中心挂靠在大学里还是将它们分离开，要视具体情况而定，首先要注重工作效率，并考虑到是要让中心服务于功能，而不是让功能反哺中心。同时，必须要以切实的方式激励科学研究，而不是发表一些笼统的、毫无作用的声明。

要进行研究，就要与世界上其他研究中心进行沟通和交流，这是一个基本条件。我们的教授和学生去国外，其他国家的教授和学生来西班牙，以及在国际科学大会上开展合作，这都需要有制度来保障提供研究经费、差旅住宿补助、提案和邀请。西班牙必须要重视这一点，在文化生活上维持与其伟大声望相称的投入，与各国，特别是与那些能够体现其精神统治的不可磨灭的特征的国家保持联系和同化关系。

基于上述原因，开展研究、创造科学的任务与在各国之间传播和交流科学的任务应当在同一个管理机构中联系起来。

拟成立的机构将拥有与其效力相称的所有行动自由和为保持其连续性而需要的一切稳定性。一切都服从于国家的最高文化利益，它将始终谨守国家纪律，服务于重新崛起的西班牙至高无上的精神抱负，并再次有力地影响世界。

综上，兹令：

第一章

委员会的结构和运作

第一条　为促进、指导和协调国家科学研究，特此成立国家研究委员会。

第二条　国家研究委员会受西班牙国家元首和领袖的统领，由国民教育大臣代表其主持委员会工作。

第三条　国家研究委员会由国内各大学、皇家学院、档案馆、图书馆和博物馆、矿业工程师学院、土木工程学院、农艺师学院、林业学院、工业学院、海军学院、建筑学院、美术学院和兽医学院的代表组成。

委员会成员中还包括陆海空三军、神学院、政治研究所和私人研究机构的技术研究代表。

以上人士均由国家教育部从具有相关科学背景的人员中任命。

……

第二章

研究中心与科学交流

第六条　原先隶属于被解散的扩展科学教育与研究委员会、科学研究和改革试验基金会的所有中心，以及由西班牙研究院设立的中心，都隶属于西班牙国家研究委员会管辖。原先隶属教育部管辖的各家研究机构，除下挂在大学的外，其他均转归国家研究委员会管辖。

……

第三章

经济制度

第十条　国家研究委员会可取得、接受和管理用于履行其宗旨的相关资产。

已解散的扩展科学教育与研究委员会和科学研究基金会名下的各项资产应移交给国家研究委员会，委员会整体接管上述机构的责任和义务，并沿用原先的经济制度。

自然科学和人类学博物馆、卡哈尔研究所、国家物理化学研究所（理论和应用研究）、古典语言研究所、植物园、塞维利亚西班牙语美洲研究中心、马德里和格拉纳达的阿拉伯研究中心等原先隶属于被解散的扩展科学教育与研究委员会、科学研究和改革试验基金会的各研究中心的国家预算经费，以及国民教育部的拨款，均由国家研究委员会负责统筹安排。

第十一条　过渡性条款。西班牙研究院继续维持运作，作为各皇家学院和教育部之间的纽带。

……

第十三条　国民教育大臣有权解释、澄清和适用本法，并酌情发布补充规定，以便更好地落实本法并满足迅速恢复各科学研究中心的正常运转的需要。

……

特于1939年（革命胜利年）11月24日在马德里颁布本法。

弗朗西斯科·佛朗哥

但是，从形式上成立了国家研究委员会是一回事，如何组织它又是另一回事。

在这一点上，阿尔瓦雷达也发挥了核心作用。在这方面，他有一份厚厚的手稿让人非常感兴趣，上面标有“机密”字样，从文中的一些细节看，这份手稿应该是在1939年12月完成的。我从中摘抄了几段：

委员会的组织架构。

副主席：米格尔·阿辛（Miguel Asín）先生和安东尼奥·G. 罗卡索拉

诺先生

审计：尽管何塞·M. 托罗哈先生事务繁忙，对于这个职位来说，熟悉预算和管理工作的工程师比大多数大学生更合适。此外，托罗哈曾是扩展科学教育与研究委员会以及洛克菲勒基金会的理事会成员，熟悉这种行政制度，而且在应对各研究中心还有处理他们的问题方面很有经验。预计会有一些来自财会部门的困难，他们制造这些困难是为了使用列入预算的东西来“应付”这些难题。托罗哈会令人感兴趣的。他一人可抵一个土木工程团队，除了他本人之外，还有他跟培尼亚的私交甚笃，所以他看起来能给委员会助益良多。

要想明白，委员会想要运转起来，辖下各机构的理事会到底出几名成员合适，是一名、两名还是三名？精挑细选出来的人不是障碍，而是助力。

在这一点上，阿尔瓦雷达谈到了秘书处的问题：

秘书处：考虑到你（伊瓦涅斯·马丁）的意图，我已经思考了很长时间。我们必须在方方面面都摆脱“离不开”卡斯蒂列霍这一点。要是组织得好，这个机构就能担当重任，但不能是一言堂。要是大家能团结一心，那秘书处的工作就很简单。每个研究所的理事会都有干练的成员，并抽调了能干的秘书，各担其责。要是各家研究所的秘书都是像阿拉伯语和希伯来语研究所的坎特拉、语言学研究所的帕冯、卡哈尔研究所的桑斯、化学研究所的罗曼·卡萨雷斯和物理研究所的别尔这样的人，那么各研究所的秘书与委员会的秘书就都是同行，默契十足，这样整个机构都可以被视为一个紧凑的整体。委员会秘书可以与各研究所秘书们直接沟通，不需要采用正式开会的方式，整个研究生活，不管是大事件还是日常琐事，都巨细靡遗地通过秘书传达给大臣，这样，大臣相当于跟所有的秘书打交道，访问所有的研究所，在任何时候都能对所有的中心有一个全面的了解，可以向国家元首通报一切进展，并且在他认为合适时，访问研究中心。这样想的话，秘书处不再是一个点，而是一片波浪，不再是个人指挥部，而是一个综合的整体。

阿尔瓦雷达知道，他会进入新委员会的秘书处任职：

我将离开研究所，可能会保留以下工作：药学教授、土壤科学研究部和秘书处。要避免大臣因其亲信所担任的职务而受到批评。但是，担任教职和在研究中心工作是正常的。在经济上，可能只剩下研究所教授的工资，因为这是竞聘药学职位之前的一项固定职位。我还是不能通过药学获利，因为我要凭借那里的工作才能正当领取作为研究所教授的工资。在这方面，我所获得的研究经费可以贴补我担任教授和研究所所长可以拿到的工资和津贴。而如果秘书处的财务开支很小，就没人能指摘什么了。1935—1936学年，由于工作内容、时间和薪资水平跟洛克菲勒的部门主管相近，我在研究所和卡塔赫纳伯爵基金会讲课。由于我作为委员会秘书，与大臣私交甚笃，这大家都知道了，作为秘书，我必须确保这一点很清楚，并力求不会让自己拖累大臣的名声。

之后，文中又谈到了另一件让人特别感兴趣的话题：委员会要采用怎样的组织架构，要用什么样的人：

西班牙的研究组织不能套用科学学科的模式，在其分类逻辑中没有考虑到现实情况以及眼前的便利。

直到今天，仍由机构主导的研究具有以下巨大弊端：

a）具有非宗教性和外国化倾向。

b）对大学很反感。

c）个人党派偏见。

d）轻视技术和经济。

就当前的现实情况来说，分以下几种情况：

a）有的领域研究管理架构很齐备，只要将现有的中心向西班牙文化要求的目标引导即可（历史研究中心）。

b）要想出成果，就必须扩展现有中心的组织，这些中心的设计具有令人窒息的个人主义风气（洛克菲勒）。

c）几乎完全没有开展研究工作，需要逐步确立课题、开展工作和进行协调（各技术委员会）。

另一方面，垄断研究既不可取也不可能，有时委员会需要将自己的职能限定在联系、激励和支持方面，因为：

a）研究不能脱离高等教育，必须为研究人才的培养提供通道；从这个意义上说，这不是要让一个组织将研究工作大包大揽，断送高等教育机构的研究生涯的问题，情况恰恰相反——必须要让大学适当参与到研究工作中，以研究精神来实现大学振兴。

b）研究不能与其他部委负责的公共事业脱节：工商部下设地质矿业研究所；农业部下设农艺研究所和林业研究所；公共工程部也有研究所；内政部设有一个卫生研究所；甚至西班牙银行（央行）也有自己的研究中心，这些也都属于研究的范畴。研究与生活息息相关，不能妄图将所有的研究都集中到一个机构里开展。如果说各部委各行其是，只负责本领域的研究，那么教会辖下的各神学院负责教授的神学又是什么主题呢?

必须要避免让机构大包大揽的风险。扩展科学教育与研究委员会素来资金充裕、慷慨大方的名声加剧了这种风险，当意识到将要恢复研究时，许多人只把它看作是金钱的分配，项目和研究人员如雨后春笋般出现了。

综上，对各理事会的组织管理构想如下：

梅嫩德斯·佩拉约基金会：其设定非常完美，因为阿拉伯语研究学院和历史研究中心肯定最符合研究要求。[11] 在已有材料的基础上，为了概括其组织结构，我们可以加上加林多承接的项目。

比托里亚神父基金会：已经要更为谨慎地处理了。对于无法保证之前已经完成的工作的情况，我们什么也做不了。从哲学上说，这需要移植。

神学必须置于神学院的管理下，存在神职人员从事学术研究的风险。此外，任何事情都不应该只考虑马德里，因此，神学院提出的研究工作都可以得到支持。神学院地位低下，而国家的超级神学院里充斥着从事研究的神职人员，这是一种耻辱。也许可以尝试这样做：马德里－阿尔卡拉主教是一位语言学院以及道德和政治科学院院士，可以吸纳他为委员会成员，作为委员会与神学院之间的联系纽带。（手写的注解："在得知主教们想成为委员会委员以及萨兰曼卡神学院项目之前写的"。）[12]

阿隆索·巴尔瓦（？①）基金会：其构成如下：

1）数学研究所（下面是我推荐的人选）

所长：胡利奥·雷伊·帕斯托尔

副所长：埃斯特万·特拉达斯［手写的加注："他更有把握一些（要是提供资助，他就能来；共和国取消了对他的那次资助），安东尼奥·托罗哈（据纳瓦罗说，他是托罗哈家族的人，他们都很优秀）"］。

秘书：弗朗西斯科·纳瓦罗·博拉斯（Francisco Navarro Borrás）

学科

数学分析：雷伊·帕斯托尔

几何：安东尼奥·托罗哈

应用数学、理性力学和数学物理：纳瓦罗·博拉斯（Navarro Borrás）。

这些学科负责人可以与一些教授合作，比如同雷伊·帕斯托尔合作的有圣胡安（最喜欢的弟子，不值得信赖）和普伊赫·亚当。特拉达斯或许可以跟他的前助手拉斐尔·S. J.（Rafael S. J.）神父还有费尔南德斯·巴尼奥斯（统计学家）合作。拟定合作的教授人数必须设定上限。

与当前恢复使用的聚谈会制度相比，学科制度显然更具优势。

2）物理研究所

在国民教育部之外还有以下物理学中心：

① 原文带问号。——译者注

托莱多地震台（设有其他分部，要是没有被摧毁的话，托莱多地震台是欧洲最好的地震台之一，我在 1936 年 4 月还去参观过）、阿利坎特地震台和阿尔梅里亚地震台。

马德里天文台，可能已经并入蒂维达沃山上的法布拉天文台。地震台和天文台都隶属于地理和地籍研究所，直接对首相府负责。

圣费尔南多海军天文台。

气象观测站。除有少数隶属于海军外，一般隶属于空军部和基础设施总局。

如果没有合并的话，埃布罗天文台和法布拉天文台都属于私人性质的天文台。格拉纳达的拉卡尔图哈天文台也属于私人天文台。

天文学分两类：数学范畴内的球面天文学（必须设在数学研究所中）和天体物理学。其中，西班牙唯一能进行天体物理学研究的就是埃布罗天文台。太阳光谱分布在不同的天文台上观测：埃布罗天文台对应钙光谱区。要筹建天体物理学观测站的问题在于无人可用，而关于在穆拉森山上建观测站的提议也很奇怪：有传言说将在马德里设立一个委员会，但没说责任人是谁。

因此，洛克菲勒物理研究所仍是与国家研究委员会直接对接的中心。[13] 要仔细考虑这个研究所的情况。卡夫雷拉学派的物理学家们确信，当今的西班牙物理学画地为牢，一旦锁闭，无人能够深入其中。他们说，甚至连博士论文都无法通过，因为只有帕拉西奥斯这一个教授。由此他们推断，卡夫雷拉肯定是要回来的，他的一个弟子会调到马德里：他兄弟在萨拉戈萨，而贝拉斯科也会回来的，他现在还在英国静待战争结果，以及停职 6 个月的制裁结束后复职，因此他比以往任何时候都偏向红色阵营。事实上，现如今在洛克菲勒的物理学部，只有一篇即将完成的博士论文，作者是红色阵营的人：贝拉萨因（Berasaín），他在加那利群岛，由于缺乏信任，在战争期间没有被纳入军事化的气象局。在这一领域，和其他领域一样，原先的课题走到了尽头，而又没有新的内容填充进来。卡塔兰的光谱线都用完了，尽管已经尝试了很多时间，但他在更现代的课题：拉曼效应方面所做的研究仍然没有进展。卡夫雷拉的磁学研究也再无进展。帕拉西奥斯在晶格结构上的研究也止步不前。在同期的物理学界，新课题层出不穷，而我们的研究还在这些课题的边缘徘徊。我们不能在物理研究上故步自封，囿于我们的物理学家们年轻时学到的技术。需要引进外国物理学家，这样做比我们自己外派留学生花费更少、更简便也更有成效。在诺贝尔物理学奖得主——意大利人费米（Fermi）的学派应该有理想的人选。还要引进一位数学家，意大利的数学家非常多。雷伊·帕斯托尔很了不起，但他单纯只研究数学本身，而在这个纯粹的方向之外，还有一些非常高效实用的分支，比如说将数学应用到生物学领域的沃尔泰拉（Volterra）、流体力学专家翁贝托·奇索蒂（Humberto Cisotti）等人，我们对引进这些分支非常感兴趣，而且，除了在纯科学方面的进步外，研究还必须要有实践意义。

化学的情况似乎要复杂得多。阿尔瓦雷达在另一份题为《西班牙的化学》的“机密”报告中向伊瓦涅斯·马丁回顾了西班牙化学的情况：

为了研究能出成果，你最好了解一下我们的化学家相互之间是怎样的看法，他们之间又有什么样的纠葛。

安东尼奥·德罗卡索拉诺先生。他跟贡萨洛·卡拉米塔（Gonzalo Calamita）及其密友 E. 苏涅尔（E. Suñer）不对付。罗卡索拉诺为了避开卡拉米塔，向我推荐让保利诺·萨维龙（Paulino Savirón）担任委员会成员。萨维龙是卡拉米塔的朋友，但他并不咄咄逼人。也许萨拉戈萨的这三个人太合不来了。萨维龙比卡拉米塔更偏学术一些，但他已经退休三年了，退休前他人很好，专业能力很强，但在学术圈不怎么活跃。他在安东尼奥·里乌斯（Antonio Rius）竞聘时生病了。我认为确有其事。也许让校长们自己去就足够了，这已成定式。卡拉米塔在这种情况下脱颖而出是有道理的，他从来没有研究过这方面的课题，但他现在讲起来，仿佛已经研究了三十年了。萨维龙就不必提了，他的年龄摆在那里了。说这些都是为了让你自己权衡，具体怎样还没有定下来。

安东尼奥先生由于在工业问题上没有成功而有很多非议，一再提他的名字会引来更多的攻讦。要是多提几个人选，可能就会分散和淡化这种攻讦，因为我认为无论是谁被提名，总有人会反对。因此，让他当副主席、理事会主席和研究所所长似乎有些过了。还有一位非常受人尊敬的化学家——何塞·卡萨雷斯，可能也会有人反对他担任理事会主席，但反对的呼声可能要小得多。他在西班牙和美洲都很有影响，他与外国的关系会让他做得很好。但如果你要让他当理事会主席，文学一派可能会反对，他们想推阿辛（Asín）上位，因为梅嫩德斯·皮达尔离开了，也许可以选罗德里格斯·马林（Rodríguez Marín），这样大家都不会有意见。要好好想想这件事，我还没有一个完整的判断。

化学研究所。我已经向你推荐过里乌斯了。但是，现在他跟阿韦略（Abelló）的合同是个大麻烦。所以，就像前一天说的，最好的方案是：所长，希梅诺；副所长，里乌斯。里乌斯背景简单，也很优秀，他没什么束缚：只要条件合适，想让他去哪儿他就能去哪儿。

还有三位有机化学家，我也想跟你提一下：（何塞·）帕斯夸尔·比拉[（José）Pascual Villa①]，来自巴塞罗那；曼努埃尔·洛拉（Manuel Lora），来自塞维利亚；伊格纳西奥·里瓦斯（Ignacio Ribas），来自萨拉曼卡。伊格纳西奥·里瓦斯并没有大家想的那么出众，他比比拉要逊色得多。他不想换地方，因为他受维哥市的一家工业公司聘请，要经常去那里。他是马迪纳贝蒂亚最喜爱的弟子。我唯一一次见到他是在 1932 年 2 月为来洛克菲勒基金会落成典礼的外国教授举行的宴会，我在那里偶遇到了他，听到他很无耻地说萨拉曼卡令人难以忍受，因为一去“风月场所”就会遇到学生。他懂化学，没有什么过人之处，但他是典型的实利主义者，不应该被

① 姓名拼写有误，应为“Vila”（比拉），而非“Villa”（比利亚）。——译者注

抬高。有机化学圈子里的出名人物是比拉，我只跟他打过招呼，但听认识他的奥尔蒂斯（Ortiz）说，他是一名出色的天主教徒。洛拉也很出色，就像你说的，他很适合担任秘书。洛克菲勒需要一名有机化学家，比拉或洛拉都是可能的人选（我客观地说：我跟洛拉交情很好，几乎不认识比拉，但比起比拉，我还是推荐洛拉），都可以填补马德里在药学类有机化学方面的空缺。巴塞罗那药学家坎迪多·托雷斯（Cándido Torres）想来，但托雷斯远比不上比拉和洛拉，他是巴尔德卡萨斯（Valdecasas）的朋友，也是奥夫杜略（费尔南德斯）想提拔的人，此外还有爱国主义见解的因素：他是托莱多的长枪党负责人（手写的加注："在那里他产生了怀疑，变得漠不关心"），为此不需要多有才干，他留在了托莱多，把巴塞罗那的教授职位留给了助教，那里急缺教授（只有系主任索莱尔）。这里的教授职位是公开竞争的，看是比拉还是洛拉胜出（理学博士和药学博士，理学教授）。他们两个，无论是谁都能胜任洛克菲勒的工作（手写的加注：在有机化学部）。至于秘书人选，这几个人里我还是偏向于洛拉，因为他在战争期间已经开始了相关研究。我相信比拉会在巴塞罗那大展才干。

我不是要贬低这位燃料研究员的功绩，但为了在一个有争议的问题上没有任何人被误导，我要说一说除了工程师路易斯·安东尼奥·莫拉·帕斯夸尔（Luis D. Antonio Mora Pascual）先生外，还有哪些人是普埃托利亚诺市（Puertollano）油页岩蒸馏厂事件的知情人。关于他的消息众说纷纭。他不是贝尔梅霍的朋友：有人说他是犹太人，也有人说他是能力超群的优秀人才，手里握着数十个工业项目；他在这些事情上与独裁政权站在一边。当然，他的意见具有权威性。从经济角度看有卡塞列尔（Carceller），来自政治委员会（他是恩里克·苏涅尔先生的好朋友）。在奥维耶多的煤炭研究所，何塞·M. 佩尔铁拉（José M.ª Pertierra）的工作计划与现实的联系比在马德里更紧密，他也去过米兰，但我不知道他是否去过英国。在我的印象里，虽然不确定，但他是西班牙最了解此事的人。他在战争中当上了空军军官。莫莱斯否决了他。

1940 年 2 月 10 日，出台了关于国家研究委员会“等级结构、会徽和精神信仰”的条例，委员会的创始法令正式完善。我想在这里引用条例中的三条规定：

1. 国家研究委员会，作为西班牙最高文化机构，其代表来自国内最负盛名的高校、学术机构和研究机构的高级别代表，在国家文化生活中处于最高等级。因此，委员会将在国内社会公共文化领域以及在与国外科学界的关系中处于主导地位。

2. 国家研究委员会下辖各单位将以光荣的塞维利亚大主教圣伊西多禄作为其精神信仰，他代表了西班牙历史上第一次达到的文化顶峰。

3. 会徽将沿袭并发展卢利奥传统，是一棵石榴树的图样，代表科学之树，其各个枝杈中以拉丁语标示着委员会培养的各个学科。会徽可以用在委员们的奖章和徽章中，用在委员会杂志和出版物的封面上，并作为委员会公文纸上的印章。

国家研究委员会——“上帝之城”

对于众所周知的事情，没必要强调，比如说天主教会在 1939 年后的西班牙有多么重要。正如上述法令和引文已经表明的那样，国家研究委员会就是这方面的一个有力的证明。博尔哈·德里克尔（Borja de Riquer）（2010：329–330）很好地总结了委员会的这一点：

国家研究委员会的活动也要服从于天主教会的教义，正如委员会自身的会徽所彰示的，科学之树植根于上帝。就这样，几十年来，意识形态因素制约着西班牙科学政策的优先次序，特别是在人文社科和法律领域。在很大程度上，委员会最终成为一个由天主事工会信徒们把持着的机构，他们利用自己的特权地位，宣传他们对西班牙科学的想法。这种绝对优势的表现是，从 1962 年起，被任命为天主事工会纳瓦拉大学第一任校长的阿尔瓦雷达，自然而然地将兼任国家研究委员会的秘书长。

阿尔瓦雷达的文件中有一些有关天主教会与国家研究委员会关联性的有意思的细节。在思考如何完善和发展委员会时，他写道："天主教科学的研究范围不适合单一的神学研究所，这样就可能会出现专门研究圣经的机构（委员会一开始就想到了这一点），还可能出现研究教会法、教会史的机构；这些学科的研究技术形成了一个独立于神学思辨思想的整体。"

要想在国家研究委员会中建立这样的部门，阿尔瓦雷达想到了萨拉曼卡，那里有面向整个西班牙的教廷大学，以及不同宗教团体在那里的驻地（奥古斯丁修道院、圣母之心修道院、老道明会、耶稣会、方济各会、嘉布遣会等）。这些项目的独立性是有限的，萨拉曼卡的主教可以承担圣经研究的领导工作，而在教会史方面，则由一个委员会负责，"各等级都要有其实际代表。否则，那些在领导层里没有话语权的教士们就很可能很少或根本不参与到这项事业中"。

看到国家研究委员会被布置成了"上帝之城"，我们就能了解到阿尔瓦雷达是如何将他在委员会的工作与他对宗教的虔诚糅合在一起的：[14]

> 一天，我在圣奥古斯丁做完弥撒离开时，拿到了一张教会的传单"上帝之城"，穿过那片场地，我想，要是我们的计划实现了，那我们就建造出了一座真正的上帝之城。
>
> 在研究所里，我看到的是建筑和材料的部分；但是在这些区域内，会有一种科学工作的精神，考虑到世界正深陷其中的大灾难，这甚至可能是一种文化的反映，就像那些在战争中拯救文化的中世纪修道院一样。在全球范围内，科学的产出有所削减，但我们的却在提升。
>
> 在委员会、各机构不起眼的地方，也有一些鲜为人知的人，因为他们超自然的气息，是我们成功建造上帝之城的最大希望。

鉴于阿尔瓦雷达和参与设计国家研究委员会的其他人的想法，以及当时西班牙政府的态度，1940 年 10 月 28 日的委员会成立典礼如何进行以及都是什么人出席了这场典礼就不足为奇了。在委员会秘书长办公室发表的第一份报告中对这一事件的描述就很有说服力（*Memoria*，1942：1）。

> 国家研究委员会于 1940 年 10 月 28 日举行了第一次全体会议。首先是在圣弗朗西斯科大教堂举行了圣灵弥撒，马德里－阿尔卡拉主教阁下，作为委员会成员，弗朗西斯科·苏亚雷斯神学研究所所长莱奥波尔多·埃霍－加拉伊（Leopoldo Eijo y Garay）先生主持了仪式。国民教育大臣、工商大臣、萨拉曼卡主教和罗德里戈城主教、锡洛斯修道院大主教、委员会诸位成员、各理事会代表以及各研究所代表都出席了典礼。

接下来，他们移步委员会的大会堂，在那里，教育大臣兼委员会主席伊瓦涅斯·马丁发表了讲话，进行了简短但意义重大的情况介绍（*Memoria*，CSIC，1942：12）。

> 今天早上，我得到人生中的一次大圆满。在西班牙的文化生活秩序中，我们用宗教仪式来启动本委员会的工作，这是信仰与文化之间充分和谐的最真实表达，而这种和谐在今天正以十足的活力得到重生。
>
> 当前国家在最严格的价值等级体系内建立其制度秩序。而在科学秩序中，最高一级就是研究。但科学的发展必须应用到国家面临的活生生的现实中。国家研究委员会以和谐、全面的方式关注纯科学的发展及其在转化为先进技术方面的应用。感谢我们始终全心全意为祖国服务的伟大领袖的坚定支持，委员会如今已成为服务于国家精神价值观的有力工具。

阿尔瓦雷达关于权力下放和加泰罗尼亚的想法

权力下放问题经常出现在阿尔瓦雷达的文件中。对他来说，把几乎所有的东西都集中在马德里，是扩展科学教育与研究委员会的一个巨大失误。从某种程度上说，可以预料到他会坚持类似的观点。在这方面，要回顾他在1929年出版的《政治生物学》一书，他在书中批判了西班牙的政治集权主义，主张建立一个自治结构。阿尔瓦雷达在书中指出，西班牙的一个主要问题是，“现行制度不适合城市生活的发展，这种制度不仅不能刺激其发展，反而削弱乃至掐灭了这种发展。集权制度与社会惰性紧密结合在了一起”（Albareda，1929：24）。他特别提到了加泰罗尼亚的情况，指出（Albareda，1929：35）“有一些服务，比如电话服务，省议会联合体的工作在某些方面更具优势，可以与最发达的国家相媲美”。作为一个推崇国家统一的自治主义者，阿尔瓦雷达（1929：57）认为“问题在于确定体制中的市、县和地区的属性，以便相关的单位承担起建设和维护工作。因此，在自治制度下，任何超出地区范畴的工作，应继续由国家承担”。他认为有必要避免在此之前发生的事情（Albareda：1929：58）：“中央集权政策随意地将西班牙分区划块；想把一些非常小的地方打造得繁花似锦，而其他地方则一片荒芜”。

他倡导权力下放，但又抵触分裂主义，所有加泰罗尼亚的情况不可避免地会继续徘徊在他的脑海中。因此，在他去了一趟巴塞罗那后撰写的一份报告中（可能是在1940年代中期），在指出“可以看到，分裂主义研究对哲学、物理学等具有普世价值的学科是如何的漠不关心”后，出于他（还有国家）对促进应用科学的关切，他提到了他与省议会主席和农业委员讨论过的一些问题，他提出，最好提出三四个具体问题，让阿隆索·埃雷拉基金会帮助解决。阿尔瓦雷达本人认为，“巴塞罗那有能力解决一些其他省份更感兴趣但无力解决的问题，比如说谷物遗传学问题。在巴塞罗那市建立乳品监测机构也是很有意义的，作为遴选奶牛的先期步骤，我们的领袖提出希望让加利西亚的生物代表团解决奶牛问题，而这可能是达成这一目标的第一步”。

至于他对加泰罗尼亚民族主义的看法，我们有一个很好的资料来源，即一份题为《论历史研究所：政治上的反思》的文件：

“先于我们的都是历史，但是，就像在地质学中一样，有些现代的形式仍不太稳定。对于研究而言，中世纪史比现代史更有历史价值。但是西班牙的中世纪史不止一部，因此对这段时期历史研究的政治意义在于研究一个单一的西班牙政体。

罗维拉·比尔希利（Rovira Virgili）在宗派主义和分裂主义精神指引下撰写了《加泰罗尼亚国家史》，作为一名政客（他既是议员，也是一名记者），其直接目的就是妄图分裂出一个反西班牙、反天主教的加泰罗尼亚国。在省议会联合体和加泰罗尼亚文化中心的全力支持下，他的作品出版了。从理智上讲，罗维拉是一位充满激情的散文家。针对他，正在巴达洛纳度假的一位科学家，芬克（Finke）的好友希门尼斯·索莱尔特地去查看了阿拉贡王室的档案（据芬克说，其在中世纪的地位仅次于梵蒂冈），在《萨拉戈萨新闻报》上开了小专栏，还有一些阿拉贡人在巴塞罗那办的小杂志上反驳了罗维拉。巴塞罗那没有立过国。大家都能想到，要是巴塞罗那曾经立过国，那么即使不是出于自由主义，罗维拉也会排除万难委托或要求希门尼斯·索莱尔写《阿拉贡王室史》。但还是要完全从西班牙的角度来写《阿拉贡王室史》。我认为在巴塞罗那开展这方面的研究有危险。我了解巴塞罗那的那些文化中心。这座城市的宏伟壮观令人兴奋，但也不可避免地存在加泰罗尼亚民族主义的风险。一个民族，比起语言或历史，更看重其起源（首府），在审视自我时，很容易陷入傲慢的优越感中。然后是历史、考古和语言方面的材料，它们服务于这种傲慢的感觉，自认为是一国的首都。因此，我认为，《阿拉贡王室史》应该由那些更关心《苏里塔》（*Zurita*）而不是《收割者》（*Els Segadors*）[①]或保·克拉里斯（Pau Claris）的人编写。在萨拉戈萨，在塞拉诺·桑斯和希门尼斯·索莱尔的阴影下，研究没能进入校园，但逐步恢复了起来。这将具有深远的政治意义。有能力开展这项工作的人，可能是来自历史研究所阿拉贡王室历史部的（帕斯夸尔·）加林多（Pascual Galindo）。他既有专业才干又有激情。虽然没有公开，但我们应该知道并牢记，一部向芬克致敬的作品是由加林多个人出资才得以出版的，还有几期《苏里塔》杂志的出版也是一样，巴塞罗那学院的学生得以进入阿拉贡王室档案馆也有他的贡献。这都是他推出的事业，后来这些又回到了他的手里，成了他的责任。另一方面，要想一想如何让研究机构为大学注入活

①《收割者》的创造基础是发生在 1639 年与 1640 年的加泰罗尼亚人民反抗马德里压迫、寻求独立的收割者战争。三百年后，在西班牙内战中，共和政府撤退到加泰罗尼亚抵抗佛朗哥将军的叛军，这首歌又再被反复传唱，成了加泰罗尼亚人追求自由的象征歌曲。——译者注

力。把这个部门设在萨拉戈萨，它就会与巴塞罗那、巴伦西亚和意大利的阿拉贡领地保持密切联系，而不会有任何傻瓜谈论欧西坦尼亚的危险——我甚至在一家英国报纸上读到过，在报上刊登的所谓的泛加泰罗尼亚地图。也许这样一来，当萨拉戈萨大学文学系成立时，一个研究中心（不仅仅是一栋建筑）也将落成，在那里安静、科学、高效地为西班牙的统一做工作。这将具有深远的政治意义。我们会说：没有加泰罗尼亚研究学院，但有一个阿拉贡王室的历史学院或学部”。

当上国家研究委员会秘书长后，阿尔瓦雷达借1944年10月去巴伦西亚的机会，再次私下思考了加泰罗尼亚研究学院的问题，他认为委员会应该解决这个问题。在他看来，矛盾在一定程度上在于在历史研究中没有停止使用加泰罗尼亚语：“卡洛斯·索尔德维利亚（Carlos Soldevilla）正在用加泰罗尼亚语写关于彼得三世的研究报告，这份报告不日即将问世；从1936年起，鲁维奥－柳奇（Rubio y Lluch）的《东方外交》（*Diplomatari d'L. Orient*）后还有马里内斯库的《阿方索五世》也一直采用了加泰罗尼亚语版本。众所周知，这些作品没有出版是因为它们是用加泰罗尼亚语写的；塞加拉准备把莎士比亚的作品翻译成加泰罗尼亚语；德国罗马主义者对没有收到加泰罗尼亚研究学院的出版物表示惊讶；1943—1944年，北美发布了1936—1939年的新书简介。其中一部是米利亚斯用加泰罗尼亚语写的《中世纪加泰罗尼亚数学思想随笔》。第一卷已经出版；第二卷正在筹备中，也是用加泰罗尼亚语写的。波士顿大学的一份期刊说，这是一部‘被刑事肢解’的作品，因为第二卷可能无法问世。仿佛这还不够，学院没有正式解散，加剧了“地中海研究所的这种发展停滞、没有成果和失去威望的感觉”，还有一些人（如“一位米列特先生捐赠了三百万，希望保留学院的名头”）和机构（“大学的立场助长了委员会之前肃清过的气氛”）使局势更加严峻。对于阿尔瓦雷达来说，必须考虑到普里莫·德里维拉独裁政权的行为，他“对社会主义和体制比对加泰罗尼亚主义要仁慈得多，在一次非常严格的清洗之后，保留了加泰罗尼亚研究学院的各个部门”。在他看来，“解决这个问题的办法是重新建立加泰罗尼亚研究学院，保留学院名头并补齐所有的空缺。21名成员中，现在只剩下3名”。阿尔瓦雷达以一种完全可以称为“愤世嫉俗”的方式指出，“要出版加泰罗尼亚语的书籍，需要打着梅嫩德斯·佩拉约的‘非常西班牙’的旗帜，避免这种语言成为一种旗帜”。而且他指出，“何塞·安东尼奥在这个问题上的想法与梅嫩德斯·佩拉约不谋而合，何塞·安东尼奥说，他希望在巴塞罗那用加泰罗尼亚语举行一次长枪党的集会”。同样，实际情况是，大量的资源被用于非常不同的方向。例如，从加泰罗尼亚语翻译成西班牙语，并由国家研究委员会在 1952 年至 1961 年期间出版的《费尔南多·巴利斯－塔韦纳作品选》(*Obras selectas de Fernando Valls-Taberner*)，共五卷。

由于这样或那样的原因，与西班牙其他地区相比，国家研究委员会对加泰罗尼亚的态度并不坏(巴塞罗那代表处于 1942 年 11 月 21 日正式成立)。事实上，内战结束后，在巴塞罗那的科学界和高等学术文化界，很难找到与委员会没有任何关联的名字(当然是在那些没有流亡的人中)。在实验科学方面，主要有加泰罗尼亚化学流派的创始人何塞·帕斯夸尔－比拉，将现代遗传学引入加泰罗尼亚的安东尼·普雷沃斯蒂·佩莱格林(Antoni Prevosti Pelegrín)，数学家费兰·苏涅尔－巴拉格尔(Ferran Sunyer i Balaguer)，古生物学家米克尔·克鲁萨丰特－派罗(Miquel Crusafont i Pairó)，化学家费利克斯·塞拉托萨(Félix Serratosa)，生物化学家比森特·比利亚尔·帕拉西，地质学家卢易斯·索莱－萨瓦里斯(Lluís Solé i Sabarís)和生态学家拉蒙·马加莱夫(Ramon Margalef)。

对应用型研究的关注

从内战结束到 1962 年左右，也就是第一批工业活动自由化条例颁布的那一年，西班牙的国家经济政策围绕着自给自足展开，这比之前的经济民族主义要严苛得多。这一政策有各方面的渊源：有的认为它起源于 20 世纪 30 年代后半期的轴心国，这些国家在全面大战可能爆发时急于实现行动自由。这意味着完全或几乎完全摒弃进口，实现自给自足。就这样，举例来说，德国的自给自足政策极大地刺激了许多产品的化学合成，从纺织纤维到橡胶，再到燃料。但是，自 19 世纪下半叶以来，德国的化学在世界一直处于领先地位，从这个意义上说，这些发展只是沿着一条既定的道路又迈出了一步。

西班牙内战胜利者的想法，即他们对德国法西斯主义的共情，促使他们尝试采用同样的经济生产模式，但更重要的是需要努力解决在供应上存在的问题，尤其是由于国际上对佛朗哥政权的孤立，无法再向德国求援。[15]还有西班牙资产阶级的不同派别为争夺霸权地位，反对外国资本和工农无产阶级的利益。[16]1939 年 11 月 24 日通过的《国家工业管理和保护法》确立了自给自足的工业化模式，一方面，规定任何工业设施的建造、扩建或转让都必须事先取得行政审批许可，并对外国资本的进入设置了强大的障碍；另一方面，规定所有与政府有关的实体都必须从西班牙的企业采购商品和服务，从而将政府层面的市场留给国家制造业。执行这一政策的中央机关就是 1941 年 9 月 25 日成立的国家工业研究所（INI）。

如果不能用本国的技术能力来弥补不需要从外部采购的缺陷，就很难，甚至不可能维持一个自给自足的体系。自给自足的这一内在特点使西班牙在应用、技术、日常生活方面都希望有所发展，这在不同的领域都可以看到。例如，在被认定为关乎国家利益的工业部门中，包括汽车制造（1940）、氮化合物的生产（1940）、有助于改善外贸平衡的采矿或冶金公司（1940）、织物纤维产业（1940）、使用纺织原料的工业（1940）、航空工业（1940）、塑料材料的生产（1947）、钢铁工艺中废料替代品制造（1947）以及青霉素和抗生素的生产（1948）。

国家研究委员会也感受到了自给自足制度的压力。不是仅仅当作一个外部强加的任务：出于对应用研究的兴趣，阿尔瓦雷达完全参与其中。对此，我手头的一份文件显示，在分析西班牙的科学研究状况时，或者说，在分析胜利后可以用现有的人手做些什么时，阿尔瓦雷达提出的意见可以从这个角度来理解。他坚持一定不能忘了研究的应用；对于有像他这样的受教育经历的人尤其如此（我们知道，他是一名药剂师，也是一名化学家；我们还看到，他的第一个教授职位是在韦斯卡学院担任农学业教授，在国外，他曾在知名的应用机构工作），如果我们考虑到 1939 年西班牙所处的孤立状况，则更是如此。在他作为国家研究委员会秘书前往巴伦西亚的时候，他写道："我们在巴伦西亚听闻，大学什么都不是；菜园比大学都要重要；但必须要想到，菜园本应是大学的研究对象。大学不应该与菜园完全隔绝"。

胡安·德拉谢尔瓦基金会

在此种情况下，本着这种理念，在国家研究委员会成立后的头三十年历史中，有一个基金会在政治和经费上比其他基金会更受重视，这就不足为奇了：这就是胡安·德拉谢尔瓦基金会。举例来说，在 1948 年，该基金会获得了 1595.8 万比塞塔的预算经费，比其余五个基金会的预算总和还要高。[17] 而且，它不仅享有经费上的优待，对其的管理也尤为宽松：1945 年 6 月，基金会被授予法人资格，有权创设各类研究所并自主管理其自有资源。

胡安·德拉谢尔瓦（严格来说，是胡安·德拉谢尔瓦·科多纽）基金会是 1940 年 2 月 10 日条例要求设立的机构的一部分，该条例规定以下机构隶属于该基金会：莱昂纳多·托雷斯·克韦多研究所、科学材料研究所和燃料研究所。条例还规定，“为发展工业技术研究而建立的与国家工业有关的研究所和实验室也并入其中”。这方面没有进一步的规定，这表明在制定条例时，对于具体怎样做还没有清晰的思路，但国家研究委员会在 1940—1941 年度报告中给出了更多细节。报告称，瓜达洛塞伯爵拉斐尔·本胡梅亚（Rafael Benjumea）和埃斯特万·特拉达斯被任命为“名誉主席”，而执行主席则是安东尼奥·阿兰达（Antonio Aranda）将军，秘书是曼努埃尔·洛拉－塔马约。

基金会的宗旨是参与到国家工业中，为工业发展提供帮助，并从整体上服务于国家的重建事业。这一点在政治家阿尔弗雷多·桑切斯·贝利亚（Alfredo Sánchez Bella）1940 年 12 月 3 日写给洛拉－塔马约的信中说得很清楚：[18]

> 昨天，我与大臣先生（指的是伊瓦涅斯·马丁）谈到了非常期待出台一个对各方面进行大刀阔斧整顿的法令，他觉得比起在公报（《政府官方公报》）上发布很少或几乎无人问津的法令相比，直接向各部委发通知更方便，要求他们将所有涉及国防或振兴工商业以及生产原材料等领域的研究课题、计划和项目发给胡安·德拉谢尔瓦基金会。

在大臣的设想中，多数单位都会做出答复，请求提供建议、咨询和协助的需求，甚至会委托开展大量工作，这将是实现第二次飞跃的适当时机：申请到经费来完成委托是必不可少的步骤，如果不这样的话，任何实验室都无法运转。

只要一两封信就能解决这一切，阿尔瓦雷达先生让我告诉你，（如果）你能把正在酝酿出台的法令中与此相关的内容都提取出来，今天就准备好，就差签字，那大臣先生过来的时候我们就将内容交给大臣，他直接传达给内阁的同僚们。所以说，我给你找了点儿事儿，你得闲的时候做一下。

关于早期情况的更多信息，可以从洛拉 1941 年 5 月 7 日从塞维利亚写给阿尔瓦雷达的另一封信中找到：

亲爱的阿尔瓦雷达：很遗憾上次去的时候没能在那里见到你。我问了你的大概归期，想看看能不能等到你，但时间隔得太远了，我不能在外面逗留太长时间，以免耽误在大学的工作。由于没能见上面，我在这里给你详细说一下我们谈话的主题，供你考虑并告诉我你觉得哪种最好。

燃料研究所。作为下挂在基金会中的一个研究所，必须按照基金会的计划开展工作。为此，基金会的燃料委员会有必要明确其主题。鉴于这一点没有实现，与其把时间浪费在口头上说得天花乱坠和画一堆五颜六色、美轮美奂的图表（另一种形式的胡言乱语）上，我提议由（阿兰达）将军主持召开一次会议，谈不出具体的东西来就绝不休会。我还利用这段时间与我们的成员——西班牙石油垄断租赁公司（Campsa）的主管阿维利亚（Arvilla）取得了联系。[19] 事实上，我们已经就研究所拟研究的课题达成了计划，其中一些课题由石油公司承接，在他们的实验室中进行。可能是由于之前在开会中浪费了时间，阿维利亚最初有些疑虑，但我相信这些疑虑已经被打消了。

我有个想法，请你看看合不合适，要是你也认可的话，可以再问问加西亚·西涅里斯（García Siñeriz）的看法：我觉得燃料研究所的定位应该比目前的定位更广一些。我也跟贝尔梅霍说起过。研究所里除了要设一个化学部，还应该设一个地球物理部。当然，地球物理研究所里肯定有地球物理部，但毫无疑问，就石油钻探而言，应用研究部门设在燃料研究所比较合理。

无线电通信。在没什么作为的电工委员会里（元老会的先生们太讨厌了！），有一群年轻的电信工程师［里亚萨（Riaza）、里奥斯·普龙（Ríos Purón）等人］，我跟他们谈过，想让他们在部门之外独立研究一项关乎国家利益的工作计划。他们已经这样做了，并制订了计划。你觉得可不可以试着与他们一起建一个核心工作组？我让他们在现有的电信学院的基础上，告诉我当前在场地、资源等方面的信息。他们都是精确科学或物理学方面的专业人才。

法令的结果。关于企业联合组织的意见，将军给了我正面的答复，希望在本周的会议上确认这一点。当然，化学工业联合会和金属行业联合会的一个部门（铁道部门）已经通过发送研究课题做出了答复。后者给我们发来了工程师戈伊科切亚（Goicoechea）先生关于导轨照明线路的项目，这个项目正在进行中。我去马德里与这位先生进行了交谈，他已经进入大规模测试阶段了。基金会向他提供了道义上的支持，最终唤起了他的兴趣，表示在工作进程中他将与委员会保持联系，从而将之纳入到了委员会跟进的关系到国家利益的研究计划中。

陆军部和海军部也做出了答复：后者提出了海洋研究所的工作计划，这与我们的总体计划完全契合。圣费尔南多天文台也发来了答复。顺便说一下，从该天文台还有其他中心和机构的情况可以推断出一个有趣的结论，即有必要推动科研用光学材料的制造。我们很想知道，托雷斯·克韦多能提供多少东西，以及如何为这些更有意义的目的调动它。

非军事部门总是独自为政，并又一次无声表达了对工作中独立性的顽固反对，这使我们陷入了目前的劣势。

塞维利亚实验室。我说的已经是基金会之外的事情了。我遇到了两个问题。一个是前段时间，由于必须用到德国产的标准装配玻璃器皿，我申请了进口许可证。现在许可下来了。金额是五千多比塞塔。因此，这在该部门1万比塞塔拨款的范围内，但由于进口的是定向来源的材料，我没法列出具体预算提前进行审批，现向你咨询如何解决这个问题。

第二个是期刊的问题：我们学院订了几份期刊，但自1940年2月以来，尽管已经支付了订阅费，但一直没有收到德国的期刊。我听说德国政府寄来了好几批过期的，我们能否收到1940年的《德国化学学会报告》？总的来说，是否有任何官方手段来确保德国的期刊定期送达，并确保能收到一些著作，比如《拜尔施泰因》（*Beilstein*），我最后几卷没能集齐？卡德纳的方法已经让我失望了。

我下次去的时候，如果我们提出的一些疑问已经有了答复，我会和你谈谈工作分配的问题，请你说一下想法，要是也能得到你的认可，我觉得我的想法就可以付诸实施了。

抱歉写了这么多。不过，肯定还有一些问题没有涉及。我们后续再谈。

致以诚挚问候，你的朋友和同事

M. 洛拉

这封长信里有很多值得研究的点，我在此着重谈论其中一点。与非军事部门的消极被动相比，洛拉在陆军和海军中发掘了不少合作机会，他表示“非军事部门总是独自为政，并又一次无声表达了对工作中独立性的顽固反对，这使我们陷入了目前的劣势”。在评价1939年后在西班牙研究和发展中军方的强大存在时，也许应该考虑到这个细节，不要把一切归结为佛朗哥政权早期的军事政治统治（尤其要记得国家航天技术研究所的情况，该机构隶属于空军部，还有核能委员会，虽然它挂靠在工业部下面，但军方的存在也很重要）。[20]

正如我们所见，曼努埃尔·洛拉－塔马约（1904—2002）在创建胡安·德拉谢尔瓦基金会中发挥了重要作用。不仅如此：他是西班牙科学和教育政策中非常重要的人物，也是一位杰出的化学家。他出生在赫雷斯－德拉弗龙特拉，在当地的中等教育学院学习，一直读到六年级，他们全家搬到马德里。在西班牙首都，他读完了高中，并于 1919 年就读中央大学化学系，并在读书期间兼修了药学专业，多花费了两年在这方面。大学毕业后，他又分别于 1930 年取得化学博士学位，1933 年取得药学博士学位。

他对扩展科学教育与研究委员会并不陌生，因为他曾凭借该委员会的奖学金，与莫里斯教授一起在斯特拉斯堡医学院的生物化学研究所花了 3 个月（1932 年 3 月至 4 月）研究“血液化学”。1933 年 5 月，他获得了加的斯大学的有机化学教席，1935 年离开加的斯大学进入塞维利亚大学执教，并在该校担任副校长（1942），1943 年，他获得了中央大学的有机化学教席，于是搬到了马德里，之后也升任副校长（1945）。正是在塞维利亚工作期间，他与国家研究委员会结缘。他自己在回忆录中回顾了这段关系的起源（Lorá-Tamayo，1993：75-77）：

> 不能将我的大学生活本身与我在国家研究委员会的工作分开来说。他们是不可分割的，在塞维利亚大学成立之初，就像其他大学一样，在我的大学实验室里设立了一个有机化学部，我能够为博士生提供一些奖学金名额。
>
> 我与委员会有直接联系并不奇怪。1935 年 4 月，我在塞维利亚认识了何塞·玛丽亚·阿尔瓦雷达，他当时是韦斯卡的农学教授，在苏黎世和罗瑟姆斯特德农业站工作过一段时间后，他进入皇家科学院，成为“卡塔赫纳伯爵”教授，负责讲授土壤学。我们的会面有家族渊源。我在塞维利亚的一位好友，也就是阿尔瓦雷达的亲戚，把我们介绍给对方，通过他，我们成了好友，友情一直持续到他去世。因此，我们后来对比了我们对西班牙研究的未来的看法，我在 1938 年和 1939 年曾谈到和写过这些看法。
>
> 事实上，1938 年年底，我在塞维利亚的马德里科学和文学协会做了一次题为《定向研究》的演讲，在演讲中我介绍了一些国家的研究结构并对

西班牙迄今为止的研究状况进行了点评，倡导建立国家研究委员会。当时在塞维利亚，弗朗西斯科·德路易斯（Francisco de Luis），一位在《辩论报》受到培养并成长起来的杰出记者，我通过曼努埃尔·希门尼斯·费尔南德斯认识了他，他在逃离马德里的那段时间是《安达卢西亚邮报》的负责人，请我写了一些文章，我在文中展开论述了会上提出的观点。这些文章被收集在塞维利亚政府主办的同名出版物中，后来当我被邀请为该大学1939—1940学年做开学演讲时，扩展论述了其中的一些观点，其中涉及“国家研究课题”。

阿尔瓦雷达知道这些出版物，并通过他让伊瓦涅斯·马丁大臣知道了，当时大臣先生正在准备委员会的立法，阿尔瓦雷达一直在协助和配合他。我被大臣叫到马德里，经过长时间的面谈，我参加了一个会议，出席会议的有阿尔瓦雷达、时任档案和图书馆长的米格尔·阿蒂加斯、美术馆长洛索亚侯爵（Lozoya）和路易斯·奥尔蒂斯·穆尼奥斯等人，是他团队的杰出成员。从那时起，我就加入到了阿尔瓦雷达的研究团队中，并被任命为“胡安－德拉谢尔瓦”科学研究基金会秘书，以及“阿隆索－巴尔瓦”化学研究所的秘书，当时我还在塞维利亚担任教授。只有在我成为马德里的教授后，这些任命才能生效，尽管我有这个意向，但我最终还是放弃了，因为在塞维利亚无法有效开展工作，特别在组织方面，要想做好胡安·德拉谢尔瓦基金会的工作，要全身心地投入。

由于洛拉－塔马约在胡安·德拉谢尔瓦基金会的工作成效和他出众的交际能力，1962年他被任命为教育和科学大臣，他在这个职位上一直工作到1968年。前一年，即1967年，他取代了伊瓦涅斯·马丁，成为国家研究委员会主席。他一直担任这一职务到1971年，由时任教育大臣的何塞·路易斯·比利亚尔·帕拉西（在1968年4月至1973年6月期间担任教育大臣）取代。正如我们之前介绍过的，教育部与国家研究委员会主席职务的渊源很深。

胡安·德拉谢尔瓦基金会的第一任主席是安东尼奥·阿兰达将军。然而，他在任时间不长。他被当时已经升任国家工业研究所所长的胡安·安东尼奥·苏安塞斯接替，这表明大家都寄希望望于该基金会可以成为造福于国家工业发展的利器。苏安塞斯一直担任该职务到 1969 年，即该机构解散前不久，几十年来他都是西班牙工业和经济政策中的一个关键人物。“正如爱德华多·巴雷拉和埃莱娜·圣罗曼（2000：51）所指出的那样，怎么形容胡安·安东尼奥·苏安塞斯在战后西班牙政治中的重要性都不夸张。他在经济事务上对佛朗哥的影响，标志着西班牙工业在 20 世纪 40 年代和 50 年代的发展轨迹。苏安塞斯的军事和专制思维落实到政策上，就是经济从属于政治，其目的是发展出以军事为导向的强大工业实力，从而服务于国防。对苏安塞斯来说，财富和发展是工业化的直接结果，而工业增长的诱因应当是国家。”

在胡安·德拉谢尔瓦基金会的支持下创建的中心有：奥维耶多的煤炭研究所、塞维利亚的油脂研究所、巴伦西亚的食品技术研究所、巴塞罗那的纺织研究所，巴塞罗那还建立了渔业研究所，并在卡斯特利翁、加的斯和维哥设有相关实验室；在马德里有建筑和水泥研究所，以及铁、金属、硅酸盐、塑料、发酵和制冷研究所。可以看出，所有这些都与基金会的技术理念相一致。

胡安·安东尼奥·苏安塞斯

胡安·安东尼奥·苏安塞斯·费尔南德斯（1891 年生于费罗尔，1977 年卒于马德里）出身于海军世家：他的父亲萨图尼诺·苏安塞斯·卡佩尼亚（Saturnino Suanzes Carpeña）隶属于海军总司令部，甚至还参加过古巴战争；他的一个兄弟何塞·玛丽亚（José María）也是军人，在当时的上校卡米洛·阿隆索·维加（Camilo Alonso Vega）手下服役，在内战期间死于阿拉瓦前线，他的两个姐妹也都嫁给了海军，玛丽亚·德尔卡门（María del Carmen）嫁给了胡安·塞韦拉－希门尼斯－阿尔法罗（Juan Cervera y Jiménez-Alfaro），布兰卡（Blanca）嫁给了赫苏斯·丰坦（Jesús Fontan）。[21] 1903 年，12 岁的他作为一名潜在应募人员考入费罗尔海军学院。1906 年 7 月，他晋升为见习军官，第一个服役点是“努曼西亚”号海岸巡逻艇，第二个服役点是战舰“佩拉约”号。1908

年9月，他晋升为少尉，又过了一年，他被派驻到海军炮兵司令部的费罗尔基地，从那里他先去了巡洋舰“摄政王后”号，然后去了炮舰“莫利纳侯爵”号。之后他又陆续在其他军舰上服役，直至1915年3月6日，他开启了职业生涯的下一个阶段。在接下来的日子里，他开始在海军工程兵专科学院学习，于1917年6月完成学业，由此，他从海军总司令部转入海军工程兵部队。经过一段时间的实践培训，1917年他被分配到圣费尔南多海军学院，担任机械专业的教师。1919年，他晋升为海军工程兵指挥官，1921年驻扎在卡塔赫纳时，晋升为中校。次年11月，他申请转为编外人员，申请一经通过，就意味着他作为现役军官的职业生涯结束了。之后，在1922年到1926年期间，他被派驻到卡塔赫纳担任海军造船厂的负责人，随后是费罗尔造船厂的负责人。

当共和国政府于1931年6月23日颁布法令，允许海军军官申请退役（或第二预备役身份）时，他抓住时机提出了申请。申请得到批准后，1931年1月，西班牙海军造船厂将他调到马德里总部担任建造部门总监，这意味着他要对公司的所有建造项目全权负责。1934年2月，由于一系列的问题（Ballestero，1993: 49–56），苏安塞斯离开了海军造船厂。他很快就找到了另一份工作：马德里的伯蒂歇尔-纳瓦罗有限公司（BYNSA）公司的总经理，这家公司的主打产品是电梯。内战开始时，BYNSA被政府查封，几个月后苏安塞斯离开。

这场战争给苏安塞斯和他的家人带来了严重问题，最终他们全家在1936年10月底决定去波兰大使馆避难。他在那里一直待到1937年3月，之后他与人结伴去了巴伦西亚，在那里他启程前往马赛。在他抵达的当晚，在佛朗哥派代表的陪同下，他们乘火车前往伊伦，即“国民军”占领区。对此不再赘述，我要说的是，他很快就开始积极参与叛军的海军计划，成为佛朗哥将军的亲信。该集团坚信胜利在望，担负起了筹划国家结构的任务。

综上所述，佛朗哥将军上台后，苏安塞斯于1938年2月2日被任命为其第一届政府班子中的工业和贸易大臣也就不足为奇了。1939年8月，随着战争的结束，佛朗哥决定改组其行政部门，苏安塞斯被解职，但他很快就又在公共场合中活跃起来，因为9月23日，海军大臣萨尔瓦多·莫雷诺（Salvador Moreno）让他担任海军军事建设和工业总局的负责人，10月7日他又担任了海军军事建设管理委员会的主席。他一直任职至1941年7月，因与莫雷诺大臣意见不合而辞职。

在蓬特德乌梅休养几个月后，他回到马德里，参与起草法令（1941年9月25日），根据该法令创建了国家工业研究所。1941年10月17日，直接管辖国家工业研究所的首相府颁布了一项法令，任命苏安塞斯为该研究所的所长。他在这个岗位上工作了22年。

无论人们如何评价国家工业研究所在西班牙历史上的作用，其重要性无可争辩；只要回顾一下其参与的西班牙三家大公司就足以证明这一点：卡尔沃·索特洛国家液体燃料和润滑油公司、西雅特汽车公司和飞机制造公司。第一家卡尔沃·索特洛国家液体燃料和润滑油公司始创于1942年，国家工业研究所是公司唯一股东；第二家西班牙旅游汽车制造公司，创办于1950年，允许私人资本作为少数股东介入；在早已存在的飞机制造公司中，国家工业研究所从1943年起成为公司的少数股东。国家工业研究所还先后于1943年创办了国家铝业公司，1944年创办了西班牙国家电力公司，1945年创办了里瓦戈萨纳国家水电公司和国家卡车公司，1947年创办了巴桑国家军用造船公司，1947年创办了埃斯孔布雷拉斯炼油厂，1950年创办了国家钢铁公司。

在最初几年，由于国家资金不足以及政府本身在获得私人融资方面遇到的障碍，国家工业研究所无法将大部分项目付诸实施。当时，研究所只能优先开展与军事相关的举措，如在西属摩洛哥领地扩展电报和电话网络，以及其他在当时很难避免的项目，如从板岩和褐煤中蒸馏液体燃料（要知道，由于外贸封锁和外汇不足，很难进口石油；1947年5月17日，政府宣布适用于机动车的燃气发生器生产为关系到“国家利益”的产业）。国家工业研究所的民用项目一直被推迟到1950年代才得以真正实施。

虽然本书的目的不是，也不可能是深入研究国家工业研究所的历史，即便如此，也应该总结一下该机构的一些特点，为此我援引了霍尔迪·马卢克尔·德莫特斯（Jordi Maluquer de Motes）（2014：235-236）最近的一篇专门讨论西班牙经济史的论文中的话：

“这是一个工业和金融控股机构，它将新成立的国有企业或已被国有化的公司组合在一起，但西班牙石油垄断租赁公司、电话公司和烟草公司等国有控股的垄断性企业除外。它直接对首相府负责，服务于国防和其他确保国家自给自足的目标。它的活动集中在能源和矿业、基础工业和军备、运输和电信领域。研究所开展的项目有时是出于声望的考虑而不是合理的计算，这些项目并不明显，在资源严重短缺的情况下，造成了由纳税人承担的严重损失。

国家工业研究所很快成为西班牙第一大工业集团，旗下有很多其他公司。20世纪40年代末，国家工业研究所旗下有40家公司，资本达70亿比塞塔。它完全掌控了国家的汽车工业，生产了全国75%的氮肥、50%以上的铝、25%的炼油、17%的人造纺织纤维、8%的电能和造船生产。1951年，国家工业研究所整个集团的员工达到40675名。

国家工业研究所旗下的各家公司从国家预算中获得了不受限制的融资。它们依法享有国家利益相关产业的优待，因此在获得能源、原材料、进口许可和外汇方面享有优先权。

这个商业帝国的责任人就是苏安塞斯，他在1951年7月19日被解除了工业和贸易大臣的职务。工商业分道扬镳。尽管如此，他仍继续主持国家工业研究所的工作，直到1963年10月30日，尽管在此之前他曾多次递交辞呈”。

国家研究委员会里的外国科学家

正如我之前指出的，而且在第18章中会更详细地介绍，第二次世界大战结束后，西班牙的一个严重问题使佛朗哥政府没有加入“二战”，但曾站在德国的一边，因此在德国战败后西班牙遭受了政治孤立。而科学，一个本质上属于国际化的活动，也因这种孤立而受到影响。

西班牙在意识形态上与纳粹国家的亲密关系在德国还没有被打败时就得到了验证，在这种情况下，西班牙国家研究委员会需要与外国科学家建立关系。委员会秘书长办公室起草的第一份报告的报告期为委员会刚成立后的两年（1940—1941年），其中一些数据足以说明与德国之间的特殊关系。因此，在《国家研究委员会组织的活动和会议》一节中，列出了在国家研究委员会做讲座的外国访问学者。[22] 1940年，只有一位法兰克福鲁奇热力技术公司负责人厄特肯（Oetken）博士来此做了演讲，题为《在从固体燃料中获取燃料方面的发展和现代研究动向》，而在 1941 年，名单上已经增加了其他国家的科学家：法兰克福大学教授赫尔穆特·彼得里科尼（Helmut Petriconi,《德国文学中的西班牙概念》）；苏黎世联邦理工大学（ETH）化学农业研究所所长 H. 帕尔曼（H. Pallmann，他做了 6 场关于土壤学的讲座）；埃米尔·韦尔勒（Emil Wehrle,《德国经济政策的经济社会基础》和《德国对外贸易政策的基础，特别考虑到德国与西班牙的经济关系》）；巴黎镭研究学会总干事和巴斯德研究所成员亚历克西斯·亚基马克（Alexis Yakimach,《镭：发展史、问题现状和西班牙储量》）；最后是柏林大学教授、高等商业研究学院的法律顾问特奥多尔·聚斯（Theodor Suess,《1933 年以来德国法律的演变》）。总共有 6 位外国学者来委员会做讲座，其中 4 位来自德国，一位来自法国，一位来自中立的瑞士，后者是土壤学专家，该学科是在委员会颇有话语权的秘书长何塞·玛丽亚·阿尔瓦雷达的专长。事实上，阿尔瓦雷达利用他在国家研究委员会身居高位的便利支持该学科的发展，因为这一学科有助于国家政府制定自给自足政策。除了组建一个人才云集的研究小组，并在马德里的国家研究委员会址内给该小组配备了独立办公楼外，阿尔瓦雷达还创办了一份期刊，即《土壤学、生态学和植物生理学研究所年鉴》（*Anales del Instituto de Edafología*，*Ecología y Fisiología Vegetal*），其创刊号于 1942 年 11 月出版，开篇刊登的是 1942 年 5 月 11 日出台的关于成立西班牙土壤学、生态学和植物生理学研究所的法令。法令规定：

> 西班牙国家研究委员会设有专门从事生物研究和地质研究的机构，在这些机构中，科学工作正变得越来越重要，越来越受重视。但在这两个领域的研究目标之间，仍然存在着由地质和生物材料构成的联系，这些材料在土壤的形成过程中被转化和混合，是矿物营养的基础，是植物发展的支持和条件。

法令继续阐述：

> 植物和土壤不仅构成了一个整体性的单元，而且在多样化的具体问题上也属于个性化单元。
>
> 自然科学、化学、物理学、微生物学、植物学、地质学、地理学、气候学等各学科领域都在这个生物和无机节点上有交集。
>
> 考虑到科学发展的要求和科学机构循序渐进、安全发展的规则，委员会在阿隆索·巴尔瓦化学研究所设立了土壤化学部。鉴于这一学科分支所开展的工作，出于研究需要正在着手进行的辐照试验以及研究工作的性质和数量，有必要将该部门提升到研究所一级，设立西班牙土壤学、生态学和植物生理学研究所。

随后，阿尔瓦雷达亲自撰写了一篇文章，解释了研究所的定位。

1941 年 5 月 27 日，德国文化学院在马德里的落成直观表明了多年来西班牙和德国文化之间的紧密关联。该学院位于大元帅中央大街（今天的卡斯特利亚纳大街）的一栋别墅里，是其前身德国 - 西班牙中心的延续和扩展。据当时的一本杂志报道，新机构所在的别墅"被德国建筑师克拉姆赖特尔（Kramreiter）先生和他的西班牙同事纳瓦罗先生进行了大规模的改造，使之与国家社会主义艺术风格完美契合"（Truyol Serra，1941：225）。为突显对该次活动的重视，德国政府派出庞大代表团参加，而西班牙也派教育大臣伊瓦涅斯·马丁和外交大臣塞拉诺·苏涅尔等重量级人物出席了典礼。教育大臣发表了题为《德国和西班牙文化的融合》的重要讲话。

在后来访问国家研究委员会的外国科学家中，值得一提的是阿诺尔德·奥伊肯（Arnold Eucken）在 1942 年的访问，他是著名柏林物理学家和化学家瓦尔特·能斯脱（Walther Nernst）的前合作者，从 1930 年开始担任哥廷根物理化学研究所教授兼所长。"自 1942 年以来"，国家研究委员会 1950 年年度报告中的一则"讣告"（*Memoria* CSIC，1951：97）解释说，奥伊肯"与西班牙保持着密切的关系，他于该年 10 月访问西班牙，在马德里举办了一系列关于催化的讲座。几位西班牙物理化学家在他位于哥廷根的实验室工作。他是西班牙皇家物理化学学会以及国家研究委员会的成员和名誉顾问”。由于这种关系，1944 年，巴塞罗那出版社在主编曼努埃尔·马林（Manuel Marín）的策划下出版了奥伊肯关于物理化学的第四版德文著作的西班牙文译本，这本书在物理化学界的影响力很大。另一方面，1939 年后在西班牙发展起来的这门学科受到了奥伊肯的影响，就像在本世纪初，该学科通过莫莱斯受到奥斯特瓦尔德（Ostwald）观点的影响一样。事实上，1939 年后，这门学科分支在国家研究委员会的受重视程度加强，表现为原先隶属于扩展科学教育与研究委员会的国家物理化学研究所转变为罗卡索拉诺物理化学研究所。另外还有一个事实也很有说服力：1933 年，希特勒上台后，奥伊肯加入了德国国家社会主义工人党，即纳粹党，这对他在 1942 年被邀请到西班牙来说当然不成问题。

但是第二次世界大战的演变方式使西班牙与德国的关系减弱，至少初期在公共层面上这种减弱较为明显。在这方面，国民教育大臣、国家研究委员会主席何塞·伊瓦涅斯·马丁在委员会第七次全体会议上对国家元首佛朗哥将军的进言（摘自 1947；*Memoria* CSIC，1948：65）非常具有启示意义：

> 很多专家来这里访问和授课，他们来自葡萄牙、瑞士、丹麦、荷兰、比利时、瑞典、意大利、英国、美国、阿根廷、玻利维亚、巴西、哥伦比亚、哥斯达黎加、古巴、智利、厄瓜多尔、萨尔瓦多、墨西哥、尼加拉瓜、秘鲁、圣多明各和乌拉圭，对此我们倍感荣幸；而上一年我们有不少科学家也到这些国家访问，带去了研究成果作为回报。

请注意，德国不在提到的众多国家之列。时代精神正在发生变化，它已经改变了。但是，在第二次世界大战结束后的几年里，这种转变更多的是表面上的，而不是真实的，因为在这种转变的背后，当局制定了一项战略，招募德国技术人员，从而让国家急需的技术转让成为可能。这种策略首先表现在航空和军火工业上。[23] 此外，正如在第 18 章中将会看到的，还表现在核物理领域。

事实上，就国家研究委员会本身而言，尽管伊瓦涅斯·马丁等人的声明可能有所暗示，但德国科学从未缺席。为了证实这一点，我们有一个重要的信息来源：阿尔瓦雷达1954年6月23日在杜塞尔多夫发表的关于西班牙研究状况的演讲稿，该演讲稿两年后出版。[24]其中介绍了1944年至1953年间受西班牙国家研究委员会邀请的教授们的国籍，其中显示，共有94人来自德国（1944年2人，1947年和1948年各1人，1949年①8人，1950年31人，1951年23人，1952年9人，1953年19人）。只有英国在人数上超过了德国：共101人，分布如下，1945年1人，1946年5人，1947年8人，1948年12人，1949年20人，1950年30人，1951年13人，1952年5人，1953年7人。接下来依次是法国（91人）、葡萄牙和意大利（各79人）、瑞士（49人），来自美国的有42人（1946年3人，1947年4人，1948年2人，1949年8人，1950年9人，1951年5人，1952年4人和1953年7人）。[25]

西班牙希望依托外国知名科学家来打造国际化的现代形象，供国内（国家）甚至国际消费使用，这一愿望在1964年迎来了伟大的时刻，当时佛朗哥政权庆祝其“第二十五个和平年”，并为此开展了大规模的宣传活动。由于此次庆典恰逢国家研究委员会成立25周年，委员会邀请了一百名外国专家，其中包括贝尔纳多·奥赛（Bernardo Houssay）、彼得·德拜（Peter Debye）、塞韦罗·奥乔亚等诺贝尔奖获得者。在这一年中，举行了多场座谈会（例如“关于当前生物学的问题”或“论固体表面的物理化学过程”）和研讨会，例如“生态和农业研究在世界抗击饥饿斗争中的贡献”，当然阿尔瓦雷达也参与了这些活动的组织工作。10年前，西班牙皇家物理化学学会以相同的程序来庆祝其成立五十周年纪念日，在1954年4月15日至25日期间筹办了一系列活动（会议、座谈会和科学研讨会），有40位知名人士参加，包括库尔特·阿尔德（Kurt Alder）、奥托·哈恩、保罗·谢乐（Paul Scherrer）和亚历山大·托德（Alexander Todd）。活动场面都很大，但其对于提升西班牙的研究水平究竟有多大作用令人怀疑。

① 原文是1948年，与上一句有冲突，应为笔误。——译者注

对西班牙国家研究委员会科研贡献的总体评估

尽管受意识形态的严重局限性的拖累（就像战后西班牙的大多数公共机构一样），但国家研究委员会在促进科学研究方面的作用必须得到肯定。当然，如果我们看一下“国家研究委员会 - 大学”这个二项式，必然的结论就是，在佛朗哥执政的很长一段时期，特别是在早期，科学和技术研究更多的是在委员会中进行或在委员会的推动下而不是在大学中进行的，大学在战后已成为名副其实的科学荒漠。因此，1943 年颁布的《大学管理法》没有提及研究这个方面。然而，与大学和技术学院的合作是西班牙国家研究委员会最初的打算之一；委员会章程第 17 条规定：“根据委员会和大学之间的协议，大学研究机构可被视为委员会机构；与大学研究中心一起构成委员会国家研究所的一个分部，或将委员会机构挂靠在大学中。”实际上，当时的人力基础设施非常薄弱，委员会不得不尽力协调其两方面的职能：一方面是维持和发展自己的研究中心，另一方面是与其他机构，特别是与大学签订协议。因此，在开始时，国家研究委员会的活动主要围绕着大学教席展开；许多教授被任命为委员会某个研究所的部门负责人和 / 或所长，并获得经费来制定研究计划和提供奖学金。

如果我们现在将关注点放在国家研究委员会自身的人员配置，就能发现其发展趋势：1945 年和 1947 年，委员会分别设立了“合作者”和“研究员”类别。1945 年至 1950 年，招募了 33 名合作者；从 1949 年起，招募了 13 名研究员。1955 年，委员会的人事构成为 131 名合作者和 26 名研究员。这些数字一直持续增长，举例来说，在 1983 年，随着新岗位类别的推出，委员会配备有 214 名研究教授、430 名研究员和 633 名合作者，再加上总计 3005 名支持人员（技术人员、助理和行政人员）。全部人员中，有 69% 在马德里，其次是安达卢西亚，占 9%，加泰罗尼亚，占 5%。

至于委员会所涵盖的研究领域，一个很好的指标是 1940—1955 年期间国家研究委员会的研究人员所学的专业；比例大致如下（González Blasco，1976）：化学（42%）、哲学（12.7%）、医学（12%）、生物（11.5%）、医药（10%）、数学（2%）、物理（2%）、工程（2%）和法律（1.3%）。当物理已经风靡全世界、成为科学之王的这些年里，西班牙的物理学家人数却很少，这一点关系重大。至于化学家的人数众多，这无疑与阿尔瓦雷达自己的专业侧重有关。

尽管在相当长的一段时间内，委员会比大学有更多的研究空间（其他机构也开展了一些科研活动，我将在下一章介绍），但回顾佛朗哥政权时期国家研究委员会的历史，有一些迹象表明，在一个尽管面临重重困难、但正在向我们称之为“现代化”的方向发展的社会中，委员会越来越不合时宜。[26]在伊瓦涅斯·马丁主事的28年中，更新和转型在这个机构中明显不见踪影，而这在最初发展尚不健全的大学中并没有发生，我们在后文将会看到这一点。举例来说，直到进入民主时期，国家研究委员会才开始“清洗”那些从研究主题来看没有什么理由存在的机构。

回顾国家研究委员会不同学科的发展历史意义重大，但这并不在本书的讨论范围内，不仅因为其涉及面过广，还因为这是一个要确定专业人员和专业学科的实质性内容的问题。因此，我现在将重点介绍几个例子，或者是因为其代表的意义重大，或者是因为其在20世纪下半叶的西班牙所占据的重要地位。

拉蒙-卡哈尔在国家研究委员会的传承

1934年，在西班牙内战这场可能会深深伤害西班牙爱国志士之心的战争爆发前夕，圣地亚哥·拉蒙-卡哈尔与世长辞。但他留下了一众弟子和一个资源充裕的中心：卡哈尔研究所。这两项因素加起来，尽管历经流亡的血泪，但神经组织科学仍有望在西班牙继续繁荣发展，以此来传承大师在国际科学领域的印记。

在卡哈尔的弟子中，最亲近他的是弗朗西斯科·特略·穆尼奥斯，我们已经见过他了。当大师于1922年5月1日退休时，他在马德里大学的组织学、组织化学和病理解剖学的教席却没有传给特略，而是通过系内教授之间的竞聘，由当时他还在萨拉戈拉执教的路易斯·德尔里奥·拉腊（Luis del Río Lara）接替（González Santander，1994），这位接替者于1925年退休时，特略才接手了这一教席，那时该专业已经更名为“标准组织学、组织化学和病理解剖学”，他先是代理，之后在

1926 年 5 月才成为正式教授。一切似乎都准备就绪，他将扮演卡哈尔的学派领导人角色：事实上，在卡哈尔去世后，他被任命为卡哈尔研究所所长，在战争期间一直担任此职。在费尔南多·德卡斯特罗的帮助下，尽管条件恶劣，甚至还有民兵的进驻，他还是设法维持研究所的运作，甚至还想尽办法出版了《生物研究实验室文集》的 1937 年卷。但战后，1939 年 10 月 4 日的大臣令解除了特略在学院的领导权和教授职位，他遭到了清算，理由是他是无神论者，没有给孩子们洗礼，并且在战争期间在马德里任职。直到 1949 年 9 月他才恢复了职务，实际上，与其说是恢复职务，不如说是一种宽限措施，以便他能够获得津贴：1949 年 10 月 1 日，他获得了组织学和普通胚胎学教职，但 1950 年 4 月 23 日，由于到了退休年龄，他离开了这一岗位。在这种情况下，尽管从 1945 年起他能够加入卡哈尔研究所（和其他被清算人士一样，他在生物学和血清疗法研究所的制药实验室工作，以维持生计），但特略显然无法继承卡哈尔的衣钵。

1939 年 11 月 24 日的档案内容中写明了对他的指控类型：[27]

1. 他一直坚持无神论，在授课时宣传无神论，是大学里左派团体的一员。

2. 他签署了支持阿萨尼亚的宣言。

3. 运动开始后，他进入了红色阵营的控制区，在那里恢复了职务，继续执教。

4. 他签署了《知识分子反国民军轰炸马德里宣言》。

5. 他没有为光荣起义的胜利做出任何贡献，反而在对方阵营担任要职，如医学系主任。

进行清算的审判官坚持认定，特略先生在执教过程中一直在宣扬无神论，这不仅是因为他说过的话还有身体力行地贯彻无神论，尽管这些已经足够作为证据了，而且还有审判官个人经历的因素，1907—1910 年期间，他在圣地亚哥·拉蒙-卡哈尔教授的实验室里，跟在特略先生身边工作了 3 年。

除了特略，“卡哈尔学派”在内战时还有两位比他年轻的杰出研究员，我们在第10章也谈到过他们：费尔南多·德卡斯特罗和拉斐尔·洛伦特·德诺。后者没有对战后西班牙的神经科学做出任何贡献，但对美国的这一学科却贡献很大，因为他流亡美国并在那里安了家。费尔南多·德卡斯特罗德境遇截然不同。1939年被撤职后，他很快得到了平反（同年10月）。从那时起，他一直在卡哈尔研究所工作，1951年他甚至接替了特略在医学系的教职。因此，他在维系卡哈尔学派在医学系的地位方面起到了重要作用。他本该成为所长，但一直未能担当此任。

卡哈尔研究所在战后的第一任所长是恩里克·苏涅尔，他在前文已经出现过几次，其中包括作为复仇主义书籍《知识分子和西班牙的悲剧》（Suñer，1937）的作者，在11章中已经提到过该作品。接替他的是农业工程师胡安·马西利亚·阿拉索拉（Juan Marcilla Arrazola），他从1924年起在马德里农学院担任微生物和酿酒学教授，战后被任命为卡哈尔研究所发酵学部的负责人。正如玛丽亚·赫苏斯·桑特斯马塞斯（María Jesús Santesmases）（1998a：313）所写：“如果不是因为政治原因，根本无法在发酵学与卡哈尔学派的神经组织学之间找到任何联系。”马西利亚在卡哈尔研究所的所长职务一直持续到1946年，这一年成立了微生物研究所，他调任该所。而之前一直担任研究所秘书的胡利安·桑斯·伊瓦涅斯（Julián Sanz Ibáñez）被任命为新所长。

桑斯·伊瓦涅斯比他的两位前任更有资格，他对卡哈尔学派并不陌生：1927年从萨拉戈萨大学医学系毕业后，他曾与特略在国家卫生研究所共事，在那里他建立了一个组织培养部。1931年，在贡萨洛·罗德里格斯·拉福拉的建议下，他被任命为该研究所的脑部病理生理学和神经病理学部的助理。第二年他在维也纳，扩展科学教育与研究委员会为他提供津贴，回到研究所后担任了助理教授的职位。1940年，他在圣地亚哥大学获得了组织学和组织化学、显微技术和病理解剖学的教职；1941年，在巴伦西亚大学获得了同名教职；1944年12月，在马德里大学获得了病理解剖学教职。

无论如何，似乎很难否认卡哈尔的直系弟子们没有受到任何青睐。德卡斯特罗的研究严重受挫，原本人们在他身上寄予了比特略更深的期望，因为他更为年轻。

康普顿斯大学医学系生理学教授安东尼奥·加列戈（Antonio Gallego，1981）将情况总结如下：

> 德卡斯特罗的工作随着内战、资源短缺和战后的种种困难而受到严重影响。他在 1928 年的初步工作的逻辑延续，是对心血管和呼吸反射的功能分析，事实上，德卡斯特罗已经开始进行这项工作。在那些年里，随着现代工作技术的引入，内格林的生理学流派在马德里逐渐形成，尽管它们确实更倾向于生物化学，而不是最广泛意义上的生理学。身边有一个如此优秀的生理学学派，德卡斯特罗本应该沿着神经系统功能分析的逻辑路径前进，当时，卡哈尔的另一个伟大的弟子洛伦特·德诺在他的领域里开启了这种分析，并取得了惊人的成果。战争从源头上摧毁了西班牙的生理学流派，同时也摧毁了德卡斯特罗使用其实验所需设备和技术的可能性。这些年对于我们在德卡斯特罗所专长的这一领域的知识发展来说至关重要，但在这些年里，其他研究中心取得了更好的实验结果，并在这一领域继续进取，而他却被远远抛在了后面。

如果我们看过佩德罗·莱因·恩特拉戈（Pedro Laín Entralgo）（1976：288）的《忏悔》（*Descargo de conciencia*），就会发现其中提到过，卡哈尔研究所的遭遇所产生的后果并没有被国家研究委员会的当权者，特别是阿尔瓦雷达所忽视："我不止一次听费尔南多·德卡斯特罗说过"，莱因回忆说，不是作为他从来没有当上过的卡哈尔研究所所长，而是作为卡哈尔学派的最高代表，他觉得有义务向国家研究委员会的秘书长揭露该研究所由于缺乏资源而陷入的可悲境地。'我们要失去卡哈尔（研究所）了，阿尔瓦雷达'。对此，作为 20 世纪下半叶西班牙科学的一名责任人，阿尔瓦雷达的回答简直令人难以置信："那你想要如何呢，卡斯特罗，历史上的一切都会在某个时刻消亡。"

但它最终还是走向了消亡。或者至少可以说，彻底转型了。首先，因为圣布拉斯山上的办公楼划给了另一个部（公共工程部）和其他职能单位。而委员会基于将更多活动集中到国家研究委员会本部的理念，建立了一个生物研究中心（通常称为“卡哈尔研究所”），该中心于 1958 年 2 月 8 日正式开放，由格雷戈里奥·马拉尼翁担任主任，他已经从巴黎流亡（于 1937 年至 1943 年在巴黎流亡）归来并在西班牙定居。该中心汇集了以下机构和部门：拉蒙 – 卡哈尔研究所；内分泌实验研究所；营养代谢研究所；植物酶学和生物化学系；食品学与动物营养学系、比较病理学与放射性同位素系；费兰微生物研究所。虽然这个中心有不同的职能，但它最终成为促进西班牙生物化学发展的地方之一，也许可以说起到了主要促进作用，当然不是单凭其一己之力。在阿尔瓦雷达的支持下，阿尔韦托·索尔斯（Alberto Sols，1917—1989）作为委员会的合作科学家，于 1954 年正式入职生物研究中心，此前他曾在华盛顿大学的卡尔·科里团队工作过 3 年（得到国家研究委员会和华盛顿大学的资助）。在庆祝生物研究中心成立 30 周年的活动中，索尔斯（1988：16）回顾了其创建的细节，其中一些细节强调了“卡哈尔学派”在当时的重要地位：

> 我没有参与生物研究中心的构思和酝酿。我是在该中心刚刚建成的时候知道它的，那时我已经从美国回来了，刚在马德里大学医学系的国家研究委员会生理学研究所的地下室建立了一个规模不大的酶实验室。当我听到这个中心的消息时，这栋靠近国家研究委员会的建筑即将完工。显然，这在发展生物研究上迈出了一大步。战后西班牙的科学进入了一个旷日持久的低迷期。20 世纪 40 年代末，在西班牙从事任何生物研究的团体极少，且基本都散布在马德里。在阿托查的卡哈尔研究所大楼里，有一个勉强维持的卡哈尔研究所，这是大师和他的嫡传弟子们生活的一个缩影。而西班牙国家研究委员会支持下的其他生物研究小团体则各行其是、互不相干。
>
> 大概在 1950 年，有人设想将生物研究工作都集中到委员会位于塞拉诺高地的场地中，加强研究力量。卡哈尔研究所的何塞·玛丽亚·阿尔瓦雷达先生、格雷戈里奥·马拉尼翁先生和胡利安·桑斯先生，费兰微生物研究所的阿纳尔多·索西亚斯（Arnaldo Socías），以及营养代谢研究所的何塞·路易斯·罗德里格斯 – 坎德拉（José Luis Rodríguez-Candela），计划

建一栋新大楼作为生物研究的设施，幸运的是，他们在华金·科斯塔街角的贝拉斯克斯街找到一块地，通过与卡哈尔研究所的置换，建造一座新的生物研究楼。这项工作被委托给米格尔·菲萨克。1956 年，当生物研究中心即将落成竣工时，何塞·路易斯·罗德里格斯－坎德拉觉得我也应该去那里，把我的实验室搬到康普顿斯大学。坎德拉向马拉尼翁提起了这个想法。问题是大楼已经分配好了，但马拉尼翁马上说："没问题，我把我的实验室分一部分给他"。于是我加入了生物中心，分配到了原先分给马拉尼翁的内分泌实验研究所的实验室。

由于这个起初未曾预料到的情况，索尔斯得以为建立生物化学和分子生物学做出杰出贡献，这些学科后来成为西班牙最负盛名、最繁荣的学科之一。[28] 与西班牙科学史上的其他情况一样，这次同样得到了来自外部的重要助力，即自 1936 年以来流亡在外的塞韦罗·奥乔亚，他是 1959 年诺贝尔生理学或医学奖得主（已入籍美国），此外，他在纽约大学生物化学系的实验室也面向年轻的西班牙研究员开放，如玛加丽塔·萨拉斯（Margarita Salas）和埃拉迪奥·比纽埃拉（Eladio Viñuela）。同时，与另一位流亡者胡安·奥罗（Juan Oró）一样，他也利用自己的声望和经验，配合教育大臣何塞·路易斯·比利亚尔·帕拉西于 20 世纪 60 年代末提出的倡议，推动在大学实施改革。[29] 通过这些举措，在巴塞罗那建立了基础生物学研究所（1970），并在马德里自治大学校园内建立了分子生物中心（1975），这是一个大学与国家研究委员会的联合中心。

格雷戈里奥·马拉尼翁与国家研究委员会

格雷戈里奥·马拉尼翁（1887—1960）于 1936 年年底离开西班牙，直到 1943 年的年中才返回。在这些年里，他大部分时间都是在巴黎度过的，只在 1937 年年初和 1939 年 8 月至 9 月期间去过几个南美国家。他在西班牙的处境很复杂，因为双方阵营都不信任他：共和党人认为他是背叛者，而"国民军"也没有忘记他的政治前科。共和国政府在 1937 年 5 月 25 日下令剥夺了他的教授职位，新的国家政权在1939年考虑对他立案（尽管最终没有这样做），因为他没有出任马德里大学医学系的教职。当回到西班牙后，由于政府将内分泌学课程重新纳入了教学大纲，马拉尼翁起复，重新获得了他早在1931年就获得的这个教席，并在1946—1947学年重新开始上课。

但在马拉尼翁成为生物研究中心主任之前，他已经与国家研究委员会有了联系。1948年12月23日，国民教育大臣何塞·伊瓦涅斯·马丁写信通知他，“在执行委员会上次会议上，成立了内分泌实验研究所，你被任命为该研究所所长。这样一来，你会得偿所愿，并在委员会中开辟出一条坚定且安全的道路，你与你的合作者可以充分开展科学研究。此外，正如我几天前向你们告知的，在预算中已经为该研究所划拨了15万比塞塔的启动资金”。该中心立即投入了运作；1949年5月27日，马拉尼翁向伊瓦涅斯·马丁发送了一份他作为内分泌学（这是在教职中使用的名称，非“研究所”的名称）教授开展的工作总结。4天后，大臣表示信已收悉：“从信中我可以看出所开展工作的强度”，他说，他“热烈”祝贺他。

马拉尼翁与新政权关系良好，至少从伊瓦涅斯·马丁1952年5月25日给他的信（信头为“国务委员会主席”）中看来是这样：[30]

致：格雷戈里奥·马拉尼翁先生阁下

国家研究委员会院士、医学家

致吾挚友：我仍震撼于昨天您发表的那两场精彩绝伦的演讲。

我发自内心地认为，在你多年来对西班牙文化乃至对整个西班牙语世界所做的巨大贡献中，您昨天在外科大会和医学院发表的关于国家研究委员会的意义和价值的演讲，可能会带来巨大成效，具有不可估量的影响。

在我们这样一个缺乏共情的国度里，像阁下这样独立和杰出的人才，在这样一个专才领域的特殊庄严场合发表如此强烈而公正的言论，无疑是一种充满活力和严肃的呼吁，这必然会给那些不负责任的人留下深刻印象，他们出于天真和笨拙的激情，不想承认我们文化活动的深远意义，拒绝承认使用日新月异的工具已对西班牙的精神生活产生如此的影响，且这种状况还将延续下去。我绝对相信，如果卡哈尔还活着，他也会说出同样的话。尽管还有种种不足，但幸运的是，我们那些顶尖的研究人员在被遗忘的孤独日子里怀揣的梦想，如今已经成为宏伟的现实，那就是国家研究委员会。我在此向我们的主虔诚祷告，愿战争远去，愿主以其洞察力和慷慨为我们赐福，让全体西班牙人寄希望于国家研究委员会，坚信其能够高效为我们的祖国服务，实现国家的真正复兴。

在此还要感谢您为何塞·玛丽亚·阿尔瓦雷达发声，他是我最忠诚和模范的合作者。他当之无愧于这些赞美之词。他的非凡智慧、他的虚怀若谷、他的伟大意志，以及他对工作孜孜不倦和自我牺牲的热情，他的一切都无私奉献给了西班牙文化。他的无比耐心和虔诚信仰，都毫无保留地投入到这一事业中，平等对待所有人，为大家提供服务。他满怀喜悦和激情地承担起这个重任。

对于以上种种，亲爱的马拉尼翁，我再次向你致谢。愿上帝一直保佑您，让您继续坚定引领这一无与伦比的伟大事业，在我看来，这将以独一无二的方式为文化和西班牙提供服务。

大　学

在内战结束后的几十年里，大学遭受了可怕的意识形态清洗，佛朗哥政权的数十年统治对大学的影响可能比任何其他科学教育机构要严重得多。在战后，曾是国内最知名、在一代又一代教授中备受推崇的马德里大学，水平倒退了几十年。在皮奥·萨瓦拉－莱拉（Pío Zabala y Lera）担任校长期间（1939—1951），随着大学管理法（1943）采用了莫亚诺法的严格指导方针，并将科学假设从属于神学，不断对人施加高压强权，无限制地掌控思想意识。许多推崇科学革新的教授遭遇流放、清算或失踪，代之以在意识形态上愚忠于当权者的人，其中不乏不思研究进取者。经济低迷和对课堂的意识形态控制标志着大学进入了严冬期，形势比困难时期更为严峻，而保持研究的连续性更是奢望。不过，马德里校区的恢复与发展被视为一个新国家诞生的象征，在这里，希望将人文古典主义融入极权主义的政治功能中，正如建在蒙克洛亚通往大学城和拉科鲁尼亚路的出口处的胜利门上铭刻的拉丁文所述。

1951 年，华金·鲁伊斯－希门尼斯接管了教育部，他一直在任到 1956 年，在此期间，长枪党人、内科医生和医学史学家佩德罗·莱因·恩特拉戈成为马德里大学校长，国内经历了一次意识形态开放和科学复苏思潮。在鲁伊斯－希门尼斯的任期内，人们开始讨论在大学中搞研究的重要性，这在进入佛朗哥时代后尚属首次，其间召开了首届西班牙大学代表大会，会上讨论了西班牙大学教授和大学生们较为关心的热点问题，同时也是欧洲各大学普遍面临的问题。此外，在教学团队遴选方面有明显的改进，特别是在医学领域，在教学现代化方面大有进展。换言之：大学教师岗位变得较有吸引力，一些实验室开始运转起来，这是 1962 年上任的国民教育大臣曼努埃尔·洛拉－塔马约所推崇的一种趋势。1968 年 6 月 6 日是一个具有特殊意义的重要时刻，这一天颁布了关于大学重组紧急措施的第 5/1968 号法令（1968 年 6 月 7 日的《政府官方公报》），这是 4 月 18 日刚刚上任教育大臣的何塞·路易斯·比利亚尔·帕拉西（他一直任职到 1973 年）促成的。该法令出台的原因是："我们的高等教育结构原先是根据一所大学设多个校区的原则建立的，已经无法满足大城市人口增长的需求，这给教学带来了困难，甚至挤占了教学中心的空间，由此引发了一系列严重后果"。为此，计划新建三所大学，一所是马德里（自治大学），"包括理学系、政治系、经贸系（经济学系）、法律系、哲学系、艺术系以及医学系"，另一所是巴塞罗那（自治大学），据说该大学"开设哪些院系"是由政府决定的，还有一所是毕尔巴鄂大学，"最开始只包括现有的政治系、经贸系（经济学系）以及医学系"。但有一点很重要，该法令第 3 条规定，"根据本法令新建的大学机构暂时按照单一章程执行，其中主要包括与大学的组织架构、教学制度以及经济－行政制度相关的内容。该章程应由政府根据教育和科学大臣的提议，在事先研究财政部就经济事项提出的报告以及政府认为必要的咨询意见或报告后予以批准"。这给了大学"自治"的可能。

比利亚尔·帕拉西签发的法律，通过改进教学和以各种途径促进研究，为从 19 世纪传承下来的大学的终结埋下了种子。这些新中心（马德里和巴塞罗那的"自治大学"）的名称表明，它们十分鲜活，有能力按照自己既定的方向走下去。事实上，新规定推动了大学内研究所的纷纷建立，如马德里大学的分子生物中心（1975），我在前文提到过，这是一个大学和国家研究委员会的联合中心。还可以聘请在国外工作的西班牙科学家，吸引他们进入大学。马德里自治大学的物理系就是一个范例，尽管遇到了重重困难，但最终还是做到了这一点。在尼古拉斯·卡夫雷拉的领导下，尽管有一些归国科学家由于向他们许诺的条件没有得到落实，很快又离开了西班牙，但这个机构仍能蓬勃发展，为将来的科学进步奠定了基础。

回归与大学的“自治”：尼古拉斯·卡夫雷拉与马德里自治大学

有必要进一步介绍一下比利亚尔·帕拉西和马德里自治大学等机构，因为它们代表了佛朗哥政权时期西班牙大学历史上的一个独特时刻。我不打算再拿分子生物学的例子来说，而是要举出另一个同样重要的例子，即布拉斯的儿子尼古拉斯·卡夫雷拉（1913—1989）在 1969 年回到西班牙，进入了马德里自治大学。这确实是一个非常典型的案例，因为它全方位展示了 20 世纪 60 年代末的西班牙大学环境，以及为改善办学环境所做的尝试；还有在国外（主要是在美国）发展事业的西班牙裔科学家的反应。

正如我们看到的，1968 年，即何塞·路易斯·比利亚尔·帕拉西出任教育大臣的这一年，在马德里、巴塞罗那和毕尔巴鄂建立“自治”大学的计划获得了批准。其目的除了想要缓解现有的课室拥挤状况外，还想尝试引入新的教师招聘机制，同时，还想让一些在国外工作的西班牙杰出科学家归国，如奥乔亚，当然还有格兰德·科维安（Grande Covián）、尼古拉斯·卡夫雷拉和何塞·曼努埃尔·罗德里格斯·德尔加多。国家研究委员会的研究人员也能进入大学工作（索尔斯本人也利用了这个机会，于 1975 年进入马德里自治大学医学系担任生物化学教授）。

我们在第 16 章已经提到过，尼古拉斯·卡夫雷拉曾在马德里学习物理，1935 年取得硕士文凭，并进入他父亲领导的国家物理化学研究所开始从事研究。关于内战前的那些年，他写道：[31]

> 1930—1936 年，对于一群年轻的西班牙科学家来说，这是一次非常激动人心的经历，他们看到了物理研究的前景。萨尔瓦多·贝拉约斯

（Salvador Velayos）是在那个时期完成博士论文的老资历之一（还有路易斯·布鲁等人），而我（与阿曼多·杜兰等人）已经取得硕士文凭，开始准备我们的博士论文。在贝拉约斯的指导下，我的目标是将贝拉约斯在其论文中发现的稀土化合物磁化率的精确测量扩展到液态氦温度。这些测量结果对于与范扶累克（J. H. van Vleck）教授当时的理论计算进行比较非常重要。然后，1936 年到来了，种种希望都破灭了。在那群年轻人中，有人留了下来，比如贝拉约斯，也有人离开了，比如我们。我时常会问自己，从理想的情况看，究竟什么样的态度才是正确的。从西班牙大学的角度来看，显然是贝拉约斯他们更有道理。要是能为今后的西班牙培养一批科学家，我们必须要努力试一试。而从另一个角度想，作为科学家，我们应该到条件更好的地方去，努力为科学进步做贡献，这也是事实。有时候这两个目标不可能同时兼顾，所以每个人应当根据具体情况承担起自己的责任。

尼古拉斯·卡夫雷拉随父亲离开西班牙，在巴黎定居。在法国首都，他进行了理论物理与光学研究，并于 1944 年获得博士学位，他的博士论文是数学方面的，题目为《具有有限距离边界的特征值问题：边界的扰动》。然而，他的博士论文标志着一个阶段的结束。从此，尼古拉斯·卡夫雷拉开始进入固态物理学领域，一个也被称为“凝聚态物质”的领域。他发表的第一篇文章《论光对铝氧化质量的影响》（卡夫雷拉，1945 年）就很好地证明了这一事实。在文中，年轻的卡夫雷拉从若干方面分析了内维尔·莫脱（Nevill Mott）提出的氧化学说，根据该学说，氧化是由自由电子从金属到氧化物导电带的通道控制的，然后它们扩散到表面锈蚀空气。尼古拉斯·卡夫雷拉（从理论上和实验上）研究了不同的机制（隧道效应、热效应和光电效应），通过这些机制，电子可以穿过将它们与氧化物导带分开的势垒。

卡夫雷拉对莫脱的工作很感兴趣，当时他已经是固态物理学的领军人物之一。1947 年他进入了布里斯托尔大学的 H. H. 威尔斯物理实验室，这在当时是世界上最好的固态物理学中心之一。实验室的责任人就是莫脱本人，他在 1933 年接替约翰·E. 伦纳德 – 琼斯（John E. Lennard-Jones）担任理论物理学教授。卡夫雷拉与莫脱在 1948 年共同发表了关于金属氧化理论的重要著作，但他在布里斯托尔逗留期间，乃至他整个科学生涯的最闪亮功绩，是他与 F. C. 弗兰克和 W. K. 伯顿合作进行的关于晶体表面原子结构问题和晶体生长过程的研究（Burton，Cabrera y Frank，1951）。1980 年，即该书出版 30 年后，《科学引文索引》显示，他的研究成果仍被一百多篇文章引用。

尼古拉斯·卡夫雷拉一直在布里斯托尔待到 1950 年，之后他回到了巴黎国际计量局的岗位上。两年后，他转到弗吉尼亚大学，先是担任物理学副教授（1952—1954），然后是教授，从 1962 年起兼任物理系主任。1974 年 5 月 14 日，虽然他离开那里去了马德里，系里还是承诺为他保留职位，然而，他最终还是毅然放弃了这一教授职位。

在弗吉尼亚大学工作期间，他收到消息，国内希望他加入马德里的新大学项目。[32] 1968 年 6 月 3 日，康普顿斯大学的有机化学教授恩里克·古铁雷斯·里奥斯给卡夫雷拉写了一封信，内容如下：

> 我亲爱的朋友、同事：
>
> 我非常清楚地记得，多年前我们俩就愉快地探讨过你可不可能加入我们大学一事。我极力想促成此事，但在行政上却遇到了麻烦，很难解决。现在情况有了大变化，因为第二所大学在马德里落成，十月份就能开学了，那里的教授可以由学校直接任命。两天前，我与现任教育和科学大臣比利亚尔·帕拉西教授谈起了请你到新大学任教的想法，他特意委托我代表他写信给你，建议你加入这所新大学。

古铁雷斯·里奥斯补充说，卡夫雷拉的职位将“像目前西班牙的教授职位一样”，但工资有待商定，并询问他是否能“在 10 月初上岗，如果不能，那什么时间合适”。最后，他指出，“正如我那次告诉你的一样，尽管大学对理论物理学也有兴趣，但对你在固态物理学方面的研究工作更为看重”。

6 月 11 日，卡夫雷拉迅速用英文回信答复。不出所料，他不可能在 10 月份上岗，因为他下一个学年的工作已有安排；事实上，他即将启程前往墨西哥，在那里担任国立理工学院1968—1969学年的物理学教授，同时还是教科文组织的专家。关于工资问题，他只说当时他在弗吉尼亚的工资是每月2000美元，但考虑到美国和西班牙之间生活水平的差异，他认为自己可以接受“较大幅度的减少”。在讲明这些问题后，卡夫雷拉很快表示，他对前往马德里的可能性很感兴趣，非常希望得到关于信中提到的第二所大学的进一步信息，“我发自内心地相信，不管是西班牙国内还是国外，都能召集到一大批基础的科学家和人文学家，在马德里办起一所国际一流大学”。他还谦虚地补充说：“当然，我还很怀疑我是不是能列到这个名单里。不过，这也不是我能决定的。”

古铁雷斯·里奥斯将卡夫雷拉的答复转达给了比利亚尔·帕拉西，后者于6月26日写信给这位化学家，表明了他的态度。首先，他提到了经济方面的问题，表示他愿意想办法将45000比塞塔的教授工资提高一下（例如，到国家研究委员会联系一些项目的可能性）。但在大臣的信中，有一段内容非常有意思：

> 虽然十月份不行，但卡夫雷拉在信的第三段谈到了杰出的科学家和人文学家，我对此极感兴趣，因为这正是我所希冀的待开办的新大学应有的精神，至少在头几年如此，直到让教授们形成某种精神，一种更符合他们在外面所理解的奉献精神，与我们在这里所理解的奉献精神大不相同。建议继续与卡夫雷拉保持联系，告诉你他能不能来，尤其是这样的工资标准对他来说够不够。恕我直言，在这种特殊情况下，可以考虑发放住房补贴来解决住房问题。

9月11日，教育部技术秘书长里卡多·迭斯·霍赫莱特纳（Ricardo Díez Hochleitner）邀请卡夫雷拉参加当月23—27日在马德里举行的会议，“目的是分析根据6月6日法令创建的新大学组织的一般性问题，特别关注与医学系有关的问题”。似乎可以肯定的是，卡夫雷拉并没有参加这次会议。参会人士有弗朗西斯科·格兰德·科维安（当时在明尼苏达大学生理卫生实验室）和卡夫雷拉的老朋友塞韦罗·奥乔亚（纽约大学生物化学系）。在接下来的几个月里，卡夫雷拉正是向这些人和其他熟人寻求建议和信息。详细说明这一点很有趣，也很能说明问题。

11 月 18 日，奥乔亚（用英语）回复了卡夫雷拉 11 月 9 日的来信。奥乔亚表示，他参加了马德里会议，会议主旨是对各委员会关于医学系、理学系、政治系和经济系的提案进行分析，还提到了格兰德·科维安，说他“费心起草了关于医学教学的报告，事实上，他在马德里待了很长时间”，之后，奥乔亚指出：

> 我目前还没有一个确切的看法。我认为，他们怀着一种美好的希望，那就是做一些从长远来看能够改善西班牙的大学状况的事情，他们很有可能会听取像格兰德、你或我这样的人的建议，想知道我们认为应该怎么做。然而，很明显，目前他们急于解决的是学生方面的问题，很多人认为首先要缓解教室的拥挤问题。我的观点是，无论眼下的目标是什么，任何想改进西班牙大学的尝试都值得支持。在我看来，这需要相当长的时间，第一步必须要建立起科研和学术团队，目前这方面的人才基本都流失了。他们似乎对设法召回一部分现在还在国外的人才来快速上手一事寄予厚望。在我看来，这只能非常片面地解决一部分问题。
>
> 我想我可以用一句话来总结我的看法，那就是有些事情肯定在运作了，如果不遗忘初心且不出现错误，那肯定会有结果。我认为只要有希望，就应该继续帮助他们。

在马德里，康普顿斯大学电学和磁学教授萨尔瓦多·贝拉约斯希望卡夫雷拉能决定前来，并告诉他 9 月份的会议有路易斯·布鲁和赫苏斯·桑乔·罗夫（Jesús Sancho Rof）参加。布鲁向他解释说，虽然他参加了会议，但会上给出的规则非常笼统，“与医学系提出的规则非常类似”。他补充说：“一切都进展得非常缓慢。第一门课程已经开始运作，涉及田园之家博览会的国家工业研究所展馆的‘娃娃屋’计划。显然，那里绝对不能再建任何东西，而且（教育部）还没有决定新大学的位置具体设在哪里［布鲁说，该大学以‘索拉亚’（Soraya）为名，‘因为它年轻、富有且独立’]。”

5个月后，情况仍然不明朗。康普顿斯大学工业化学、经济和项目教授安赫尔·比安·奥图尼奥（Ángel Vian Ortuño，布鲁曾建议卡夫雷拉与他联系）于1969年3月24日写信给他说：“时间在流逝，大臣和他的直接合作者依然心怀希望，持支持态度；但事实是，我们马德里自治大学的情况并不理想。它给人的印象是，我们的政府太古板了，连一点点的自治都接受不了。”[33]

在西班牙之外，那些在卡夫雷拉之前参与该项目的人也对这种情况持谨慎态度。因此，6月14日，格兰德·科维安就卡夫雷拉去信向他询问消息一事做出如下答复：

> 我对事态发展的感觉是，已经有一些进展，但进展不大。这不出我所料，因为尽管我毫不怀疑部委的初衷是好的，我们一些同事也很感兴趣，但我非常怀疑他们是否能够克服期间面临的种种困难。在我看来，最严重的两个问题是大学机关的惰性和我们许多同事的反应，虽然他们不这么说，但他们安于现状。
>
> 我想过这个问题，也想过我个人可以提供怎样的帮助。我得出的结论是，我留在这里提供的帮助可能要比此时搬到西班牙更有效。尽管他们很想我回去，但我认为那里的工作设施短时间内不可能达到我的要求，这样浪费的时间要比我预期的多。此外，我非常担心，一旦到了那里，我可能要把大部分时间花在对抗可能遇到的反对的呼声上。我想，你们物理圈子里的人比较文明，也许你在这方面遇到的困难要少一些；但对于我来说，反对的声音会非常大。我们10月份在马德里时，有人在系里开会时表示，不能容忍由“拿着美国护照的叛逃者”来说必须做些什么来改善医学教学。当然，这指的是塞韦罗和我。因此，在我看来，你的决定要部分取决于你准备在多大程度上花时间解决这类问题。因此，我个人的立场是观望事态发展。我打算继续提供力所能及的帮助，并同意短期过去讲几节课等，但我不会承诺要长期留在西班牙。[34]

此外，当然还有流亡者们无法忘却的政治问题。格兰德·科维安在这一点上说得很清楚：

> 每个人，尤其是官方圈子里的人（显然是弗朗西斯科·佛朗哥），似乎都认为，在我的名字被抹去的那一天不会发生什么不愉快的事情。希望如此，但我觉得会出现不稳定的局面，这是不可避免的，可能会持续几年，这不是一个发展新大学的恰当环境。当然，也可以用这个理由来表示现在迫切需要扭转局面，在政局变动前让新的大学发展起来。到底如何做决定，要取决于对这两个过程的评估，看相对来说哪个更快。鉴于新大学的发展速度缓慢，在我看来，在政局变动前它不可能达到成熟。

奥乔亚也看不清局势，他于 9 月 2 日回复了卡夫雷拉 8 月 3 日的信，称如果“能够找到一个稳定和安全的解决方案，可以按时支付教职员工的工资，并满足教学和研究方面的费用，我相信你回去对西班牙新建大学助益良多”。奥乔亚认为有必要建立研究生院来培养学术精英。“我的生物化学界的同事们（索尔斯、洛萨达、罗德里格斯·比利亚努埃瓦等人）”，他指出，“正在努力创建一所国际分子生物学研究生院，我会与这个机构密切联系（甚至从这里也可以）。然而，这一举措要想成功，需要在物理学、化学和物理化学领域有类似的组织，这些还只是现代生物学所仰仗的基本科学”。

奥乔亚在西班牙度过了夏天，并借此机会了解了刚刚起步的马德里自治大学的进展情况。虽然他认为建造学校硬件设施的资金很充裕，但他不了解后续如何维系。“我必须承认”，他说，“我回来后没有刚来的时候那么乐观了”。至于搬到马德里的问题，他对当时卡夫雷拉在脑海中已经成型的想法没有意见：原则上接受西班牙的招揽，但要限定时间，“我觉得你可以（留住）你在这里（即在弗吉尼亚）的职位，请假过去。如今，我不会建议任何人孤注一掷地走这条路。要是能满足这些条件，我认为你可以尝试这样做，我甚至希望你能做这个尝试，因为‘吹响口哨’对西班牙意义重大”。简而言之，尼古拉斯·卡夫雷拉是一只很好的小白鼠，可以做其他人似乎不愿意做的事。奥乔亚对如何做贡献有不少疑问：

> 我不清楚要做什么、怎么做，才能为计划的成功和稳定出一份力。我一直都在积极建言献策，目前我可能就只限于提供一些非官方的一般性建议。然而，我不太确定的是，高层对我的建议是不是左耳进右耳出。我认为他们对我的名气更感兴趣，因为可以借此来进行宣传，而不是我能够真正做出什么贡献。我想告诉你，将我写入基金会或宣传委员会的名单并不能保证安全和成功。如果我不能说服自己我的参与不是无用功，我自己会非常犹豫要不要正式接受（招募）。如你所见，我变得悲观了。

但那时卡夫雷拉似乎已经决定要“冒险”了。他约见了自治大学校长路易斯·桑切斯·阿赫斯塔（Luis Sánchez Agesta）和理学系主任、化学家赫苏斯·桑乔（赫苏斯·桑乔·罗夫的父亲），在5月底或6月初，他有了新的动作。其中一个举措就是与康普顿斯大学的理论物理学教授阿尔韦托·加林多（Alberto Galindo）接触（可能就是在这几个月，留存下来的草稿上没有标注日期）。卡夫雷拉解释说，弗吉尼亚大学给了他一到两年的假期。“在这种情况下，我倾向于接受招揽；我将在9月（可能是10—18日）去马德里考察后最终做决定”。

新学年（1969—1970）伊始，卡夫雷拉被自治大学聘任为教授，同时兼任物理系主任。他认为加林多的合作“绝对必要”，为了鼓励他，他把项目进行了说明：

> 我的打算是，针对这个在1970年10月投入运作的科系，我们可以先建立一个核心团队，那时研究计划也都会启动。正如我告诉你的那样，我目前得到的消息是，科系人员配置是5名正教授和3名副教授（8个长期职位）；16名合作者（助理教授）和30名助理（研究生助教）。我的打算是，在开始的核心团队里，粒子和核电方向设3个岗位，固态和低温方向设5个。

卡夫雷拉的想法是，加林多负责第一个团队，他自己负责第二个，并由费德里科·加西亚·莫利内尔（Federico García Moliner）协助他。

他还联系了当时在布朗大学物理系的曼努埃尔·卡多纳（Manuel Cardona）。[35]卡夫雷拉的信的草稿被保留了下来，他在信中向这位出生于加泰罗尼亚的物理学家非常简要地解释说，在过去的 9 个月中，他一直在与西班牙当局接触，“他们正试图在马德里和其他地方筹办自治大学”。然后他问卡多纳是否愿意参与物理科系（或研究所）的工作；“这包括”，他补充说，“立即参与到甄选适合这个研究所的教学人员，众所周知，这对研究所今后的成功是最紧迫和最重要的”。

当时卡多纳正打算凭古根海姆奖学金去德国汉堡的德国电子同步加速器研究所待一年，他回信说：“回西班牙长久扎根对于我来说可能性非常小，当然也并非没有。”不过，他还是给予了配合，此外还推荐了几个人选：

> 巴黎亨利－庞加莱研究所的路易·贝尔（Luis Bel），专长是广义相对论，他在该领域声名赫赫，大约发表过 30 篇文。他发明了一种张量，并以他的名字命名。
>
> 马德里罗卡索拉诺研究所的费德里科·加西亚·莫利内尔，专长是固态理论。我想你一定认识他，他与贝尔的资历相近。
>
> 卡洛斯·德拉斐尔（Carlos de Rafael），直到今年夏天，他还在欧洲核子研究中心工作。他专攻基本粒子理论。资历比前两位略“浅”。
>
> 费尔南多·阿古略（Fernando Agulló），供职于马德里的核能委员会，其成果为固态实验器：色心的光学特性。他的资历跟拉斐尔相似。他非常聪明，很有前途。
>
> 何塞·卡内萨（José Canesa），在位于加利福尼亚州帕洛阿尔托的 IBM。他的资历跟拉斐尔相似，但稍微年长。他的专长为计算物理学和计算机的使用，还有非线性微分方程。大概发了 15—20 篇论文。反应堆理论。

马德里自治大学坎托布兰科校区于 1971 年 10 月正式启用，尼古拉斯·卡夫雷拉担任物理系主任。在之前的文件中提到的一些人，如贝尔、加西亚·莫利内尔、阿古略等都加入了进来，当然还有其他没提到过的人，还有一些人没有加入，如加林多、卡多纳、德拉斐尔、卡内萨。一些“创始人”，如贝尔和核物理学家奥里奥尔·博伊加斯（Oriol Bohigas）在几年后离开了，回到了他们原先的研究单位。回想起来，1971 年，民主过渡近在眼前，而从很多角度来看，又很遥远。而比利亚尔·帕拉西的继任者并不是完全能够或者愿意履行其前任的承诺。事实上，大学的自主权最终被稀释了。但即便如此，种子已经播下了，尼古拉斯·卡夫雷拉组建的团队（一直持续到他在西班牙首都去世）已经收获了累累硕果并实现了多元化发展。感谢有他，马德里自治大学的物理系在这位“流亡科学家之子”的参与下得到了更好的发展。

第 18 章

佛朗哥时期西班牙的科学、技术和政治：航空与核能

科学，确实能建造，但却不能营造一处家园

它已经建造了一座生产善与恶的工厂。

家园想要拥有根系和树冠，建成后，便能从土壤中移出，升入天际。

用钢筋水泥建不成扎根于天国的一处家园。

米格尔·德·乌纳穆诺

《第 45 首诗歌》(*Cancionero 45*)

截至目前，对于由大元帅弗朗西斯科·佛朗哥指挥的军队取得胜利之后的西班牙科学史，我的研究主要集中于西班牙国家研究委员会，这个机构隶属于国民教育部，并延续了扩展科学教育与研究委员会的一贯传统。此外我也对当时大学中的科学状况作了简短的探讨。但这一时期的西班牙科学并不仅限于这两处场景。它还在其他地方有所发展，主要是在技术部门：国家航空技术研究所，后来改为国家航空航天技术研究所，以及核能委员会，这两个机构分别隶属于空军部和工业部。本章我将结合它们产生和发展的背景，着重讲述这两个机构。这样，不仅能为 1939 年以

后的西班牙科学展现一个更为全面的看法，我还能放下西班牙科学史通常遵循的那个狭窄的惯用框架——也就是忽视了复杂的科学世界的基本方面，而这个科学世界被各种技术研究和发展深入影响了。此外，读者在下文中也会发现，这两个机构与西班牙加入的两个欧洲组织（现在西班牙仍然是其成员）关系密切：欧洲航天研究组织［ESRO，即现在的欧洲航天局（ESA）］和欧洲核子研究中心（CERN[①]）。

此外还要说明的是，本章所要介绍的事件和进展不仅仅是西班牙科学和技术史的一部分，也是西班牙政治史上浓墨重彩的一笔。

西班牙的孤立

尽管西班牙官方在第二次世界大战期间保持中立和“不交战”的立场，但事实上，西班牙在思想上是与希特勒的德国明确站在一边的（甚至在军事上也是如此，例如在俄罗斯前线的由 18000 人组成的“蓝色师”），这导致西班牙在同盟国获得胜利后遭到了政治孤立。

“二战”即将结束时，1945 年 3 月 10 日，罗斯福总统致信新任驻马德里大使，内容如下（1945 年 9 月 27 日）：

> 在法西斯意大利和纳粹德国的帮助下，并按照极权主义路线建立起来的当前西班牙政权，自然受到许多美国公民的不信任，因为他们发现，很难找到我国继续与这样的政权保持关系的理由。毋庸置疑，我们没有忘记西班牙的官方立场。我们当然不会忘记西班牙在战事对我方不利的时期面对敌方轴心国的官方态度，我们也不会忽视长枪党在过去和现在的公开活动、目的、组织及表现。
>
> 这些行为并不能因那些对于我们有利的行为而被抹去。现在我们即将实现我们的目标，全面战胜敌人，然而通过公开表现和行为可以看出，西

① 缩略词“CERN”字面翻译为欧洲核子研究组织，但国际核物理界普遍使用的名称是欧洲核子研究中心。——译者注

班牙的当前政权曾经与我们的敌人在精神上是一致的。

对于我们的政府与西班牙当前政权保持正式外交关系这一事实，任何人都不能将其理解为我们认可这个政权及其唯一政党——长枪党，该党派已公开对美国采取敌视态度，并试图将这个法西斯政党的思想在西半球广为传播。我们对德国的胜利必将使纳粹思想以及类似的意识形态全部消亡。

事实上，同盟国的胜利加剧了西班牙的孤立。

1945 年 6 月，决定成立联合国的国际会议在旧金山召开，会议一致通过了墨西哥代表团的提议："如果某些国家的政权是在曾经与联合国成员交战的国家的军事力量帮助下建立的，只要这种政权仍然掌权，就不允许其加入联合国。"很明显，这一决议是针对西班牙的，虽然其字面上没有提任何国家的名字。

一个月后，在波茨坦会议上，杜鲁门、斯大林和艾德礼共同对西班牙予以谴责，并且重申：不可能接受其进入联合国。这一次明确提及了西班牙："三国政府意见一致，明确表示，他们不会支持由西班牙现政府提出的加入联合国申请，因为该政府是在轴心国军事力量的支持下建立的，鉴于其起源、行动及其与侵略国的密切联系，该政府不具备加入联合国的必要资格。"

最后，1946 年 12 月，联合国大会通过了一项决议，阻止佛朗哥政府加入联合国的各个专门机构，并建议所有成员国立即从马德里撤回大使和全权公使。这项决议标志着第二次世界大战后西班牙受孤立的最高点，而这一切就发生在航空研究所开始运转的那几年。

国家航空技术研究所的成立

与西班牙其他的科学或技术门类不同，航空学在 1939 年可说是拥有一段光辉的历史；有许多人物的名字可以证明这一点，例如：埃米利奥·埃雷拉、莱昂纳多·托雷斯·克韦多和胡安·德拉谢尔瓦；还有一些航空公司的名字也可作证，例如：西班牙航空公司、西班牙航空制造公司、洛林公司、埃利萨尔德公司或航空工业公司。正是在这样的背景下，国家航空技术研究所（简称 INTA）才得以于 1942 年成立。[1]

内战结束后，一群曾在航空技术高等学院（建立于 1928 年 9 月，由埃米利奥·埃雷拉担任院长）接受教育的军事工程师，包括费利佩·拉菲塔·巴维奥（Felipe Lafita Babio）、何塞·路易斯·塞尔韦特·洛佩斯－阿尔塔米拉诺（José Luis Servert López-Altamirano）、路易斯·阿里亚斯·马丁内斯和佩德罗·瓦尔特－门迪科亚（Pedro Huarte-Mendicoa），他们倡导有必要在西班牙建立一个致力于航空研究的机构。归根结底，战争凸显了从很久以前便开始日渐明显的一件事：航空在军事上的重要性。

鉴于航空研究的特殊性（周期长，成本高），人们自然而然认为应该由国家来负责维持一个专业的研究所，就像其他国家的做法一样。例如，美国的国家航空咨询委员会，成立于 1915 年，并于 1958 年改为国家航空航天局（NASA）；还有德国航空研究所、英国的航空研究委员会或者法国的航空技术局。但与此同时，空军方面有人持怀疑态度，认为建立一个旨在进行航空研究和开发的机构不一定能加强军队建设，因为其主要价值基本上在于技术方面的知识。像时任空军部大臣的胡安·比贡将军这样富有名望的人支持建立研究所的想法，是国家航空技术研究所得以成立的一个重要因素。根据签署于 1942 年 5 月 7 日并公布于当月 21 日《政府官方公报》上的一道敕令，国家航空技术研究所正式成立。

胡安·比贡·苏埃罗－迪亚斯（Juan Vigón Suero-Díaz，1880—1955），1900 年以当届第一名的身份毕业于瓜达拉哈拉工程学院，后来又成了该校教师。曾担任阿方索十三世的副官两年，1931 年退役，1936 年 3 月抵达布宜诺斯艾利斯，7 月返回西班牙，加入莫拉将军（Mola）的队伍。内战期间担任北方军的参谋长，1940 年被提升为少将（后来又升为中将），同年被任命为空军部大臣。他发表过为数不多的几篇论文，内容是关于军事事务上的一些科学要素，因此，1940 年他被选为皇家科学院的成员，显然他的入选不是出于严格意义上的科学原因，更多的是出于他的声望（事实上，他从未发表过按惯例必须进行的入职演说，他 1947 年申请离职，并保留补缺的权利）。1950 年，国家航空技术研究所理事会首任主席埃斯特万·特拉达斯去世后，比贡接替了他的职位。事实上，1945 年 11 月，他离开空军部后［由爱德华多·冈萨雷斯·加利亚萨将军（Eduardo González Gallarza 接替）］，就已经成为该理事会的成员了。他还参与了核能委员会的建立工作，并担任该机构的首任主席，关于这个机构我将在本章下文中讲述。

在胡安·比贡的各种善行中，毫无疑问包含了这一项：他承认，如果说一个现代化的国家需要有识之士——这也是显而易见的道理，那么西班牙新政府必须力求重新启用科学和技术领域内两位最为耀眼的知识分子：一位是特拉达斯，上文中已提到，他担任了国家航空技术研究所理事会主席，另一位就是胡利奥·雷伊·帕斯托尔。因此，胡安·比贡利用自己的影响力，使这两位在战后都回到了相应的教授岗位上（Rocai i Roselly y Sándchez Ron，1990）。

在西班牙被孤立于几乎所有工业国家之外的环境下，对建立国家航空技术研究所这一决定造成影响的一个因素是，急需航空物资（当然包括飞机）。内战结束后，空军部发现航空物资急需维修和更换，而在当时的形势下，向国外购买航空物资这条途径有着几乎难以逾越的障碍，因为那些潜在供应国都陷入了第二次世界大战之中。在这样的背景下，武装冲突一结束，就制定了一系列雄心勃勃的武装部队现代化和加强装备计划；具体到海军和空军的武装部队，其计划的名称为“亚圭计划”。该计划内容包括维修 800 台现役设备，五年内新建 32200 台设备，并且实现原材料和航空技术的国有化。然而，不到一年后，也就是 1940 年，国家经历的种种困难使得该项目被大大削减，新建飞机数量被限制在 1500 架。

不管最终的削减情况如何，有一点是很明确的：像这样的计划，除了对既有民航机群和军用机群的需求之外，更加需要配备认证服务（无论是飞机制造国还是购买国都需要这种服务，因为根据别国认证标准来购买设备是非常危险的）。国家航空技术研究所必须承担国家航空认证机构的职能。

还需要考虑的一点是，空运开始出现显著增长：例如，1944 年头 10 个月，战后出现的新公司伊比利亚航空运送的付费乘客为 28357 人次。而国家航空技术研究所需要完成的其中一项任务就是对商用飞机的燃油进行统计核查，从而了解发动机的状态。

批准建立国家航空技术研究所的法令（签署于1942年5月7日，公布于当月21日的《政府官方公报》）的序言对建立该机构的目的（其中包含的思想意识十分突出，但鉴于西班牙航空业的先前历史，这些思想意识又是不合理的）解释得相当清楚：

> 在对我国机群进行重组的过程中，我们对航空工业的发展和推进给予了优先的关注，为此我们需要汇集其他国家的技术经验，因为我国在此方面没有现代化的精良技术，在此之前也不可能拥有，几乎都不曾起步，因为政治上的不安定限制了它的发展。从某种程度上而言，这一工作方法并不令人满意，这一代人必须要超越它，这已不仅仅是源于技术独立的迫切需求，还源于一种崇高的渴望，即希望西班牙精神在航空问题的解决过程中不会缺席，其他国家都已将最强的智慧力量投入其中。

为了达到预期目的，必须建立一个“国家机构，用以推动航空学的学习和研究，营造有利于发明创造的科学环境，并通过试验对比，优质有效地完成所有新的理论构想”。为了上述目的，规定了以下内容：

> 第一条　在空军部设立国家航空技术研究所，作为自治机构，但直接从属于空军部大臣。
>
> 第二条　研究所的具体工作包括以下各方面的调查和研究：
>
> a）与飞机飞行相关的流体力学；与整流罩、机翼及螺旋桨相关的结构问题和空气动力学问题；设计方案的验证；静态测试、动态测试以及原型机试飞测试。
>
> b）与飞机发动机相关的热力学和力学问题；发动机及其点火装置、供电装置等设计方案和样品的验证。
>
> c）用于飞机制造的金属材料、木料、合成产品、黏合物质以及防护物质。燃料和润滑油。武器、弹药和爆炸物。光学、摄影和摄影测绘设备。

导航仪器。电力设备。无线电和角度测定设备。高空气象学和气象学设备。

d）航空业发展过程中可能出现的任何科学或技术问题。

第三条、研究所的常规职能是：为航空管理部门和服务部门提供技术咨询，为航空工业及其生产的逐步国有化和标准化提供技术咨询。

航空航海工程师费利佩·拉菲塔·巴维奥上校（1902—1987）被任命为国家航空技术研究所的所长，他的职业生涯是从 1932 年开始的，最初担任加的斯军用航空督查员。他在加的斯工作期间，内战爆发了。内战中，他担任国民空军技术服务部门的负责人。内战结束后，他被任命为航空技术高等学院院长兼应用空气动力学教授，他在那里一直工作到学院更名为军事航空工程师学院。拉菲塔有一个特点，那就是他在航空科学和技术的领域内游刃有余；事实上，1963 年他被选为皇家精确、物理和自然科学院的成员，他的入职演讲主题为《工程学中的机械振动问题》。这是当时西班牙科学与航空学之间存在联系的又一示例［与其他国家的情况一样，例如路德维希·普朗特（Ludwig Prandtl）和西奥多·冯·卡门（Theodore von Kármán）］。

特拉达斯，国家航空技术研究所的“外交大使”

埃斯特万·特拉达斯是一位多才多艺的工程师和科学家，已在前面多个章节中出现。他从阿根廷流亡返回西班牙后，担任国家航空技术研究所理事会主席，在研究所的发展上扮演了重要的角色。研究所成立之时，第二次世界大战仍在进行中，研究所面临的种种问题也反映了当时西班牙所处的政治环境。各种各样的困难都有，例如，配给研究所的汽油份额不足：1944 年，预估每月运输需要大约 35000 千克，而实际配给只有 10000 千克（光是人员交通就需要用掉这个数量的一半了）。在托雷洪施工的一些校园工程被耽误，因为原定截至 1944 年 6 月每月供给 160 吨铁，但只收到了 140 吨。另一方面，专门材料需要从国外购买，但至少从 1944 年 9 月起，向德国汉堡的奥托·迈尔公司进行的一次非常重要的发动机部门材料采购（250

吨），就很明显已经困难重重了。在 1944 年 12 月 19 日的理事会全体会议上，奥尔蒂斯·埃查圭（Ortiz Echagüe）针对向该公司购买的发动机试验台状况提出了询问，因为这批试验台之前已被运至瑞士，准备转运至马德里[2]。作为答复，拉菲塔表示："面对世界大战导致的各种严重困难，我们已经尽了最大的努力，例如在样品政策上。"但他作为国家航空技术研究所的所长又不得不承认："寻找其他的供货来源，不是一蹴而就的事情，它意味着完全改变方向，这绝不是一个简单的问题，这一改变可能还取决于国家的最高政策。"拉菲塔知道希特勒的德国已经到了最后的时刻了，这将改变研究所的某些方向，因为截至当时，可以使用的相当一部分航空材料都来自德国。

在政治上接近希特勒的德国意味着西班牙会受到孤立（德国战败后依然如此），对于一个致力于航空学的机构而言，这一问题尤为严重，因为航空学在当时是发展得最好最快的技术领域之一。在国际政治环境改变之前，特拉达斯就试图克服种种障碍，让西班牙的航空工程师能够进入国外的专业机构，尤其是美国的机构。为此，他在 1944—1945 年出访美国。

1944 年 10 月 21 日，特拉达斯与空军部和外交部的几位局长一起离开马德里，前往芝加哥参加即将在那里召开的国际民用航空会议（11 月 1 日至 12 月 7 日）。政府任命特拉达斯担任代表团的团长，准备在会上讨论开通国际航线的问题[3]。然而，特拉达斯的计划不仅限于这一点，在各项计划之外，他还试图处理与国家航空技术研究所相关的事务，例如，对于是否可在美国采购研究所可能感兴趣的材料和设备进行调查；为了让研究所的人员能够到美国进行深造，尝试与有关方面订立协议，为此他接触联系了大量与美国航空业相关的机构和人员。麻省理工学院的航空发动机教授爱德华·S. 泰勒（Edward S. Taylor）就是此方面的一个例子，1945 年 2 月 14 日，特拉达斯给他写了如下信件[4]：

尊敬的先生：

我是西班牙马德里国家航空技术研究所理事会主席，特向您致信。本研究所与美国的国家航空咨询委员会在某种程度上是相似的机构。

我们正在建设一批实验室，用于测试材料、结构、飞机、发动机和信号。关于我们的目标，我向您举例说明：在发动机测试方面，我们将建成 4 条 U 形风洞，用于静止水平下 4000 HP 以内的试验，还要建一座发动机专用实验室，并配备能满足 50000 英尺高度和同等效力下的空气属性的空调。我们的实验室十分类似于布朗·博韦里（Brown Boveri）最近在瑞士建造的那个实验室，它已被改造成能够适用于各种类型的机械、泵、风扇、制冷机、制动器和测量仪器。我们不仅希望能够测试我们自己国家的飞机和发动机，也希望能在共同研究领域作出贡献和提供合作。

我们认为，美国现有的各个实验室是配备最为精良的实验室，而且我们相信，有了精良的配备，贵国的工程师和科学家将有力地推动研究工作。因此，我们认为，在这些崭新的发现创造之路上进行合作的最佳方式是，让我们的 3 名人员在这里的实验室工作，然后再到西班牙新建的各个实验室继续开展工作。我们希望，作为起点，让 3 名理论热力学和力学专业（振动、波在高温气体中的传播、连锁反应等）的西班牙工程师在专门研究发动机的不同实验室（以研究工作见长）工作 2—3 年。如果战争结束后，贵方能够同意这一合作，我方人员十分愿意结交美国最优秀、最训练有素的工程师，并应用他们的知识。

尽管特拉达斯作出了种种努力（8 个月后他返回西班牙，即 1945 年 7 月他回到马德里，据他计算，他已经总计走过 5924 千米，其中陆上 14894 里，还要加上海上 13894 里），但这些接触并没有取得太大成功。事实上，西班牙的国际环境并没有改善，以下情况就是证明：1947 年 5 月，特拉达斯前往蒙特利尔参加联合国下属的国际民用航空临时组织（OPACI）召开的会议。在那次会议上，根据联合国的基本准则，西班牙被驱逐出 OPACI。这一决议深深地影响了特拉达斯，他返回马德里后，于 8 月 4 日给雷伊·帕斯托尔写了一封信，从他在该信中所做的一些评论可以看出这一影响[5]：

> 我去了蒙特利尔，在那里经历了我一生中最为痛苦的时刻之一；面对国际环境的巨大敌意，我还是努力使我国处于尽可能有利的位置。国家没有表示最起码的谢意，甚至对该事故置之不理，也没有任何人向我问起什么。我在另外的信封里给您寄了我为西班牙所做的辩护词，虽然我所做的努力只换来了冷眼旁观，但这已经不值一提了。在琐碎纷杂的各种乌托邦式普遍思想中，我越来越相信，我无法对政治感兴趣；但看到那些持胜利观点的优秀的野心家，我又感到越来越沮丧和惊奇。当然这还不是全部。有人谈论自由，有人不割舍所剩无几的自由便无法生活；所有国家都存在“强制性”服务；虚假宣传之后的“强制性”战争，人们不懂得对于个人意识或意志所产生的行为而言，自由这一概念可以意味着什么。自然科学的进步只是弥补了受伤的心灵。

特拉达斯没有气馁，转而采取另一种途径：邀请外国专家。在 1946 年 10 月 8 日召开的国家航空技术研究所理事会全体会议上，他对该想法作了阐述。作为当天的其中一项议题，他事先已提出了“设立境外联系人”的建议，对此他说道：“境外联系人可以协助我们完成获取技术信息的工作，并为我们派遣人员到境外工业部门或类似机构开展实践提供有效的帮助。参照其他国家采用的相同模式，我们也可以定期邀请他们与我方会面，并通过他们的活动或渠道，组织世界航空技术方面杰出人物的系列讲座。”特别是从 1948 年起，各国科学家陆续到访国家航空技术研究所。得益于研究所发出的邀请（通常由特拉达斯出面），当时在马德里可以听到以下科学家的讲座：路易吉·布罗利奥（Luigi Broglio），他是罗马大学航空建筑学的教授，也是圭多尼亚各航空实验室的研究员，发表过多部关于结构理论的重要著作，尤其是应用于飞机结构的理论（布罗利奥于 1948 年上半年在马德里驻留了两个月，为国家航空技术研究所提供了空气动力风洞六组件的比较图纸，并开展了关于“结构计算”的系列讲座）；格林尼治皇家海军学院教授路易斯·米尔恩 - 汤姆森（Louis Milne-Thomson）；英国克兰菲尔德航空学院高等航空学院航空系主任兼空气动力学教授 W. J. 邓肯（W. J. Duncan）；法国科学院院长、数学家加斯顿·朱利亚（Gaston

Julia）；法国国家航空航天研究院院长莫里斯·鲁瓦（Maurice Roy）；等等。

这是一个相当了不起的名单，尤其是考虑到形成这一名单的时间，那是国际孤立和独裁统治的年代。但这一名单上还缺少了一个名字，而且是最为重要的那个名字，对西班牙航空学帮助最大的那个：西奥多·冯·卡门（1881—1963）。

冯·卡门是匈牙利人，由于才华出众，1913 年他成了亚琛工业大学气动力研究所所长；然后，1930 年，在物理学家罗伯特·密立根（Robert Millikan）的邀请下，他负责指导加州理工学院古根海姆气动力实验室的工作，在此工作期间，他成了美国这一领域内的最高权威。鉴于航空在第二次世界大战期间获得的重要地位，冯·卡门在第二次世界大战结束后成了一个在美国政界和军界非常有影响力、并且拥有强大人脉关系的人物，也就不足为奇了。特拉达斯绝不会忽视这一情况，1947 年夏天，他开始与冯·卡门建立联系。一年后，1948 年 6 月 11 日，特拉达斯致信冯·卡门，邀请他来作系列讲座，讲座主题可以是“那些已经印上您的才华印记的、您所熟悉的主题”。但他接下去又表示，如果冯·卡门能选择“与空气动力学相关的主题”，他将会感激不尽。冯·卡门接受了他的提议，并于 1948 年 10 月到访马德里，在西班牙国家研究委员会物理研究所的礼堂开展了 4 节课的系列讲座，内容是关于“高速和湍流下的空气动力学”。从那时起，冯·卡门便成了西班牙的常客，每年都要到访。如果没有他的帮助，国家航空技术研究所的历史、西班牙航空学的历史，以及与西班牙航空学相关的各分支学科（例如理论力学和应用力学、流体物理学或燃烧理论）的历史，都将会大大不同，而且会弱势许多。

国家航空技术研究所在战后西班牙的重要地位

西班牙深陷政治孤立，导致了工业技术领域的各种严重后果，因而国家航空技术研究所的工作也超越了航空界的范畴，需要完成原则上不属于其职责的一些目标。因此，当我们对研究所在其最初几年中实际完成的那些任务进行考量时，我们会发现，它通常是作为一个国家质量研究和控制机构而开展工作的，或者说，它开展的工作在其他国家通常是由国家技术和计量实验室负责（例如上文中提到过的英国国家物理实验室、德国帝国技术物理研究所，或者美国国家标准局），但西班牙没有这种机构。

原则上，国家航空技术研究所的任务是对航空相关物资进行认证，例如，它需要检验航空燃料的质量、用于设备制造的材料的质量、涂料、润滑油的质量，等等。但如果没有调研团队，就无法在一个不断发展的领域内进行评估认证的工作。国家航空技术研究所逐步培养这种团队，有几个专业团队在那个年代的西班牙是绝无仅有的，这使得一些非航空领域的工业部门也向该研究所申请认证报告。因此，1948年5月，国家涂料研究所要求与国家航空技术研究所建立密切的合作关系。在1948年5月11日国家航空技术研究所理事会全体会议的会议纪要上可以读到："这项提议是由于我方工程师在刚举办的涂料大会上所作的精彩发言而产生的。涂料研究所在函件中向国家航空技术研究所提议，请国家航空技术研究所来为符合特定条件的涂料生产商盖印质检印章，此项工作所需的设施由涂料研究所负责支付，并将安装到我们研究所的材料部中。"[6]

在此之前，国家航空技术研究所也曾与其他机构建立合作关系，例如钢铁研究所、电子研究所、国家研究委员会的胡安·德拉谢尔瓦基金会塑料研究处，在这个塑料研究处，从20世纪50年代初开始，双方合作进行关于有机硅塑料的实验（开展这个合作的原因是，这种聚合物在航空工业上有广泛的应用，例如润滑油、轮胎、绝缘体）。截至1951年2月，国家航空技术研究所的材料部已经为钢铁研究所完成了一万多次的摄谱和物理化学分析。

这一类型的工作，虽说属于航空界的特有工作内容，但它们也具有更为广泛的应用性。从20世纪50年代起，西班牙的工业和政治状况开始改善，这些工作却并未从国家航空技术研究所消失。因此就出现了以下现象：西班牙由于政治原因而遭受的外部孤立开始减少，几乎与此同时，国内汽车工业开始发展壮大，而航空工业的活动却开始缩小，以至于不得不进行改革重组。国家航空技术研究所受到这一新情况的影响，其在航空领域的工作减少了，在20世纪50年代期间以及60年代初，该研究所在航空领域的工作仅剩下"阿索尔"（Azor）和"赛塔"（Saeta）的原型机、航空技术公司的AC-12和AC-14直升机。然而，该研究所在非航空领域的工作仍在继续，并且取得了越来越高的成就。

西班牙与美国的关系

在西班牙徘徊于联合国之外的那些年里，美国政府对西班牙的公开立场与联合国的决议一致。然而，私下里，情况逐渐发生了变化。1950 年 1 月 18 日，美国国务卿迪安·艾奇逊（Dean Acheson）致信参议院外交关系委员会主席，信中指出，美国代表团对于 1946 年 12 月提出的行动计划是否可取和有效表示严重怀疑，但“为了和谐，为了尽可能在联合国大会上就西班牙问题达成一致意见”，还是投了赞成票（Lleonart y Amselem，1991）。但艾奇逊接着说道：“我们曾多次表示，我们赞成对联合国大会 1946 年的决议进行修正，以允许专业机构接纳西班牙为成员。”

然而，美国政府对西班牙加入国际政治圈给予的支持是有限制的：“如果西班牙在各个方面没有实质性进步的话，例如更大的公民自由和宗教自由、行使有组织工作的基本权利等，很难想象西班牙成为西方自由社会的正式成员。”

但是，美国对西班牙的这种相对冷淡的态度，并没有在经济领域内维持。艾奇逊在他的信中指出，美国政府赞成“纯粹以经济情况为依据的政策，而非以政治情况为依据的政策”。因此，对于私人业务的开展，无论是银行业务还是贸易业务，都不存在反对意见。西班牙有权“以与其他国家相同的条件向进出口银行申请贷款，用于特定项目”。事实上，1949 年 7 月，美国通过大通国民银行向西班牙提供了 2500 万美元的贷款。

艾奇逊在信中所说的政治异议很快就开始被搁置一边，因为国际局势出现了变化：1949 年 9 月，苏联第一颗原子弹试爆成功；1950 年 6 月，朝鲜战争开始。西班牙政府强烈反对共产主义，美国越来越觉得，西班牙是处于一个非常重要的战略地理位置上的珍贵盟友。特别是美国海军和空军，他们向其政府施加压力，要求加强同西班牙的关系（1948 年年底，一个美国军事代表团访问了西班牙）。毫无疑问，这些因素促成了联合国于 1950 年 11 月 4 日撤销了其 1946 年的决议，允许西班牙加入联合国。

美国政府同意与西班牙建立军事谈判的另一个非常重要的因素，应该与以下情况有关：1950 年 8 月，北大西洋公约组织（北约）成员国确认了重整军备的方案，但欧洲在该方案的执行上并不尽心，因而美国对欧洲的这种态度越来越不耐烦。这使得美国领导人对他们所主张的军事一体化模式的可能性产生了怀疑。

1953 年，西班牙优越的地理位置终于发挥了作用。这一年 10 月 14 日，艾森豪威尔与查尔斯・威尔逊作了电话交谈，在艾森豪威尔关于此次交谈的备忘录中，我们可以读到（Galambos y Van Ee，eds.，1996）："最好中止在摩洛哥开发基地的一切工作，用西班牙基地来替代我们原先计划在摩洛哥地区建造的两个基地。我认为，无论是在军事上还是政治上，西班牙地区都会比摩洛哥地区更为重要。"

事实上，在艾森豪威尔进行此次交谈之前不到一个月，西班牙和美国签署了两国之间第一份外交协议：是由西班牙外交大臣阿尔韦托・马丁・阿塔霍（Alberto Martín Artajo）与美国驻西班牙大使詹姆斯・克莱门特・邓恩（James Clement Dunn）于 1953 年 9 月 26 日在马德里签署的。考虑到当时西班牙所能提供的资源，该协议是关于军事互助，也就不足为怪了。美国承诺"帮助西班牙建立有效的空中防卫并改善其空军和海军装备"，而西班牙则允许美国"与西班牙政府一起，在西班牙领土内开发、维护及使用商定的区域和设施，用于军事目的"（Defense Agreement，1955）。不久之后，就开始建造（或大幅度修复）三座空军基地：距离国家航空技术研究所不远的托雷洪 - 德阿尔多斯、萨拉戈萨，以及边境线上的莫龙；还有一座位于罗塔的海军基地。

一个崭新的航空航天世界

了解上述背景之后，我们便可以更好地理解西班牙与航空航天科学之间的关系是如何开启的。为此，我们必须考虑不同的因素：美国的利益当然是非常重要的因素，但还有其他方面，即属于欧洲本土的因素（具体而言，是一个欧洲航天机构的建立，即 ESRO[①]）。

① 即欧洲航天研究组织（European Space Research Organization），是欧洲航天局的前身。——译者注

美国航空航天局的成立与美国对苏联“卫星”1 号（Sputnik，1957 年 10 月 4 日）[①] 发射升空的反应有相当大的关联，他们意识到了苏联在航空航天科学上具有的优势。因此，1958 年 4 月 2 日，艾森豪威尔总统表示希望成立一个统一的国家航天机构。同年 7 月 29 日，他签署了相关法律。

这个新机构正式成立没几天，其领导人就批准通过了“水星计划”，这一计划的目的是送一名人类进入太空；也就是将其送入环绕地球的一条轨道，保证他活着，并使他健康地回到我们的星球。与“1 号卫星”的情况一样，在载人航天领域，美国人也没能超越苏联人：1961 年 4 月 12 日，尤里·加加林第一次绕地球飞行。作为对这一行动的回应，5 月 25 日，肯尼迪总统请求国会批准将一名人类送至月球表面的计划。该计划被命名为“阿波罗”计划。

轨道飞行计划制订后，美国航空航天局必须建立一套全球性的站点网络，使其能够与太空舱不间断地保持联系，这时候西班牙及其国家航空技术研究所就出现：加那利群岛是一个理想的站点位置。为此，美国人同西班牙外交部和空军部迅速组织了多次会议，其中由飞行防护总局和国家航空技术研究所一起代表空军部出席会议。会谈进展迅速，1960 年 3 月 18 日，双方于马德里签署了相应协议，确定美国航空航天局为美国政府代表，而西班牙国家航空技术研究所为西班牙政府代表。

双方商定，建成的监测站将由美国航空航天局“直接管理或承包给一家美国公司管理”，但将“尽可能多地采用有资质的西班牙人进行监测站的操作和维护工作”。此外，美国航空航天局和西班牙国家航空技术研究所应密切合作，保证该西班牙研究所拥有出入监测站的充分权利，以便“进行全面的信息交流，包括关于所采用的技术以及关于监测站的用途”。

第一个被选定的地点位于大加那利群岛的马斯帕洛马斯灯塔附近。当美国航空航天局于 1961 年 9 月 13 日成功发射一艘无人宇宙飞船时（该任务的名称为 MA-4，即 Mercury-Atlas n.º 4：“水星 - 宇宙神”4 号），马斯帕洛马斯监测站设施的施工已经取得了充分的进展，足以与飞船建立联系，而不会有什么问题。同样，1962 年约

① 苏联发射的人类第一颗人造卫星。——译者注

翰·格伦（John Glenn）飞上太空时，该站也参与了监测任务，此外，它还参与了后续的其他飞行任务。

国家航天研究委员会

西班牙所参与的太空工作不仅拓展了国家航空技术研究所的业务，还对西班牙的科学政策产生了影响——1963 年 7 月，国家航天研究委员会（CONIE）成立。

1961 年秋，西班牙派代表团参加了在慕尼黑举办的关于建立一个欧洲航天组织的会议。国家航空技术研究所理事会在当年 12 月 12 日的会议中，针对西班牙加入这个尚处于计划阶段的新组织，以及加入后可能给研究所带来的影响等问题进行了讨论。这次会议相应的《理事会全体会议纪要》的内容十分有意思，在此有必要原文引用，不仅因为会上讨论的关于尚处于计划阶段的欧洲航天组织的问题，还因为会上对国家航空技术研究所，甚至西班牙必须以更为特别的方式进入空间科学领域这一问题作了探讨，这一必要性使得建立一批新的机构成为可能，例如当时正在考虑建立的国家航天研究委员会：

> 《欧洲航天研究组织成员国慕尼黑会议提案》，秘书先生宣读了空军部大臣提交给内阁会议的提案副本，并说明了慕尼黑会议的结果。宣读结束后，理事们互相交换了看法，所长先生表示，鉴于西班牙加入欧洲航天研究组织可能引起的状况，本研究所已经在考虑是否有必要建立一个相应的国家委员会，就像是美国的国家航空咨询委员会由于涉及太空问题而转变成航空航天局，还有法国的国家航空航天研究院；根据空军部的命令，国家航空技术研究所认为有必要逐步进行自身改革，以准备建立上述委员会，从另一方面来说，国家航空技术研究所从多年前就开始从事空间问题的工作，并与上述各个国外机构合作，甚至正在与美国航空航天局谈判，以接替美国工作人员接管马斯帕洛马斯监测站。

《纪要》还补充说，国家航空技术研究所一直密切关注“本应属于国家航天组织的所有工作，但国家航天组织还应包含研究所不具备的许多其他专业；研究所认为，建立国家航天委员会要迈出第一步，最简单的做法就是扩大理事会，找出理事会目前未涵盖的那些技术领域的机构和代表，尽管理事会原先就具有相当广泛的特点，它已经有来自以下部门的代表：海陆空三个军事部、国民教育部、工业部、胡安·德拉谢尔瓦基金会、皇家科学院、智者阿方索基金会、航空工业部以及航空工程师学院。所以扩大范围无须很广，但最好包含物理、电子、自动化和控制学这几个专业的机构，以便国家航天委员会的具体专业工作由对应的部门来完成，而不是由国家航空技术研究所来完成，研究所应当充当所有这些机构的协调者。按照计划的方式完成理事会的扩大工作之后，便可着手安排将国家航空技术研究所转变成国家航空航天技术研究所，并建立国家航天委员会，该委员会基本上由新理事会的成员以及大家认为合适的科学家组成。”

上述文字清楚地表明了国家航空技术研究所历史上的一个转折点，这一转折有两个表现：机构名称的改变、国家航天研究委员会的成立。

国家航天研究委员会，隶属于空军部，是根据 1963 年 7 月 8 日的一条法律而建立的。该法律的开头内容就明确解释了建立这个新机构的原因：“鉴于近年来在大气层和外太空研究上取得的科学和技术进步，有必要成立一个国家机构，以便国家对技术和工业进步开展分析并从中获益，防止我国面对其他国家的进步而处于落后地位。”从实际角度而言，这一领域的研究和开发能带来许多重大的好处：

> 目前，火箭和卫星的发射已经使人们有可能在某些工作领域取得经济上有利的成果，例如在气象方面，不久以后也能在航空和电信方面起到积极作用。与此同时，促成火箭和卫星取得成就的各种技术进步，也必将在工业上有新的发展和应用。

除了这些情况之外，当时还有一个因素需要考虑在内：一个欧洲机构的建立——欧洲航天研究组织（ESRO），西班牙是该机构的创始成员：“另一方面，最近欧洲航天研究组织成立，西班牙和大多数欧洲国家都加入其中，这一组织成立后，我们可以协调、结合各个国家的力量，共同应对相对重大的研究项目，这样，每个成员国都能用多余的预算来满足各国自身的经济需求。”

该法律继续陈述：为了从航空航天事业中获得最大利益，“最好建立一个国家机构，协调各个既有机构的力量，以便西班牙充分、有益地参与国际项目。这些既有机构包括：国家气象局、核能委员会，以及国家研究委员会下属的一些研究所，从而形成一个可与欧洲航天研究组织的计划兼容的西班牙国家计划”。科学界和航空航天界又一次不可避免地联系在了一起。

对于这个“国家计划”，国家航空技术研究所当然不能置之事外，因为该法律还说，国家航空技术研究所是“负责研究航空发展过程中可能产生的各种科学和技术问题的机构，近几年，它还将其部分工作投入到空间科学和技术之中”。具体而言，西班牙国家航天研究委员会的目的有：

a）通过空军部向政府通报并提交关于超高空和外太空实验、进展和研究的国家计划，包括实施这些计划所需的预算。

b）将各项计划分配给应当参与其中的各个国家部门或研究机构；在超高空和外太空研究上，促进、鼓励、引导并协调这些部门和机构的工作。

c）不管外交部颁布的总体政治方针如何，委员会应按照自己的标准制定技术方针，以便配合相关国际机构开展工作，特别是欧洲航天研究组织，力求实现尽可能多的工作成果，并尽可能地使国家计划融入国际计划。

正如上文所述，为了适应空间研究的新趋势和新可能，航空公共部门进行了重组，因此国家航空技术研究所也更改了名称：1963 年 10 月 31 日，由一项政府法令完成更名，从“国家航空技术研究所”改为“国家航空航天技术研究所”。

至此，该机构在新的国家空间领域中的突出地位已经很明确了。但还需指出的是，当时明确规定各个“科学团队”须参与其中，除了上文所述的之外，还包括埃布罗天文台、马德里天文台和地理地籍研究所。这些细节再一次凸显了航空航天活动在西班牙科学中的影响。

空间监测站

“水星计划”于 1963 年结束，但这并不代表空间计划的终结，相反，它代表着一个新的开始——“双子座计划”。这一计划应该是开始于 1965 年①，其主要目的是进行一系列的基础测试，为登月之旅做准备。在此之前，马斯帕洛马斯监测站表现良好，因此美国决定继续使用它。为了证明美国人对这个监测站的重视，我将引用 1966 年 4 月 14 日美国航空航天局编制的一份文件的其中几个段落：[7]

> 加那利群岛监测站在“双子座”计划中的最初作用是为宇航员的第一次轨道飞行提供支持。在飞船飞离百慕大群岛站的监测范围后，由加那利群岛监测站捕获飞船信号，并在飞船经过非洲上空、飞往尼日利亚的卡诺方向这一过程中，继续进行追踪。
>
> 作为给“双子座”计划提供支持的 7 座基站之一，加那利群岛监测站对于整个任务而言至关重要，因为飞船同肯尼迪角和休斯敦的任务控制中心之间实行实时的语音交流和遥测通讯。
>
> 在“阿波罗”计划中，它的作用将同样重要。届时首先由位于大西洋中部的一艘船接收入轨信号，接下去飞船的最初数据将由加那利群岛的监测站接收，或者，如果上升角度更往南，则由国家航空航天局位于阿森松岛上的监测站来接收。

然而，马斯帕洛马斯监测站并非在大加那利岛上建造的唯一一座监测站。至少

① 据资料显示，1961 年 11 月至 1966 年 11 月美国实施了“双子座”计划。其中“双子座”1 号发射于 1964 年。“双子座”2 号至“双子座”7 号发射于 1965 年。“双子星 8 号”至“双子座”12 号发射于 1966 年。——译者注

从 1963 年起，法国就通过其国家航天研究中心表示有意愿在该岛上建一座卫星遥测监控站。双方经过谈判，于 1964 年 6 月 4 日签署协议。根据该协议，监控站由两国政府共同出资建造，将建在拉斯帕尔马斯以南的萨尔迪纳南部平原上，包括一个遥测接收站、一个遥控发射器，以及附属的楼房和建筑设施。由西班牙提供土地，法国装配站点（也就是说，提供电子设备和相关材料）。此外还规定，“建成后，该监控站由法国国家航天研究中心直接管理，或承包给一家法国公司管理，或者派驻代表团到西班牙国家航空航天技术研究所”。

这个法西监测站是法国监测站网的一部分，其他站点分别位于比勒陀利亚（南非联邦）、布拉柴维尔（刚果）、瓦加杜古（上沃尔特①）和奥尔日河畔布雷蒂尼（法国）。1967 年 2 月 8 日，法国从阿尔及利亚的哈马吉尔基地发射用于研究地球电场的 D1-A 卫星，法西监测站也因此投入使用[8]。该监测站于 1976 年关闭，因为缺少任务，没有必要再继续运行。

尽管西班牙同意与法国合作在加那利群岛建立一座监测站，但实际上这一项目对于国家航空航天技术研究所而言似乎没有太大的吸引力。拉斐尔·卡尔沃·罗德斯（Rafael Calvo Rodés）从 1962 年 10 月起主持国家航空航天技术研究所理事会的工作（他从 1957 年 1 月至 1962 年 10 月担任研究所的所长），1965 年 7 月 13 日，他在理事会全体会议上就表明了这一点：“对我们而言，加那利群岛监测站的意义十分有限。有意义的部分在于我们同法国的航天委员会也建立了联系。”

在各种各样的空间事务国际联盟（包括欧洲性质的联盟）开始形成之际，西班牙人（空军）对美国的关注多于对欧洲的关注。对于西班牙而言，与美国国家航空航天局的合作是最为满意的选择，事实上，正由于这种合作，所以在马德里附近建立了多个监测站，但这并不意味着西班牙要放弃走欧洲道路（欧洲航天研究组织）。

随着时间的推移，美国国家航空航天局对监测站的需求继续增长。马斯帕洛马斯监测站所在的监测网主要用于对活动在地球附近的载人或无人飞行器提供支持。但还有一些项目，需要采用深空网络，这个网络可以支持距离地球几亿到几十亿千米之外的飞船。这些遥远的飞行器发出的无线电信号比近地轨道上的卫星发出的信

① 上沃尔特（Alto Volta），西非国家布基纳法索的旧称。——译者注

号小得多。这么远的距离使得用无线电信号进行精确定位变得十分困难，必须不断地从监控站向这些飞船发送大量的指令。为了满足所有这些要求，必须建立一个高技术水平的全球监测站网络，并且各监测站须配备大型抛物面天线，这是各国射电天文学家都渴望拥有的设备。

西班牙再次被选为其中一个监测站的所在地。1963 年年初，美国国家航空航天局在西班牙国家航空航天技术研究所的协助下，完成了选址工作。最终，他们选定了罗夫莱多 - 德查韦拉，位于马德里西面大约 60 千米处。1964 年 1 月 29 日，两国政府签署了相关协议。该协议第 3 点写道："按初步计划，监测站包括一个直径为 26 米的抛物面天线；传输设备、接收设备和伺服电子设备；通讯和数据记录处理设备、楼房和建筑物；办公室、仓库、住所、卫生及其他用途所需的技术人员和后勤人员。"该监测站于 1965 年 7 月投入使用，正好来得及接收由"水手"4 号回传的第一批火星图像，它是第一个成功飞越火星的太空船（距离火星 10000 千米）。实际上，这个监测站最终包含了 4 个位置，或者说 4 个分站：

1）"罗夫莱多"1 号站（初始站点）。

2）"罗夫莱多"2 号站（这个分站配有 210 英尺的天线，从 1972 年起被命名为"罗夫莱多"2 号站）。从 1970 年年中开始施工，中间是一个直径为 64 米的巨型天线（1986 年扩建至 70 米），高度相当于一幢 21 层的大楼。这个天线的通讯能力比 26 米天线的能力大六倍半，被认为是"维京"计划必不可少的一环，该计划准备于 1973 年向火星发送探测器（这一年十分有利于进行探测工作）。

"罗夫莱多"1 号站和 2 号站后来又陆续添加了其他天线：第三个天线，位于弗雷斯内迪利亚斯，直径为 26 米，建于 1984 年；第四个建于 1987 年，直径为 34 米。这样，罗夫莱多 - 德查韦拉监测站就成了当时西欧最重要的监测站。1970 年 3 月 3 日，美国国家航空航天局将该站的维护和运营移交给了西班牙国家航空航天技术研究所。

3）塞夫雷罗斯站，位于阿维拉省，于 1966 年投入使用。这个站点几乎是罗夫莱多站初始构造的复制品。1969 年 6 月 14 日，其运营责任被完全移交给西班牙国家航空航天技术研究所。该站一直运营到 1982 年，这一年美国国家航空航天局主要出于预算问题，决定将其关闭。1983 年 4 月 19 日，它被转让给西班牙国家航空航天技术研究所，包括天线和所有电子设备。

4）弗雷斯内迪利亚斯站，于 1967 年投入使用。与加利福尼亚和澳大利亚的两个监测站同时建造，目的是保证在“阿波罗计划”登月任务期间同宇航员保持直接、不间断的联系。该站拥有一个直径 26 米的天线，后来又增加了一个 9 米的天线。1972 年 12 月 18 日它被转让给西班牙国家航空航天技术研究所。

所有这些站点都有西班牙的技术人员和科学家参与工作，他们在工作过程中获得了很多知识，如果不参与这个工作的话，这些知识本应是禁止他们了解的。

国家航空航天技术研究所内的科学

本章开头就曾指出，如果想要寻找人们在战后的西班牙试图从事科学工作的场所，就必须要考虑国家航空航天技术研究所。在前面几页中，我们已经看到，这个研究所是如何参与空间科学的，但它所关注的还包括其他领域，其中有两个尤其重要：材料科学和燃烧科学。虽然在这两个领域中所开展的工作主要集中于技术方面，但还是应该将它们视为科学领域的一部分，并为它们在西班牙科学史上找到一席之地。后来，研究所关注的领域除了这两个之外，还加入了空间天体物理学和基础物理学。

材料的科学和技术

无论是在科学方面，还是在技术方面，国家航空航天技术研究所的材料部都是该所最为活跃和突出的部门之一。从概念上来看，它具有如此重要的地位就不足为奇，因为航空业，特别是航天器械，需要使用非常广泛的各种材料，而且都是要求极高的材料，这就要求在这一领域开展复杂的研究和开发项目。另一方面，必须考虑到，该材料部的关注范围还包括国内工业所需的一些材料类别，而关于这些类别，国家航空航天技术研究所几乎是唯一可求助的机构。

能证明在这一领域内所开展工作的科学价值的事例可能有许多个，但其中一个证明是：1954 年，皇家精确、物理和自然科学院为任职于国家航空航天技术研究所材料部的一名物理科学博士所提交的报告颁发了物理学奖项，这位博士就是恩里克·阿森西·阿尔瓦雷斯·阿雷纳斯（Enrique Asensi Álvarez Arenas），其报告是《碳的定量分析——金相组织结构与发射频谱之间的关系》（*Análisis cuantitativo de carbono. Relación entre las estructuras metalográficas y los espectros de emisión*）。此外，1956 年 12 月，胡安·马奇基金会为一个名为“国产钢材定量表研究”（Estudio de una Tabla Racional de Aceros Nacionales）的项目提供了“第六类研究（工业技术应用）援助金”（拨款 50 万比塞塔，用于 1957—1958 年度），这个项目是由研究团队的负责人拉斐尔·卡尔沃·罗德斯提出的，在这个研究团队中有多位来自国家航空航天技术研究所的研究人员。这个项目完成后，获得了由国家研究委员会胡安·德拉谢尔瓦基金会颁发的 1959 年度“弗朗西斯科·佛朗哥团队合作奖”。

在为卡尔沃授予援助金的同一次仪式上，胡安·马奇基金会还为国家航空航天技术研究所的另外两名工程师提供了各自 50000 比塞塔的奖学金，他们分别是：加西亚·波吉奥（García Poggio），该奖学金供其研究高强度钢材（后来他因研究这一课题而获得了“托拉尔沃·瓦雷拉奖”），以及格雷戈里奥·戈麦斯·莫雷诺，该奖学金供其进行振动研究。此外，值得一提的是，在某些研究领域，例如电子显微镜学，该研究所的材料部在西班牙可谓是先驱（从 20 世纪 50 年代初就配备了电子显微镜）。从 20 世纪 60 年代末起，固体物理学被公认为是一个非常重要的物理学分支［这里有必要提及物理学家路易斯·布鲁（Luis Bru）的推动作用］，如果考虑到电子显微镜学在西班牙固体物理学中扮演的角色，就很容易认识到这是国家航空航天技术研究所材料部另一项“与科学界的联系”，从另一方面而言，这与各所高等工程学院在这一领域中涌现的研究团队不无关联。

燃烧

在燃烧方面，关键人物是航空工程师格雷戈里奥·米连·巴瓦尼（Gregorio Millán Barbany），他于 1947 年 11 月在研究所的空气动力部获得了工程师职位（他也是航空工程师高等学院理性空气动力学的教授）。1951—1952 学年，米连参加了西奥多·冯·卡门在巴黎大学亨利·庞加莱研究所开设的“燃烧空气动力学”课程，该课程旨在帮助航空工程师研究新的推进系统使用过程中产生的问题。米连受冯·卡门邀请，担任他的助手。在冯·卡门的自传《风和远方》(*The Wind and Beyond*)（1967：340）中，他是这样描述格雷戈里奥·米连以及在巴黎开设的课程的：

> （我于1948年第一次到访西班牙）之后没过几年，正当我开始在索邦大学开课，西班牙政府给我送来了一位非常能干的年轻科学家——格雷戈里奥·米连，让他协助我整理课程资料。在美国空军奖学金的帮助下，米连博士将这些资料整理成了一部足有3英寸①厚的手稿，后来得以在西班牙出版。有一次我在旅行中惊喜地发现，许多西班牙的航空科学家和工程师将这部作品奉为经典。

冯·卡门在文中提到的作品是一本由米连撰写的大部头著作，多次再版，题目为《空气热化学》(*Aerothermochemistry*)（Millán Barbany，1958）。这部作品以“国家航空技术研究所埃斯特万·特拉达斯”为抬头，日期为1958年1月，书中指出，它是根据美国空军航空研究与发展司令部的合同［No. AF 61（514）-441］而编制的；这是（美国）空军科研处（AFOSR）应冯·卡门要求在欧洲设立的分支机构所授予的第二份合同[9]。实际上，米连这本书中涵盖的课题比冯·卡门在课上所讲的还要多；这也是为什么冯·卡门的上课时间与米连这部专著的出现时间相隔六年的原因之一。米连在《前言》中写道:“(索邦课程资料的整理）工作开始于1953年，但由于种种原因，不得不中断了好几次。与此同时，航空热化学各个领域内的研究工作进展非常迅速，我必须将这些新的研究成果加入报告中，以保持其时效性。因此，最初的计划不断被扩增，最终远远超出了原先的目标。”可以说,《空气热化学》是第一部结合流体力学介绍燃烧理论的专著（更具体地说，随着喷气发动机的发展，燃烧现象开始在航空业取得越来越重要的地位）。

① 约7.62厘米。——译者注

冯·卡门所做的是为米连这部作品作了一篇《序言》。其中有一段内容比较重要，值得引用，因为它反映了国家航空航天技术研究所将要开展的其中一个研究领域，还在一定程度上表明了这些任务的科学重要性。这位匈牙利工程师解释道："'空气热化学'这个词，指的是那些需要应用热力学和化学基本原理，尤其是化学动力学基本原理来解决的问题。换言之，就是通过化学反应交换和产生热量的流动问题。高速飞行现象要求航空工程师除了掌握流体力学（在此指的是空气动力学）之外，还必须充分熟悉热力学的基本原理和应用知识。这一需求造就了气动热力学这一门科学。喷气推进的发展带来了一些问题，它们对现代飞行器产生直接的作用，对导弹设计也是如此，因而其设计必须包含对流体介质的成分、离解产品和化学反应产品进行改变。空气热化学是关于化学变化与纯粹空气动力学现象之间的相互作用，纯粹空气动力学现象包括压力和速度分布、动量传递以及类似现象，而气动热力学现象包括冲击波、热传递、扩散等。"

接着，冯·卡门对米连所作的贡献给予了公开认可：

> 这门课的总体目的是引导航空工程师，包括我自己，去研究流体介质中发生的燃烧现象所带来的问题。然而，作者（即报告的作者，米连）完成了——而且我认为是相当成功地完成了——课题的介绍，还系统地论述了气体混合物的热力学、化学平衡理论、化学动力学要素，各种气体及气体混合物中的传递现象理论。此外，关于火焰稳定、液滴燃烧、火焰扩散的这些问题，只在我的课上探讨过，这份报告中也对它们作了系统的论述。

在巴黎开设的这个课程不仅对米连·巴瓦尼、冯·卡门以及这门新学科产生了影响，对于国家航空航天技术研究所而言也是如此。因为这门课程，研究所同意在西班牙组建一支研究团队，在这个团队的不同发展时期，还有其他的西班牙工程师纷纷加入其中，例如桑切斯·塔里法（Sánchez Tarifa）、桑斯·阿朗格斯（Sanz Aranguez）、森达戈塔（Sendagorta）。这个团队拥有一个实验室，除了冯·卡门本人之外，美国空军技术局通过其驻布鲁塞尔代表处也为实验室提供了帮助：针对双方共同关注的具体问题，布鲁塞尔代表处与这个西班牙团队签订研究合同，从而为该团队的工作提供部分资助。

格雷戈里奥·米连可能是整个研究所在国际领域最为活跃、最具竞争力的科学家，从 1955 年建立上述研究团队开始，他就担任这支队伍的负责人，直至 1961 年。这一年他转而担任技术教育总局局长，在这个岗位上他作出了重要的贡献，他对技术教育的教学计划进行了改革，在此之前，原先的教学模式已长时间停滞不前。接替格雷戈里奥·米连担任研究团队负责人的是航空工程师卡洛斯·桑切斯·塔里法，他于 1947 年加入国家航空航天技术研究所，1954—1955 学年，他在加州理工学院进行燃烧学研究。从 1961 年起，桑切斯·塔里法还担任航空工程师学院航空航天喷气推进专业的教授（同时继续与国家航空航天技术研究所合作），他还是该学院的院长。

上述研究团队由来自空气动力部和内燃机推动部的大约二十名人员组成。起初，研究团队集中力量研究三个课题：层流预混火焰与扩散理论、液滴燃烧的理论与实验研究，以及射流燃烧的理论研究。关于预混火焰结构、化学动力学影响，以及预混火焰在传播结构和速度上的热损失影响等理论研究，由米连负责指导。

后来，该研究团队的关注内容逐渐扩增，研究的问题还包括爆轰波、可燃混合物点燃、超音速燃烧、球形火焰、固体和液体燃烧；并且在美国农业部林业局的支持下，开展森林火灾预防的基础、理论和实验研究，美国农业部林业局十分希望了解火灾是如何在森林中蔓延的，因而与国家航空航天技术研究所下属这个研究团队的几名成员签订了 6 年的合同。他们所开展的工作走在当时国际社会的前沿。[10]

由此取得的荣誉和人脉关系，为西班牙的年轻人打开了许多国际专业机构的大门。例如，1962 年，多名航空工程师通过 NASA-ESRO 奖学金前往美国，到斯坦福大学和加州理工学院攻读研究生课程。其中包括阿马夫莱·利尼安（Amable Liñán），他是在 1958 年作为奖学金获得者加入国家航空航天技术研究所的，并于 1960 年取得了航空工程师学位。在帕萨迪纳①，利尼安学到了渐近线技术在燃烧过程的分析上可能具备的优势，这种技术可以自然地呈现迥然不同的时间和空间比例。

① 加州理工学院所在地。——译者注

从当时的学习中，他收获了一个重要的成果，对此他本人是这样写的：[11]

> 我对燃烧理论的主要贡献是，我率先将渐近线技术引入燃烧理论，同时进行了必要的推广，当时这种技术已经在加州理工学院得到系统化，用于处理流体力学的非线性问题。用这种角度观察燃烧过程，可以将泽尔多维奇（Zel'dovich）的奇妙思想推广到更复杂的问题上。特别是当我们试图用这种渐近线技术来描述最普遍情况下各个反应薄层的结构，通常会发现，化学反应作用下薄层的正常扩散和传导平衡会转化成一种普遍的结构，这种结构被称为“利尼安问题或方程”。

随着时间的推移，利尼安最终成为西班牙最杰出的科学家之一。除了各种国际性的荣誉（例如，他是美国阿诺德工程发展中心和洛斯阿拉莫斯国家实验室的顾问，是《欧洲应用数学杂志》的副主编，也是国际燃烧研究所泽尔多维奇金奖获得者）之外，他在 1993 年还获得了阿斯图里亚斯王子奖的科学技术研究奖。这是国家航空航天技术研究所在科学 - 技术层面的又一个例子。

空间天体物理与基础物理实验室

虽然国家航空航天技术研究所与多个太空监测站都有关系，但一开始，这并不意味着该机构对最基本的空间研究予以关注。这一现象在民主制度深入人心之后才得以改变，即 1990 年，在国家航空航天技术研究所的组织结构下成立了空间天体物理与基础物理实验室。

在 1990 年 5 月 16 日召开的理事会会议上，提交了一份名为“关于建立空间天体物理与基础物理实验室的提议”的文件，这份文件的《引言》清楚地表明了建立该实验室的原因。在文中我们可以读到：[12]

> 意识到科学研究任务对于推动和发展空间领域技术能力的重要性，国家航空航天技术研究所所长［当时担任所长的是恩里克·特里利亚斯

（Enrique Trillas），他是首位担任所长的文官］于去年年底建立了一个工作组，其任务是对研究所在以下方面可以开展哪些行动进行考量，包括：如何科学合理利用各个空间监测站，西班牙如何加入欧洲航天局的科学计划。总之，如何使研究所下属各个技术部门为科学研究作出更大贡献。

用以证明有必要建立实验室的理由有很多条，其中有一条理由是，“由于我国现有的‘空间科学家’人数有限，导致我们在欧洲航天局（即原 ESRO）开展工作得到的科学回报长期处于不稳定的状态”。为了“在一个具有较高技术含量（例如空间技术）的科学氛围里培养研究人员”，已经作出了种种努力，然而，“由于未能让研究人员加入那些拥有充足基础设施的、有竞争力的西班牙团队，这些努力都付诸东流了”。由于类似的原因（无异于恶性循环），罗夫莱多监测站，以及落成于 1978 年属于欧洲航天研究组织的比利亚弗兰卡－德尔卡斯蒂略监测站，它们的既有设施都没有被利用起来。

制定《提议》的工作组建议将以下方面作为新实验室的优先研究领域：空间天文学、太阳系研究、太空基础物理学、地球观测和微重力实验。文件中评论道：“未来如果要建立航天研究中心（CIE），其工作内容仍然应在上述这些研究领域的框架之下，但是，鉴于国家航空航天技术研究所在高空探测和微重力方面的人力资源现状，而且，一方面要完成‘太阳神计划’中的承诺，另一方面又需要使用托雷洪基地上的设施，所以建立航天研究中心这一任务，一开始最好是先在技术处之下设立一个实验室，并且只专注于前三个研究领域。”此外，当时还须考虑，“西班牙既有空间监测站对于空间天文学的适用性（在罗夫莱多监测站研究射电天文学和 VLBI①，在比利亚弗兰卡监测站研究紫外线和近红外线），以及根据欧洲航天局的建议对天体物理学和基础物理学的研究进行协调的重要性”。

关于西班牙在这一领域内的状况，除了国家航空航天技术研究所之外，《提议》中还涉及了其他可能性，这也很有意思：

① VLBI 即“very long baseline interferometry”的缩写，甚长基线干涉测量技术。——译者注

也有其他有关方面试图建立能够全面处理空间计划的基础设施，但都以失败告终，其主要原因在于科学研究与技术发展之间一贯存在的分离现象。大学校园过于学术化，没有足够水平的技术开发和认证团队，而国家研究委员会没有具备充足学术人员的机构来处理这一类问题。

新实验室——国家航空航天技术研究所与国家研究委员会的一个联合机构，试图解决上述问题。

欧洲空间研究：欧洲航天研究组织和西班牙

第二次世界大战结束后，一群欧洲科学家渴望在核物理领域（1938 年铀核裂变的发现就属于这一领域）开展高质量、具有国际竞争力的研究，他们想成立一个欧洲实验室，不仅将欧洲大陆各个国家联系起来，还希望以此降低所需设备高昂的价格。第一次正式申请是在 1949 年 12 月提出的，但直到两年后，即 1952 年 2 月，才有 12 个国家同意资助该项目：比利时、丹麦、法国、希腊、意大利、荷兰、挪威、英国、联邦德国、瑞典、瑞士和南斯拉夫。欧洲核子研究理事会（CERN，从 1954 年 9 月起，正式命名为欧洲核子研究中心）就这样诞生了，它是欧洲建立的第一个跨国组织，下文中将会详细介绍。

欧洲科学家羡慕并钦佩美国在核物理学和高能物理学上取得的成就，这使得他们的一个想法得以落实，那就是建立一个可与美国实验室相匹敌的欧洲实验室；同样地，在航空航天研究领域，也出现了一个类似的现象。

天体物理学

如前几章所示，天文学对西班牙而言并不陌生。这是一门如此古老的科学，又有如此多的应用，很难对它陌生。20 世纪后半叶，这门学科又得到了新的发展，与其说是天文学，更确切地说，应该是天体物理学。在西班牙建造的各座天文台中，最重要的其中两座位于加那利群岛，一座是位于特内里费岛的泰德峰天文台，另一座是位于拉帕尔马岛的穆查乔斯岩火山天文台，这两座天文台都利用了当地得天独厚的观测条件。泰德峰天文台建于1959年，是由国民教育部建立的，隶属于拉古纳大学。在20世纪60年代，安装了第一批用于漫射源和太阳物理光测量的望远镜。1972年，这所大学开设了西班牙第一个天体物理学课程，由弗朗西斯科·桑切斯担任教授，但此人最大的贡献是，他于第二年建立了天体物理学大学研究所[13]。这为西班牙在天体物理学上最重大的发展迈出了第一步：1975年，在拉古纳大学、国家研究委员会和圣克鲁斯－德特内里费省岛民代表会议的协同合作下，加那利天体物理研究所（IAC）成立。1982年，由一项法律赋予其法人资格。

由加那利天体物理研究所协调（有些所有权属于其他国家）或拥有的所有望远镜中，最为珍贵的是“加那利大型望远镜”，它位于穆查乔斯岩火山天文台，与坐落于夏威夷冒纳凯阿休眠火山的凯克望远镜Ⅰ和Ⅱ并称为世界最大的天文望远镜。该望远镜的聚光镜直径为10米——实际上，它是由多个镜面组件构成的整体，由计算机控制其组合形状；如果是单一的镜面，其重量会非常巨大，而且其形状可能也不合适（位于加利福尼亚的威尔逊山望远镜①，也就是埃德温·哈勃用以发现宇宙膨胀理论的望远镜，直径为2.5米）。

加那利天体物理研究所不是唯一一个可以被视作“伟大科学”机构的西班牙机构，但它确实是唯一一个从最基础开始，几乎是从零开始，建立起来的机构。诚然，它之所以能成为如今这样一个享有国际声誉的机构，泰德峰天文台和穆查乔斯岩火山天文台所处区域的大气条件至关重要——晴朗、明净，极少恶劣天气，但还需要更多的要素：向世界上最好的天体物理学家学习，把他们吸引到西班牙来进行合作（同时他们自身也可从中获益），对人事需求的合理规划（每个研究员配备两名技术人员），加那利当局和西班牙政府给予的支持，关于这种支持，我们可以举例说明：在加那利群岛的倡议下，西班牙议会于1988年通过了一项加那利天体物理研究所天文台天文质量保护法，或称“天空法”，以防止光污染和无线电污染，以及飞机飞越。

① 指的是威尔逊山天文台的胡克望远镜。——译者注

除了这两座天文台以及上文提到的几座天文台，西班牙还有其他天文台。1971 年，国家天文台在第三个国家发展计划（1972—1973）的预算中得到一笔拨款，用于购买设备。通过这个预算项目，耶韦斯天文中心（位于瓜达拉哈拉）成立，该中心安装了一个 13.7 米的射电望远镜及其他仪器。1975 年，西班牙国家研究委员会建立了安达卢西亚天体物理研究所，位于阿尔梅里亚市的卡拉尔山，那里从 1973 年起就有一座西班牙 - 德国天文台，是通过西班牙和联邦德国两国政府之间的一项协议而建成的，西班牙直到 2005 年才获得了该天文台的独家所有权。那一年，西班牙国家研究委员会的安达卢西亚天体物理研究所（位于格拉纳达）与海德堡的马克斯·普朗克天文学研究所签署了一份协议，按各自 50% 的比例共同使用该天文台。2019 年改名为“安达卢西亚西班牙天文中心”，目前是欧洲最大的天文台。

欧洲核子研究中心的模式与一个致力于空间研究的欧洲组织的成立有关联，这一点在许多文件中都有清楚的表述。例如，1963 年 11 月 20 日，拉斐尔·卡尔沃·罗德斯在就任国家航天研究委员会主席时发表的演说，就对当时欧洲和西班牙在空间领域上的研究状况作了回顾：

美国和俄罗斯从一开始便投入几乎源源不断的资源，供他们的科学家发挥惊人的能力，因此，他们的发展不仅具有广度和深度，而且还发展得如此迅速，以至于欧洲各国还没开始行动，就已经被这两个领先国家远远落在后面。

但是，多年来一直在世界科学进步的道路上占据重要地位的旧欧洲，不能对此无动于衷，听天由命地扮演一个跑龙套角色；认识到每个国家如果独立行动的话，便无法以当前科学状况要求的水平来发展空间计划，此外又受到欧洲核子研究中心成立后所取得成就的鼓舞，因为它是第一个欧洲集体科学机构，是为了进行核子研究而成立的，于是有人提议再组建一个集体机构，汇集欧洲各国的力量和资源，以便共同开展各国无法独立达到的高水平的空间研究计划。

1959 年年初，也就是美国国家航空航天局已经成立之后，曾参与欧洲核子研究中心建立工作的物理学家爱德华多·阿马尔迪和皮埃尔·俄歇，开始探讨建立一个欧洲空间研究组织的可能性。其中一个有利论据是，太空能为科学研究提供各种巨大的可能性（正如不久之前刚刚证实的，1958 年 1 月 31 日发射的美国“探索者”1 号卫星上安装的盖格 - 穆勒计数器发现了范艾伦辐射带，这是地球磁层中由质子和电子组成的辐射环，能量在几兆电子伏到几百兆电子伏之间），然而，这些可能性只有美国和苏联才有能力对其进行利用。在 1959 年 4 月 30 日准备的一份文件中，阿马尔迪指出有一个解决办法：建立“一个国际组织，可能是 10 个欧洲国家，共享资源，使欧洲科学家能够为探索和研究太空作出宝贵的贡献”。然而，最要紧的一点是，“拟建立的欧洲航天研究组织，其唯一目的是进行（科学）研究，因此，它独立于任何类型的军事组织之外，也不受任何官方保密法案的制约”。这对于确保有广大的欧洲国家参与该组织而言至关重要[14]。当然，当时也可以设想一个有军事力量参与的欧洲组织，例如，一个受北约保护的组织［事实上，北约秘书长的一位科学顾问，固体物理学家弗雷德里克·塞茨（Frederick Seitz），在 1959—1960 年，也就是他担任顾问期间，就提出过这种可能性］。然而，可想而知，像这样有军事力量参与的组织就不可能拥有瑞士、瑞典等中立国成员；但瑞士和瑞典确实参与了欧洲核子研究中心的建立工作，而这正是阿马尔迪和俄歇所设想的组织模式。两位物理学家都希望欧洲航天研究组织成为一个民间机构，在这个机构里，科学家们在制定计划时，不仅不受军事压力的制约，而且不受各个成员国政府的政治和官僚干涉。

欧洲航天研究组织与欧洲核子研究中心的最初关系，甚至体现在对其设施的使用上：欧洲航天研究组织最早的筹备会议之一是于 1960 年 11 月 28 日至 12 月 1 日期间在欧洲核子研究中心位于日内瓦近郊的梅兰地区的总部召开的。那次会议的目的是核查“协议的条款；（欧洲航天局）筹备委员会的行政结构和预算，以及各个国家对于该预算的出资情况；确定这个拟成立组织的科学和技术目标”[15]。会议商定设立欧洲航天研究筹备委员会。比利时、荷兰、挪威、英国和瑞典无保留地签署了协议；丹麦、法国、意大利、瑞士和西班牙有保留地签署；尽管西班牙只派了观察员出席会议，但在会议期间提出了加入申请；联邦德国同意告知是否签署议定书。

幸运的是，我们有一些文件（国家航空航天技术研究所理事会全体会议的会议纪要）表明了当时这个新的空间组织项目在西班牙引起的反应，这是一个很幸运的情况，因为它反映了西班牙加入欧洲航天研究组织的某些经过，而有关该组织历史的那些作品都几乎未曾考虑这些内容[16]。在 1960 年 12 月 13 日的理事会全体会议上，讨论了西班牙出席上述日内瓦会议的问题。在这次会议上，马丁内斯・德皮松（Martínez de Pisón）代替卡尔沃，对西班牙派遣代表团出席会议的复杂流程作了解释："外交部接到通知，应瑞士联邦委员会的邀请，将举行关于设立一个欧洲研究中心的会议，届时将由 11 个欧洲国家派代表参加。我国驻伯尔尼大使向外交部发送电报，希望了解外交部对西班牙参会可行性的意见。外交部致函首相府下属的顾问委员会，而卡尔沃上校就是该委员会的成员，于是卡尔沃又致函空军部，他认为西班牙不应仅仅作为观察员的身份参加会议，而应该以一种积极的态度去参与，并建议空军部大臣，与会代表团应由路易斯・阿斯卡拉加・佩雷斯・卡瓦列罗（Luis Azcárraga Pérez Caballero）、桑斯・阿朗格斯，以及普埃约・潘杜罗（Pueyo Panduro）这几位先生组成"，这三人中的第一位是飞行防护总局局长、航空工程师协会主席、国家航空航天技术研究所理事会成员，后来还担任了国家航空航天技术研究所的所长；其他两位都是研究所的成员（普埃约后来还担任了西班牙航天计划的负责人）。

1961 年秋，在设立了一个部际委员会（各个相关部门均有代表参加）之后，内阁会议通过了一项关于西班牙参加欧洲航天委员会的动议。

按最初的计划，欧洲航天研究筹备委员会应在一年后成立新的欧洲空间组织（即 ESRO，欧洲航天研究组织）。然而，到 1962 年 6 月，在巴黎签署的唯一文件是一份关于在未来设立一个机构的议定书，该机构名称暂定为"欧洲航天研究组织"[17]。由于在编写和确认协议内容时出现拖延，导致欧洲航天研究筹备委员会的协议延期了 4 次，因此，该筹备委员会的工作实际上一直拖到了 1964 年 3 月。1964 年 3 月，

“欧洲航天研究组织”正式成立，成员国有比利时、丹麦、法国、英国、西班牙、荷兰、意大利、联邦德国、瑞典和瑞士。[18]

按照计划，欧洲航天研究组织并不是一个用以同美国和苏联进行平等竞争的机构，这与欧洲核子研究中心不同。其目的是建立一个为某一群体提供技术支持的组织，这一群体就是空间科学家群体。欧洲航天研究筹备委员会于 1963 年 11 月 7 日制定的一份文件明确声明：“在设计欧洲航天研究组织的科学目标时，必须注意，大部分科学工作（仪器规划、科学测量仪器的设计和制造、所获成果的解释和发布）应由各个成员国的研究团队来完成。这些工作的费用不应由欧洲航天研究组织承担，而是由各个成员国承担。只有那些主要项目（例如‘大型天文卫星’）才是完全由欧洲航天研究组织负责的项目，在这些项目里，主要的科学仪器都将在欧洲航天研究组织的管理下开发和建造。”[19]

因此，从一开始就很清楚，新的欧洲航天组织不应与各国的研究活动竞争，而是仅仅给予补充。这样做的一个明显原因是航空航天研究和技术在军事上的影响，还有在工业上的影响。在高能物理学的研究上，欧洲核子研究中心的几乎所有成员国（英国除外）都愿意使其国家计划服从于在日内瓦的大型实验室里进行的研究，但这种情况在欧洲航天研究组织绝对不曾发生。

西班牙人从一开始便了解了用以指导欧洲航天研究组织行动的那些主要方针，拉斐尔·卡尔沃·罗德斯（1963）的讲话内容就可证明这一点。他在这次讲话中表示：

> 已经确定，欧洲航天研究组织基本上属于科学性质，它不会将其资源应用到火箭的制造上，也不会用于商业目的的活动，例如电信卫星，尽管它含有科学属性。其技术活动仅限于实验操作所需的活动，开展其他工作时才会对工业予以援助。
>
> 其工作不应与各国的空间研究计划产生竞争或干涉，不应替代各国的空间研究计划，而是提供补充和协助。

西班牙计划退出欧洲航天研究组织

不论欧洲航天组织的计划有多么重要，都需要将其落实到具体的工作上，这就涉及为各个成员国分配工作，这是一项需要维持微妙平衡的任务。但很快西班牙就意识到，西班牙得到的远远少于其付出的会费。1967 年，尤其是赫尔曼·邦迪（Hermann Bondi，英国物理学家、广义相对论专家）担任欧洲航天研究组织总干事（1967 年 10 月至 1971 年 2 月）的任期开始之时，西班牙通知欧洲航天研究组织的管理层：西班牙认为没有获得足够的经济回报，而且事实上，西班牙支付的会费反而使那些最为先进的国家受益。而事实确实如此。按比例计算，西班牙为欧洲航天研究组织预算的出资额比西班牙从该组织得到的合同中所获得的收益高出 2.5 倍，这种糟糕的情况仅次于丹麦（Krige，1993）。相反，法国的出资额是其通过合同所收回金额的一半。"全部合同"和"出资额"之间的比率，即回报率，邦迪希望每个成员国的回报率都不低于 0.7；西班牙在受惠最少的国家里排名第二，回报率为 0.38（再次说明，只有丹麦的情况比西班牙还糟，仅为 0.31；法国是受益最大的国家，回报率为 2.03）。

关于这件事，当时邦迪（1990：98）的说法如下：

> 我们最大的问题，也许是，与西班牙……正是在外交部的坚持下，西班牙才得以加入（欧洲航天研究组织），但西班牙工业和空军的从业人员从来都不喜欢这个做法，他们认为很难获得合同，所以他们说，西班牙为欧洲航天研究组织支付的会费基本上就是让那些最为先进的欧洲国家受益。这导致西班牙真的威胁要退出本组织，也导致了整个项目的不稳定。当时需要做的是，首先，采取外交措施，表明我们是多么重视西班牙的参与；其次，切实采取行动，使西班牙的工业部门获得合同。为此，我派遣了一个代表团访问西班牙，以调查其工业潜力，并观察有哪些部门的竞争力和设备达到了足以参与太空任务的水平。尽管西班牙工业的很大一部分人有

某种自卑感，但我们还是找到了许多我们计划要寻找的东西，因此对于为西班牙分配足够的合同，并使他们满意，我们并没有什么困难。

正如邦迪所说，这种苦恼导致西班牙认真考虑退出该组织。虽然这方面的提议源自外交部，但西班牙代表团所说的危机中出现的主要问题，可以参考国家航空航天技术研究所理事会全体会议的会议纪要，会上曾经对事件的发展进行详细讨论，因为这些事对研究所产生了非常直接的影响。

理事会第一次正式获悉外交部正在质疑西班牙参与欧洲航天研究组织这一问题，是在 1967 年 7 月 11 日。在相应的会议纪要上可以读到：[20]

鉴于外交部召开的关于我国在某些特殊国际机构参与情况的部际委员会会议，本次会议的主题是，研究西班牙是否继续留在欧洲航天研究组织这一问题。

所长强调，对我们而言最重要的是空军部采取的立场。站在以科技发展的标准和理由为依据的立场，我们当然支持西班牙继续留在欧洲航天研究组织。此外，我们目前正全面开展的工作可以使国家航空航天技术研究所和西班牙工业在欧洲航天研究组织的工作中获得相当可观的参与度，这样就能使付出的会费得到相当大的补偿；国家航空航天技术研究所和西班牙工业都参与欧洲航天研究组织的工作团队，这样研究所和西班牙工业之间也会有良好的关系。

此外还应注意，当时欧洲航天研究组织正在实施“大天文卫星”项目（目的是建造一颗卫星并将其送入轨道，该卫星可以对紫外线区域内的恒星进行高分辨率的光谱测量），国家航空航天技术研究所所长指出：“该项目金额将高达 9000 万比塞塔，现在正是我们的工业可以从中获益的时候，无论是在人员培养方面，还是在工业和经济的发展方面，因此似乎有必要考虑继续留在欧洲航天研究组织。”

最后，必须考虑到，“如果我们现在退出欧洲航天研究组织，以后再想加入的时候，就会带来巨大的经济负担”。此外值得一提的是，据安东尼奥·佩雷斯－马林（Antonio Pérez-Marín）表示，多亏了“大臣先生的正确处置，部际委员会内部的那种退出欧洲航天研究组织的趋势得以扭转，并且原则上同意按照当前规定配额继续留在该组织直到 1971 年”。也就是说，如果当时不是因为空军部，而是只听从部际委员会的意见，西班牙很快就会退出欧洲航天研究组织。

正如上文所述，国家航空航天技术研究所对于西班牙继续留在欧洲航天研究组织是持支持态度的，并且认为有能力在该组织内进行合同竞争；即使存在回报问题，那么这些问题也应该来自西班牙航空航天界之外的其他领域。因此，邦迪的想法是不对的，他认为：空军不愿意西班牙加入欧洲航天研究组织，但事实上，国家航空航天技术研究所的军人都是愿意的。

暑期过后，理事会再次讨论这一事项（1967 年 9 月 19 日的会议）。关于西班牙是否继续留在欧洲航天研究组织，卡尔沃有“几个坏消息，根据收到的资料，西班牙有可能退出该机构”，尽管“有一件事也许能稍微鼓舞人心”：在欧洲航天研究组织，“西班牙有可能退出组织这件事似乎已经深入人心，从我们的角度来看，这是基于我们对该组织不满，因为我们几乎没有得到任何工作项目，也没有在西班牙建立什么科学机构；在该组织中工作的西班牙科学家人数也非常有限。令人鼓舞的情况是，欧洲航天研究组织的行政负责人表示，他非常愿意对西班牙的情况予以特别考虑，为我们提供合同，并提议派遣一支代表团”。面对这样的局面，理事会表示“一致同意支持西班牙继续留在欧洲航天研究组织”。

邦迪在他的自传中指出，欧洲航天研究组织很快就派遣了一支代表团，以了解西班牙在空间技术上的资源。然而，在接下来的几个月里，这一问题仍未解决，这期间，西班牙经过各种斡旋，力图将西班牙 1968 年和 1969 年的会费额度降至 10%，希望到 1970 年西班牙能够恢复常态。这项提案必须在 1968 年 3 月 29 日的欧洲航天研究组织会议上付诸表决，最后，这项提案被接受了。决议需要得到三分之二多数票才能通过，当时除了瑞典和丹麦的代表持保留意见之外，所有代表团都通过了该决议。

西班牙通过合同获得回报的情况渐渐好转。1969 年 4 月 24 日，欧洲航天研究组织总干事（邦迪）致信路易斯·阿斯卡拉加，在此之前不久，路易斯·阿斯卡拉加已接替卡尔沃·罗德斯担任国家航空航天技术研究所理事会主席，在这封信中，邦迪向路易斯·阿斯卡拉加告知了关于与西班牙不同企业签订合同的事项，合同目的是建造 HEOS-A. 2 卫星的构架，这些企业包括西班牙航空制造公司等，还包括国家航空航天技术研究所本身。尽管如此，西班牙在技术上的落后仍然是一个主要障碍。西班牙当时获得的合同主要是土木工程合同，例如在瑞典北部基律纳的欧洲航空研究组织发射基地（即 Esrange）① 建造云雀火箭发射塔（西班牙 SENER 工程公司参与其中）。

但事情继续往好的方向发展，到了 1974 年，情况已经相当令人满意（在西班牙的能力范围内），西班牙驻欧洲航天研究组织代表团秘书处在 1974 年 3 月 5 日编制的“致国家航天研究委员会秘书长罗德里格斯·卡莫纳将军（Rodríguez Carmona）的说明”就反映了这一情况：[21]

> 1973 年 12 月 31 日统计所得的工业合同回报率是西班牙加入欧洲航天研究组织以来获得的最高的回报率。
>
> 在 ESRO/AF（74）4 号文件中，列示了截至 1973 年 12 月 31 日的所有既往合同，其中西班牙的回报率为 112%（即 1.12 比 1），也就是说，西班牙是自 1972 年 1 月起，欧洲航天研究组织 10 个成员国中获得回报率最高的国家；从 1964 年西班牙加入欧洲航天研究组织以来，其累积指数达到 0.97，弥补了回报率几乎为零的四五年落后时光。

核能进入西班牙

在研究佛朗哥上台后前几届政府班子（截止到 1945 年前后）对西班牙科学的重建时，没有涉及任何与核能相关的课题和研究，无论是在民用领域还是在军事领

① Esrange 是 ESRO 和 Range 的缩写，即欧洲航天研究组织发射场，也就是现在的雅思兰吉航天中心。——译者注

域。实际上，这只不过是内战前既有情况的必然结果，因为尽管在本世纪前期西班牙物理学有了实质性进步，但核物理学并不属于深耕的领域。与之最接近的是米格尔·卡塔兰与其合作者们在物理研究实验室和国家物理化学研究所进行的原子光谱研究。回顾第 13 章的内容，西班牙的第一个放射学实验室早在 1904 年就成立了，该实验室自 1910 年起更名为“放射学研究所”。尽管该中心创始人兼主任何塞·穆尼奥斯·德尔卡斯蒂略（我们在第 11 章也提到过他）做出了种种努力，但如前所述，鉴于其自身的局限性和兴趣所在，该中心基本上将精力都放在了绘制西班牙境内的放射性区域地图，并进行诸如放射性物质对农作物影响的研究。因此，自然而然地，该中心于 1940 年被并入国家地球物理研究所。（从 1944 年起，已经隶属于国家研究委员会的这一中心开始筹办关于放射性的年度课程）。

当然，没有建立起核物理团队，并不意味着 1945 年 8 月在广岛和长崎投掷两颗原子弹的消息没有传到西班牙。大众媒体第一时间报道了这些消息，但我们在这里要探究的是，学术媒体对此是如何反应的。下面两个例子就揭示了这一点。

1945 年 9 月 1 日，在美国投掷“小男孩”和“胖子”（分别是铀和钚的原子弹）后不到一个月，当时的西班牙主要科普杂志《伊比利亚》就刊发了比拉多－奥利瓦实验室化学部主任弗朗西斯科·马尔多纳多（Francisco Maldonado，1945）的一篇文章，题为《原子弹》。该事件对文章的作者以及西班牙科学界来说是一个新鲜事物，这一点从文章的开头就可以看出：

> 谈到这一话题，我首先想向读者指出，这篇文章是在这一耸人听闻的消息问世后不到一周的时间里写就的（签署成文日期为 8 月 12 日）。因此，我掌握的信息来源几乎为零。各种文章与新闻报道之间相互矛盾。
>
> 唯一看起来完全一致的是，炸弹是基于铀核裂变。
>
> 因此，在探究这一问题时，我参考了以下科学文献：剑桥的科克罗夫特和沃尔顿原子裂变实验室、芝加哥的安德森、剑桥的狄拉克、博特和柯尔霍斯特、帕多瓦的德罗西等人的出版物。

由此激发了人们对原子知识的真正渴求。1945年年底，耶稣会士何塞·伊格纳西奥·马丁·阿塔霍在一个由耶稣会士开办的致力于技术教育的机构——著名的天主教艺术和工业学院（ICAI）担任电工教授，在他自己的中心举办了一场主题为“原子能：特点及其军事应用”的演讲（Martin Artajo，1946）。在后来发表的演讲稿中，作者指出，“参加这次会议的军事长官、教授和工程师人数非常多……很多对这个问题感兴趣的其他人士未能参会，但他们通过这样或那样的途径向我表示，他们很希望能得到会议材料，因为其中包含了关于介绍原子弹制造活动的技术总结，眼下这方面的报道有很多，其中一些还非常有意思，但是这一点在其他文章中都没有描述过”。

马丁·阿塔霍的演讲有两个突出的特点：一方面，他强调了“最难以破解的隐秘，一直在掩盖制造原子弹，将核能用于战争的秘密。因此，秘密持有人愿意向我们披露，我们就该心满意足了”。这样的说法反映出了西班牙在科学方面的无力感。另一方面，他毫不犹豫地承认，他唯一能接触到的资料来源是几份美国期刊和亨利·德沃尔夫·史密斯（Henry De Wolf Smith）为有文化的美国人民发表的官方报告（《史密斯报告》）。请注意，有原子弹威胁在侧，内战胜利者在意识形态上是怎样一步步加强其偏向性：美国人民首先是“有文化的”，我们还要记住，在那个时代，佛朗哥政权遭到了更为强烈的政治孤立。

从马丁·阿塔霍的话中还可以看出，著名的《史密斯报告》，即美国政府于1945年8月12日发表的官方报告，其中介绍了美国为战争目的进行核研究的努力，很可能是介绍核信息的主要文件，对于西班牙这样在科学和政治上被边缘化的国家尤其如此。事实上，在1946年，即马丁·阿塔霍发表演讲的同年，阿根廷埃斯帕萨-卡尔佩出版社出版了报告的西班牙语译本（Smith，1946），这显然提高了不少西班牙读者对这方面的认识。

秘密组织：特种合金研究与项目中心

核物理学并不是国家研究委员会最初培养的分支之一。然而，1948年4月，意大利教授弗朗切斯科·斯坎多内（Francesco Scandone）应邀在国家研究委员会新成立的达萨·德巴尔德斯光学研究所讲授了一期关于“干涉滤光片”“抗反射膜”和“相位显微镜”的课程。时任佛罗伦萨大学教授的斯坎多内向参加课程的学员询问，自己是否能联系到可以向他提供西班牙铀矿藏信息的人。该研究所所长是海军炮兵工程师何塞·玛丽亚·奥特罗·纳瓦斯库埃斯（1907—1983），我们已经在第 16 章介绍米格尔·卡塔兰的内容中提到过他；该研究所的几何光学和系统计算部门的负责人阿曼多·杜兰参加了此次课程，他后来成为马德里大学理学系的光学教授。[22]他们两人后来都在核能委员会中担任要职，他们意识到斯坎多内的询问不是漫无目的的。果不其然，这位意大利教授与杜兰进行了一次谈话，话中透露出有一个意大利科研小组对核研究很有兴趣。当时杜兰与当局关系很好，他找到了他的朋友、时任高等陆军学院院长的胡安·比贡将军（我们在介绍国家航空航天技术研究所时提到过他），跟他讨论了这个问题。很明显，意大利想要发展一项核研究计划，但本国没有铀，由于同盟军一直对意大利持怀疑态度，西班牙似乎是在战后唯一能为他们提供铀的国家。[23]

经过这些接触和交谈，西班牙人与意大利人之间的合作开始了。为了给从事核研究的西班牙研究团队提供法律和财务保障，成立了一家名义上的私营公司，名为“特种合金研究与项目中心（Estudios y Proyectos de Aleaciones Especiales，EPALE）”，在行政上受一项有保留的法令的保护，法律中将该机构称为“原子研究委员会（Junta de Investigaciones Atómicas，JIA）”。佛朗哥于 1948 年 9 月 6 日签署了该法令，其序言部分论证了该机构成立的时机和形式：[24]

> 各国都有意为工业目的开发核能，不仅要尽可能保密自己在这一重要科学领域的研究信息，而且还要贪婪地获取开发这一未来能源的基本原料，这些原料可能存在于其他国家，如果没有适当了解和管控，可能会作为价值低得多的其他类别的矿物出口。
>
> 由于西班牙有此类放射性矿藏，出于经济和国防原因，有必要了解其储量，同时通过与外国交流技术和经验和与其他致力于该领域研究的国家

合作，培养一支在勘探、加工和利用核能方面训练有素的技术人员队伍。

综上，决定建立一个“原子研究委员会”，隶属于首相府管辖，宗旨如下：

a）推动开展必要的调查研究，确定国内的铀矿和其他可应用于核能生产的放射性矿物的矿藏状况和范围。

b）研究在国内或通过交流的方式进行选矿，并进行工业规模的矿石转化为纯氧化物的可能性。

c）与其他外国组织建立关系和进行交流，促成西班牙科研团队在放射性矿物勘探和核能工业效益的现代知识方面的培训。

d）以试验性规模生产核能材料。

e）筹备并规划建造一个实验性热核堆。

f）委员会认为有助于积累经验、推进核能应用尝试的一切活动。

在以上宗旨中，需要强调两点：第一，希望不要因为无知或缺乏远见而被掠夺有价值的矿物，这一愿望被当时的物质短缺状况以及佛朗哥政权的闭关自守思想佐证了；第二，承认国内在原子和核物理方面人才匮乏。在佛朗哥政权被政治孤立的年代，拥有一种对其他国家有吸引力的稀缺原材料，比如铀，被认为具有重要的战略意义。事实上，在广岛和长崎被投掷原子弹（1945 年 8 月）后不久，1945 年 10 月 5 日的《政府官方公报》上就发布了工业和贸易部的以下命令：

鉴于铀物质对国计民生和国防安全的特殊重要性，建议对推定的矿藏地块划定为保留地块，根据 1944 年 7 月 19 日《矿业法》第 48 条及后续诸条的规定，根据矿业和燃料总局的提议，我部决定临时将阿维拉、巴达霍斯、卡塞雷斯、科尔多瓦、拉科鲁尼亚、韦尔瓦、卢戈、马德里、奥伦塞、蓬特韦德拉、萨拉曼卡、塞维利亚、托莱多和萨莫拉等省的铀矿藏划定为国家保留地。

所述临时保留仅限于在处理相关文件所需的必要时间内有效。

该命令由时任矿业和燃料总局局长胡安·安东尼奥·苏安塞斯签署。

法令第 2 条建议将这个新委员会转型为一个工业公司，由此承认了其工业属性，这体现在其扩展机构——自成立之初就隶属于工业部的核能委员会（其继任者，诞生于 20 世纪 80 年代的能源、环境和技术研究中心也是如此）。

特种合金研究与项目中心 - 原子研究委员会的组织结构非常简单。任命了一个管理委员会，由奥特罗·纳瓦斯库埃斯担任主席，成员包括曼努埃尔·洛拉·塔马约、阿曼多·杜兰、何塞·罗梅罗·奥尔蒂斯·德比利亚西安（José Romero Ortiz de Villacián）和何塞·拉蒙·索夫雷多（José Ramón Sobredo）——一位海军后勤部队的军官，也是外交使团的成员。其总部最初定在国家研究委员会的光学研究所，但 1948 年 10 月 8 日的第一次会议是在海军总参谋部的实验室和研究工作室里召开的。

就这样，西班牙与意大利方面签署了协议，内容主要涉及进行经验和研究结果的交流，相互访问对方的设施，同时由西班牙以补偿名义向意大利提供铀矿，因为意大利境内没有铀矿，但核能研发方面更为先进。此外，协议还规定交流严格限定在科学研究领域，其他方面必须绝对保密。通过这份协议，意大利信息研究与试验中心承诺向西班牙方面提供技术，帮助其进行矿产勘探，作为交换，特种合金研究与项目中心必须尽快开始对已探明的矿床进行开发，在意大利的支持下建造一个半工业化工厂来生产所需的铀化合物，承诺向意大利提供至少 500 千克化合物用于分析材料特性的临时测定，1000 千克用于材料特性的最终测定，还有 1000 千克用于建造试验桩。同时还商定，派遣一批西班牙科学家到意大利接受培训和进行实地考察，了解那里的进度并学习经验。这些初步措施为西班牙培养出了第一个物理团队，他们在阿曼多·杜兰的领导下，在一个小型的大学实验室里开始建造盖格 - 穆勒计数器及其放大电路和脉冲计数器。1949 年 2 月，原子研究委员会将化学方面的工作委托给了马德里大学技术化学教授安东尼奥·里乌斯·米罗。委员会由此成立了一个无机化学研究分部，分部里还有一位航海学家兼化学家里卡多·费尔南德斯·塞利尼（Ricardo Fernández Cellini），其身份为助理。这个分部起初的目标是想通过化学手段检测极少量的氧化铀，研究最合适的分析路径和方法，并在实验室规模上进行氧化铀与其余矸石的分离。

1950 年 1 月，特种合金研究与项目中心 - 原子研究委员会的结构发生了变化：首相府发函任命埃斯特万·特拉达斯担任委员会主席，奥特罗·纳瓦斯库斯担任执行官。特拉达斯成了特种合金研究与项目中心 - 原子研究委员会与大学之间的桥梁，因此，在 1949—1950 年，这位加泰罗尼亚科学家以马德里大学数学物理教授的身份，在中心主持开办了物理和数学高等研修班，其中一些课程有中心成员的参与。这方面的例子有："核物理导论"和"核反应堆理论"，课程讲师为卡洛斯·桑切斯·德尔里奥，"量子力学"和"中子减速"，课程讲师为玛丽亚·阿兰萨苏·比贡（María Aránzazu Vigón）。这两位讲师与拉蒙·奥尔蒂斯·福纳格拉（Ramón Ortiz Fornaguera）都成了特种合金研究与项目中心的奖学金政策受益人，从 1948 年夏天开始先后到多地进行原子物理学进修，主要是在罗马（核物理研究所）和米兰、瑞士、德国等外国同类机构，还有包括伊利诺伊州莱蒙特的国际核科学和工程学院在内的一些美国机构。[25]

在核物理领域，知识水平不够是个显著问题，但还有一个更为根本性的问题，这在第 13 章中已经指出了：自 20 世纪 30 年代起，西班牙的物理研究一直萎靡不振，表现在研究的减少和物理专业的吸引力下降。举例来说，还有多少学生在马德里大学理学系学习布拉斯·卡夫雷拉的课程？真正的问题在于西班牙的物理学家太少了。奥特罗·纳瓦斯库埃斯在 1949 年 7 月发给首相府的一份报告中指明了这一点：[26]

> 西班牙现有的物理学家数量极少，代尔夫特理工大学（荷兰）一届学生的人数就能比得上或超过西班牙物理学家的总和。这种现状是在我们的"圣战"开始前 15 年里统领物理学的那些人的政策失误造成的。他们对于物理学所依托的应用问题不屑一顾，认为唯一配得上物理学家的职业就是挤上洛克菲勒基金会（即扩展科学教育与研究委员会的国家物理化学研究所）这个独木桥，或者当大学教授，要是资历不那么硬，就进研究所。在

这种情况下，这个专业根本无法吸引年轻人，现在的形势已经严峻到每年西班牙的物理专业毕业生只有不到 20 人，其中很多人还属于宗教团体，他们在获得文凭后就会为教会服务。

工程学从教育中被剥离了出来，与教育之间阻隔了不可跨越的鸿沟，使得我们的专业院校很难培养出物理学家。在诸如苏黎世、柏林、代尔夫特、伦敦帝国理工学院、麻省理工学院和加州理工学院等实力较强的理工院校中，其物理学院都名声在外，而西班牙并没有类似的知名物理学院。如今，物理专业在西班牙就只能学到大学，除了作为一门古老的技术科学的应用外，工程师们实际上已经脱离了这门科学。

与德国的关系

（西班牙）迫切想要获得核知识和建立关系的意图，也体现在奥特罗·纳瓦斯库埃斯在 1949 年 5 月 26 日至 6 月 30 日频繁访问意大利、瑞士、德国和法国的相关中心上。就德国的情况而言，双方都有意愿。[27] 德国科学家的能力出众，比西班牙同行的水平要高得多，他们之所以愿意与西班牙建立密切联系，是因为他们在本国基本无用武之地（同盟国集团对核研究的相关限制非常严格），因此，他们正在寻找新的出路，并筹措一些经费，对于一个被战争摧毁的国家来说，这是很自然的事情。而佛朗哥治下的西班牙还不受英美政策和禁令的限制，而且对核科学极感兴趣，因此正好可以满足这方面的要求。政治局势、国际意识形态版图、由广岛和长崎事件引发的关切和兴趣，以上种种促成了西班牙和德国在 20 世纪 50 年代的关系，也是成就这种关系的条件。

奥特罗在德国最先访问了哥廷根，那里集中了德国最好的一批物理学家，其中一些供职于马克斯 - 普朗克物理研究所（属于马克斯 - 普朗克学会，战后该机构于 1948 年取代了威廉皇帝学会），另一些供职于大学的物理研究所。马克斯 - 普朗克学会的主席是奥托·哈恩，而维尔纳·海森堡是物理研究所的所长，卡尔·弗里德里希·魏茨泽克（Carl Friedrich von Weiszacker）和卡尔·维尔茨（Karl Wirtz）等顶尖科学家都在那里工作。请注意，海森堡、维尔茨和魏茨泽克在希特勒执政期间都直接参与了德国的核计划，而哈恩则是间接参与（他在 1938 年发现了铀裂变，并在这个领域继续研究）。事实上，这 3 个人再加上与这些工作毫无关系的冯·劳厄，都在德国战败后被同盟军逮捕并被关押在英国的十名德国科学家之列。

在奥特罗关于此次出访的报告中，他写道（Romero de Pablos y Sánchez Ron，2001：34）。

> 这群物理学家的工作强度很大，由于核物理研究本身是被禁止的，他们就打擦边球，研究宇宙辐射。海森堡、魏茨泽克和维尔茨在“二战”期间是德国铀研究组的领军人物，其中，维尔茨是牵头进行基于重水和铀的原子堆实验的负责人，该原子堆在德国的海格尔洛赫（符腾堡州）山洞中组装。美国方面一再要求这批人去美国原子能委员会的实验室工作，但他们都拒绝了，这导致他们的科研任务受到了阻挠他们享有绝对的自由，可以进行研究，但受到严密的监视，要是想在德国违禁进行实验，那就是空想。

他还表示，他与海森堡“单独”谈了一个半小时，海森堡提出愿意全力配合“协助我们完成项目并在一定程度上指导我们进行研究”。我们从下文就能看出，这个承诺并不是一种客套话。

奥特罗·纳瓦斯库埃斯还访问了海德堡，那里也有一个马克斯－普朗克物理研究所，由诺贝尔物理学奖得主瓦尔特·博特（Walther Bothe）领导，他很可能是另一个在英国被捕的人：1934 年失去海德堡的教授职位后（因为他反对纳粹），他继续在海德堡威廉皇帝医学研究所工作，他在那里指导建造了德国第一个回旋加速器，于 1944 年投入使用。当美国接管了博特的实验室后，允许回旋加速器继续运行，但主要是为生物学和医学生产放射性同位素。博特提出可以为西班牙提供奖学金名额，但奥特罗不感兴趣。

关于哥廷根的研究团队，1949 年年底，也就是奥特罗出访后不久，海森堡受邀前往马德里参加皇家科学院成立百年庆典，但英国当局禁止他这样做；他最终在1950 年访问了马德里，分别于 4 月 11 日、13 日、23 日和 24 日在奥特罗领导下的国家研究委员会光学研究所进行了四次关于核问题的讲座，为后来核能委员会的出现埋下了伏笔。

这一年，即 1950 年，是一个特别重要的年份。作为马克斯 - 普朗克协会的主席，奥托·哈恩在西班牙国家研究委员会成立十周年之际，应邀前往马德里。他的一项行程安排是在物理化学研究所礼堂发表演讲。[28] 哈恩（1970：214）在他的自传中提到了这次出访：[29]“在战争结束五年后，我终于获准去西班牙”。“终于”一词揭示了他在获得同盟军当局许可进行这次出行时遇到的困难。除了被任命为国家研究委员会名誉委员的哈恩外，此次到访西班牙的知名科学家还有著名的宇宙射线研究专家埃里希·雷格纳（Erich Regener），1963 年诺贝尔化学奖得主、化学家卡尔·齐格勒（Karl Ziegler），以及 1938 年至 1966 年领导威廉皇帝学会 / 马克斯 - 普朗克劳动生理学研究所的京特·莱曼（Günther Lehmann）。

对于次年正式成立的核能委员会的工作来说，更受人瞩目的是，经过多次外交努力，维尔茨得以于同年（1950 年）3 月前往马德里。他做了 4 次讲座，两次是在向他发出邀请的国家研究委员会物理化学研究所，两次是在埃斯特万·特拉达斯领导下的马德里大学数学物理研究所，我们在前文提到过，这里集中承担了神秘的原子研究委员会的一部分工作。[30] 他还去过内华达山脉，评估在那里建立一个宇宙辐射观测站的可能性。在接下来的几个月里，维尔茨在其助手的陪同下多次前往西班牙，有时会在那里待几个月。他还在哥廷根接收了一些西班牙年轻人，他们在那里进行核物理学习。我们前面提到过的卡洛斯·桑切斯·德尔里奥、玛丽亚·阿兰萨苏·比贡和拉蒙·奥尔蒂斯·福纳格拉（曾与海森堡共事）等人都得益于这种联系。这种关系不仅只是科学性质的，德国工业界向西班牙方面提供仪器；而且在某些情况下，设备和仪器是在西班牙核能委员会与哥廷根的马克斯 - 普朗克物理研究所同时开发的。

在回忆录中，维尔茨（1988：87 页及以后；Presas Puig，2000：528-529）忍不住提到了他与西班牙的联系：

> 1950 年，我与妻子一起前往马德里。我在那里做了一系列讲座，之后我们进行了一次短途旅行，去了格拉纳达、塞维利亚和科尔多瓦。1951 年年初，我在马德里待了两个多月，参与了（核能）委员会的建设，目的是在马德里建一个核研究中心。我们绝不能忘记那个时代的样子。1949 年，德国引入了新的德国马克。另一方面，访问一个几乎没有受“二战”影响的国家也很有意思。尽管有“蓝色师”和类似的历史，佛朗哥还是成功地将西班牙从欧洲的混乱中拉了出来。初步的工业关系就是在那时建立的，例如与德古萨核能公司。我记得我和 H. 席梅尔布施（H. Schimmelbusch）一起去过（西班牙），他后来成为核能公司的董事。1953 年，核能委员会在桑坦德组织了一系列的课程，我本人也参加了。[31]海森堡也在 1951 年去那里短暂访问。马德里的几位年轻合作者来到哥廷根，有些是为了攻读博士学位。我们还参与了核能委员会计划在马德里附近的蒙克洛亚为其研究机构建造新大楼的问题。战后，西班牙人满怀激情地全程参与了西班牙的重建。西班牙对和平利用原子能很感兴趣。我们搬到卡尔斯鲁厄后，这方面的联系也随之转移到了（卡尔斯鲁厄的）原子研究中心。1958 年，通用电气公司制造的 3 兆瓦反应堆在马德里研究所投入运行。佛朗哥将军出席了反应堆的落成典礼，我们也受邀参加了典礼。随后，联邦共和国与西班牙在原子能领域建立了更广泛的合作，德国核能部和大使馆都在其中发挥了重要作用。我本人在 1960 年获得了智者阿方索十世十字勋章，据奥特罗所言，这是西班牙的最高科学奖项。

尽管同盟国各国政府在核问题上对德国施加了限制，但德国化学冶金公司——德古萨将“敏感”材料运往西班牙，1952 年，核能企业努肯公司（NUKEM）设法进行金属铀的非法出口。[32]1949—1963 年在任的德国总理康拉德·阿登纳（Konrad Adenauer）认为，德国应该能够为其军队配备核武器，并希望西班牙成为其盟友，1953 年上任的联邦德国国防部长弗朗茨·约瑟夫·施特劳斯（Franz Josef Strauss）也赞同这一观点。正如下文所见，西班牙和德国直到 20 世纪 60 年代仍在核领域保持着合作关系。

核能委员会

原子研究委员会未能长时间保持神秘，原因要部分归结于对于当时开展的研究这些戒备措施这一理由站不住脚。此外，要看到由于美国对西班牙的态度发生了变化，政治局势也在发生变化。事实上，这与西班牙公开其核活动信息的时间相吻合。到 1950 年年底，西班牙所开展的核计划已经见报。《先锋报》（*La Vanguard*）上刊发的奥特罗・纳瓦斯库埃斯对加泰罗尼亚物理学家马斯列拉（Masriera）的声明打破了这种保密局面［摘自 1950 年 11 月 30 日在《马德里报》（*Madrid*）上刊发的报道］：

> 奥特罗教授说："现在是时候让人们知道，西班牙在原子研究领域正在做什么和打算做什么，因为沉默只会让我们的敌人更加胡思乱想，更何况我们现在没有什么可隐瞒的，也没有什么疏忽需要担心。当然，核原子研究在国家研究委员会的职权范围内，委员会已经将其授权给物理委员会，而且根据研究的性质，也吸纳了一些化学家参与其中。"

奥特罗当时的声明十分详尽，其中提到了国家研究委员会为了将年轻的科学工作者派往国外所做的努力，这些人开始学习"实验技术和理论学科"，还提到了 EPALE（特种合金研究与项目中心）作为委员会监管下的一个研究小组的存在。西班牙原子研究的第一阶段即使不算保密，那至少也是悄悄开展的，这一阶段随着特拉达斯的去世而莫名告结，这一时期也为后来接替特种合金研究与项目中心的机构：核能委员会今后的领导地位奠定了基础。

在关于成立特种合金研究与项目中心的法令中，就规定有必要将之转化为一家工业企业，利用这一规定，基于原先特种合金研究与项目中心的组织架构，核能委员会 1951 年 10 月 21 日依法成立。值得注意的是，委员会的第一任主席是比贡将军，副主席是奥特罗・纳瓦斯库埃斯，并保留了特种合金研究与项目中心、原子研究中心的所有成员。1955 年 5 月，比贡去世，另一位军官埃尔南德斯·比达尔将军接替了他，一直任职到 1958 年。虽然核能委员会不属于军事部门，但其高管都是军官（奥特罗·纳瓦斯库埃斯本人是委员会的副主席和总干事，后来接任的主席也是一名军官）。

核能委员会在其章程中规定委员会的工作目标如下：

– 通过矿业勘探发现放射性元素矿床。

– 矿藏的独家开采。

– 核研究和应用所需的矿物和化学品的获取、制备、保存和加工。

– 放射性同位素的获取、分配和干预。

– 为科研和技术人员提供专业培训。

– 与外国同业研究机构建立专属关系。

– 按要求执行研究、工程、操作和安装，换言之，创建中试工厂和原型工厂。

– 就核能相关事宜向政府提供咨询。特别是提出相关的立法。

为实施这一计划，需要设立若干咨询委员会：动物医学和生物学委员会、植物生物学和工业应用委员会、工业反应器委员会和工业设备委员会。最后，设立了以下部门：矿业研究和开采部（内设岩石学实验室），材料部（内设有慢化剂分部和选矿试验工厂），化学部（内设分析化学和化学研究分部），物理部（内设电子分部和实验物理分部），以及反应器部，此外还有冶金厂和冶金研究分部，以及医药和保护分部。

可以看出，核能委员会在西班牙的核领域真正具有垄断地位。举例来说，在委员会较为重视的“放射性元素矿藏开采”方面，委员会创始法令规定应在委员会的提议下建立矿业保护区；对矿区地块完全保留，甚至要达到“军事机密”水平。放射性矿物的开采只能由委员会（通过下设的地质调查处）实施；任何了解到或发现矿藏的个人都有义务进行报告，因发现矿藏导致的费用可得到适当补偿。此外，法令还规定了对所发现矿藏的地块进行征用的条件。[33]第一个发现的矿区在莫雷纳山脉，在 1954 年实施了开采。为此建立了一个新的城镇，即圣巴巴拉 - 德拉谢拉镇，安置了 250 户矿工和技术员。就这样，西班牙开始以半工业化规模生产铀棒，成为继英国和法国之后第三个拥有中试化学处理厂的欧洲国家。

核能委员会的早期历史可以划分为若干阶段。[34]第一阶段涵盖了从其成立到胡安・比贡去世的这段时期，当时的主要努力方向，除勘探外，就是建造一个零功率反应堆，由重水慢化，并使用天然铀（即同位素铀 238）作为燃料。同时还启动了人员培训。第二阶段为 1955 年至 1958 年 11 月，当时佛朗哥将军为位于马德里大学城的胡安・比贡国家核能中心揭幕。在此之前，核能委员会的工作人员一直被分散安置在国家研究委员会或康普顿斯大学中。在此期间，核能委员会开始从实验室技术转向中试工厂，将活动重点放在美国援助的研究反应堆和材料浓缩厂的建设上。

从“原子能和平利用计划”到蒙克洛亚反应堆

1953 年 12 月 8 日，距离 3 月斯大林去世和 7 月朝鲜战争结束仅隔数月，美国总统德怀特・D. 艾森豪威尔向联合国大会提交了一份和平利用原子能的计划，即“原子能和平利用计划”。[35]艾森豪威尔提议在联合国的主持下成立一个国际机构，美国将向该机构提供 5000 千克的铀 235，即铀的裂变同位素，用于医疗和发电领域的民用核应用。这一提议的结果是成立了总部设在维也纳的国际原子能机构。1954 年 8 月 30 日，艾森豪威尔签署了新的《原子能法》，允许美国通过双边协议向友好国家提供情报和支援。在此之前，1948 年颁布的所谓《麦克马洪法案》，为所有的原子研究，无论是否属于军事研究，规定了严格的保密措施，阻断了提供核情报的一切可能性。

艾森豪威尔提出“原子能和平利用计划”的原因是多方面的。其中一个原因当然就是为了宣传，或者也可以说是现代版的文化帝国主义。必须在西班牙—美国双边关系的整体背景下考虑西班牙的情况，它清楚展现了“原子能和平利用”的这样一个侧面。

1955 年 7 月 19 日，美国原子能委员会（由美国总统杜鲁门创建并于 1947 年 1 月开始运作）主席刘易斯·斯特劳斯（Lewis Strauss），负责欧洲事务的副助理国务卿沃尔沃思·巴伯（Walworth Barbour）和西班牙大使何塞·玛丽亚·德阿雷尔萨（José María de Areilza）在华盛顿签署了一项“关于原子能民用”的合作协议。议会于 7 月 19 日批准了该法案，并于 1956 年 1 月 6 日正式颁布了法令。法令规定协议于 1956 年 7 月 19 日生效，有效期为 5 年。

根据该协议，美国有义务向西班牙提供以丰度最高为 20% 的铀同位素 235（可裂变同位素）为基础的裂变材料，数量不超过 6 千克。其性质为借出，需要西班牙以其国内确实存在的原材料铀来偿还，西班牙的原料铀拥有量与裂变材料的借入量相当。交易条件是，借出的裂变材料只能用作功率为 3000 千瓦的池式反应堆的燃料。反应堆建造用的基本部件是从美国进口的，并由美国提供一半的建造成本，即 35 万美元（这写在协议的其他条件中）。这个被称之为“JEN-1”的池式反应堆于 1958 年 10 月 9 日投入运行。当日，在以工业大臣为首的各主管部门负责人的见证下，西班牙首次实现了自我维持的核连锁反应。11 月 27 日举行了正式的落成典礼。最初，这个尺寸为 15 米 ×8 米 ×8 米、有两米厚钢筋混凝土墙的反应堆的运行功率仅为 100—200 瓦，但几个月后就达到了 3000 千瓦的正常功率。反应堆的核心由 28 个方形截面的燃料元件组成，周围环绕着充当中子反射器的石墨。燃料元件由铝和丰度为 20% 的铀构成的合金组成，由两片铝板覆盖；使用的铀 235 总量不到 4 千克。一股以每秒约 16000 千克的速度流经核心的水流被用作冷却剂。JEN-1 反应堆专门用于材料技术测试和生产用于医药、农业和工业的中短寿命放射性同位素。

西班牙政府方面承诺，不会将收到的材料用于军事目的或协议规定以外的目的，并在需要更换时归还使用过的燃料。

必须指出的是，西班牙在核问题上没有得到美国的优待（在这方面，军事基地并无助益）。同期（即 1955 年）美国先后与土耳其（6 月 10 日），以色列（7 月 12 日），中国和黎巴嫩（7 月 18 日），哥伦比亚（7 月 19 日），葡萄牙和委内瑞拉（7 月 21 日），丹麦（7 月 25 日），菲律宾（7 月 27 日），阿根廷（7 月 29 日），巴西（8 月 3 日），希腊（8 月 4 日），智利（8 月 8 日）以及巴基斯坦（8 月 11 日）签署了核条约，内容与西班牙的核条约完全相同。而美国与比利时、加拿大、英国和瑞士签订的核条约与上述条约有本质的不同。比利时属地的铀矿，美国与加拿大和英国的密切政治关系，以及瑞士的中立使之成为主办国际会议和机构的理想之地，都是得到美国优待的原因。

就像在许多其他问题上一样，尽管美国在核问题方面的存在感和影响力在西班牙不断增加，但除了约翰·克里格（John Krige，2006）所称的“战后欧洲科学重建中的美国霸权”之外，西班牙仍保持着与德国在 20 世纪 40 年代末建立起来的关系，尽管现在侧重于工业方面。1968 年 9 月，由伯姆（Böhm）和维尔茨教授带队的德国物理学家代表团，在另外 4 名专家的陪同下参观了位于蒙克洛亚的核能委员会的设施，其任务是“了解卡尔斯鲁厄核子物理中心与核能委员会在快速反应堆领域的合作可能性”。[36] 维尔茨在参观后起草的报告中提出了以下几点评论：

> 西班牙核能委员会负责该国在原子能方面的所有事务，包括向工业大臣（现任工业大臣洛佩斯·布拉沃）提供顾问意见。毫无疑问，国家需要委员会。在帕洛马雷斯钚氢弹事故（1966 年 1 月 17 日）中，委员会为政府提供了很大的帮助，在控制对人员和土壤的污染方面进行了专业应对。
>
> 尽管如此，蒙克洛亚的科学工作显然受到了没有针对该中心的任何规划这一事实的影响。部分设施“随时待命”，但给人一种闲置或未使用过的印象。这是由于资源相对匮乏、人手不足导致工作负担重的情况造成的。反过来说，没有规划可能恰恰是资源匮乏的原因，而近年来资源更加有限。
>
> 委员会缺乏方案与西班牙缺乏原子能计划有关。行业（能源供应商和配套产品生产商）的利益和举措也是不协调的，没有得到国家的系统支持，尽管国家肯定有意提供此类支持。
>
> 德意志联邦共和国想要与西班牙（在政府、研究机构和工业层面）开展富有成效的合作，应以西班牙政府制定出原子能计划为前提。通过这一计划，明确委员会的任务，并由委员会来保障各级的协作。

在考虑建造新核电站作为索里塔、圣玛丽亚－德加罗尼亚和班德略斯核电站的补充时，除了要研究其对西班牙的工业意义外，值得一提的还有报告中出现的其他观点：

委员会（可能还有国家）倾向于使用天然铀的核电厂，以避免对美国的过度依赖（正如我们所见，美国是浓缩铀的供应国）。D_2–O 反应器是理想的模型。外国采购将得到财政支持（低息贷款）。

国家工业研究所尽管以私营企业的思路运作，但其属于国有企业，由工业大臣管辖。西班牙 20% 的煤矿、电厂以及其他产业都由该研究所持有，其任务被主席卡列哈定义为：国家工业研究所负责开创任何政府认为必要、但私营经济并不涉足的行业。例如，如果核能委员会能证明建造核电厂的必要性，那么国家工业研究所就会负责建造。快速反应堆也在考虑范围内。

在这种情况下，由于西班牙能源供应商对“联合制造燃料元件”和部件生产类重工业感兴趣，报告称核能委员会“希望加强其地位”。奥特罗先生认为，现阶段的工作方向是快中子反应堆，并将之与卡尔斯鲁厄核子物理中心的工作相协调。作为此次合作的代表性标志，奥特罗先生希望获得“德国的重要投资”。这是基于施托尔滕贝格（Stoltenberg）部长承诺的在一定条件下（西班牙承担与建造传统电厂对应的成本，并享受德国的优惠贷款），在西班牙建造一个原型（或类似）快中子增殖反应堆。奥特罗强烈强调了这一点。最起码要在蒙克洛亚建一个规模相当的“替代设施”。奥特罗希望卡尔斯鲁厄向（德意志）联邦科研部提出相应方案，这笔投资可能要达到数百万美元。

西班牙和德国的交流是在最高级别进行的。因此，在与上次访问同一年的 10 月 17 日，西班牙驻德国大使何塞·塞巴斯蒂安·埃里塞（José Sebastián Erice）向外交部发送了以下（加密）电报：

我刚刚与科研部部长进行了一次非常友好的交谈。他告诉我：

1. 德国准备立即与我们的研究计划合作，为我们提供“纳吉马姆环”（Nageium Loop）胶囊项目的实验装置。

2. 德国预计出资约 50 万美元。

3. 西班牙只提供供电基础设施。

4. 科研部部长希望您选派一个西班牙工业使团与德国实业家们在几周内会面，以便为德国参与我们在这一领域的工业化初步打开局面。

5. 德国部长愿意达成合作协议，但认为两国需要达成广义上的“框架协议”，将核研究以及其他（我觉得是）为核研究打掩护的其他问题都纳入其中。

可以看出，核能包含了一系列的广泛政治利益和行业利益，以及科学方面的利益，尽管可能比较少。[37]

物理、欧洲核子研究中心与核能委员会

提到核能委员会，所考虑的问题主要与核政策和技术有关，在一定程度上也关系到科学研究本身。不过，核能委员会也对核物理和理论物理等基础科学的发展产生了影响。

核物理一直备受关注，因为这一学科与核反应堆设计和放射性燃料管理等课题直接相关，并涉及粒子散射分析、通量分布和中子功率与临界质量和燃料燃烧率预测等问题。有相当多科学家在核物理及化学、理论物理、固态物理、材料科学和高能物理等研究领域进行了全日制学习或进修，他们学成之后，有的进入大学和高等工程学院担任教职，有的进入了国家研究委员会任职，由此可见核能委员会对大学的影响力。

考虑到核能委员会的兴趣，尽管欧洲核子研究中心致力于亚原子物理学的基础研究，但西班牙机构派一些年轻的物理学家到日内瓦实验室进修也就不足为奇了。萨洛梅·德乌纳穆诺（Salomé de Unamuno）就是这种情况，她曾在马德里大学就

读，是杜兰和桑切斯·德尔里奥的学生，获得核能委员会的奖学金后，在欧洲核子研究中心待了一段时间，工作就是对气泡室中记录的相互作用照片进行分析，这是在20世纪60年代和70年代普及的一项实验技术。萨洛梅·德乌纳穆诺于1963年在她的丈夫、法国物理学家布鲁诺·埃斯库贝斯（Bruno Escoubés）陪同下回到马德里。他们的到来极大地加强了核能委员会高能物理实验研究的实力。在当时的物理部门负责人玛丽亚·阿兰萨苏·比贡、电子分部负责人奥古斯丁·塔纳罗和实验物理分部负责人弗朗西斯科·贝达格尔（Francisco Verdaguer）的支持下，设立了一个负责检查气泡室照片的工作组，专门检查从欧洲核子研究中心寄给他们研究的材料。

事实上，这些技术是在巴伦西亚的粒子物理研究所使用的，该研究所是国家研究委员会的一个挂靠在大学中的研究中心，负责人是华金·卡塔拉·德阿莱马尼（Joaquín Catalá de Alemany，1911—2009），在那里操作测量摄影感光乳剂的设施，并研究分析气泡室照片的仪器，将其用于宇宙射线的研究。[41]正如巴勃罗·索莱尔·费兰（Pablo Soler Ferrán）（2017：Cap.5）所述，卡塔拉·德阿莱马尼曾在巴塞罗那大学攻读物理专业，并于1943年在奥特罗·纳瓦斯库埃斯的指导下获得博士学位，进入了国家研究委员会光学研究所任职。次年，他在巴伦西亚大学化学系（当时没有物理系）获得了理论和实验物理学教职，他在那里直到1973年，之后到马德里担任空气物理学教职。1949年，在国家研究委员会的资助下，他到布里斯托尔大学的实验室进修核技术，导师是塞西尔·F. 鲍威尔（Cecil F. Powell）。1950年9月（同年，鲍威尔因发展研究核过程的照相方法，并发现亚原子粒子——π介子而获得了诺贝尔物理学奖），他从英国回来后，成立了主要由化学家组成的研究小组，由此产生了上述粒子物理研究所。

核电站

“二战”结束后，尽管仍在继续开发原子武器，但也开始研究核能的和平应用，即设计核反应堆。第一批反应堆是在20世纪40年代末设计出来的，通过让高压水循环流过堆芯发生铀裂变（水也被用作冷却剂，以控制温度）。通过这种方式，循环水被加热到沸点，产生蒸汽，为能够驱动发电机的涡轮机提供动力（反应堆堆芯取代了使用传统燃料的热电厂锅炉）。这是一个简单的设计，有西屋公司和通用电气生产的两种型号。该反应堆的原型在 1953 年测试成功后，被安装在“鹦鹉螺”号潜艇上，该潜艇于 1954 年 1 月开始服役（一直运行到 1985 年 7 月 6 日）。在水面舰艇方面，第一艘核动力船是苏联的极地破冰船“列宁”号，装配有两个反应堆，于 1959 年 9 月开始服役，1989 年退役。

如果核反应堆可以为潜艇提供动力，那么显然迟早也能在陆地上建造反应堆来生产民用电力。第一次通过这种机制发电是在 1951 年 12 月 20 日，在前一年由美国原子能委员会在爱达荷州爱达荷福尔斯市附近建立的核设施（国家反应堆试验站），但它使用的是一个小型试验反应堆，其型号最终用于“鹦鹉螺”号。3 年后，苏联进行了一次类似的试验，成功在奥布宁斯克建造了一座民用核电站，并于 1954 年 6 月投入运行。1956 年 10 月，英国考尔德豪尔原子能发电站举行了落成典礼。美国的第一座核电站在宾夕法尼亚州的希平港建成：西屋公司于 1953 年 10 月签署了建造合同，1954 年 9 月开始施工。1957 年 12 月 18 日，希平港核电站首次发电，配送给匹兹堡和周边地区。到 20 世纪 80 年代中期，该核电站停止了运作。

西班牙也有意向建造和装配核电站。[38] 从核能委员会章程设定的目标中可以看出，委员会的一项主要目标就是“按要求执行研究、工程、操作和安装，换言之，创建中试工厂和原型工厂”，且委员会的一个部门就是“反应堆部”。1955 年 7 月 24 日，在《政府官方公报》上发布了以下行政令：

1955 年 7 月 19 日关于成立工业反应堆咨询委员会令

目前在研究和测试通过核反应堆链式反应发电的可能性方面的进展清楚表明，西班牙已具备项目研究条件，并可在适当时候建造和运行核电站，尽管具体日期尚无法准确预见。

根据 1951 年 12 月 24 日法令的规定，核能委员会负责就这一问题以及与国外类似机构的关系向政府提出建议。

为此，在核能委员会中设立了一个委员会，代表相关公共和私人实体。委员会由奥特罗·纳瓦斯库埃斯担任主席，成员为核能委员会、工业部、国家工业研究所的代表和工业领域的各相关人士。该行政令由1951年起担任首相的路易斯·卡雷罗·布兰科（Luis Carrero Blanco）签署。

但西班牙发展核电站的道路十分漫长。1958年9月，在技术总秘书处内成立了一个核安全小组。1964年4月29日颁布了一项法律，其中直接或间接提到了安全问题：

本法旨在：

鼓励西班牙发展对核能的和平利用并规范在全国范围内和平利用核能的实施。

保护生命、健康和财产安全，避免核能带来的危险和电离辐射的有害影响。

规范西班牙在国内落实其签署和批准的关于核能和电离辐射的国际承诺。

在该法中专门有一章明确规定，作为工业部能源总局颁发相关许可证或授权的先决条件，必须要取得核能委员会签发的"关于核安全和辐射防护的强制性报告"。西班牙最早的三座核电站，即索里塔核电站（瓜达拉哈拉，1968年落成），圣玛丽亚－德加罗尼亚核电站（Burgos，1971）和班德略斯1号核电站（Tarragona，1972）的建造批文，就是在该法律颁布后授予的。

欧洲核子研究中心

欧洲核子研究理事会（CERN）的历史可追溯到1949年年末。[39]促成其问世的最主要推手就是法国原子能委员会总干事拉乌尔·多特里（Raoul Dautry）。1949年12月在瑞士举行的欧洲文化大会上通过了一项决议，建议研究建立一个"旨在研究核能在日常生活中的应用"的欧洲核科学研究所的可能性。6个月后，哥伦比亚大学物理学家伊西多尔·拉比（Isidor Rabi）在佛罗伦萨举行的联合国教科文组织（联合国教育、科学及文化组织）第五届大会上提出一项倡议，呼吁在欧洲建立各类实验室，其中包括核物理实验室（他还提到了分子生物学实验室）。该倡议于1950年6月7日由教科文组织大会批准通过。

需要指出的是，拉比所提倡议的主要动机究竟是什么。他告诉其传记作者（Ridgen，1987：236），"我希望尽力提升欧洲的实力，让欧洲无论在工业上、心理上还是在其他方面都能够自我维持下去。我认为——到现在仍然认为——除欧洲方面的原因外，我们（美国）没有其他理由要与俄国人对抗。如果欧洲能独立、有团结意识，我们就可以与俄罗斯人友好相处，将他们看作一个奇特的民族，努力想要在那种有趣的政府形式下生活。我们可能会因为他们缺乏自由而同情他们。但由于欧洲在那里，就出现了问题。”因此，他针对欧洲科学组织发出的倡议，应该有助于促进他认为欧洲所欠缺的“团结意识”。只有这样，美国和苏联之间的关系才能稳定下来。这一点恰恰就是他的主要目标。

在接下来的数月中，有两拨人开始考虑并发展了拉比的建议：一拔是几个核物理学家，包括弗雷德里克·约里奥－居里（Frédéric Joliot-Curie）曾经的合作者——法国的莱·科瓦尔斯基（Lew Kowarski），还有瑞士的彼得·普赖斯韦尔克（Peter Preiswerk）等科学家；另一拔人是意大利的爱德华多·阿马尔迪（Edoardo Amaldi）和法国的皮埃尔·奥热（Pierre Auger）等宇宙射线专家。值得一提的还有多特里、意大利国家研究委员会主席古斯塔沃·科隆内蒂（Gustavo Colonnetti）和比利时国家科学研究基金会主任让·威廉斯（Jean Willems）。1950 年 12 月，在奥热（当时他也是联合国教科文组织自然科学部主任）的组织下，相关科学家和负责人首次开会明确这一主题，在会上形成了一项提案，阐述如何在欧洲建造世界上最大的粒子加速器。

次年，在奥热的领导下对这一项目提案进行了完善。同年 12 月召开了一次政府间会议，主办方就是教科文组织，事实上，该组织也是项目的最终赞助方。最后，决定成立一个临时组织，即临时欧洲核子研究理事会，作为最终成立机构的过渡。1952 年 2 月，12 个国家同意为其提供资金：比利时、丹麦、法国、希腊、意大利、荷兰、挪威、英国、德意志联邦共和国、瑞典、瑞士和南斯拉夫（奥地利于 1959 年 7 月加入，西班牙于 1961 年 1 月加入）。10 月，临时理事会的代表们同意，在日内瓦建一个 30GeV 的同步加速器，作为实验室的核心设施。到 1953 年 6 月，最终协议的文本已起草完毕并将于 1954 年 10 月生效，届时这个被我们称为“欧洲核子研究常设理事会”的组织将召开第一次会议。

回顾欧洲核子研究中心的早期历史，一些重要的细节显而易见，例如该组织的发起人利用了核神话、冷战开始后产生的焦虑以及重建欧洲的愿望。但是，这些争论确实或多或少也对相关国家产生了影响。实际上，对欧洲核子研究中心的理解十分微妙，综合了科学、政治和外交方面的因素。例如，我们需要考虑到特定国家的利益，比如对于德国来说，加入欧洲核子研究中心是规避同盟国禁止其开展核物理研究的一种方式。另一方面，对于英国来说，欧洲主义者们的理由都不重要；更有甚者，英国对这些理由一概否决，正如英国外交部在 1953 年 4 月声称的，英国“本可以向世界证明，该组织作为一个欧洲机构实际上没有任何政治意义”，从中可以看出，英国希望不损害其与美国的双边关系。对于英国来说，加入欧洲核子研究中心的主要理由就是为了使用 25-30GeV 加速器。瑞士因其中立性而被选为当时商讨各项振兴欧洲倡议的重大会议的举办国，选择日内瓦作为欧洲核子研究中心的总部所在地这一点极具吸引力。法国也赞成这一选址方案，因为中心的实验室靠近法国边境，该国希望在文化上对中心保持重要影响力。另一方面，从外交层面上看涵盖了整个欧洲，欧洲核子研究中心在外交上的重要地位，从中心自 1953 年年初开始毫无障碍地推行的一项协议上就可以看出来，这项协议现在回过头来看相当奇怪：在招聘工作人员时没有规定国家配额（实际上各国争夺的只有领导职位），也没有尝试将工业合同价值与各国在欧洲核子研究中心预算中的出资占比相挂钩（这一政策一直保持到 20 世纪 70 年代），最后，理事会不设否决权，甚至在预算审批的表决中也不设否决权：理事会决议需得到多数赞成票方可通过，对于特别重大的表决事项，需要三分之二的多数赞成票方可通过。[40]

这样一来，在核能委员会中营造出了有利于核物理研究的氛围，促使西班牙于 1961 年加入了欧洲核子研究中心。然而，受惠于欧洲核子研究中心的西班牙物理学家非常少。根据 1964 年 4 月 29 日的一项法律（5 月 4 日的《政府官方公报》），在核能委员会内部成立了核研究所，阿曼多·杜兰被任命为所长，由此迈出了重要一步。新中心最先开设的两门课程是核工程和基本粒子物理学导论，主要目的就是为今后培养核技术专业人才。第一门课程旨在培养专门从事核电站和配套设施的设计、建造和运营的工程师和科学家。第二门课程的主讲人是卡洛斯·桑切斯·德尔里奥，他是反应堆物理和计算系的负责人（他还自 1953 年起在马德里大学担任原子和核物理学教授），阿尔韦托·加林多（Alberto Galindo）和佩德罗·帕斯夸尔（Pedro Pascual）配合他，二人分别是萨拉戈萨大学和巴伦西亚大学的理论物理学家，最后分别在康普顿斯大学和巴塞罗那大学担任理论物理学教授。参加高能物理学入门课程的人中有曼努埃尔·阿吉拉尔·贝尼特斯·德卢戈（Manuel Aguilar Benítez de Lugo），他当时刚毕业，后来在核能委员会的高能实验物理组取得了辉煌的成就，他回忆称（Benítez de Lugo，1999）“来自马德里大学、巴塞罗那大学和萨拉戈萨大学的十几名应届毕业生参加了那个强化课程。课上讲授关于理论和现象学的内容，并由布鲁诺·埃斯库贝斯和萨洛梅·德乌纳穆诺对这一研究领域的实验方面进行了介绍”。

弗朗西斯科·因杜拉因（Francisco Ynduráin）（1998：198），另一位高能物理学领域的杰出理论学家，早年在阿尔韦托·加林多的指导下在萨拉戈萨大学获得了博士学位，之后进入了高能物理领域，他对情况总结得很到位：

> 战后西班牙第一个进行高能物理研究的团队是国家研究委员会挂靠在巴伦西亚大学的一个研究中心，由华金·卡塔拉和费尔南多·塞内特领导，从 20 世纪 50 年代末开始对宇宙射线的相互作用进行研究，特别是使用了乳化技术，（但是）只进行了实验研究，没有理论物理学家的参与。
>
> 第二条路就是通过核能委员会发展，从长远来看这无疑是最重要的。尽管当时已经很清楚，原子核不是基本物质，因此核能委员会主要关注的不是粒子物理学，但委员会建立了一个小组（在这方面模仿了更发达世界的类似组织），起初主要是为了理论研究，即亚核物理学。特别是，西班牙加入欧洲核子研究中心，核能委员会在其中充当了沟通的桥梁，这对这类物理学的发展起到了激励作用。无论如何，在相当长的一段时间里，尽管核能委员会有六位粒子物理学家，但仅限于这一学科的理论研究部分。

尽管当时高能物理在国际上占据了科学高地，但在西班牙却发展不力。20 世纪 60 年代后半期，当欧洲核子研究中心提出可以在日内瓦以外再建造一个加速器（在西班牙被称为“大机器”）时，西班牙高能物理学家小团体在奥特罗·纳瓦斯库埃斯的支持下，正式提交了一份提案，倡议将选址定在西班牙（选中了埃尔埃斯科里亚尔附近的一个地方）。

甚至还成立了一个部际委员会来研究这个问题，这也关系到持续参与欧洲核子研究中心事务对西班牙是否合适。对此，在1967年3月31日的内阁会议记录中是这样写的（Romero de Pablos y Sánchez Ron，2001：213）：

> 工业大臣向委员会通报了西班牙参与欧洲核子研究中心的情况，以及在西班牙选址安装该国际组织计划建造的大型粒子加速器的可能性。
>
> 由于该项目具有重大的科学意义，同时也需要安装该设备的国家作出相当大的经济努力，经提议并由委员会一致同意，决定成立一个由外交部、财政部、教育和科学部、工业部和发展计划委员会的代表组成的部际委员会，研究西班牙继续参与欧洲核子研究中心的可取性以及建造大型机器所涉及的科学和经济问题，并就这些事项发表报告，以便政府在7月份之前就此事作出决定。该部际委员会主席将由工业部的代表担任，秘书职务则由核能委员会的代表担任。

部际委员会花了两个月时间发布了第一份报告。报告中首先权衡了仅仅是缴纳会费义务就要承担的高额经济费用：“1968年的会费可能达到1.7亿比塞塔，1969年为2亿比塞塔”。另一方面，有必要评估高能物理研究在国家总体研究框架中的权重，以及更适合开展这项研究的中心。要适当利用欧洲核子研究中心的实验可能性，也需要西班牙实验室额外支出大约1亿比塞塔。就当时西班牙用于所有科学研究的经费而言，每年3亿比塞塔这个数额太高了，更有甚者，这个数额还远远不够，正如奥特罗·纳瓦斯库埃斯在1967年7月8日给国际组织总干事的信中所承认的：[42]

> 很明显，我们要留在欧洲核子研究中心，需要付出巨大的经济代价。欧洲核子研究中心是一个充满活力、潜力强大的组织，其会费增长率高达

11.5%，但与欧洲地区国家的增长率相比，这个增长率并没有任何异常，也不是西班牙无法企及的。

事实上，与欧洲核子研究中心 11.5% 的累计增长率相比，法国的增长率为 25%，德国为 23%，意大利为 20%，由此显然可见，不是研究中心的增长率太高，而是西班牙科学研究的增长率实在太低了，这意味着我们与欧洲经济区的其他国家之间的距离不是在缩小，而是在拉大，无论我们是否愿意，这将对我们的经济发展产生客观影响。

在 1967 年 9 月 15 日举行的内阁会议上就此事进行了讨论。会议记录中记载了会上达成的协议："1. 部际委员会以多数票赞成西班牙留在欧洲核子研究中心，条件是'大机器'的选址决定对西班牙有利；由于该决定要到 1968 年才会作出，从目前来看，西班牙最好还是留在该组织中。"

最终，欧洲核子研究中心决定将"大机器"建在中心日内瓦总部的场地中。尽管这一决定使西班牙留在该组织的前提条件不再存在，但还有其他一些原因导致西班牙当局在 1968 年底作出退出欧洲核子研究中心的决定，并于 1969 年正式退出。高能物理是一个具有重大科学意义的领域，西班牙人在其中有很多东西需要学习，但这一点最终并未起到决定性作用。奥特罗试图以这些问题刺激西班牙工业发展，将之与工业联系起来也没什么进展：西班牙企业未能向欧洲核子研究中心卖出过任何东西。如果政府和部际委员会只能提出对"费用"的"回报"这样的理由，那么退出欧洲核子研究中心的决定肯定是不可避免的：西班牙出了资，但从其成员身份中获益甚微。

直到 1982 年 6 月，西班牙在另一个政治体制下才重新加入该组织。

不管看起来如何，西班牙粒子物理和理论物理这些不像实验物理那样需要耗资巨大的工具的物理学科，反而从退出欧洲核子研究中心的决定中得益。1968 年 9 月，大学间理论物理小组（GIFT）成立，从核研究所获得了大笔经费。1977 年 2 月，在萨拉戈萨大学原子与核物理系举行的一次高能物理专题会议上，康普顿斯大学理论力学教授、时任大学间理论物理小组负责人的安东尼奥·费尔南德斯－拉尼亚达

（1977：24）在提到该小组的贡献时表示：

> 1968 年 9 月，几乎所有的西班牙理论物理专家（主要是基本粒子物理学家）在核能委员会碰面，开会同意成立一个组织来发展研究，促进培养该专业的研究人员和教师。来自国家研究委员会、核能委员会以及巴塞罗那大学、马德里大学、塞维利亚大学、巴伦西亚大学、巴利亚多利德大学和萨拉戈萨大学的专家加入了该基金会。我认为值得一提的是安赫尔·莫拉莱斯（Ángel Morales）在组织该次会议中发挥的重要作用。从经济角度来看，大学间理论物理小组得以创建，要归功于核研究所的支持，此前核研究所用于支付欧洲核子研究中心会费的资金，在西班牙退会后有一部分转拨给了这个小组使用。自此，西班牙的理论物理出现了一次长足发展，这在很大程度上得益于大学间理论物理小组与其他研究单位之间的协调。而我认为，A. 加林多教授和 P. 帕斯夸尔教授作为学科带头人以及两个活跃的科研中心的创办者，他们也发挥了决定性作用，对其他各中心的工作都有明显影响。

正如费尔南德斯 - 拉尼亚达所指出的，起先这些科学家大多是高能物理理论学家，还有一些实验物理学家，但来自其他学科的物理学家的数量逐渐增加，最先加入这个群体的是固态物理（当时是凝聚态）学家。于是，西班牙物理学逐渐多样化，适应了国际舞台。

第 19 章

民主时期的西班牙科学

无论对科学创造给予何种奖励，都应以社会利益而非个人利益为目标，并应以自由和全面发表发现者的新思想为前提。真理只有在能够自由获得时，才能使我们得以自由。

诺贝特·维纳（Norbert Wiener）

《发明》（*Invention*，1993）

对于一个历史学家来说，最好不要过于贴近当下，因为自身参与其中，难免会干扰其观点和看法。在研究 1975 年年末西班牙进入民主时期后的历史时就是如此。尽管如此，我们还是要提供一些数据，虽然是初步数据，希望随着时间的流逝，我们能够以更超脱的立场来独立看待这段历史。下文就仅限于提供数据而不做判断。但是在进入这段历史前，还需要对科学与民主之间的关系进行一些总体澄清。

科学与民主

人们常常会问：民主有利于科学的发展吗？原则上说，国家社会主义政权时期的德国，原则上似乎适合回答这一问题。[1] 这就是塞缪尔·古德斯米特（Samuel Goudsmit）的经历。这位在1927年移民美国的荷兰裔物理学家，与同样来自莱顿大学的年轻学生乔治·乌伦贝克（George Uhlenbeck）一起提出了量子物理学中的自旋概念，由此在科学界声名大振。1944年盟军攻打纳粹占领区时，美国军方发起了一项代号为"阿尔索斯"的行动，目的是刺探德国在科学方面的发展，尤其是核武器的发展情报，并抢在苏联人之前抓捕德国科学家。古德斯米特作为美国军官，在此次行动中担任科技主管。他将那次行动的经历写成了同名书籍《阿尔索斯》（*Alsos*）。在导言中，他写道（Goudsmit，1983：xxvi-xxvii）：

> 在下面几页中，我将汇总此次任务的前情，并介绍"阿尔索斯"（行动）开展科学情报刺探工作的方式及成果。显然，如果从我的论述中得出的唯一结论是证实美国在科学领域，至少是在核物理领域的发展要领先于德国，那么基本上就没必要写这本书了。事实上，我感兴趣的是为什么德国的核武器研究失败了，而美国人和英国人却能成功，我认为事实相当确凿地证明，法西斯主义下的科学不同于民主制度下的科学，而且可能永远不会与之相同。

古德斯米特在引文中自己就承认了，支持他关于法西斯主义、民主与科学的论断的主要论据在核物理领域；更简单直接地说，是同盟国成功制造出了德国没能制造出的原子弹这一点。在"阿尔索斯"（行动）的主导者看来，德国人之所以失败，是因为他们的科学被纳粹教条破坏了。他认为，之所以如此，不仅是因为纳粹驱逐和迫害了犹太裔科学家，还因为纳粹主义排斥现代物理学等"非雅利安"科学，从而导致有前途的学生们的流失。少数敢于冒险研究抽象的"非雅利安"科学的学生，其教育状况逐渐恶化。此外，"事实证明，在困境中坚守的科学家所剩无几，无力回天"，因为"他们必须要与纳粹抗争，而且很多同事也被纳粹的神经质感染了"。

可惜，事实似乎并不像古德斯米特声称的那样清晰明确。诚然，由于大量研究人员被迫流亡，德国科学，特别是物理学受到了影响，但德国的科学潜力仍然很大，仍然保有大量的人力资源，而且，一个关键点在于，在纳粹政权时期，德国国内的科学动态不能笼统地归结为不断地重复简单判断：这是一门由反犹主义者主宰的科学，他们首先否定了犹太人爱因斯坦的理论，为所谓的雅利安物理学辩护，使其他科学深陷蒙昧主义的泥沼，从而导致德国无力开发核武器制造项目。

例如，在尝试分析为什么德国科学家不生产核武器时，就必须要考虑到几个因素。首先，1940—1941 年，德国很容易忽视核裂变研究与军备之间的联系。战争似乎已经胜利在望，几乎没有时间开发和使用原子弹。1941 年 10 月，欧洲大部分地区已经处于德国的统治之下，英国被孤立，美国保持中立，而德国军队正以不可阻挡之势向斯大林格勒和莫斯科挺进。将大量资源转用于核物理和核工程似乎是一种不合理的浪费。然而，这并不意味着没人看好这个有望在未来获得巨大经济和军事回报的项目（事实上，人们一直认为实现对原子能的控制利用还有很长的路要走，自傲的德国物理学家们也没有想到，他们在大西洋彼岸的同事能比他们做得更好）。

德国和美国在研发核武器方面付出的努力与最终结果之间存在明显差异，其原因与国家社会主义意识形态基本无关。至于将原因归咎于纳粹领导人的政治责任，认为德国主管科学事业的领导人明显不如美国的领导人这种看法，显然无视了 1933 年以前的德国历史。德国的学术架构不是希特勒发明的，尽管他确实严重破坏了这一架构。而且不管怎么说，德国当时的科学技术体系足以制造出 V-2 火箭并发射到英国去，也足够维持一支现代化的空军部队。更确切地说，核物理学的发展史揭示的是科学家的道德标准的尺度。举例来说，德国科研人员是否能够无视以下事实：第一批氧化铀是从纳粹刚刚侵占的捷克斯洛伐克提取的；数吨铀化合物是从比利时“进口”的；在入侵挪威之后，德国将世界上最大的重水生产厂划拨给了法本化学工业公司（1925—1945 年欧洲最大的私营公司），而重水是德国核科学家坚持要求的持续链式反应缓和剂之一；弗雷德里克·约里奥 - 居里（Frédéric Joliot-Curie）被迫让几位德国科学家进入他在巴黎的核研究实验室（实验室里配备回旋加速器）；1943 年秋，哈恩和海森堡工作的威廉皇帝研究所从被盟军的飞机轰炸破坏得越来越严重的柏林迁往德国西南部的小城镇，是通过雇用波兰的强迫劳工（更确切地说，是“奴隶”）进行的；被关押在萨克森豪森集中营的大约 2000 名妇女被奥尔公司用来在奥拉宁堡生产氧化铀；法本公司雇用的 33 万名工人中，大约有一半是来自集中营等地的强迫劳动者。

如果裂变炸弹在苏联的快速出现的原因，可能是依靠窃取民主国家美国的情报，但是氢弹（聚变炸弹）呢？别忘了，苏联先于美国成功地把世界上第一颗绕地球运行的人造卫星——“卫星”1 号送入轨道。这方面的例子还有很多。

民主国家的科学与极权国家的科学之间的差异，主要在于民主国家的科学是建立在自由的基础上的，这对于重视开展不受束缚的研究的科学而言较为有利，但是从整体结果来说，这种差异并非决定性的，因为我们非常清楚，民主制度下的科学研究也会受到严重的限制，主要是资金或军事利益方面的影响。

这一切都是为了说明，在研究 1975 年之后的西班牙科学史时，必须小心谨慎，尽管在这方面存在显著的本质性差异：在民主的西班牙，不会有科学家因思想政治意识原因遭受流放，为政府发声的科学家也不会受到额外关照，也不会建立与受“政权”青睐的团体（尤其是宗教团体）相关的（科研）机构。但是，即使如此，我们也不应当因为何塞·玛丽亚·阿尔瓦雷达①、曼努埃尔·洛拉-塔马约②、埃斯特万·特拉达斯③或何塞·玛丽亚·奥特罗·纳瓦斯库埃斯④等人拥护佛朗哥政权而视之为“坏科学家”。

西班牙的科学氛围日益浓厚

民主制度下的西班牙将其关注点日益聚焦到科学、科研、R&D（研究与开发）或

① 何塞·玛丽亚·阿尔瓦雷达（1902—1966），西班牙科学家（化学和医药学家）和学者，西班牙国家研究委员会第一任秘书长，纳瓦拉大学第一任校长。——译者注

② 曼努埃尔·洛拉-塔马约（1904—2002），西班牙政治家和科学家，国民教育大臣（1962—1966），教育和科学大臣（1966—1968）在佛朗哥独裁统治期间担任西班牙国家研究委员会主席（1967—1971）。——译者注

③ 埃斯特万·特拉达斯（1883—1950），西班牙数学家、科学家和工程师。——译者注

④ 何塞·玛丽亚·奥特罗·纳瓦斯库埃斯（1907—1983），西班牙物理学家，专攻光学领域，在几何光学、物理学、生理学和核能方面造诣颇深。——译者注

R+D+i（研究、开发和创新）上来。然而，并不能据此就说，在之前的独裁政权中，这些方面没有取得进展。随着西班牙经济形势的变化，特别是在 20 世纪 60 年代初，西班牙科学发展停滞不前被视为造成国民经济不振的一个主要原因。尽管如此，国家并未采取任何补救措施。因此，从 20 世纪 60 年代中期到 1974 年，研发投资在国内生产总值中的占比变化不大，仅从 0.2% 增长到 0.3%。在民主时期，研发投资在国内生产总值中的占比增长较快，1984 年为 0.6%，1987 年为 0.7%，不过与其他工业化程度更高的国家相比仍有很大差距，这些国家的研发支出占比甚至超过 2%。

虽然在 1975 年之前这方面的经费不足，但国内也出现了专业机构来规划研究项目并提供资助。1958 年 2 月，西班牙成立了科学技术研究顾问委员会（CAICYT）作为政府在科学研究和技术发展方面的咨询和顾问机构，隶属于首相府管辖。

1964 年，在庆祝西班牙国家研究委员会成立 25 周年之际，西班牙出台法令，设立了国家科学研究发展基金会（FNDIC）。[2] 根据成立章程，该基金会旨在为公共或私营性研究机构（不得是营利性机构！）提供“额外的资金支持，用于开展常规融资方式无法覆盖的紧急行动”。更具体地说，该基金可受理以下申请：①为需要紧急开展的协调性研究计划提供经费补贴；②购买特殊的研究仪器设备和参考资料；③为到境外研究提供补贴；及④临时聘用西班牙或外国籍科研人员。

想法很不错（事实上，人们在看近期的法案和法律时，会觉得似曾相识），但最开始时基金会可支配的经费很少。1965 年，国家科学研究发展基金会的预算经费为 4600 万比塞塔；1966 年为 1.51 亿；1967 年为 1.07 亿；1968 年为 1.04 亿；1969 年为 1.83 亿；1970 年为 2.42 亿；1971 年为 1.89 亿；1972 年为 2.65 亿；1973 年为 5.03 亿；1974 年为 8.06 亿；1975 年为 12.24 亿。由此可见，自 1973 年国家第三个发展计划启动后，基金规模才有所增长，而基金真正出现了显著增长是在民主时期：1976 年，11.11 亿比塞塔；1977 年，19.86 亿；1978 年，11.42 亿；1979 年，12.98 亿；1980 年，30.55 亿；1981 年，72.44 亿；1982 年，95.92 亿；1983 年，68.12 亿；1984 年，85.31 亿；1985 年，91.02 亿；1986 年，128.49 亿；1987 年，129.58 亿。

曼努埃尔·洛拉－塔马约眼中的科学技术研究顾问委员会

我在第 17 章中已经介绍过曼努埃尔·洛拉－塔马约（1993：281-283），在他的回忆录中，对科学技术研究顾问委员会的起源进行了回顾：

显然，要作出一项实用的研究规划，需要各部委、各单位相互协调并与实业界协调配合。高等科学研究理事会的成立宗旨是“促进、指导和协调国家开展科学研究”。前两项目标已经很好地落实了，但是协调工作还没做到，因为协调与促进和指导密不可分，但却不在理事会所隶属的教育部的职能范围内。这个问题必须要解决，认识到这一点，在我加入教育部之前，我向首相府副国务秘书卡雷罗·布兰科（Carrero Blanco）司令提议成立科学技术研究顾问委员会，隶属于首相府。他采纳了我的提议，促成内阁于 1958 年 2 月 7 日颁布了一项法令，批准设立这一机构。这个新设机构的负责人由我担任，成员来自各所大学、研究中心的代表以及这些大学和研究中心所属部委的高层官员。受英国的科学政策咨询委员会启发，新设委员会的任务就是在关乎国家利益的科学技术研究项目的筹备和开展方面提供咨询。我满怀激情地投入制定委员会工作准则的工作中，在我提议设立这一机构时就已经对这些准则有了一个大概的构想，之后我到伦敦与英国委员会的主席亚历山大·托德（Alexander Todd）先生进行了讨论，我跟他多年来一直在科研业务方面有联系，而且我们的私交颇深。同年 7 月，第一份报告问世，这份报告由以下几部分内容构成：“培养科研工作者；留住现有的科研人才；三年期研究计划（这在国内尚属首次，远早于后来的发展计划）；研究计划的资金需求以及获得研究经费的可行途径”。为编制这份报告，我们咨询了多达 93 家各部委下辖的研究机构以及企业内设的研究机构，其中 80% 的研究机构对旨在了解近年来开展的工作的调查问卷进行了反馈。同时，我们还咨询了多达 150 位来自科研、教学和工业技术领域的领军人物，并通过一份简短精练的调查问卷，请他们针对各自的专业领域提出建议和意见。在汇总了这些有权威性的材料的基础上，经过认真分析和筛选，顾问委员会在成立 6 个月后向政府提交了第一份工作报告。在报告的第一部分，优先注重促进大学和高等技术院校的科学研究，并研究了国内外研究机构的奖学金制度，保证后续利用好这些奖学金，还考虑了在西班牙将其他国家的科研机构专家领导的团队组织起来的可能性。要留住现有的科研人才，就要确保人才培养的连续性，避免科研人才流失、出现职业危机和转行，这些都是可以预见的，以满足科学和技术发展带来的需求。在报告之外，顾问委员会还借鉴其他国家的方针，推出了一些项目来提高工业界对研究的兴趣，并取得了令人满意的结果。

民主时期的西班牙科学

1975 年 11 月 20 日，弗朗西斯科·佛朗哥将军去世，西班牙进入了新的民主政权时代。在制宪期间，由于方方面面的原因，没有太多精力重视科学技术，这可以理解；正因为如此，在 1978 年 10 月 31 日得到议会两院批准通过并于同年 12 月 6 日颁布的《宪法》中，对科学的提及少且肤浅，仅指出“公共权力应为总体利益促进科学和科学技术研究（第 44 条第 2 款），赋予国家在‘科学技术研究的促进工作和总协调’方面的职权（第 149 条第 1 款第 15 项）”。事实上，新政权最初采取的一些措施，只是上一个时代末期启动的相关措施的延续。1975 年 5 月，佛朗哥政府的最后一任教育大臣克鲁斯·马丁内斯·埃斯特鲁埃拉斯（Cruz Martínez Esteruelas）提出过一项旨在改革西班牙国家研究委员会的法律草案。这部草案于同年 12 月 5 日由国王胡安·卡洛斯一世签署，成了一项法令。在这项法令中，将当时作为委员会组成部分的三个自治机构——西班牙国家研究委员会本部，数学、医学和自然科学分会和胡安·德拉谢尔瓦科研基金会都划归教育和科学部副国务秘书办公室管辖，通过一个“专门的管理和研究机构”，即科学政策办公室对这三个机构进行监管。

要想找到西班牙政府关注科学的重要迹象，与其看政府或议会，不如看参议院；更具体地说，看所谓的“参议员独立工作组”于 1977 年 11 月 18 日通过（由王室任命的）参议员格洛丽亚·贝格·坎顿（Gloria Begué Cantón）提出的一项议案。[3]根据这项议案，一方面建议在议会上院设立一个科学政策委员会，另一方面，向全会提交了一项非法律提案，敦促政府成立一个“负责起草一份关于西班牙科学研究的全面报告的技术委员会”。在建议中提出了一个长久以来显而易见的理由，即在这个科学（研究与开发应用的结合体）是国家经济实力的一个主要拉动力的时代，然而西班牙的科学研究没有很好地发展起来，致使西班牙技术欠发达，带来了严重的后果，遗憾的是，这种情况到现在仍是如此。国际收支数据就说明了这一点，西班牙是经济合作与发展组织（经合组织）成员国中赤字最高的国家之一，在技术方面（技术援助和特许权使用费的付款和收入）的逆差持续增加：1972 年为 115 亿比塞塔，而 1976 年增加到 270 亿（同时，申请专利的数量占比骤降，从 1966 年的 40% 下降到 1975 年的 18%）。为了解决这些问题，1977 年 8 月，时任工业和能源大臣阿尔韦托·奥利亚特（Alberto Oliart），在世界银行贷款的资助下，成立了工业技术发展中心（CDTI），致力于“推动和促进西班牙工业生产的技术发展”。

1979 年 4 月 6 日，即 1978 年宪法颁布后不久，西班牙成立了大学和研究部，由路易斯·冈萨雷斯·塞亚拉（Luis González Seara）担任大臣，在他的领导下，对科学技术研究顾问委员会进行了改革，同时开始围绕国家应采取的科学政策展开了激烈讨论。然而，在 1981 年，在后来不断发生的“文字游戏”中，首相莱奥波尔多·卡尔沃·索特洛（Leopoldo Calvo Sotelo）① 领导下的政府班子，更侧重于发展“科学”而非“研究”（教育和科学部），尽管被任命出任教育和科学大臣的费德里科·马约尔·萨拉戈萨（Federico Mayor Zaragoza）是一位生物化学家，他本人就具有研究背景。[4]

我们再回头看参议院。1977 年 11 月 26 日，参议员独立工作组的提案获批通过并在《议会公报》上公布。然而，尽管在教育部中加入了科学的名头（科学和教育部），但国家要想在科学政策领域有大动作，尚需时日。事实上，7 年后，参议院再次发声，通过西班牙科学研究政策激励小组委员会提出吁请。这个小组委员会由来自萨拉曼卡的工人社会党参议员、萨拉曼卡大学科学逻辑和哲学教授米格尔·安赫尔·金塔尼利亚负责协调。该小组委员会起草了一份意见书，于 1984 年 2 月 18 日获得一致通过并予以公布，意见书中的一些观点很有意思。一方面，意见书指出：a）研究人员稀缺、经费不足，强调相对于政府的投入来说，私营领域投入到科研中的经费比例比较低；b）政府科研部门的行政组织架构不合理；c）科研成果对经济

① 莱奥波尔多·卡尔沃·索特洛（1926—2008 年），西班牙前首相（1981—1982）。——译者注。

活动和改善社会服务水平的影响很小。

另一方面，参议院在 1984 年发布的这份意见书中还对《宪法》批准的自治结构对科学研究可能会有什么影响进行了评论。意见书第 1.3 节内容如下：

> 除前面援引的宪法条款外，还应当考虑到，大多数的自治区在各自的自治章程中规定，自治区在科学技术领域享有完全的自治权。为行使这些权力，各自治区纷纷出台了各种各样的政治、行政和经济措施。特别值得一提的是，有的自治区根据宪法第 151 条所赋予的自治权，在这方面做出了显著努力。但是，不同的自治区之间在行动上存在很大的差异，这是由于各自治区的行政结构发展程度不同以及各自治区在科研基础设施方面的起步条件不同造成的。最后，尽管各自治区的行政长官都表示愿意协调和整合他们各自的科学政策举措，但没有一个适当的框架来进行这种协调和整合。

我之所以花费大篇幅来介绍这一点，是因为这段引文触及一个自此影响西班牙科学政策组织的问题。《宪法》颁布后，几乎贯穿之前的整个西班牙科学史的强大中央集权因素（作为一个简单但举足轻重的例子，我们回顾一下，在 20 世纪 50 年代以前，只有马德里大学才有权颁发博士学位）消失了，至少在原则上消失了。与各自治区的政治和行政组织一样，这种新结构可以且应当有助于在全国发展科学研究，但是，正如参议院在意见书中提出的建议，最好由一个“适当的框架来协调和整合”各方努力。在我看来，目前西班牙仍然没有这样一个框架，虽然有的自治区（特别是加泰罗尼亚和巴斯克）显然已经在大力发展科学研究，在过去的 25 年里尤其如此。

最后，我想指出，参议院小组委员会在 1984 年起草的意见书中敦促国家政府尽快提交一份法律草案，为国家今后的科学政策发展制定框架。

大学改革法

大学是科学研究的重要场所，令人高兴的是，大学也从改革中受益。之前大学的发展一直停滞不前，只在 1968 年通过比利亚尔·帕拉西引入的法律稍有改变（我在第 17 章中已经介绍了这一点）。1983 年 8 月 25 日，西班牙批准通过了第 11/1983 号组织法，即《大学改革法》，其中阐明了对提高国家科学水平的关切。该法在同年 9 月 1 日的政府官方公报上发布，在开头阐明了立法动机：

> 西班牙要融入先进的工业社会，必然要经历完全融入现代科学世界的过程，但由于各种历史变故，西班牙从一开始就未能融入现代科学世界。但其他邻国的经验告诉我们，现如今，最有能力迎接这一科技发展挑战的社会机构就是大学。即使单纯为了促进西班牙的科学思想和科学精神的发展，也必须要对大学进行改革。然而，改革的必要性至少源于另外两类需求。首先，改革源于越来越多的学生想教育深造，要么是为了培养专业，要么只是为了满足他们日益增长的、令人赞许的各类文化兴趣。另一方面，可预见的未来西班牙融入欧洲大学领域意味着西班牙与外国的学生交流互换越来越频繁，因此，有必要建立起制度框架，通过调整教学方案和根据劳动力市场的需求灵活调整学位制度来应对这一挑战。大学学习已经高度民主化，这也是长达几个世纪的教育和文化民主化进程的最新阶段，事实证明，这是一个稳定、宽容、自由和负责任的社会的最坚实基础。科学和文化是老一辈能够提供给后代的最好遗产，也是一个国家能够创造的最大财富，毫无疑问，也是唯一值得积累的财富。因此，发展科学、培养专业人才和文化传播是西班牙的大学这一古老而又焕然一新的社会机构在 21 世纪必须履行的三项基本职能。

该法还进一步规定，如果根据西班牙宪法，“改革势在必行，那么社会有权要求大学提供高质量的教学和研究，必须通过改革做到这一点；然而，只有保证大学的自由和自治条件，才能做到这一点，因为只有在营造出自由氛围的大学中，才能萌生出研究思维，而这是现代理性和自由社会的活力因素。因此，本法所依据的核心理念是，大学不是其既得利益者的财产，而是一种真正的公共服务，涉及整个国家和各自治区的总体利益”。

通过改革引入的机制，包括推广第三周期（博士）研究生教育，出台促进研究人员培养的规定，鼓励大学教授参与校内外的研究项目（其本质是将科学与实业联系起来），尽管从科学研究到实际应用的道路并不顺畅（这也是西班牙所面临问题的另一个特点）。在这种机制和公共经费的扶植下，各大学纷纷改善了自身的科研机构和提高了科研贡献水平，有时还通过与西班牙国家研究委员会合作打造联合中心来出成果。

《科学法》

3年后，即1986年，也就是西班牙加入欧盟（1985年6月12日）的第二年，当国家科学研究发展基金会的预算破100亿大关时，国家颁布了一部科学方面的特别法。工人社会党在1982年年底上台执政后（一直执政到1996年），颁布了一部促进和全面规范科学技术研究的法律。这部法律被命名为《科学法》（第13/1986号法律，发布在同年4月18日的官方公报上），该法调整了西班牙的科学技术发展方向，重点扶持开展在技术和环保领域的发展方案（当时的教育大臣是何塞·玛丽亚·马拉瓦利）。跟《大学改革法》一样，我们在此援引了新的《科学法》开头几段的内容：

> 西班牙的科学研究和技术发展一直萎靡不振，没有在社会中营造出鼓励科技发展的氛围，没有相应举措来确保政府实施有效干预，对这方面有限的资源进行规划和协调，科研目标与相关科研部门的政策之间缺乏联系，而科研机构与生产部门之间也普遍缺乏联系。因此，总的来说，西班牙对

科学技术进步的贡献不大，与之在其他领域的地位并不相称，这就不足为奇了，而即使是出现了例外情况，例如在本世纪某些时期，西班牙对科学进步做出了巨大贡献，也主要是一些天才人物的个人贡献。

如果认识到这种情况在过去对西班牙的技术进步、现代化和树立良好社会风气可能产生的不良影响，那么任由其持续下去在今后可能带来的风险就更不用说了。事实上，发达国家一直都很重视研究与社会经济发展之间的联系，在我们这个以持续的经济危机和激烈的工业竞争为特征的时代，这种联系比以往任何时候都更加明显。要应对所谓的“第三次工业革命”的挑战，要求我们不断增加在研究和创新方面的投入，以保持在技术变革的最前沿，而实际上发达国家也正在这样做。

西班牙要纠正在其科学技术生产中的上述传统弊病，这些弊病主要集中在经费不足和科研项目的协调管理无序状态上，同时，还要确保西班牙能充分参与到周边国家的工业化发展进程中，以上种种充分表明，西班牙需要颁布一部法规，在宪法设定好的目标范围内制定必要的文件，以确定科学研究和技术发展的优先行动领域，规划资源并协调好生产部门、科研机构和大学之间的关系。这些都是《科学法》所倡导的主要原则，作为在规划、计划、执行和监督等不同层面的全面、连贯和严格的科学政策的保证，目的是通过增加必要的研究资源，获得最符合西班牙要求和需要的科学－文化、社会和经济效益。

《科学法》旨在重组西班牙科学体系，建立现代化的科学体系，建立或整合一系列公共研究机构，如西班牙国家研究委员会、西班牙国家航空航天技术研究所、卡洛斯三世健康研究所（负责生物医学研究工作）、国家农业研究院和西班牙海洋学研究所。虽然核能委员会被保留了下来，但是根据《科学法》对其名称和宗旨进行了变更，在其原身基础上成立了能源、环境和技术研究中心（CIEMAT），该中心由5个部门组成：核裂变部门、化石燃料部门、聚变和元素粒子部门、可再生能源部门和能源的环境影响部门。这不仅仅是为了适应当下排斥核能的时代精神，也有其他原因。核能在 20 世纪 70 年代的重大发展及其广泛的社会影响，意味着许多在 20 世纪 50 年代走在前列的时代参与者不得不让位给其他新生力量。电力公司占据了主导地位，社会对建设新核电站持强烈反对态度，再加上经验表明采取新安全措施可能要承担的高昂成本，造成了这样一种局面：核能委员会不再是唯一的决策机构。1980 年成立的核安全委员会负责对核工业实施监管，1985 年成立的国家放射性废物处理公司（ENRESA）是一家公共实体，专门负责处理、调节和储存西班牙境内产生的放射性废物，该公司使用的是核能委员会的设施、人员和资料，这意味着委员会逐渐丧失了其原先的功能。2004 年，公共研究机构名单中增加了西班牙地质矿产研究所，这是一家原先就有的机构，我们在第 8 章中就提到过，这家研究所的成立时间可以追溯到 1927 年，成立时就采用了这一名称。

为对《科学法》建立的整个框架实施监管，成立了一个科学技术部际委员会，由科学研究和技术发展领域的直属上级部委的代表组成（例如，西班牙国家研究委员会隶属于教育和科学部；能源、环境和技术研究中心隶属于工业部；西班牙国家航空航天技术研究所隶属于国防部；卡洛斯三世健康研究所隶属于卫生部）。在进行上述重组的同时,《科学法》还规定了在科学技术研究领域的总体目标，为此要求制定一项国家研发计划，其中明确指出，该计划的目标是：a）推动知识的进步和技术创新与发展；b）保护和发展自然资源，实现自然资源的最优开发利用；c）推动经济增长、促进就业和改善工作条件；d）发展工业、商业、农业和渔业，提高其竞争力；e）发展公共服务，特别是住房、通信和交通服务；f）促进健康、社会福利和生活质量；g）加强国防力量；h）保护和传承艺术和历史遗产；i）促进艺术创作，推动文化在各个领域的进步和传播；j）提高教育质量；k）使西班牙社会适应科学发展和新技术带来的变化。

更具体地说，在 1988—1991 年，国家研发计划促进了以下科技领域的发展：生活质量和自然资源（生物技术、药品研发、体育研究、农业研究、畜牧业研发、林业系统和资源、食品技术、自然遗产保护和环境退化过程、海洋资源和水产养殖、地质资源）；生产和通信技术（先进自动化和机器人技术、空间研究、新材料、信息和通信技术、信息和通信技术、微电子学），以及社会文化问题（社会问题和社会福利、南极问题研究、高能物理、研发信息、计算机资源互连计划，又称 IRIS 计划）。计划中还提到了一些自治区的具体项目，一个是加泰罗尼亚的化学项目，另一个是巴伦西亚的传统工业现代化的新技术项目，以及其他领域的项目：如知识普及项目，教师培训和科研人员深造项目，农业研发项目和食品项目。

这些项目的覆盖面非常广，而且与当时的社会敏感问题密切挂钩。从原则上看，这些项目也不是很具体，几乎涵盖了所有方面。多年来，西班牙的科研人员，无论是高校科研人员还是其他机构（如国家研究委员会）的科研人员，通过这些项目很容易就能获得经费。政府在政策上大开方便之门，即使是申请经费人员的科研资质不是那么权威，也不难通过审核，这可能是政府出于建立基层科研设施的考虑，以弥补之前的不足，并由此取得进一步的成果。国家评估和展望局的成立也是促成《科学法》出台的一个先决条件，这个机构成功缓解了这种项目审批乱象。1986 年，即《科学法》颁布的这一年，国家评估和展望局通过努力，在受资助研究项目的遴选方面引入了严格的标准，不仅要看待审批项目的科技含量，还要看项目是否与政府的科学政策宗旨相符。可以说,《科学法》开启了（或试图开启）西班牙漫长、多变、纷繁复杂的科学史上的新篇章。虽然可以通过一些因素来对特定时期或特定的结果作出评判，但最好还是不要这样做。如果过于贴近当下，此时的历史学家不仅是观察者和解释者，还是参与者，那么，我重申，历史在这种情形下可能会丧失其一项最主要的能力：判断的独立性。

注 释

前 言

[1] 在此我想特别纪念胡安·贝内特（Juan Vernet）和他的《西班牙科学史》（1975）一书。除他之外，西班牙的科学历史学家往往还会把何塞·玛丽亚·米利亚斯·巴利克罗萨（José María Millàs Vallicrosa）、佩德罗·莱因·恩特拉戈（Pedro Laín Entralgo）、何塞·玛丽亚·洛佩斯·皮涅罗（José María López Piñero）以及路易斯·加西亚·巴列尔斯特（Luis García Ballerster）作为榜样。我曾有幸见过除米利亚斯之外的上述其余各位名家。

[2] 在洛佩斯·皮涅罗、格利克（Glick）、纳瓦罗·布罗顿斯（Navarro Brotons）和波特拉·马尔科（Portela Marco）合著的作品中（1983）可以找到很多西班牙科学家的传记。

[3] T. I. 第 554-568 页（1782）。马松文章的西班牙语译本，以及其他西班牙作家对他的反击，可以在 E-E·加西亚·卡马雷罗（E. y E. García Camarero）的作品中找到（1970 年版：引用自第 51-52 页）。相关信息可在书后参考书目中找到，年份和冒号后面的数字与我在文中引用的段落所在的页面对应。

第 1 章 三种文化的国度

[1] 在由曼努埃尔·C. 迪亚斯 - 迪亚斯（Manuel C. Díaz y Díaz）（2004：191）撰写的基督教作家图书馆出版的《词源》（塞维利亚的圣依西多禄，2004）的《概述》中，可以读到："很多关于第 2 册的修辞问题都源自西塞罗的《论题》（*Topica*），但是这是通过该作品一个佚名的、梗概性的总结提出的，而不是直接通过该作品提出的。做一下类比的话，人们会发现在第 16 册和后续书册中，有普林尼的《博物志》，但也不是正常版本，而是某种总结叙述，可以作为矿物学或植物学手册之用"。迪亚斯 - 迪亚斯还指出，依西多禄在《词源》

一书中引用了 52 名作家，大多数都是诗人。维吉尔（Virgilio）是他引用最多的（共 266 处），排在之后的就是西塞罗（57 处）和卢坎（Lucano）（45 处），但引用数量要差得很远，另外还有泰伦提乌斯（Terencio）、卢克莱修（Lucrecio）、贺拉斯（Horacio）、奥维德（Ovidio）等作家。

[2] 小普林尼（1998：15）。我使用了墨西哥国立自治大学与比索尔出版社共同编辑的版本。

[3] 迪亚斯 - 迪亚斯（2004：205）指出："在比利牛斯另一侧，（《词源》的）影响力是巨大的、切实可感的。"他还补充了一条重要的评论："这样的成功让人们深深怀疑关于这个时代极端无知的叙述的准确性。"

[4] 第 11 册：《论人类和奇异生物》。

[5] 根据希波克拉底学说，人的四种体液中占主导的那一种可以将人的气质分为：多血质、胆汁质、黏液质和抑郁质。四种体液的不平衡（恶液症）会导致疾病，若想治疗，则需要通过放血和净化减少主导体液的量（这些疗法即使不致死也会带来不良后果，在两千年的时间里一直困扰着病人们）或者增加起相反作用的体液：例如，如果因又热又干的黄胆汁发热，则应该使用海水浴，增加又湿又冷的黏液数量；如果是黏液过多，疗法则是卧床喝葡萄酒。

[6] 亚历山大图书馆似乎曾藏有数十万莎草纸卷轴（据说有 50 万—100 万卷），收录着世界各地的作品（曾有希腊、犹太、亚述和埃及的文本）。它的毁灭是一系列灾难的结果。恺撒军团在公元前 48 年的行动中引发的大火造成的伤害有限，因为当奥勒留（Aureliano）在 267—272 年为击败帕尔米拉帝国女王芝诺比娅（Zenobia）而袭击这座城市时，图书馆仍在使用。

[7] 在《致古老、高贵、加冕的马德里城：古老、高贵和伟大的历史》（*A la muy antigua，noble y coronada villa de Madrid. Historia de su antigüedad，nobleza y grandeza*）（1629）中，赫罗尼莫·德金塔纳（Jerónimo de Quintana）描绘了这样一幅马德里的画面："（当）摩尔人闯入（马德里），安置自己的物件、制定自己的法律时，他们是那样热爱这座城市，以至于一直在努力保持她的伟大，细致地照料和呵护她，加强并且重新设计了她的城墙，扩建了城市的街区，以便让留下来的基督徒能够在这里生活。在城镇代表大会上，这个城市的市长在托莱多王国所有官员中有权第一个发言……这个地方的特点就是人才辈出，他们的思想和能力都卓尔不群，可以创作各种流派的作品，在这里有各种学校、学院和大学，整个王国的人才都来这里学习占星术和天体研究等自然科学，这座城市以这些学科见长，也正是因此，人们在城市盾徽的边缘装点了七颗星。"（引自 Vera，1933：110-111）。

[8] 在米利亚斯·巴利克罗萨的作品中（1960：第四章）可以找到更多关于马斯拉马著作的信息。

[9] 在阿方索写字间保存下来的 16 卷中，有一本是《天文知识集》，保存在康普顿斯大学的历

史图书馆中。

[10] 关于《阿方索星表》的两位主要负责人，何塞·查瓦斯（2019：126）写道（我关注了他的研究）："尤达是一名医生，在费尔南多三世统治期间，他已经和两位意大利人合作对几篇科学论文从阿拉伯语到卡斯蒂亚语的翻译，包括《八重天星图之书》这本书。伊萨克，也被称为来自托莱多的拉比卡格，是阿方索十世宫廷中最富有成效的科学家，他除了编制天文表，还负责几篇关于仪器和时钟的构造和使用的论文。"

[11] 查瓦斯和戈德斯坦（2003）分析和译写《阿方索星表》中的基准。

[12] 有关《阿方索星表》内容和情况的更多详细信息，请参阅普勒（Poulle，1988）和金格里奇（Gingerich，1992）。

[13] 康普顿斯大学历史图书馆保存了这部作品的手稿，对开页，厚羊皮纸，原本在天主教伊莎贝尔女王的图书馆，后来被阿拉贡的费尔南多二世卖给了枢机主教西斯内罗斯。

[14] 从第一个千年所达到的文化水平来看，需要另一个千年或更多千年才能恢复希腊时代的知识水准。为了更快达到这个阶段，除将伊斯兰文本翻译到罗马语言版本之外，别无他法。这是因为随着罗马帝国的边界逐渐被斯拉夫的侵占，希腊语逐渐在消失。这意味着希腊语最终将不再在传播希腊世界所获得的知识方面发挥核心作用，取而代之的是拉丁语。

[15] 在《关于中世纪加泰罗尼亚物理和数学思想史的论文》中，对里波尔手稿的研究见第 4 章第二部分（10—12 世纪）。

[16] 犹太人在西哥特时代遭受的惩罚的一个例子是，在第 3 届托莱多会议（589）中，他们被禁止担任公职，禁止雇用年轻女佣和基督徒仆人。

[17] 公元 1 世纪，塞内卡也出生于科尔多瓦。

[18] 扎库特最好的传记是坎特拉·布尔戈斯的传记（1935），查瓦斯和戈德斯坦（2000）添加了一些细节，作为他们研究扎库特天文工作的一部分。在此遵循最后一个参考。

[19] 扎库特经常被认为是《万年历》（*Almanack perpetuum*）——1473—1552 年的天文占星表的作者，但查瓦斯和戈德斯坦（2000）提供了充足的理由来对此进行否认。

[20] 中世纪大学的三艺包括语法、辩证法和修辞学。四艺包括算术、几何、天文学和音乐。

第 2 章　为帝国服务的科学（16—17 世纪）

[1] 我将在第 4 章详述这个远征队。

[2] 副标题为：由希腊语译为民间西班牙语，配有清楚详尽的注解，以及无数精美罕见的植物插图，译者为教皇尤利乌斯三世的医生、安德烈斯·德拉古纳博士。

[3] 关于这第 1 版的译著，他曾向费利佩二世提交一本配有手工着色插图的副本。在其去世后，发行了很多其他版本，例如：在萨拉曼卡（1563 年、1566 年、1570 年、1584 年及 1586 年），在马德里（1560 年、1595 年及 1673 年；后来，在弗朗西斯科·苏亚雷斯·德里韦

拉进行补充之后，又有1732年、1733年、1752年、1763年及1783年的版本），在巴伦西亚（1635年、1636年、1651年、1677年及1695年）以及在巴塞罗那（1695）。

[4] 同年还设立了印度群岛皇家最高委员会，作为卡斯蒂利亚枢密院的一个内部机构。直至1624年，到了卡洛斯一世统治期间，才成为一个自治机构。这是对西印度各民族以及之后的菲律宾在行政、管理、司法、战争、宗教等方面的所有相关事务的最高决策机构。

[5] 根据领航员提供的信息，这份皇家统计册得以作出补充和修改，由此不断得到更新。

[6] 交易事务所中设立的航海职位和制图职位，成为众多研究工作的目标。除了普利多·鲁维奥（Pulido Rubio）既经典又先锋的研究之外，还有一个很有用的参考便是桑切斯·马丁内斯（Sánchez Martínez）的文章（2010）。

[7] 必须指出的是，宇宙志和地理学的关系十分密切。来自巴利亚多利德的百科全书派作家克里斯托瓦尔·苏亚雷斯·德菲格罗亚（Cristóbal Suárez de Figueroa）（1615，2006：143；引自比森特·马罗托，2007：347）说过："地理学者和宇宙志学者差不多是同一回事，只不过有些人考虑到宇宙志学者的名称里包含了'宇宙'，就认为宇宙志学者是研究整个宇宙的运转，包括我们这颗星球；而地理学者则只研究我们所居住的地球。还有一些人，受到'宇宙'这一词汇的狭义影响，即这个词的本义为'装饰物'，就认为宇宙志学者（不管具体的数量、尺寸或地方距离）只是研究各个省的特点和属性、风俗、人民、时不时发生的重要事件，而地理学者则研究地球和世界，但只涉及结构布局、尺寸位置。所以最好还是按照普遍共识，将这两者看作同一回事，将地理学者和宇宙志学者这两个名称视为同一种意义"。把地理学者和宇宙志学者视为一致的范例，还有《天文学大成》和《地理学指南》的作者托勒密。

[8] 最早的罗盘至少可追溯至12世纪。最初的形态非常简单，就是一个木板或木块上放一块吸铁石（例如，磁石——由两种铁氧化物构成的矿石）。后来，最常见的罗盘是这样的：将一根铁针插入秸秆或羽毛，或穿过一根木板条，然后浮在一个注水容器里，让它随着地球磁场对其产生的吸引力而转动。

[9] 关于"星盘""象限仪""天体高度测定器"以及"经度"的定义，我采用的是国王陛下下令编写的《西班牙语海事词典》（皇家印刷厂，马德里，1831），分别在第63页、第191页、第75页、第342-343页。定义相当简要，例如，"星盘"这一词条更准确的定义如下："二维形象，以托勒密的宇宙地心说模型为依据，展示天球的表面运动，可用于在某一既定时刻，某一既定纬度，确定一些天体的相对位置；基于以南极作为赤道平面上投影中心的球极平面射影"。使用天体高度测定器，可以测量目标物的角距离和表观尺寸，根据这些数据可确定实际的尺寸和角距离、纬度或天体位置。此外，当时还设计出了各种不同类型的星盘、象限仪和天体高度测定器。第谷·布拉赫在他的《新天文学仪器》（*Astronomiae instauratae Mechanica*）（1602）一书中，就介绍了许多不同种类的象限仪（这部作品有一

个西班牙语译本：布拉赫，2006）。

[10] 科塔雷洛·巴列多尔（Cotarelo Valledor）所说的“格瓦拉先生”，应该是指乔瓦尼·迪格瓦拉（Giovanni di Guevara），一个移民到西西里岛的西班牙贵族家庭后裔，出生于那不勒斯。他是枢机主教弗朗切斯科·巴尔贝里尼（Francesco Barberini）的亲密伙伴。教皇乌尔班八世（el papa Urbano Ⅷ）访问费利佩四世（Felipe Ⅳ）时作了一番嘱托，这便成了迪格瓦拉与西班牙之间关系的渊源。1623 年，伽利略的《试金者》（*Il Saggiatore*）出版前需经过审批，迪格瓦拉被委派为评估人之一。在文中所述的“1635 年一位格瓦拉先生与他交流了一些微妙的意见”之前，在 1632 年，迪格瓦拉已经出版过两本书，《原则的精神时钟》（*Horologio spirituale di Prencipi*）和《内在意义》（*De interiori sensu*），他曾经向伽利略寄送过这两本书，以表友谊。在 1627 年，他还曾经为亚里士多德的《机械问题》（*Cuestiones mecánicas*）写过评论，并曾请求伽利略给予指点。参见瓦莱里亚尼（Valleriani，2010：127–128）。

[11]《埃德蒙·哈利博士回忆录》（*Memoir of Dr. Edmond Halley*），费尔菲尔德·麦克派克（1932：9–10）。

[12] 拉富恩特（Lafuente）和塞列斯（Sellés）（1985）介绍了关于经度测量问题的一些处理细节。

[13] 关于德圣克鲁斯，参见奎斯塔·多明戈（Cuesta Domingo，1983，2016）

[14] MSS/9441，第 31–32 页。

[15] 这之前，在 1558 年，费利佩二世已经发布禁令，“禁止来自任何国家的任何书商、书贩或其他人员，携带或销售宗教裁判所规定禁止的任何书籍、印刷品或有待印刷的作品，无论该书或作品使用哪种语言、哪种质量和材料，否则处以死刑，没收所有财产，书籍公开焚毁”。

[16] 这本《航行守则》现存数量很少，这恰恰是因为当时在航海中十分常用，导致了破损。

[17] 关于费利佩二世与科学之间的关系，有很多参考作品，其中最为完整的要数马丁内斯·鲁伊斯（Martínez Ruiz）（1999）。杰弗里·帕克（Geoffrey Parker）编写的传记中对费利佩二世的兴趣也有所提及（1991，2010：286–298）。

[18] 我采用了桑切斯·罗恩（Sánchez Ron）（1993）的若干观点。

[19] 我们要记住，当时的天文学与占星学之间关系密切，以至于两者不分彼此。

[20] 关于胡安·德埃雷拉，另见多名作者（1997a）。埃雷拉与费利佩二世的关系有很早的渊源：1548 年，当时的费利佩王子去往佛兰德，途经意大利及帝国的其他地方，去继承其父亲卡洛斯一世（即德意志国王查理五世）的王位，埃雷拉是随从人员之一。1563 年，埃雷拉加入了埃尔埃斯科里亚尔修道院工程，与直接为国王服务的皇家第一建筑师胡安·包蒂斯塔·德托莱多（Juan Bautista de Toledo）一起工作。在包蒂斯塔·德托莱多

于 1567 年去世后，当时已经被费利佩任命为建筑师的埃雷拉，便逐步全面接管埃尔埃斯科里亚尔建筑群工程，同时，他还负责设计或指导其他工程，这其中包括圣多明各·德拉卡尔萨达方济各会大教堂（1572—1573）、西曼卡斯综合档案馆、托莱多－阿兰胡埃斯皇宫（1573）。1579 年，他接受了宫廷"住宿事务官"这一重要职位。4 年后，他负责设计新的塞哥维亚造币厂，同时还负责监管造币厂液压装置的安装。鉴于他优异的技术独创性才能，1573 年费利佩二世授予他一个特别证件，根据该证件，只有埃雷拉本人或者由埃雷拉授权的人，才能制造及使用他的发明创造："鉴于胡安·德埃雷拉，我们的仆人，您的手艺、技能和工作，使我印象深刻，您发明了大有裨益的仪器装置，能够在任何时间、任何地点测量当地的经度和纬度，能够查明磁针由北向东或由北向西倾斜的现象，并且能够在海洋、在大陆，在任何时间确定子午线，为航海事业贡献了众多前所未有、必不可少的发明创造。"（摘录自 Gancía Tapia Vicente marto，1997：46-47）。这里我们发现文中还提及了他的科学才干，这也为他在皇家数学学院中扮演的角色提供了解释，关于这一点我将在下文中讲述。

[21] 关于费利佩二世与炼金术士关系的更多细节，参见埃斯特万·皮涅罗（Esteban Piñeiro，1999）。

[22] 需要指出的是，1525 年马丁内斯·西利塞奥（1477—1557）被任命为科里亚的讲道神父，但他不愿因此离开萨拉曼卡大学，到了 1534 年他又被选定为费利佩王子的老师。1545 年，升任托莱多大主教这一显职，1556 年又升为枢机主教。皮卡托斯特（Picatoste）和罗德里格斯（Rodríguez）（1891：183）记录下了一件令人好奇又意味深长的轶事：这一职位的竞争者还有佩德罗·西鲁埃洛（Pedro Ciruelo），"他的姓氏对于朝臣们来说不顺耳，也许马丁内斯·吉哈罗在改名为马丁内斯·西利塞奥之前，他的姓氏对于朝臣们也是不顺耳的"。

[23] 这些数据收录于费尔南德斯·特里卡布拉斯（Fernández Terricabras，2018）。

[24] 更多信息，请参见帕尔多·托马斯（Pardo Tomás，1991）。

[25] 引用自佩塞特（Peset）和阿尔维尼亚纳（Albiñana，1996：11）。

[26] 马德里原先是一座中型城市，成为首都之后，到了 16 世纪末已拥有超过六万居民。

[27] 关于将首都京城设在马德里这一决定，参见卡马拉（Cámara，1999）和拉富恩特（Lafuente，1998，1999）。

[28] 内夫里哈最为人所熟知的贡献，是他出版了第一部西班牙语语法书（1492），但他对科学也有所涉猎。引用关于他的一部传记（Martín Baños，2019：101-102）里的话来说："对安东尼奥·德内夫里哈而言，在萨拉曼卡获得的科学知识陪伴了他的一生。他在语言学上的偏好引导他走向语法和词典编纂之路（这些知识他从未想深藏于自己内心，而是向其他学者公开），但作为一个文艺复兴时期的学者，他的好奇心又促使他在计量学（数量、重

量和尺寸)、宇宙结构学、历法改革、植物学上均有所著述。有一个最好的例子：在他70多岁时，应埃纳雷斯堡大学一位宗教人士的请求，他编写了《关于日、小时、小时内各部分的多样性表格》(*Tabla de la diversidad de los días y horas y partes de hora*)，这位宗教人士原先在调整钟表时间时，对于时间在一年四季、白昼黑夜之间的变化困惑不已。这份表格，以实用小册子的形式呈现，任何人都可以轻易地从中查询不同地理位置一年中的每日时长。这是一个绝佳的证据，证明我们这位智者当时虽已年迈，但仍然使用青春岁月中学得的知识来解决问题。"实际上，他的作品包括《宇宙结构学》(*Cosmographia*)(萨拉曼卡，1498)、《药物论》(*De medicinali materia*)(埃纳雷斯堡，1518)。第4章我们将会看到，另一位伟大的西班牙语语言学者，安德烈斯·贝略(Andrés Bello)在科学方面也有类似的兴趣。

[29] 该文件被整理收录于伊夫·安德烈斯(Yeves Andrés，2006)，除了该文件，这本书还收录了何塞·西蒙·迪亚斯(José Simón Díaz)、路易斯·塞韦拉·贝拉(Luis Cervera Vera)以及佩德罗·加西亚·巴雷诺(Pedro García Barreno)富有价值的研究报告。我所了解到的、关于数学学院的最佳研究出自比森特·马罗托和埃斯特万·皮涅罗，2006：第三章)。在重新整理的一些文件中，由加西亚·巴雷诺整理的文件(2000)，也相当有用。

[30] 关于加西亚·德塞斯佩德斯，费尔南德斯·纳瓦雷特(1846：275)曾写道："在里斯本、在布尔戈斯、在塞维利亚、在马德里，凡所到之处，都留下了关于他的智慧和学识的证据；他的一系列著作，他丰富的学识，将永远是一座不朽的丰碑。这位博学又勤奋的卡斯蒂利亚人，于1611年5月29日在马德里逝世。"他的众多作品中最为突出的是《经实践证明无需数字介入、用于测量距离和高度的新几何工具之书》(*el Libro de instrumentos nuevos de la geometría muy necesarios para medir distancias, y altura, sin que intervengan números, como se demuestra en la práctica*)(1606)。在这部作品的开头，加西亚·德塞斯佩德斯加入了一份"我用西班牙语写成的书籍清单"。

[31] 关于这个学院的历史详情可参见西蒙·迪亚斯(Simón Díaz，1952)。最终设在托莱多街的一幢大楼内，与圣伊西德罗大教堂毗邻，并与名字恰巧为"学院街"的街道相邻。目前是圣伊西德罗中学的所在地。

[32] 该学院的入学条件，除了不得小于11岁之外，还必须属于贵族阶层，或者是一名高才生。这两项条件都只是为了体现耶稣会自建立之初起就遵循的政策之一，那就是力图达到尽可能大的社会影响力。

[33] 几乎可以肯定，费利佩五世遵循了路易十四的先例，路易十四把专用于贵族教育的巴黎路易大帝神学院的领导权交给了耶稣会会士。

[34] 关于这些教师的活动情况，请参见(Simón Díaz，1952)。

[35] 关于萨拉戈萨，参考内容最详尽的是科塔雷洛·巴列多尔（Cotarelo Valledor，1935）。最精确最现实的是纳瓦罗·布罗顿斯（2014c：303-309）。

[36] 桑切斯·佩雷斯（1935）有关于奥梅里克的资料，特别是关于其作品。

[37] 逾越节是犹太人的主要节日，是为了纪念传说中的那个晚上，通过宰杀羔羊，涂血于门，使天使要击杀埃及人长子时，见有血记之家即越门而过，不杀害出埃及的以色列人。以色列人在尼散月（公历3—4月）的14日黄昏庆祝逾越节，根据《旧约全书》，这个日期"对于你们而言是所有月份的开端"(《出埃及记》，12,《民数记》，9，以及《申命记》，16)。罗马教会在春分月圆之后第一个星期日庆祝耶稣复活节（也称作"复活节"），但是小亚细亚的教会保持了犹太人的尼散月14日作为庆祝日期，这个日期可能早于春分，但不一定是星期五或星期日。尼西亚会议（325）确定所有基督教徒在星期日庆祝复活节；春分月圆之后第一个星期日，并将春分日定为3月21日。这些宗教会议的决定并没有避免儒略历越来越大的时间差以及由此导致的争论。因此，教会又在多次会议上重新讨论这一事项，康斯坦茨会议（1414—1418）、巴塞尔会议（1341）、费拉拉会议（1348）、佛罗伦萨会议（1445），以及第五次拉特兰会议（1512—1517）。

[38] 关于1515年报告的实际作者，没有留存下来足以完全证明其身份的资料，但它的编者应该是时任自然哲学教授的胡安·德奥尔特加（Juan de Ortega）和胡安·德奥里亚（Juan de Oria）。

[39] 梅顿周期的称谓来自希腊天文学家梅顿（Metón），他的发现在公元前432年的古代奥运会上被公布于众。他发现，19年等于235个会合月（或阴历月），认为新月及其他月相会在每年的相同日期再次出现。他的发现被应用于东方基督徒以亚历山大人的复活节规定为基础的阴阳历框架中。在西方，由教皇维克托（papa Víctor，120-199）引进了他的方法，不久后被作为月循环，并以此为依据计算出复活节日期。

[40] 格列高利历法改革首先在天主教国家实施，例如意大利、西班牙和葡萄牙，跳过了1582年10月4日到1582年10月15日这11日。法国和丹麦也在同一年实施，但是在12月份（跳过了12月9日至20日）；荷兰和瑞士各州，在1583年；德国的天主教州，在1584年；波兰，1587年；匈牙利，1590年。新教州直到1700年之前都不承认新历法；他们于1699年10月23日做出决定，将1700年2月18日作为3月1日。英国直到1752年才采用新历法［乔治二世（Jorge Ⅱ）统治期间，跳过了9月2日至14日，因为累积的天数又多了一天］。官方最后采用格列高利历的国家是：日本，1873年；中国，1912年；俄罗斯，1918年（需要减去13天，从2月1日至13日）；罗马尼亚和南斯拉夫，1919年；希腊，1924年；土耳其，1927年。尽管这一历法具有全球有效性，有些国家或是特定的文化中（例如在伊斯兰国家，或者犹太人群中）还是保留了自己的历法，同步使用。

[41] 维克托·纳瓦罗·布罗顿斯（1974，1995，2014a：Cap.5）是对祖尼加的情况作过研究的人士之一。

[42] 还有一次皇家津贴值得一提，那就是用于出版欧几里得《几何原本》一部分译文的700杜卡多。帕克（2010：290）说："很难想象，在1585年，一家印刷厂要出版由佩德罗·安布罗西奥·翁德里斯翻译、配有精美插图的欧几里得《几何原本》第六卷和第七卷，如果没有700杜卡多的皇家津贴，它要怎么收回成本。"

[43] 在我提到的这些历史学家中，我将引用曼努埃尔·费尔南德斯·阿尔瓦雷斯（Manuel Fernández Álvarez，1995：cap.4）。

[44]《航海术简编》有多个版本（1581，1588，1608）。萨莫拉诺在书中解释了"航海术的总体分类"，"按照航线和地平纬度航行的全部航海术，主要分为两个部分，理论部分和实践部分。理论部分主要是关于宇宙中天体的基本知识：具体包括天体数量、外形和运行情况；土地、水等元素的形态、数量和位置；地球的纬度圈等，不了解这些知识就不可能开展航行。实践部分主要是航海中需要的各种仪器的制造、构成和使用，例如星盘、天体高度测定器、罗盘、计时器，还有太阳和星星的规律，月亮和潮汐的规律，地图的理解等各种其他相关知识。"

[45] 第一版采用本国语言的欧几里得《几何原本》是意大利语版本（威尼斯，1543），由塔尔塔利亚（Tartaglia）翻译；最早的法语版本和德语版本出现在1564年，而英语版本出现在1570年。第一个印刷版《几何艺术中最著名之书，欧几里得的〈几何原本〉》（*Preclarissimus liber elementorum Euclidis，in artem geometriae*），于1482年5月25日诞生于德国人埃哈德·拉特多尔特（Erhard Ratdolt）的威尼斯印刷厂中。

[46] 参见埃斯特万·皮涅罗和戈麦斯·克雷斯波（1991）。

[47] 塞迪略必须履行的义务，在1611年2月5日关于其委任状的王室法令中有明确规定。作为宫廷（以及皇家数学学院）数学教授，应该"将全部数学课程分3年完成：第1年，天体、星球理论、阿方索星表。第2年，欧几里得的前六卷著作，这一年剩余时间教授托勒密的《天文学大成》；第3年，宇宙结构学、航海术及一些仪器。"作为印度群岛委员会的首席宇宙志学者，他必须"整理、安排并执行关于西印度的宇宙结构学资料……就像王国内其他首席宇宙志学者所做的那样"。

[48] 这一套《天体运行论》于20世纪下半叶被弗朗西斯科·德萨瓦尔武鲁（Francisco de Zabalburu）购得，现存于马德里的扎巴尔布鲁图书档案馆。

[49] 私人图书馆中还有另外3套1543年的版本。

[50] 维克托·纳瓦罗·布罗顿斯是有关赫罗尼莫·穆尼奥斯的生平和著作方面的专家；在此方面，布罗顿斯做出了很多贡献，其中之一便是出版了《关于新星》这本书的仿本，并附有一份初步研究（Navarro Brotons，ed.，1981）。另外，他还与恩里克·罗德里格

斯·加尔德亚诺（Enrique Rodríguez Galdeano，1998）一起将穆尼奥斯的两部拉丁语作品译成了西班牙语:《普林尼〈自然史〉第二卷评论》(*Comentarios al segundo libro de la Historia Natural de Plinio*）以及《天文学和地理学入门》(*Introducción a la Astronomía y la Geografía*）。(Navarro Brotons，2004）。

[51] 关于那个年代的巴伦西亚解剖教学，请参见洛佩斯·皮涅罗（López Piñero，1979b，2007）。

[52] 胡安·巴尔韦德的出生地是帕伦西亚的一个小镇，现在叫作阿穆斯科（Amusco）。

[53] 这本书也有意大利语版本：*Anatomia del corpo humano*，诞生于 1559 年，后来多次再版，分别在 1586 年、1589 年、1606 年、1607 年、1608 年、1657 年和 1682 年。是当时欧洲流传最广的解剖学论著。

[54] 我们要记得，1632 年，伽利略发表了《关于托勒密和哥白尼两大世界体系的对话》；1687 年，牛顿发表了他的巨著《自然哲学的数学原理》。

[55] 为了了解巴伦西亚革新运动的发生背景，也请参见巴伦西亚大学医学系的洛佩斯·皮涅罗（1999）对 16 世纪和 17 世纪所做的研究。

[56] 我并非不知道这份论文曾经受到严厉的批评。参见科恩（Cohen，1990）。

第 3 章　西班牙启蒙运动中的科学

[1] 第一卷中含有一篇关于灵魂的文章，提出了一种彻底的唯物主义观点，这使得一些人指控《百科全书》是自由思想者和无神论者的阴谋论（这篇文章没有署名，可能是伏尔泰写的）。这篇文章开篇说:“灵魂就是一个具有认知和感觉的根基。”这当然是一个不怎么宗教的关注点;《百科全书，或科学、艺术和手工艺分类字典》“条目”(*Ame*，*Encyclopédie*，*ou Dictionnaire raisonné des sciences*，*des arts et des métiers*，t. I，pp.327-343）。以下两条的观点也不能为其开脱：*Ame de Bêtes*（署名为 abad Yvon）和 *Ame des Plantes*。

[2] 关于桑查，参见科塔雷洛（Cotarelo）和莫里（Mori）(1924）。

[3] 参见恩西索·雷西奥（Enciso Recio，2009）；也可参见阿内斯（Anes，1970）。

[4] 这份文件现存于西班牙皇家语言学院图书馆（RM VAR 557），桑切斯·罗恩（Sánchez Ron，2014：235-236）有提及，包括一份仿本。

[5] 赫尔（Herr，1988：61）指出：对最有思想的启蒙运动文化人士呈现特别忽视甚至反对的态度，“可以说，像爱尔维修（Helvétius）、霍尔巴赫、拉美特利（La Mettrie）这样的法国极端主义者，在比利牛斯山脉南边就无人认识他们了。在我们查看过的出版物里，西班牙的作者们没有一次以有利的角度提及他们”。

[6] 为了对霍韦利亚诺斯的以下引用内容有一个全面客观的看法，必须要考虑到，当时从事农业的人口为百分之七十至百分之八十，主要由农民和散工构成。只有大约百分之十二的人

口可视作制造者、工匠和手工业者。

[7] 费尔南德斯·佩雷斯（Fernández Pérez）和冈萨雷斯·塔斯孔（González Tascón），（1990a）以及冈萨雷斯·塔斯孔（1990）。

[8] 费库埃斯塔·杜塔里还提到了一个有意思的情况：多亏了耶稣会，萨拉曼卡大学不缺少数学方面的优秀书籍，这一事实再次证明了耶稣会在西班牙（以及西班牙海外领地）的科学方面所占据的重要地位。“1767 年，即耶稣会被驱逐那一年，人们发现，这样一座耶稣会的图书馆，其数学方面的藏书竟然如此丰富、如此先进，这显然不是在 9 年时间内一蹴而成的。”此外，作为证据，他还指出了这所图书馆珍藏的科学杂志全集：《学术论文，皇家科学院史以及帝国学术评论》（*Acta Eruditorum*，*L'Histoire de l'Académie Royale des Sciences y Commentarii Academiae Imperialis Petropolitanae*），欧拉在这份杂志上发表了无数重要的文章。

[9] 同时请参考德福尔诺 Defourneaux（1959）。

[10] 在弗朗西斯科·阿吉拉尔·皮尼亚尔写的《奥拉维德传》（Olavide，1989）中，引用了该计划的全文。原件保存在国家历史档案馆（第 5477 册，第 5 卷），关于大学教学计划的部分除外，关于这一部分的一份副件保存在塞维利亚哥伦布图书馆（sign.83.2-8）。

[11] 奥拉维德关于数学的想法很有意思：“在世世代代的荒蛮和粗野中，唯一得以保持其纯洁性的学科，就是数学；甚至可以说，其他学科的复兴也得益于数学为这些学科的教学所带来的秩序和方法。”

[12] 需要提醒的是，在当时的时代背景下，清修者的意思是：“信徒的另一种称谓，指其按照教规或诫命生活；或属于这种状态。”——《西班牙语词典》（O. P. Q. R. 字母部分），西班牙皇家语言学院，马德里，1737 年。

[13] 关于奥拉维德的审判过程，参见戈麦斯·乌尔达涅斯（Gómez Urdáñez，2010）。

[14] 我参照了拉富恩特（Lafuente）和佩塞特（Peset）（1988）的时间划分。

[15] 涅托－加兰（Nieto-Galán）和罗加·罗塞利（Roca Rosell）（2000：356）。在这部作品的文章中，再现了该学院的历史。

[16] 关于这些学会，参见恩西索·雷西奥（Enciso Recio，2010）。

[17] 关于维多利亚慈悲之家，《巴斯克爱国者学会 1780 年 9 月维多利亚镇全体会议的会议摘要》（pp.63-65）中写道：“在慈悲之家成立之前，各种问题使得这一想法屡屡不能得到落实，会议对这些问题作了反思，终于总结出了建立慈悲之家的方法。我们所要设立的机构，其实质上并不是要建一座豪华的大楼，既要有隐修院的便利条件，又要有宽敞的办公室；相反地，应该让男女老少的穷人自力更生，一切的福利都依靠他们，很多人原本游手好闲，不修边幅，还为邻居带来困扰，今后这些人都将有合适的工作，这样既能为慈悲之家的经营出一份力，年轻人也能学会自谋生路，成为有用的居民，这样，即使不能完全消

除乞讨现象，乞丐的人数也会大为减少，只剩下那些因厄运、疾病或衰老导致其不能继续从事以前工作的人群。为了达到这样的目的，绝对不需要建一座巨大的楼房，让所有人都住进去，然后在同一屋檐下生活，只需要有一个能够遮风避雨的场所，为所有的穷人准备食物，并分发给他们。"

[18] 其他经济学会也设立了职业教育的学校，主要针对失业的穷人。例如，马德里学会设立了 4 所纺纱学校，招收 5—16 岁的女孩；塞维利亚学会设立了 3 所学校，教授数学和力学。更多数据请参考赫尔（Herr，1988：131-132）。

[19] 我所引用的这封信以及接下去的几个文件均摘自佩利翁·冈萨雷斯（Pellón González）和罗曼·波洛（Román Polo）（1999）。

[20] 18 世纪是工业间谍活动特别活跃的时期。因为各种新技术纷纷出现（提醒一下，当时工业革命开始了），使得各个国家之间的技术平衡发生巨大的变化。英国是这种间谍活动的主要目的地，间谍人员来自法国、普鲁士、奥地利、丹麦、挪威、瑞典和西班牙。可参考哈里斯（Harris，1998）。

[21] 豪尔赫·胡安使用化名"若苏埃先生"（Mr. Josues）在英国活动。他收集到的信息有：关于港口疏浚机械的信息、军备信息、为加的斯学院采购手术器械的信息，还有关于英国布料制造、印刷字模、蜡漂白、蒸汽抽水泵等信息。想要了解更多内容，参见埃尔格拉·基哈达（Helguera Quijada，1995）、巴尔韦德（Valverde，2012）、阿尔韦罗拉（Alberola，1998）以及金塔尼利亚（Quintanilla，1999：第 1 章）。

[22] 至少安东尼奥的奖学金是"名誉奖学金"，因为其费用实际由他的父亲负担。在克卢维尔教士（abate Cluvier）的陪同下，年轻的穆尼韦还到访了其他国家（奥地利、荷兰、丹麦和意大利）的中心城市；此外，他还在瑞典度过了相当长的时间，当时的瑞典无论是在化学－冶金学还是在植物学上都处于领先地位。他从各个地方向巴斯克的学会发送报告，例如 1771 年 7 月 29 日他从瑞典发送的报告，参见乌尔基霍（Urquijo，1929：70-72）。在乌普萨拉，他结识了伟大的林奈（Linneo），他不无自负地（自负是青年人的特点之一，总是把自己想象的比实际好）在其中一份报告中写道（Urquijo，1929：75）："著名的林奈很令人钦佩，他有着有条不紊的精神；他算是一个不好不坏的医生、差劲的矿物学家，但确实是一个好植物学家。如果植物学在北方的普及程度也像矿物学和冶金学那样，这个优秀的人就会比他现在的名号逊色许多，就像瓦勒留斯（Wallerius）在他的课堂上发生的那样。"这里他提到了瑞典化学家兼矿物学家约翰·戈特沙尔克·瓦勒留斯（Johan Gottschalk Wallerius），他们也是在乌普萨拉认识的，穆尼韦对瓦勒留斯的评价也很苛刻，因为他们认识的时候，瓦勒留斯几乎全聋，非常颓废。1773 年年底，穆尼韦回到西班牙后，被选为巴斯克学会的秘书，但是他在任时间非常短，因为第 2 年他便去世了。

[23] 伊莱尔·鲁埃勒发现了尿素，并于 1773 年将其发现公布于众。

[24] 在一封佩尼亚弗洛里达于1780年5月26日写给冈萨雷斯·德卡斯特洪的信中（Pellón González y Román Polo，1999：159），佩尼亚弗洛里达解释道："在刚过去的这个冬天，化学教授路易·约瑟夫·普鲁斯特先生多次出现胸痛，在完成目前的课程后，就无法再继续任教了；需要找一个人来接替他，教授未来的课程。特此向阁下申请：请您于6月底下拨半年的费用，即两门课程教授的半年薪资共1.5万雷亚尔，实验费用3000雷亚尔，矿物学实验室费用1500雷亚尔，这些就是原定截至6月底的这半年的总金额。"

[25] 德卢亚尔（Elhuyar）是他们这个姓的其中一种写法；其他写法还有：Luyart、Luiar、Lhuyart、Delhuyar、D'Elhuyar以及Deleuyart。

[26] "佩尼亚弗洛里达的指示"中包含了他出行的目的地和任务，引用自佩利翁·冈萨雷斯和罗曼·波洛（1999：102-104）。

[27] 化学家恩里克·莫莱斯（Enrique Moles，1934）在入职皇家精确、物理和自然科学院的就职演说中提到了德卢亚尔兄弟以及钨的发现。他在演讲中肯定地表示，两兄弟曾一起去过瑞典，但事实似乎不是这样，因为只有胡安·何塞曾在那里待过。

[28] 关于这份报告的更多细节，请参见卡斯蒂略·马托斯（Castillo Martos，2005：178-190）。

[29] 关于18世纪西班牙化学的更多信息，参见加戈（Gago，1988a）。关于19世纪初的西班牙化学状况，参见加戈（1988b）。

[30] 此处所说的备注出现在第23-24页。塞哥维亚炮兵学院于1990年出版了两卷《年鉴》的仿本。部分引用内容参见加戈（1988a：176）。

[31] 参见第49-50页。

[32] 引用自加戈（1984：281）。

[33] 引用自加西亚·贝尔马尔（García Belmar）和贝托梅乌·桑切斯（Bertomeu Sánchez）（2001：113）。

[34] 试图使白金具有压延性这个任务，之前的负责人是一名银匠弗朗西斯科·阿隆索（Francisco Alonso）。

[35] 这座楼房当初建造的目的是为了存放圣伊尔德丰索皇家工厂的玻璃。

[36] 1802年，古铁雷斯·布埃诺在圣卡洛斯外科学院担任化学教授的时候，出版了《新化学命名法》的第二版。

[37] 关于化学命名的历史，参见克罗斯兰（Crosland，1962）；关于其在西班牙的接受程度，参见涅托-加兰（Nieto-Galán，1995）。

[38] 关于阿雷胡拉的生平，我参考的是加戈（Gago）和卡里略（Carrillo）（1979），这份初步研究报告出版之后，作者还出了一份《对新化学命名法的思考》的仿本。参见加戈（1988）。

[39] 这里，阿雷胡拉在页脚加入了以下备注，从语言学的角度来看很有意思："作者想用'氧气（oxígeno）'来表示'酸的生成剂（engendrador de ácido）'，但（engendrado）也就是（guenes），其严格意义就是'儿子'的意思；表示'父亲'的这个词（engendrador），就应该是（guenetes）的意思。"

[40] 关于德尔里奥的内容（1795：V），引用自加戈和卡里略（1979：36-37）。

[41] 关于植物园的历史，及其来源和背景，参见阿尼翁（Añón），卡斯特罗维霍（Castroviejo）和费尔南德斯·阿尔瓦（Fernández Alba）（1983）；阿尼翁（1987）和马尔多纳多·波洛（Maldonado Polo）（2013）。

[42] 关于何塞·奥尔特加，参见金塔尼利亚（1999：42-46）。

[43] 参见平森（Pyenson）和希茨 - 平森（Sheets-Pyenson）（1999：Cap.6）。皇家花园实际上从 1635 年才开始投入使用，5 年后向公众开放。其主要功能是药用植物的种植，以及实验科学的教学工作，但皇家花园无权授予学位，这样是为了避免来自医学系的反对，尽管他们自己拒绝在其教学计划内加入这些教学内容。1718 年，更名为"皇家植物园"，1739 年开始由布丰伯爵（conde de Buffon）掌管，在他管理的漫长时间里，他致力于拓展植物园的规模，并改善化学和自然科学的教学工作。布丰伯爵去世后的第 2 年，法国大革命开始，革命领导人改变了植物园的状况，还改变了它的名字，起名为"自然博物馆"，并指定其履行"博物学公共教学的任务，包括全面的博物学知识，及其在农业、商业和技术发展中的应用"。

[44] 关于比利亚努埃瓦，参见丘埃卡（Chueca）和德米格尔（De Miguel）（2011）。

[45] 现在，这扇门只在王室参观时才开启，一般的入口是在穆里略门，正对着普拉多博物馆的一侧。

[46] 克尔的《西班牙植物志》于 1762—1764 年分四卷出版。

[47] 下一章我将对上述考察队的情况进行介绍。

[48] 让·朗克（Jean Ranc）有一幅著名的油画《接待室里的幼年卡洛斯三世》（*Carlos III, niño, en su gabinete*），这幅作品绘于 1724 年，现保存于普拉多博物馆，画中年幼的卡洛斯右手执一朵小白花，左手将一本书打开，看上去他正试图借助书中内容来辨认这朵花，这幅作品常常被用来当作卡洛斯三世从小就对植物学表现出兴趣的证据。然而，阿莉萨·拉克森伯格（Alisa Luxenberg，2001）已经证明，这种理解没有事实依据。包括书中记录的拉丁语题词，翻译过来后的意思是："也许他们会为我献上芳香的花朵，配以晚香玉和最美丽的花蕾。但最好再将我们祖先的英雄事迹和光荣历史也汇集起来"，显然这同诗歌或历史的关系要比它同植物学的关系大得多。

[49] 卡西米罗·戈麦斯·奥尔特加的其中一个敌人是何塞·塞莱斯蒂诺·穆蒂斯，他拒绝由奥尔特加来管理去往格林纳达新王国的植物学考察队，我们在下一章将会谈到，这支考察队

是由穆蒂斯组织的。在穆蒂斯于 1803 年 1 月 22 日写给卡瓦尼列斯（Cavanilles，植物园的负责人）的信中，我们可以读到："尽管我一再沉默，却总是收到各种证据，有公开的，也有私下的。原本可以受到赏识的一个人，却被陷于深深的遗忘之中，这都是因为他对我的压制，任意妄为，这个野心勃勃的奥尔特加。从我的考察队开始启动，从他开始为王室服务起，这个人就不停地编织网络，想要将他那些存心不良的意图隐藏起来。他的目的就是将我的作品占为己有，对那些不属于他的发现成果加以利用，将关于真正作者的记忆掩埋起来。他一直利用其优势，按照他的意愿来操控考察队，将他偏爱的秘鲁考察记录提前出版，享尽风光，并让他下一代的学生持续进行补充，以便将这片大陆的所有植物都囊括其中。"（引用自 Hernández de Alba，1968b：184）。戈麦斯·奥尔特加面临的冲突和敌意，参见金塔尼利亚（1999）。

[50] 除这一本关于戈麦斯·奥尔特加的传记之外，普埃尔托·萨缅托（1988）还在更为广大的背景下研究过这位植物学家的形象。

[51] 引用自金塔尼利亚（1999：83）。

[52] 引用自加里列蒂（Garilleti）和佩拉约（Pelayo）（1991：XIX）。

[53] 安东尼奥·冈萨雷斯·布埃诺（Antonio González Bueno，2002）对卡瓦尼列斯的生平和作品作过研究。

[54] 关于皇家陈列馆、自然科学博物馆和达维拉，参见比列纳（Villena），阿尔马桑（Almazán），穆尼奥斯（Muñoz）和亚圭（Yagüe）（2009）；巴雷罗（Barreiro）（1992）；卡拉塔尤（Calatayud）（1988）以及金塔尼利亚（1999，第 4 章）。

[55] 关于这些会谈，伊斯基耶多是在 1807 年 10 月收到以下任命书的："法兰西皇帝陛下和西班牙国王陛下愿以政治协商的方式，共同商讨两国利益，确定葡萄牙的未来命运，现通过全权公使任命如下：法兰西皇帝陛下、意大利国王和莱茵联邦元首，任命米格尔·迪罗克（Miguel Duroc）少将为皇宫大元帅，授予荣誉军团勋章；西班牙国王陛下任命欧亨尼奥·伊斯基耶多·德里维拉－莱绍恩为国务和军事名誉顾问。"引用自戈多伊（2008：1340）。

[56] 关于大懒兽的故事，参见洛佩斯·皮涅罗和格利克（1993）以及洛佩斯·皮涅罗（1996）。

[57] 关于这份《年鉴》，参见费尔南德斯·佩雷斯（Fernández Pérez，1993）。

[58] 关于这个话题，参见桑切斯·罗恩（2009）。

[59] 考察任务结束时，应总督要求，戈丹在美洲逗留了一段时间，在利马教授数学。1751 年，他回到法国，但未能恢复他原先在科学院的职位，因此他来到了加的斯，担任海军学院的教授，并最终成了该学院的院长。而拉孔达米纳当时决定取道亚马孙河（当时也叫作"马拉尼翁河"）返回欧洲。这次旅行颇有收获：1745 年，拉孔达米纳到达阿姆斯特丹，等

待继续前往巴黎所需的许可证件，在此期间他用西班牙语写了一本书：《经亚马孙河从基多至帕腊，再从帕腊至卡亚纳、苏里南、阿姆斯特丹的旅行见闻日志摘要》（*Extracto del diario de observaciones hechas en el Viage de la provincia de Quito al Para，por el Río de las Amazonas. Y del Para a Cayana，Surinam y Amsterdam，Joan Catuffe*）印刷厂，阿姆斯特丹，1745）。拉孔达米纳的目的是绘制一幅亚马孙河流域的地图，并且对其中一条主要支流——马拉尼翁河的流向给予了特别的关注，关于这条支流，他还另外附了一份地图。1745 年年底，拉孔达米纳本人将他的书译成了法语，并予以出版：《南美内陆旅行简述》（*Relation abrégée d'un voyage fait dans l'intérieur de l'Amérique méridionale*）。但西语版本和法语版本之间有一些差异。安东尼奥·拉富恩特（Antonio Lafuente）和爱德华多·埃斯特雷利亚（Eduardo Estrella）（1986：7）在介绍西语版仿本时曾指出："在荷兰出版的那个版本，特别关注西班牙和葡萄牙之间边界冲突的相关话题，对于一些美洲启蒙运动文化人士所提供的帮助也给予了更加明确地肯定，尤其是迈纳斯省的耶稣会会士。"

[60] 关于这个西法联合考察队，参见纪廉（Guillén）（1936），拉富恩特和德尔加多（Delgado）（1984）以及拉富恩特和马苏埃科斯（Mazuecos）（1987）。

[61] 这部作品有一部仿本，1978 年由西班牙大学基金会出版，前面有长达 116 页的《导言》，由何塞·P. 梅里诺·纳瓦罗（José P. Merino Navarro）和米格尔·M. 罗德里格斯·圣比森特（Miguel M. Rodríguez San Vicente）一起撰写，《导言》介绍了这部书的写作背景，以及两位作者的生平。

[62] 关于各种译本的细节，参见巴雷拉·坎德尔（Varela Candel，2006）。这本书中介绍了 18 世纪西班牙科学著作的各种译本。

[63] "如果我们认为一座 18 世纪天文台的基础配备中必须包含一个壁式象限仪，那么可以确定，从严格意义上来讲，在加的斯设立这座天文台之前，西班牙是没有天文台的。"——安东尼奥·拉富恩特和曼努埃尔·塞列斯（Manuel Sellés）（1988：135）《加的斯天文台历史》。

[64] 正如我们在第 2 章看到的，18 世纪中期，扬·文德林根在马德里帝国学院建立了一座小型的天文台。

[65] 关于马德里天文台的历史，参见洛佩斯·阿罗约（López Arroyo）（2004）。

[66] 参见埃尔南德斯（1980）。关于将微积分引进西班牙，还可参见库埃斯塔·杜塔里（1974；加马）（1988）以及奥塞霍（Ausejo）和梅德拉诺·桑切斯（Medrano Sánchez）（2010）。

[67] 关于耶稣会在 18 世纪西班牙科学中扮演的角色，参见纳瓦罗·布罗顿斯（2014d）。

[68] 关于胡安·胡斯托·加西亚的生平和作品，诺韦尔托·库埃斯塔·杜塔里做过详尽深入的研究（1974）。1816 年，费尔南多七世命令他离开教授岗位，1820 年又让他回到了这

个岗位，同年他还被选为自由派会议代表。1824 年，即他成为大学副校长之后的第 2 年，他被"清洗"，失去了部分工资，这样的情形一直维持到他去世。

[69] 关于微积分这一发明的重要性，我想要引用一段话，这是已被人们遗忘的军人曼努埃尔·费尔南德斯·德洛斯森德罗斯（Manuel Fernández de los Senderos，1858：6-7）在加入皇家精确、物理和自然科学院的仪式上发表的一段话："没有任何发现能像微积分那样在科学上引起如此迅速又丰富的结果。那个时代的伟大的数学家们当然看得出来，微积分是一个强大的工具，它有十分重要的地位，于是纷纷开始使用微积分。莱布尼茨学派与牛顿门生之间那场长时间的争论令人叹为观止。许多以前解决不了的问题，用微积分便很容易地解决了。惠更斯在微积分被发明之前已经取得了许多重大发现，但他仍然对微积分能够产生的无数应用感到吃惊，他感叹地说，所有地方都能发现微积分的无数用途和无尽思考。"

[70] 关于 18 世纪末期法国人对西班牙数学家的影响，圣地亚哥·加马（Santiago Garma，1994）作了研究。

[71] 第九卷于 1715 年在巴伦西亚出版，而第一卷是 1717 年在马德里出版的。第一卷和"民用建筑、木石切割术、石方工程、钟表"等论文是另外出版的（Valencia，1794）。关于托斯卡及其《简编》，参见纳瓦罗·布罗顿斯（2014b：407-415）。

[72] 托斯卡是这样总结这一卷的内容的："在这一卷中，我想尽可能地将天文学解释清楚。由于我工作繁忙，无法用自己的观测结果来作为依据。但我希望至少可以为读者提供便利，使他们能够不费什么精力便能了解到那些最为勤勉的天文学专家为我们留下的天文学作品。我把这一卷分为七册：第一册，天球；第二册，太阳；第三册，月球；第四册，日食月食；第五册，恒星；第六册，高等行星；第七册，低等行星。"

[73] 引用自莫雷诺·冈萨雷斯（Moreno González，1988：33）。据我所知，这部书是研究 1750—1900 年西班牙物理学的最好作品。皮克尔还有其他几部作品，表现出他作为一个"物理学家"的可疑身份，这些作品是：《关于热病观察和作用机制的论文》（*Tratado de calenturas según la observación y el mecanismo*，1751）、《经过确实可信的作品、证据和史学家证明的贵族血统》（*Hidalguía de sangre justificada con escrituras auténticas，testimonios verídicos，y historiadores dignos de fé*，1767）、《论哲学在宗教实践中的运用》（*Discurso sobre la aplicación de la philosophía a los assuntos de religión*，1757）。

[74] 关于诺莱及其著作的重要性，参见海尔布伦（Heilbron，1999：279-289）。

[75] 马扬斯在这个过程中的作用，在于他写给宗教法庭庭长弗朗西斯科·佩雷斯·德普拉多的一封信，信中他对日心说思想的古老传统作了解释，他总结道："将哥白尼判决为异端邪说是不对的，很多人都已经感觉到，并写了出来。"他还补充说，可以将托斯卡教士作为榜样，托斯卡认为"基于假设尝试遵循这个体系，并没有什么危险"，因此豪尔赫·胡安

也可以“将该理论作为一种假设来引用”。佩塞特·略尔卡（Peset Llorca，1965：314-316）引用了这封信。

[76]《新版序言》和《欧洲天文学状况》都没有编号。

[77] 该参考文献引用了穆蒂斯谈论牛顿物理学的相关文章。

[78] 埃尔南德斯·德阿尔瓦（1983：t. Ⅱ，102-103）。

[79] 阿沃莱达写道（1987：122）：“《自然哲学的数学原理》第一册是根据1726年的第三版拉丁文版译成的，牛顿曾对这一版拉丁文版进行复核及更新；第三册是根据1687年的第一版拉丁语版的某个印本译成的（可能这个印本原文就是不完整的）。没有第二册的译本，可能他没有译过第二册。但是，他翻译了一篇关于第一册内容的评论，这个译文非常珍贵，可以算是对第二册译本的缺失略作补偿了。其手稿作为资料得到了很好的保管。手稿大约有300页，尺寸为21 cm × 30 cm，用穆蒂斯的笔迹（一小部分除外）在正反面书写。整份资料（大约16万字）约占马德里皇家植物园何塞·塞莱斯蒂诺·穆蒂斯档案的数学资料卷宗的三分之一。”据阿沃莱达研究，穆蒂斯的这些翻译工作很有可能是在1772年至1773年完成的。

[80] 应该是指荷兰科学家威廉·雅克布·斯格拉维桑德（Willem Jacob's Gravesande，1688—1742）的作品：《牛顿哲学原理，供学术使用》（*Philosophiae Newtonianae Institutiones，in usus academicos*，莱顿，1723）。斯格拉维桑德之前还出版过另一部介绍牛顿物理学的作品：《数学要素物理学和实验物理学，用于牛顿哲学入门》（*Physices elementa mathematica，experimentis confirmata，sive introductio ad philosophiam Newtonianam*，莱顿，1720）。

[81] 西班牙启蒙运动中的另一个著名人物，加斯帕尔·梅尔乔·德霍韦利亚诺斯，也没有表现出对牛顿科学有过于深入的了解。霍韦利亚诺斯（2010：1089）提到牛顿的时候（相较于费霍提及牛顿的情况，霍韦利亚诺斯提及的次数要少得多，篇幅也要短得多），都只是表示钦佩：“我们应该学习有文化国家的语言——我们阅读他们的‘开幕演讲或劝诫人们学习实用科学的讲话’（1794年1月7日），我们至少应该学习那些蕴含着古今智慧宝藏的语言，从而学会牛顿和普里斯特利、布丰和拉瓦锡所讲的语言，将人类理性的不朽作品转送到我们的国家。”

[82] 显然，这里指的是笛卡尔的漩涡说体系，对于笛卡尔，对话的另一个参与者——提西奥（Ticio）说：“虽然笛卡尔被认为是一个有独创性的哲学家，但在他身上，除了来自古代的那些思想，几乎就没有别的什么思想了。”（Sans Monge，1763：243）。

[83] 胡利奥：“不是所有现代哲学家写出的东西都是陈旧的思想，也不应该只崇尚新思想，而应该崇尚进步。牛顿的理论洞察入微，又非常重要，有些人称他为‘哲学家中的精明人’；还有一些人毫不犹豫地认为，牛顿关于引力的新理论使其他理论黯然失色，就像太阳对比群星。”（Sans Monge，1763：248-249）。

第4章 美洲

[1] 除在美洲引入较为发达的技术外，西班牙还带来了其他更基本的技术。用尼古拉斯·加西亚·塔皮亚（1992：333）的话来说："西班牙人把新大陆发现以前未知或从未使用的工业工具引入美洲。例如车轮，以及各种源自圆周和直线运动相结合的机械。对于可以利用它们来发明机械的可能性，即便是对其用途一无所知的原住民也没有产生怀疑。其结果就是安装了印第安人自愿采用的各种机器，在某些情况下是深受欢迎。原住民很快就学会了操作和安装，因为机器把他们从日常繁重和重复的手工劳动中解放出来，比如汲水的水车，印第安人以前不得不手动从井里打水出来，劳动不仅辛苦，还有发生事故的风险。另一个案例是新型面粉磨坊，使妇女摆脱了手动使用碾盘研磨的艰苦劳动，以及所有利用水力或动物驱动的机器，将人们从生产链中最劳累的工作中解放出来。"

[2] 特拉布尔塞所指的加西亚·德塞斯佩德斯所著的书想必是《测量距离和高度几何学新型仪器之书，无需使用数字，正如实践所证明的那样，还有包括引水和火炮的其他著作》（*Libro de instrumentos nuevos de Geometria muy necessarios para medir distancias，y alturas，sin que intervengan números，como se demuestra en la practica；demas desto se ponen otros tratados，como es uno de conduzir aguas y otro una qestion de artillería*，1606）。可以肯定的是没有多少人知道胡安·塞迪略·迪亚斯（约1565—1625）的传记。值得一提的是，1598年，他被西印度委员会选为由十位宇宙学家组成的委员会的一员，该委员会的任务是审核加西亚·德塞斯佩德斯实施的交易事务所皇家地图模板与工具改革。路易斯·卡杜乔除了是国王的数学家之外，还是一名军事工程师，并担任过军事法庭的防御工事和炮兵委员会主席。

[3] 引自巴尔加略（1955：14）。

[4] 西印度的第一次采矿行动似乎是在埃尔南·科尔特斯征服墨西哥的背景下进行的，当时在1530年前后，铜、锡和铁被用来铸造大炮。

[5] 在下文中，我会使用在关于卡斯蒂略·马托斯（Castillo Martos，dir.1994）的内容中使用的一些材料。

[6] 关于美洲使用的其他汞齐法在卡斯蒂略·马托斯和贝尔纳尔·杜埃尼亚斯（Bernal Dueñas，1996）以及巴尔加略（Bargalló，1955）中有提及。然而，值得一提的是，安东尼奥－米格尔·贝尔纳尔（Antonio-Miguel Bernal，2005：236-238）提出的内容："最近的研究减少了应用于美洲矿山的采矿和冶金技术可以提供的创新贡献的范围，有时甚至完全取消了，尤其是与欧洲大陆使用的技术相比，特别是16世纪的德国矿山以及17世纪的英国和瑞典矿山。在殖民地，西班牙在技术上并没有比旧大陆更具优势。正如埃尔梅（M. Helmer）所说，哈茨和蒂罗尔银矿开采积累的技术对新西班牙和秘鲁殖民地采矿业的影响是不可否认

的。在卡洛斯一世时期，首次将德国专业劳动力转移到西印度，从那时起建立了一种联系和关系的潮流，在 18 世纪，1789 年蒂莫代奥·德诺登弗吕希特男爵（Baron Timoteo de Nordenflycht）（应加尔韦斯大臣之邀）考查之际，这种联系和关系得到了加强，在德卢亚尔的参与下，将冯·博恩（Von Born，1742—1791）几十年前设想的使用机器分离白银的方法带到了波托西，并凭借他的学识，打破了殖民地自 16 世纪起一直延续下来的疏忽大意、循规蹈矩和技术腐败等问题。如果自 1542 年'里科山'被发现以来，波托西的采矿一直没有中断，显示了采矿长期可持续性，那只有可能是因为所使用的技术能力之外，还有这样一个事实，那就是无论挖多深，都没有水。这在采矿业中是很少见的，因为不需要使用舱底泵，而这也是十八世纪可以使用纽科门泵或第一台蒸汽泵之前最大的采矿技术挑战。"

[7] 其他鲜为人知的报告是由路易斯·贝里奥·德蒙塔尔沃（Luis Berrio de Montalvo，1597/1601—1659）编写的，他是埃西哈人，1622 年毕业于塞维利亚奥苏纳大学获得学士学位，1632 年毕业于塞维利亚大学教规系，获得硕士学位。在他担任的诸多职务中，我们感兴趣的是 1644 年他受命访问皇家矿山；那时他在采矿方面有相当多的经验，经常被要求就朱砂和银矿开采的试验提供建议。这些经验和知识的成果是贝里奥为新西班牙当局撰写的关于在新大陆获取白银和水银的报告，曼努埃尔·卡斯蒂略·马托斯编辑（2008）、转载和研究了这些报告。贝里奥没有离开美洲，1659 年在墨西哥去世。

[8] 1640 年版似乎鲜为人知。后来的版本传播更广：马德里（1770）和科尔多瓦（1675）。

[9] 见巴尔加略（1955）和朗（Lang，1994）。

[10] 1525 年，卡洛斯一世将阿尔马登矿租给了德国富格尔银行家族，以偿还为他加冕国王提供的贷款。他们一直开采至 1645 年，该矿被国库收回。然而，在 19 世纪中叶，矿山又开始向外租赁，财政部承担的外债迫使西班牙向另一个德国银行家家族申请贷款，此时是罗斯柴尔德家族，作为补偿，对方可以在 1835 年至 1857 年租用矿山，并直接在伦敦、加的斯和塞维利亚的市场上销售矿物。1870 年，罗斯柴尔德家族获得了 30 年的独家销售权，从而成为新发现的新阿尔马登和伊德里亚（意大利）矿山的所有者，进而控制了全球汞贸易。关于罗斯柴尔德家族在西班牙的贸易，见德奥塔苏（De Otazu，1987）。

[11] 引用自金塔尼利亚（Quintanilla，1999：242）.

[12] 伯恩法研究见巴尔加略（1955：cap. XIV）。

[13] 德尔里奥生平可见于乌里韦·萨拉斯（Uribe Salas，2006）、卡斯蒂略·马托斯（2005）和巴尔加略（1955：324-337）。

[14] 矿物：矿洞、矿层、矿藏。

[15] 洪堡（1980：102）。原文为法文，洪堡（1993：238）。

[16] 德尔里奥对墨西哥独立的贡献见于乌里韦·萨拉斯（Uribe Salas，2010）。

[17] 仅各个阶层的卡斯蒂利亚人，在 16 世纪，每年乘船前往美洲的，估计有 2500 人；17 世纪上半叶，人数已达到 4000 人（Elliott，2009：181）。移民统计数据见默纳（Mörner，1976）。

[18] 本人使用的是经济文化基金会 1950 年出版的版本（Fernández de Oviedo，1950：79-80）。

[19] 事实上，《西印度通史和道德史》是将阿科斯塔以前写过的文本组成的两本书从拉丁语翻译成西班牙语：《新世界的本质》（*De Natura Novi Orbis* 1582），对美洲宇宙学的简要说明，是从利马寄到罗马以申请批准，他在其中添加了两本关于博物学的书和三本关于西班牙人到来之前阿兹特克人和印加人的历史和习俗的书。1577 年，在《新世界的本质》之前，他写了另一本书《西印度人的拯救》（*De Procuranda Indorum Salute*），其中讨论了传教理论和实践。在 1570 年至 1810 年美洲耶稣会士对阿科斯塔的作品进行了分析，见普列托（Prieto，2011）。

[20] 有关这一点见勒布（Rebok，2009）。

[21] 另一个关于阿科斯塔的基本但有用的参考资料，（Pardo Tomás，2002）。

[22] 卡拉西多将这一理论归于哈雷的理论是错误的，正确的应该是威廉·吉尔伯特（William Gilbert），正如洪堡（2011：351）指出的那样。

[23] I. B. 科恩（I. B. Cohen，1960：104）已经注意到阿科斯塔文本中的这个维度。

[24] 西班牙美洲探险的参考书目非常丰富。例如，雷普雷萨（Represa，1990）、迭斯·托雷（Díez Torre）、马略（Mallo）、帕切科·费尔南德斯和阿隆索·弗莱查（Pacheco Fernández，Alonso Flecha，coords.，1991）、布莱希马（Bleichmar 2012），以及卡拉斯哥·冈萨雷斯（Carrasco González）、古利翁·阿瓦奥（Gullón Abao）和莫尔加多·加西亚（Morgado García，2016）的作品。

[25] 海军博物馆和国防部出版了九卷，其中分别研究了马拉斯皮纳探险（1987—1996）的各个部分，而《埃斯库拉皮奥 - 医学与科学史》杂志专门为该探险的植物学部分出了一个特刊：普伊赫 - 桑佩尔（Puig-Samper）和佩拉约编（1995）。关于探险队对自然科学的贡献，参见加莱拉·洛佩斯（Galera López，1988）。

[26] 转引自卢塞纳·希拉尔多和皮门特尔·伊赫亚（Lucena Giraldo y Pimentel Igea，1991：156）。

[27] 关于此次探险，参见迪亚斯·德伊劳拉（Díaz de Yraola，1948）和拉米雷斯·马丁（Ramírez Martín，2002）。詹纳于 1796 年进行了他的第一次实验。

[28] 转引自亚克西奇（2010：295-297）。本报告原件保存在伦敦韦尔科姆图书馆。

[29] 引用自洛佩斯·皮涅罗（López Piñero，1983）。

[30] 引用自洛佩斯·皮涅罗和帕尔多·托马斯（1996：42）。关于埃尔南德斯的探险，参见坎

皮略·阿尔瓦雷斯（Campillo Álvarez，2000）和帕尔多·托马斯（2002）。

［31］他派学生到东印度、非洲和北美。

［32］关于勒夫林和奥里诺科探险队，参见佩拉约（1990），佩拉约和普伊赫－桑佩尔（1992）以及金塔尼利亚（1999）。

［33］转引自佩拉约（ed.1990：125-127）。

［34］霍安·米努阿特－帕雷茨（Joan Minuart i Parets，1693—1768）是一名加泰罗尼亚植物学家和药剂师，后来成为马德里米加斯卡连特斯植物园的（第二位）教授——第一位是何塞·克尔。我已经在第3章介绍了图内福尔系统。

［35］该花园应当是米加斯卡连特斯花园，正如我在第3章中指出的，它创建于1755年。

［36］同下面段落一样，引用自金塔尼利亚（1999：47）。

［37］同上，p.61

［38］在此次探险中，探险队还收集了丰富的植物材料并送往国王花园。我们还记得，正如我在第3章中指出的那样，在完成子午线弧度的测量后，孔达米纳借此机会游历了南美洲，特别是研究了亚马孙河流域和金鸡纳树皮。回到法国后，他用法语和西班牙语发表了他的观察成果。

［39］戈麦斯·奥尔特加实际上是来自马德里的探险队的技术主管，因为除了选择参与探险的植物学家并对他们进行培训之外，他还起草了说明。关于这次探险，请参阅穆尼奥斯·加门迪亚（Muñoz Garmendia，coord.，2003）编纂的作品。就像我将在下一节中讨论的新西班牙探险一样，秘鲁和智利的探险队已经在第3章中提及，引用自森佩雷－瓜里诺斯的《卡洛斯三世统治期间西班牙最佳作家文库鉴定》（*Ensayo de una Biblioteca Española de los mejores escritores del Reynado de Carlos III*）。

［40］国家自然科学博物馆档案。AMNCN，探险队，14号，引用自加西亚·纪廉（García Guillén，2018：169）。

［41］引用自金塔尼利亚（1999：325）。“虫病”即“查加斯病”（又称“美洲锥虫病”——译者注）。

［42］引用自金塔尼利亚（1999：329），该书（325-347页）描述了那个恼人的过程。

［43］直到1815年，两名专员持续从秘鲁和厄瓜多尔发回样本。目前，除了与《植物志》出版有关的描述和文件外，皇家植物园还保存了9500份干植物标本、2258份图纸、262块铜版及其相应的印刷品和297包果实、种子和树皮。

［44］冈萨雷斯·布埃诺（González Bueno，1995）描述了《植物志》出版历史的细节。

［45］穆蒂斯一直是许多人研究的对象，但我发现圣地亚哥·迪亚斯·彼德拉伊塔（Santiago Díaz Piedrahita，2008）的研究特别有价值。

［46］然而，正如人们所说，它并不是美洲第一个天文台。在这之前，1789年在乌拉圭蒙得维

的亚建造了一座。

[47] 关于卡尔达斯，参见阿佩尔（Appel，1994）、迪亚斯·彼德拉伊塔（Díaz Piedrahita，1997）和卡尔达斯（Caldas，2016）。

[48] 据说他每天在圣克拉拉修道院做弥撒，他是圣菲一座修道院修女们的忏悔神父。

[49] 我在提到桑切斯·罗恩（2019）时讨论过这个问题。

[50] 被普伊赫－桑佩尔（2008：14）引用。

[51] 转引自埃尔南德斯·德阿尔瓦（Hernández de Alba，1968a：30）。

[52] 保存在皇家医学院（皇家植物园中有一复制品）的一幅 1882 年由西普里亚娜·阿尔瓦雷斯·德杜兰（Cipriana Álvarez de Durán）绘制的穆蒂斯油画肖像中，他似乎在观察一个帚菊木标本。

[53] 现有两件复制本：一件由健康科学基金会于 1994 年出版，包含拉克尔·阿尔瓦雷斯·佩莱斯（Raquel Álvarez Peláez）的初步研究，另一本由加的斯大学出版社于 2008 出版。

[54] 伊波利托·鲁伊斯,《奎宁学，关于金鸡纳树或金鸡纳树皮的论文》，马德里，1972（Hipólito Ruiz，*Quinología o tratado del árbol de la quina o cascarilla*，Madrid，1792）。

[55] 在这些问题上，我借鉴了布兰科－莫拉雷斯（Blanco y Morales，1990：85-86）的观点。有关奎宁医学应用的一个很好的参考文献是列拉·帕尔梅罗（Riera Palmero，coord.，1997）。

[56] 这就是为什么在 17 世纪中叶，欧洲也将通过粉碎金鸡纳树叶和树皮获得的粉末称之为“伯爵夫人的粉末”。

[57] 林奈在他的著作《奉国王之命前往厄瓜多尔的旅行日记》（*Journal du voyage fait par ordre du Roi，a l'Équateur*，París，1751，巴黎）中借鉴了孔达米纳对金鸡纳的描述。描述中使用了工程师 J. 德莫兰维尔（J. de Morainville）1728 年绘制的图画，他是孔达米纳带领的探险队的成员，他曾陪孔达米纳前往洛哈省的萨拉古罗，研究金鸡纳等植物。

[58] 有关探险队成员的更多信息，请参阅迪亚斯·彼德拉伊塔（Díaz Piedrahita，2008：111-170）。

[59] 稍后我们将看到费利克斯给何塞的书是什么，以及他们最终维持的关系是什么样的。然而，在何塞·尼古拉斯的回忆录（Sánchez Espinosa，2000）中，里面更多的是政治和文化而非个人内容，他一次没有提到费利克斯。

[60] 这些书目来源可能是《一般和特殊博物学，以及对国王陈列馆的描述》（*Histoire naturelle，générale et particulière，avec la description du Cabinet du Roi*），布丰与多邦东（D'Aubenton）合作编写（15 册，1749—1767），几乎可以肯定，至少在某些卷中使用了何塞·克拉维霍－法哈多（José Clavijo y Fajardo）的西班牙文译本《一般和特殊博物学》（*Historia general y particular*，Madrid，1791—1895）。

［61］另一项关于费利克斯·德阿萨拉作品的相关研究是曼努埃尔·卢塞纳·希拉尔多和阿尔韦托·巴鲁埃科·罗德里格斯（Manuel Lucena Giraldo 和 Alberto Barrueco Rodríguez，1994）对他的作品选集（Azara，1994）的“初步研究”。

［62］达尔文在他的书的不同版本中做了很多改动。《物种起源》（*The Origin*）最初名称《关于物种起源》（*On The Origin*）中的关于“*On*”，在第六版也就是最终版中消失了。

［63］关于美洲植物的发现，参见费尔南德斯·佩雷斯和冈萨雷斯·塔斯孔（Fernández Pérez 和 González Tascón，eds.，1990b）合编的作品，帕尔多·托马斯和洛佩斯·特拉达（Pardo Tomás 和 López Terrada，1993），以及冈萨雷斯·布埃诺和罗德里格斯·诺萨尔（González Bueno 和 Rodríguez Nozal，2000）。

［64］转引自乔勒内斯库（Cioranescu，2010：88），这是一部致力于研究拉奥罗塔瓦花园历史的作品。

［65］胡斯托·德尔里奥（Justo del Río，1990）研究了欧洲植物在美洲驯化的问题。

［66］福雷尔男爵是一个值得被铭记的角色。在前面提到的海因里希·弗里德里希·林克（Heinrich Friedrich Link，2010：113-114）撰写的《西班牙之旅》（*Viaje por España*）中，是这样描述他的：“在矿物学方面，当时的萨克森宫廷大使福雷尔男爵无论是对科学本身还是对西班牙做出了不可估量的贡献。他在这方面知识渊博，收藏了大量西班牙矿物，并表现出探索这个国家矿物学宝藏的强烈愿望。他们成功地拥有了一位才华横溢的德国公民，如同赫尔根（Herrgen）先生，他曾在奥地利大使馆任职，将《维德曼（Wiedermann）矿物学手册》翻译成西班牙语，他以令人尊敬的品质完成了这项任务。他与皇家自然陈列馆馆长何塞·克拉维霍（José Clavijo）先生的关系进一步引发了人们对矿物学的兴趣。”他补充说：“克拉维霍是一个真诚的老人，也许因为他太老了，不了解博物学领域的最新进展，尤其是矿物学。德国人知道他，是因为他恰巧与歌德的悲剧同名，克拉维霍知道他出现在德国舞台上，虽然他不懂我们国家的语言，但他在西班牙文学中的巨大贡献并不为人所知：他对布丰《博物学》（*Historia natural*）的翻译，确实是同类型作品中的杰作。没有其他作品能像这本书一样，达到原著的丰富程度和神韵，没有其他语言能比西班牙语更能表达这部作品中的隆重盛况。”

［67］这部作品的第一个也是流传最广的版本是 1816 年至 1834 年以法语出版的 30 卷本。我引用的西班牙语版是对流传没那么广的版本的翻译。

［68］参见格利克（1991：329）。一个事实揭示了独立思想在一些移民西班牙人中间的渗透程度，那就是胡安·何塞·德卢亚尔的独生子，出生在圣菲的卢西亚诺·德卢亚尔－巴斯蒂达斯（Luciano Elhuyar y Bastidas，1793—1815）和西蒙·玻利瓦尔并肩作战。他是 1812 年 5 月在安东尼奥·巴拉亚（Antonio Baraya）将军指挥下在通哈起义的一群年轻军人中的一员。他在加勒比海溺水身亡，当时他正在前往与“和平缔造者”巴勃罗·穆里略

（Pablo Murillo）战斗的路上。

[69] 关于塞亚，参见索托·阿朗戈（Soto Arango，1996）。

[70] 贝略利用他在伦敦逗留时间来扩充他的科学知识。例如，1823 年 4 月，他报名参加了汉弗莱·戴维（Humphry Davy）在皇家学会关于化学和电磁学最新发展的讲座。

第 5 章　19 世纪：科学、政治和意识形态

[1] 加那利群岛人奥古斯丁·德贝当古（Agustín de Betancourt）是一位工程师，在蒸汽机、浮空学、城市规划和结构工程等领域履历丰富并做出了杰出贡献。可以说，现代工程学是从他开始的，不仅在西班牙，而且也在俄罗斯，1807 年他应沙皇亚历山大一世邀请定居（在圣彼得堡）直到去世。他在俄罗斯的成就包括，在军队中获得了中将军衔，还组织建立了通信工程师学院（类似于马德里土木工程学院的机构）和设计了一个庞大的公共工程计划。当贝当古正在对国际大都市圣彼得堡进行城市化建设时，1816 年的马德里甚至没有钱聘请他最亲密的合作者之一，机械师和工艺师巴托洛梅·苏雷达（Bartolomé Sureda），处于失业状态的他住在马略卡岛帕尔马。关于贝当古，参见鲁梅乌·德阿马斯（Rumeu de Armas，1968）、加西亚·迭戈（García Diego，1985）和冈萨雷斯·塔斯孔（González Tascón，1996）的研究。关于土木工程学院的历史，参见鲁梅乌·德阿马斯（Rumeu de Armas，1980）。

[2] 皇家机械陈列馆 1791 年由贝当古创建，旨在展示和宣传西班牙工程学的新成果。其中收藏了他和胡安·洛佩斯·德佩尼亚尔韦尔（Juan López de Peñalver）从法国带来的平面图、模型和科学论文。该馆设在布恩雷蒂罗宫里，1792 年向公众开放，并于 1802 年迁至土木工程学院。关于皇家机械陈列馆历史，参见鲁梅乌·德阿马斯（1990），和费尔南德斯·佩雷斯和冈萨雷斯·加斯孔（eds.，1991）。

[3] 皇家工艺学院一直持续到 1850 年，这一年它被改为皇家工业学院，开设了一种新型土木工程师专业，即“工业工程师”。

[4] 赫舍尔使用类似于马德里的，但更大（长 12 米，镜片直径 1.15 米）的望远镜，在 1781 年 3 月 13 日观测到了太阳系中的一颗新行星，即太阳系中的第七颗行星，排在水星、金星、地球、火星、木星和土星之后，并将其命名为“天王星”。

[5] 希尔·德萨拉特（Gil de Zárate，1885：t. Ⅲ，370）。

[6] 关于这些学习之旅，参见洛佩斯·阿罗约（López Arroyo，2004：95-100）。

[7] 1849 年，阿吉拉尔前往马德里大学担任天文学教授，而诺韦利亚则接替他，在圣地亚哥担任高等数学教授。1863 年，阿吉拉尔和诺韦利亚在一项关于子午线弧的研究中产生严重分歧，结果诺韦利亚要求解除他在天文台的职务，1865 年获得批准。

[8] 1854 年安装了雷普索尔（Repsold）子午仪，1858 年安装了默茨（Mertz）赤道望远镜。

[9] 1612 年，温度计已经开始使用。圣托里奥·圣托里奥（Santorio Santorio）发表了关于人体体温的研究，其中就使用到了温度计，可能是他自己发明的或伽利略发明的。气压计的起源也可以追溯到 17 世纪，伽利略再次出现在先行者行列中，尽管是他的弟子之一埃万杰利斯塔·托里切利（Evangelista Torricelli），在 1644 年发明了第一个有效的气压计，即水银气压计。我会在下一个注释中提到湿度计。有关这些和其他仪器的更多信息，参见布德和瓦尔纳（Bud 和 Warner，eds.，1998）。

[10] 转引自斯普拉特（Sprat，1702：173-178），在该文件中，胡克将湿度计的想法归功于法国物理学家和神学家埃马纽埃尔·马尼昂（Emanuel Magnan，1601—1676），他曾受过耶稣会士的培训，但加入了米尼莫会。在他著名的《显微图谱》（*Micrographia*，1665）的"观察十七"（"关于野燕麦芒及其根据天气发生不同变化的特性可用于反映干燥和潮湿的情况"）中，胡克提到了一种简单的仪器就是利用了野燕麦根据环境的干燥度或湿度来改变大小的特性［"当把野燕麦芒浸入水中，使其伸展到最大长度，通常不超过一寸（西班牙寸，长度单位，合 23 毫米）半，有时略少。那么，当谷物成熟且非常干燥时，通常发生在 7 月和 8 月，燕麦芒会弯折到麦秆中段以下"］。根据胡克的说法，"第一个报告这种拥有奇特结构的植物的人是巴普蒂斯塔·波尔塔（Baptista Porta），在他的书《自然魔法》（*Magia natural*）中。"他指的是詹巴蒂斯塔·德拉波尔塔（Giambattista della Porta，1535—1615）和他的书《自然魔法》（*Magia naturalis*，1558）。胡克写道："我已经做了各种测试和仪器，用这种植物小小的扭曲来查看空气的干燥度或湿度，发现它对空气异常敏感，通过发生微小的结构变化，反映空气的干燥度或湿度，所以只消吹一口气儿，它就会完整地展示一遍这个过程。"（Hooke，1989：407-413）。关于早期气象学的更多细节可以在沃尔夫（Wolf，1935：vol. I，306-324）中找到。

[11] 马德里天文台的气象观测活动见希门尼斯·德拉夸德拉（Giménez de la Cuadra，1992）。

[12] 连同安杜亚加·埃加尼亚（Anduaga Egaña）的书和前注中引用的希门尼斯·德拉夸德拉的文章，参见加西亚·奥尔卡德（García Hourcade，2002）。

[13]《风的日间变化》是一本简短但内容丰富的专著，共 53 页，其中布满了卡夫雷拉计算两个半球不同城市风的不同（水平）分量图，其中对马德里和阿德莱达的案例更为关注。卡夫雷拉选择的主题当然是复杂的，正如他（卡夫雷拉，1902：4）指出的那样，气象学与天文学相比是一门落后的学科，一门基于固体力学原理的科学只是遇到了不可能对受扰运动的微分方程进行积分的严重困难，他将它们视为代表性的变形椭圆，通过解析函数解决了这一难题。相反，需要气体力学中的气象学，众所周知，它们运动的微分方程只能在没有任何物理现实这种非常特殊的情况下进行积分，因为已知在这种物质状态下的所有热力学系数都具有相同的数量级。

[14] 引自阿隆索·比格拉（Alonso Viguera，1961：8）。

[15] 关于该学院的信息来自《西班牙教师名单，由拿破仑·波拿巴选出，包含对每位老师的评价》（*Relación del profesorado de España*，*elegido por Napoleón Bonaparte*，*con el juicio de cada uno de sus profesores*，1809）文件，转引自丹维拉和科利亚多（Danvila 和 Collado，1886：688-690）。另见贝托梅乌·桑切斯和加西亚·贝尔马尔（Bertomeu Sánchez 和 García Belmar，2001）、贝托梅乌·桑切斯（Bertomeu Sánchez，2009）和佩佩（Pepe，2005：330-337）。

[16] 更多详情，请见贝托梅乌·桑切斯和加西亚·贝尔马尔（2001）

[17] 法兰西科学院成立于1666年，时称皇家科学院，是被裁撤的科学院之一。其他一些幸免的，例如国王花园或植物园（成立于1635年）。认识到其重要性后，国民公会于1793年6月以"自然博物馆"的名义将其重建。

[18] 转引自曼德龙（Maindron，1888：175）和佩佩（2005：343）。

[19] 参见桑切斯·罗恩（2010a：cap.2）。

[20] 在只有十五名成员出席的第一次会议上，"公民波拿巴"提出了前六个问题：
1. 可以改进为军队制作面包的烤箱吗？2. 没有啤酒花可以在埃及酿造啤酒吗？3. 如何净化尼罗河的水？4. 在埃及，风车和水车哪个更合适？5. 埃及能制造火药吗？6. 埃及的教育和法律情况如何？

[21] 西班牙哲学和批判史教授卡斯特拉尔于1865年被伊莎贝尔二世政府免职并判处死刑，于1866年流亡巴黎。当他发表文中提到的演讲时，是刚刚回到西班牙。

[22] 转引自桑切斯·马丁内斯（Sánchez Martínez，1987：163）。

[23] 早在《物种起源》出版之前，达尔文是通过菲茨罗伊船长带头撰写的《1826年至1836年陛下之探测船"冒险"号与"猎兔犬"号勘测航海纪事》（*Narrative of the Surveying Voyages of His Majesty's Ships Adventure and Beagle*，*between the Years 1826 and 1836*）第三卷（Henry Colburn，Londres，1839）在英国为人所知的，其中达尔文叙述了他参加"猎兔犬"号航行的情况，不久之后也是在1839年，又单独以《陛下之探测船乘坐"猎兔犬"号访问的各个国家的地质和博物学研究杂志》（*Journal of Researches into the Geology and Natural History of the Various Countries Visited by H. M. S. Beagle*）为题发表。西班牙语译本直到1899年才在西班牙以《一个博物学家的环球之旅》为题出版（*Viaje de un naturalista alrededor del mundo*，《现代西班牙》杂志，马德里）；之前，1879年至1881年，曾被翻成加泰罗尼亚语，以折页形式在《加泰罗尼亚日报》发表，题为《一位博物学家在1831年至1836年间乘坐"猎兔犬"号进行的环球航行》（*Viatje d'un naturalista al rededor del mon*，*fet a bordo del barco "Lo Llebrer" desde 1831 á 1836*）。有关达尔文在西班牙的出版物，参见戈米斯·布兰科和霍萨·略尔卡（Gomis Blanco 和 Josa Llorca，2009）。

[24] 莱塔门迪（Letamendi）的文本出现在他在马德里出版的《作品全集》（*Obras completas*，

1907：t. Ⅲ，216-217）中。我摘自迭戈·努涅斯（Diego Núñez）的书《西班牙的达尔文主义》（*El darwinismo en España*，1977：91），这是了解西班牙接受达尔文理论情况的重要参考。另见格利克（1982），内容涵盖范围比进化论更广泛，还包含了地质学和自然科学，参见萨拉·卡塔拉（Sala Catalá，1987）和佩拉约（Pelayo，1999）。

[25] 转引自努涅斯（1977：103）。弗赖·塞费里诺（Fray Ceferino）是一位著名的哲学家，他是皇家历史学院的成员，入选皇家语言学院，也是王国的参议员。

[26] 克莱芒丝·鲁瓦耶（Clémence Royer，1830—1902）是一位多产的法国作家、自由思想家，讨论过各种各样的主题。在她的作品中有经济学书籍和小说，但她的主要兴趣是科学和哲学，她主张二者和谐统一，以及女权主义。1862 年，她将《物种起源》翻译成法文，并添加了长达 64 页的前言。她使用的不是达尔文的原标题，而是《关于物种起源和有机生物的进化规律》（*De l'origine des espèces ou des lois du progrès chez les êtres organisés*）。在达尔文的要求下，在第二版（1866）中进行了更改，改为《自然选择的物种起源和有机生物进化规律》（*L'Origine des espèces par sélection naturelle ou des lois de transformation des êtres organisés*）她的前言，完全是一篇实证主义宣言，鲁瓦耶捍卫科学战胜蒙昧主义并攻击宗教信仰和基督教（她曾接受基督教教育）。1870 年和 1882 年，她的翻译版出版了第三和第四版。1870 年，鲁瓦耶成为第一位入选法国一个科学学会的女性：被选入保罗·布罗卡（Paul Broca）创立的巴黎人类学学会。

[27] 种变说是当时许多人用来表示后来称为"达尔文主义"的术语。

[28] 关于卡拉西多个人和科学传记的最完整研究是安古斯蒂亚斯·桑切斯·莫斯科索（Angustias Sánchez-Moscoso，1971）的博士论文。另见费尔南德斯（日期不详），马斯-金达尔（Mas y Guindal，1924），以及莫雷诺·冈萨雷斯（Moreno González，ed.，1991）。

[29] 帕尔多·巴桑（Pardo Bazán）在此指的是智者阿方索十世（Alfonso X el Sabio）说过的话，某一次他提到托勒密的（地心说）理论时说道："如果上帝创造宇宙时我在他身边，就会对天体的秩序给他提出更好的建议。"

[30] 转引自卡尔沃·罗伊（Calvo Roy，2013：75）。下面的引文也取自这部作品。

[31] 我使用了西班牙文译本的第二版，下文中会提到：德雷珀（Draper，1885：lxiii-lxv）。第一版出版于 1876 年。

[32] 在会议纪要中，只有两次发言的摘要提到了达尔文的理论：牛津大学植物学教授 C. J. B. 多布尼（C. J. B. Daubeny，"关于植物有性的最终原因的评论，特别参考了达尔文先生的著作《物种起源》"）以及约翰·威廉·德雷珀（John William Draper，"关于欧洲的智力发展，参考达尔文先生和其他人的观点，有机体的进化是由自然规律决定的"）。参见报告（1861：评论和摘要，109-110 和 115-116）。

第 6 章 自由教育学院与科学

[1] 关于冈萨雷斯·德利纳雷斯和希内尔的关系，参阅福斯·塞维利亚（Faus Sevilla, ed.1987）。这部作品中转载的第一封信是冈萨雷斯·德利纳雷斯写给希内尔的一封，日期为 1869 年 1 月 8 日，以“最亲爱的帕科（弗朗西斯科的昵称——译者）”开头。

[2] 转引自德利亚诺斯 - 托里利亚（De Llanos y Torriglia，1925：55-56）。

[3] 根据恩里克·拉富恩特（Enrique Lafuente，1987：165）的说法，希内尔的《心理学课程概要》“恰好是西班牙第一部与欧洲最新心理学科学发展相呼应的著作”。

[4] 塞雷索·加兰（Cerezo Galán，2011：125）。希内尔的这句话来自他在《全集》（*Obras completas*，希内尔·德洛斯里奥斯，1922）中的文章《科学精神的条件》。

[5] 关于私人关系在自由教育学院和我将在另一章中讨论的扩展科学教育与研究委员会的重要性，请参阅桑切斯·罗恩（2010a）。

[6] 1887 年，希内尔的另一个优秀弟子和朋友巴托洛梅·科西奥组织了第一个儿童夏令营。起初只是男孩夏令营，直到 1891 年增加了一部分女孩，最终在 1893 年开设了一个混合夏令营。

[7] 请参阅，例如冈萨雷斯·德利纳雷斯（1878）。

[8] 卡尔德龙和基罗加合作的一个例证（1877）是他们共同撰写的书:《莫列多市的蛇绿岩喷发》（*Erupción ofítica del Ayuntamiento de Molledo*）。

[9] 请参阅希门尼斯 - 兰迪（Jiménez-Landi，1996a：335）。

[10] 信件保存在皇家历史学会。引用自安杜阿加·埃加尼亚（Anduaga Egaña，2003：4）。

[11] 关于其中一些问题，请参阅卡萨多·德奥陶拉（Casado de Otaola，2000）。

[12] 例如，参阅冈萨雷斯·德利纳雷斯（1877，1877—1878）。该作者的全集已收录于涅托·布兰科（Nieto Blanco，ed.，2013）。

[13] 恩斯特·海克尔《生物体普通形态学》西班牙语版（*Morfología general de los organismos*，Blas Barrera y Compañía，eds.，Barcelona，1887）。桑佩雷在他写的“翻译缘由”中表明了他当时的克劳泽主义信仰（后来他倾向于实证主义）:“像其他人对其他书籍进行研究和思考一样，对卡尔·克里斯蒂安·弗里德里希·克劳泽的作品进行研究和思考。达尔文的《物种起源》出版之后的科学运动，在我看来远非与他迄今所分享的思想相反的运动，在我看来像是对克劳泽主义体系的科学论证，这不一定是通过对大师著作的研究而实现的，而是作为哲学思潮的一种影响，不扯太远的话，其来源可以追溯至莱布尼茨，那时便已有了克劳泽哲学思想的一些雏形。”

[14] 另一本翻译成西班牙语的海克尔的著作是《宇宙之谜》（*Die Welträthsel*，1895—1899）两卷本，西班牙语书名也是《宇宙之谜》（*Los enigmas del Universo*，Sempere，Valencia，

1899；trad. C. Litrán）。

［15］卡斯特利亚尔瑙（2002：202-203）。

［16］参阅马达里亚加（Madariaga，1972，2004）和冈萨雷斯·德利纳雷斯（1889）。

［17］关于他的任命，参阅《自由教育学院通报》第 65 期（*BILE*，1879：160）。

［18］转引自福斯·塞维利亚（Faus Sevilla，ed.1987：263）。

［19］更多信息，请参阅佩雷斯·鲁宾·费格尔（Pérez-Rubín Feigl，2015）和巴拉塔斯－费尔南德斯·佩雷斯（Baratas y Fernández Pérez，1991）。何塞·里奥哈同洛·比安科（Lo Bianco，其实正确的拼法是“Lobianco”）的一个妹妹结了婚。他们的儿子恩里克·里奥哈·洛比安科（Enrique Rioja Lobianco）也是国家自然科学博物馆的一名著名的海洋研究员。1883 年至 1913 年，西班牙共派出 15 名助研金获得者前往那不勒斯站（Pérez-Rubín Feigl，2015：205）。

［20］关于奥东·德布恩，请参阅卡尔沃·罗伊（Calvo Roy，2013）。

［21］扩展科学教育与研究委员会档案，学生公寓；引自卡尔沃·罗伊（Calvo Roy，2013：153）。

［22］扩展科学教育与研究委员会档案；引自多西尔·曼西利亚（Dosil Mancilla，2007：185-186）。

［23］可参阅卡尔德龙（Calderón，1878）。

［24］《通报》（*BILE*，1877：3-4）第一期将基罗加在自由教育学院开设的化学课程描述为在“本质上具有实验性”，分为三个部分（导论、普通化学和描述化学）。

［25］关于基罗加的科学贡献，讣告指出：“除了大约 90 部专著，或单独出版，或发表在博物学会年鉴（*Anales de la Sociedad de Historia Natural*，自成立以来他就是该学会成员），或发表在地理学会年鉴（*Anales de la Sociedad de Geografía*）和其他科学杂志，或发表在本《通报》中；以及 1890 年出版的，他与玻利瓦尔和卡尔德龙教授合著的《博物学基础》（*Elementos de Historia Natural*）的地质和矿物学部分，在不止一个方面为这一学科开辟了新视野；以及同时精炼和扩充了《切尔马克矿物学》（*Mineralogía* de Tscherrmak）关于西班牙的内容；以及他在学院以有趣的实验为例所做的大受欢迎的讲座。基罗加还为我们留下了一部以其野外考察和实践课程模式著称的相当具有教学价值的著作，以及一本未出版的初级化学教科书《从成分的角度来识物的课程》（*Lecciones de cosas*，*bajo el punto de vista de su composición*），其中一些片段已发表在《当代学校》（*La Escuela Moderna*）和我们的《通报》中。”

［26］关于麦克弗森，请参阅巴雷拉、马丁－埃斯科尔萨和塞凯罗斯（Barrera，Martín-Escorza y Sequeiros，2006），巴雷拉（Barrera，2002）和希门尼斯－兰迪（Jiménez-Landi，1996a：407-408）。

[27] 他在《通报》上发表的文章主要有拉萨罗（Lázaro，1884，1886与1901），其中最后一篇题为"植物求生斗争中的防御武器"，明显受到达尔文的影响。

[28] 参阅1987年《心理学研究》（*Investigaciones Psicológicas*）向他致敬的专刊：多位作者（1987）和比达尔·帕雷利亚达（Vidal Parellada，2007）。

[29] 弗朗西斯科·费雷尔·瓜尔迪亚（Francisco Ferrer Guardia，1859—1909）是一名无政府主义教育家和自由思想家，被军事法庭判处死刑并被处决，罪名是煽动1909年7月发生的巴塞罗那"悲剧一周"暴乱事件。

[30] 在《通报》中，西马罗解释了其中的一些活动：他写了关于兰维尔在法兰西学院（西马罗，1881）的普通解剖学课程，以及胚胎学的发展及其与人类学的联系，正如索邦大学解剖人类学教授布罗卡的继任者杜瓦尔所探讨的那样。他在巴黎逗留期间参加了这门课程（Simarro，1880）。

[31] 戈麦斯·特鲁埃瓦（Gómez Trueba，2005），引自加西亚－贝拉斯科（García-Velasco，2008：124）。

[32] 关于这一点，请参阅德雷尔和特纳（Dreyer和Turner，eds.，1923：168-171），以及贝克尔（Becker，2011：156-162）。

[33] 阿西米斯（Arcimís，1874，1875，1875—1876）。关于阿西米斯及其著作和科学关系，请参阅安杜阿加·埃加尼亚（2005）。鲁伊斯－卡斯特利（Ruiz-Castell，2008）中对阿西米斯作品的引用也很值得参考。

[34] 引自希门尼斯－兰迪（1996c：181）。

[35] 请参阅阿西米斯（1884，1888）。

[36] 巴尔策（Baltzer，1879）。后来他们还翻译了他的其他作品：《通用算术》（*Aritmética universal*，1880），《几何学》两册（*Geometría*，2 vols.，1880），《代数》（*Álgebra*，1880）和《三角学》（*Trigonometría*，1881）。

[37] 关于19世纪综合几何及其发展，请参阅克兰（Kline，1992：vol. Ⅲ，1.106 y ss.）和博耶和默茨巴赫（Boyer和Merzbach，1989：602-604）。希门尼斯的另一部重要著作是《数论基础论文》（*Tratado elemental de la teoría de los números*），该论文获得1872年皇家精确、物理和自然科学院授予的奖项，该机构将其发表在其《论文集》第七卷中（Jiménez，1877a）。

[38] 关于欧洛希奥·希门尼斯，请参阅希门尼斯－兰迪（1996b：626-628）。

[39] 希门尼斯（1877b）。

[40] 希门尼斯（1878—1881）。

[41] 关于佩德罗·希门尼斯－兰迪，请参阅希门尼斯－兰迪（1996c：566-567）。

[42] 实际上，在《通报》中，可以找到这些摘要：列多（Lledó，1877，1778a，b）。

[43] 数字版 @tres，塞维利亚，2004。感谢卡洛斯·韦尔特（Carlos Wert）为我提供了这部作品的副本。

[44] 这些文章于 2004 年重新出版，冈萨雷斯·德利纳雷斯（2004），由负责编辑的卡洛斯·涅托·布兰科（Carlos Nieto Blanco）进行了初步研究。

[45] 莫里斯·德布罗伊的文章（《自由教育学院通报》第 865 期，56，1932：146–150）是他于 1930 年 11 月 27 日在学生公寓发表的演讲，并以法语发表在 1931 年 12 月的《公寓》（*Residencia*）杂志上（第二年，第 3 期，1931：161–165）。这一事实表明，学生公寓和自由教育学院之间有着密切的关系，但这并不奇怪。至于弗朗茨·希姆施泰特的文章，肯定是他以《放射性与物质的构成；弗朗茨·希姆施泰特的学术讲座》（*Radioaktivitat und die Konstitution der Materie*；*eine akademische Rede von F. Himstedt*，1905）为题发表的演讲的译文；与《通报》中文章题目相同。

[46] 同年，1921 年，林登·博尔顿出版了一本关于该主题的书：《相对论导论》（*An Introduction to the Theory of Relativity*）。

第 7 章　19 世纪的物理学和化学

[1] 关于特拉韦塞多的一些细节，请参见加马（1988）。

[2] 帕赫斯皇家骑士学院是一所精英子弟的皇家学校，其宗旨是培养服侍国王参加公开活动的年轻侍从。随着这些年轻人年纪的增长，一旦离开侍从的岗位，他们可以从军、从政或去当教士。

[3] 我是从卡夫雷拉发表在《图书杂志》上的这篇文章中摘录这段话的。这家期刊的编辑委员会的构成给人以深刻印象：哲学，何塞·奥尔特加 – 加塞特；语言学，拉蒙·梅嫩德斯·皮达尔；精确科学，胡利奥·雷伊·帕斯托尔；物理化学，布拉斯·卡夫雷拉；自然科学，伊格纳西奥·玻利瓦尔；医学，尼古拉斯·阿丘卡罗；政治学，费尔南多·德洛斯里奥斯；文学与艺术，阿索林（Azorín）。

[4] 到 19 世纪末电气化的成效实际上变得相当可观。1898 年至 1913 年，西班牙发电量增长了 4 倍。从 1913 年到 1929 年，发电量又增长了 4 倍。

[5] 此信复制自加泰罗尼亚语 – 马略卡语原文，参见贝托梅乌·桑切斯（2015：12–13）和贝托梅乌·桑切斯与比达尔·埃尔南德斯（Vidal Hernández，2011）。

[6] 可参见纳瓦罗·布罗顿斯（2000）。

[7] 关于奥尔菲拉，请参见韦尔塔斯（Huertas，1988）和贝托梅乌·桑切斯（2015：estudio Prelininar）。

[8] 复制自贝托梅乌·桑切斯（2015：138–140）。

[9] 给人的印象是，实际上他更是一名药剂师。美国地质学家和慈善家威廉·麦克卢尔

（William Maclure，1763—1840）在访问巴塞罗那期间写于 1808 年 2 月 11 日的欧洲旅行日记开头（Doskey，1988：125）写道："我们仔细观看了科学院（1764 年成立的巴塞罗那自然科学与艺术科学院）的办公室。还跟药剂师、化学老师卡沃内利见了三四次面，每次都是在他的药房里，周围都是买药的顾客。"麦克卢尔日记中的另一段也很有意思，虽然事关别的内容。他写道："西班牙人跟地球上任何别的地方的人一样无知。但他们绝对信任他们长期在在无政府状态下学习所付出的努力。这在政治领域取代了理性，使他们倾向于，在对无政府状态下享有自由带来的'好处'时应遵循的原则和应面对的后果缺乏全面了解的情况下，捍卫自己的权利。"（Doskey，1988：678）。西班牙的另一个"优点"是上等阶级跟人民大众一样无知，在这方面，他们不认为自己低人一等。也就是说，虽然各个阶级都缺乏知识，但这种知识匮乏在所有人当中却是平均分配的。

[10] 请参见波特拉 - 索莱尔（Portela y Soler，1987）。

[11] 1898 年，卡萨雷斯回到慕尼黑。这次是为了跟约翰尼斯・蒂乐（Johannes Thiele）和弗兰茨・冯・佐克斯莱特（Franz von Soxhlet）一起工作。1902 年，他全年都是在美国度过的。

[12] 月工资是 250 比塞塔。

[13] 虽然这不属于本章介绍的那一时期，卡萨雷斯下面这段话还是很重要的："如今一些大学已经有了自己的杂志。实验室的实验课教职可以得到每位学生 10 个比塞塔的补贴，这差不多跟过去的做法一样了。材料科学研究所也具备几间实验室和办公室。扩展科学教育与研究委员会派奖学金生去国外进修，建立工作中心，特别注意激发竞争意识，做了大大有益于西班牙发展的好事。时间会对这一切做出公正的评判。"

[14] 他在这个系一直工作到退休，还做过该系系主任。

[15] 关于托雷斯・穆尼奥斯的更多信息，请参见佩利翁・冈萨雷斯（Pellón González，1998a：236-284；1998b）。曼努埃尔・卡苏罗（Manuel Cazurro）在其关于伊格纳西奥・玻利瓦尔和西班牙自然科学的书中（1921：15-16），描述了托雷斯・穆尼奥斯的身世："拉蒙・托雷斯・穆尼奥斯・德卢纳是著名化学家李比希和迪马的学生，天资聪颖，学识渊博，是一位极具智慧的研究人员，更是一位成功的鼓动家。作为著名女演员丽塔・卢纳的儿子，对于充满人世间悲喜气氛的剧院情有独钟。"

[16] 关于原子理论引入西班牙，请参见佩利翁・冈萨雷斯（1998）。

[17] 引自罗德里格斯・诺萨尔（Rodríguez Nozal）和冈萨雷斯・布埃诺（2005：47-48）。

第 8 章 19 世纪的自然科学

[1] 关于格赖利斯，请参阅戈米斯（Gomis，1995），弗拉加（Fraga，1998）和塞万提斯・鲁伊斯・德拉托雷（Cervantes Ruiz de la Torre，ed.，2009）；此外，在更广泛的背景下，还可参阅阿拉贡・阿尔维略斯（Aragón Albillos，2014）。他在马德里曾教过的学生奥东・德

布恩（2002：39）在回忆录中这样回忆他："马里亚诺太有趣了！老年时的爱好是展示自然发生，他让我们看到生物是如何出现在鸡汤、茶水、实验室患病小伙计罗克的尿液中的。马里亚诺实际上功劳不浅：他年轻和成年后的岁月里都在西班牙潜心研究自然科学，他是分类专家，也是植物学家和昆虫学家，他对许多物种进行了描述，赋予了它们专门的属性和新的形态。当我还是他的弟子时，他已经年纪很大了，他又活了好多年，最后的静养地在埃尔埃斯科里亚尔。他曾经担任了很多届代表加泰罗尼亚地区经济学会的参议员。"

[2] 关于戈麦斯·帕尔多参与矿业学院的重组，请参阅"关于应根据现行敕令授权建立的矿业学院的新组织的意见：其整体教学特别是矿物学的教学范围。由洛伦索·戈麦斯·帕尔多提交给矿业总局"（Centenario，1977：164-173）。

[3] 戈麦斯·帕尔多在这些旅行中所写的日记转引自维塔尔（Vitar，ed.，2009）。赛恩斯·德巴兰达是马德里第一任宪法市长的儿子；1837 年，他被派往菲律宾担任矿产勘察员。

[4] 转引自《百年》（Centenario，1977：282）。在这部作品中，研究了矿业学院的起源和第一个百年。在搬到马德里之前，矿业学院首先隶属于财政部，之后是国家的发展部。

[5] 我使用的是最近再版的版本（Lyell，2011：3）。

[6] 在莱尔引入的命名法中，将地质时代中的第三纪分为三个世：始新世（来自希腊语 eos，"开端、开始"；kainos，"新"），中新世（来自 meios，"少于"和"新"）和古新世（来自 pleios，"古"和"新"）。

[7] 拉瓦诺著作中（Rábano，2015）研究了西班牙地图委员会的历史。

[8]《通报》,《西班牙博物学会年鉴 1》（*Anales de la Sociedad Española de Historia Natural 1*, 1872：v-viii）。

[9] 关于玻利瓦尔，请参阅卡苏罗和阿里亚斯（Cazurro，Arias，1921）和普伊赫 - 桑佩尔（2016）。

[10] 正如我们所见，卢卡斯·德托诺斯（Lucas de Tornos）在格赖利斯的领导下成为自然科学博物馆的常务馆长，对此德布恩说："我们很喜欢卢卡斯·托诺斯，他是一门古老科学的大师。冬天，他把我们聚集在暖桌旁，给我们讲非常有趣的故事（他是阿拉贡人，讽刺意味十足）和他的生平轶事。他几乎失明，但他通过触摸就知道蜗牛和贝壳的种类，甚至知道收藏中的标本。尽管他负责软体动物和低等动物，但并没有超越前者，后者的收藏仅限于大型珊瑚、干海绵和棘皮动物的壳。"

[11] 我在本章中没有涉及德国地质学家胡戈·奥伯迈尔（Hugo Obermaier）的贡献，他于 1914 年定居马德里并在自然科学博物馆的古生物学和史前研究委员会工作。由于他在西班牙的活动发生在 20 世纪，我将在第 11 章讨论他。

[12] 请参阅戈麦斯·门多萨（Gómez Mendoza，1992）和卡萨尔斯·科斯塔（Casals Costa，1996）。

第 9 章　19 世纪的数学和何塞・埃切加赖 - 埃萨吉雷

[1] 在桑切斯・罗恩（2016）中，我详细地介绍了埃切加赖。

[2] 正如卢萨・蒙福特所指出的（Lusa Monforte，1985），那些年关于创立工程师学校的法令相当明显地反映了新兴的西班牙资产阶级对新毕业生的期待："要创建新的学校，为渴望受教育的青年开辟新的道路，引导青年学习应用科学和从事那些迄今必须到外国寻找有足够知识和训练的人才能胜任的职业。"（关于创立工业工程师专业的王室敕令，1850 年 9 月 4 日）

[3] 他的自传《今生回忆》原是埃切加赖所写并于 1894 年 12 月至 1911 年 7 月发表在《现代西班牙》杂志的文章的合集，后于 1917 年成书出版，共 3 卷。

[4] 在埃切加赖那个时代，如果一个人学完了土木工程专业，一般要参加土木工程师协会并从此听命于该协会，这就等于走上将要在职称履历——当然还有薪金——上不断上升即从二级工程师最终升任总监的道路。例如，在 1855 年，有 12 名总监、20 名一级总工程师、30 名二级总工程师、50 名一级工程师和 26 名二级工程师。

[5] 摘自鲁伊斯 - 卡斯特利（Ruiz Castell，2008：50）。

[6] 皮卡托斯特是一位多才多艺的人，是一位在数学、通史、科学史、政治学、新闻学、文学，当然还有教育学方面都有造诣的杂家。他在马德里大学念过法学和科学，然后在马德里圣伊西德罗学院担任过数学助教先后共 5 年（1852—1857）。1860 年起从事新闻专业工作。1868 年革命之后，曼努埃尔・鲁伊斯・索里利亚（Manuel Ruiz Zorrilla）任命他为发展部中央局局长。再后来，一直到革命时期结束，任《马德里官方公报》社长。1890 年 7 月，加入档案员与图书馆员协会。（著有《数学术语及其词源词典，及附录著名数学家及著作简明索引》（*Vocabulario matemático y etimológico, seguido de un breve índice de matemáticos célebres y de las obras más notables*）（1862），《西班牙皇家语言学院词典中的数学术语》（*El tecnicismo matemático en el Diccionario de la Academia Española*，1873），《古代科学世界》（*El universo de la ciencia antigua*，1881），1887 年两卷本《西班牙的伟大与衰落》（*Estudios sobre la grandeza y decadencia de España*）与《西班牙人在意大利》（*Los españoles en Italia, en dos tomos*）、《关于一座 16 世纪西班牙科学图书馆的笔记》（*Apuntes para una biblioteca científica española del siglo XVI，1891*）等。）关于最后这一部著作，弗朗西斯科・贝拉写道："皮卡托斯特的笔记是一部值得钦佩的关于我国科学家传记和科学图书书目的研究著作。作者面对自己引用的众多书籍，以再现先贤的荣耀为志完成此书。"（1935a：80）

[7] 还应该包括欧洛希奥・希门尼斯和他在 1878 年至 1881 年在教育自由协会开设的课程"综合几何学导论"。

[8] 关于该科学院历史及其背景，请参见加西亚 - 巴雷诺、杜兰、托罗哈、里奥斯和马丁 - 穆

尼希奥（García-Barreno，Durán，Torroja，Martín-Municio，1995）。

[9] 应该指出的是，拟定这份名单的依据首先是王室任命的人选，其次是被任命的这些人在 1847 年 4 月 3 日的会议上推选了哪些。但是，这 36 名学者与第一批佩戴相应徽章的 36 人不一致。差异可能源自有人去世。还应该指出的是这个名单中每位院士的职业和头衔是根据有关法令或官方记录编制的，实际上有一些人后来选择了其他的职业或头衔。

[10] 1872 年 12 月，埃切加赖开始担任财政大臣。

[11]《几何学论文》是埃切加赖为其论文的合集取的书名。实际上论文题目是《几何课》（*Leçons de Géométrie*）。

[12] 早先有过一个马德里科学和文学协会，成立于 1820 年 5 月 4 日，位于普拉多街 28 号与圣阿古斯丁街交叉的街角一个简陋的地方。这里仅有两间凌乱又潮湿的小厅。房东托马斯·霍尔丹（Tomas Jordán）在那里经营一个印刷厂。马丁内斯·奥尔梅迪利亚（Martínez Olmedilla，1949：51）指出："协会这里本不是爱国者俱乐部，但是却很像。于是，本来一些随随便便聊天的友好气氛被激烈的争论变得紧张对立了，而且还传到了国外。因此，1823 年自由派倒台的时候被取缔。"1833 年，玛丽亚·克里斯蒂娜·波旁（María Cristina de Borbón）摄政之后，颁布了特赦令，之后不久于 1835 年 11 月 26 日协会得以恢复。因无会址开会，里瓦斯（Rivas）公爵将其府邸的一部分让给协会使用。1839 年，协会搬到安赫尔广场卡雷塔斯街的街角处，后来又搬到拉蒙特拉街。在这里，协会可能度过了它最辉煌的岁月。最后，协会于 1884 年 1 月 31 日搬到了普拉多街 21 号直至现在。

[13] 请注意，刘维尔（Liouville）于 1846 年在他创办的杂志上发表伽罗瓦的论文。也就是说，这发生在埃切加赖为马德里科学和文学协会开设课程的半个世纪之前。但不管怎么说，一个最合适的时间衡量办法是采信若尔当置换论发表的年份，即 1870 年。

[14] 埃切加赖奖章经拉蒙－卡哈尔提议由西班牙皇家精确、物理和自然科学院于 1907 年设立。根据其规则，该金质奖章每三年颁发一次。"该奖章可授予本科学院认可的对本科学院一项或多项科研任务做出突出贡献的任何本国人或外国人。本科学院人员同样享有获得该奖章的权利。"埃切加赖之后，获得该奖章的还有（在此我仅提及最早期的获奖人）：爱德华多·萨阿韦德拉（1910），摩纳哥亲王阿尔贝一世（Alberto I，1913），莱昂纳多·托雷斯·克韦多（1916），斯万特·阿列纽斯（Svante Arrhenius，1919），圣地亚哥·拉蒙－卡哈尔（1922）和亨德里卡·安东·洛伦茨（Hendrik Antoon Lorentz，1925）。该奖目前仍在颁发，不过周期性大大降低。

[15] 感谢胡安·安东尼奥·耶韦斯（Juan Antonio Yeves）向我提供了这个以及下一个文件。杂志第一期第一篇文章的作者是对拉萨罗有极大影响的埃米莉亚·帕尔多·巴桑（Emilia Pardo Bazán）。文章的题目是"筒状军帽和贝雷帽"。

[16]《论理学系和专科学校的改革》见《公开著作杂志》第十四期（1866：261-265），转载于佩塞特、加马和佩雷斯·加尔松（Pérez Garzón，1978）。

[17] 埃切加赖指的是 1911 年 10 月 30 日至 11 月 3 日在布鲁塞尔召开的第一次索尔维会议。

[18] 关于西班牙数学学会，请参见埃斯帕尼奥尔·冈萨雷斯（Español González，2011）。

[19] 请参见大会记录：霍布森（Hobson）和洛夫（Love）编制（1913，t. I：10.28）。

[20] 摘自罗加－罗塞利和桑切斯·罗恩（1990：186）。

[21] 在霍布森和洛夫编制的大会记录（1913 版，卷一：1027）里有参加者的完整名单，尽管这个名单里没有奥克塔维奥·德托莱多（Octavio de Toledo）的名字，但他确实参加了。但是，名单中出现的塞西略·希门尼斯·鲁埃达（Cecilio Jiménez Rueda，马德里）却没有参加，因为他家里有需要照顾的病人。见罗加－罗塞利和桑切斯·罗恩（1990：186）。

第 10 章　拉蒙－卡哈尔，他的老师和弟子

[1] 1959 年诺贝尔生理学或医学奖获得者塞韦罗·奥乔亚（Severo Ochoa）是卡哈尔在这一示范维度的一个很好的例子，他已在美国定居多年。在一篇自传性文章中，提到他在马德里开始医学研究时，奥乔亚（1980：2）写道："伟大的西班牙神经组织学家圣地亚哥·拉蒙－卡哈尔的发现给我留下了深刻的印象，当我经过一年预科学习进入学院时，我梦想着他成为我的组织学教授。但当我已经意识到七十多岁的他已经从教授岗位退休了，我无法形容我的失望和悲伤，尽管卡哈尔仍在西班牙政府在马德里为他提供的实验室继续做研究。"

[2] 关于卡哈尔的参考文献非常丰富。例如，请参阅洛佩斯·皮涅罗（2006）、特略（1935），费尔南德斯·桑塔伦（Fernández Santarén）、加西亚·巴雷诺（García Barreno）和桑切斯·罗恩（2007）、费尔南德斯·桑塔伦和桑切斯·罗恩（2010）以及费尔南德斯·桑塔伦（ed.，2006）。最完整的卡哈尔著作清单是由洛佩斯·皮涅罗、特拉达·费兰迪斯（Terrada Ferrandis）和罗德里格斯·基罗加（2000）撰写的。

[3] 这部典范著作于 1880 年以西班牙语出版，标题为《实验医学研究导论》（*Introducción al estudio de la medicina experimental*，Enrique Teodoro，Madrid）。翻译是马德里综合医院的医生，西班牙放射学的先驱，皇家医学院院士安东尼奥·埃斯皮纳－卡波（Antonio Espina y Capo）。这不是唯一的西班牙语版本，但是第一个。与其他学科相比，医学文本的翻译要高级得多。另一个重要的例子，我要提的是巴塞罗那大学医学系教授 J. 希内（J. Giné）和临床助理 B. 罗伯特（B. Robert）翻译的鲁道夫·菲尔绍巩固了细胞理论的基础著作,《细胞病理学》（*Die Cellularpathologie*，1858）一书（翻译使用的法语版本，而不是德语原版），标题为:《基于组织生理学和病理学研究的细胞病理学》（*La patología celular. Basada en el estudio fisiológico y patológico de los tejidos*）（Imprenta Española，Madrid，1868）。

[4] 按照地理位置，佩蒂利亚最初属于阿拉贡王室，但在 1209 年佩德罗·德阿拉贡将其作为

债务担保抵押给了桑乔·德纳瓦拉，1231 年由于无法偿还债务，海梅一世最终将其让给了纳瓦拉。

[5] 直到 1876 年 9 月，萨拉戈萨才恢复了大学医学研究（此前，1868 年，在省议会的支持下，成立了自由医学院）。

[6] 这封信引自德卡洛斯·塞戈维亚（De Carlos Segovia，2001：62-63）。

[7] 冈萨雷斯·桑坦德（1996，1997，1998）研究了卡哈尔之前的西班牙组织学派，但也包括他和他的后继者。

[8] 这封信保存在巴伦西亚的 J. T. 科尔温·利奥兰特（J. T. Corbín Llorente）所有的特奥多罗·略伦特图书馆档案室中。转引自费尔南德斯·桑塔伦（2014：300-303）。

[9] 弗莱明（Flemming，1882），施特拉斯布格尔（Strassburger，1880，1882）。

[10] 卡诺（Carnoy，1884）.

[11] 关于高尔基，请参阅马扎雷洛（Mazzarello，1999，2006）。

[12] 拉蒙 - 卡哈尔（1923：1999）。

[13] 这部分内容基于桑切斯·罗恩（2006）。

[14] 保存在国家研究委员会的"卡哈尔遗产"中。除非另有说明，否则以下引用的信件均来自同一档案，并且转引自费尔南德斯·桑塔伦（2014）。卡哈尔与外国同行的通信几乎都是用法语写的。

[15] 此处指的是拉蒙 - 卡哈尔（1892a）。

[16] 从某种意义上说，冯·克利克在柏林观看卡哈尔制备样本时的感受使他想起了半个世纪前他在雅各布·亨勒（Jakob Henle）开设显微镜课程时所经历的种种，亨勒是将显微绘图实践引入医学教学的主要负责人。"我仍然可以看到，"多年后他在回忆录中写道（Von Kölliker，1899：8；Tuhman，1988：75），"由于没有另一个演示厅，在大学大楼通向礼堂的狭长走廊里，亨勒向我们展示和说明了最简单的事情，我们深感钦佩，只有五六个显微镜，却有这么多新发现：上皮、痂、血细胞、脓细胞、精液、肌肉、韧带、神经、软骨样本、骨骼切片等。"

[17] 应该指的是拉蒙 - 卡哈尔（1892b）。

[18] 冯·克利克在这里指的作品是拉蒙 - 卡哈尔（1893b）。

[19] 冯·克利克的德语翻译是拉蒙 - 卡哈尔（1893c）。

[20] 在西班牙文原文中，出现的是"escasa"一词。这就是冯·克利克困惑的原因。

[21] 1862 年，冯·克利克被选为演讲人（当时他的演讲题目是《关于在青蛙身上观察到的肌肉神经末梢，以及青蛙心脏中神经的情况》）；赫尔曼·冯·亥姆霍兹，1864 年当选演讲人；菲尔绍在卡哈尔之前演讲（他的演讲题目是《病理学在生物学研究中的地位》）。

[22] 1885 年，谢林顿作为医学研究协会委员会成员前往西班牙，目的是研究霍乱疫情。

[23] 这本杂志成为卡哈尔宣传自己工作成果的主要手段，直到 1901 年才被《马德里大学生物研究实验室论文集》(*Trabajos del Laboratorio de Investigaciones Biológicas de la Universidad de Madrid*) 所取代。

[24] 两卷三册（Imprenta y Librería de Nioolás Moya，Madrid，1899—1904）。第一个分册（pp. i-xi，1-222，del vol. Ⅰ）1897 年 12 月出版，也就是雷丘斯写这封信的同一个月。

[25] 弗朗茨·尼斯尔（Franz Nissl）是德国神经病理学家，他是阿洛伊斯·阿尔茨海默（Alois Alzheimer）的弟子，与他一起工作了 7 年。1895 年，应埃米尔·克雷珀林（Emil Kraepelin）的邀请，他来到海德堡大学任职，并于 1901 年成为一名编外讲师。1904 年，当克雷珀林搬到慕尼黑后，尼斯尔成为海德堡大学精神病学系教授和系主任。1918 年，再次应克雷珀林之邀，他离开海德堡前往慕尼黑，在德国精神病学研究所从事研究工作。阿尔布雷希特·贝特（Albrecht Bethe）在弗赖堡、慕尼黑和柏林学习医学，并于 1898 年获得博士学位，论文是关于人和动物神经节细胞中的神经原纤维。他之前在那不勒斯动物学站待过一段时间，在那里他遇到了匈牙利组织学家（和动物学家）伊什特万·斯蒂芬·奥帕蒂（István Stephan Apáthy），后者在 1892 年发表了一种用氯化金固色的方法，可以对无脊椎动物的神经原纤维进行染色，用他们的结果批评神经元学说，他们更推崇基于神经原纤维连续性的网状理论。奥帕蒂当时是特兰西瓦尼亚（今罗马尼亚）科洛斯堡（现克卢日-纳波卡）的组织学和胚胎学教授。

[26] 1897 年，他加入皇家医学科学院（他的演讲题目为《神经再生的机制》）。1905 年，他当选西班牙皇家语言学院院士，尽管他未按照规定宣读过当选演讲。

[27] 关于本章中多次出现的扩展科学教育与研究委员会，我将在后面的章节中专门探讨。

[28] 1930 年 7 月 18 日，《新世界》(*Nuevo Mundo*)。转引自杜兰·穆尼奥斯和阿隆索·布龙（Durán Muñoz，Alonso Burón，1978：1299）。

[29] 关于该学派的详细情况请参阅冈萨雷斯·桑坦德（2000，2003）。

[30] 保存在卡哈尔研究所（CSIC）。

[31] 转引自杜兰·穆尼奥斯和阿隆索·布龙（1978：42）。

[32] 杜兰·穆尼奥斯和阿隆索·布龙（1978：42-43）。

[33] 信件保存在马德里学生公寓扩展科学教育与研究委员会档案中。

[34] 这份文件与穆蒂斯的许多其他著作一样被保存在马德里植物园中，转引自埃尔南德斯·德阿尔瓦（Hernández de Alba，ed.，1968a：139-142）。

第 11 章　扩展科学教育与研究委员会（JAE）——19 世纪末危机的产物

[1] 转引自杜兰·穆尼奥斯（Durán Muñoz）和桑切斯·杜阿尔特（Sánchez Duart），简编（1945：117-122）。

[2] 接下来的引文摘自皮卡韦亚（Picavea）的最新一版（1996：117-118）。

[3] 转引自行政档案（1978：259-333）。

[4] 包括在文森蒂－雷格拉（Vincenti y Reguera①，1916）之中。引自蒂兰（Turin，1959：375）。

[5] 塞希斯孟多·莫雷特（Segismundo Moret，1908：19-28）。关于西班牙科学促进会的历史，请参见奥塞霍（Ausejo，1993）。

[6] 1906 年，在其所著《胡安·科拉松》（*Juan Corazón*）一书的前言中，科斯塔写道："我们的支柱——假如此时西班牙还有的话——从根本上说在于重组并创办真正的学校，这意味着要倾尽全力，不管花多少钱，创办规模和效率都首屈一指的而不是停留在立法文件汇编里的各类专业学校和广泛而完整的教学机构系统。正是这样的教学机构造就了今日的德国和日本，成就了今日美国的强大与骄傲，复兴了法兰西民族。我们的所谓议会经常是投票通过特别巨额的贷款去建造大炮而从来不创办和改善我们的学校。"

[7] 见保存在扩展科学教育与研究委员会档案室的该委员会会议记录（*Libros de Actas*），学生公寓，马德里。下文中我将不时提到该档案。

[8] 关于扩展科学教育与研究委员会的历史，请参见拉波尔塔（Laporta），鲁伊斯·米格尔，萨帕特罗－索拉纳（Zapatero y Solana，1987），桑切斯·罗恩（1988，2007b）及其中包含的几篇文章（1988），桑切斯·罗恩和加西亚－贝拉斯科（2010），桑切斯·罗恩、拉富恩特、罗梅罗·德巴勃罗斯和桑切斯·德安德烈斯（Sánchez de Andrés，2007）、普伊赫·桑佩尔（2007）以及奥特洛·卡瓦哈尔和洛佩斯·桑切斯（2012）。

[9] 请参见罗梅罗·德巴勃罗斯（1999：182-188）。

[10] 在就任中央大学无机化学的教职（1887）之前，何塞·穆尼奥斯·德尔卡斯蒂略（1850—1926）曾担任过学院的物理学和化学教授以及萨拉戈萨大学理学系（后升任系主任）物理扩展课程的教授，还担任过工程师与建筑师综合预备学校的物理学老师。1903 年，他创办了放射学实验室。他以科学院院士身份担任过西班牙物理化学学会主席和马德里市议员。

[11] 参见埃兰（Herrán，2006：99-100）。

[12] 这些资料以及后面一些年代的资料摘自桑切斯·罗恩（1994：17-21）。

[13] 见扩展科学教育与研究委员会档案，学生公寓。巴托洛梅·费利乌（1843—1918）在塞尔韦拉、特鲁埃尔和托莱多等地的学院担任教职后，先于 1880 年担任高等物理课和物理扩展课的教职，然后又担任过巴塞罗那大学的教职。1895 年 12 月，被任命为萨拉戈萨大学高等物理学教授。最后，于 1899 年就任中央大学热学教授。

① 原文为"Reguerra"，疑似拼写错误。——译者注

[14] 见扩展科学教育与研究委员会档案。赫罗尼莫·贝西诺当时是物理研究实验室的成员；写完这封给卡夫雷拉的信之后不久，于7月作为上述委员会派出的奖学金生出发去位于巴黎的国际计量局进修。

[15] 事实上，我将要提到的保存在扩展科学教育与研究委员会档案室的声明的一份副本上指出，“西班牙各大学和学院的所有自然科学学科的老师除五六个人之外都签了名，他们当中还有一些人没有被邀请。”

[16] 这只在扩展科学教育与研究委员会成立之前就已经存在的机构实行，因为那个时候这个委员会还没有成立。

[17] 这个委员会成立于内战刚刚爆发后不久的1936年10月1日，目的是“保证中学和大学学校生活的连续性，重组教学机构并为使各教学机构适应新国家的发展方向而对相应章程做出修改。”请参见克拉雷特·米兰达（Claret Miranda，2006：35–37）。

[18] 这个宣言的文本和签名者见桑切斯·罗恩（2007a：569–571）。

[19] 西普里亚诺·德里瓦斯·切里夫（Cipriano de Rivas Cherif）是阿萨尼亚的好朋友，后来还成为他的姐夫。里瓦斯说，第一次世界大战期间，阿萨尼亚担任马德里科学和文学协会秘书长，并且在这期间变成了协会里第一位亲法人士，阿萨尼亚还做过一个题为《亲德立场的动机》的报告，报告里谈到了协会内部存在的亲德分子和亲盟国人士之间的严重对立。参见西普里亚诺·德里瓦斯·切里夫（1981：21–26）。

[20] 见扩展科学教育与研究委员会档案。

[21] 扩展科学教育与研究委员会成立的1907年期间，有206个奖学金名额被学者们申请。后来这个数字增长得很快，从1910年至1914年的5年，分别收到359份、455份、468份、609份和553份奖学金申请书。从1914年起，这个数字一直比较稳定，只有两年例外：1921年收到的申请书是363份，1922年是392份。在1915年至1931年，从来没有超过270份。但是，在扩展科学教育与研究委员会存在的最后几年，申请奖学金的人数却增长很快：1932年305人，1933年416人，1934年592人，1935年616人，1936年483人。这个现象一个可能的解释是扩展科学教育与研究委员会的工作越来越扎实，或者说，西班牙的科研工作发展越来越好。

[22] 见扩展科学教育与研究委员会档案。

[23] 本书第10章中提到的费兰在西班牙科学史上无疑应该大书一笔。由于敬慕巴斯德的研究工作，他从19世纪80年代初即投身于微生物学研究。虽然他十分投入地进行研究，但他在免疫学领域做出的贡献却经常受到质疑，例如1885年研制的抗霍乱疫苗——历史上第一种用于人类的疫苗。他首先给自己注射，然后给一系列志愿者注射，最后给当时遭受霍乱瘟疫侵扰的巴伦西亚5万多人注射。关于费兰的更多情况可参见马蒂利亚（Matilla，1977）。巴塞罗那市立实验室也是罗加－罗塞利（1988a）的调查对象。

[24] 关于皮－苏涅尔，请参见格利克（1995）。

[25] 关于内格林，请参见罗德里格斯·基罗加（1994，1996），杰克逊（Jackson，2008）和莫拉迭略斯·加西亚（Moradiellos García，2015）.

[26] 见扩展科学教育与研究委员会档案。

[27] 关于乌格特·德尔比利亚尔（Huguet del Villar），请参见马蒂·亨内贝格（Martí Henneberg，1995）。

[28] 关于安赫莱丝·阿尔瓦里尼奥的生平与著作，请参见佩雷斯－鲁温（Pérez-Rubín，2016）。

[29] 关于苏卢埃塔，请参见皮纳尔（Pinar）和阿亚拉（Ayala，2003）。

[30] 关于诺尼德斯，请参见皮纳尔（1999，2003）。

[31] 伴视网膜病、肾病、卒中的遗传性内皮细胞病（HERNS）是一种类似脑白质营养不良的基因遗传疾病。

第 12 章　加泰罗尼亚及其科技状况

[1] 关于这一时期的加泰罗尼亚科学，有一个很有价值的参考：贝内特和帕雷斯（Vernet，Parès，dirs. 2009）。

[2] 关于铁路投入运行的顺序，早于西班牙的有：英格兰（第一条铁路于 1825 年 9 月 27 日开通），奥地利（1828 年 9 月 30 日），法国（1828 年 10 月 10 日），美国（1829 年 12 月 28 日），比利时（1835 年 5 月 3 日），德国（1835 年 12 月 7 日），俄罗斯（1839 年 9 月 10 日），当然，在科学方面，所有这些国家都比西班牙先进。在铁路铺设速度上，西班牙也十分有限，到 1855 年只有 440 千米铺设完成的铁路，那时意大利已完成铺设 1207 千米，法国 5037 千米，而联合王国（英国）已达到 11744 千米。此外，国内的工业也没有从铁路运行上获得应有的好处。到 1884 年，除一小部分已铺设的铁轨是由阿斯图里亚斯的杜罗伙伴公司以及新普韦布洛的雷梅迪奥圣母公司生产的之外，西班牙铁路基本上所有的铺设材料和机车车辆都是从英格兰、比利时和法国进口的。第一辆由本国工程师设计、由国内人工和材料建造的蒸汽机车，是 1884 年在西利亚至库列拉（巴伦西亚）铁路上投入使用的机车。对于当时那个技术化的世界（这个技术世界既是“工业革命之子”，也是“工业革命之父”）而言，这不是一个很早的日期了。

[3] 关于诺韦利亚斯，参见阿尔蒂斯－梅卡德尔（Artís i Mercader，1996）和涅托－加兰（2019：43）。

[4] AKU 于 1913 年在阿纳姆成立，最初是一家采用粘胶工艺生产人造丝的公司。

[5] 关于巴塞罗那丝绸公司，参见普伊赫（2002）。

[6] 他还邀请了一些西班牙的专家，例如安东尼奥·德格雷戈里奥·罗卡索拉诺和恩里克·莫莱斯。

[7] 关于萨里亚化学学院的历史，参见普伊赫·拉波索（Puig Raposo）和洛佩斯·加西亚（1992）。

[8] 关于比托里亚教士的详细生平，参见佩雷斯·帕里连特（Pérez Pariente，2010）。

[9] 关于埃布罗天文台的历史，参见加西亚·东塞尔（García Doncel）和罗加·罗塞利（2007）。

[10] 关于科马斯，参见罗加·罗塞利（2004）。

[11] 关于丰特塞雷的作品及其工作背景，参见罗加·罗塞利（1990）.

[12] 关于丰特－克尔，参见阿尔蒂斯－梅卡德尔以及卡马拉萨（Camarasa，1995）。

[13] 正如我在第 11 章中已经说过的，关于皮－苏涅尔，参见格利克（1995）。

[14] 在 JAE 的档案中，有一份很有意思的资料，在这份资料中，皮－苏涅尔本人详细讲述了他截至 1917 年 11 月份的国际经验（所注日期为 26 日）。那是一封写给何塞·卡斯蒂列霍的信，信中简述了他的履历，以供时任委员会秘书的卡斯蒂列霍使用，也就是用于皮－苏涅尔参选由布宜诺斯艾利斯文化协会提供补助的教授职位："我跟国外的关系一天比一天紧密：我经常出国，每次出国，我总是尽可能地延长时间，我利用每次出国机会，让自己了解并接触当地最有代表性的人物，购买必要的实验室材料和书籍。通过参加海德堡（1907）、维也纳（1910）、格罗宁根（1913）的各次国际生理学大会，我得以同来自欧洲、美洲的各个机构以及我们谦逊的团队进行深入的交流。我还多次去往巴黎，这使我同法国生理学家的友谊和关系更为紧密。此外，我还是《代谢生理学和病理学中央公报》（*Zentralblatt Für die Physiologie und Pathologie des Stoffwechsels*①）（从其创刊之初起）的撰稿人，也是《医学机关报》（*Zentralorgan des Medizin*②）和《神经生物学杂志》（*Folia Neurobiologica*）的撰稿人。我还曾与生物学会报告以及《生理学和普通病理学杂志》（*Journal de Physiologie et de Pathologie generale*③）合作。"《神经生物学杂志》是阿根廷杂志。

[15] 皮－苏涅尔是共和民族主义联盟（成立于 1916 年）的成员，1918 年他当选为代表菲格拉斯区的加泰罗尼亚共和党议员（1919 年和 1920 年再次当选）。在第二共和国时期，他是加泰罗尼亚自治政府文化委员会以及巴塞罗那自治大学管理委员会的成员。关于何塞·普切，参见巴罗纳·比拉尔（Barona Vilar）和曼塞沃（Mancebo）（1989）。

[16] 这些课程中的其中一部分在之后得以出版：图利奥·莱维－奇维塔，《经典力学和相对论力学问题》（*Qüestions de Mecanica clàssica i relativista*）（Barcelona，1922）；雅克·阿达

① 此处原文为德语。——译者注

② 此处原文为德语。——译者注

③ 这一句两处括号内原文为法语。——译者注

马,《庞加莱与微分方程理论》（*Poincaré i la teoria de les equacions diflerencials*）（Barcelona，1922）。关于赫尔曼·外尔的课程，可以从他的《空间问题的数学分析》（*Mathematische Analyse des Raumproblems*）（Berlín，1923）一书中获取信息。特拉达斯同莱维－奇维塔的通信内容反映了这些课程的目的和筹备工作，可参见纳斯塔西（Nastasi）和塔齐奥利（Tazzioli）版本（2000：411-421），罗加·罗塞利和格利克（1982）对此也有评论。此外，还可参见桑切斯·罗恩（2002）。

[17] 关于特拉达斯的更多信息，参见罗加·罗塞利和桑切斯·罗恩（1990）。

[18] 关于这家汽车公司的历史，参见纳达尔（2020）。

第 13 章　布拉斯·卡夫雷拉和恩里克·莫莱斯的世界：扩展科学教育与研究委员会里的物理学与化学

[1] 关于这几点，请参见桑切斯·罗恩（2007a）。

[2] 摘自巴雷拉·坎德尔和洛佩斯·费尔南德斯（2001：65-66）。

[3] 关于卡夫雷拉，请参见罗梅罗·德巴勃罗斯（2002）。

[4] 扩展科学教育与研究委员会档案，学生公寓，马德里。

[5] 更多细节请参见桑切斯·罗恩（2002）及桑切斯·罗恩和罗加·罗塞利（1993）。

[6] 请参见卡布雷拉（1925，1927a）。

[7] 请参见巴雷拉和洛佩斯·费尔南德斯（2001：79）。

[8] 关于莫莱斯，请参见贝罗霍·哈里奥（Berrojo Jario，1980）。这是最理想的参考资料，但是很难查阅。作为替代，可参见佩雷斯·比托里亚（Pérez Vitoria，coord. 1985）和罗梅罗·德巴勃罗斯（2002），尽管不够全面。

[9] 看一看当年的一位学生，卡洛斯·洛佩斯·布斯托斯（Carlos López Bustos，后来成为一名大学教授）回忆自己学生时代马德里大学的设施设备也许是一件有趣的事。他说，老师都是不错的老师，“但给我们上课的地方简直不能再糟糕了。1932—1933 学年哲学与文学系、理学系和法学系三个系开学的时候，大家就在耶稣会新教徒居所旧址上课，所幸该旧址向马路扩建了一个叫做巴尔德西利亚的厅，在洛斯雷耶斯街的街口拆掉了贝尔达尼亚楼，代之以一座现代建筑作为化学系的几个实验室。此外还在小花园里一直到阿玛尼埃尔街的地方也盖了几幢各式各样的小楼。1933 年 1 月，哲学系搬到了大学城，但理学系和法学系仍在圣贝尔纳尔多街楼房里待了好多年。”（López Bastos，1990：22）。

[10] 关于国际纯粹与应用化学联合会和这次会议的更多细节可参见贝尔加拉·德尔托罗（Vergara Deltoro，2004：196—209）。佩雷斯·比托里亚指出，“当时全世界正在经历的经济危机可以解释一些遥远的国家，例如一些英联邦国家如加拿大和印度，缺席此次会议的原因。这两个国家无疑在化学研究方面都很重要，但都因经济困难而无法派代表出

席会议”。参见佩雷斯·比托里亚（2004：195）。马德里大学利用参加此次会议的机会向亨利·阿姆斯特朗（Henry Armstrong，伦敦），亨利－路易斯·勒夏特列（Henri-Louis Le Châtelier，巴黎），吉尔伯特·N. 刘易斯（Gilbert N. Lewis，伯克利），尼古拉·帕拉瓦诺（Nicola Parravano，罗马）和保罗·瓦尔登（Paul Walden，德国罗斯托克）等 5 人授予名誉科学博士学位，向埃内斯特·富尔诺（Ernest Fourneau，巴黎），保罗·卡勒（Paul Karrer，苏黎世）和罗伯特·鲁滨逊（Robert Robinson，牛津）授予名誉药学博士学位。

[11] 维尔施泰特在回忆录中还提到了他另外三次对西班牙的访问。第一次，应其朋友和学生安东尼奥·马迪纳贝蒂亚之邀：“那是西班牙君主制倒台之后不久，政府里的要职几乎都被一批自由派政治思想家和狂热爱国主义者占据。我的同行朋友希拉尔（Giral）是药学教授，也是马德里大学校长，家里也开着一间药房。他就当过部长，在时局很困难的时期当过部长。所以，我们能有海军部长的座驾供我们使用。”（Willstätter，1965：412）。

[12] 哈伯没能活多久，他是 1934 年 1 月 29 日从剑桥前往瑞士南部度假途中心脏病发作去世的。值得提到的是 1933 年 4 月，为抗议希特勒政府实施的迫害犹太裔人士的法律，他申请从其威廉皇帝物理化学与电化学研究所所长和柏林大学教授的职位上退休，其申请于当年 10 月得到批准。虽然他是犹太裔，但那项法律基本上并没有影响到他，因为他参加过第一次世界大战。

[13] 马丁内斯－里斯科科研和政治年表请参见罗曼·阿隆索（2014）。

[14] 就像卡夫雷拉在苏黎世遇到的情况一样，马丁内斯－里斯科到达荷兰的时候遇到的事情也从侧面暴露了当时西班牙物理学研究落后的情况。1909 年 11 月 23 日，马丁内斯－里斯科在写信给扩展科学教育与研究委员会主席拉蒙－卡哈尔的信中说道：“尊敬的主席先生：直到此时，大学里的人们才告诉我，P. 塞曼教授根本不是从事物理学研究的，他在这里教的是理性力学、解析几何和画法几何。那位知名物理学家，发现了以他的名字命名的现象的人也叫 P. 塞曼，但是他住在阿姆斯特丹。这两位教授同名同姓让我大吃一惊，也让我哭笑不得。现在弄清楚了，我得马上出发到阿姆斯特丹找我真正要找的人去。”

[15] 请参见《生物化学研究实验室文集第一卷（1920—1921）》。罗卡索拉诺是推动创建萨拉戈萨科学院的学者之一。

[16] 见扩展科学教育与研究委员会档案。

[17] 关于马迪纳贝蒂亚，请参见托拉尔·基罗加（Toural Quiroga，2010）。

[18] 见扩展科学教育与研究委员会档案。

[19] 该实验室历史详见埃兰·科尔瓦乔（Herrán Corbacho，2008）。

[20] 卡塔兰生平与科学贡献见桑切斯·罗恩（1994）。

[21] 见扩展科学教育与研究委员会档案。

［22］见扩展科学教育与研究委员会档案。

［23］关于帕拉西奥斯在莱顿大学的更多情况，请参见桑切斯·罗恩（2015）。

［24］请参见克罗姆林和帕拉西奥斯（Crommelin y Palacios，1920），克罗姆林，帕拉西奥斯和卡默林·翁内斯（1919a，b；第二篇是第一篇的西班牙文译本），卡默林·翁内斯和帕拉西奥斯·马丁内斯（1922），帕拉西奥斯·马丁内斯和卡默林·翁内斯（1922，1923）。

［25］X 射线衍射及其测定晶体结构的应用是西班牙科学家们早就关注的问题。1913 年，布拉格父子奠基性的文章发表之后不久，巴塞罗那大学理学系晶体学和矿物学教授，多幅西班牙矿物分布图的作者弗朗西斯科·帕迪略·巴克尔（Francisco Pardillo Vaquer）就在皇家博物学会学报上撰文简要介绍布拉格的文章（1913）。两年之后，布拉斯·卡夫雷拉在其发表在西班牙物理学和化学学会年鉴上的系列文章中也谈到 X 射线衍射（1915）。但此后 10 年中没有人再提到这个课题。值得特别指出的是特鲁埃尔学院教授加夫列尔·马丁·卡多索（Gabriel Martín Cardoso）在获得扩展科学教育与研究委员会 1924—1925 年度奖学金进修之后掌握了 X 射线衍射技术。1926 年，他测定了泻盐矿的晶体结构（因而成为第一位用 X 射线衍射技术测定此类晶体的西班牙人）并将结果发表在德国杂志《晶体学杂志》上（Martin Cardoso，1926）。关于 X 射线衍射技术的使用，请参见马涅斯·贝尔特兰（Mañes Beltrán，2005）。

［26］更多情况请参见桑切斯·罗恩（2013a）。

［27］关于洛克菲勒基金会在西班牙卫生事业和扩展科学教育与研究委员会中的作用，请参见罗德里格斯·奥卡尼亚（Rodríguez Ocaña，2000，2010）。

［28］这个文件与我在后面将提到的其他文件一样现保存在位于纽约州塔里敦波坎蒂科希尔斯的洛克菲勒档案中心。我在桑切斯·罗恩（1994）已经引述过。

［29］A. 特罗布里奇（致 W. 罗斯的信）：“西班牙之旅之‘日志’。扩展科学教育与研究委员会与物理化学研究所访谈录，马德里，1927 年 1 月 12—24 日”。洛克菲勒基金会档案。

［30］冈萨雷斯·伊瓦涅斯和圣玛丽亚·加西亚（González Ibáñez，Santamaría García，2009），回顾了国家物理化学研究所自成立以来的 75 年历程。

［31］普兰斯 1899 年获得巴塞罗那大学物理学与数学硕士学位，后又获得博士学位。他竞聘巴塞罗那大学理学系电学和磁学助教的教职失利。1901 年，再次竞聘，目标是刚刚成立的毕尔巴鄂工业工程师学院经典力学专业的教职，但也没成功。不过，学院仍请其担任 1901—1902 学年度助教，讲授数学分析。恰如本书第 13 章所述，1904 年他竞聘马德里大学理学系电学和磁学教职也没有成功（布拉斯·卡夫雷拉竞聘成功）。终于，1905 年他获得了一个教职，虽然不是大学的，而是卡斯特利翁·德拉普拉纳中学的物理与化学的教职。4 年之后，他终于得到了一个盼望已久的大学教职——他的好朋友埃斯特万·特拉达斯在萨拉戈萨大学离职留下的经典力学课程的空缺。他在阿拉贡首府生活到 1918 年，直

到他成功竞聘到马德里大学理学系天体力学的教职。

[32] 爱因斯坦对西班牙的访问记录于格利克（Glick）（1986，2005）。并请参见桑切斯·罗恩和罗梅罗·德巴勃罗斯（2005）。

[33] 请参见桑切斯·罗恩和罗梅罗·德巴勃罗斯复制的摹本,（2005）。

[34] 更多细节请参见博亚（Boya，2005）。

[35] 关于爱因斯坦与西班牙的关系，请参见莫雷诺·冈萨雷斯（Moreno González，2005）。

[36]（与下面引述的其他信件一样）此信保存在耶路撒冷希伯来大学爱因斯坦档案馆。西班牙邀聘爱因斯坦一事原委详见桑切斯·罗恩和格利克（1983）。关于亚胡达与西班牙的关系，请参见加西亚－哈隆·德拉拉马（García-Jalón de la Lama，2006）。

[37] 此信转引自朗之万（Langevin，1972）。

[38] 关于爱因斯坦相对论在1940年至1970年西班牙物理学界发挥的作用请参见索莱尔·费兰（Soler Ferrán，2012）。

[39] 特拉达斯在其加入巴塞罗那科学院的入院演讲中也谈及了狭义相对论，但没有迹象表明他对爱因斯坦的贡献有足够的了解。在提到狭义相对论的时候，只两次提到爱因斯坦，而且还都弄错了——他把德国物理学家的名字写成“爱森斯坦”（Eisenstein，是笔误还是无知？）——并且把爱因斯坦的贡献置于洛伦兹的从属地位（他说的原文是“洛伦兹－爱因斯坦相对论原理”）。

[40] 我在桑切斯·罗恩（1992a）中曾谈及薛定谔和西班牙的关系。

[41] 我在桑切斯·罗恩（2007a：cap.5）中曾分析过在剑桥（英国）、法国、德国和美国发生的事情。

[42] 医生职业接受女性是所有国家温和女权运动的主要目标之一。因为许多男医生对女性生理特征缺乏足够的了解，许多女性不愿意接受男医生的医学检查。

[43] 但是，加勒特（1836—1917）通过药剂师学会解决了她的问题。该学会于1865年承认她的医生资格，使她成为英国第一位被承认医生资格的女士。她也是积极支持女性享有接受高等教育权利的知名活动家。在1883年至1903年，她担任伦敦女子医学院院长。

[44] 实际上并没有完全做到男女同校，其医学系直到1917年才对女生开放。

[45] 索菲·布赖恩特（1850—1922）致力于中等教育。1895年至1918年期间曾担任北伦敦女子学院院长，也是第一位担任伦敦大学评议会成员的女士（1900—1907）。

[46] 卡西亚诺·马约尔（Casiano Mayor），马德里出生，比斯开女子师范学院科学部教师。从1923年起负责国家地理研究所附属毕尔巴鄂气象站的工作。1911年，获得扩展科学教育与研究委员会奖学金到马德里，在何塞·卡萨雷斯领导下实习，进行定性分析和定量分析，为上述委员会批准的赴莱比锡参加1912—1913学年两个学期的公派进修做准备。在莱比锡，她攻读物理化学、电化学、普通化学、尸体解剖与分析。她在1911年2月11

日向上述委员会提交的奖学金申请中表示：“在长达 5 年的时间里，我从事培育科学精神的工作。这不仅仅是因为它是我的义务，而且我天生就对科学有一种特殊的爱好。我越来越发觉，我必须扩展我的视野并学习更多的知识，只有这样我才能完成我在这所师范学校开始的这项工作——把封闭在这所学校里的各门课程从教室里解放出来并赋予它们真正实践的品格。”请参见扩展科学教育与研究委员会档案。

[47] 请参见卡佩尔·马丁内斯（Capel Martínez）和马加利翁·波托莱斯（2007）。

[48] 引自桑切斯·罗恩（1994：249）。

[49] 巴尔内斯从格拉茨回国后曾与卡尔·科尔劳施合作在《西班牙物理学和化学学会年鉴》上发表西班牙关于拉曼效应的第一篇文章（1932）。

[50] 关于这个实验室，请参见马加利翁·波托莱斯（2007）。

第 14 章　洲际数学家——胡利奥·雷伊·帕斯托尔

[1] 关于他的生平，参见里奥斯、桑塔洛和巴兰萨特（Balanzat）（1979）。

[2] 这一段内容部分参考了罗加·罗塞利和桑切斯·罗恩的一部作品（1990）。

[3] 此处我参考了扩展科学教育与研究委员会档案中保存的资料，“Z. 加西亚·德加尔德亚诺”卷宗。

[4] 引用自罗加·罗塞利和桑切斯·罗恩（1990：186）。

[5] 加西亚·德加尔德亚诺向他所参加的几届大会提交的报告题目是：“数学概念的统一”（L'unification des concepts dans les mathématiques，苏黎世），“关于数学批评的注释”（Note sur la critique mathématique，巴黎），“关于西班牙数学教育的简述”（Quelques mots sur l'enseignement mathématique en Espagne，罗马）。

[6] 接下去的内容主要以桑切斯·罗恩（1990）为依据。

[7] 引用的内容均摘自扩展科学教育与研究委员会档案“胡利奥·雷伊·帕斯托尔”卷宗，有其他明确说明的除外。

[8] 实际上，雷伊·帕斯托尔稍提前于规定期限结束了奖学金课程；1912 年 10 月 2 日，他从奥维耶多写信给卡斯蒂列霍：“特此向阁下告知，通过 1911 年 9 月 25 日敕令授予我的奖学金课程，将于今年 10 月 15 日结束，考虑到这最后 15 天是这所大学的假期，我留在德国也不会有什么成效，而作为奥维耶多大学的教授，那里更需要我投入教学工作之中，以便开启本学期数学分析课程的教学工作，因此我不得不放弃 10 月 1 日至 15 日的奖学金，我在德国的留学时光也告一段落。”扩展科学教育与研究委员会在 1911 年 11 月 19 日的会议上接受了雷伊·帕斯托尔的申请。

[9] 有一个细节表明了雷伊·帕斯托尔很早就对西班牙科学史产生了兴趣，那就是：他为奥维耶多大学 1912—1913 学年开学典礼选择的学术演讲主题为“16 世纪的西班牙数学家”

[雷伊·帕斯托尔没有参加那次开学典礼，当时他获得奖学金在德国留学，该演讲是由罗赫略·马西普（Rogelio Masip）教授代读的]。这个学术演讲的内容获得了巨大的成功，于是1934年雷伊·帕斯托尔对其进行了补充和重新出版。他为此感到骄傲，在新版本的序言《致读者》中，他写道（Rey Pastor，1934：5）："我们有幸为奥维耶多大学1912—1913年度隆重的开学典礼撰写了一篇学术演讲，鉴于人们频繁求稿，我们决定将其补充完善并出版。主要补充内容为关于世纪初的各位算术家：西鲁埃洛（Ciruelo），西利塞奥（Siliceo），Fr·奥尔特加（Fr. Ortega）等，我们尤其花了一些篇幅在精细算术中的二次近似值上，我们在演讲中使人们对这方面引起了重视，还宣布在演讲结束后印刷一份专著，但由于原定时间紧迫，因此不得不取消。"从20世纪50年代开始，雷伊·帕斯托尔对科学史作出的贡献越来越显著：1951年，他与何塞·巴维尼（José Babini）合作，出版了《数学史》（*Historia de la matemática*），但他在此方面更有创造性的作品是他与学生埃内斯托·加西亚·卡马雷罗（Ernesto García Camarero）合著的《马略卡制图》（*Cartografía mallorquina*），（Rey Pastor y García Camarero，1960）。

[10] 关于雷伊·帕斯托尔发表作品的完整清单，参见奥尔蒂斯（Ortiz，1988）。

[11] 除了雷伊·帕斯托尔之外，还有几位科学界人士也开设了"短期专题课程"，例如格雷戈里奥·马拉尼翁，"内分泌"（Las secreciones internas）；佩德罗·卡拉斯科，"物理学中的相对论"（La teoría de la relatividad en física）；卢卡斯·费尔南德斯·纳瓦罗（Lucas Fernández Navarro），"古文书学：伊比利亚半岛的地理史"（Paleografía：Historia geográfica de la Península ibérica）；特莱斯福罗·德阿兰萨迪（Telesforo de Aranzadi）和路易斯·德奥约斯·赛恩斯（Luis de Hoyos Sáinz），"人种志：依据、方法及其在西班牙的应用"（Etnografía：las bases，los métodos y sus aplicaciones a España）。

[12] 6次讲座（或这本书的第6章）的内容为："算术和分析的基础"，"几何基础"，"实变函数"，"函数理论中的取极限方法"，"复变函数"，"通过群论实现数学的系统化"。

[13] 除了莫莱斯和费尔南德斯·纳瓦罗的讲座，其他所有讲座都编辑成书出版了（《方法论》Métodos，1916）。

[14] 参见皮诺·阿拉沃拉萨（Pino Arabolaza，1988）。

[15] 不幸的是，扩展科学教育与研究委员会的档案中缺少了数学研究实验室成立时期对应的《扩展科学教育与研究委员会会议记录簿》，这些记录应该能弄清楚实验室建立的问题。

[16] 关于这次大会，参见加西亚-蒙顿·G.-巴克罗（García-Montón G.-Baquero，1995）。

[17] 关于这些提案，阿尔塔米拉（Altamira，1987：91）对其进行了引用。此外也可参见加西亚-蒙顿·G.-巴克罗（1995）。

[18] 在此我仅引用最重要的几点。

[19] 在此之前，即1904年12月，拉蒙·梅嫩德斯·皮达尔已经去往南美（智利、厄瓜多尔

和秘鲁），目的是解决那些国家之间的边界问题。1909 年，他离开南美前往北美，到约翰斯·霍普金斯大学开展关于“西班牙史诗”的系列讲座［他用法语作讲座，后来由埃斯帕萨·卡尔佩（Espasa Calpe）翻译出版，题为《西班牙史诗在美洲》（*La epopeya española en América*）］。

［20］参见波萨达（Posada，1911）和奥尔蒂斯（Ortiz，1988）。

［21］引用自加西亚·桑特斯马塞斯（García Santesmases，1980：310-311）。

［22］1913 年 6 月，卡雷拉因健康问题辞职，由古铁雷斯接任主席之职。

［23］关于西班牙文化协会的历史，下文中引用的内容，参见由该协会出版的《西班牙文化协会年鉴》（*Anales de la Institución Cultural Española*，简称 Anales ICE，1947，1948a，b，1952，1953）。

［24］与后来到西班牙文化协会来任课的所有教师一样，梅嫩德斯·皮达尔也到布宜诺斯艾利斯的其他机构去开展讲座，包括哲学和文学系等。

［25］关于扩展科学教育研究委员会与拉丁美洲的关系，纳兰霍·奥罗维奥（Naranjo Orovio，coord. 2007）的文章对其做了分析。

［26］扩展科学教育与研究委员会提供的合作还包括为前往任课的西班牙教授提供补助金，这个金额涵盖了一小笔火车交通费及其他零杂费用，此外还为其提供执行任务期间离开原先正式教学岗位的官方许可。另一方面，公共教育部对跨大西洋公司的轮船费用提供补贴。

［27］除在西班牙文化协会的课堂上讲课的这些人员之外，还有一些西班牙访问者，其活动内容也记录在《西班牙文化协会年鉴》中。例如，1923 年，阿梅里科·卡斯特罗到访布宜诺斯艾利斯，为哲学和文学系新设立的语言学研究所的启动仪式开课；其他一些较为突出的访问者有欧亨尼奥·德奥尔斯、莱昂纳多·托雷斯·克韦多、安赫尔·卡夫雷拉（Ángel Cabrera）、爱德华多·比托里亚、S. J. 、路易斯·德奥拉里亚加（Luis de Olariaga）以及古斯塔沃·皮塔卢加（Gustavo Pittaluga）。

［28］引用自扩展科学教育与研究委员会档案，接下去引用的其他资料也一样。

［29］雷伊·帕斯托尔的第一个课程，题为“当代数学的发展”，开始于 7 月 2 日，结束时间为 9 月 22 日。这个课程获得了巨大的成功和反响，结束后，布宜诺斯艾利斯大学理学系的几名成员，包括老师和学生，经过周旋申请到了课程延长，使理学系与雷伊·帕斯托尔订立合同，再开展为期 5 个月的新一轮课程。双方商定届时由雷伊·帕斯托尔讲授关于解析函数的课程，这一轮课程一直持续到了 1918 年 4 月。

［30］雷伊·帕斯托尔与费尔南多·洛伦特·德诺之间的关系很快就恶化了，不久之后两人之间甚至到了严重冲突的程度（雷伊·帕斯托尔指责洛伦特在实验室什么工作都不做），造成洛伦特·德诺离开了数学研究实验室。

第 15 章 20 世纪前期的科学和技术：莱昂纳多·托雷斯·克韦多

[1] 例如可参见纳达尔（1975），纳达尔、卡雷拉斯和苏德里亚合集（1987）和普拉多斯·德拉埃斯科苏拉（1988）。

[2] 对应于 1821—1913 年和 1914—1935 年的更准确和关键的数据，可以分别在普拉多斯·德拉埃斯科苏拉（1988）和特纳·洪吉托（1985）的文中找到，尽管也不是很详尽。

[3] 塞瓦略斯·特雷西（1932）。

[4] 见西班牙科学促进会第六届大会会议纪要集（1919：t. X，187）。

[5] 对这些事实的描述基于公共教育部高等教育司于 1919 年 6 月 9 日致扩展科学研究委员会的一份公报，在委员会有存档。

[6] 基金会的详细资料参见关于福门廷·伊巴涅斯（Formentín Ibáñez）和罗德里格斯·弗赖莱（Rodríguez Fraile）的部分（2001）。

[7] 该法令于 1931 年 12 月 5 日得到制宪议会的批准，具有法律效力。其中规定了在接下来 10 年内基金会应获得的最低捐赠额。另见 1932 年、1933 年和 1934 年的《扩展科学研究委员会年度报告》（Madrid，1935）。在报告中列明了基金会 1932 年至 1934 年的资产负债表。1932 年，基金会从国家收到 400000 比塞塔的拨款，1933 年收到 599373 比塞塔。第一年开展的活动肯定不多，因为没有任何支出。第二年，支出额达到 77436 比塞塔，因此基金会在 1933 年 12 月 31 日的余额略低于 100 万比塞塔。

[8] 在对他的生平和成就进行详细研究的文章中，加西亚·桑特斯马塞斯（1980）和冈萨雷斯·德波萨达（1992）的文章较有代表性。

[9] 关于埃雷拉的介绍，见阿蒂恩萨（Atienza，1992，1994）。埃米利奥·埃雷拉是最早乘坐热气球升空的西班牙人之一（他在 1905 年获得了热气球飞行员资格证）。他也致力于飞艇飞行事业（1911 年 10 月，他获得了二级飞艇驾驶员资格证，1913 年 5 月获得了一级飞艇驾驶员资格证），他对航空的兴趣使他投身当时刚刚兴起的航空业，他不仅仅是一名飞行员，还是一名合格的技术人员。

[10] 此处提到的史料为：埃雷拉（1912）。

[11] 关于西班牙的专利发展情况以及专利与对科学的发展起到间接性推动作用的工业发展之间的关系这个课题，需要进行详细的分析。关于西班牙专利制度的历史概要，参见赛斯·冈萨雷斯（Sáiz González，1995）。

[12] 我使用的是在扩展科学研究委员会档案室存档的文件。

[13] 我在此援引了桑切斯·罗恩（2013b）在其文章中提到过的托雷斯·克韦多与西班牙皇家语言学院的关系。

第 16 章　内战与流亡

[1] 关于科学家流亡信息的早期不可或缺的参考文献是加西亚·卡马雷罗（1978）和希拉尔（1994）。近期的文献有奥特罗·卡瓦哈尔，目录（2006），巴罗纳，(2010a）和洛佩斯·桑切斯（2013，2018）。

[2] 此前，在 1932 年，他曾代表西班牙政府参加何塞·塞莱斯蒂诺·穆蒂斯诞辰二百周年的纪念活动，在活动期间研究了哥伦比亚的植物群和植被情况。

[3] 洛佩斯·桑切斯撰写了关于夸特雷卡萨斯的精彩传记（2018）。

[4] 关于这个问题，见洛佩斯·桑切斯（2018：542）。

[5] 离开西班牙后，卡斯蒂列霍在英国待了一年，1937 年夏，他在日内瓦得到一个工作邀约，请他担任国际学生联合会主席，这个机构由一对富有的美国夫妇管理，总部与英国领事馆在同一栋大楼里。他接受了聘请，与家人在那里住了两年半。在此期间，他每年还在美国度过一个学期。世界大战爆发后，这个日内瓦的机构关闭了，卡斯蒂列霍回到了伦敦，在教育研究所任职。1940 年，他收到两份工作邀请，一份来自美国，另一份来自利物浦大学的西班牙研究系。他犹豫了很久，最后选择了第二份工作，其主要工作内容是讲授“西班牙文明”这一课题，每周授课时间为一小时（他还负责系里学生的对话课）。为了增加收入，他为英国信息部校对西班牙文译本，并为 BBC 的拉丁美洲服务部门撰写关于“文化映射”的文章。他还与 BBC 的《西班牙伦敦之声》节目合作。他参与的节目片段被收录到马丁内斯·纳达尔（1998）中。我在关于桑切斯·罗恩（2010b：196-204）的内容中介绍过卡斯蒂列霍的观点，以及他与包括梅嫩德斯·皮达尔在内的扩展科学教育与研究委员会一些成员的关系；此外还可参见他的遗著《被推翻的民主国家》，这是一部研究 1923—1939 年西班牙革命的著作（Castillejo，2008）。

[6] 第五团是一支由志愿者组成的军队，由西班牙共产党和统一社会主义青年团倡议组建，在内战的头几个月为保卫共和国而战。

[7] 文化之家于 1936 年 12 月 11 日正式落成。在贡萨洛·罗德里格斯·拉福拉的示威引发危机后，1937 年 8 月 12 日，启动了第二阶段的工作，筹建一个理事会，由安东尼奥·马查多领导，成员包括曼努埃尔·马克斯、维多利奥·马乔、何塞·莫雷诺·比利亚和托马斯·纳瓦罗·托马斯，路易斯·阿尔瓦雷斯·桑图利亚诺为秘书。

[8] 在第二篇文章中，两位作者谈到了“西班牙气象局的研究部门”。需要注意的是，西班牙气象局的中央办公室（从 1932 年开始这样叫）也迁到了巴伦西亚。比达尔自 1935 年以来一直是该部门的气象助理。杜佩列尔和比达尔的文章也在国家气象局（A6 出版物）和《西班牙物理和化学学会年鉴》中发表。

[9] 我在桑切斯·罗恩（2007b：107-109）中引用过这封信。在下文中我也援引其中的资料。

[10] 引自洛佩斯·皮涅罗(1990:72)。

[11] 和后面的信一样,这封信存放在拉蒙·梅嫩德斯·皮达尔基金会,并在桑切斯·罗恩(2007b:117-120)被引用。

[12] 接受委托后,拉佩萨撰写了著名的《西班牙语言史》(*La historia de la lengua española*)。关于这部作品及其起源,曼努埃尔·塞科(Manuel Seco)曾写道[见"榜样教学",《理性报》(La Razón),2001 年 2 月 2 日]:"拉斐尔·拉佩萨最有名的作品《西班牙语言史》也诞生于内战中期的历史研究中心,当时在马德里的研究和教学都无法进行。该中心的一位教师托马斯·纳瓦罗建议他为一家出版社编写一本面向工人和农民的西班牙语言史小册子。战争结束后,小册子还没写完,但写书目的已经消失了,拉佩萨决定将读者对象转向另一个群体:高中生。该书在新阶段作为教科书,于 1942 年问世。这部作品的质量,就当时的出版水平而言十分出色,赢得了专家们的好评,他们鼓励他对作品进行了改编,将对象群体扩展到了大学层面。多年来,这本书被公认为是西班牙最好的语言史作品,它像河流一样不断发展壮大,到 1981 年已经再印到第十版"。

[13] 存放于马德里奥尔特加-马拉尼翁基金会的何塞·奥尔特加-加塞特档案馆。我很感谢索莱达·奥尔特加,多年前她允许我使用这份文件。卡夫雷拉与奥尔特加在《西方杂志》(*Revista de Occidente*)上分享合作和讨论。

[14] 见赛斯·比亚德罗(1988)和佩雷斯·比托里亚(1989)。在他给奥尔特加的信中(信中没有提到这些学生的命运,尽管很难相信卡夫雷拉不知道),这位加那利群岛的物理学家只谈到了 5 个。

[15] 奥古斯特·皮卡尔(Auguste Piccard)是一名飞行员,也是布鲁塞尔理工学院的物理学教授,当时他参加了会议,做了一系列关于"上升至平流层"课题的 4 场讲座。皮卡尔因在探索大气层方面达到了无人能及的高度而闻名[例如,在 1931 年,他与保罗·基普费一起乘坐自由气球上升到约 15 千米高的平流层,比世界纪录高出 5 千米。后来,他将兴趣扩展到了深海:1948 年,他用自己发明的深海潜水器进行了第一次试验;1953 年,他与儿子雅克一起,在卡普里海岸深潜到 10335 英尺①,是之前威廉·毕比(William Beebe)1934 年创造的纪录的 3 倍]。埃米利奥·埃雷拉计划在 10 月独自进行一次自由气球升空,达到 25000 米的高度(这将打破皮卡尔的纪录)。但内战阻止了计划的执行。

[16] 这些信件的副本来自已故物理学家尼古拉斯·卡夫雷拉(布拉斯先生的儿子)。

[17] 弗朗西斯·尤金·西蒙。西蒙本人因其犹太血统而被流放出祖国(德国),自 1936 年以来,他一直是牛津大学热力学的准教授。出国前,他曾任布雷斯劳理工学院教授和理化实验室主任。1949 年,牛津大学为他设立了热力学特别教席。

---

① 等于 3150.108 米。——译者注

［18］卡夫雷拉于 1934 年 12 月 13 日被选为学院成员，正如我在第 13 章中指出的，他在 1936 年 1 月 26 日宣读了就职演说。我在桑切斯·罗恩（2013b：176）中引用了这封信。值得注意的是，1941 年 6 月 5 日的一项法令责成皇家学院驱逐不拥戴现政权的学者。这项法令强制要求西班牙皇家语言学院取缔 6 位持不同政见的科学家：伊格纳西奥·玻利瓦尔、尼塞托·阿尔卡拉·萨莫拉、托马斯·纳瓦罗·托马斯、恩里克·迪亚斯·卡内多、萨尔瓦多·德马达里亚加和布拉斯·卡夫雷拉的学者身份和资格。西班牙皇家语言学院，即使在其历史上的光辉时刻，也从未填补这些“空缺”；它是唯一不服从命令的国家机构。6 人中只有一人熬过了那段黑暗时期：萨尔瓦多·德马达里亚加，1936 年当选后，他一直没有机会宣读他的就职演讲。他到 1976 年 5 月 2 日才做到。相反，皇家精确、物理和自然科学院直接开除了卡夫雷拉（他曾是该机构的院长）。1943 年 4 月 13 日，胡安·安东尼奥·苏安塞斯（Juan Antonio Suanzes）接替了他的职务。而卡夫雷拉于 1945 年逝世。

［19］转载于桑切斯·罗恩（2004），其中详细介绍了卡夫雷拉传记中的这一情节。用到的资料来自物理学家彼得·塞曼的档案，他当时是国际计量委员会的“代表团主席”；关于这个档案的目录，参见费尔特赫伊斯－贝希托尔特（Velthuys-Bechthold，1993）。

［20］我在桑切斯·罗恩（1994 年）中谈到过卡塔兰的情况。

［21］以下文件是迭戈·卡塔兰交给我的，文化部向他提供了一份副本。

［22］在发给布尔戈斯的报告（电报性质被标记为“高度保密”）中指出，卡塔兰的活动“当然理由并不充分，并认为现在还没有到着手采取任何措施的时候，因为没有足够的证据证明他有罪。无论是否有他们（梅嫩德斯·皮达尔家族成员）抱团的档案，通过进一步的行动和调查，后续都可能会改变这一看法”。

［23］关于奥特罗·纳瓦斯库埃斯（我们在第 18 章会再次提到他），见佩雷斯·费尔南德斯－图雷加诺（2012），罗梅罗·德巴勃罗斯和桑切斯·罗恩（2001），以及比列纳（Villena，1983）。

［24］我还可以举出塞韦罗·奥乔亚的例子，他也离开了西班牙，最终定居在美国，他加入了美国国籍，在那里从事研究，并获得了诺贝尔奖；然而，杜佩列尔与奥乔亚有明显区别，后者担负的东西比物理学家要多得多。

［25］扩展科学教育与研究委员会的档案。

［26］他签署的其他宣言（转载于阿斯纳尔·索莱尔等人，1986）有：“向全世界的知识分子、巴伦西亚文化之家的科学家和艺术家的呼吁书”［发表于《真理》（*Verdad*）杂志，1936 年 12 月 27 日］和“西班牙教师和艺术家呼吁世界良知”［《智慧之声与西班牙人民的斗争，背景与文件》（*La voz de la inteligencia y la luncha del pueblo español. Antecedentes y documentos*），法国西班牙人协会，巴黎，1937：63-65］。

［27］1945 年，由于伦敦物理学会对杜佩列尔的成果非常感兴趣，邀请他在第 29 届格思里讲

座上做演讲。格思里讲座创办于1914年，是为纪念其创始人弗雷德里克·格思里而设立，每年举办一届。格思里讲座的演讲者名单中，先行者是罗伯特·威廉姆斯·伍德，之后的物理学家有保罗·郎之万（1916），阿尔伯特·亚伯拉罕·迈克尔逊（1921），尼尔斯·玻尔（1922），欧内斯特·卢瑟福（1927），J. J. 汤姆森（1928），马克斯·普朗克（1932），亚瑟·霍利·康普顿（1935）和帕特里克·布莱克特（1940）。这确实是一份令人印象深刻的名单。

[28] 更多细节见罗德里格斯·洛佩斯（2002：366-378），其中描述如下：尽管帕拉西奥斯与“国民军”的部队合作，但在1944年3月，他突然被解除了副校长职务，由曼努埃尔·洛拉·塔马约接替，并被软禁在阿尔曼萨（阿尔瓦塞特），作为对他签署拥护胡安·德·波旁（即胡安·卡洛斯一世）继承王位的宣言的惩罚。还应指出的是，他与西班牙国家研究委员会关系匪浅：作为智者阿方索基金会和胡安·德拉谢尔瓦基金会的成员，他成了委员会全会第三分部的委员，同时也是智者阿方索基金会的理事以及阿隆索·德圣克鲁斯物理研究所的副所长，该研究所整合了上述基金会。

[29] 政府综合档案馆。我很感谢阿尔弗雷多·略伦特为我提供这些资料。

[30] 转载于冈萨雷斯·德波萨达和布鲁·比利亚塞卡（1996：216）。

[31] 引自福曼（1984：95）。

[32] 经萨拉曼卡大学同意，他去了马德里，后来成为马德里大学的校长。希拉尔的详细传记要归功于哈维尔·普埃尔托·萨缅托（2015）。

[33] 这并不是说所有流亡者都始终保持着良好的关系。一个例子就是何塞·夸特雷卡萨斯，当他在1943年9月收到哈瓦那会议的邀请时，他拒绝了，因为路易斯·德苏卢埃塔（马德里哲学和文学学院教育学系教授，在1931年至1933年，在阿萨尼亚的政府班子中担任国务部长，在1933年至1934年担任驻德国大使）也会参加。他不原谅他是因为苏卢埃塔在1936年担任共和国驻罗马教廷大使时，由于罗马教廷与西班牙政府的关系破裂，他在巴黎避难，没有返回西班牙（López Sánchez，2018：376-377）。

[34] 关于《科学》杂志，见普伊赫-桑佩尔（2001）和卡拉佩托、普尔加林和科沃斯（2002）。

第17章　创立国家研究委员会：科学与意识形态

[1] 关于召集各皇家学院召开会议的第427号法令，发布在1937年12月8日第414期《政府官方公报》上，编页码4714。《政府官方公报》的前身是1936年7月25日至10月2日期间发行的《西班牙国防委员会官方公报》，而后者则是取代1934年4月1日至1936年11月8日期间发行的《马德里公报：共和国官方公报》后的产物。

[2] 活动在西班牙皇家语言学院的总部举行。伊瓦涅斯·马丁内斯（1947）也转载了这篇演讲

和其他演讲。

[3]《政府官方公报》（布尔戈斯），1938 年 1 月 2 日第 438 期，编页码 5074—5075。第二共和国时期已经计划成立类似机构。1936 年 9 月 17 日，在《马德里公报》上发表了一项法令，由总统曼努埃尔·阿萨尼亚和公共教育和美术部长赫苏斯·埃尔南德斯·托马斯（Jesús Hernández Tomás）签署，在法令的引言中介绍了国家生活所经历的明显转变，并阐明任何文化机构都无法阻止这种“思潮转变”，这些机构在其他时代可能有存在的理由，但现在“已经停滞不前或赶不上当今社会生活的步伐”。之后正文列出了八项条款，下令解散各皇家学院，创建一个国家文化研究所，接管这些学院的所有权力和财产。然而，这个机构从未真正建立起来。

[4] 有两本阿尔瓦雷达的传记，都接近于圣徒传记，但这并不妨碍它们提供一些有意思的信息：古铁雷斯·里奥斯（1970）、卡斯蒂略·亨索尔（Castillo Genzor）和托梅奥·拉克鲁埃（Tomeo Lacrué）（1971）。另见玛丽亚·罗萨里奥·德费利佩（María Rosario de Felipe）指导的专著（2002）。

[5] 扩展科学教育与研究委员会档案，马德里学生公寓。

[6] 他在波恩、苏黎世和柯尼斯堡总共享受了 21 个月的研究津贴。

[7] 莫德斯托·拉萨·帕拉西奥斯（Modesto Laza Palacios，1901—1981），出生于马拉加，拥有药学学位，专攻实验室分析，但从 1930 年起，他开始运用乌盖特·德尔比利亚尔（Huguet del Villar）的植物社会学方法研究特哈达和阿尔米哈拉山脉（龙达山区）的植物群和植被。

[8] 在古铁雷斯·里奥斯（1970：74-77，81-84）中，笔者以虔诚信徒的激情笔触描绘了此次遭遇和随后的其他遭遇。值得注意的是，古铁雷斯·里奥斯自 1954 年起就加入了天主事工会；他还曾担任国家研究委员会主席（1973—1974）和国家研究委员会德卢亚尔无机化学研究所所长，以及马德里康普顿斯大学无机化学系主任，他是该校的无机化学教授（此前他曾在格拉纳达大学担任校长，也是该校的无机化学教授）。

[9] 我在下文援引的文件来自存放在纳瓦拉大学或学生公寓档案馆的阿尔瓦雷达的文件。我在桑切斯·罗恩（1992b）中使用了来自学生公寓的资料。

[10] 关于国家研究委员会历史的一些细节可以在桑切斯·罗恩文集（1998）和普伊赫-桑佩尔中找到。

[11] 要记得，后来担任贝尼托·阿里亚斯·蒙塔诺阿拉伯语和希伯来语研究所负责人、国家研究委员会第一副主席的米格尔·阿辛·帕拉西奥斯曾明确支持叛乱，甚至试图从文化角度为叛乱发声，例如，在《马德里大学杂志》（Asín Palacios，1940）第一卷第一分册中发表了题为“摩洛哥穆斯林缘何与我们并肩作战”的文章。

[12] 国家研究委员会成立时，雷蒙多·卢利奥基金会中设有一家弗朗西斯科·苏亚雷斯神学研

究所，由马德里－阿尔卡拉主教莱奥波尔多·埃霍－加拉伊（Leopoldo Eijo y Garay）领导，如阿尔瓦雷达所愿，他也被任命为委员会成员，后来这个基金会拆分为雷蒙多·卢利奥基金会和马塞利诺·梅嫩德斯·佩拉约基金会。（请注意，在这份文件中，阿尔瓦雷达提议将后来的雷蒙多·卢利奥基金会命名为“P. 比托里亚”，但最后这个名称被基金会的法律研究所采用了。）

[13] 阿尔瓦雷达在这份文件和其他文件中针对扩展科学教育与研究委员会的物理和化学所做的评论，很可能是受到了罗卡索拉诺的意见的影响，委员会公然将其认定为敌人。

[14]《委员会的作品》中的“大臣的心事”一节。学生公寓。引自桑切斯·罗恩（1992b）。

[15] 在第二次世界大战期间，西班牙并未尝试利用西班牙的“中立”来造福于民族工业，白白浪费了这个机会，在战争结束后，西班牙发现自己在政治、经济和工业上都被孤立了，而这又进一步促进了西班牙所倡导的自给自足发展模式。

[16] 可参见布拉尼亚、布埃萨和莫莱罗（1984）。

[17] 洛佩斯·加西亚（1994，1997，1998，1999）对胡安·德拉谢尔瓦基金会进行了研究。

[18] 信件存放在纳瓦拉大学综合档案馆的“阿尔瓦雷达文件档案”中（我下文引用的那封信也一样）。桑切斯·贝利亚当时担任的是国家研究委员会的副秘书，在他在任的短短数月内，他的一项主要工作就是编辑马塞利诺·梅嫩德斯·佩拉约作品全集的第一卷，这项工作的具体责任人是恩里克·桑切斯·雷耶斯。他后来先后担任了西班牙文化研究所所长（1946—1956），西班牙驻多米尼加共和国、哥伦比亚和意大利大使以及新闻和旅游大臣（1969 年 10 月至 1973 年 6 月）。他也是天主事工会的编外成员。

[19] 来自德乌斯托的工业工程师何塞·阿维利亚·埃尔南德斯（José Arvilla Hernández），他起初在塞维利亚的一家炼油厂工作，之后在西班牙最大的石油公司西班牙石油垄断租赁公司（CAMPSA）的安排下搬到了马德里，1934 年他被任命为该公司的总经理。从 1938 年起他在布尔戈斯任职，战后继续担任该公司负责人，直到 1942 年被费利克斯·德格雷戈里奥（Félix de Gregorio）接替。

[20] 国家航天技术研究所和核能委员会都会在下一章介绍到。

[21] 关于苏安塞斯的更多信息，请参见巴列斯特罗（Ballestero，1993）。

[22]“国家研究委员会组织的活动和会议”（国家研究委员会《报告》，1942：65-69）。

[23] 参见普雷萨斯·普伊赫（2008）。

[24] 在普雷萨斯·普伊赫（1998）中对阿尔瓦雷达的演讲稿（1956 年）进行了研究。我在本文中使用了转载的数据。

[25] 阿尔瓦雷达还按专业对来宾进行了划分。“数学、物理和化学”被分在同一组，参与者共有 186 人，在所有学科中人数最多，之后依次是医学、药学和兽医学，106 人；植物学，79 人；语言学和文学以及神学、哲学和法学，各 72 人，再然后是人数较少的其他学科

领域。

[26] 桑特斯马塞斯与穆尼奥斯（1993）对国家研究委员会最初几十年历史中的某些方面进行了介绍。

[27] 载于奥特罗·卡瓦哈尔（2006：265）。这些指控是由费尔南多·恩里克斯·德萨拉曼卡（Fernando Enríquez de Salamanca）起草的，他是一名医生，战后受命清洗同僚。特略曾于1939年4月11日受过审讯。

[28] 更多信息参见桑特斯马塞斯（1998b，2001）和桑特斯马塞斯与穆尼奥斯（1995，1997）。

[29] 关于奥乔亚的情况，参见桑特斯马塞斯（2003）。

[30] 副本存放在纳瓦拉大学的何塞·阿尔瓦雷达档案。

[31] 尼古拉斯·卡夫雷拉，“向萨尔瓦多·贝拉约斯·埃米达教授致敬”，未出版的手稿。

[32] 我在下文援引的文件来自保管在马德里自治大学凝聚态物理系的尼古拉斯·卡夫雷拉文册中。感谢塞瓦斯蒂安·比埃拉（Sebastián Vieira）给我机会查阅这些资料。

[33] 1976年，比安·奥图尼奥（Vian Ortuño）成为康普顿斯大学的校长，他是第一个通过民主选举产生的校长。

[34] 格兰德·科维安于1974年回到了西班牙萨拉戈萨，他在1950年就获得了萨拉戈萨大学医学系的生理学和生物化学教职。1978年，他被任命为理学系生物化学特聘教授，他一直在这个职位上待到1986年，之后成为名誉教授。内战期间，格兰德一直负责马德里人口的营养问题（1937年至1939年期间他是国家卫生研究所的副所长）。战争结束后，从1940年到1953年，他担任卡洛斯·希门尼斯·迪亚斯临床和医学研究所的生理学部主任。1954年，他接受了明尼苏达大学的邀请，离开了萨拉戈萨大学，在那里度过了接下来的20年时光。

[35] 卡多纳专攻凝聚态物理学，特别是半导体的光学特性和光谱学。

第18章　佛朗哥时期西班牙的科学、技术和政治：航空与核能

[1] 关于INTA的历史，我参考了桑切斯·罗恩（1997）。

[2] 资料收集自会议纪要，参见“国家航空技术研究所托雷洪－阿哈尔维尔校区”部分，在桑切斯·罗恩（1997）中也使用了这些纪要内容。

[3] 11月1日至12月7日召开的会议的会议纪要，出版为《国际民用航空会议记录》（*Proceedings of the International Civil Aviation Conference*，美国政府印刷局，华盛顿，1948），2卷。

[4] 加泰罗尼亚研究学院的特拉达斯档案中存有一份该信件副本。罗加·罗塞利和桑切斯·罗恩（1990：2.829）对其进行了引用。关于特拉达斯档案的介绍，参见索莱尔·莫德纳（Soler Mòdena，1994）。

[5] 奥尔蒂斯、罗加·罗塞利和桑切斯·罗恩（1989：139）均引用了此信。

[6] 我没有查到是哪几位国家航空技术研究所的工程师参加了那次涂料大会。

[7] “由西班牙与美国协议确认的空间合作”，美国航空航天局新闻。

[8] 使萨尔迪纳南部平原监测站具有特殊重要性的其中一个原因在于它靠近阿尔及利亚的发射中心。通过测量多普勒效应，在前几个阶段中记录到了火箭三级和卫星入轨所产生的速度增幅。

[9] 这个机构在美国和欧洲推动了大量的基础科学研究。包括像广义相对论这样明显缺乏实际应用性的学科（Goldberg，1992）。

[10] 20 世纪 80 年代末重新启动了关于固体燃料火焰传播的研究，大部分由航空工程师学院完成，但在国家航空航天技术研究所燃烧组原先成员（卡洛斯·桑切斯·塔里法、阿马夫莱·利尼安）的指导下，目的是研究失重情况下的火势传播（从美国国家航空航天局和欧洲航天局所作的抛物线飞行中获取的数据）。

[11] 阿马夫莱·利尼安教授致作者的信件。

[12] 感谢胡安·佩雷斯·梅卡德尔（Juan Pérez Mercader）为我提供了这份文件的复印件。

[13] 弗朗西斯科·桑切斯在他的自传中解释了他是如何建立加那利天体物理研究所（IAC）的，以及该研究所下辖的各种观测仪器。关于西班牙的天体物理学总体情况，也可参见金塔纳·冈萨雷斯（2009）。

[14] 阿马尔迪的文件，以及欧洲航天研究组织的建立过程，参见克里格（1992）。

[15] 引用自美国驻巴黎大使馆外事处为国务院准备的一份文件；1960 年 12 月 6 日，美国航空航天局历史办公室，华盛顿特区。

[16] 这方面的一个典型例子就是克里格和鲁索的书（Russo，1994），它是欧洲航天研究组织和欧洲航天局历史编写项目的最终产品之一，在这本书中，西班牙仅被提及 4 次，没有任何形式的阐述。关于西班牙加入欧洲航天研究组织起因的更多细节，参见桑切斯·罗恩（2008），关于西班牙在欧洲空间事业上的参与情况，参见多拉多·古铁雷斯（Dorado Gutiérrez，2008）。

[17] 从 1975 年起，在规章制度变更之后，该组织改名为欧洲航天局。

[18] 挪威于 1962 年 6 月退出。奥地利于 1961 年 10 月加入，但后来又退出了。

[19] “欧洲航天研究筹备委员会——欧洲航天研究组织的科学目标”，*COPERS/REL/1*（巴黎，1963 年 11 月 7 日），美国航空航天局历史办公室，华盛顿特区。

[20] 会上提交了一份空军部大臣的说明，一份国家航天研究委员会主席的备忘录，一封国家航空航天技术研究所所长的信件及说明，前两份文件对于西班牙继续参加欧洲航天研究组织持赞成意见，特别是空军部大臣的那份文件。

[21] 国家航空航天技术研究所档案。

[22] 奥特罗·纳瓦斯库埃斯曾在国家物理化学研究所与胡里奥·帕拉西奥斯共事。后来，他先后到柏林工业学院、耶拿的蔡司工厂和蔡司公司下设的一家军工企业——内丁斯科公司进行光学专业的进修。

[23] 在罗梅罗·德巴勃罗斯和桑切斯·罗恩（2001），索莱尔·费兰（2017），桑切斯·德尔里奥（1983），罗加和桑切斯·罗恩（1990），奥多涅斯和桑切斯·罗恩（1996）中都提到了这些问题以及与西班牙核能相关的其他问题。

[24] 感谢阿曼多·杜兰教授为我提供了该文件的副本。

[25] 玛丽亚·阿兰萨苏·比贡（1915-？），胡安·比贡将军之女，在海军总参谋部的实验室和研究工作室以及国家研究委员会的光学研究所与奥特罗·纳瓦斯库埃斯一起接受过培训；她于20世纪50年代初在哥廷根的马克斯·普朗克物理研究所获得博士学位，导师是卡尔·维尔茨。1954年，她成为核能委员会仪器物理分会的负责人，10年后成为物理部的负责人，1975年成为辐射物理组的负责人（她的传记详见罗梅罗·德巴勃罗斯，2017年）。拉蒙·奥尔蒂斯·福纳格拉（1916—1974）成为核能委员会理论物理部的负责人。他于1942年在巴塞罗那取得精确科学专业文凭，1944年取得物理学专业文凭。1946年，奥尔蒂斯·福纳格拉搬到了马德里，一年后他进入国家研究委员会的达萨·德巴尔德斯光学研究所，在奥特罗·纳瓦斯库埃斯的指导下完成博士论文。论文题目是《电子光学中的度量空间》。值得一提的是，他是约翰·冯诺伊曼在1932年出版的巨著:《量子力学的数学基础》（*Mathem atische Grundlagen der Quantenmechanik*）的西班牙语译者，该书的西班牙语版在1949年问世。1948年9月至1949年6月，奥尔蒂斯·福纳格拉在意大利留学期间，在核物理学家布鲁诺·费雷蒂（Bruno Ferretti）的指导下接受了核反应堆理论方面的培训。在这之后，他前往美国芝加哥大学，在1949年9月到1950年11月期间在塞缪尔·K. 艾利森（Samuel K. Allison）领导的核研究所工作。

[26]“原子能研究委员会随记”，政府综合档案馆，引自索莱尔·费兰（2017：24）。

[27] 关于该次旅行的更多详细信息，见罗梅罗·德巴勃罗斯和桑切斯·罗恩（2001：cap.1）。我在桑切斯·罗恩（2010c）中探讨过西班牙与德国在物理、化学和数学方面的关系。

[28] 来自德国、奥地利、比利时、巴西、梵蒂冈、智利、丹麦、美国、芬兰、法国、荷兰、英国、爱尔兰、意大利、葡萄牙、瑞典和瑞士的代表参加了活动。

[29] 1953年，哈恩回到马德里，参加了西班牙皇家物理化学学会成立50周年的庆祝活动。

[30] 奥特罗与维尔茨之间就维尔茨前往西班牙进行学术交流而进行的书信交流转载于普雷萨斯·普伊赫（2000）。

[31] 维尔茨提到的课程（“第二次核物理会议”）由奥特罗·纳瓦斯库埃斯讲授，开课日期为8月21日。曾参与曼哈顿计划的美国物理学家塞缪尔·K. 艾利森做了开幕演讲，外国与会者除维尔茨外，还包括在英国“管合金”核项目（1944—1946）和原子研究机构

（1946—1950）工作过的英国人布赖恩·弗劳尔斯（Brian Flowers），以及出生于波兰、已入籍英国的核物理学家、帕格沃什会议秘书长和1995年诺贝尔和平奖得主约瑟夫·罗特布拉特（Joseph Rotblat）。

[32] 见普雷萨斯·普伊赫（2005a，b）。

[33] 到20世纪50年代初，西班牙已经在奥纳丘埃洛斯和丰特奥韦胡纳之间的阿尔瓦拉纳山脉（科尔多瓦）找到了重要的铀矿床。这些（沥青岩）矿床在1939年首次被勘察，后来，西班牙铍和镭股份有限公司进行了表面勘察工作。在莫内斯特里奥（巴达霍斯）也有矿床。1946年，采矿工程师安东尼奥·卡沃内利·特里略－菲格罗亚（1946）表示，"从全球储量来看，这些铀矿床可位列世界第五，储量大约为1000吨氧化铀"。1954年，又在圣玛丽亚－德拉卡韦萨（哈恩）和洛斯佩德罗切斯山（科尔多瓦）发现了另外两个矿床。

[34] 罗梅罗·德巴勃罗斯和桑切斯·罗恩（2001）研究了核能委员会历史。另见卡洛（1995）。

[35] 关于"原子能促和平"计划，见休利特和霍尔（1989）。

[36] 维尔茨撰写的"西班牙原子能报告"（机密）。感谢阿尔韦特·普雷萨斯·普伊赫为我提供了这份文件的副本，以及我在下文引用的电报。代表核能委员会的是何塞·玛丽亚·奥特罗·纳瓦斯库埃斯（核能委员会主席）、安东尼奥·科利诺（奥特罗的代表）、弗朗西斯科·帕斯夸尔·马丁内斯（核能委员会总干事）、卡洛斯·桑切斯·德尔里奥（Carlos Sánchez del Río，物理和反应堆计算分会主任）、路易斯·古铁雷斯·霍德拉（Luis Gutiérrez Jodra，化学工程分会主任）、里卡多·费尔南德斯·塞利尼（Ricardo Fernández Cellini，化学和同位素分会主任）、洛佩斯·佩雷斯（后处理系统负责人），奥古斯丁·塔纳罗（Agustín Tanarro，工程科主任），以及来自物理科的弗朗西斯科·贝达格尔和玛丽亚·阿兰萨苏·比贡。

[37] 关于这些问题的进一步信息，见普雷萨斯·普伊赫（2005a，b，2008）和德拉托雷、鲁维奥－巴拉斯及桑斯·拉富恩特（2018）。

[38] 在罗梅罗·德巴勃罗斯和桑切斯·罗恩（2001：cap.5）、罗梅罗·德巴勃罗斯（2019）和桑切斯·巴斯克斯（2012）中谈到了第一批核电站的建设以及核能委员会在其中发挥的作用。关于西班牙核电经济层面的问题，见鲁维奥－巴拉斯和德拉托雷斯（2017）。

[39] "核"这一名称显然是错误的，因为欧洲核子研究中心并不研究核物理，而是亚核物理，即在高能下产生粒子的问题。

[40] 继欧洲核子研究中心之后，除欧洲航天研究组织外，另一个合作范例就是欧洲原子能共同体（EURATOM），由比利时、法国、荷兰、意大利、卢森堡和联邦德国在1957年创建。

[41] 1942年，卡塔拉曾在弗朗茨·魏德特领导的柏林光学研究所工作，在那里认识了阿曼

多·杜兰，后者在 1941 至 1943 年也在该研究所工作。另见塞瓦·埃雷罗斯（2012）、纳瓦罗·布罗顿斯、贝拉斯科·冈萨雷斯和多梅内奇·托雷斯（2005）、加梅斯·佩雷斯（2012）以及埃兰 - 罗克（2013），尽管后两份参考文献从更广泛的角度探讨了佛朗哥时期的西班牙物理学状况。

[42]“关于定向研究西班牙留在欧洲核子研究中心以及在国内建造大型质子同步加速器的可能性的部际委员会的说明”。大写字母来自文本。引自罗梅罗·德巴勃罗斯和桑切斯·罗恩（2001：219）。

第 19 章　民主时期的西班牙科学

[1] 我在关于桑切斯·罗恩的内容（2007a：cap.10）中介绍过这一点。

[2] 这些活动是佛朗哥政权为纪念内战结束 25 周年而开展的大型宣传活动：“和平的 25 年”的一部分。

[3] 格洛丽亚·贝格（1931—2016），从 1964 年起在萨拉曼卡大学担任政治经济学和公共财政学教授。她是西班牙法律专业的第一位女教授，也是第四位荣获大学教授头衔的女性。1980 年，在参议院的提名下，她被选为宪法法院的成员，在 1986 年至 1989 年任宪法法院副院长。

[4] 关于西班牙科学政策的更多详细信息，见桑斯·梅嫩德斯（1997）和塞拉托萨（Serratosa，2008）。

参考文献

ABELLÁN, JOSÉ LUIS, dir. (1978), *El exilio español de 1939* (Taurus, Madrid).

ACOSTA, JOSÉ DE (2008), *Historia natural y moral de las Indias*, edición crítica de Fermín del Pino-Díaz (Consejo Superior de Investigaciones Científicas, Madrid).

AGUILAR BENÍTEZ DE LUGO, MANUEL (1999), «Bruno Escoubès y el inicio de la Física Experimental de Altas Energías en España», *Revista Española de Física 13*, n.º 4, 69-70.

AGUILAR GAVILÁN, ENRIQUE, coord. (2008), *La Universidad de Córdoba en el Centenario de la Junta para la Ampliación de Estudios, 1907-2007* (Servicio de Publicaciones, Universidad de Córdoba, Córdoba).

AGUILAR PIÑAL, FRANCISCO (1989), «Estudio preliminar», en Pablo de Olavide, *Plan de Estudios para la Universidad de Sevilla* (Editorial Universidad de Sevilla, Sevilla).

ALBAREDA, JOSÉ MARÍA (1929), *Biología política* (Talleres Editoriales El Noticiero, Zaragoza).

— (1956), «Die Entwicklung der Forschung in Spanien», *Arbeitsgemeinschaft für Forschung des Landes Nordrhein-Westfalen* (Westdeutscher Verlag, Köln-Opladen).

ALBEROLA, ELIA (1998), *Reseña biográfica de Jorge Juan y Santacilia* (Fundación Jorge Juan, Alicante-Madrid).

ALFONSO X EL SABIO (2009), *General Estoria* (Biblioteca Castro-Fundación José Antonio de Castro, Madrid).

ALONSO BARBA, ÁLVARO (1640), *Arte de los metales en que se enseña el verdadero beneficio de los de oro, y plata por azogue, el modo de fundirlos todos y cómo se han de refinar, y apartar unos de otros* (Imprenta del Reyno, Madrid).

— (1770), *Arte de los metales en que se enseña el verdadero beneficio de los de oro, y plata por azogue, el modo de fundirlos todos y cómo se han de refinar, y apartar unos de otros* (Oficina de la Viuda de Manuel Fernández, Madrid). Esta edición fue objeto de una edición facsimilar patrocinada por Unión Explosivos Río Tinto, S. A. en 1977.

ALONSO Y FERNÁNDEZ, JOSÉ (1888), *La Química y la Administración judicial y municipal* (Imprenta de Indalecio Ventura, Granada). Discurso leído en la solemne apertura del curso académico de 1888 a 1889 en la Universidad Literaria de Granada.

ALONSO VIGUERA, JOSÉ MARÍA (1961), *La ingeniería industrial española en el siglo XIX*, 2.a ed. (Publicaciones de la Escuela Superior Técnica de Ingenieros Industriales, Madrid).

ALTAMIRA (1987), *Rafael Altamira, 1866–1951* (Instituto de Estudios Juan Gil–Albert, Diputación Provincial de Alicante, Alicante).

Anales de Historia Natural (1993), *Anales de Historia Natural, 1799–1804*, 3 vols. (Secretaría General del Plan Nacional de I+D, Comisión Interministerial de Ciencia y Tecnología–Ediciones Doce Calles, Madrid–Aranjuez).

Anales ICE (1947), *Anales de la Institución Cultural Española I (1912–1920)* (ICE, Buenos Aires).

— (1948a), *Anales de la Institución Cultural Española II. Primera parte (1921–1925)* (ICE, Buenos Aires).

— (1948b), *Anales de la Institución Cultural Española II. Segunda parte (1921–1925)* (ICE, Buenos Aires).

— (1952), *Anales de la Institución Cultural Española III. Primera parte (1926–1930)* (ICE, Buenos Aires).

— (1953), *Anales de la Institución Cultural Española III. Segunda parte (1926–1930)* (ICE, Buenos Aires).

ANDUAGA EGAÑA, AITOR (2003), «Ciencia, ideología y política en España. Augusto Arcimís (1844–1910) y la creación del Instituto Central Meteorológico», *Boletín de la Institución Libre de Enseñanza*, n.º 52, 1–15.

— (2005), «La regeneración de la astronomía y la meteorología españolas. Augusto Arcimís y el *Institucionismo*», *Asclepio 57*, 109–128.

— (2012), *Meteorología, ideología y sociedad en la España contemporánea* (Consejo Superior de Investigaciones Científicas, Madrid).

ANDÚJAR CASTILLO, FRANCISCO (2004), «El Seminario de Nobles de Madrid en el siglo XVIII. Un estudio social», *Cuadernos de Historia Moderna. Anejos III*, 201225.

ANES, GONZALO (1970), «*L'Encyclopédie ou Dictionnaire raisonné des Sciences, des Arts et des Métiers* en España», en *Homenaje a Xavier Zubiri* (Moneda y Crédito, Madrid), vol. I, 123–130.

ANTOLÍN, GUILLERMO (1919), «La librería de Felipe II (datos para su reconstrucción)», *La Ciudad de Dios 116*, 36–49, 287–300, 477–488; *117*, 207–217, 364–377; *118*, 42–49, 123–137.

AÑÓN, CARMEN (1987), *Real Jardín Botánico de Madrid. Sus orígenes: 1755–1781* (Real Jardín Botánico, Consejo Superior de Investigaciones Científicas, Madrid).

AÑÓN, CARMEN, SANTIAGO CASTROVIEJO y ANTONIO FERNÁNDEZ ALBA (1983), *Real Jardín Botánico de Madrid. Pabellón de Invernáculos (Noticias de una restitución histórica)* (Real Jardín Botánico de Madrid–Consejo Superior de Investigaciones Científicas, Madrid).

APPEL, JOHN WILTON (1994), *Francisco José de Caldas. A Scientist at Work in Nueva Granada* (The American Philosophical Society, Filadelfia).

ARAGÓN ALBILLOS, SANTIAGO (2014), *En la piel de un animal. El Museo Nacional de Ciencias Naturales y sus colecciones de Taxidermia* (Consejo Superior de Investigaciones Científicas–Ediciones Doce Calles, Madrid–Aranjuez).

ARBOLEDA, LUIS CARLOS (1987), «Sobre una traducción inédita de los *Principia* al castellano hecha por Mutis en la Nueva Granada *circa* 1770», *Quipu 4*, 119142.

ARCIMÍS, AUGUSTO (1874), «Studi spettroscopici delle Stelle cadenti fatti dal signor Arcimis a Cadice. (Lettera diretta al P. A. Secchi)», *Memorie della Società degli Spettroscopisti Italiani, 3*, 100–101.

— (1875), «Osservazioni sulla luce zodiacale fatte in (Cadice) Spagna nel 1875», *Memorie della Società degli Spettroscopisti Italiani, 4*, 33–37.

— (1875–1876), «Observations of the zodiacal light at Cadiz», *Monthly Notices of the Royal Astronomical Society 36*, 48.

— (1876–1877a), «Observations of the lunar eclipse, 1876 September 3, made at Cadiz», *Monthly Notices of the Royal Astronomical Society 37*, 12–13.

— (1876–1877b), «On the visibility of the unilluminated portion of the disc of Venus», *Monthly Notices of the Royal Astronomical Society 37*, 259.

— (1876–1877c), «Phenomena of Jupiter's satellites observed at Cadiz», *Monthly Notices of the Royal Astronomical Society 37*, 259–260.

— (1876–1877d), «Observations of occultations of stars by the Moon, made at Cadiz in the year 1876», *Monthly Notices of the Royal Astronomical Society 37*, 400.

— (1884), «El eclipse de luna del 4 de octubre de 1884», *Boletín de la Institución Libre de Enseñanza 8*, 310.

— (1885), «El observatorio de la Institución», *Boletín de la Institución Libre de Enseñanza 9*, n.º 190, 8–11.

— (1888), «La meteorología moderna», *Boletín de la Institución Libre de Enseñanza 12*, n.º 283, 284–287, 299–300.

ARÉJULA, JUAN MANUEL DE (1788), *Reflexiones sobre la nueva nomenclatura química* (Don Antonio de Sancha, Madrid).

ARMILLAS VICENTE, JOSÉ A., coord. (2001), *La Guerra de la Independencia. Estudios* (Institución Fernando el Católico, Zaragoza).

ARTÍS I MERCADER, MIREIA (1996), «Francesc Novellas i Roig (1874–1940) i el seu 'Instituto Químico–Técnico' (1898–1922)», en Carles Puig i Pla, coord., *Actes de les III trobades d'història de la ciència i de la tècnica (Tarragona, 7–9 desembre 1994)* (Institut d'Estudis Catalans–Societat Catalana d'Història de la Ciència i de la Tècnica, Barcelona), 427–435.

ARTÍS I MERCADER, MIREIA y JOSEP M. CAMARASA (1995), «Pius Font i Quer. La maduresa de la botànica catalana», en Josep M. Camarasa y Antoni Roca Rosell, eds., *Ciència i Tècnica als Països*

Catalans. Una aproximació biogràfica, vol. II (Fundació Catalana per a la Recerca, Barcelona), 1.245–1.276.

ARTOLA, MIGUEL (1990), *La burguesía revolucionaria (1808–1874)* (Alianza Editorial, Madrid).

— (2008), *Los afrancesados* (Alianza Editorial, Madrid).

ASÍN PALACIOS, MIGUEL (1940), «Por qué lucharon a nuestro lado los musulmanes marroquíes», *Revista de la Universidad de Madrid (Letras)*, fasc. I, t. I, 143–167.

ATIENZA, EMILIO (1992), *El general Herrera. Aeronáutica, milicia y política en la España contemporánea* (AENA, Madrid).

— (1994), «Ciencia y tecnología aeronáutica en España», *Arbor 149*, n.º 586–587 (octubre–noviembre), 263–281.

AUSEJO, ELENA (1993), *Por la ciencia y por la patria. La institucionalización científica en España en el primer tercio del siglo XX. La Asociación Española para el Progreso de las Ciencias* (Siglo XXI, Madrid).

AUSEJO, ELENA y MARIANO HORMIGÓN (1986), «Noticia del Periódico Mensual de Ciencias Matemáticas y Físicas (Cádiz, 1848)», *Actas del III Congreso de la Sociedad Española de Historia de las Ciencias* (Zaragoza), 35–49.

AUSEJO, ELENA y FRANCISCO JAVIER MEDRANO SÁNCHEZ (2010), «Construyendo la modernidad. Nuevos datos y enfoques sobre la introducción del cálculo infinitesimal en España», *Llull 33*, 25–56.

AZAÑA, MANUEL (2009), *Diarios completos* (Crítica, Barcelona).

AZARA, FÉLIX DE (1969), *Viajes por la América meridional* (Espasa–Calpe, Madrid).

— (1992), *Apuntamientos para la Historia Natural de los Páxaros del Paraguay y del Río de la Plata* (Comisión Interministerial de Ciencia y Tecnología, Madrid).

— (1994), *Escritos fronterizos* (ICONA, Madrid).

AZNAR SOLER, MANUEL y OTROS (1986), *València, capital cultural de la República (1936–1937). Antologia de textos i documents* (Conselleria de Cultura, Educació i Ciència de la Generalitat Valenciana, Valencia).

BAILS, BENITO (1772), *Elementos de matemáticas*, vol. I (Joachim Ibarra, Madrid).

— (1776), *Principios de matemáticas, donde se enseña la especulativa, con su aplicacion a la dinámica, hydrodinámica, óptica, astronomía, geografía, gnomónica, arquitectura*, vol. I (Joachim Ibarra, Madrid).

BALCELLS, ALBERT y ENRIC PUJOL (2002), *Història de l'Institut d'Estudis Catalans, 1907–1942* (Editorial Afers, Catarroja).

BALCELLS, ALBERT, SANTIAGO IZQUIERDO y ENRIC PUJOL (2002), *Història de l'Institut d'Estudis Catalans. De 1942 als temps recents* (Institut d'Estudis Catalans, Barcelona).

BARATAS, ALFREDO (1998), «La investigación biológica en la España del primer tercio del siglo XX», en José Manuel Sánchez Ron, ed., *Un siglo de ciencia en España* (Publicaciones de la Residencia de Estudiantes, Madrid), 95–113.

BARATAS, ALFREDO y JOAQUÍN FERNÁNDEZ PÉREZ (1991), «La Estación Biológica Marítima de Santander. Primeros intentos de introducción de la biología experimental en España», en Manuel Valera y

Carlos López Fernández, eds., *Actas del V Congreso de la Sociedad Española de Historia de las Ciencias y de las Técnicas* (Murcia), 884–898.

BARGALLÓ, MODESTO (1955), *La minería y la metalurgia en la América española durante la época colonial* (Fondo de Cultura Económica, México).

BARONA, JOSEP L., ed. (2010a), *El exilio científico republicano* (Publicacions de la Universitat de València, Valencia).

— (2010b), «¿Una comunidad en el exilio?», en J. L. Barona, ed., *El exilio científico republicano* (Publicacions de la Universitat de València, Valencia), 201–216.

BARREIRO, AGUSTÍN (1992), *El Museo de Ciencias Naturales, 1771–1935* (Ediciones Doce Calles–Consejo Superior de Investigaciones Científicas, Aranjuez–Madrid).

BARRERA, EDUARDO y ELENA SAN ROMÁN (2000), «Juan Antonio Suanzes, adalid de la industrialización», en Antonio Gómez Mendoza, ed., *De mitos y milagros. El Instituto Nacional de la Autarquía* (Fundación Duques de Soria–Edicions Universitat de Barcelona, Madrid–Barcelona), 35–52.

BARRERA, JOSÉ LUIS (2002), «Biografía de José Macpherson y Hemas (1839–1902)», *Boletín de la Institución Libre de Enseñanza*, 2.ª época, n.os 45–46 (julio), 47–78.

BARRERA, JOSÉ LUIS, CARLOS MARTÍN–ESCORZA y LEANDRO SEQUEIROS (2006), «La aportación científica del geólogo gaditano José Macpherson. Balance general», en *Actas del IX Congreso de la Sociedad Española de Historia de las Ciencias y de las Técnicas*, t. II (Sociedad Española de Historia de las Ciencias, Cádiz), 1.151–1.164.

BECKER, BARBARA J. (2011), *Unravelling Starlight. William and Margaret Huggins and the Rise of the New Astronomy* (Cambridge University Press, Cambridge).

BELLO, ANDRÉS (1823), «Consideraciones sobre la naturaleza según Julen–Joseph Virey», *La Biblioteca Americana I* (Londres).

— (1847), *Gramática de la lengua castellana destinada al uso de los americanos* (Imprenta del Progreso, Santiago de Chile).

— (1957), *Cosmografía o descripción del Universo conforme a los últimos descubrimientos*, en *Obras Completas de Andrés Bello*, vol. XX (*Cosmografía y otros escritos de divulgación científica*) (Ediciones del Ministerio de Educación, Caracas).

BENSAUDE–VINCENT, BERNARDETTE y FERDINANDO ABBRI, eds. (1995), *Lavoisier in European Context. Negotiating a New Language for Chemistry* (Science History Publications, Canton, Massachusetts).

BERNAL, ANTONIO–MIGUEL (1992), *La financiación de la carrera de Indias. Dinero y crédito en el comercio colonial español con América* (Fundación El Monte, Sevilla).

— (2005), *España, proyecto inacabado. Costes/beneficios del Imperio* (Fundación Carolina. Centro de Estudios Hispánicos e Iberoamericanos–Marcial Pons, Madrid).

BERROJO JARIO, RAÚL (1980), *Enrique Moles y su obra*. Tesis doctoral (Facultad de Farmacia, Universidad de Barcelona).

BERTOMEU SÁNCHEZ, JOSÉ RAMÓN (2009), «Ciencia y política durante el reinado de José I (1808–1813). El proyecto de Real Museo de Historia Natural», *Hispania 69*, 769–792.

— (2015), *Venenos, ciencia y justicia. Mateu Orfila y su epistolario (1816–1853)* (Publicacions Universitat d'Alacant, Alicante).

BERTOMEU SÁNCHEZ, JOSÉ RAMÓN y ANTONIO GARCÍA BELMAR (2001), «Tres proyectos de creación de instituciones científicas durante el reinado de José I», en José A. Armillas Vicente, coord., *La Guerra de la Independencia. Estudios* (Institución Fernando el Católico, Zaragoza), 301–329.

BERTOMEU SÁNCHEZ, JOSÉ RAMÓN y J. M. VIDAL HERNÁNDEZ, eds. (2011), *Mateu Orfila. Autobiografia i correspondència (1805–1815)* (Institut Menorquí d'EstudisInstitut d'Estudis Baleàrics, Mahón).

BERTOMEU SÁNCHEZ, JOSÉ RAMÓN y ROSA MUÑOZ–BELLO (2015), «Chemical classifications, texbooks, and the periodic system in nineteenth century Spain», en Masanori Kaji, Helge Kragh y Gábor Palló, eds., *Early Responses to the Periodic System* (Oxford University Press, Oxford), 213–239.

BILE (1882), «Darwin» (necrológica), *Boletín de la Institución Libre de Enseñanza 6*, n.º 125, 89.

— (1891), «D. José Lledó» (necrológica), *Boletín de la Institución Libre de Enseñanza 15*, n.º 341, 113–114.

— (1894a), «D. Laureano Calderón», *Boletín de la Institución Libre de Enseñanza 18*, n.º 409, 97–99.

— (1894b), «D. Francisco Quiroga», *Boletín de la Institución Libre de Enseñanza 18*, n.º 412, 193–196.

— (1921), «Luis Simarro, 19–junio–1921», *Boletín de la Institución Libre de Enseñanza 45*, n.º 735, 161–163.

BLANCO, EMILIO y RAMÓN MORALES (1990), «Plantas curativas y drogas, intercambio entre dos mundos», en Joaquín Fernández Pérez e Ignacio González Gascón, eds. (1990b), *La agricultura viajera. Cultivos y manufacturas de plantas industriales en España y en la América Virreinal* (Real Jardín Botánico, Consejo Superior de Investigaciones Científicas–Ministerio de Agricultura, Pesca y Alimentación, Madrid), 83–95.

BLATZER, RICARDO (1879), *Elementos de matemáticas. Aritmética vulgar* (E. Góngora y Compañía Editores, Madrid; 2.ª ed. de 1882).

BLEICHMAR, DANIELA (2012), *Visible Empire. Botanical Expeditions & Visual Culture in the Hispanic Enlightenment* (The University of Chicago Press, Chicago).

BONDI, HERMANN (1990), *Science, Churchill and Me* (Pergamon Press, Oxford).

BONET, MAGÍN (1855), «Postfacio», en Enrique Will, *Clave del análisis química, o sea cuadros para el estudio del análisis química cualitativa, compuestos por el Dr. Enrique Will, catedrático y director del Laboratorio de la Universidad de Giessen, traducidos y anotados de la tercera y última edición alemana de 1854 por el doctor D. Magín Bonet y Bonfill, catedrático de Química aplicada a las artes en el Real Instituto Industrial* (Imprenta y Estereotipía de M. Rivadeneira, Madrid), 9–10.

BOUZA ÁLVAREZ, FERNANDO (2018), «1582 Felipe II en Portugal. Fe, calendario e Imperio», en Xosé M. Núñez Seixas, coord., *Historia Mundial de España* (Destino, Barcelona), 292–298.

BOWLES, GUILLERMO (1775), *Introducción a la Historia Natural, y a la Geografía Física de España* (Imprenta de D. Francisco Manuel de Mena, Madrid).

BOYA, LUIS JOAQUÍN (2005), «Einstein y Zaragoza», en José Manuel Sánchez Ron y Ana Romero de Pablos, eds., *Einstein en España* (Publicaciones de la Residencia de Estudiantes, Madrid), 115–126.

BOYER, CARL B. y UTHA C. MERZBACH (1989), *A History of Mathematics* (John Wiley and Sons, Nueva York).

BRAHE, TYCHO (2006), *Mecánica de la astronomía renovada* (Editorial San Millán, Málaga).

BRAGADO LÓPEZ, JAVIER y CEFERINO CARO LÓPEZ (2004), «La censura gubernativa en el siglo XVIII», *Hispania 64*, 571–600.

BRAÑA, JAVIER, MIKEL BUESA y JOSÉ MOLERO (1984), *El Estado y el cambio tecnológico en la industrialización tardía. Un análisis del caso español* (Fondo de Cultura Económica, México D.F.–Madrid).

BROOK, TIMOTHY (2019), *El sombrero de Verm eer. Los albores del mundo globalizado en el siglo XVIII* (Tusquets, Barcelona).

BUD, ROBERT y DEBORAH JEAN WARNER, eds. (1998), *Instruments of Science. An Historical Encyclopedia* (Garland Publishing, Nueva York).

BURKHARDT, FREDERICK (1999), *Cartas de Darwin (1825–1859)* (Cambridge University Press, Madrid).

BURKHARDT, FREDERICK, JANET BROWNE, DUNCAN M. PORTER y MARSHA RICHMOND, eds. (1993), *The Correspondence of Charles Darwin*, vol. VIII («1860») (Cambridge University Press, Cambridge).

BURTON, W. K., NICOLÁS CABRERA y F. C. FRANK (1951), «The growth of crystals and the equilibrium structures of their surfaces», *Philosophical Transactions of the Royal Society of London 243*, 299–358.

CABRERA, BLAS (1902), *La variación diurna del viento* (Imprenta de A. J. Benítez, Santa Cruz de Tenerife).

— (1910), *El éter y sus relaciones con la materia en reposo* (Establecimiento Tipográfico y Editorial, Madrid).

— (1913), «La literatura físico–química en España», *Revista de Libros*, Madrid (julio), 22–26.

— (1915), «Estado actual de la teoría de los rayos X y γ, su aplicación al estudio de la estructura de la materia», *Anales de la Sociedad Española de Física y Química (Serie de revisiones) 13*, 7–30, 63–87, 129–172 y 189–235.

— (1917), *¿Qué es la electricidad?* (Publicaciones de la Residencia de Estudiantes, Madrid).

— (1923), *Principio de relatividad* (Publicaciones de la Residencia de Estudiantes, Madrid).

— (1925), «La estructura de los átomos y moléculas desde el punto de vista físico», *Anales de la Sociedad Española de Física y Química 23*, 101–122, 211–222 y 239–249.

— (1927a), *El átomo y sus propiedades electromagnéticas* (Editorial Páez, Madrid).

— (1927b), «Discurso de contestación», en Ángel del Campo, *El sistema periódico de los elementos.*

Discurso de entrada en la Real Academia de Ciencias Exactas, Físicas y Naturales (Imp. A. Medina, Toledo), 85-96.

— (1927c), «Congreso Internacional de Física de Como», *Anales de la Sociedad Española de Física y Química 25*, 385-391.

— (1932), «L'étude expérimentale du paramagnétisme. Le magneton», en *Le Magnétisme* (Gauthier-Villars, París), 81-160.

— (1934a), «Contestación al discurso de entrada de Enrique Moles en la Academia de Ciencias Exactas, Físicas y Naturales», en Enrique Moles, *Del momento científico español, 1775-1825*. Discurso de entrada en la Academia de Ciencias Exactas, Físicas y Naturales (Academia de Ciencias, Madrid), 109-117.

— (1934b), «La octava Conferencia Internacional del Metro», *Anales de la Sociedad Española de Física y Química 32*, parte II («Actas, Revistas e Índices»), 11-12.

— (1936), *Evolución de los conceptos físicos y del lenguaje* (Academia Española, Madrid).

CABRERA, JUAN (1920), *Velocidad de los iones gaseosos* (Imprenta Clásica Española, Madrid).

CABRERA, NICOLÁS (1945), «Sur l'oxydation de l'aluminium et l'influence de la lumière», *Comptes Rendus 220*, 111-113.

— (1978), «Apuntes biográficos de mi padre D. Blas Cabrera y Felipe (1878-1945)», en *En el centenario de Blas Cabrera* (Universidad Internacional de Canarias Pérez Galdós).

CACHO VIU, VICENTE (1988), «La JAE, entre la Institución Libre de Enseñanza y la generación de 1914», en José Manuel Sánchez Ron, coord., *1907-1987. La Junta para Ampliación de Estudios e Investigaciones Científicas 80 años después*, vol. II (Consejo Superior de Investigaciones Científicas, Madrid), 3-26.

CALATAYUD, MARÍA DE LOS ÁNGELES (1988), *Pedro Franco Dávila y el Real Gabinete de H.ª Natural* (Consejo Superior de Investigaciones Científicas, Madrid).

— (2009), *Eugenio Izquierdo de Rivera y Lazaún (1745-1813). Científico y político en la sombra* (Museo Nacional de Ciencias Naturales-Consejo Superior de Investigaciones Científicas, Madrid).

CALDAS, JOSÉ DE (2016), *Cartas de Caldas ilustradas* (Universidad Distrital Francisco José de Caldas-Asociación de Amigos de la Casa Museo Caldas-Academia Colombiana de Ciencias Exactas, Físicas y Naturales, Bogotá).

CALDERÓN, LAUREANO y FRANCISCO QUIROGA (1877), *Erupción ofítica del Ayuntamiento de Molledo* (Fortanet, Madrid).

CALDERÓN, SALVADOR (1878), «La licuefacción y la solidificación del hidrógeno y las teorías sobre los cambios de estado», *Boletín de la Institución Libre de Enseñanza 2*, n.º 27, 42-43, y n.º 28, 50-51.

CALVO RODÉS, RAFAEL (1963), «Estado actual de la investigación del espacio en Europa y España», *Ingeniería Aeronáutica y Astronáutica*, n.º 15 (noviembre-diciembre), 1-17.

CALVO ROY, ANTONIO (2013), *Odón de Buen. Toda una vida* (Edicions 94, Zaragoza).

CÁMARA, ALICIA (1999), «Madrid en el espejo de la corte», en Antonio Lafuente y Javier Moscoso, eds., *Madrid, Ciencia y Corte* (Consejería de Educación y Cultura, Comunidad de Madrid-Consejo Superior de Investigaciones Científicas, Madrid), 63–73.

CAMARASA, JOSEP M. y ANTONI ROCA ROSELL, eds. (1995), *Ciència i Tècnica als Països Catalans. Una aproximació biogràfica*, 2 vols. (Fundació Catalana per a la Recerca, Barcelona).

CAMARERO, ERNESTO y ENRIQUE CAMARERO, comps. (1970), *La polémica de la ciencia española* (Alianza, Madrid).

CAMPILLO ÁLVAREZ, JOSÉ ENRIQUE (2000), *Francisco Hernández. El descubrimiento científico del Nuevo Mundo* (Diputación Provincial de Toledo, Toledo).

CAMPO, ÁNGEL DEL (1923), «El momento actual de la enseñanza química en España», en *Asociación Española para el Progreso de las Ciencias. Noveno Congreso celebrado en la ciudad de Salamanca del 24 al 29 de junio de 1923*, t. I (Jiménez y Molina, Impresores, Madrid), 91–106.

— (1927), *El sistema periódico de los elementos*. Discurso de entrada en la Real Academia de Ciencias Exactas, Físicas y Naturales (Imp. A. Medina, Toledo).

CAMPRUBÍ, LINO (2017), *Los ingenieros de Franco. Ciencia, catolicismo y Guerra Fría en el Estado franquista* (Crítica, Barcelona).

CANDELA, MILAGROS, ed. (2003), *Los orígenes de la genética en España* (Sociedad Estatal de Conmemoraciones Culturales, Madrid). CANTERA BURGOS, FRANCISCO (1935), *Abraham Zacut* (M. Aguilar, Madrid).

CAPEL, HORACIO, JOAN EUGENI SÁNCHEZ y ÓSCAR MONCADA (1988), *De Palas a Minerva. La formación científica y la estructura institucional de los ingenieros militares en el siglo XVIII* (Ediciones del Serbal–Consejo Superior de Investigaciones Científicas, Barcelona).

CAPEL MARTÍNEZ, ROSA MARÍA y CARMEN MAGALLÓN PORTOLES (2007), «Un sueño posible. La JAE y la incorporación de las españolas al mundo educativo y científico», en José Manuel Sánchez Ron, Antonio Lafuente, Ana Romero de Pablos y Leticia Sánchez de Andrés, eds. (2007), *El Laboratorio de España. La Junta para Ampliación de Estudios e Investigaciones Científicas, 1907–1939* (Sociedad Estatal de Conmemoraciones Culturales–Residencia de Estudiantes, Madrid), 223–249.

CARABIAS TORRES, ANA MARÍA (2003), «Introducción histórica. Juan Ginés de Sepúlveda, *Comentario sobre la reforma del año y de los meses romanos*», en Juan Ginés de Sepúlveda, *Obras completas VII* (Excmo. Ayuntamiento de Pozoblanco, Pozoblanco), ccxxi–cclxi.

— (2012), *Salamanca y la medida del tiempo* (Ediciones Universidad de Salamanca, Salamanca).

CARAPETO, CRISTINA, ANTONIO PULGARÍN y JOSÉ M. COBOS (2002), «Ciencia. Revista Hispano-Americana de Ciencias Puras y Aplicadas (1940–1975)», *Llull 25*, 329–368.

CARBONELL, FRANCISCO (1805), *Discurso que en la abertura de la escuela gratuita de química establecida en la ciudad de Barcelona por la Real Junta de Comercio del Principado de Cataluña* (Compañía de Jordi, Roca y Gaspar, Barcelona).

CARBONELL TRILLO-FIGUEROA, ANTONIO (1946), «Los yacimientos de uranio», *Ibérica*, serie 57, 2.ª época, año II, 155–157.

CARDENAS, ANTHONY J. (1980), «A new title for the Alfonsine Omnibus on astronomical instruments», en *La corónica. Spanish Medieval Language and Literature Newsletter 8*, 172–178.

CARNOY, JEAN BAPTISTE (1884), *Biologie cellulaire. Étude comparée de la cellule dans les deux règnes*, fasc. I (Lierre, París). El segundo fascículo no llegó a publicarse.

CARO, RAFAEL, ed. (1995), *Historia nuclear de España* (Sociedad Nuclear Española, Madrid).

CARRACIDO, JOSÉ R. [Rodríguez] (1899), *El P. José de Acosta y su importancia en la literatura científica española* (Est. Tipográfico Sucesores de Rivadeneyra, Madrid).

— (1907), *Solemne primera adjudicación de la medalla de su nombre al Excmo. Sr. D. José Echegaray. Discurso leído en la sesión celebrada con tal motivo por la Real Academia de Ciencias Exactas, Físicas y Naturales de Madrid por el Ilmo. Sr. D. José Rodríguez Carracido el día 16 de Junio de 1905* (Imprenta de la Gaceta de Madrid, Madrid).

— (1908), *Valor de la literatura científica hispano-americana*. Discurso de entrada en la Real Academia Española (Tipografía de la Revista de Arch., Bibl. y Museos, Madrid).

— (1909), «Contestación al discurso de entrada de Juan Fajes y Virgili en la Real Academia de Ciencias» (Real Academia de Ciencias Exactas, Físicas y Naturales, Madrid), 107–116.

— (1914), «Discurso de contestación al de ingreso de Ignacio González Martí» (Real Academia de Ciencias, Físicas y Naturales, Madrid).

— (1915), «Discurso de contestación al leído por el ilustrísimo señor don Blas Lázaro, ante la Real Academia de Medicina, en la solemnidad de su recepción», en José Rodríguez Carracido (1924), *Cuestiones bioquímicas y farmacéuticas. Publicadas por la Clase Farmacéutica como homenaje al sabio maestro* (Imprenta Clásica Española, Madrid), 390–399.

— (1917a), *Estudios histórico-críticos de la ciencia española* (Imprenta de «Alrededor del Mundo», Madrid).

— (1917b), «La cristalografía en España», en José Rodríguez Carracido (1917a), *Estudios histórico-críticos de la ciencia española* (Imprenta de «Alrededor del Mundo», Madrid), 265–272.

— (1917c), «La doctrina de la evolución en la Universidad de Santiago. (Un recuerdo de mi vida estudiantil)», en José Rodríguez Carracido (1917a), *Estudios histórico-críticos de la ciencia española* (Imprenta de «Alrededor del Mundo», Madrid), 273–277.

— (1917d), «Cómo cultivamos la Química en España y cómo debe ser cultivada»,en José Rodríguez Carracido (1917a), *Estudios histórico-críticos de la ciencia española* (Imprenta de «Alrededor del Mundo», Madrid), 385–396. Publicado inicialmente en *Nuestro Tiempo*, enero de 1902.

— (1920), *Discursos leídos ante la Real Academia Española en la recepción pública de Don Leonardo Torres Quevedo* (Real Academia Española, Madrid).

— (1924), *Cuestiones bioquímicas y farmacéuticas. Publicadas por la Clase Farmacéutica como homenaje al sabio maestro* (Imprenta Clásica Española, Madrid).

CARRASCO GONZÁLEZ, GUADALUPE, ALBERTO J. GULLÓN ABAO y ARTURO MORGADO GARCÍA (2016), *Las expediciones científicas en los siglos XVII y XVIII* (Editorial Síntesis, Madrid).

CASADO DE OTAOLA, SANTOS (1997), *Los primeros pasos de la ecología en España* (Ministerio de

Agricultura, Pesca y alimentación, Madrid).

— (1998), «Gea, flora y fauna», en José Manuel Sánchez Ron, ed., *Un siglo de ciencia en España* (Publicaciones de la Residencia de Estudiantes, Madrid).

— (2000), *La escritura de la naturaleza. Antología de naturalistas españoles, 1868–1936* (Caja Madrid, Obra Social, Madrid).

— (2010), «Las ciencias naturales en la Junta para Ampliación de Estudios. Modernización y nacionalización», en José Manuel Sánchez Ron y José GarcíaVelasco, eds., *100 años de la JAE. La Junta para Ampliación de Estudios e Investigaciones Científicas en su centenario*, vol. I (Publicaciones de la Residencia de Estudiantes, Madrid), 529–545.

CASADO DE OTAOLA, SANTOS y VICENTE CASAL COSTA (1998), «La personalidad científica de Joaquín María de Castellarnau. Los bosques de Valsaín y la génesis de un programa de investigación», en Juan Luis García Hourcade, Juan M. Moreno Yuste y Gloria Ruiz Hernández, coords., *Estudios de Historia de las Técnicas, la Arqueología industrial y las Ciencias*, vol. II (Junta de Castilla y León, Salamanca), 827–837.

CASALS COSTA, VICENTE (1996), *Los primeros pasos de la ecología en España* (Ministerio de Agricultura, Pesca y Alimentación, Madrid).

CASARES GIL, JOSÉ (1922), *Discurso leído en la solemne inauguración del curso académico de 1922 a 1923* (Universidad Central, Madrid).

— (1952), *La química a fines del siglo XIX* (ESTADES, Madrid).

CASTELLARNAU, JOAQUÍN MARÍA DE (1911), *Teoría general de la formación de la imagen en el microscopio* (Junta para Ampliación de Estudios e Investigaciones Científicas, Madrid).

— (1942 [1938]), *Recuerdos de mi vida, 1854–1936*, 2.ª ed. (Burgos). Reeditado, en edición de Santos Casado de Otaola (Organismo Autónomo de Parques, Madrid, 2002).

CASTILLEJO, DAVID, comp. (1997), *Los intelectuales reformadores de España. Epistolario de José Castillejo. I. Un puente hacia Europa. 1896–1909* (Castalia, Madrid).

— (1998), *Epistolario de José Castillejo. II. El espíritu de una época. 1910–1912* (Castalia, Madrid).

CASTILLEJO, JOSÉ (1976), *Guerra de ideas en España* (Biblioteca de la Revista de Occidente, Madrid).

— (2008), *Democracias destronadas. Un estudio a la luz de la revolución española, 19231939* (Siglo XXI, Madrid).

CASTILLO GENZOR, ADOLFO y MARIANO TOMEO LACRUÉ (1971), *Albareda fue así. Semilla y surco* (Consejo Superior de Investigaciones Científicas, Madrid).

CASTILLO MARTOS, MANUEL (1994), «Primeros beneficios de plata por amalgamación en América colonial», en Manuel Castillo Martos, dir., *Minería y metalurgia. Intercambio tecnológico y cultural entre América y Europa durante el periodo colonial español* (Muñoz Moya y Montraveta Editores, Sevilla–Bogotá), 375–403.

— (2005), *Creadores de la ciencia moderna en España y América* (Muñoz Moya, Editores Extremeños,

Brenes).

CASTILLO MARTOS, MANUEL, coord. (2005), *Historia de los estudios e investigación en Ciencias en la Universidad de Sevilla* (Secretariado de Publicaciones, Universidad de Sevilla, Sevilla).

CASTILLO MARTOS, MANUEL, dir. (1994), *Minería y metalurgia. Intercambio tecnológico y cultural entre América y Europa durante el periodo colonial español* (Muñoz Moya y Montraveta Editores, Sevilla–Bogotá).

CASTILLO MARTOS, MANUEL, ed. (2008), *Informes para obtener plata y azogue en el Mundo Hispánico. Luis Berrio de Montalvo* (Universidad de Granada, Granada).

CASTILLO MARTOS, MANUEL y ALFREDO BERNAL DUEÑAS (1996), «Influencia del desarrollo de la química en la minería española y novohispana», *Llull 19*, 363–380.

CASTILLO MARTOS, MANUEL, ANTONIO VALIENTE ROMERO y CRISTINA GUTIÉRREZ ÁLVAREZ (2005), «La historia», en Manuel Castillo Martos, coord., *Historia de los estudios e investigación en Ciencias en la Universidad de Sevilla* (Secretariado de Publicaciones, Universidad de Sevilla, Sevilla), 19–73.

CASTRO, AMÉRICO (1918), «El movimiento científico en la España actual», en Américo Castro (1972), *De la España que aún no conocía* (Finisterre, México), 93–122.

— (1972), *De la España que aún no conocía* (Finisterre, México).

— (2001 [1948]), *España en su historia. Cristianos, moros y judíos* (Crítica, Barcelona).

CATALÁN, DIEGO (1987), «Miguel Catalán», *Boletín Informativo Fundación March*, n.º 172, 3–18.

CATALÁN, MIGUEL A. (1923), «Series and other regularities in the spectrum of manganese», *Philosophical Transactions of the Royal Society of London A 223*, 127–175.

CATLOS, BRIAN A. (2018), *Reinos de fe. Una nueva historia de la España musulmana* (Pasado & Presente, Barcelona).

CAZURRO Y ARIAS, MANUEL (1921), *Ignacio Bolívar y las ciencias naturales en España* (Imprenta Clásica Española, Madrid). Existe una reedición facsímil publicada por el Consejo Superior de Investigaciones Científicas con una presentación de Alberto Gomis Blanco.

CEBA HERREROS, AGUSTÍN (2012), «Joaquín Catalá y la investigación en física nuclear y de partículas en Valencia», en Néstor Herrán y Xavier Roqué, eds., *La física en la dictadura. Físicos, cultura y poder en España, 1939–1975* (Servei de Publicacions, Universitat Autònoma de Barcelona, Bellaterra), 105–122.

CEBALLOS TERESÍ, JOSÉ G. (1932), *Historia económica, financiera y política de España en el siglo XX*, t. 7 («1920–1930») (Talleres Tipográficos «El Financiero», Madrid).

CEBOLLADA GRACIA, JOSÉ LUIS (1988), *Antonio de Gregorio Rocasolano (1873–1941)*, Universidad de Zaragoza. Memoria para optar al Grado de Licenciado en Ciencias (Sección de Químicas),

CEREZO GALÁN, PEDRO (2011), «El pensamiento de Giner de los Ríos», en José García–Velasco, ed., *Francisco Giner de los Ríos. Un andaluz de fuego* (Consejería de Cultura/Centro Andaluz de las Letras), 119–136.

CEREZO MARTÍNEZ, RICARDO (1994), *La cartografía náutica española en los siglos XIV, XV y XVI* (Consejo Superior de Investigaciones Científicas, Madrid).

CERVANTES RUIZ DE LA TORRE, E., ed. (2009), *El naturalista en su siglo. Mariano de la Paz Graells en el CC aniversario de nacimiento* (Instituto de Estudios Riojanos, Logroño).

CHABÁS, JOSÉ (2019), *Computational Astronomy in the Middle Ages. Sets of Astronomical Tables in Latin* (Consejo Superior de Investigaciones Científicas, Madrid).

CHABÁS, JOSÉ y BERNARD R. GOLDSTEIN (2000), *Astronomy in the Iberian Peninsula: Abraham Zacut and the Transition from Manuscript to Print* (American Philosophical Society, Filadelfia).

— (2003), *The Alfonsine Tables of Toledo* (Springer Science+Business Media, Dordrecht).

CHUECA FERNANDO y CARLOS DE MIGUEL (2011), *La vida y las obras del arquitecto Juan de Villanueva* (Escuela Superior de Arquitectura de Madrid, Madrid).

CIORANESCU, ALEJANDRO (2010), *Historia de Jardín de Aclimatación de La Orotava* (Instituto Canario de Investigaciones Agrarias, Tenerife).

CLAREMONT DE CASTILLEJO, IRENE (1995), *Respaldada por el viento* (Editorial Castalia, Madrid).

CLARET MIRANDA, JAUME (2006), *El atroz desmoche. La destrucción de la universidad española por el franquismo, 1936–1945* (Crítica, Barcelona).

COGHILL, R. D. y DOROTEA BARNÉS (1932), «Estudio del ácido nucleínico del bacilo de la difteria», *Anales de la Sociedad Española de Física y Química 30*, 208–221.

COHEN, I. BERNARD (1960), «The New World as a source of science for Europe», en *Actes du IXe Congrès international d'histoire des sciences. Barcelona, Madrid 1–7 Septembre 1959* (Asociación para la Historia de la Ciencia Española, Barcelona), 95–129.

COHEN, I. BERNARD, ed. (1990), *Puritanism and the Rise of Modern Science. The Merton Theses* (Rutgers University Press, New Brunswick).

COLEMAN, WILLIAM y FREDERIC L. HOLMES, eds. (1988), *The Investigative Enterprise. Experimental Physiology in Nineteenth-Century Medicine* (University of California Press, Berkeley).

COTARELO Y MORI, EMILIO (1924), *Biografía de D. Antonio de Sancha* (Cámaras Oficiales del Libro de Madrid y Barcelona, Madrid).

COTARELO VALLEDOR, ARMANDO (1935), «El P. José de Zaragoza y la Astronomía de su tiempo», en VV. AA., *Estudios sobre la ciencia española del siglo XVII* (Asociación Nacional de Historiadores de la Ciencia Española, Gráfica Universal, Madrid), 65–223.

CROCE, BENEDETTO (1992), *La historia como hazaña de la libertad* (Fondo de Cultura Económica, México; edición original en italiano de 1938).

CROMMELIN, C. A. y JULIO PALACIOS MARTÍNEZ (1920), «Sobre el estado superconductor de los metales», *Anales de la Sociedad Española de Física y Química (Segunda Parte: Revistas y Resúmenes) 18*, 115–136.

CROMMELIN, C. A., J. PALACIOS MARTÍNEZ y H. KAMERLINGH ONNES (1919a), «Isothermals of monoatomic substances and of their binary mixtures. XX. Isothermals of neon from +20℃ to –217℃ ,», *Koninklijke Akademie van Wetenschappen te Amsterdam* .

— (1919b), «Isotermas de gases monoatómicos y de sus mezclas binarias. Isotermas del neón entre +20℃ y –217℃ ,», *Revista de la Real Academia de Ciencias Exactas, Físicas y Naturales de Madrid* 18, 9–29.

CROSLAND, MAURICE P. (1962), *Historical Studies in the Language of Chemistry* (Heinemann, Londres).

CUESTA DOMINGO, MARIANO (1983), *Alonso de Santa Cruz y su obra cosmográfica*, 2 vols. (Consejo Superior de Investigaciones Científicas–Instituto Gonzalo Fernández de Oviedo, Madrid).

— (2016), *Estudio crítico. Alonso de Santa Cruz* (Biblioteca Virtual Ignacio Larramendi de Polígrafos, Madrid).

CUESTA DUTARI, NORBERTO (1974), *El maestro Juan Justo García, presbítero natural de Zafra (1752–1830), segundo catedrático de Álgebra de la Universidad de Salamanca desde 1774 y creador de su Colegio de Filosofía en 1792*, 2 vols. (Ediciones de la Universidad de Salamanca, Salamanca).

— (1985), *Historia de la invención del análisis infinitesimal y de su introducción en España* (Ediciones Universidad de Salamanca, Salamanca).

D' ALEMBERT, JEAN LE ROND (1999), *Essai sur les éléments de philosophie* (Fayard, París; edición original de 1759).

DANVILA Y COLLADO, MANUEL (1886), *El poder civil en España*, t. VI (Imprenta y Función de Manuel Tello, Madrid).

DARNTON, ROBERT (2006), *El negocio de la Ilustración. Historia editorial de la Encyclopédie, 1775–1800* (Fondo de Cultura Económica, México D. F., edición original en inglés de 1979).

DARWIN, CHARLES (1859), *On the Origin of Species by Means of Natural Selection or the Preservation of Favoured Races in the Struggle for Life* (John Murray, Londres).

— (1861), *On the Origin of Species by Means of Natural Selection or the Preservation of Favoured Races in the Struggle for Life*, 3.ª ed. (John Murray, Londres).

— (1871), *The Descent of Man and Selection in Relation to Sex* (John Murray, Londres).

— (2008a), *El Origen de las especies* (Espasa, Madrid). Traducción al castellano de la sexta edición (1872).

— (2008b), *Autobiografía* (Laetoli, Pamplona).

DE BUEN, ODÓN (2003), *Mis memorias (Zuera, 1863–Toulouse, 1939)* (Institución Fernando el Católico, Zaragoza).

DE CARLOS SEGOVIA, JUAN ANDRÉS (2001), *Los Ramón y Cajal. Una familia aragonesa* (Gobierno de Aragón, Zaragoza).

DE CASTRO, FERNANDO (1977), «La obra científica histopatológica de Nicolás Achúcarro», en Manuel Vitoria Ortiz, *Vida y obra de Nicolás Achúcarro* (Gran Enciclopedia Vasca, Bilbao), 447–464.

DE FELIPE, MARÍA ROSARIO, dir. (2002), *Homenaje a D. José María Albareda en el centenario de su nacimiento* (Consejo Superior de Investigaciones Científicas, Madrid).

DE LA TORRE, JOSEBA, M.ª DEL MAR RUBIO–VARAS y GLORIA SANZ LAFUENTE (2018), «Engineers and scientists as commercial agents of the Spanish nuclear programme», en D. Pretel y L. Camprubi, eds., *Technology and Globalisation* (Palgrave, Cham).

DE LLANOS Y TORRIGLIA, F. (1925), «Cómo nació la Institución Libre de Enseñanza», *Boletín de la Institución Libre de Enseñanza 49*, n.º 779, 50–61.

DE OTAZU, ALFONSO (1987), *Los Rothschild y sus socios en España (1820–1850)* (O. Hs. Ediciones, Madrid).

DE RAFAEL, ENRIQUE (1952), *Momento actual de la Física*, discurso inaugural del curso 1952–1953 en la Real Academia de Ciencias (Real Academia de Ciencias Exactas, Físicas y Naturales, Madrid).

DE RIVAS CHERIF, CIPRIANO (1981), *Retrato de un desconocido* (Ediciones Grijalbo, Barcelona).

DE TOLEDO, LUIS OCTAVIO (1912), «Eulogio Jiménez», *Revista de la Sociedad Matemática Española, 2*, 1–5.

DE VALDEAVELLANO, LUIS G. (1980), «Mi abuelo Augusto Arcimís y su correspondencia con don Francisco. El Instituto Central de Meteorología», conferencia del 24 de abril de 1980 (Corporación de Antiguos Alumnos de la Institución Libre de Enseñanza).

DEL RÍO HORTEGA, PÍO (1986), *El maestro y yo*, Alberto Sánchez Álvarez–Insúa, ed. (Consejo Superior de Investigaciones Científicas, Madrid).

Defense Agreement (1955), «Defense agreement between the United States of America and Spain», *U.S. Treaties and Other International Agreements*, vol. IV, parte 2 (Government Printing Office, Washington D. C.), 1876–1984, 19861902.

DEFOURNEAUX, MARCELIN (1959), *Pablo de Olavide ou l'Afrancesado (1725–1803)* (Presses Universitaires de France, París).

DELHUYAR, JUAN JOSÉ y FAUSTO DELHUYAR (1783), «Análisis químico del wolfram, y examen de un nuevo metal que entra en su composición», *Extractos de las Juntas Generales celebradas por la Real Sociedad Bascongada de los Amigos del País*, 46–88.

DÍAZ DE YRAOLA, GONZALO (1948), *La vuelta al mundo de la expedición de la vacuna* (Consejo Superior de Investigaciones Científicas–Escuela de Estudios HispanoAmericanos de Sevilla, Sevilla).

DÍAZ P IEDRAHITA, SANTIAGO (1997), *Nueva aproximación a Francisco José de Caldas. Episodios de su vida y de su actividad científica* (Academia Colombiana de Historia, Santafé de Bogotá).

— (2008), *Mutis y el movimiento ilustrado en la Nueva Granada* (Ediciones Universidad de América–Academia Colombiana de Historia, Bogotá).

DÍAZ Y DÍAZ, MANUEL (2004), «Introducción general», en San Isidoro de Sevilla, *Etimologías*, edición bilingüe latín–castellano (Biblioteca de Autores Cristianos, Madrid), 1–257.

DÍEZ TORRE, ALEJANDRO R., TOMÁS MALLO, DANIEL PACHECO FERNÁNDEZ y ÁNGELES ALONSO FLECHA, coords. (1991), *La ciencia española en ultramar* (Ediciones Doce Calles, Aranjuez).

Discursos (1923), *Discursos pronunciados en la sesión solemne que se dignó presidir S. M. el Rey el día 4 de marzo de 1923, celebrada para hacer entrega del diploma de académico corresponsal al profesor Albert*

Einstein (Real Academia de Ciencias Exactas, Físicas y Naturales, Madrid).

DOBADO GONZÁLEZ, RAFAEL (1997), «Las minas de Almadén, el monopolio del azogue y la producción de plata en Nueva España en el siglo XVIII», en Julio Sánchez Gómez, Guillermo Mira Delli-Zotti y Rafael Dobado González, *La savia del Imperio. Tres estudios de economía colonial* (Ediciones Universidad de Salamanca, Salamanca), 401–471.

DOMINGO, MARCELINO (1934), *La experiencia del poder* (Tipografía de S. Quemades, Madrid).

DOMÍNGUEZ ORTIZ, ANTONIO (1963), *La sociedad española en el siglo XVII*, vol. I (*El estamento nobiliario*) (Consejo Superior de Investigaciones Científicas, Madrid).

— (1988), *Carlos III y la España de la Ilustración* (Alianza Editorial, Madrid).

— (2000), *Tres milenios de historia* (Marcial Pons, Madrid).

DORADO GUTIÉRREZ, JOSÉ MARÍA, ed. (2008), *Spain and the European Space Effort* (Beauchesne Éditeur, París).

DOSIL MANCILLA, FRANCISCO JAVIER (2007), *Los albores de la botánica marina española (1814–1939)* (Consejo Superior de Investigaciones Científicas, Madrid).

DOSKEY, JOHN S. (1988), *The European Journals of William Maclure* (American Philosophical Society, Filadelfia).

DRAPER, JUAN GUILLERMO (1885), *Historia de los conflictos entre la religión y la ciencia*, 2.ª ed. (Establecimiento Tipográfico de Ricardo Fe, Madrid; versión original en inglés de 1874). La primera edición española se publicó en 1876 (Imprenta, Estereotipia y Galvanoplastia de Aribau y C.ª, Madrid).

DREYER, J. L. E. y H. H. TURNER, eds. (1923), *History of the Royal Astronomical Society, 1820–1920* (Royal Astronomical Society, Londres); reimpreso por Blackwell Scientific Publications, Oxford 1987).

DUPERIER, ARTURO (1937), «Sobre la electricidad de la atmósfera», *Madrid. Cuadernos de la Casa de la Cultura*, n.º 1 (febrero), 85–88.

— (1941), «The seasonal variations of cosmic-ray intensity and temperature of the atmosphere», *Proceedings of the Royal Society of London A 177*, 204.

— (1945), «The geophysical aspect of cosmic rays», *Proceedings of the Royal Society of London 57*, 464–477.

DUPERIER, ARTURO y JOSÉ MARÍA VIDAL (1937), «La conductibilidad eléctrica del aire en Madrid», *Madrid. Cuadernos de la Casa de la Cultura*, n.º 2 (marzo), 169–182.

DUPREE, A. HUNTER (1986), *Science in the Federal Government* (The Johns Hopkins University Press, Baltimore).

DURÁN MUÑOZ, GARCÍA y FRANCISCO ALONSO BURÓN (1978), *Escritos inéditos* (Institución Fernando el Católico, Zaragoza).

DURÁN MUÑOZ, GARCÍA y JULIÁN SÁNCHEZ DUARTE, comps. (1945), *La psicología de los artistas. Las estatuas en vida y otros ensayos inéditos o desconocidos de Santiago Ramón y Cajal* (Industrias Gráficas Ortega, Vitoria).

ECHEGARAY, JOSÉ (1866), *Historia de las Matemáticas puras en nuestra España* (Real Academia de

Ciencias Exactas, Físicas y Naturales, Madrid).

— (1867), *Introducción a la Geometría superior* (Imprenta y Librería de D. Eusebio Aguado, Madrid).

— (1868), *Memoria sobre la teoría de las determinantes* (Imprenta de los conocimientos útiles, Madrid).

— (1869), «Influencia del estudio de las Ciencias Físicas en la educación de la mujer», octava (11 de abril de 1869) de las Conferencias dominicales sobre la educación de la mujer (Imprenta y Estereotipia de M. Rivadeneyra, Madrid).

— (1887), *Disertaciones matemáticas sobre la cuadratura del círculo, el método de Wantzel y la división de la circunferencia en partes iguales* (Imprenta de la Viuda e Hijo de D. E. Aguado, Madrid).

— (1897), «La Escuela Especial de Ingenieros de Caminos, Canales y Puertos y las ciencias matemáticas», *Revista de Obras Públicas, 44*, t. I, 2.

— (1904), «Notas sobre ecuaciones diferenciales», *Revista de la Real Academia de Ciencias Exactas, Físicas y Naturales, 1*, 137–152.

— (1910), «Contestación al discurso de entrada de Blas Cabrera en la Real Academia de Ciencias Exactas, Físicas y Naturales», en Blas Cabrera, *El éter y sus relaciones con la materia en reposo* (Establecimiento Tipográfico y Editorial, Madrid), 73–102.

— (1909–1916), *Conferencias sobre Física Matemática. Elementos de la teoría de la elasticidad (tercera parte)*, curso de 1908 a 1909, 16 caps., 398 pp. (Madrid, 1909); *Conferencias sobre Física Matemática. Teoría de los torbellinos*, curso de 1910 a 1911, 20 caps., 394 pp. (Madrid, 1911); *Conferencias sobre Física Matemática. Cuestiones de Análisis. Aplicación a la Física Matemática*, curso de 1909 a 1910, 17 caps., 392 pp. (Madrid, 1910); *Conferencias sobre Física Matemática. Teorías diversas*, curso de 1911 a 1912, 21 caps., 582 pp. (Madrid, 1912); *Conferencias sobre Física Matemática. Ecuaciones de la Mecánica*, curso de 1912 a 1913, 22 caps., 534 pp. (Madrid, 1913); *Conferencias sobre Física Matemática. Teoría de los torbellinos (segunda parte)*, curso de 1913 a 1914, 23 caps., 550 pp. (Madrid, 1914); *Conferencias sobre Física Matemática. Teoría cinemática de los gases (primera parte)*, curso de 1914 a 1915, 19 caps., 435 pp. (Madrid, 1916).

— (1917), *Recuerdos*, 3 vols. (Ruiz Hermanos Editores, Madrid).

EGIDO, TEÓFANES (1997), «Introducción», en *Ensayo de una Biblioteca Española de los mejores escritores del Reynado de Carlos III*, reprod. facs. (Junta de Castilla y León, Consejería de Educación y Cultura, Salamanca), 11–61.

ELLIOTT, JOHN H. (1990), *España y su mundo, 1500–1700* (Alianza Editorial, Madrid).

— (2009), *España, Europa y el mundo de Ultramar (1500–1800)* (Taurus, Madrid).

— (2012), *Haciendo historia* (Taurus, Madrid).

ENCISO RECIO, LUIS MIGUEL (2009), «La recepción de la *Enciclopedia* en España», en Alfredo Alvar Ezquerra, ed., *Las Enciclopedias en España antes de l'Encyclopédie* (Consejo Superior de Investigaciones Científicas, Madrid), 501–545.

— (2010), *Las Sociedades Económicas en el Siglo de las Luces* (Real Academia de la Historia, Madrid).

Epistolario Burriel–Mayans (2008), *Epistolario II. Andrés Marcos Burriel a Gregorio Mayans*

(Ayuntamiento de Oliva, Valencia).

ESPAÑOL GONZÁLEZ, LUIS (2011), *Historia de la Real Sociedad Matemática Española (RSME)* (Real Sociedad Matemática Española, Madrid).

ESTEBAN PIÑEIRO, MARIANO (1995), «Matemáticas, astrología y navegación en la Castilla del siglo XVI», en Agustín García Simón, ed., *Historia de una cultura. La singularidad de Castilla. II* (Consejería de Cultura y Turismo, Junta de Castilla y León, Valladolid), 691–739.

— (1999), «Los alquimistas de Palacio», en Antonio Lafuente y Javier Moscoso, eds., *Madrid, Ciencia y Corte* (Consejería de Educación y Cultura, Comunidad de Madrid–Consejo Superior de Investigaciones Científicas, Madrid), 115–119.

ESTEBAN PIÑEIRO, MARIANO y FÉLIX GÓMEZ CRESPO (1991), «La primera versión castellana de *De Revolutionibus Orbium Coelestium* . Juan Cedillo Díaz», *Asclepio 43*, 131–162.

Expedición Malaspina (1987–1996), *La expedición Malaspina, 1789–1794* (Ministerio de Defensa, Museo Naval, Lunwerg Editores, Madrid). Autores de las ediciones críticas: Ricardo Cerezo, M.ª Dolores Higueras Rodríguez, M.ª Victoria Ibáñez Montoya, Luis Rafael Martínez–Cañavate Ballesteros, Félix Muñoz Garmendia, Juan Pimentel Igea, Carmen Sotos Serrano y Julián de Zulueta Cebrián.

Expedientes administrativos (1978), *Expedientes administrativos de grandes españoles. Santiago Ramón y Cajal*, vol. II («Tres Apéndices») (Ministerio de Educación y Ciencia, Madrid).

FAGES Y VIRGILI, JUAN (1909), *Los químicos de Vergara y sus obras* (Real Academia de Ciencias Exactas, Físicas y Naturales, Madrid).

FAIRFIELD MACPIKE, EUGENE, ed. (1932), *Correspondence and Papers of Edmond Halley* (Clarendon Press, Oxford).

FAUS SEVILLA, PILAR, ed. (1987), *Semblanza de una amistad. Epistolario de Augusto G. de Linares a Francisco Giner de los Ríos (1869–1896)* (Ediciones de Librería Estudio, Santander).

FERNÁNDEZ, OBDULIO (s. f.), *José R. Carracido. Recuerdos de su vida y comentarios a su obra* (Librería Médica de Nicolás Moya, Madrid).

— (1918), *Modo de actuar de la Academia de Ciencias en la reorganización industrial de España* (Real Academia de Ciencias Exactas, Físicas y Naturales, Madrid).

FERNÁNDEZ ÁLVAREZ, MANUEL (1995), *Poder y sociedad en la España del Quinientos* (Alianza Editorial, Madrid).

FERNÁNDEZ DE ALBA, ANTONIO (1979), *El Observatorio Astronómico de Madrid. Juan de Villanueva arquitecto* (Xarait Ediciones, Madrid).

FERNÁNDEZ DE LOS SENDEROS, MANUEL (1858), *Sobre la importancia del estudio de las Matemáticas*. Discurso de entrada en la Real Academia de Ciencias Exactas, Físicas y Naturales (Madrid).

FERNÁNDEZ DE OVIEDO, GONZALO (1950), *Sumario de la natural historia de las Indias*, José Miranda, ed. (Fondo de Cultura Económica, México).

FERNÁNDEZ NAVARRETE, MARTÍN (1846), *Disertación sobre la historia de la Náutica y de las Ciencias Matemáticas que han contribuido a sus progresos entre los españoles* (Real Academia de la Historia,

Madrid).

FERNÁNDEZ NONÍDEZ, JOSÉ (1922), *La herencia mendeliana. Introducción al estudio de la Genética* (Junta para Ampliación de Estudios e Investigaciones Científicas, Madrid).

FERNÁNDEZ PÉREZ, JOAQUÍN (1988), «La ciencia ilustrada y las Sociedades Económicas de Amigos del País», en Manuel Sellés, José Luis Peset y Antonio Lafuente, comps., *Carlos III y la ciencia de la Ilustración* (Alianza Editorial, Madrid), 217−232.

— (1992), «Estudio preliminar», en Félix de Azara, *Apuntamientos para la Historia Natural de los Páxaros del Paraguay y del Río de la Plata*, (Comisión Interministerial de Ciencia y Tecnología, Madrid), 11−70.

— (1993), «Los *Anales de Historia Natural*. Entre un deseo real y una necesidad científica», estudio preliminar a la edición facsímil de los *Anales de Historia Natural*, vol. I, 15−130.

FERNÁNDEZ PÉREZ, JOAQUÍN e IGNACIO GONZÁLEZ GASCÓN, eds.

— (1990a), *Ciencia, técnica y Estado en la España ilustrada* (Ministerio de Educación y Ciencia, Secretaría de Estado de Universidades e Investigación−Sociedad Española de Historia de las Ciencias y las Técnicas, Zaragoza).

— (1990b), *La agricultura viajera. Cultivos y manufacturas de plantas industriales en España y en la América Virreinal* (Real Jardín Botánico, Consejo Superior de Investigaciones Científicas−Ministerio de Agricultura, Pesca y Alimentación, Madrid).

— (1991), *Descripción de las Máquinas del Real Gabinete* (Comisión Interministerial de Ciencia y Tecnología, Madrid).

FERNÁNDEZ−RAÑADA, ANTONIO (1977), «Una experiencia de cooperación en Física Teórica. El G.I.F.T.», en *Actas de la Mesa Redonda sobre Política Científica en la Física de Altas Energías, Jaca febrero* (Universidad de Zaragoza), 23−30.

FERNÁNDEZ SANTARÉN, JUAN ANTONIO (2014), *Santiago Ramón y Cajal. Epistolario* (La Esfera de los Libros, Madrid).

FERNÁNDEZ SANTARÉN, JUAN, ed. (2006), *Cajal. Premio Nobel 1906* (Sociedad Estatal de Conmemoraciones Estatales, Madrid).

FERNÁNDEZ SANTARÉN, JUAN y JOSÉ MANUEL SÁNCHEZ RON (2010), *Cajal. La España universal* (Accenture, Madrid).

FERNÁNDEZ SANTARÉN, JUAN, PEDRO GARCÍA BARRENO y JOSÉ MANUEL SÁNCHEZ RON (2007), *Santiago Ramón y Cajal. Un siglo después del Premio Nobel* (Fundación Marcelino Botín, Santander).

FERNÁNDEZ TERRICABRAS, IGNASI (2018), «De la crisis al viraje. Los inicios de la política confesional de Felipe II», en Michel Boeglin, Ignasi Fernández Terricabras y David Kahn, eds., *Reforma y disidencia religiosa* (Casa de Velázquez, Madrid), 53−73.

FERNÁNDEZ VALLÍN, ACISCLO (1893), *Cultura científica en España en el siglo XVI.* Discurso de entrada en la Real Academia de Ciencias Exactas, Físicas y Naturales (Establecimiento Tipográfico Sucesores de Rivadeneyra, Madrid); reeditado en 1989 (Padilla Libros, Oviedo).

FERRER BENIMELLI, J. A. (1987), «El Dr. Simarro y la masonería», en VV. AA., J. Javier Campos Bueno y Luis Llavona, eds., *Los orígenes de la psicología científica en España. El doctor Simarro, Investigaciones Psicológicas*, n.º 4, 211−269.

FLEMMING, WALTHER (1882), *Zellsubstanz, Kern und Zellteilung* (F. C. Vogel, Leipzig).

FORMAN, PAUL (1984), *Cultura en Weim ar. Causalidad y teoría cuántica. 1918−1927* (Alianza Editorial, Madrid; edición original en inglés de 1971).

FORMAN, PAUL y JOSÉ MANUEL SÁNCHEZ RON, eds. (1996), *National Military Establishments and the Advancement of Science and Technology* (Kluwer, Dordrecht).

FORMENTÍN IBÁÑEZ, JUSTO y ESTHER RODRÍGUEZ FRAILE (2001), *La Fundación Nacional para Investigaciones Científicas (1931−1939). Actas del Consejo de Administración y Estudio Preliminar* (Consejo Superior de Investigaciones Científicas, Madrid).

FOSTER, MARY LOUISE (1931), «The education of Spanish women in Chemistry», *Journal of Chemical Education 8*, 30−34.

FRAGA, XOSÉ A. (1998), «Aportaciones al estudio de la obra del naturalista Graells», en Juan Luis García Hourcade, Juan M. Moreno Yuste y Gloria Ruiz Hernández, coords., *Estudios de Historia de las Técnicas, la Arqueología industrial y las Ciencias*, vol. II (Junta de Castilla y León, Salamanca), 839−848.

FRUTON, JOSEP H S. (1990), *Contrasts in Scientific Style. Research Groups in the Chemical and Biochemical Sciences* (American Philosophical Society, Filadelfia).

FUCIKOVÁ, ELISKA (2017), «The collection of Rudolf II at Prague. Cabinet of curiosities or scientific museum?», en Oliver Impey y Arthur MacGregor, eds., *The Origins of Museums. The Cabinet of Curiosities in Sixteenth and Seventeenth Century Europe* (Ashmolean, Oxford), 47−53.

FUENTES CODERA, MAXIMILIANO (2013), «Germanófilos y neutralistas. Proyectos tradicionalistas para España (1914−1918)», *Ayer*, n.º 91, 63−92.

FUSI, JUAN PABLO y JORDI PALAFOX (1997), *España, 1808−1996. El desafío de la modernidad* (Espasa−Calpe, Madrid).

GAGO, RAMÓN (1978), «Bicentenario de la fundación de la Cátedra de Química de Vergara. El proceso de constitución», *Llull*, n.º 2, 5−18.

— (1984), «La enseñanza de la química en Madrid a finales del siglo XVIII», *Dynamis 4*, 277−300.

— (1988a), «The new Chemistry in Spain», *Osiris 4*, 169−192.

— (1988b), «Enseñanza y cultivo de la química a principios del siglo XIX», en José Manuel Sánchez Ron, ed. (1988), *Ciencia y sociedad en España* (Ediciones El Arquero−Consejo Superior de Investigaciones Científicas, Madrid), 129−142.

GAGO, RAMÓN y JUAN L. CARRILLO (1979), *La introducción de la nueva nomenclatura química y el rechazo de la teoría de la acidez de Lavoisier en España* (Universidad de Málaga, Málaga).

GALAMBOS, LOUIS y DAUN VAN EE, eds. (1996), *The Papers of Dwight David Eisenhower*, vol. XIV («The Presidency. The Middle Years») (The Johns Hopkins University Press, Baltimore).

GALÁN, FERNANDO (1987), «El profesor Antonio de Zulueta (*In memorian*)», *Boletín de la Institución Libre de Enseñanza 1*, 31–41.

GALERA LÓPEZ, ANDRÉS (1988), *La Ilustración española y el conocimiento del Nuevo Mundo. Las Ciencias naturales en la Expedición Malaspina (1789–1794). La labor científica de Antonio Pineda* (Centro de Estudios Históricos, Consejo Superior de Investigaciones Científicas, Madrid).

GALLEGO, ANTONIO (1981), «Fernando de Castro (1896–1967)», en Fernando de Castro, *Cajal y la escuela neurológica española* (Editorial de la Universidad Complutense, Madrid), 125–132.

GÁLVEZ-CAÑERO Y ALZOLA, A. DE (1933), *Apuntes biográficos de D. Fausto de Elhuyar y de Zubice* (Gráficas Reunidas, Madrid).

GAMERO MERINO, CARMELA (1988), *Un modelo europeo de renovación pedagógica. José Castillejo* (Consejo Superior de Investigaciones Científicas–Instituto de Estudios Manchegos, Madrid).

GÁMEZ PÉREZ, CARLOS (2012), «La física teórica de altas energías en España durante la dictadura del general Franco», en Néstor Herrán y Xavier Roqué, eds., *La física en la dictadura. Físicos, cultura y poder en España, 1939–1975* (Servei de Publicacions, Universitat Autònoma de Barcelona, Bellaterra), 141–157.

GARCÍA, JUAN JUSTO (1782), *Elementos de Aritmética, Álgebra y Geometría* (Joachim Ibarra, Madrid).

GARCÍA ÁLVAREZ, RAFAEL (1883), *Estudio sobre el Transformismo* (Imprenta de Ventura Sabatel, Granada).

GARCÍA BARRENO, PEDRO (2000), «The Madrid Mathematical Academy of Phillip II», *Bollettino di Storia delle Scienze Mathematiche 20*, 87–188.

GARCÍA BARRENO, PEDRO, ARMANDO DURÁN, JOSÉ MARÍA TORROJA, SIXTO RÍOS y ÁNGEL MARTÍN-MUNICIO (1995), *La Real Academia de Ciencias 1582–1995* (Real Academia de Ciencias Exactas, Físicas y Naturales, Madrid).

GARCÍA BELMAR, ANTONIO y JOSÉ RAMÓN y BERTOMEU SÁNCHEZ (2001), «Viajes a Francia para el estudio de la Química, 1770 y 1833», *Asclepio 53*, 95–139.

GARCÍA CAMARERO, ERNESTO (1978), «La ciencia española en el exilio de 1939», en José Luis Abellán, dir., *El exilio español de 1939* (Taurus, Madrid), 189–243.

GARCÍA CAMARERO, ERNESTO y ENRIQUE GARCÍA CAMARERO, eds. (1970), *La polémica de la ciencia española* (Alianza Editorial, Madrid).

GARCÍA DE GALDEANO (1896), *Las modernas generalizaciones expresadas por el álgebra simbólica, las geometrías no euclídeas y el concepto de híper-espacio* (Madrid).

— (1906), *Boletín de Crítica, Enseñanza y Bibliografía Matemática* (Tipografía de Emilio Casañal, Zaragoza).

— (1908), «Prefacio», *Boletín de Crítica, Enseñanza y Bibliografía Matemática*, 1–56.

— (1916a), «Echegaray», *Revista de la Academia de Ciencias Exactas, Físicas y Naturales de Zaragoza, I*, 241–245.

— (1916b), *La Ciencia, la Universidad y la Academia* (Artes Gráficas, G. Casañal, Zaragoza).

GARCÍA DELGADO, JOSÉ LUIS (1984), «La industrialización española en el primer tercio del siglo XX», en José M.ª Jover, dir., *Los comienzos del siglo XX*, t. XXXVII de la *Historia de España* (Espasa-Calpe, Madrid), 1-171.

GARCÍA DIEGO, JOSÉ ANTONIO (1985), *En busca de Betancourt y Lanz* (Castalia, Madrid).

GARCÍA DONCEL, MANUEL y ANTONI ROCA ROSELL (2007), *Observatorio del Ebro. Un siglo de historia (1904-2004)*, *Publicaciones del Observatorio del Ebro*, Memoria n.º 18.

GARCÍA GUILLÉN, ESTHER (2018), «Las expediciones científicas españolas. Ciencia, arte y colecciones botánicas», en José Manuel Sánchez Ron, comis., *Cosmos* (Biblioteca Nacional, Madrid), 163-174.

GARCÍA HOURCADE, JUAN LUIS (2002), *La meteorología en la España ilustrada y la obra de Vicente Alcalá Galiano* (Segovia).

GARCÍA HOURCADE, JUAN LUIS, JUAN M. MORENO YUSTE y GLORIA RUIZ HERNÁNDEZ, coords. (1998), *Estudios de Historia de las Técnicas, la Arqueología industrial y las Ciencias* (Junta de Castilla y León, Salamanca).

GARCÍA-JALÓN DE LA LAMA, SANTIAGO (2006), *Don Abraham Yahuda y la Universidad Central de Madrid (1915-1923)* (Universidad Pontificia de Salamanca, Salamanca).

GARCÍA-MONTÓN G.-BAQUERO, ISABEL (1995), «El Congreso Social y Económico Hispano-Americano de 1900. Un instrumento del hispanoamericanismo modernizador», *Revista Complutense de Historia de América 25*, 281-294.

GARCÍA SANTESMASES, JOSÉ (1980), *Obra e inventos de Torres Quevedo* (Instituto de España, Madrid).

GARCÍA SIMÓN, AGUSTÍN, ed. (1995), *Historia de una cultura. La singularidad de Castilla. II* (Consejería de Cultura y Turismo, Junta de Castilla y León, Valladolid).

GARCÍA TAP IA, NICOLÁS (1992), *Del Dios del fuego a la máquina de vapor. La introducción de la técnica industrial en Hispanoamérica* (Ámbito, Instituto de Ingenieros Técnicos de España, Valladolid).

GARCÍA TAP IA, NICOLÁS y MARÍA ISABEL VICENTE MAROTO (1997), «Juan de Herrera, un científico en la Corte española», en VV. AA. (1997b), *Instrumentos científicos del siglo XVI. La Corte española y la Escuela de Lovaina* (Fundación Carlos de Amberes, Madrid), 42-54.

GARCÍA-VELASCO, JOSÉ (2008), «La tradición modernizadora de la Junta para Ampliación de Estudios y la Institución Libre de Enseñanza. De la España de entreguerras a la España democrática», en Enrique Aguilar Gavilán, coord., *La Universidad de Córdoba en el Centenario de la Junta para la Ampliación de Estudios, 1907-2007* (Servicio de Publicaciones, Universidad de Córdoba, Córdoba), 107113.

GARCÍA-VELASCO, JOSÉ, ed. (2011), *Francisco Giner de los Ríos. Un andaluz de fuego* (Consejería de Cultura-Centro Andaluz de las Letras).

GARILLETI, RICARDO y FRANCISCO PELAYO (1991), «Las actividades botánicas del naturalista valenciano A. J. Cavanilles», en *Hortus Regius Matritensis. A. J. Cavanilles, 1745-1804* (Cartonajes Suñer, S.

A. y Real Jardín Botánico, Madrid), xixxxi.

GARMA, SANTIAGO (1988), «Cultura matemática en la España de los siglos XVIII y XIX», en José Manuel Sánchez Ron, ed., *Ciencia y sociedad en España* (Ediciones El Arquero–Consejo Superior de Investigaciones Científicas, Madrid), 93–127.

— (1994), «Influencia de los matemáticos franceses en los matemáticos españoles a finales del siglo XVIII», en Santiago Garma, Dominique Flament y Víctor Navarro, eds., *Contra los titanes de la rutina* (Comunidad de Madrid–Consejo Superior de Investigaciones Científicas, Madrid), 209–235.

GARMA, SANTIAGO, ed. (1980), *El científico español ante su Historia. La ciencia en España entre 1750–1850* (Diputación Provincial de Madrid, Madrid).

GARMA, SANTIAGO, DOMINIQUE FLAMENT y VÍCTOR NAVARRO, eds. (1994), *Contra los titanes de la rutina* (Comunidad de Madrid–Consejo Superior de Investigaciones Científicas, Madrid).

GIL DE ZÁRATE, ANTONIO (1885), *De la instrucción pública en España*, t. III (Imprenta del Colegio de Sordo–Mudos, Madrid).

GIL QUINZÁ, SALVADOR (1955), *Discurso pronunciado en el homenaje al R. P. Dr. Eduardo Vitoria, S. J. en su 90.mo aniversario y 50.mo de su fundación del Instituto Químico* (Barcelona).

GIL SANTIAGO, EDUARDO (1941), «Nociones de la nueva mecánica cuántica», *Metalurgia y Electricidad*, n.os 47, 48 y 51.

GILBERT, WILLIAM (1893), *De Magnete* (Bernard Quaritch, Londres).

GIMÉNEZ DE LA CUADRA, JOSÉ MARIO (1992), «La meteorología en el Observatorio de Madrid», en *Doscientos años del Observatorio Astronómico de Madrid* (Asociación de Amigos del Observatorio Astronómico de Madrid, Madrid), 115–140.

GIMÉNEZ VALDIVIESO, TOMÁS (1909), *El atraso de España* (F. Sempere y compañía, Valencia). Reeditado en 1989 por la Fundación Banco Exterior (Madrid).

GINER DE LOS RÍOS, FRANCISCO (1922), *Obras completas* (Espasa–Calpe, Madrid).

GINÉS DE SEP ÚLVEDA, JUAN (2003), *Comentario sobre la reforma del año y de los meses romanos*, en *Obras completas VII* (Excmo. Ayuntamiento de Pozoblanco, Pozoblanco), 277–301.

GINGERICH, OWEN (1992), «The astronomy of Alfonso the Wise», en Owen Gingerich, *The Great Copernicus Chase and other Adventures in Astronomical History* (Cambridge University Press, Cambridge), 57–62.

— (2002), *An Annotated Census of Copernicus' De Revolutionibus (Nuremberg, 1543 en Base, 1566)* (Brill, Leiden).

— (2004), *The Book Nobody Read* (Walker & Company, Nueva York).

GIRAL, FRANCISCO (1994), *Ciencia española en el exilio (1939–1989)* (Anthropos, Barcelona).

GLICK, THOMAS F. (1974), «Spain», en Thomas F. Glick, ed., *The Comparative Recpetion of Darwinism* (The University of Chicago Press, Chicago), 307–345.

— (1986), *Einstein y los españoles* (Alianza Editorial, Madrid); 2.ª ed., Glick (2005).

— (1991), «Science and independence in Latin America (with special reference to New Granada)»,

Hispanic America Historical Review 71, 307–334.

— (1992), *Darwin en España* (Península, Barcelona).

— (1995), «August Pi i Sunyer. La fisiologia experimental», en Josep M. Camarasa y Antoni Roca Rosell, eds., *Ciència i Tècnica als Països Catalans. Una aproximació biogràfica*, vol. II (Fundació Catalana per a la Recerca, Barcelona), 1.055–1.085.

— (2005), *Einstein y los españoles* (Consejo Superior de Investigaciones Científicas, Madrid).

GLICK, THOMAS F., ed. (1974), *The Comparative Recpetion of Darwinism* (The University of Chicago Press, Chicago).

GODOY, MANUEL (2008), *Memorias*, Emilio La Parra y Elisabel Larriba, eds. (Publicaciones Universidad de Alicante, Alicante).

GOLDBERG, JOSHUA N. (1992), «US Air Force support of general relativity. 19561972», en J. Eisenstaedt y A. J. Kox, eds., *Studies in the History of General Relativity* (Birkhäuser, Boston), 89–102.

GOLGI, CAMILLO (1873), «Sulla struttura della sostanza grigia del cervello», *Gazzetta Medica Italiana Lombarda 33*, 244–246.

GÓMEZ CRESP O, FÉLIX (2008), *Un astrónomo desconocido. El debate copernicano en El Escorial* (Consejería de Cultura y Turismo, Junta de Castilla y León, Valladolid).

GÓMEZ MENDOZA, ANTONIO, ed. (2000), *De mitos y milagros. El Instituto Nacional de la Autarquía* (Fundación Duques de Soria–Edicions Universitat de Barcelona, Madrid–Barcelona).

GÓMEZ MENDOZA, JOSEFINA (1992), «El naturalismo forestal», en Josefina Gómez Mendoza y Nicolás Ortega Cantero, dirs., *Naturalismo y geografía en España* (Fundación Banco Exterior, Madrid), 199–274.

GÓMEZ MENDOZA, JOSEFINA y NICOLÁS ORTEGA CANTERO, dirs. (1992), *Naturalismo y geografía en España* (Fundación Banco Exterior, Madrid).

GÓMEZ ORTEGA, CASIMIRO (1789), *Instrucción sobre el modo más seguro y económico de transportar plantas vivas por mar y tierra a los países más distantes* (Joachim Ibarra, Madrid).

GÓMEZ TRUEBA, MARÍA TERESA, ed. (2005), *Juan Ramón Jiménez, Obra poética*, vol. II (*Obra en prosa*) (Espasa, Madrid), 918–919.

GÓMEZ URDÁÑEZ, JOSÉ LUIS (2010), «El caso Olavide. El poder absoluto de Carlos III al descubierto», en Santiago Muñoz Machado, ed., *Los grandes procesos de la historia de España* (Iustel, Madrid), 407–440.

GOMIS BLANCO, ALBERTO (1995), «María de la Pau Graells i Agüera, Tricio, La Rioja, 1869–Madrid, 1898. La zoología isabelina», en Josep M. Camarasa y Antoni Roca Rosell, eds., *Ciència i Tècnica als Països Catalans. Una aproximació biogràfica* (Fundació Catalana per a la Recerca, Barcelona), 117–143.

— (1998), «Desarrollo institucional de la Real Sociedad Española de Historia Natural», *Memorias de la Real Sociedad Española de Historia Natural 1 (segunda época)*, 5–46.

GOMIS BLANCO, ALBERTO y JAUME JOSA LLORCA (2009), *Bibliografía crítica ilustrada de las obras de Darwin en España (1857–2008)*, 2.ª ed. ampl. (Consejo Superior de Investigaciones Científicas, Madrid).

GONZÁLEZ BUENO, ANTONIO (1995), «Un tesoro de las maravillas de la naturaleza: La " Flora Peruviana et Chilensis" », en Hipólito Ruiz y José Pavón, *Flora Peruviana et Chilensis*, ed. facs., 3 vols. con estudios introductorios de José María López Piñero, José Luis Fresquet Febrer, Raúl Rodríguez Nozal y Antonio González Bueno (Fundación de Ciencias de la Salud–Consejo Superior de Investigaciones Científicas, Madrid 1995), cix–cxxv.

— (2002), *Antonio José Cavanilles (1745–1804). La pasión por la Ciencia* (Fundación Jorge Juan, Madrid).

GONZÁLEZ BUENO, ANTONIO y RAÚL RODRÍGUEZ NOZAL (2000), *Plantas americanas para la España ilustrada* (Editorial Complutense, Madrid).

GONZÁLEZ DE LINARES, AUGUSTO (1877–1878), «La morfología de Haeckel», *Boletín de la Institución Libre de Enseñanza 1*, n.º 9, 51; n.º 14, 80–81; n.º 15, 86–87; *2*, n.º 23, 12.

— (1878), «De algunas publicaciones recientes sobre Cristalografía y Mineralogía» y «Sobre Cristalografía y Mineralogía», *Boletín de la Institución Libre de Enseñanza*, n.o 25, 25; n.o 27, 41; n.o 31, 109–110.

— (1889), «Qué debe ser el Laboratorio español de Biología marítima», *Boletín de la Institución Libre de Enseñanza 13*, n.º 293, 126–128.

— (2004), *La vida de los astros* (Servicio de Publicaciones, Universidad de Cantabria, Santander).

GONZÁLEZ DE POSADA, FRANCISCO (1992), *Leonardo Torres Quevedo* (Fundación Banco Exterior, Madrid).

GONZÁLEZ DE POSADA, FRANCISCO y LUIS BRU VILLASECA (1996), *Arturo Duperier. Mártir y mito de la ciencia española* (Diputación Provincial de Ávila–Institución Gran Duque de Alba, Ávila).

GONZÁLEZ EGIDO, LUCIANO (1986), *Agonizar en Salamanca. Unamuno* (Alianza Editorial, Madrid).

GONZÁLEZ IBÁÑEZ, CARLOS y ANTONIO SANTAMARÍA GARCÍA, eds. (2009), *Física y Química en la Colina de los Chopos* (Consejo Superior de Investigaciones Científicas, Madrid).

GONZÁLEZ SANTANDER, RAFAEL (1996), *La Escuela histológica española. I. Comienzo y antecedentes* (Servicio de Publicaciones Universidad de Alcalá, Alcalá de Henares).

— (1997), *La Escuela histológica española. II. Sociedad Española de Histología* (Servicio de Publicaciones Universidad de Alcalá, Alcalá de Henares).

— (1998), *La Escuela histológica española. III. Oposiciones a Cátedras de Histología y Anatomía Patológica. Currículum académico y científico de sus catedráticos (1873–1950)* (Servicio de Publicaciones Universidad de Alcalá, Alcalá de Henares).

— (2000), *La Escuela histológica española. IV. Expansión y repercusión internacional. Cajal, Río Hortega, y sus discípulos* (Servicio de Publicaciones Universidad de Alcalá, Alcalá de Henares).

— (2003), *La Escuela histológica española. VI. El Instituto Cajal (1920–1935)* (Servicio de

Publicaciones Universidad de Alcalá, Alcalá de Henares).

— (2005), *La escuela histológica española. VII. El Instituto Cajal. La Guerra Civil y la posguerra (1936–1943)* (CERSA, Madrid).

GONZÁLEZ TASCÓN, IGNACIO (1990), «La ingeniería hidráulica durante la Ilustración», en Joaquín Fernández Pérez e Ignacio González Gascón, eds. (1990a), *Ciencia, técnica y Estado en la España ilustrada* (Ministerio de Educación y Ciencia, Secretaría de Estado de Universidades e Investigación–Sociedad Española de Historia de las Ciencias y las Técnicas, Zaragoza), 481–498.

GONZÁLEZ TASCÓN, IGNACIO, ed. (1996), *Betancourt, los inicios de la ingeniería moderna en Europa* (Ministerio de Obras Públicas, Transportes y Medio Ambiente, Madrid).

GONZÁLEZ TASCÓN, IGNACIO y JOAQUÍN FERNÁNDEZ PÉREZ (1990), «Las minas de Almadén y las técnicas de amalgamación en la metalurgia hispanoamericana», en Ignacio González Tascón y Joaquín Fernández Pérez, eds., *Agustín de Betancourt. Memorias de las Reales Minas del Almadén, 1783* (Secretaría General del Plan Nacional de I+D, Comisión Interministerial de Ciencia y Tecnología, Madrid), 28–85.

GONZÁLEZ TASCÓN, IGNACIO y JOAQUÍN FERNÁNDEZ PÉREZ, eds. (1990), *Agustín de Betancourt. Memorias de las Reales Minas del Almadén, 1783* (Secretaría General del Plan Nacional de I+D, Comisión Interministerial de Ciencia y Tecnología, Madrid).

GOUDSMIT, SAMUEL (1983), *Alsos* (Tomash Publs., Los Ángeles; publicado inicialmente en 1947).

GRANADA, MIGUEL ÁNGEL y FÉLIX GÓMEZ CRESP O (2019), *Ydea astronómica de la fábrica del mundo y movimiento de los cuerpos celestiales. Traducción de De Revolutionibus IIII de Nicolás Copérnico* (Edicions de la Universitat de Barcelona, Barcelona).

GRANDE COVIÁN, FRANCISCO (1963), «Un estudiante de medicina», *Residencia* (número conmemorativo publicado en México D. F., diciembre), 72–73.

G. T. (1924), «El curso del profesor Ostwald en el Instituto de Química Aplicada de Barcelona (Mayo 1924)», *Química e Industria*, año I, n.º 9 (octubre), 221–225.

GUIJARRO MORA, VÍCTOR (2013), «Fe, ciencia y política en el Observatorio de los Reales Estudios del Colegio Imperial de Madrid (1751–1775)», en Leonor González de la Lastra y Vicente J. Fernández Burgueño, eds., *El Instituto San Isidro. Saber y patrimonio. Apuntes para una historia* (Consejo Superior de Investigaciones Científicas, Madrid), 25–42.

GUILLÉN, JULIO F. (1936), *Los tenientes de navío Jorge Juan y Santacilia y Antonio de Ulloa y de la Torre-Guiral y la medición del Meridiano* (Imprenta de Galo Sáez, Madrid).

GUTIÉRREZ, AVELINO (1926), «Discurso pronunciado en el banquete con el que se obsequió al doctor Cabrera en el Club Español», en *Institución Cultural Española de la Argentina* (Sebastián de Amorrortu, Buenos Aires), 39–41.

GUTIÉRREZ RÍOS, ENRIQUE (1970), *José María Albareda. Una época de la cultura española* (Consejo Superior de Investigaciones Científicas, Madrid).

HAHN, OTTO (1970), *My Life* (Macdonald, Londres).

HALL, A. RUPERT y LAURA TILLING, eds. (1977), *The Correspondence of Isaac Newton*, vol. VII

(«1718–1727») (Cambridge University Press, Cambridge).

HAMILTON, EARL J. (2000), *El tesoro americano y la revolución de los precios en España, 1501–1650* (Crítica, Barcelona; edición original en inglés de 1934).

HARRIS, JOHN R. (1998), *Industrial Espionage and Technology Transfer. Britain and France in the Eighteenth Century* (Ashgate, Aldershot).

HEILBRON, JOHN L. (1999), *Electricity in the 17th and 18th centuries* (Dover, Mineola, Nueva York).

HEISENBERG, WERNER (1946), *Cosmic Radiation. Fifteen lectures* (Dover, New York; inicialmente publicado en alemán en 1943).

HELGUERA QUIJADA, JUAN (1995), «Antonio de Ulloa en la época del marqués de la Ensenada. Del espionaje industrial al Canal de Castilla (1749–1754)», en VV. AA., *II Centenario de Don Antonio de Ulloa* (Escuela de Estudios Hispanoamericanos, CSIC–Archivo General de Indias, Sevilla), 197–218.

HELGUERA QUIJADA, JUAN, NICOLÁS GARCÍA TAPIA y FERNANDO MOLINERO HERNANDO (1988), *El canal de Castilla* (Junta de Castilla y León, Valladolid).

HERMANN, ARMIN, JOHN KRIGE, ULRIKE MERSITS y DOMINIQUE PESTRE (1990), *History of CERN. Building and Running the Laboratory (1954–1965)* (North–Holland, Ámsterdam).

HERNÁNDEZ, EULOGIO (1980), «El cálculo infinitesimal en España», *Revista de Bachillerato* (Cuaderno monográfico 5. Suplemento del n.º 13), 56–62.

HERNÁNDEZ DE ALBA, GUILLERMO, comp. (1968a), *Archivo epistolar del sabio naturalista don José Celestino Mutis*, t. I («Cartas de José Celestino Mutis») (Editorial Kelly, Bogotá).

— (1968b), *Archivo epistolar del sabio naturalista don José Celestino Mutis*, t. II («Cartas del sabio Mutis») (Editorial Kelly, Bogotá).

— (1975a), *Archivo epistolar del sabio naturalista don José Celestino Mutis*, t. III («Cartas al sabio Mutis. Letras A–G») (Editorial Kelly, Bogotá).

— (1975b), *Archivo epistolar del sabio naturalista don José Celestino Mutis*, t. IV («Cartas al sabio Mutis») (Editorial Kelly, Bogotá).

— (1983), *Escritos científicos de don José Celestino Mutis*, 2 vols. (Instituto Colombiano de Cultura Hispánica–Editorial Kelly, Bogotá).

HERNÁNDEZ LAILLE, MARGARITA (2010), *Darwinismo y manuales escolares en España e Inglaterra en el siglo XIX (1870–1902)* (Universidad Nacional de Educación a Distancia, Madrid).

HERR, RICHARD (1988), *España y la revolución del siglo XVIII* (Aguilar, Madrid; edición original en inglés de 1960).

HERRÁN CORBACHO, NÉSTOR (2008), *Aguas, semillas y radiaciones. El Laboratorio de Radiactividad de la Universidad de Madrid, 1904–1929* (Consejo Superior de Investigaciones Científicas, Madrid).

HERRÁN, NÉSTOR y XAVIER ROQUÉ (2013), «An autarkic science. Physics, culture, and power in Franco's Spain», *Historical Studies in the Natural Sciences 43*, 202–235.

HERRÁN, NÉSTOR y XAVIER ROQUÉ, eds. (2012), *La física en la dictadura. Físicos, cultura y poder en España, 1939–1975* (Servei de Publicacions, Universitat Autònoma de Barcelona, Bellaterra).

HERRERA, EMILIO (1912), «Observación aerostática de las sombras volantes en el eclipse de Sol del 30 de agosto de 1905», *Actas del Congreso de la Asociación Española para el Progreso de las Ciencias (Granada 1911)*, t. III (Madrid), 65–71.

— (1986), *Memorias*, Thomas F. Glick y José M. Sánchez Ron, eds. (Ediciones de la Universidad Autónoma de Madrid, Cantoblanco, Madrid).

HEWLETT, RICHARD G. y JACK M. HOLL (1989), *Atoms for Peace and War. 1953–1961* (University of California Press, Berkeley).

HOBSON, E. W. y A. E. H. LOVE, eds. (1913), *Proceedings of the International Congress of Mathematicians*, 2 vols. (Cambridge University Press, Cambridge).

HOOKE, ROBERT (1989), *Micrographia o algunas descripciones fisiológicas de los cuerpos diminutos realizadas mediante cristales de aumento con observaciones y disquisiciones sobre ellas*, traducción de Carlos Solís (Alfaguara, Madrid; edición original en inglés de 1665).

HORMIGÓN, MARIANO (1981), «El Progreso Matemático. Un estudio de la primera revista matemática española», *Llull*, n.º 4, 87–115.

— (1988), «Las matemáticas en España en el primer tercio del siglo XX», en José Manuel Sánchez Ron, ed., *Ciencia y sociedad en España* (Ediciones El ArqueroConsejo Superior de Investigaciones Científicas, Madrid), 253–282.

HORMIGÓN, MARIANO y ELENA AUSEJO (1988), «La Academia de Ciencias Exactas, Físico-Químicas y Naturales de Zaragoza (1916–1936)», en *Estudios sobre Historia de la Ciencia y la Técnica. IV Congreso de la Sociedad Española de Historia de las Ciencias y de las Técnicas* (Junta de Castilla y León, Valladolid), 387–394.

HUERTAS, RAFAEL (1988), *Orfila. Saber y poder médico* (Consejo Superior de Investigaciones Científicas, Madrid).

HUMBOLDT, ALEXANDER VON (1836–1839), *Histoire de la géographie du Nouveau Continent et des progrès de l'astronomie nautique aux XV et XVI siècles comprenant l'histoire de la découverte de l'Amérique* (Gide, París).

— (1980), *Cartas americanas* (Biblioteca Ayacucho, Caracas).

— (1991), *Viaje a las Regiones Equinocciales del Nuevo Continente*, 5 t. (Monte Ávila Editores, Caracas).

— (1992), *Cristóbal Colón y el descubrimiento de América* (Monte Ávila Latinoamericana, Caracas).

— (1993), *Briefe aus Amerika. 1799–1804* (Akademie Verlag GmbH, Berlín).

— (1998), *Ensayo político sobre la isla de Cuba* (Ediciones Doce Calles–Junta de Castilla y León, Aranjuez–Valladolid).

— (2011), *Cosmos. Ensayo de una descripción física del mundo* (Los Libros de la Catarata–Consejo Superior de Investigaciones Científicas, Madrid).

HUMBOLDT, WILHELM VON (1998), *Diario de viaje a España. 1799–1800* (Ediciones Cátedra,

Madrid).

HUXLEY, LEONARD (1900), *Life and Letters of Thomas Henry Huxley*, vol. I (Macmillan, Londres).

IBÁÑEZ MARTÍN, JOSÉ (1947), *La investigación española*, 2 vols. (Publicaciones Españolas, Madrid).

IMP EY, OLIVER y ARTHUR MACGREGOR, eds. (2017), *The Origins of Museums. The Cabinet of Curiosities in Sixteenth and Seventeenth Century Europe* (Ashmolean, Oxford).

IZQUIERDO, JOSÉ J. (1948), «On Spanish neglect of Harvey's " De Motu Cordis" for three centuries, and how it was finally made known to Spain and Spanish-speaking countries», *Journal of the History of Medicine and Allied Sciences 3*, 105–125.

IZQUIERDO GÓMEZ, JUAN ANTONIO (1917a), *De la enseñanza de la Física en la Facultad de Ciencias Químicas*. Discurso de inauguración en la solemne apertura de Estudios del curso 1917 a 1918 en la Universidad Literaria de Valencia (Tipografía Moderna, Valencia).

— (1917b), «De la enseñanza de la Física en la Facultad de Ciencias Químicas», *Boletín de la Institución Libre de Enseñanza 41*, 325–330, 363–367.

IZQUIERDO RAUDÓN, JOSÉ JOAQUÍN (1998), «El Real Seminario de Minería», en Ernesto de la Torre Villar, ed., *Lecturas históricas mexicanas*, t. IV (Universidad Nacional Autónoma de México, México D. F.), 58–72.

JACKSON, GABRIEL (2008), *Juan Negrín. Médico socialista y jefe del Gobierno de la II República española* (Crítica, Barcelona).

JAKSIĆ, IVÁN A. (2010), *Andrés Bello. La pasión por el orden* (Editorial Universitaria, Santiago de Chile).

JIMÉNEZ, EULOGIO (1877a), *Tratado elemental de la teoría de los números*, *Memorias de la Real Academia de Ciencias Exactas, Físicas y Naturales* (Madrid).

— (1877b), «Principios y resúmenes de la geometría», *Boletín de la Institución Libre de Enseñanza 1*, n.º 3, 14–15.

— (1878–1881), «Introducción a la geometría sintética», *Boletín de la Institución Libre de Enseñanza 2*, n.º 23, 11; n.º 26, 35; n.º 31, 77–78; n.º 32, 91–92; n.º 36,116–118; n.º 43, 168–169; *3*, n.º 48, 23; n.º 49, 30–31; n.º 50, 39; n.º 54, 71–72; n.º 54, 78; n.º 55, 84–86; n.º 59, 110–111; n.º 60, 117; *4*, n.º 70, 3–6; n.º 73, 29–30; *5*, n.º 104, 84–86; n.º 108, 113–114.

JIMÉNEZ-LANDI, ANTONIO (1996a), *La Institución Libre de Enseñanza y su ambiente*, t. I («Los orígenes de la Institución») (Editorial Complutense, Madrid).

— (1996b), *La Institución Libre de Enseñanza y su ambiente*, t. II («Periodo parauniversitario») (Editorial Complutense, Madrid).

— (1996c), *La Institución Libre de Enseñanza y su ambiente*, t. III («Periodo escolar 1881–1907») (Editorial Complutense, Madrid).

JOVELLANOS, GASPAR MELCHOR DE (1820), *Informe de la Sociedad Económica de Madrid al Real y Supremo Consejo de Castilla en el Expediente de Ley Agraria* (Imprenta de I. Sancha, Madrid; primera edición de 1795).

— (2010), *Obras completas, XIV. Escritos pedagógicos, 2.º* (Ayuntamiento de GijónInstituto Feijoo de Estudios del siglo XVIII-KRK Ediciones, Gijón).

JUAN, JORGE (1771), *Examen marítimo theórico práctico, ó Tratado de Mechánica aplicado á la construcción, conocimiento y manejo de los navíos y demás embarcaciones*, 2 vols. (Imprenta de D. Francisco Manuel de Mena, Madrid).

JUAN, JORGE y ANTONIO DE ULLOA (1748a), *Relación histórica del viage a la América meridional hecho de orden de S. Mag. para medir algunos grados de meridiano terrestre, y venir por ellos en conocimiento de la verdadera Figura, y Magnitud de la Tierra, con otras Observaciones Astronómicas y Phísicas* (Imprenta de Antonio Marín, Madrid).

— (1748b), *Relación histórica del viage a la América meridional*, y Juan de un quinto, *Observaciones Astronómicas y Phísicas [...] de las quales se deduce la figura, y magnitud de la Tierra y se aplica a la Navegación* (Juan de Zúñiga, Madrid).

— (1773), *Observaciones Astronómicas y Phísicas [...] de las quales se deduce la figura, y magnitud de la Tierra y se aplica a la Navegación. Corregidas y enmendadas* (Imprenta Real de la Gazeta, Madrid).

KAMERLINGH ONNES, HEIKE y JULIO PALACIOS MARTÍNEZ (1922), «Presiones de vapor del hidrógeno y nuevas determinaciones en la región del hidrógeno líquido», *Anales de la Sociedad Española de Física y Química 20*, 233-242.

KEYNES, GEOFFREY (1966), *The Life of William Harvey* (Clarendon Press, Oxford).

KLINE, MORRIS (1972), *El pensamiento matemático de la Antigüedad a nuestros días*, 3 vols. (Alianza Editorial, Madrid; versión original en inglés de 1972).

KOHLRAUSCH, KARL y DOROTEA BARNÉS (1932), «Espectro de vibración de las parafinas», *Anales de la Sociedad Española de Física y Química 30*, 733-742.

KÖLLIKER, ALBERT (1899), *Erinnerungen aus meinem Leben* (Leipzig).

KRAHE, AUGUSTO (1916), «Echegaray matemático. Recuerdos anecdóticos», *Madrid Científico, XXIII*, 479-480.

KRIGE, JOHN (1992), «The prehistory of ESRO», *ESA HSR-1*.

— (1993), «Europe in space. The Auger years (1959-1967)», *ESA HSR-8*.

— (2006), *American Hegemony and the Postwar Reconstruction of Science in Europe* (The MIT Press, Cambridge, Massachusetts).

KRIGE, JOHN y ARTURO RUSSO (1994), *Europe in Space, 1960-1973* (ESA, Noordwjik).

LABASTIDA, JAIME (2010), «Ilustración e independencia. José Mariano Mociño y la ciencia moderna», en José Mariano Mociño y Martín de Sessé (2010-2015), *La Real Expedición Botánica a Nueva España*, vol. I (Siglo XXI-Universidad Nacional Autónoma de México, Ciudad de México), 31-49.

LAFUENTE, ANTONIO (1998), *Guía del Madrid científico. Ciencia y Corte* (Ediciones Doce Calles, Aranjuez).

— (1999), «Nueva ciudad y nueva Corte», en Antonio Lafuente y Javier Moscoso, eds., *Madrid, Ciencia y Corte* (Consejería de Educación y Cultura, Comunidad de Madrid-Consejo Superior de Investigaciones

Científicas, Madrid), 221–227.

LAFUENTE, ANTONIO y A. J. DELGADO (1984), *La geometrización de la Tierra (1735–1744)* (Consejo Superior de Investigaciones Científicas, Madrid).

LAFUENTE, ANTONIO y ANTONIO MAZUECOS (1987), *Los caballeros del punto fijo* (Ediciones del Serbal–Consejo Superior de Investigaciones Científicas, Barcelona).

LAFUENTE, ANTONIO y EDUARDO ESTRELLA (1986), «La Condamine en la América meridional», presentación de Charles M. de La Condamine, *Viaje a la América meridional por el río de las amazonas. Estudio sobre la quina* (Editorial Alta Fulla, «Mundo Científico», Barcelona).

LAFUENTE, ANTONIO y JOSÉ LUIS PESET (1988), «Las actividades e instituciones científicas en la España ilustrada», en Manuel Sellés, José Luis Peset y Antonio Lafuente, comps., *Carlos III y la ciencia de la Ilustración* (Alianza Editorial, Madrid), 29–79.

LAFUENTE, ANTONIO y MANUEL SELLÉS (1980), «La Física en Feijoo. Tradición e innovación», en Santiago Garma, ed., *El científico español ante su Historia. La ciencia en España entre 1750–1850* (Diputación Provincial de Madrid, Madrid), 169188.

— (1985), «The problem of longitude at sea in the 18th century in Spain», *Vistas in Astronomy 28*, 243–250.

— (1988), *El Observatorio de Cádiz (1753–1831)* (Ministerio de Defensa–Instituto de Historia y Cultura Naval, Madrid).

LAFUENTE, ANTONIO y JAVIER MOSCOSO, eds., *Madrid, Ciencia y Corte* (Consejería de Educación y Cultura, Comunidad de Madrid–Consejo Superior de Investigaciones Científicas, Madrid).

LAFUENTE, ENRIQUE (1987), «Los orígenes de la psicología científica en España. " Las lecciones sumarias de Psicología" de Giner de los Ríos», *Investigaciones Psicológicas 4*, 165–187.

LAÍN ENTRALGO, PEDRO (1976), *Descargo de conciencia (1930–1960)* (Seix Barral, Barcelona).

LANE, KRIS (2019), *Potosí. The Silver City that Changed the World* (University of California Press, Oakland, California).

LANG, MERVYN FRANCIS (1994), «Algunos aspectos de la obtención y envío del azogue europeo a América en la época colonial. Idria, la Armada de Barlovento», en Manuel Castillo Martos, dir. (1994), *Minería y metalurgia. Intercambio tecnológico y cultural entre América y Europa durante el periodo colonial español* (Muñoz Moya y Montraveta Editores, Sevilla–Bogotá), 267–297.

LANGEVIN, LUCE (1972), «Paul Langevin et Albert Einstein d'après une correspondance et des documents inédites», *La Pensée 161* (febrero), 29–31.

LAPORTA, FRANCISCO, JAVIER SOLANA, ALFONSO RUIZ MIGUEL y VIRGILIO ZAPATERO (1980), *La Junta para Ampliación de Estudios e Investigaciones Científicas*, 5 vols. (Fundación Juan March, Madrid). Un resumen de este trabajo apareció en dos partes en Laporta, Solana, Ruiz Miguel y Zapatero (1987).

— (1987), «Orígenes culturales de la Junta para Ampliación de Estudios», *Arbor* CXXVI (enero de 1987), 17–87, y CXXVII (julio–agosto), 9–137.

LATORRE, GUILLERMO y RODRIGO MEDEL (2018), *Andrés Bello científico. Escritos publicados*

(1823–1843) (Editorial Universitaria, Santiago de Chile).

LÁZARO, BLAS (1881), (1884), «Caracteres de la flora española», *Boletín de la Institución Libre de Enseñanza 7*, n.º 181, 244–245.

— (1886), «Historia de la flora ibérica», *Boletín de la Institución Libre de Enseñanza 10*, n.º 217, 51–54; n.º 218, 76–79; n.º 219, 89–93.

— (1901), «Armas defensivas de los vegetales en la lucha por la vida», *Boletín de la Institución Libre de Enseñanza 25*, n.º 490, 25–32; n.º 491, 51–64; n.º 492, 84–95.

Le Magnétisme (1932), *Le magnétisme. Reports et discussions du sixiéme Conseil de Physique tenu a Bruxelles du 20 au 25 octobre 1930* (Gauthier–Villars, París).

LEÓN–PORTILLA, MIGUEL (1962), *Los maestros prehispánicos de la palabra* (Cuadernos Americanos, México D. F.).

LIE, SOP HUS (1895), «Influence de Galois sur le développement des Mathématiques», en *Le centenaire de l'École Normale 1795–1895* (Hachette, París). Reimpreso en Lie (1989).

— (1989), *Influence de Galois sur le développement des Mathématiques* (Editions Jacques Gabay, París).

LINK, HEINRICH FRIEDRICH (2010), *Viaje por España* (Consejo Superior de Investigaciones Científicas–Los Libros de la Catarata, Madrid).

LLEDÓ, JOSÉ (1877), «Matemáticas, resúmenes de enseñanzas», *Boletín de la Institución Libre de Enseñanza 1*, n.º 19, 109–110; n.º 20, 77.

— (1878a), «Introducción a la matemática», *Boletín de la Institución Libre de Enseñanza 2*, n.º 24, 20–21.

— (1878b), «Matemáticas. Primer curso», *Boletín de la Institución Libre de Enseñanza 2*, n.º 22, 3–4; n.º 23, 13–14; n.º 25, 28; n.º 30, 67–68.

LLEONART y AMSELEM, A. J. (1991), *España y la ONU (1950)* (Consejo Superior de Investigaciones Científicas, Madrid).

LLOMBART, JOSÉ (1988), *Catálogo de la revista «Gaceta de Matemáticas Elementales» (1903–1906)* (Cuadernos de Historia de la Ciencia, Zaragoza).

LÓPEZ ARROYO, MANUEL (2004), *El Real Observatorio Astronómico de Madrid (1785–1975)* (Ministerio de Fomento–Dirección General del Instituto Geográfico Nacional–Centro Nacional de Información Geográfico, Madrid).

LÓPEZ BUSTOS, CARLOS (1990), «El profesor don José María Plans en la memoria de un antiguo alumno», en *Discursos pronunciados en la sesión necrológica en memoria del Excmo. Sr. D. José María Plans celebrada el día 13 de diciembre de 1989* (Real Academia de Ciencias Exactas, Físicas y Naturales, Madrid), 15–23.

LÓPEZ GARCÍA, SANTIAGO (1994), *El saber tecnológico en la política industrial del primer franquismo*. Tesis doctoral (Facultad de Ciencias Económicas e Industriales, Universidad de Salamanca).

— (1997), «El Patronato Juan de la Cierva (1939–1960). I Parte. Las instituciones precedentes», *Arbor*, n.º 619 (julio), 201–238.

— (1998), «El Patronato Juan de la Cierva (1939–1960). II Parte. La organización y financiación», *Arbor*, n.º 625 (enero), 1–44.

— (1999), «El Patronato Juan de la Cierva (1939–1960). III Parte. La investigación Científica y tecnológica», *Arbor*, n.º 637 (enero), 1–32.

LÓPEZ OCÓN, LEONCIO y CARMEN MARÍA PÉREZ–MONTES, eds. (2000), *Marcos Jiménez de la Espada (1831–1898). Tras la senda de un explorador* (Instituto de HistoriaConsejo Superior de Investigaciones Científicas, Madrid).

LÓPEZ PIÑERO, JOSÉ MARÍA (1979a), *Ciencia y técnica en la sociedad española de los siglos XVI y XVII* (Editorial Labor, Barcelona).

— (1979b), «The Vesalian movement in Sixteenth century Spain», *Journal of the History of Biology 12*, 45–81.

— (1983), «Hernández, Francisco», en José María López Piñero, Thomas F. Glick, Víctor Navarro Brotons y Eugenio Portela Marco, comps., *Diccionario histórico de la ciencia moderna en España*, vol. I (Península, Barcelona), 443–446.

— (1990), «Pío del Río Hortega», en José María López Piñero, ed., *Pío del Río Hortega*, Biblioteca de la Ciencia Española (Fundación Banco Exterior, Madrid), 9–95.

— (1996), *Juan Bautista Bru de Ramón. El atlas zoológico, el megaterio y las técnicas de pesca valencianas, 1742–1799* (Ayuntamiento de Valencia, Valencia).

— (1999), «La Facultad de Medicina», en Mariano Peset, coord., *Historia de la Universidad de Valencia*, vol. I («El Estudio General») (Universitat de València, Valencia), 219–247.

— (2006), *Santiago Ramón y Cajal* (Publicacions de la Universitat de València, Valencia).

— (2007), «El saber mèdic», en Juan Vernet y Ramón Parés, eds., *La Ciència en la Història dels Països Catalans. II. Del Naixement de la ciència moderna a la Il·lustració* (Institut d'Estudis Catalans–Universitat de València, Valencia), 233–267.

LÓPEZ PIÑERO, JOSÉ MARÍA, ed. (1990), *Pío del Río Hortega*, Biblioteca de la Ciencia Española (Fundación Banco Exterior, Madrid).

— (1992), *La ciencia en la España del siglo XIX*, *Ayer*, n.º 7.

LÓPEZ PIÑERO, JOSÉ MARÍA, dir. (2002), *Historia de la ciencia y de la técnica en la Corona de Castilla*, vol. III (siglos XVI y XVII) (Consejería de Educación y Cultura, Junta de Castilla y León, Valladolid).

LÓPEZ PIÑERO, JOSÉ MARÍA y JOSÉ PARDO TOMÁS (1996), *La influencia de Francisco Hernández (1515–1587) en la constitución de la botánica y la materia médica modernas*, *Cuadernos Valencianos de Historia de la Medicina y de la Ciencia* LI (Instituto de Estudios Documentales e Históricos sobre la Ciencia, Universitat de València, Valencia).

LÓPEZ PIÑERO, JOSÉ MARÍA y THOMAS F. GLICK (1993), *El megaterio de Bru y el presidente Jefferson. Una relación insospechada en los albores de la paleontología* (Cuadernos Valencianos de Historia de la Medicina y de la Ciencia, Valencia).

LÓPEZ PIÑERO, JOSÉ MARÍA, MARÍA LUZ TERRADA FERRANDIS y ALFREDO RODRÍGUEZ QUIROGA (2000), *Bibliografía cajaliana* (Albatros, Valencia).

LÓPEZ PIÑERO, JOSÉ MARÍA, VÍCTOR NAVARRO BROTONS y EUGENIO PORTELA MARCO (1976), *Materiales para la Historia de las Ciencias, s. XVI–XVII* (Pre–Textos, Valencia).

— (1988), «La actividad científica y tecnológica», en Miguel Artola, dir., *Enciclopedia de Historia de España*, vol. III (Alianza, Madrid), 273–326.

LÓPEZ PIÑERO, JOSÉ MARÍA, THOMAS F. GLICK, VÍCTOR NAVARRO BROTONS y EUGENIO PORTELA MARCO, comps. (1983), *Diccionario histórico de la ciencia moderna en España*, 2 vols. (Península, Barcelona).

LÓPEZ SÁNCHEZ, JOSÉ MARÍA (2013), *Los refugios de la derrota. El exilio científico e intelectual republicano de 1939* (Consejo Superior de Investigaciones Científicas–La Catarata, Madrid).

— (2018), *En tierra de nadie. José Cuatrecasas, las Ciencias Naturales y el exilio de 1939* (Ediciones Doce Calles, Aranjuez).

LORA–TAMAYO, MANUEL (1993), *Lo que yo he conocido. Recuerdos de un viejo catedrático que fue ministro* (Federico Joly y Cia. e Ingrasa Artes Gráficas, Puerto Real).

LUCENA GIRALDO, MANUEL y ALBERTO BARRUECO RODRÍGUEZ (1994), «Estudio preliminar», en Félix de Azara, *Escritos fronterizos* (ICONA, Madrid), 13–35.

LUCENA GIRALDO, MANUEL y JUAN PIMENTEL IGEA (1991), *Los «Axiomas políticos sobre la América» de Alejandro Malaspina* (Ediciones Doce Calles, Aranjuez).

LUSA MONFORTE, GUILLERMO (1985), «Las matemáticas en la ingeniería. La obra de Rey Pastor», en *Actas I Simposio sobre Rey Pastor*, Luis Español, ed. (Instituto de Estudios Riojanos, Logroño), 205–219.

LYELL, CHARLES (2011), *Elementos de geología* (Crítica, Barcelona; primera edición en inglés de 1838).

LYNCH, JOHN (1991), *La España del siglo XVIII* (Crítica, Barcelona; edición original en inglés de 1989).

LUXENBERG, ALISA (2001), «Retrato emblemático e identidad. *Carlos III, niño*, de Jean Ranc», *Boletín del Museo del Prado 19*, n.º 37, 73–88.

MADARIAGA, BENITO (1972), *Augusto González de Linares y el estudio del mar* (Instituto de Estudios Marítimos y Pesqueros Juan de la Cosa, Institución Cultural de Cantabria, Santander).

— (1984), *La Universidad de Verano de Santander* (Ministerio de Universidades e Investigación, Madrid).

— (2004), *Augusto González de Linares. Vida y obra de un naturalista* (Instituto Español de Oceanografía, Santander).

MADARIAGA, JOSÉ MARÍA de (1902), *Exposición de algunas consideraciones sobre la explicación de ciertos fenómenos eléctricos y magnéticos, y de sus relaciones con los de la luz* (Real Academia de Ciencias, Madrid).

MAGALLÓN PORTOLÉS, CARMEN (1998), *Pioneras españolas en las ciencias. Las mujeres del*

Instituto Nacional de Física y Química (Consejo Superior de Investigaciones Científicas, Madrid).

— (2007), «El Laboratorio Foster de la Residencia de Señoritas. Las relaciones de la JAE con el International Institute for Girls in Spain, y la formación de las jóvenes científicas españolas», *Asclepio 59*, 37–62.

MAINDRON ERNEST (1888), *L'Académie des Sciences* (Alcan, París).

MALDONADO, FRANCISCO (1945), «La bomba atómica», *Ibérica*, 2.ª época, n.º 32, 180–182, 188.

MALDONADO POLO, J. LUIS (2013), *Ciencia en penumbra. El Jardín Botánico de Madrid en los orígenes del liberalismo. 1808–1934* (Consejo Superior de Investigaciones Científicas, Madrid).

MALLADA, LUCAS (1998), *La futura revolución española y otros escritos regeneracionistas*, Steven L. Driever y Francisco Javier Ayala–Carcedo, eds. (Biblioteca Nueva, Madrid).

MALUQUER DE MOTES, JORDI (2014), *La economía española en perspectiva histórica. Siglos XVIII–XXI* (Pasado & Presente, Barcelona).

MANTEROLA, VICENTE DE (1869), *Discurso pronunciado en las Cortes Constituyentes por el Dr. D. Vicente de Manterola, canónigo magistral de la Santa Iglesia Catedral de Vitoria el día 12 de abril de 1869 y Rectificaciones en los días 13 y 14 del mismo mes tomados del Diario de Sesiones* (Imprenta de D. Mateo Sanz y Gómez, Vitoria).

MAÑES BELTRÁN, XAVIER (2005), *Determinación de estructuras cristalinas en España. Inicios, desarrollo y consolidación (1915–1955)* (Centre d'Estudis d'Història de les Ciències, Universitat Autònoma de Barcelona).

MARCAIDA LÓPEZ, JOSÉ RAMÓN (2014), *Arte y ciencia en el Barroco español* (Fundación Focus–Abengoa–Marcial Pons Historia, Sevilla–Madrid).

MARICHAL, JUAN (1974), «Ciencia y Gobierno. La significación histórica de Juan Negrín», *Triunfo*, n.º 612, 29–35.

MARTÍ HENNEBERG, JORDI (1995), «Emili Huguet del Villar. L'ecologia terrestre i la ciència del sol», en Josep M. Camarasa y Antoni Roca Rosell, eds. (1995), *Ciència i Tècnica als Països Catalans. Una aproximació biogràfica*, vol. II (Fundació Catalana per a la Recerca, Barcelona), 909–936.

MARTÍN ARTAJO, JOSÉ IGNACIO (1946), *La energía atómica. Sus características y su aplicación para fines militares* (Editorial Dossat, Madrid).

MARTÍN BAÑOS, PEDRO (2019), *La pasión de saber. Vida de Antonio de Nebrija* (Uhus.es Publicaciones–Servicio de Publicaciones de la Universidad de Huelva, Huelva).

MARTÍN CARDOSO, GABRIEL (1926), «Feinbauliche Untersuchungen am Epsomit», *Zeitschrift für Kristallographie 63*, 19–33.

MARTÍNEZ, GRACIANO (1915), *Las prodigalidades del Ministerio de Instrucción Pública y la Institución Libre de Enseñanza* (Imprenta del Asilo de Huérfanos del Sagrado Corazón de Jesús, Madrid).

MARTÍNEZ NADAL, RAFAEL (1998), *José Castillejo. El hombre y su quehacer en La Voz de Londres (1940–1945)* (Editorial Casariego, Madrid).

MARTÍNEZ OLMEDILLA, AUGUSTO (1949), *José Echegaray (El madrileño tres veces famoso). Su vida – Su obra – Su ambiente* (Imprenta Sáez, Madrid).

MARTÍNEZ-RISCO, MANUEL (1911), «La asimetría de los tripletes de Zeeman», *Revista de la Academia de Ciencias de Madrid 10*, 456–474, 600–618, 752–770, en Manuel Martínez-Risco (1976), *Oeuvres scientifiques* (Presses Universitaires de France, París), 9–53.

— (1976), *Oeuvres scientifiques* (Presses Universitaires de France, París).

MARTÍNEZ RUIZ, ENRIQUE, dir. (1999), *Felipe II, la Ciencia y la Técnica* (ACTAS, Madrid).

MAS Y GUINDAL, JOAQUÍN (1924), «Biografía del Excmo. e Ilmo. Sr. D. José Rodríguez Carracido», en *Cuestiones bioquímicas y farmacéuticas. Publicadas por la Clase Farmacéutica como homenaje al sabio maestro* (Imprenta Clásica Española, Madrid), 9–73.

MATILLA, VALENTÍN (1977), *Jaime Ferrán y su obra* (Instituto de España, Madrid).

MAZZARELLO, PAOLO (1999), *The Hidden Structure. A Scientific Biography of Camillo Golgi* (Oxford University Press, Oxford).

— (2006) *Il Nobel dimenticato. La vita e la scienza di Camillo Golgi* (Bollati Boringhieri editore, Turín).

MEGGERS, WILLIAM F. (1958), «Miguel A. Catalán», *Physicalia*, n.º 28 (enero–febrero), 11–12.

Memoria CSIC (1942), *Memoria de la Secretaría General, 1940–1941* (Consejo Superior de Investigaciones Científicas, Madrid).

— (1948), *Memoria de la Secretaría General, 1946–1947* (Consejo Superior de Investigaciones Científicas, Madrid).

— (1951), *Memoria de la Secretaría General, 1950* (Consejo Superior de Investigaciones Científicas, Madrid).

Memoria JAE (1908), *Junta para Ampliación de Estudios e Investigaciones Científicas. Memoria correspondiente al año 1907* (Madrid).

— (1910), *Junta para Ampliación de Estudios e Investigaciones Científicas. Memoria correspondiente a los años 1908 y 1909* (Madrid).

— (1916), *Junta para Ampliación de Estudios e Investigaciones Científicas. Memoria correspondiente a los años 1914 y 1915* (Madrid).

— (1925), *Junta para Ampliación de Estudios e Investigaciones Científicas. Memoria correspondiente a los cursos 1922–3 y 1923–4* (Consejo Superior de Investigaciones Científicas, Madrid).

MENÉNDEZ PELAYO, MARCELINO (1894), «Esplendor y decadencia de la cultura científica española», *La España Moderna 6*, n.º LXII (febrero), 138–178; reproducido como «Proemio» en Acisclo Fernández Vallín (1893), *Cultura científica en España en el siglo XVI*. Discurso de entrada en la Real Academia de Ciencias Exactas, Físicas y Naturales (Establecimiento Tipográfico Sucesores de Rivadeneyra, Madrid), ix–xlviii.

MERINO NAVARRO, JOSÉ F. y MIGUEL M. RODRÍGUEZ SAN VICENTE (1978), «Introducción», en *Relación histórica del viaje a la América Meridional*, t. I (Fundación Universitaria Española, Madrid), vii–cxvi.

MERTON, ROBERT K. (1984), *Ciencia, tecnología y sociedad en la Inglaterra del siglo XVII* (Alianza

Editorial, Madrid).

Métodos (1916), *Estado actual, métodos y problemas de las ciencias* (Imprenta Clásica Española, Madrid).

MILLÁN BARBANY, GREGORIO (1958), *Aerothermochemistry* (Instituto Nacional de Técnica Aeronáutica, Madrid).

MILLÀS VALLICROSA, JOSÉ M.ª (1931), *Assaig d'història de les idees físiques i matemàtiques a la Catalunya medieval* (Estudis Universitaris Catalans, Barcelona).

— (1949), *Estudios sobre historia de la ciencia española* (Consejo Superior de Investigaciones Científicas, Madrid).

— (1960), *Nuevos estudios sobre historia de la ciencia española* (Consejo Superior de Investigaciones Científicas, Madrid).

MOCIÑO, JOSÉ MARIANO y MARTÍN DE SESSÉ (2010–2015), *La Real Expedición Botánica a Nueva España* (Siglo XXI–Universidad Nacional Autónoma de México, Ciudad de México).

MOLES, ENRIQUE (1911), «Un curso teórico y práctico de Química–Física», *Anales de la Junta para Ampliación de Estudios e Investigaciones Científicas 4*, 2.ª memoria, 69–87.

— (1929), «Los nuevos laboratorios de la Facultad de Ciencias», *Boletín de la Universidad de Madrid 1*, n.º 2 (marzo), 153–170.

— (1934), *Del momento científico español, 1775–1825*. Discurso de entrada en la Academia de Ciencias Exactas, Físicas y Naturales (Academia de Ciencias, Madrid).

— (1937), «Veinte años de investigaciones acerca de las densidades gaseosas», *Madrid. Cuadernos de la Casa de la Cultura 1*, 33–51.

— (1938), «Les déterminations physico–chimiques des poids moléculaires et atomiques des gaz», en *Les déterminations physico-chimiques des poids moléculaires et atomiques des gaz* (Institut International de Coopération Intellectuelle, París), 1–75.

MOLLER, VIOLET (2019), *La ruta del conocimiento* (Taurus, Madrid).

MORADIELLOS GARCÍA, ENRIQUE (2015), *Negrín* (Península, Barcelona).

MORENO CARACCIOLO, MANUEL (1920), «El Laboratorio de Investigaciones Físicas», *El Sol* (20 de septiembre), p. 8.

MORENO GONZÁLEZ, ANTONIO (1988), *Una ciencia en cuarentena. La física académica en España (1750–1900)* (Consejo Superior de Investigaciones Científicas, Madrid).

— (2005), «Con o contra Einstein. Libros, revistas y otros manifiestos», en José Manuel Sánchez Ron y Ana Romero de Pablos, eds., *Einstein en España* (Publicaciones de la Residencia de Estudiantes, Madrid), 129–154.

MORENO GONZÁLEZ, ANTONIO, ed. (1991), *José Rodríguez Carracido*, Biblioteca de la Ciencia Española (Fundación Banco Exterior, Madrid).

MORET, SEGISMUNDO (1908), «Discurso», *Actas del Primer Congreso de la Asociación Española para el Progreso de las Ciencias* (Imprenta de Eduardo Arias, Madrid).

MÖRNER, MAGNUS (1976), «Spanish migration to the New World prior to 1800», en Fredi Chiapelli, ed., *First Images of America. The Impact of the New World on the Old*, vol. II (University of California Press, Berkeley), 737–782.

MUÑOZ GARMENDIA, FÉLIX, coord. (2003), *La Botánica al servicio de la Corona. La expedición de Ruiz, Pavón y Dombey al virreinato del Perú (1777–1831)* (Real Jardín Botánico–Lunwerg–Obra social Caja Madrid, Madrid).

MUÑOZ MACHADO, SANTIAGO (2017), *Hablamos la misma lengua* (Crítica, Barcelona).

MUÑOZ MACHADO, SANTIAGO, ed. (2010), *Los grandes procesos de la historia de España* (Iustel, Madrid).

MUTIS, JOSÉ CELESTINO (1828), *El arcano de la quina* (Ibarra, Impresor de Cámara de S. M., Madrid).

NADAL, JORDI (1975), *El fracaso de la Revolución industrial en España. 1814–1913* (Ariel, Barcelona).

— (2020), *La Hispano-Suiza. Esplendor y ruina de una empresa legendaria* (Pasado & Presente, Barcelona).

NADAL, JORDI, dir. (2003), *Atlas de la industrialización de España* (Fundación BBVACrítica, Barcelona).

NADAL, JORDI, A. CARRERAS y C. SUDRIÀ, comps. (1987), *La economía española en el siglo XX. Una perspectiva histórica* (Ariel, Barcelona).

NARANJO OROVIO, CONSUELO, coord. (2007), *La Junta para Ampliación de Estudios y América Latina. Memoria, políticas y acción cultural (1907–1930)*, *Revista de Indias 67*, n.º 230 (enero–abril).

NASTASI, P IETRO y ROSANNA TAZZIOLI, eds. (2000), «Aspetti scientifici e umani nella corrispondenza di Tullio Levi–Civita (1873–1941)», *Quaderni P.RI.ST.EM*, n.º 12 (Palermo).

NAVARRO BROTONS, VÍCTOR (1974), «Contribución a la historia de copernicanismo en España», *Cuadernos Hispanoamericanos*, n.º 283, 3–24.

— (1995), «The reception of Copernicus's work in sixteenth century Spain», *Isis 86*, 52–78.

— (2000), «Filosofía y ciencias», en Mariano Peset, coord., *Historia de la Universidad de Valencia*, vol. II («La Universidad Ilustrada») (Universitat de València, Valencia), 189–213.

— (2014a), *Disciplinas, saberes y prácticas* (Publicacions de la Universitat de València, Valencia).

— (2014b), «La renovación científica en la Valencia moderna: los " novatores" y las disciplinas físico–matemáticas», en Víctor Navarro Brotons (2014a), *Disciplinas, saberes y prácticas* (Publicacions de la Universitat de València, Valencia), 391–415.

— (2014c), «El cultivo de las disciplinas físico–matemáticas y la contribución de los matemáticos jesuitas», en Víctor Navarro Brotons (2014a), *Disciplinas, saberes y prácticas* (Publicacions de la Universitat de València, Valencia), 279–316.

— (2014d), «La actividad científica en la España del siglo XVIII y el papel de los jesuitas hasta la expulsión de la compañía (1767)», en Víctor Navarro Brotons (2014a), *Disciplinas, saberes y prácticas*

(Publicacions de la Universitat de València, Valencia), 419–430.

— (2019), *Jerónimo Muñoz. Matemáticas, cosmología y humanismo en la época del Renacimiento* (Publicacions de la Universitat de València, Valencia).

NAVARRO BROTONS, VÍCTOR, ed. (1981), *Jerónimo Muñoz. Libro del nuevo cometa* (Valencia Cultural, Valencia).

— (2004), *Jerónimo Muñoz. Introducción a la Astronomía y la Geografía* (Consell Valencià de Cultura, Valencia).

NAVARRO BROTONS, VÍCTOR y ENRIQUE RODRÍGUEZ GALDEANO (1998), *Matemáticas, cosmología y humanismo en la España del siglo XVI. Los* Comentarios al Segundo libro de la Historia Natural *de Plinio de Jerónimo Muñoz* (Instituto de Estudios Documentales e Históricos sobre la ciencia, Universitat de València, Valencia).

NAVARRO BROTONS, VÍCTOR, JORGE VELASCO GONZÁLEZ y JOSÉ DOMÉNECH TORRES (2005), «The birth of particle physics in Spain», *Minerva 43*, 183–196.

NEGRÓN FAJARDO, OLEGARIO y DIANA SOTO ARANGO (1984), «El debate sobre el sistema copernicano en la Nueva Granada durante el siglo XVIII», *Llull 7*, 53–75.

NIETO BLANCO, CARLOS, ed. (2013), *Augusto González de Linares. Obra completa* (PUbliCan Ediciones, Universidad de Cantabria, Santander).

NIETO–GALAN, AGUSTÍ (1995), «The French chemical nomenclature in Spain. Critical points, rhetorica arguments and practical uses», en Bernardette Bensaude–Vincent y Ferdinando Abbri, eds., *Lavoisier in European Context. Negotiating a New Language for Chemistry* (Science History Publications, Canton, Massachusetts), 173–191.

NIETO–GALAN, AGUSTÍ y ANTONI ROCA ROSELL, coords. (2000), *La Reial Acadèmia de Ciències i Arts de Barcelona als segles XVIII i XIX. Història, ciència i societat* (Reial Acadèmia de Ciències i Arts de Barcelona–Institut d'Estudis Catalans, Barcelona).

NÚÑEZ, DIEGO (1977), *El darwinismo en España* (Castalia, Madrid).

OBERMAIER, HUGO (1926), *La vida de nuestros antepasados cuaternarios en Europa*. Discurso de entrada en la Real Academia de la Historia (Madrid).

OCHOA, SEVERO (1980), «The pursuit of a hobby», *Annual Review of Biochemistry 49*, 1–30. Traducción al español en Severo Ochoa (1999), *Escritos* (Consejo Superior de Investigaciones Científicas, Madrid), 51–92.

— (1999), *Escritos* (Consejo Superior de Investigaciones Científicas, Madrid).

OLAVIDE, PABLO DE (1989), *Plan de Estudios para la Universidad de Sevilla* (Editorial Universidad de Sevilla, Sevilla).

OLMI, GIUSEPPE (2017), «Science–Honor–Metaphor. Italian cabinets of the sixteenth and seventeenth centuries», en Oliver Impey y Arthur MacGregor, eds., *The Origins of Museums. The Cabinet of Curiosities in Sixteenth and Seventeenth Century Europe* (Ashmolean, Oxford), 5–16.

ORDÓÑEZ, JAVIER y JOSÉ MANUEL SÁNCHEZ RON (1996), «Nuclear energy in Spain.

From Hiroshima to the sixties», en Paul Forman y José Manuel Sánchez Ron, eds., *National Military Establishments and the Advancement of Science and Technology* (Kluwer, Dordrecht), 185–213.

ORFILA, MATEO (1822), *Elementos de química aplicada a la medicina, farmacia y artes*, 2.ª ed. (Imprenta Calle de la Greda, Madrid). Corregida y aumentada considerablemente.

ORTEGA Y GASSET, JOSÉ (1922), «Prólogo» a Max Born, *La teoría de la relatividad de Einstein y sus fundamentos físicos*, en José Ortega y Gasset (2005), *Obras completas*, t. III (1917–1925) (Taurus, Madrid), 414.

— (2005), *Obras completas*, t. III (1917–1925) (Taurus, Madrid).

ORTIZ, EDUARDO (1988), «Las relaciones científicas entre Argentina y España a principios de este siglo», en José Manuel Sánchez Ron, coord., *1907–1987. La Junta para Ampliación de Estudios e Investigaciones Científicas 80 años después*, vol. II (Consejo Superior de Investigaciones Científicas, Madrid), 119–158.

ORTIZ, EDUARDO, ed. (1988), *The Works of Julio Rey Pastor* (The Humboldt Society, Londres).

ORTIZ, EDUARDO L., ANTONI ROCA ROSELL y JOSÉ M. SÁNCHEZ RON (1989), «Ciencia y técnica en Argentina y España (1941–1949), a través de la correspondencia de Julio Rey Pastor y Esteban Terradas», *Llull 12*, 33–150.

OTERO CARVAJAL, LUIS ENRIQUE, dir. (2006), *La destrucción de la ciencia en España. Depuración universitaria en el franquismo* (Universidad Complutense, Madrid).

OTERO CARVAJAL, LUIS ENRIQUE y JOSÉ MARÍA LÓPEZ SÁNCHEZ (2012), *La lucha por la modernidad. Las ciencias naturales y la Junta para Ampliación de Estudios* (Publicaciones de la Residencia de Estudiantes, Madrid).

PACHECO, DANIEL, ALEJANDRO R. DÍEZ TORRE y ALEJANDRO SANZ, eds. (2004), *Ateneístas distinguidos* (Ateneo de Madrid, Madrid).

PALACIOS, JULIO (1932), *Discurso leído en el acto de su recepción [en la Academia de Ciencias Exactas, Físicas y Naturales] por Julio Palacios* (Est. Tip. de A. Medina, Toledo).

PALACIOS MARTÍNEZ, JULIO y HEIKE KAMERLINGH ONNES (1922), «Tensions de vapeur de l'hydrogène et quelques nouvelles déterminations thermométriques dans le domaine de l'hydrogène liquide», *Archives Néerlandaises 6*, 31–39.

— (1923), «Déterminations d'isothermes de l'hydrogène et de l'hélium à basse temperature, faites en vue d'examiner si la comprenssibilité de ces gaz est influencée par les quanta», *Archives Néerlandaises* 6, 253–276.

— (1923), «Isothermes de substances monoatomiques et de leur mélanges binaires. XXI. Idem substances diatomiques. XXI. XXI», *Communications from the Physics Laboratory of the University of Leiden*, n.º 164.

PALOMARES CALDERÓN DE LA BARCA, MANUEL (2016), «Breve semblanza de Augusto Arcimís», ponencia en la presentación del Repositorio Institucional «Arcimís», AEMET (Agencia Estatal de Meteorología), 24 de octubre.

PARDILLO VAQUER, FRANCISCO (1913), «Descubrimientos recientes sobre la estructura de los cristales», *Boletín de la Real Sociedad Española de Historia Natural 13*, 336−339.

PARDO TOMÁS, JOSÉ (1991), *Ciencia y censura. La Inquisición española y los libros científicos en los siglos XVI y XVII* (Consejo Superior de Investigaciones Científicas, Madrid).

— (2002), *El tesoro natural de América. Colonialismo y ciencia en el siglo XVI. Oviedo, Monardes, Hernández* (Nivola, Madrid).

PARDO TOMÁS, JOSÉ y MARÍA LUZ LÓPEZ TERRADA (1993), *Las primeras noticias sobre plantas americanas en las Relaciones de Viajes y Crónicas de Indias (1493−1553)* (Instituto de Estudios Documentales e Históricos sobre la Ciencias, Universitat de València, Valencia).

PARKER, GEOFFREY (1991), *Felipe II* (Alianza Editorial, Madrid).

— (2010), *Felipe II. La biografía definitiva* (Planeta, Barcelona).

PARRY, JOHN H. (1952), *Europa y la expansión del mundo, 1415−1715* (Fondo de Cultura Económica, México; edición original en inglés de 1949).

PEE, LUIGI (2005), *Istituti nazionali, accademie e società scientifiche nell' Europa di Napoleone* (Leo S. Olschki, Florencia).

PELAYO, FRANCISCO (1999), *Ciencia y creencia en España durante el siglo XIX* (Consejo Superior de Investigaciones Científicas, Madrid).

— (2003), «Las expediciones científicas francesas y su influencia en la España del siglo XVIII», en Félix Muñoz Garmendia, coord., *La Botánica al servicio de la Corona. La expedición de Ruiz, Pavón y Dombey al virreinato del Perú (1777−1831)* (Real Jardín Botánico−Lunwerg−Obra social Caja Madrid, Madrid), 15−49.

PELAYO, FRANCISCO, ed. (1990), *Pehr Löfling y la expedición al Orinoco* (Sociedad Estatal Quinto Centenario−Turner, Madrid).

PELAYO, FRANCISCO y MIGUEL ÁNGEL PUIG−SAMP ER (1992), *La obra científica de Löfling en Venezuela* (Cuadernos Lagoven, Caracas).

PELLÓN GONZÁLEZ, INÉS (1998a), *La recepción de la teoría atómica química en la España del siglo XIX*, tesis doctoral (Servicio Editorial Universidad del País Vasco, Bilbao).

— (1998b), «Un químico español en el Congreso Internacional de Karlsruhe (1860). Ramón Torres Muñoz de Luna (1822−1890)», en Juan Luis García Hourcade, Juan M. Moreno Yuste y Gloria Ruiz Hernández, coords. (1998), *Estudios de Historia de las Técnicas, la Arqueología industrial y las Ciencias* (Junta de Castilla y León, Salamanca), 681−690.

PELLÓN GONZÁLEZ, INÉS y PASCUAL ROMÁN POLO (1999), *La Bascongada y el Ministerio de Marina. Espionaje, Ciencia y Tecnología en Bergara (1777−1783)* (Real Sociedad Bascongada de los Amigos del País, Vizcaya).

PÉREZ−ARBELÁEZ, ENRIQUE, ENRIQUE ÁLVAREZ LÓPEZ, LORENZO URIBE URIBE, EDUARDO BALGUERÍAS DE QUESADA y ALFREDO SÁNCHEZ BELLA (1954), en *La Real Expedición Botánica del Nuevo Reino de Granada*, t. I (Ediciones Cultura Hispánica, Madrid).

PÉREZ FERNÁNDEZ−TURÉGANO, CARLOS (2012), *José María Otero Navascués. Ciencia y*

Armada en la España del siglo XX (Consejo Superior de Investigaciones Científicas, Madrid).

PÉREZ PARIENTE, JOAQUÍN (2010), «El jesuita Eduardo Vitoria. La química como apostolado», en VV. AA., *Protagonistas de la Química en España. Los orígenes de la catálisis* (Consejo Superior de Investigaciones Científicas, Madrid), 61-116.

PÉREZ-RUBÍN FEIGL, JUAN (2015), «El combate por el liderazgo institucional de las ciencias marinas civiles en España (1904-1942)», *Arbor. Anejos 9*, *Naturalistas en debate*, Emilio Cervantes Ruiz de la Torre, ed., 203-248.

— (2016), *Ángeles Alvariño González, investigadora marina de relevancia mundial* (Instituto Español de Oceanografía, Madrid).

PÉREZ-VITORIA, AUGUSTO (1934), «El IX Congreso Internacional de Química Pura y Aplicada y la XI Conferencia de la Unión Internacional de Química», *Anales de Física y Química 32*, 195-207.

— (1989), *El fin de una gran esperanza. 1936. El último curso en la Universidad Internacional de Verano de Santander* (Aula de Cultura Científica, Santander).

PÉREZ-VITORIA, AUGUSTO, coord. (1985), *Enrique Moles. La vida y la obra de un químico español* (Consejo Superior de Investigaciones Científicas, Madrid).

PESET, JOSÉ LUIS (1987), *Ciencia y libertad. El papel del científico ante la Independencia americana* (Consejo Superior de Investigaciones Científicas, Madrid).

— (2005), «José Celestino Mutis, padre de la ciencia colombiana», en Javier Puerto, dir., *Ciencia y técnica en Latinoamérica en el período virreinal*, vol. II (CESCE, Madrid), 485-517.

PESET, JOSÉ LUIS, SANTIAGO GARMA y SISINIO PÉREZ GARZÓN (1978), *Ciencias y enseñanza en la revolución burguesa* (Siglo XXI, Madrid).

PESET, MARIANO, coord. (1999), *Historia de la Universidad de Valencia*, vol. I («El Estudio General») (Universitat de València, Valencia).

— (2000), *Historia de la Universidad de Valencia*, vol. II («La Universidad Ilustrada») (Universitat de València, Valencia).

PESET, MARIANO y JOSÉ LUIS PESET (1974), *La Universidad española (siglos XVIII y XIX)* (Taurus, Madrid).

— (1988), «La renovación universitaria», en Manuel Sellés, José Luis Peset y Antonio Lafuente, comps., *Carlos III y la ciencia de la Ilustración* (Alianza Editorial, Madrid), 143-155.

PESET, MARIANO y SALVADOR ALBIÑANA (1996), *La ciencia en las universidades españolas* (Akal, Madrid).

PESET LLORCA, VICENTE (1965), «Acerca de la difusión del sistema copernicano en España», *Actas del II Congreso de Historia de la Medicina española*, vol. I (Universidad de Salamanca, Salamanca), 309-324.

PICATOSTE, FELIPE (1891), *Apuntes para una biblioteca científica española del siglo XVI* (Imprenta y Fundición de Manuel Tello, Madrid).

PICAVEA, MACÍAS (1996), *El problema nacional* (Biblioteca Nueva, Madrid).

PIMENTEL, JUAN (2020), *Fantasmas de la ciencia española* (Marcial Pons, Madrid).

PINAR, SUSANA (1999), «La recepción de la teoría cromosómica–mendeliana en España. La contribución de José Fernández Nonídez», *Asclepio 51*, 27–54.

— (2003), «José Fernández Nonídez, introductor en España de la teoría cromosómica de la herencia», en Milagros Candela, ed., *Los orígenes de la genética en España* (Sociedad Estatal de Conmemoraciones Culturales, Madrid), 235–257.

PINAR, SUSANA y FRANCISCO AYALA (2003), «Antonio de Zulueta y los orígenes de la Genética en España», en Milagros Candela, ed., *Los orígenes de la genética en España* (Sociedad Estatal de Conmemoraciones Culturales, Madrid), 165–201.

PINO ARABOLAZA, P ILAR DEL (1988), «Incidencia del Laboratorio Seminario Matemático en la investigación española en Matemáticas (1919–1936)», en José Manuel Sánchez Ron, coord., *1907–1987. La Junta para Ampliación de Estudios e Investigaciones Científicas 80 años después*, vol. II (Consejo Superior de Investigaciones Científicas, Madrid), 329–348.

PIQUER, ANDRÉS (1745), *Física moderna, racional y experimental* (Valencia).

PLANS, JOSÉ MARÍA (1921), *Nociones fundamentales de Mecánica relativista* (Real Academia de Ciencias Exactas, Físicas y Naturales).

— (1924a), *Nociones de cálculo diferencial absoluto y sus aplicaciones* (Real Academia de Ciencias Exactas, Físicas y Naturales, Madrid).

— (1924b), *Algunas consideraciones sobre los espacios de Weyl y de Eddington y los últimos trabajos de Einstein* (Real Academia de Ciencias Exactas, Físicas y Naturales, Madrid).

— (1926), «Las matemáticas en España en los últimos cincuenta años», *Ibérica*, n.º 619 (13 de marzo), 172–174.

PLINIO SEGUNDO, CAYO (1998), *Historia Natural*, 3 vols. (UNAM–Visor Libros, Madrid).

PORREÑO, BALTASAR (1702), *Dichos y hechos del Señor Rey Don Felipe Segundo el Prudente, Potentísimo y Glorioso Monarca de las Españas, y de las Indias* (Bruselas; primera edición de 1628, Sevilla).

PORTELA, EUGENIO y AMPARO SOLER (1987), *Bibliographia Chemica Hispanica, 14921950*, vol. II (*Libros y folletos, 1801–1900*) (Instituto de Estudios Documentales e Históricos sobre la Ciencia, Universitat de València, Valencia).

— (1992), «La química española del siglo XIX», en José María López Piñero, ed., *La ciencia en la España del siglo XIX, Ayer*, n.º 7, 85–107.

PORTUONDO, MARÍA M. (2009), *Secret Science. Spanish Cosmography and the New World* (The University of Chicago Press, Chicago).

POSADA, ADOLFO (1911), *En América, una campaña. Relaciones científicas con América, Argentina, Chile, Paraguay y Uruguay* (F. Beltrán, Madrid), publicado también en *Anales de la Junta para Ampliación de Estudios e Investigaciones Científicas III* (5.ª memoria), 229–315.

POULLE, EMMANUEL (1988), «The Alfonsine Tables and Alfonso X of Castile», *Journal for the History of Astronomy 19*, 97–113.

PRADOS DE LA ESCOSURA, LEANDRO (1986), «Una serie anual del comercio español (1921-1913)», *Revista de Historia Económica*, n.º 4, 103-150.

— (1988), *De imperio a nación. Crecimiento y atraso económico en España (1780-1930)* (Alianza Editorial, Madrid).

PRESAS PUIG, ALBERT (1998), «Nota histórica. Una conferencia de José María Albareda ante las autoridades académicas alemanas», *Arbor 160*, n.º 631-632 (julioagosto), 343-357.

— (2000), «La correspondencia entre José Otero Navascués y Karl Wirtz, un episodio de las relaciones internacionales de la Junta de Energía Nuclear», *Arbor*, n.º 659-660 (noviembre-diciembre), 527-601.

— (2005a), «Continuities in radical changes. The technological relationships between Germany and Spain in the 20th century», *Preprint 298*, Max-Planck-Institut für Wissenschaftsgeschichte (Berlín).

— (2005b), «Science on the periphery. The Spanish reception of nuclear energy. An attempt at modernity?», *Minerva 43*, 197-218.

— (2008), «La inmediata posguerra y la relación científica y técnica con Alemania», en Ana Romero de Pablos y María Jesús Santesmases, eds., *Cien años de política científica en España* (Fundación BBVA, Bilbao), 173-209.

PRIETO, ANDRÉS I. (2011), *Missionary Scientists. Jesuit Science in Spanish South America, 1570-1810* (Vanderbilt Unversity Pres, Nashville).

PUERTO SARMIENTO, JAVIER (1992),*Ciencia de cámara. Casimiro Gómez Ortega (1741-1818), el científico cortesano* (Consejo Superior de Investigaciones Científicas, Madrid).

— (1988), *La ilusión quebrada. Botánica, sanidad y política científica en la España Ilustrada* (Ediciones del Serbal-Consejo Superior de Investigaciones Científicas, Barcelona).

— (2015), *Ciencia y política. José Giral Pereira* (Real Academia de la Historia-Boletín Oficial del Estado, Madrid).

PUERTO SARMIENTO, JAVIER, dir. (2005), *Ciencia y técnica en Latinoamérica en el período virreinal*, 2 vols. (Grupo CESCE, Madrid).

PUIG, NURIA (2002), «Una multinacional holandesa en España. La Seda de Barcelona, 1925-1991», *Revista de Historia Industrial*, n.º 21, 123-158.

PUIG ADAM, PEDRO (1923), *Resolución de algunos problemas elementales en mecánica relativista restringida*, Publicaciones del Laboratorio y Seminario Matemático, t. IV, 3.ª memoria (Junta para Ampliación de Estudios e Investigaciones Científicas, Madrid).

PUIG RAPOSO, NÚRIA y SANTIAGO M. LÓPEZ GARCÍA (1992), *Ciencia e industria en España. El instituto Químico de Sarrià (1916-1992)* (Fundación Patronato Instituto Químico de Sarrià, Barcelona).

PUIG-SAMPER, MIGUEL ÁNGEL (2001), «La revista *Ciencia* y las primeras actividades de los científicos españoles en el exilio», en Agustín Sánchez Andrés y Silvia Figueroa Zamudio, coords., *De Madrid a México. El exilio español y su impacto sobre el pensamiento, la ciencia y el sistema educativo mexicano* (Universidad Michoacana-Comunidad de Madrid, Madrid).

— (2008), «La dimensión internacional de Celestino Mutis», en *El viaje de Mutis. Un botánico entre dos mundos* (Diputación de Cádiz–Fundación Provincial de Cultura, Cádiz), 12–18.

— (2011), *La expedición Malaspina. Un viaje hacia el conocimiento y la modernidad* (Accenture, Madrid).

— (2016), *Ignacio Bolívar Urrutia. Patriarca de las Ciencias Naturales en España y fundador de la revista* Ciencia *en México*. Discurso leído ante la Academia Mexicana de Ciencias para su recepción como miembro correspondiente (Facultad de Ciencias de la UNAM, Ciudad de México).

PUIG–SAMPER, MIGUEL ÁNGEL, ed. (2007), *Tiempos de investigación. JAE-CSIC, cien años de ciencia en España* (Consejo Superior de Investigaciones Científicas, Madrid).

PUIG–SAMPER, MIGUEL ÁNGEL y FRANCISCO PELAYO, coords. (1995), «La exploración botánica del Nuevo Mundo en el siglo XVIII», *Asclepio 47*.

PULIDO RUBIO, JOSÉ (1923), *El Piloto Mayor de la Casa de la Contratación de Sevilla. Pilotos Mayores del siglo XVI* (Tipografía Zarzuela, Sevilla).

PYENSON, LEWIS (1983), *Neohumanism and the Persistence of Pure Mathematics in Wilhem ian Germany* (American Philosophical Society, Filadelfia).

— (1985), *Cultural Imperialism and Exact Sciences* (Peter Lang, Nueva York).

PYENSON, LEWIS y SUSAN SHEETS–PYENSON (1999), *Servants of Nature. A History of Scientific Institutions, Entreprises and Sensibilities* (HarperCollins Publishers, Londres).

QUINTANA GONZÁLEZ, JOSÉ MARÍA (2009), «La aventura de la astrofísica española», en Carlos Sánchez del Río, Emilio Muñoz y Enrique Alarcón, eds., *Ciencia y tecnología* (Biblioteca Nueva, Madrid), 83–100.

QUINTANILLA, JOAQUÍN F. (1999), *Naturalistas para una Corte Ilustrada* (Ediciones Doce Calles, Aranjuez).

RÁBANO, ISABEL (2015), *Los cimientos de la Geología. La Comisión del Mapa Geológico de España (1849–1910)* (Instituto Geológico y Minero de España, Madrid).

RAMÍREZ MARTÍN, SUSANA MARÍA (2002), *La salud del Imperio. La Real Expedición Filantrópica de la Vacuna* (Fundación Jorge Juan, Madrid).

RAMÓN Y CAJAL, SANTIAGO (1892a), «El nuevo concepto de la histología de los centros nerviosos. Conferencias dadas en la Academia y Laboratorio de Ciencias Médicas de Cataluña», *Revista de Ciencias Médicas de Barcelona 18*, 363–376, 457–476, 505–520, 529–540.

— (1892b), «La rétine des vertebrés», *La Cellule 9*, 121–255.

— (1893a), «Neue Darstellung vom histologische Bau des Centralnervensystems», *Archiv für Anatomie und Entwickelungsgeschichte, Supplementband*, 319–428.

— (1893b), «Estructura del asta de Ammon y *fascia dentata*», *Anales de la Sociedad Española de Historia Natural 22*, 53–114.

— (1893c), «Beiträge zur feinere Anatomie des Grossen Hirns. I. Über die feinere Struktur des Ammonshornes. Aus dem spanischen... mit Zustimmung und auf Wunsch des Verfassers durch A. Kölliker besorgte Übersetzung», *Zeitschrift für wissenschaftliche Zoologie 56*, 615–663.

— (1894), «La fine structure des centres nerveux», *Proceedings of the Royal Society of London 55*, 444–468.

— (1918), «Oración fúnebre. Nicolás Achúcarro», en Manuel Vitoria Ortiz (1977), *Vida y obra de Nicolás Achúcarro* (Gran Enciclopedia Vasca, Bilbao), 423–427.

— (1921), «Las sensaciones de las hormigas», *Real Sociedad Española de Historia Natural*, tomo extraordinario publicado con motivo del 50.° aniversario de su fundación, 555–572; publicado, asimismo, en *Archivos de Neurobiología 2*, nº. 4 (diciembre de 1921).

— (1922), «Discurso del Excmo. Sr. D. Santiago Ramón y Cajal», en *Discursos leídos en la solemne sesión celebrada bajo la presidencia de S. M. el Rey D. Alfonso XIII para hacer entrega de la medalla Echegaray al Excmo. Señor D. Santiago Ramón y Cajal el día 7 de mayo de 1922* (Real Academia de Ciencias Exactas, Físicas y Naturales, Madrid 1922), xxix–xxxv.

— (1923), *Recuerdos de mi vida* (Imprenta de Juan Pueyo, Madrid). Esta obra está constituida por dos partes; la primera (*Mi infancia y juventud*) apareció publicada en 1901, mientras que la segunda (*Historia de mi labor científica*) data de 1917.

— (1933), «¿Neuronismo o reticularismo? Las pruebas objetivas de la unidad anatómica de las células nerviosas», *Archivos de Neurobiología 13*, 217–291, 579–646. Reeditado en Ramón y Cajal (1952).

— (1934), *El mundo visto a los ochenta años. Impresiones de un arterioesclerótico* (Madrid).

— (1952), *¿Neuronismo o reticularismo? Las pruebas objetivas de la unidad anatómica de las células nerviosas* (Consejo Superior de Investigaciones Científicas, Madrid).

REBOK, SANDRA (2009), *Una doble mirada. Alexander von Humboldt y España en el siglo XIX* (Consejo Superior de Investigaciones Científicas, Madrid).

REBOK, SANDRA, ed. (2013), *Cuadros de Madrid por Christian August Fischer* (Consejo Superior de Investigaciones Científicas–Ediciones Doce Calles, MadridAranjuez).

REICHE, FRITZ (1922), *Teoría de los quanta. Origen y desarrollo* (Calpe, Madrid).

Report (1861), *Report of the Thirtieth Meeting of the British Association for the Advancement of Science held at Oxford in June and July 1860* (John Murray, Londres).

REPRESA, AMANDO (1990), *La España ilustrada en el lejano oeste. Viajes y exploraciones por las provincias y territorios hispánicos de Norteamérica en el s. XVIII* (Junta de Castilla y León, Valladolid).

Reseña (1913), *Reseña de los principales establecimientos científicos y laboratorios de investigación de Madrid* (Asociación Española para el Progreso de las Ciencias, Madrid).

RETZIUS, GUSTAV (1908), «The principles of the minute structure of the nervous system as revealed by recent investigations», *Proceedings of the Royal Society of London B 80*, 413–443.

REY PASTOR, JULIO (1915), «Discurso inaugural», *Actas V Congreso de la Asociación Española para el Progreso de las Ciencias* (Madrid), t. I, 7–25.

— (1916a), *Introducción a la matemática superior. Estado actual, métodos y problemas* (Biblioteca Corona, Madrid).

— (1916b), «Evolución de la matemática en la edad contemporánea», en Métodos (1916), *Estado actual, métodos y problemas de las ciencias* (Imprenta Clásica Española, Madrid), 1–39.

— (1916c), (1916a), «Echegaray, científico», *España*, año II (Madrid), n.º 87 (21 de septiembre), 10–11.

— (1917), *Teoria de la representació conforme* (Institut d'Estudis Catalans, Barcelona).

— (1918), «Resumen de los trabajos de investigación realizados en el Laboratorio y Seminario Matemático», *Actas Congreso de la Asociación Española para el Progreso de las Ciencias (Sevilla, 1917)*, t. III (Imprenta de Eduardo Arias, Madrid), 21–48.

— (1920), *Investigaciones sobre el problema del ultracontinuo*. Discurso leído en el acto de su recepción en la Real Academia de Ciencias Exactas, Físicas y Naturales (Madrid).

— (1934), *Los matemáticos españoles del siglo XVI* (Junta de Investigaciones Histórico–Bibliográficas, Madrid).

— (1951), *La matemática superior. Métodos y problemas del siglo XIX* (Iberoamericana, Buenos Aires).

— (1953), «La matemática y la Escuela de Caminos», *Revista de Obras Públicas 101*, 16–18.

REY PASTOR, JULIO y ERNESTO GARCÍA CAMARERO (1960), *La cartografía mallorquina* (Departamento de Historia y Filosofía de la Ciencia, Instituto Luis Vives, Consejo Superior de Investigaciones Científicas, Madrid).

REY PASTOR, JULIO y JOSÉ BABINI (1951), *Historia de la matemática*, 2 vols. (EspasaCalpe, Buenos Aires).

RHYS, HEDLEY HOWLL, ed. (1961), *Seventeenth Century Science and the Arts* (Princeton University, Princeton).

RICO Y SINOBAS, MANUEL (1863–1867), *Libros del saber de Astronomía del Rey D. Alfonso X de Castilla*, 5 vols. (Tipografía de Don Eusebio Aguado, Impresor de Cámara de S. M. y de su Real Casa, Madrid).

RIDGEN, JOHN S. (1987), *Rabi, Scientist and Citizen* (Basic Book, Nueva York).

RIERA PALMERO, JUAN (1996), *La transmisión del saber médico greco-árabe a la Europa latina medieval, Acta Histórico-Médica Vallisoletana XLVII* (Universidad de Valladolid).

RIERA PALMERO, JUAN, coord. (1997), *Medicina y quina en la España del siglo XVIII, Acta Histórico-Médica Vallisolentana L* (Universidad de Valladolid, Valladolid).

RINGROSE, DAVID R. (1996), *España, 1700–1900. El mito del fracaso* (Alianza Editorial, Madrid).

— (2019), *El poder europeo en el mundo, 1450–1750* (Pasado & Presente, Barcelona).

RÍO, ANDRÉS MANUEL DEL (1795), *Elementos de Orictognosia o del conocimiento de los fósiles dispuestos según los principios de A. G. Werner* (Mariano José de Zúñiga y Ontiveros, México).

RÍO, JUSTO DEL (1990), «La transformación ecológica indiana», en Joaquín Fernández Pérez e Ignacio González Gascón, eds. (1990a), *Ciencia, técnica y Estado en la España ilustrada* (Ministerio de Educación y Ciencia, Secretaría de Estado de Universidades e Investigación–Sociedad Española de Historia de las Ciencias y las Técnicas, Zaragoza), 15–35.

RÍOS, SIXTO (1961), *Procesos de decisión* (Real Academia de Ciencias Exactas, Físicas y Naturales, Madrid).

RÍOS, SIXTO, LUIS A. SANTALÓ y MANUEL BALANZAT (1979), *Julio Rey Pastor, matemático* (Instituto de España, Madrid).

RIQUER, BORJA DE (2010), *La dictadura de Franco*, en Josep Fontana y Ramón Villares, dirs., *Historia de España*, vol. IX (Crítica–Marcial Pons, Barcelona–Madrid).

ROCA I ROSELL, ANTONI (1988a), *Història del laboratori municipal de Barcelona. De Ferran a Turró* (Ajuntament de Barcelona, Barcelona).

— (1988b), «Científicos catalanes pensionados por la Junta», en José Manuel Sánchez Ron, coord. (1988), *1907–1987. La Junta para Ampliación de Estudios e Investigaciones Científicas 80 años después*, vol. II (Consejo Superior de Investigaciones Científicas, Madrid), 349–379.

— (1990), *La física en la Cataluña finisecular. El joven Fontserè y su época*. Tesis doctoral (Universidad Autónoma de Madrid, Cantoblanco, Madrid).

— (2004), *Josep Comas i Solà. Astrònom i divulgador* (Ajuntament de Barcelona, Barcelona).

ROCA I ROSELL, ANTONI y JOSÉ MANUEL SÁNCHEZ RON (1990), *Esteban Terradas (1883–1950). Ciencia y técnica en la España contemporánea* (INTA–Ediciones del Serbal, Barcelona–Madrid).

ROCA I ROSELL, ANTONI y THOMAS F. GLICK (1982), «Esteve Terradas (1883–1950) i Tullio Levi–Civita (1873–1941): una correspondència», *Dynamis, 2*, 387402.

RODRÍGUEZ LÓPEZ, CAROLINA (2002), *La Universidad de Madrid en el primer franquismo. Ruptura y continuidad (1939–1951)* (Biblioteca del Instituto Antonio de Nebrija de Estudios sobre la Universidad, Universidad Carlos III, Madrid).

RODRÍGUEZ NOZAL, RAÚL y ANTONIO GONZÁLEZ BUENO (2005), *Entre el arte y la técnica. Los orígenes de la fabricación industrial del medicamento* (Consejo Superior de Investigaciones Científicas, Madrid).

RODRÍGUEZ OCAÑA, ESTEBAN (2000), «La intervención de la Fundación Rockefeller en la creación de la sanidad contemporánea en España», *Revista Española de Salud Pública 74*, 27–34.

— (2010), «La JAE y la consolidación de la salud pública en España», en José M. Sánchez Ron y José García–Velasco, eds., *100 años de la JAE. La Junta para Ampliación de Estudios e Investigaciones Científicas en su centenario*, 2 vols. (Publicaciones de la Residencia de Estudiantes, Madrid), 600–623.

RODRÍGUEZ QUIROGA, ALFREDO (1994), *El Dr. J. Negrín y su escuela de fisiología. Juan Negrín López (1892–1956). Una biografía científica*. Tesis doctoral (Universidad Complutense de Madrid).

— (1996), «Juan Negrín López (1892–1956). La culminación del proceso de renovación de la enseñanza de la Fisiología en España», *Medicina e Historia*, n.º 63.

ROMÁN ALONSO, FEDERICO (2014), «Os irmáns Martínez–Risco (1888–1977). Ciencia, xustiza e dignidade», en Jesús de Juana López, Julio Prada Rodríguez y Domingo Rodríguez Teijeiro, eds., *Galegos de Ourense* (Diputación de Ourense, Orense), 261–323.

ROMERO, FRANCISCO (2002), «España y la Primera Guerra Mundial. Neutralidad y crisis», en Sebastian Balfour y Paul Preston, eds., *España y las grandes potencias en el siglo XX* (Crítica, Barcelona), 17–33.

ROMERO DE PABLOS, ANA (1998), «Dos políticas de instrumental científico. El Instituto de Material Científico y el Torres Quevedo», *Arbor 160*, n.º 631–632 (julio–agosto), 359–386.

— (1999), *Educación, investigación e instrumentación científica en la España del primer tercio del siglo XX. La intervención del Estado*. Tesis doctoral (Universidad Autónoma de Madrid, Madrid).

— (2002), *Cabrera. Moles. Rey Pastor. La europeización de la ciencia, un proyecto truncado* (Nivola, Madrid).

— (2010), «La JAE y el desarrollo tecnológico», en José Manuel Sánchez Ron y José García-Velasco, eds., *100 años de la JAE. La Junta para Ampliación de Estudios e Investigaciones Científicas en su centenario* (Publicaciones de la Residencia de Estudiantes, Madrid), 497–527.

— (2017), «Mujeres científicas en la dictadura de Franco. Trayectorias investigadoras de Piedad de la Cierva y María Aránzazu Vigón», *Arenal 24* (julio–diciembre), 319–348.

— (2019), *Las primeras centrales nucleares españolas. Actores, políticas y tecnologías* (Sociedad Nuclear Española, Madrid).

ROMERO DE PABLOS, ANA y JOSÉ MANUEL SÁNCHEZ RON (2001), *Energía nuclear en España. De la JEN al CIEMAT* (CIEMAT, Madrid).

ROMERO DE PABLOS, ANA y MARÍA JESÚS SANTESMASES, eds., (2008), *Cien años de política científica en España* (Fundación BBVA, Bilbao).

RUBIO, LUCIANO (1984), «El Monasterio de San Lorenzo de El Escorial. I. Ideales que presidieron la fundación. II. Su estilo», *La Ciudad de Dios 197*, 223–293.

RUBIO-VARAS, M. DE MAR y JOSEBA DE LA TORRE, eds. (2017), *The Economic History of Nuclear Energy in Spain. Governance, Business and Finance* (Palgrave, Cham).

RUIZ-CASTELL, PEDRO (2008), *Astronomy and Astrophysics in Spain (1850–1914)* (Cambridge Scholars Publishing, Newcastle).

RUIZ DE GALATERRA, ALBERTO (1958), «El doctor José Gómez Ocaña. Su vida y su obra», *Asclepio 10*, 379–496.

RUMEU DE ARMAS, ANTONIO (1968), *Agustín de Betancourt, fundador de la Escuela de Caminos y Canales* (Colegio Oficial de Ingenieros de Caminos, Canales y Puertos, Madrid).

— (1980), *Ciencia y tecnología en la España ilustrada. La Escuela de Caminos y Canales* (Turner, Madrid).

— (1990), *El Real Gabinete de Máquinas del Buen Retiro. Una empresa técnica de Agustín de Betancourt* (Fundación Juanelo Turriano–Castalia, Madrid).

SÁENZ RIDRUEJO, EDUARDO (2016), *Una historia de la Escuela de Caminos. La Escuela de Caminos a través de sus protagonistas* (Colegio de Ingenieros de Caminos, Canales y Puertos, Madrid).

SAINZ RODRÍGUEZ, PEDRO (1978), *Testimonio y recuerdos* (Planeta, Barcelona).

SÁIZ GONZÁLEZ, J. PATRICIO (1995), *Propiedad industrial y revolución liberal. Historia del sistema español de patentes (1759–1929)* (Oficina Española de Patentes y Marcas, Madrid).

SAIZ VIADERO, JOSÉ RAMÓN (1988), *Cantabria en el siglo XX. Política, movimientos sociales y cultura*, en *Historia general de Cantabria* (Ediciones Tantin, Santander).

SALA CATALÁ, JOSÉ (1987), *Ideología y ciencia biológica en España entre 1860 y 1881* (Consejo Superior de Investigaciones Científicas, Madrid).

SALMERÓN, NICOLÁS (1881), «La ciencia y la universidad», *Boletín de la Institución Libre de Enseñanza 5*, n.º 112, 147–149.

— (1885), «Prólogo», en Juan Guillermo Draper, *Historia de los conflictos entre la religión y la ciencia*, 2.ª ed. (Establecimiento Tipográfico de Ricardo Fe, Madrid), v–lxii.

SAMSÓ, JULIO (1984), «La ciencia española en la época de Alfonso X el Sabio», en *Alfonso X el Sabio* (Museo de Santa Cruz, Tenerife), 89–101.

SAN ISIDORO DE SEVILLA (2004), *Etimologías*, edición bilingüe latín–castellano (Biblioteca de Autores Cristianos, Madrid).

SÁNCHEZ, FRANCISCO (2019), *Soñando estrellas. Así nació y se consolidó la Astrofísica en España* (Instituto de Astrofísica de Canarias).

SÁNCHEZ DEL RÍO, CARLOS (1983), «José María Otero y la energía nuclear», en *Homenaje al Excmo. Sr. José M.ª Otero Navascués* (Real Academia de Ciencias Exactas, Físicas y Naturales, Madrid), 25–29.

— (2000), «La enseñanza de la mecánica cuántica en España», *Revista Española de Física 14*, n.º 1, 4–5.

SÁNCHEZ DEL RÍO, CARLOS, EMILIO MUÑOZ y ENRIQUE ALARCÓN, eds. (2009), *Ciencia y tecnología* (Biblioteca Nueva, Madrid).

SÁNCHEZ ESPINOSA, GABRIEL (2000), *Memorias del ilustrado aragonés José Nicolás de Azara* (Institución Fernando el Católico, Zaragoza).

SÁNCHEZ GÓMEZ, JULIO, GUILLERMO MIRA DELLI–ZOTTI y RAFAEL DOBADO GONZÁLEZ (1997), *La savia del Imperio. Tres estudios de economía colonial* (Ediciones Universidad de Salamanca, Salamanca).

SÁNCHEZ MARTÍNEZ, ANTONIO (2010), «Los artífices del *Plus Ultra*. Pilotos, cartógrafos y cosmógrafos en la Casa de la Contratación de Sevilla durante el siglo XVI», *Hispania 70*, 607–632.

SÁNCHEZ MARTÍNEZ, GUILLERMO (1987), *Guerra a Dios, la tisis y a los reyes. Francisco Suñer y Capdevila, una propuesta materialista para la segunda mitad del siglo XIX español* (Publicaciones de la Universidad Autónoma de Madrid, Madrid).

SÁNCHEZ–MOSCOSO, ANGUSTIAS (1971), *José Rodríguez Carracido*. Tesis doctoral (Cátedra de Historia de la Farmacia y Legislación, Facultad de Farmacia, Universidad Complutense, Madrid).

SÁNCHEZ PÉREZ, JOSÉ AUGUSTO (1921), *Biografías de matemáticos árabes que florecieron en España, Memorias de la Real Academia de Ciencias Exactas, Física y Naturales*, 2.ª serie, t. I (Madrid).

— (1929), *Las matemáticas en la Biblioteca del Escorial* (Imprenta de Estanislao Maestre, Madrid).

— (1934), *Monografía sobre Juan Bautista Labaña* (Real Academia de Ciencias Exactas, Físicas y Naturales, Madrid).

— (1935), «La matemática», en VV. AA. (1935), *Estudios sobre la ciencia española del siglo XVII*

(Asociación Nacional de Historiadores de la Ciencia Española, Gráfica Universal, Madrid), 597-633.

SÁNCHEZ RON, JOSÉ MANUEL (1988), «La Junta para Ampliación de Estudios e Investigaciones Científicas ochenta años después», en José Manuel Sánchez Ron, coord., *1907-1987. La Junta para Ampliación de Estudios e Investigaciones Científicas 80 años después*, vol. I (Consejo Superior de Investigaciones Científicas, Madrid), 1-61.

— (1990), «Julio Rey Pastor y la Junta para Ampliación de Estudios», en Luis Español González, ed., *Estudios sobre Julio Rey Pastor (1888-1962)* (Instituto de Estudios Riojanos, Logroño), 9-41.

— (1992a), «A man of many worlds. Schrödinger in Spain», en *Erwin Schrödinger. Philosophy and the Birth of Quantum Mechanics*, Michel Bitbol y Oliver Darrigol, eds. (Éditions Frontières, Gift-sur-Yvette), 9-22.

— (1992b), «Política científica e ideología. Albareda y los primeros años del CSIC», *Boletín de la Institución Libre de Enseñanza*, n.º 14, 53-74.

— (1993), «Felipe II, El Escorial y la ciencia europea del siglo XVI», en *La ciencia en el Monasterio del Escorial* (Instituto Escuarilense de Investigaciones Históricas y Artísticas, San Lorenzo de El Escorial), 39-72.

— (1994), *Miguel Catalán. Su obra y su mundo* (Fundación Ramón Menéndez PidalConsejo Superior de Investigaciones Científicas, Madrid).

— (1997), *INTA. 50 años de ciencia y técnica aeroespacial* (Ministerio de DefensaEdiciones Doce Calles-INTA, Madrid).

— (1999), *Cincel, martillo y piedra. Historia de la ciencia en España (siglos XIX y XX)* (Taurus, Madrid; 2.ª ed. corregida en 2000).

— (2002), «International relations in Spanish physics from 1900 to the Cold War», *Historical Studies in the Physical and Biological Sciences 33*, 3-31.

— (2004), «La dimisión de Blas Cabrera del Comité Internacional de Pesas y Medidas», en Francisco González de Posada, Francisco González Redondo y Dominga Trujillo Jacinto del Castillo, eds., *Actas del III Simposio "Ciencia y Técnica en España de 1898 a 1945. Cabrera, Cajal, Torres Quevedo"* (Amigos de la Cultura Científica, Madrid), 67-74.

— (2006), «Cajal y la comunidad neurocientífica internacional», en Juan Fernández Santarén, ed., *Cajal. Premio Nobel 1906* (Sociedad Estatal de Conmemoraciones Estatales, Madrid), 173-201.

— (2007a), *El poder de la ciencia. Historia social, política y económica de la ciencia (siglos XIX y XX)* (Crítica, Barcelona).

— (2007b), «La Junta para Ampliación de Estudios e Investigaciones Científicas (1907-2007)», en José Manuel Sánchez Ron, Antonio Lafuente, Ana Romero de Pablos y Leticia Sánchez de Andrés, eds. (2007), *El Laboratorio de España. La Junta para Ampliación de Estudios e Investigaciones Científicas, 1907-1939* (Sociedad Estatal de Conmemoraciones Culturales-Residencia de Estudiantes, Madrid), 65-125.

— (2008), «The origins of Spain's participation in ESRO», en José María Dorado Gutiérrez, ed., *Spain and the European Space Effort* (Beauchesne Éditeur, París), 173-199.

— (2009), «Euler, entre Descartes y Newton», en Alberto Galindo y Manuel López Pellicer, eds., *La obra de Euler* (Instituto de España, Madrid), 11–32.

— (2010a), *Ciencia, política y poder. Napoleón, Hitler, Stalin y Eisenhower* (Fundación BBVA, Madrid).

— (2010b), «Encuentros y desencuentros. Relaciones personales en la JAE», en José Manuel Sánchez Ron y José García–Velasco, eds. (2010), *100 años de la JAE. La Junta para Ampliación de Estudios e Investigaciones Científicas en su centenario* (Publicaciones de la Residencia de Estudiantes, Madrid), 95–215.

— (2010c), «Relaciones científicas entre España y Alemania en física, química y matemáticas», en Sandra Rebok, ed., *Traspasar fronteras. Un siglo de intercambio científico entre España y Alemania* (Consejo Superior de Investigaciones Científicas, DAAD, Madrid), 291–327.

— (2013a), «Paul Scherrer. Estructura de cristales y relaciones con España», en J. M. Sánchez Ron, ed., *Creadores científicos en la Residencia de Estudiantes. La Física (1910–1936)* (Publicaciones de la Residencia de Estudiantes, Madrid), 83–143.

— (2013b), «Científicos en la Real Academia Española», *Boletín de la Real Academia Española 93* (julio–diciembre), 539–581.

— (2014), «Mundos entrecruzados. La Ilustración y la Real Academia Española», *Boletín de la Real Academia Española 93* (enero–junio), 197–259.

— (2015), «The non–introduction of low–temperature physics in Spain. Julio Palacios and Heike Kamerlingh Onnes», en Theodore Arabatzis, Jürgen Renn y Ana Simões, eds., *Relocating the History of Science* (Springer, Heidelberg), 131–157.

— (2016), *José Echegaray (1832–1916). El hombre polifacético. Técnica, ciencia, política y teatro en España* (Fundación Juanelo Turriano, Madrid).

— (2019), «Linneo y Mutis. Unidos por la naturaleza», *Investigación y Ciencia*, n.º 547 (agosto), 86–89.

SÁNCHEZ RON, JOSÉ MANUEL y ANTONI ROCA ROSELL (1993), «Spain's first school of physics. Blas Cabrera's Laboratorio de Investigaciones Físicas», *Osiris 8*, 127–155.

SÁNCHEZ RON, JOSÉ MANUEL y THOMAS F. GLICK (1983), *La España posible de la Segunda República. La oferta de una cátedra extraordinaria en la Universidad Central (Madrid 1933)* (Editorial de la Universidad Complutense, Madrid).

SÁNCHEZ RON, JOSÉ MANUEL, comis. (2018), *Cosmos* (Biblioteca Nacional, Madrid).

SÁNCHEZ RON, JOSÉ MANUEL, comp. (1998), *En torno a la historia del CSIC*, *Arbor*, n.º 631–632 (julio–agosto).

SÁNCHEZ RON, JOSÉ MANUEL, coord. (1988), *1907–1987. La Junta para Ampliación de Estudios e Investigaciones Científicas 80 años después*, 2 vols. (Consejo Superior de Investigaciones Científicas, Madrid).

SÁNCHEZ RON, JOSÉ MANUEL, ed. (1988), *Ciencia y sociedad en España* (Ediciones El Arquero–Consejo Superior de Investigaciones Científicas, Madrid).

— (1998), *Un siglo de ciencia en España* (Publicaciones de la Residencia de Estudiantes, Madrid).

SÁNCHEZ RON, JOSÉ MANUEL y ANA ROMERO DE PABLOS, eds. (2005), *Einstein en España* (Publicaciones de la Residencia de Estudiantes, Madrid).

SÁNCHEZ RON, JOSÉ MANUEL y JOSÉ GARCÍA–VELASCO, eds. (2010), *100 años de la JAE. La Junta para Ampliación de Estudios e Investigaciones Científicas en su centenario*, 2 vols. (Publicaciones de la Residencia de Estudiantes, Madrid).

SÁNCHEZ RON, JOSÉ MANUEL, ANTONIO LAFUENTE, ANA ROMERO DE PABLOS y LETICIA SÁNCHEZ DE ANDRÉS, eds. (2007), *El Laboratorio de España. La Junta para Ampliación de Estudios e Investigaciones Científicas, 1907–1939* (Sociedad Estatal de Conmemoraciones Culturales–Residencia de Estudiantes, Madrid).

SÁNCHEZ VÁZQUEZ, LUIS (2012), «Uranio, reactores y desarrollo tecnológico. Relaciones entre la Junta de Energía Nuclear y la industria nuclear española», en Néstor Herrán y Xavier Roqué, eds., *La física en la dictadura. Físicos, cultura y poder en España, 1939–1975* (Servei de Publicacions, Universitat Autònoma de Barcelona, Bellaterra), 65–81.

SANS MONGE, JOSEP H (1763), *El sabio ignorante ó descripción de los defectos de los sabios, y mala cultura de las ciencias, descifrado en diálogos* (Imprenta de Teresa Piferrer, Barcelona).

SANTESMASES, MARÍA JESÚS (1998a), «El legado de Cajal frente al de Albareda. Las ciencias biológicas en los primeros años del CSIC», *Arbor*, n.º 631–632 (julioagosto), 305–332.

— (1998b), *Alberto Sols* (Instituto de Cultura Juan Gil–Albert–Ayuntamiento de Sax, Alicante).

— (2001), *Entre Cajal y Ochoa. Ciencias Biomédicas en la España de Franco, 19391975* (Consejo Superior de Investigaciones Científicas, Madrid).

— (2003), *Severo Ochoa. De músculos a proteínas* (Editorial Síntesis, Madrid).

SANTESMASES, MARÍA JESÚS y EMILIO MUÑOZ (1993), «Las primeras décadas del Consejo Superior de Investigaciones Científicas. Una introducción a la política del régimen franquista», *Boletín de la Institución Libre de Enseñanza*, n.º 16, 73–94.

— (1995), «El establecimiento de la ciencia experimental en España tras la guerra civil. Poder político y académico en el caso de la bioquímica», *Boletín de la Institución Libre de Enseñanza*, n.º 22 (mayo), 7–23.

— (1997), *Establecimiento de la bioquímica y de la biología molecular en España* (Fundación Ramón Areces, Madrid).

SANZ MENÉNDEZ, LUIS (1997), *Estado, ciencia y tecnología en España. 1939–1997* (Alianza Editorial, Madrid).

SARRAILH, JEAN (1954), *L'Espagne éclairée de la seconde moitié du XVIIIe siècle* (Klincksieck, París).

SARTON, GEORGE (1968), «Maimónides. Filósofo y médico (1135–1204)», en *Ensayos de Historia de la Ciencia* (UTEHA, México), 79–102.

SCHRÖDINGER, ERWIN (1923), *Über Indeterminismus in der Physik. Ist die Naturwissenschaft milieubedingt? Zwei Vorträge zur Kritik der naturwissenschaftlichen Erkenntnis* (Barth, Leipzig).

— (1935a), *La nueva mecánica ondulatoria* (Signo, Madrid).

— (1935b), «¿Son lineales las verdaderas ecuaciones del campo electromagnético?», *Anales de la Sociedad Española de Física y Química 33*, 511-517.

— (1985), *Ciencia y humanismo* (Tusquets, Barcelona).

SEBOLD, RUSSELL P., ed. (1985), *Vida de Diego de Torres Villarroel* (Taurus, Madrid).

SELLÉS, MANUEL, JOSÉ LUIS PESET y ANTONIO LAFUENTE, comps. (1988), *Carlos III y la ciencia de la Ilustración* (Alianza Editorial, Madrid).

SEMP ERE Y GUARINOS, JUAN (1785-1789), *Ensayo de una Biblioteca Española de los mejores escritores del Reynado de Carlos III*, 6 t. (Imprenta Real, Madrid).

— (1821), *Noticias literarias de D. Juan Sempere y Guarinos* (Imprenta de León Amarita, Madrid).

SEQUEIROS, LEANDRO (2008), «Presentación: El debate sobre el transformismo de Darwin hace 150 años y en la actualidad», en Rafael García Álvarez (1883), *Estudio sobre el Transformismo*, reed. facs. (IES P. Suárez-Museo de Ciencias Padre Suárez, Granada).

SERRATOSA, JOSÉ MARÍA (2008), «Transición a la democracia y política científica», en Ana Romero de Pablos y María Jesús Santesmases, eds., *Cien años de política científica en España* (Fundación BBVA, Bilbao), 329-356.

SIMARRO, LUIS (1877), «Teoría de las llamas sensibles y constantes», *Boletín de la Institución Libre de Enseñanza 1*, n.º 19, 73-74.

— (1878a), «Sobre el concepto de absorción de los medios transparentes del ojo», *Boletín de la Institución Libre de Enseñanza 2*, n.º 29, 60.

— (1878b), «Fisiología general del sistema nervioso», *Boletín de la Institución Libre de Enseñanza 2*, n.º 43, 167, 176-177.

— (1879), «Fisiología general del sistema nervioso», *Boletín de la Institución Libre de Enseñanza 3*, n.º 48, 22-23; n.º 49, 31-32; n.º 50, 37-38; n.º 51, 46-47; n.º 52, 53-54; n.º 559, 79.

— (1880), «La enseñanza superior en París. Escuela de Antropología. Curso de M. Matias Duval», *Boletín de la Institución Libre de Enseñanza 91*, 173-174.

— (1881), «Colegio de Francia. El curso de anatomía general de M. Ranvier», *Boletín de la Institución Libre de Enseñanza 4*, n.º 93, 190-191; n.º 94, 5-7.

SIMÓN ABRIL, PEDRO (1815), *Apuntamientos de cómo se deben reformar las doctrinas, y la manera de enseñarlas para reducirlas a su antigua entereza y perfección, hechos a la magestad de Felipe II por el doctor Pedro Simón Abril* (Imprenta de D. M. de Burgos, Madrid).

SIMÓN DÍAZ, JOSÉ (1952), *Historia del Colegio Imperial de Madrid*, 2 vols. (Instituto de Estudios Madrileños-CSIC, Madrid).

SMITH, ADAM (1987), *Investigación sobre la naturaleza y causas de la riqueza de las naciones*, 2 vols. (Oikos-Tau, Barcelona).

SMITH, HENRY DE WOLF (1946), *La energía atómica al servicio de la guerra* (EspasaCalpe Argentina, Buenos Aires).

SOLÉ, ROBERT (2001), *La expedición Bonaparte* (Edhasa, Barcelona; edición original en francés de

1998).

SOLER FERRÁN, PABLO (2012), «La teoría de la relatividad en la ciencia española entre 1940 y 1970», en Néstor Herrán y Xavier Roqué, eds., *La física en la dictadura. Físicos, cultura y poder en España, 1939–1975* (Servei de Publicacions, Universitat Autònoma de Barcelona, Bellaterra), 123–140.

— (2017), *El inicio de la ciencia nuclear en España* (Sociedad Nuclear Española, Madrid).

SOLER MÒDENA, ROSA (1994), *Catàleg del fons bibliogràfic Esteve Terradas* (Institut d'Estudis Catalans, Barcelona).

SOLS, ALBERTO (1988), «Historia e impacto del Centro de Investigaciones Biológicas», en Ángel García Gancedo y María Dolores García Villalón, eds., *Biológicas 88. XXX Aniversario del Centro de Investigaciones Biológicas* (Madrid), 15–25.

SOTO ARANGO, DIANA E. (1996), «Francisco Antonio Zea. Periodista, botánico y político», *Asclepio 48*, 123–143.

SPRAT (1702), *The History of the Royal-Society of London for the Improving of Natural Knowledge*, 2.ª ed. corregida (Londres).

STRASSBURGER, EDUARD (1880), *Zellbildung und Zellteilung* (G. Fischer, Jena).

— (1882), «Über ben Theiulungsvorgang der Zellkerne und das Verhältniss der Kerntheilung zur Zelltheilung», *Archiv für Mikroskopische Anatomie 21*, 476–590.

SUÁREZ DE FIGUEROA, CRISTÓBAL (2006), *Plaza universal de todas ciencias y artes*, edición de Mauricio Jalón (Consejería de Cultura y Turismo, Junta de Castilla y León, Valladolid).

SUÑER, ENRIQUE (1937), *Los intelectuales y la tragedia española* (Editorial Española, Burgos).

SWERDLOW, NOEL M. y OTTO NEUGEBAUER (2012), *Mathematical Astronomy in Copernicus' De Revolutionibus. In two parts* (Science Business Media, Nueva York).

TELLO, JORGE FRANCISCO (1935), *Cajal y su labor histológica* (Universidad Central, Cátedra Valdecilla).

TENA JUNGUITO, ANTONIO (1985), «Una reconstrucción del comercio exterior español, 1914–1935. La rectificación de las estadísticas oficiales», *Revista de Historia Económica*, n.º 3, 77–119.

— (1988), «Importación, niveles de protección y producción del material eléctrico en España (1890–1935)», *Revista de Historia Económica*, n.º 2, 341–371.

TERRADAS, ESTEBAN (1913), «Sur le movement d'un fil», en E. W. Hobson y A. E. H. Love, eds., *Proceedings of the International Congress of Mathematicians*, t. II (Cambridge University Press, Cambridge), 250–255.

THOMAS, WERNER y LUC DUERLOO, eds. (1998), *Albert & Isabella. 1598–1621* (Brepols, Turhout).

THOREN, VICTOR (1990), *The Lord of Uraniborg* (Cambridge University Press, Cambridge).

TOFIÑO, VICENTE y JOSEF VARELA (1776), *Observaciones astronómicas hechas en Cádiz, en el Observatorio Real de la Compañía de Cavalleros Guardias-Marinas, por el capitán de Navío Don Vicente Tofiño de San Miguel, Director de la Academia de Guardias-Marinas, y por Don Josef Varela, Capitán de*

Fragata de la Real Armada, y Maestro de Mathemáticas en la misma Academia, ambos de la Sociedad Bascongada, y Correspondientes de la Academia de Ciencias de París (Imprenta de la Compañía de Cavalleros Guardias-Marinas).

TORRES MUÑOZ DE LUNA, RAMÓN (1873), «Biografía del barón de Liebig», *Semanario Farmacéutico* (Imprenta del Hospicio, Madrid), 16 pp.

TORRES QUEVEDO, LEONARDO (1901), *Máquinas algébricas* (Real Academia de Ciencias Exactas, Físicas y Naturales, Madrid). Reproducido en Francisco González de Posada (1992), *Leonardo Torres Quevedo* (Fundación Banco Exterior, Madrid).

— (1913), «Ensayos sobre automática. Su definición. Extensión teórica de sus aplicaciones», *Revista de la Real Academia de Ciencias Exactas, Físicas y Naturales 12*, 391-419.

— (1919), «Discurso inaugural», *Actas Séptimo Congreso Asociación Española para el Progreso de las Ciencias*, t. I (Madrid), 7-32.

TORROJA, EDUARDO (1899), *Tratado de la geometría de la posición y sus aplicaciones a la geometría de la medida* (Madrid).

TOSCA, TOMÁS VICENTE (1715), *Compendio mathemático en el que se contienen todas las materias principales de las Ciencias, que tratan de la Cantidad*, t. IX, *Gnómica. Ordenación del tiempo. Astrología* (Vicente Cabrera, Valencia).

— (1717), *Compendio mathemático en el que se contienen todas las materias principales de las Ciencias, que tratan de la Cantidad*, t. VII, *La Astronomía* (Imprenta de Marín, Madrid).

TOURAL QUIROGA, MANUEL (2010), «Antonio Madinaveitia, un científico republicano», en VV. AA., *Protagonistas de la Química en España. Los orígenes de la catálisis* (Consejo Superior de Investigaciones Científicas, Madrid), 223-285.

TRABULSE, ELÍAS (1994), *Historia de la ciencia en México*, ed. abrev. (Consejo Nacional de Ciencia y Tecnología-Fondo de Cultura Económica, México D. F.).

— (2005), «La tecnología en el Nuevo Mundo», en Javier Puerto Sarmiento, dir., *Ciencia y técnica en Latinoamérica en el período virreinal*, vol. I (Grupo CESCE, Madrid), 179-213.

TRUESDELL, CLIFFORD (1975), *Ensayos de Historia de la Mecánica* (Tecnos, Madrid).

TRUYOL SERRA, ANTONIO (1941), «El nuevo Instituto Alemán de Cultura», *Investigación y Progreso XII*, n.º 6 (junio), 225-230.

TUCHMAN, ARLEEN M. (1988), «From the lecture to the laboratory. The institutionalisation of scientific medicine at the University of Heidelberg», en William Coleman y Frederic L. Holmes, eds., *The Investigative Enterprise. Experimental Physiology in Nineteenth-Century Medicine* (University of California Press, Berkeley), 65-99.

TURIN, IVONNE (1959), *L'éducation et l'école en Espagne de 1874 à 1902. Libéralisme et tradition* (Presses Universitaires, París).

TURNBULL, H. W., ed. (1961), *The Correspondence of Isaac Newton* (Cambridge University Press, Cambridge).

ULLOA, ANTONIO DE (1772), *Noticias americanas* (Imprenta de Don Francisco Manuel de Mena, Madrid).

URIBE SALAS, JOSÉ ALFREDO (2006), «Labor de Andrés Manuel del Río en México. Profesor en el Real Seminario de Minería e innovador tecnológico en minas y ferrerías», *Asclepio 58*, 231–260.

— (2010), «Ciencia e independencia. Las aportaciones de Andrés del Río a la construcción del nuevo Estado–Nación», en Rosaura Ruiz, Arturo Argueta y Graciela Zamudio, coords., *Otras armas para la Independencia y la Revolución. Ciencias y humanidades en México* (Fondo de Cultura Económica, México D. F.), 43–58.

URQUIJO, JULIO DE (1929), *Los Amigos del País (según cartas y otros documentos inéditos del XVIII)* (Imprenta de la Diputación de Guipúzcoa, San Sebastián).

VALERA CANDEL, MANUEL (2006), *Proyección internacional de la Ciencia ilustrada Española* (Universidad de Murcia, Murcia).

VALERA CANDEL, MANUEL y CARLOS LÓPEZ FERNÁNDEZ (2001), *La Física en España a través de los Anales de la Sociedad Española de Física y Química, 1903–1965* (Universidad de Murcia, Murcia).

VALERA CANDEL, MANUEL y CARLOS LÓPEZ FERNÁNDEZ, eds. (1991), *Actas del V Congreso de la Sociedad Española de Historia de las Ciencias y de las Técnicas* (Murcia).

VALLERIANI, MATTEO (2010), *Galileo Engineer* (Springer, Dordrecht).

VALVERDE, NURIA (2012), *Un mundo en equilibrio. Jorge Juan (1713–1773)* (Fundación Jorge Juan–Marcial Pons, Madrid).

VAN DELFT, DIRK (2007), *Freezing Physics. Heike Kamerlingh Onnes and the Quest for Cold* (Koninklijke Nederlandse Akademie van Wetenschappen, Ámsterdam).

VELA, ANTONIO (1916), «Don José Echegaray y la cultura física en España», *Madrid Científico, XXIII*, 481–482.

VELTHUYS–BECHTHOLD, P. J. M. (1993), *Inventory of the Papers of Pieter Zeeman (1865–1943), Physicist and Nobel Prize Winner, c. 1877–1946* (CIP–Gegevens Koninklijke Bibliotheek, Den Haag, Haarlem).

VERA, FRANCISCO (1933), *Historia de la matemática en España. III. Árabes y judíos, siglos VIII–XI* (Victoriano Suárez Editor, Madrid).

— (1935a), *Los historiadores de la matemática española* (Victoriano Suárez Editor, Madrid).

— (1935b), «Esquema y carácter general de la Ciencia española en el siglo XVII», en VV. AA. (1935), *Estudios sobre la ciencia española del siglo XVII* (Asociación Nacional de Historiadores de la Ciencia Española, Gráfica Universal, Madrid), 1–17.

— (2000), «Algunos científicos españoles anteriores al siglo XVIII», en Francisco Vera Fernández de Córdoba, *Tres obras inéditas. Estudios cruciales de la matemática. Estudios sobre la ciencia española. Historia de la idea de infinito* (Departamento de Publicaciones, Diputación de Badajoz, Badajoz), 143–148.

VERGARA DELTORO, JUAN (2004), *La química orgánica en España en el primer tercio del siglo XX.*

Tesis doctoral (Facultad de Química, Universitat de València, Valencia).

VERNET, JUAN (1975), *Historia de la ciencia española* (Instituto de España, Madrid).

— (2000), *Astrología y astronomía en el Renacimiento* (El Acantilado, Barcelona).

VERNET, JUAN y RAMÓN PARÉS, eds. (2007), *La Ciència en la Història dels Països Catalans, II. Del Naixement de la ciència moderna a la Il·lustració* (Institut d'Estudis Catalans–Universitat de València, Valencia).

— (2009), *La Ciència en la Història dels Països Catalans. III. De l'inici de la industrializació a l'època actual* (Institut d'Estudis Catalans–Universitat de València, Barcelona–Valencia).

VICENTE MAROTO, MARÍA ISABEL (1997), «Juan de Herrera, científico», en VV. AA. (1997a), *Juan de Herrera, arquitecto real* (Lunwerg, Barcelona), 157–207.

— (2007), «Los cosmógrafos españoles del siglo XVI. Del humanista al técnico», en Víctor Navarro Brotons y William Eamon, eds., *Más allá de la Leyenda Negra. España y la Revolución Científica* (Instituto de Historia de la Ciencia y Documentación López Piñero–Universitat de València–CSIC, Valencia), 347–369.

VICENTE MAROTO, MARÍA ISABEL y MARIANO ESTEBAN PIÑEIRO (2006), *Aspectos de la ciencia aplicada en la España del Siglo de Oro* (Consejería de Cultura y Turismo, Junta de Castilla y León, Valladolid).

VICUÑA, GUMERSINDO (1875), *Cultivo actual de las ciencias físico-matemáticas en España.* Discurso leído en la Universidad Central en el acto de apertura del curso académico de 1875 a 1876 (Imprenta de José M. Ducazcal, Madrid).

VIDAL PARELLADA, ASSUMPCIÓ (2007), *Luis Simarro y su tiempo* (Consejo Superior de Investigaciones Científicas, Madrid).

VILADRICH, MERCÈ (1992), «Astrolabios andalusíes», en VV. AA., *El legado científico andalusí* (Ministerio de Cultura–Ministerio de Asuntos Exteriores), 53–65.

VILLENA, LEONARDO (1983), «José María Otero, un científico internacional», *Arbor 115*, n.º 450, 95–108.

— (2000), «Blas Cabrera y la nueva filosofía en la definición de las unidades de medida», *El Magnetón* (Boletín Informativo del Centro Científico–Cultural Blas Cabrera), año I, n.º 5 (septiembre), 2–4.

VILLENA, M., J. S. ALMAZÁN, J. MUÑOZ y F. YAGÜE (2009), *El gabinete perdido. Pedro Franco Dávila y la Historia Natural del Siglo de las Luces* (Consejo Superior de Investigaciones Científicas).

VINCENTI Y REGUERRA, EDUARDO (1916), *Política pedagógica. Treinta años de vida parlamentaria* (Impr. Hijos de Hernández, Madrid).

VITAR, BEATRIZ, ed. (2009), *Lorenzo Gómez Pardo y Ensenyat. Viajes de un ingeniero español por Centroeuropa y Francia* (Iberoamericana, Madrid).

VITORIA, EDUARDO P. (2007), *Autobiografía, 1864–1958* (Institut Químic de Sarrià, Barcelona).

VITORIA ORTIZ, MANUEL (1977), *Vida y obra de Nicolás Achúcarro* (Gran Enciclopedia Vasca, Bilbao).

VON KÁRMÁN, THEODORE (1967), *The Wind and Beyond* (Little Brown and Company, Boston).

VV. AA. (1935), *Estudios sobre la ciencia española del siglo XVII* (Asociación Nacional de Historiadores de la Ciencia Española, Gráfica Universal, Madrid).

— (1940), *Una poderosa fuerza secreta. La Institución Libre de Enseñanza* (Editorial Española, San Sebastián).

— (1987), *Los orígenes de la psicología científica en España. El doctor Simarro*, J. Javier Campos Bueno y Luis Llavona, eds., *Investigaciones Psicológicas*, n.º 4.

— (1992), *El legado científico andalusí* (Ministerio de Cultura–Ministerio de Asuntos Exteriores).

— (1995), *II Centenario de Don Antonio de Ulloa* (Escuela de Estudios Hispanoamericanos, CSIC–Archivo General de Indias, Sevilla).

— (1997a), *Juan de Herrera, arquitecto real* (Lunwerg, Barcelona).

— (1997b), *Instrumentos científicos del siglo XVI. La Corte española y la Escuela de Lovaina* (Fundación Carlos de Amberes, Madrid).

— (2010), *Protagonistas de la Química en España. Los orígenes de la catálisis* (Consejo Superior de Investigaciones Científicas, Madrid).

WEBSTER, CHARLES (1988), *De Paracelso a Newton. La magia en la creación de la ciencia moderna* (Fondo de Cultura Económica, México).

WILL, ENRIQUE (1855), *Clave del análisis química, o sea cuadros para el estudio del análisis química cualitativa, compuestos por el Dr. Enrique Will, catedrático y director del Laboratorio de la Universidad de Giessen, traducidos y anotados de la tercera y última edición alemana de 1854 por el doctor D. Magín Bonet y Bonfill, catedrático de Química aplicada a las artes en el Real Instituto Industrial* (Imprenta y Estereotipia de M. Rivadeneira, Madrid).

WILLSTÄTTER, RICHARD (1965), *From My Life. The Memoirs of Richard Willstätter* (W. A. Benjamin, Nueva York).

WILSON, EDWARD O. y JOSÉ M. GÓMEZ DURÁN (2010), *Kingdom of Ants. José Celestino Mutis and the Dawn of Natural History in the New World* (The Johns Hopkins University Press, Baltimore).

WIRTZ, KARL (1988), *Im Umkreis der Physik* (Kernforschungszentrum Karlsruhe GmbH, Karlsruhe).

WOLF, A. (1935), *A History of Science, Technology, and Philosophy in the 16th & 17th centuries* (George Allen & Unwin, Londres).

YEVES ANDRÉS, JUAN ANTONIO, ed. (2006), *Juan Herrera. Institución de la Academia Real Matemática* (Instituto de Estudios Madrileños, Madrid).

YNDURÁIN, FRANCISCO J. (1998), «La física de altas energías en España», en José Manuel Sánchez Ron, ed., *Un siglo de ciencia en España* (Publicaciones de la Residencia de Estudiantes, Madrid), 197–207.

ZUBIRI, XAVIER (1934), *La nueva Física (un problema de Filosofía)* (Cruz y Raya, Madrid).

ZULUETA, ANTONIO DE (1925), «La herencia ligada al sexo en el coleóptero *Phytodecta variabilis* (OL.)», *EOS. Revista Española de Entomología 1*, 2.º cuaderno (Museo Nacional de Ciencias Naturales, Madrid). Reproducido en Milagros Candela, ed. (2003), *Los orígenes de la genética en España* (Sociedad Estatal de Conmemoraciones Culturales, Madrid), 203–233.

人名索引

致 谢

首先，我要感谢所有那些对西班牙科学史研究做出贡献的历史学家，没有他们的支持，这本书会写得更糟。我在书里用到的他们的作品，都标注了引用，以便维护他们的权益。当然，总会有疏漏，或许是因为我不了解，或者是因为内容太繁复难以面面俱到。其次，我想要感谢这些年来在这样或那样的时刻给予我宝贵的帮助、鼓励、支持，以及最无价的友谊的同行们：罗莎·阿沃利（Rosa Arbolí）、米格尔·阿托拉（Miguel Artola）、安娜·玛丽亚·卡拉维亚斯·托雷斯（Ana María Carabias Torres）、迭戈·卡塔兰（Diego Catalán）、圣地亚哥·迪亚斯·彼德拉伊塔（Santiago Díaz Piedrahita）、卡门·埃斯特万（Carmen Esteban）、安东尼奥·费尔南德斯·德阿尔瓦（Antonio Fernández de Alba）、胡安·费尔南德斯·桑塔伦（Juan Fernández Santarén）、保罗·福曼（Paul Forman）、埃丝特·加西亚·纪廉（Esther García Guillén）、胡安·路易斯·加西亚－乌尔卡德（Juan Luis García-Hourcade）、何塞·路易斯·加西亚－贝拉斯科（José Luis García-Velasco）、托马斯·F. 格利克（Thomas F. Glick）、阿莉西亚·戈麦斯－纳瓦罗（Alicia Gómez-Navarro）、卡门·伊格莱西亚斯（Carmen Iglesias）、埃斯佩兰萨·伊格莱西亚斯（Esperanza Iglesias）、何塞·玛丽亚·洛佩斯－皮涅罗（José María López-Piñero）、安东尼奥·莫雷诺（Antonio Moreno）、圣地亚哥·穆尼奥斯·马查多（Santiago Muñoz Machado）、哈维尔·奥多涅斯（Javier Ordoñez）、爱德华多·奥尔蒂斯（Eduardo Ortiz）、阿图罗·佩雷斯－雷韦特（Arturo Pérez-Reverte）、胡安·佩雷斯·鲁宾·费格尔（Juan Pérez Rubín Feigl）、何塞·波洛（José Polo）、贡萨洛·庞顿（Gonzalo Pontón）、哈维尔·普埃尔托（Javier Puerto）、安东尼·罗加－罗塞利（Antoni Roca i Rosell）、安娜·罗梅罗·德巴勃罗斯（Ana Romero de Pablos）、特奥多罗·萨克里斯坦（Teodoro Sacristán）、卡尔·冯·迈恩（Karl von Meyenn），以及弗朗西斯科·何塞·因杜拉因（Francisco José Ynduráin）。当然我也不能忘记金牛座出版社，特别是编辑埃莱娜·马丁内斯·巴维耶雷（Elena Martínez Bavière），感谢她在我无数次拖延交稿时的耐心、理解和慷慨。

但是，我所获得的最好的且最长期的帮助，来自我的妻子、我人生的伴侣——安娜。我对她的感激是永无止境的，不仅是因为她长久的陪伴（虽然那是最重要的），更是因为她承担了审校本书每一个章节的艰巨任务，检查书中的错误、遗漏和重复。对本书内容中的错误和不足我当然要承担责任，在她的协助下，毫无疑问，这部书要好得多。

2020 年 4 月于马德里

后　记

树木、桥梁、高塔，
山峰、海洋、道路，
一切随波逐流都将消逝，
当他们不复存在，
在宇宙中，自由地，
你生命依然。

当我们累了
（因为我们一定会累），
当我们离开
（因为我们定会离你而去），
当无人记起我们在某一天死去，
（因为我们终将死去）。

几百载若手鼓之盈，
促人安然入梦，
若半枚金果之亏，
任何科学，只要是科学，都不会骗人；
受骗者正是不懂科学的人。

米格尔·德·塞万提斯

《佩尔西莱斯和西吉丝蒙达历险记》

（*Los trabajos de Persiles y Sigismunda*，1616）

丈量吾等时间，

当我们失去感官，

当我们不复存在，

你生命依然。

何塞・耶罗（José Hierro）

《月》（*Luna*）

是时候为这本书写上句号了。有很多历史人物、事件和时刻，分别以不同的详细程度占据了本书的一些篇幅。当然，肯定会有一些疏漏。但是，尽管有这些局限性，我认为（或者说我幻想着），就像在本书前言中说到的，人们总能从这本书中总结出一些结论。有一件事我始终不能忘记：从来都不缺少懂得科学对于国家福祉和尊严的重要价值的西班牙人。但这并不意味着这样的人数不胜数。如果这本书能有助于避免他们的形象完全抹去，那也算是完成了维护“荣誉”的任务。

《西班牙科学史——失落的帝国》是（或者说尝试成为）一本史书，但我希望明确的一点是，虽然我试图满足严格再现历史的全部要求，我的想法是，或者应该是，历史不应该忘记贝内代托・克罗切（Benedetto Croce）（1992：183）在《作为思想和行动的历史》（*La storia come pensiero e come azione*）（1938）中所说的：

> 历史文化最终的目标是让人类社会对它的过去有鲜活的意识，这也是说，要对现在，对它本身有意识；要为它选择的道路提供它所需要的东西；要为它的未来做好准备。

正是因为我坚信历史可以而且应当实现上述目标，我才想要在本书中重点提及一个主要教训，并且我在序言中也提到过这一点：总体上讲，西班牙的科学发展严重受制于政治、经济、军事或社会条件，甚至受制于特定的地理条件。任何地方的科学都无法离开这个世界，无法离开我刚提到的这些要素。它从这些要素中汲取营养，但是一切并不止于此。因为虽然上述情况适用于所有的国家和时代，但有些人懂得如何超越历史环境，毕竟历史环境是暂时的，将科学、科学的培养和传播嵌入到值得捍卫的文化和社会经济价值观当中。

历史学家是阐释者也是编年史家，我希望两者兼而有之，但我也试图去理解，并帮助他人理解，希望有助于改变我认为我的国家西班牙需要的东西，其中就是毫无疑问更好的、更具有社会价值的科学。我写下这些文字时，一场致命的瘟疫——新型冠状病毒肺炎——正肆虐世界，我们所有人都寄希望于科学能够尽快找到一种方式来保护我们。西班牙人也怀着这样的热切期盼参与其中，但我们将救世主的价值赋予科学不应只限于某种迟早会结束的情况，无论它会使多少人受害。我们需要通过科学变得更完善、更自由，更好地汲取信息，而不是在生命这场危险旅途中充当一个纯粹的过客。的确，但也不仅仅是为了这些。我们需要科学、科学研究，让我们的国家不再仅仅是一个服务型的国家，虽然我们是现代化的国家，而且从某种程度上讲服务业很发达。这对我们很重要，因为这不仅仅是一个西班牙科学界的问题，更是西班牙的问题。对未来更是如此，因为未来才是真正重要的。往事已矣，我们要以之为鉴。

2020 年 4 月 20 日于马德里